专利文献研究2015

主　编◎甘绍宁　　副主编◎曾志华

知识产权出版社
全国百佳图书出版单位

图书在版编目（CIP）数据

专利文献研究.2015/甘绍宁主编. —北京：知识产权出版社，2015.9

ISBN 978-7-5130-3750-1

Ⅰ.①专… Ⅱ.①甘… Ⅲ.①专利—文集 Ⅳ.①G306-53

中国版本图书馆 CIP 数据核字（2015）第 201596 号

内容提要

本书基于 2014 年国家知识产权局在专利文献方面的研究成果，从文献基础研究、宏观政策研究和产业促进服务三个方面选取了四十余篇文章，集中反映了 2014 年专利文献研究工作的最新进展，同时更加关注“中国制造 2025”及环境保护相关产业的专利信息应用和专利发展动态。

责任编辑：王 欣 龚 卫　　**责任校对**：董志英

装帧设计：张 冀　　**责任出版**：刘译文

专利文献研究（2015）

Zhuanli Wenxian Yanjiu 2015

甘绍宁 主 编

曾志华 副主编

出版发行：	知识产权出版社有限责任公司	网　　址：	http://www.ipph.cn
社　　址：	北京市海淀区马甸南村 1 号（邮编：100088）	天猫旗舰店：	http://zscqcbs.tmall.com
责编电话：	010-82000860 转 8120	责编邮箱：	gongwei@cnipr.com
发行电话：	010-82000860 转 8101/8102	发行传真：	010-82000893/82005070/82000270
印　　刷：	北京科信印刷有限公司	经　　销：	各大网上书店、新华书店及相关专业书店
开　　本：	787mm×1092mm 1/16	印　　张：	29.5
版　　次：	2015 年 9 月第 1 版	印　　次：	2015 年 9 月第 1 次印刷
字　　数：	615 千字	定　　价：	95.00 元

ISBN 978-7-5130-3750-1

《专利文献研究2015》编委会

《专利文献研究 2015》编辑部

序

当前，我国经济发展进入新常态，经济发展速度、发展动力和经济结构都发生重大调整。面对全球新一轮科技革命和产业变革，经济发展必然从主要依靠要素驱动向主要依靠创新驱动转变。2015 年 3 月，中共中央、国务院发布了《关于深化体制机制改革 加快实施创新驱动发展战略的若干意见》，更是将科技创新和知识产权摆在了国家发展全局的核心位置。而承载着技术、经济、法律和情报信息的专利文献是人类创新成果和专利成果的巨大宝库，属于推动创新驱动发展的战略性核心资源和基本保障，对于经济新常态下加快实施创新驱动发展战略，促进经济转型升级和提质增效具有重要意义。

新形势、新要求、新任务对专利文献信息的收集、管理以及传播利用信息以促进产业发展等方面提出了更高要求，专利文献研究的广度和深度也随之不断拓展和延伸。首先，专利分类、资源管理、人才培养等基础领域研究不断深入，为文献信息的科学管理和有效传播利用打下良好基础；其次，专利信息的传播与利用方面的研究不断加强，有利于促进科技创新和科技成果转移转化，更好地为企事业单位的创新发展服务；再者，基于专利文献信息的统计与情报分析不断完善，有利于剖析专利布局与产业发展的联动关系，为产业优化升级和政策制定提供借鉴。

本书基于 2014 年国家知识产权局在专利文献方面的研究成果，从文献基础研究、宏观政策研究和产业促进服务三个方面选取了四十余篇文章，形成《专利文献研究(2015)》的出版内容，集中反映了 2014 年专利文献研究工作的最新进展，呈现出以下显著特点：一是专利文献的基础研究不断扩展，强化了专利分类与产业分类的衔接、专利信息人才培养等应用指向更加明确的研究；二是专利文献宏观研究不断深化，聚焦于创新评价体系、专利信息传播利用工作评估及未来发展、科技成果转移转化等多个方面；

三是突出展示了专利文献信息在产业促进中的重要作用，不仅包括全球及国内整体创新活动研究，而且更加关注“中国制造 2025”及环境保护相关产业的专利信息应用和专利发展动态。

专利文献的价值日益凸显，专利文献的研究工作正在不断扩展，形成了越来越多的智慧成果。衷心希望《专利文献研究（2015）》的出版能够促进专利信息的传播利用，使专利文献在创新驱动发展战略实施和知识产权强国建设中发挥更大作用。

2015 年 8 月 19 日

目　录

文献基础研究

宏观政策研究

产业促进服务

WENXIAN JICHU
YANJIU

文献基础研究

全国专利文献服务资源调查研究*

段然　仲杰　龚跃鹏

摘　要　本文以“全国专利文献服务资源调查研究”课题为基础，总结并提炼出其主要研究成果。同时，对如此繁杂庞大的检索系统和服务平台及资源网站能如何更好地发挥起作用，从资源调配、标准制定、合作建设及人才培养四方面提出一些具体工作建议，以期为全国专利信息传播利用工作的发展提供支持，进而推动我国创新事业蓬勃发展。

关键词　专利文献　服务　资源

引　言

自《国家知识产权战略纲要》颁布以来，专利信息传播利用与服务工作蓬勃发展，专利信息服务机构不断增加，专利信息平台如雨后春笋般的建立，专利信息服务从业人员不断壮大，在国内的专利信息发展中具有非常重要的作用，极大地推动了专利文献信息服务的发展，也初步建立了从国家到地方的专利信息服务体系。公益类专利信息服务资源迅速发展的同时，商业类专利信息服务机构及其专有平台也迅速崛起，相互间的竞争呈现百舸争流的态势。

随着国内专利信息资源不断丰富、服务体系日趋完备，如何合理配置服务资源发挥更大效能逐渐成为知识产权战略推进所面临的一大重要难题，而摸清国内专利信息服务资源现状成为下一步发展我国专利信息服务资源首先要解决的问题。在此基础上，进一步提出发展我国专利信息服务资源的有针对性的政策建议、发展措施对进一步推进国家知识产权战略而言意义深远。

一、中国专利文献信息服务资源服务现状

（一）公益类专利检索与分析系统与知识产权服务平台

1. 国家级、省市级检索系统与服务平台

中国国家知识产权局的专利检索与服务系统（PSS 系统）、中国专利信息中心的专利

---

* 本文摘编自国家知识产权局专利局专利文献部 2014 年度课题研究项目“全国专利文献服务资源调查研究”，主要研究人员为吕阳红、王亚利、龚跃鹏、陆敏、高劼、翟佳雯、温涛、王勇、左勇刚、张正阳、徐琦、黄俊。

之星检索系统和知识产权出版社的专利信息服务平台（CNIPR 系统）是目前国内三大免费专利检索分析系统。三个系统收录范围均覆盖约百余个国家的专利数据，包括引文、同族等信息，具有智能检索、高级检索和一些统计分析功能。其分别的功能特点在于：专利检索与服务系统（PSS）可以查看对比文献，检索方式以专利家族为基元、专利全文实时翻译、PDF 格式专利全文展示、独有专家检索、统计图表导出；该系统的“多功能查阅器”还提供了 IPC 分类号查询、分类号关联查询、申请人别名查询、国别代码查询、关联词查询等。专利之星检索系统提供表格检索与专家检索；提供专题数据库；提供自定义专利数据库功能；提供专利定制服务，数据同步更新，通过手机、邮件及时推送定制专利信息。专利信息服务平台（CNIPR）提供中国专利的权利要求书检索和说明书全文检索功能；提供中国失效专利数据库；提供中国专利运营信息（质押、转让、许可）单独检索；提供批量下载功能；提供自建行业导航检索功能；提供智能语义检索功能；提供中国组织机构代码查询功能；提供在线定期预警功能。

地方专利信息服务平台通常依托该地区知识产权行政部门建立，利用中外专利数据库为该区域提供专利法律法规查询、专利统计数据查询、专利信息检索、法律状态查询和专利分析服务。地方性专利信息服务平台，主要以服务地方产业发展为主。模块基本相同，围绕专利检索、产业数据、政策法规和网上政务等。上海、广东、江苏、北京、浙江知识产权公共服务平台检索分析系统是地方局公益检索系统的代表，且各具特色：上海知识产权专利信息公共服务平台提供专利交易、案例检索等模块，同时提供了专利交易平台，对上海的专利交易有很好的推动作用；广东省知识产权公共信息综合服务平台提供维权援助、企业创新、产业应用、专利统计和展示交易等模块，同时构建了广东省产业专利数据库、司法鉴定等一站式服务，对整个广东省产业的发展有很好的推动作用；江苏省知识产权公共服务平台提供中外专利信息分析系统，对专利数据进行深度加工，以直观易懂的图标形式展现出来。北京市知识产权公共信息服务平台提供专利法律状态查询和专利交易信息检索，包括专利技术转让信息检索和专利技术需求信息检索。一些地市也建立了市级的专利信息服务平台，结合本地实际提供相应的公益性知识产权在线服务。比较有代表性的有：大连市信息产业专利信息服务平台，该平台以国家知识产权局提供的“七国两组织”全部领域专利数据资源为依托，建立光电子行业专题库、蓝光行业专题库、数控系统行业数据库、集成电路行业数据库，同时提供专利信息战略性分析服务；青岛市中外专利信息服务平台致力于企业专利数据库的开发、推广、维护以及专利信息应用培训，以满足企业对于专利信息服务的各类需求；宁波市知识产权服务平台集专利检索、统计分析、信息咨询、预警服务、专利信息管理于一体，是专为宁波市企业、高校院所、科技人员和政府提供知识产权创造、运用、保护和管理的综合性公共服务平台；厦门市知识产权公共服务平台为企业提供知识产权法律状况检索、专利分析以及相关知识产权信息服务；深圳市南山区科技创新专利信息服务平台包括面向南山区特色产业的专利数据库，专利数据库按各行业产品分类，提供专利全文阅读和全文下载服务。

2. 行业专题、专项数据库

很多省市围绕地区产业发展需求，分别建立行业专题数据库，助力当地的特色产业发展。广东省专利信息服务平台专门制作了新能源汽车、数字家庭、OLED、物联网等战略性新兴产业数据库，此外还提供传统重点行业数据库及具有地方特色的专利数据库。上海市知识产权公共服务平台提供公共专题数据库，包括信息产业、生物医药、物联网等几十个行业专利数据库。辽宁省知识产权局专利信息服务平台提供9个产业专题数据库和10个专题数据库。江苏省知识产权公共服务平台提供18个主导行业专利数据库。浙江省建立了物联网及新材料和新能源等9个技术与产业专利数据库。国家级（山东）知识产权信息中心建立了中国黄金产业等5个知识产权信息中心，每个信息中心里面介绍了该产业的相关专利。江西省十大战略性新兴产业专利数据库平台目前提供光伏材料等4个产业专利数据库。湖南省专利信息公共服务平台提供3个专题数据库。海南省专利信息服务平台依据本省特色，建立了旅游等专利数据库。还有很多副省级城市也建立了自己的专题数据库，比如大连的数控机床和集成电路专题库。

与此同时，数据库重复建设的问题也比较突出。根据数据库名称，筛选出部分专题库及省市信息（见表1）。

表1　地方局服务平台自建数据库重复情况表

数据库专题	建设省市						
汽车	辽宁	江苏	浙江	江西	广东	重庆	广州
数控机床	辽宁	江苏	山东	陕西	大连	南京	
新材料	河北	江苏	江西	青岛	成都		
光伏	辽宁	江西	福建	广东	陕西		
新能源	江苏	浙江	湖南	青岛	成都		

一般来说，不同地区相同名称的专题数据库内容上至少有一定程度的重合，有些专题库甚至完全一样。以新材料数据库领域为例，我们选取了A省和B市的新材料数据库，发现A省将新材料数据库按照新能源材料、纳米材料、电子信息材料、先进复合材料、超导材料等进行分类检索；而B市也以新能源材料、纳米材料、电子信息材料、先进复合材料、超导材料等进行分类检索。两个新材料数据库是完全重复的。我们又选取了汽车数据库领域，分别选取A市、C市等建立了汽车及其相关领域数据库的地区，发现A市按照发动机、底盘、车身、热点技术、发明人、重点专利权人来分类其数据库；而B市按照机械制造、加工及设备、燃料各种材料的制备工艺、发动机或引擎系统、传

动系统、行驶系统、制动系统等进行分类，通过对比，发现A市和B市在发动机等技术分支有部分重复。对于主题相同但内容和功能存在差异的系统或数据库，如果该数据库利用率高，使用效果好就具备存在的价值，而不能对相同主题的专题数据库一概而论。

除地方专利信息服务平台建立的行业专题数据库，国内还有一些其他的专项专利数据库，其中有代表性的是世界传统药物专利数据库、中国药物专利数据检索系统和集成电路行业专利数据库。世界传统药物专利数据库收录了以中药为核心的天然药物及其提取物方面的专利信息，涵盖联合用药、制剂方法、新治疗用途、药物制备方法、天然药物种植方法、分析方法等主题，是一个经过专业化深加工的中英文双语种的世界专利数据库，并创建了传统药物分类，还提供辅助数据库，可以对检索结果进行专利统计分析。中国药物专利数据检索系统是一个进行深度加工标引的中国药物专利数据库，具有强大的辅助文档——中药材数据库和西药辞典，支持包含多种中药材的方剂相似性检索；支持确定化学结构检索。集成电路行业专利数据库是集成电路行业首个国家级数据库，覆盖集成电路技术相关的IC、IT等主要高新技术领域。集科技、法律、经济信息为一体，主要针对企业用户开展技术新颖性检索与分析、技术法律状态检索与分析、专利族检索、特定技术领域专题检索、统计与分析等检索服务以及集成电路行业定期知识产权情况综合分析、专利战略咨询服务。

3. 专利技术展示交易平台

为推进实施全国专利技术展示交易平台计划，各地纷纷建立了地方专利技术展示交易平台，旨在促进专利成果转化，为推动技术流通搭建桥梁。除各地已建立的专利技术展示交易平台之外，全国现有交易中心均结合自身特点进行建设，模式种类较多，归纳起来主要包括以下3种：以中国技术交易所为代表的政府引导整合型，主要由政府出面牵头，联合各有关单位提供政策方面支持，同时利用政府公信力整合高校、科研院所、中介服务机构等单位资源，充分发挥专利技术展示交易中心的核心作用，实现各类信息、技术资源的有效流动；以山西省技术产权交易所为代表的风险投资介入型，主要是通过引进风险投资基金，对企业融资、股权转让提供服务，同时借助政府资源为企业提供技术创新和创业相关的中介服务，从而实现由技术向资本，由资本向股权的转化；以济南科技成果转化平台为代表的优化资源管理型，主要是发挥政府资源优势，利用政府相对畅通的管理体系，将自身掌握的信息资源、专家资源以及有效的组织架构运用到专利技术项目的收集、推广工作上，从而实现专利技术展示交易项目的规模化。

（二）中国商用类专利文献信息服务平台

商用类专利信息服务平台较为多元化，各自的功能特点和收录范围均不相同，收费情况也不同，公众和企业可以根据自身需求寻找最适合的商业数据库进行使用。目前社会上提供的一些商用平台主要有以下几家：SooPAT专利搜索引擎包含不常见数据来源国，尤其例如澳大利亚、印度、南非、俄罗斯可以检索其发明授权；北京彼速“专利搜索引擎”是为企业、研究机构和知识产权代理机构等组织提供专利检索服务的软件，可以进行专利监控，了解行业动态和竞争对手专利布局；大为 Innojoy 专利平台适用于企业、大学、研究机构等创新主体，可以建立本地主题数据库；Patentics 专利智能检索系统是一种智能化的专利搜索和分析系统，其特点是智能语义搜索、中英双语自动翻译搜索、智能分类功能；智慧芽分析使用简便，分析结果可视、可定制并以多种方式输出，有相应的英文网站；佰腾网可以提供专利族和法律状态构成分析，提供瑞士、俄罗斯专利（英文检索）；东方灵盾专利检索和分析门户平台与美国 M1CAM 公司合作，在 M1CAM DOORS 专利信息平台基础上改进的中文界面，其用户检索不受语言的限制，实现智能化的专利战略检索分析服务功能；孔明专利信息搜索平台可完成行业知识产权信息、国防科学技术领域国内外专利信息等年度统计分析，可为军工企事业单位建立全技术领域包括航空母舰、直升机、导航、探月工程等专业领域的专利信息分析系统；CNKI 中国知网的中国专利数据库包含发明专利、实用新型专利、外观设计专利三个子库，内容来源于国家知识产权局知识产权出版社；万方数据库提供专利全文下载，检索结果可以按国际专利分类或按发布专利的国家和组织、专利申请的日期进行分类。

（三）专利文献信息服务机构现状

1. 公益性专利文献信息服务机构

地方专利信息服务中心是面向本行政区域提供快捷有效的专利信息服务的机构，业务上由国家知识产权局指导和监督。2010 年 12 月国家知识产权局正式批准广东省知识产权局、上海市知识产权局、江苏省知识产权局、山东省知识产权局、重庆市知识产权局等 5 个单位设立国家知识产权局区域专利信息服务中心。2012 年、2013 年国家知识产权局先后公布了首批和第二批设立地方专利信息服务中心的 29、14 个单位。

专利信息利用发展较好的分别是广东省知识产权研究与发展中心、上海市知识产权服务中心、北京市知识产权服务中心及保护知识产权举报投诉服务中心、山东省专利保护技术鉴定中心。这些服务中心均建立了自身的专利信息服务平台，其中一些拥有具地方特色的行业数据库，作为政府公共功能的延伸和支撑，这些机构利用这些资源承担知识产权举报投诉与维权援助服务、法律咨询与司法鉴定服务、宣传教育培训与专利商用化服务；进行知识产权宣传教育培训与商用化服务；为重大经贸、投资和技术转移、展会等活动提供知识产权分析；承担知识产权举报投诉案件受理、转送及相关统计工作；提供专利技术查新检索、专利数据分析，为企业或行业制定高新技术发展战略提供服务等；提供知识产权专题研究服务，知识产权战略研究和预警分析等；配合政府打造知识产权服务链。

2. 商业性专利文献信息服务机构

主要包括专利代理机构（专利律师事务所）和专利信息咨询公司两种。

图1可以看出，北京、广东、上海、江苏等经济科技较发达地区集中了全国大多数专利代理机构，数量分别占全国总数的28.8%、13.5%、8.7%、6.6%。随着我国知识产权事业的发展，代理机构的业务领域已经从专利代理申请、代理撰写等传统业务拓展到更广泛的专利信息服务，如专利诉讼、专利许可、海关保护、侵权分析，预计未来专利代理机构还会拓展更多的高层次专利信息咨询服务。

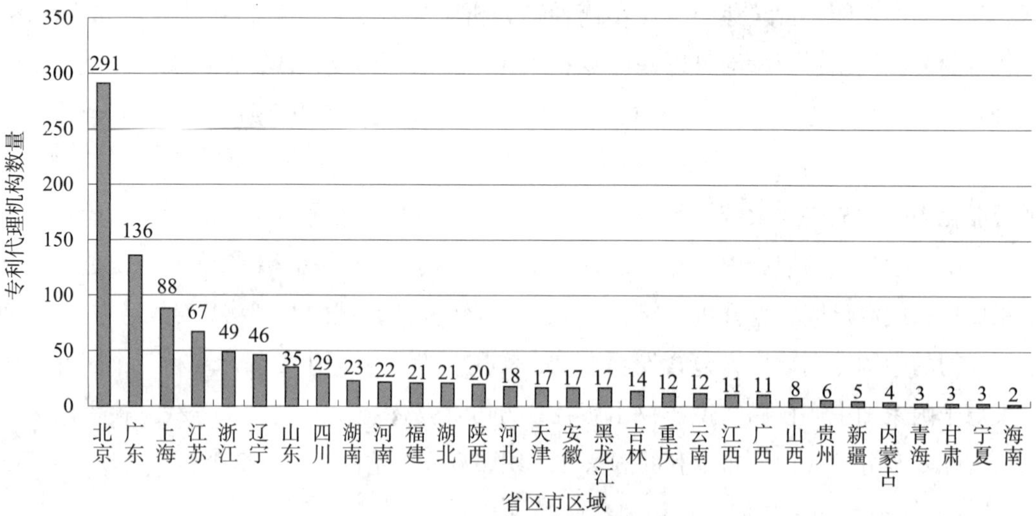

图1　全国专利代理机构区域分布

专利信息咨询公司中以下单位具有代表性：佰腾科技、广州奥凯信息咨询公司、上海盛知华知识产权服务有限公司。佰腾科技代表的是以中小企业为服务对象的中国专利信息服务商，类似的企业还有保定大为计算机软件开发有限公司，其专利数据库系统在专利数据、专利检索等功能上已经能满足部分中小企业的基本需求，但数据库系统在易用性、创新性、信息挖掘深度上还有很长的路要走；广州奥凯信息咨询公司其优势在于手中握有国外优秀数据库产品，主要服务对象是国内对专利信息服务质量有较高要求的用户，如华为等大企业，其代表数据库Innography内具有专利强度工具，可以从大量专利中快速识别技术含量较高的专利，提高专利信息挖掘效率；上海盛知华知识产权服务有限公司其主要业务在于生物学、医药等相关领域的基于市场价值的专利评估、专利运营、知识产权过程管理，核心优势在于具备高层次的技术人才及专利运营人才，已经进入专业领域专利运营的高度。

（四）专利文献信息服务人才队伍现状

1. 人才地域分析

2014年初，国家知识产权局有关部门在全国各省市知识产权局发放“专利信息服务资源情况调研表”，统计从事专利信息公共服务的人员情况。从收集的数据看，云南、四川、江苏、广东、甘肃拥有专利信息服务在岗人员最多，具体见图2。这与我们一般的认识有些出入，原因在于，云南、四川、甘肃在统计时将情报机构的专利信息服务力量纳入其中，这也从一个侧面反映出这些省市在专利信息服务资源整合方面已经先行一步。

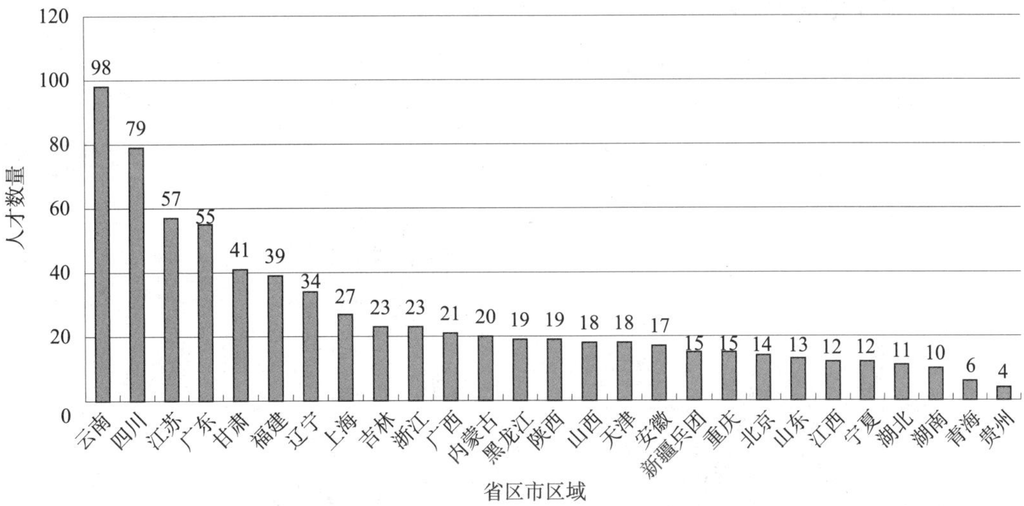

图 2　公益类专利信息服务机构人才队伍地域分析

2. 专利信息人才队伍情况

从 2012 年起，国家知识产权局已在全国选拔出 73 名专利信息领军人才（以下简称领军人才）和 225 名专利信息师资人才（以下简称师资人才）。从图 3 可以看出，领军人才和师资人才均主要分布在企业，其次是公益服务机构，政府部门排第三位。基本构建起政府、公益机构、企业互动的体系，发挥公益机构的中介作用，沟通政府、企业，发挥企业在知识产权创新中的主体作用，公益机构的服务作用，政府的支持作用。但是从数量上看，高校、科研院所的专利信息人才队伍略显薄弱，使高校在知识产权人才培养方面的优势发挥不足，因此需要对此方面人才建设进行加强。

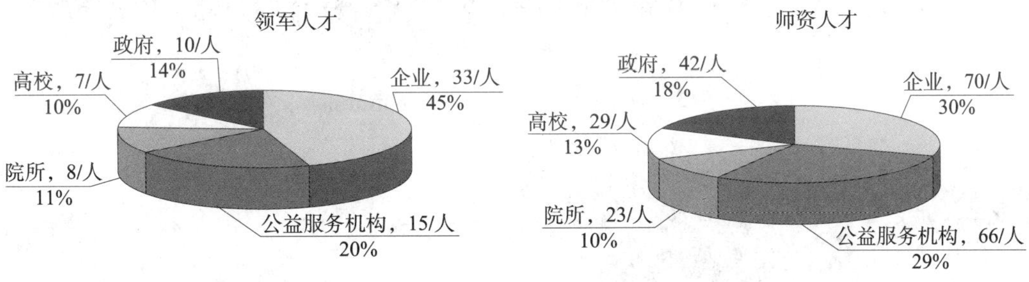

图 3　专利信息领军及师资人才构成

从人才的省市分布来看（如图 4、图 5 所示），东部沿海地区领军、师资人才较多，反映出该地区知识产权发展比较活跃，人才聚集和引领作用明显。如北京、广东、上海、山东等，尤其是北京，作为我国知识产权事业的中心，其经济、科技实力明显，也是较早开展知识产权服务的地区，具有从事知识产权工作的人员多，经验丰富，从业时间长等优势，使得该地区领军人才数量“独树一帜”，师资人才“独占鳌头”。广东、上海等是我国经济发展繁荣之地，与国际接轨较早和较完备的地区，具有明显的人才优势、经济优势，使得上述地区领军和师资人才数量在全国处于前列。其他地区，如西部地区，经济发展缓慢，知识产权开展较晚，对人才的吸引力、凝聚力较差，积累较少，使得该地区领军人才较少，甚至没有。从中反映出人才的分布与经济、职业的发展呈现密切相关关系。

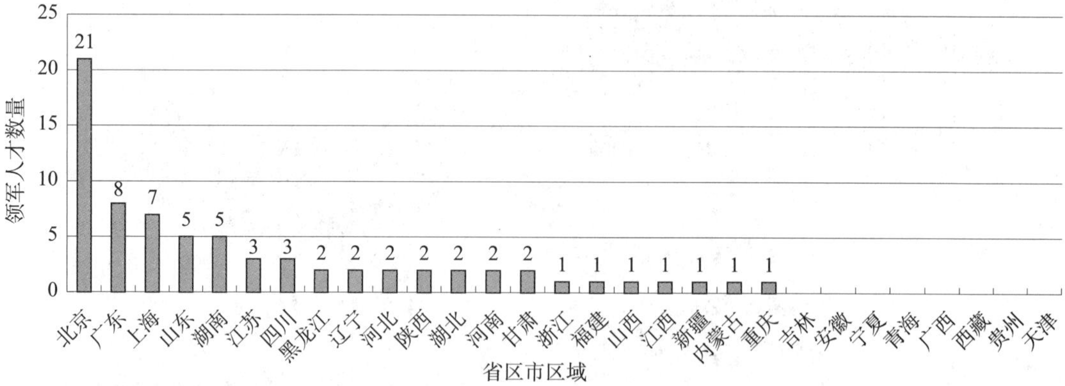

图4　2012～2014 领军人才省区市分布

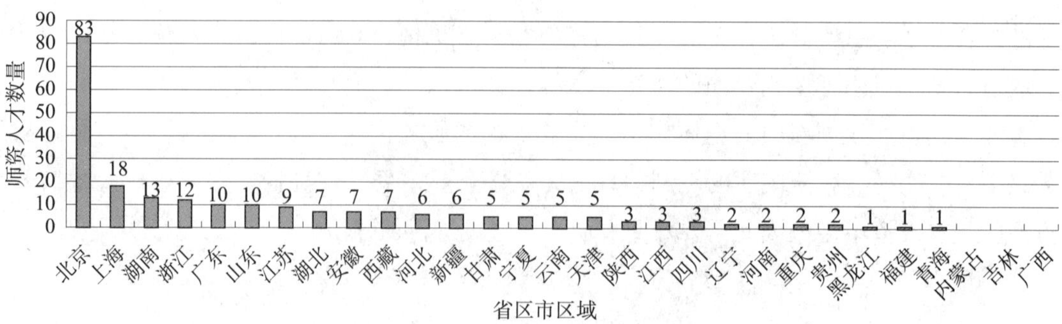

图5　2012～2014 师资人才省区市分布

二、课题成果及下一步工作建议

本报告不仅梳理了我国现有的专利文献服务资源，以及公益类和商用类等各类资源的服务现状，可见资源虽然繁多，但其相互之间相对孤立，缺乏互通有无的横向沟通与合作；缺乏资源使用的反馈渠道和评价机制；全国信息资源的利用没有形成“一盘棋”，各自为营，各自为战，重复性研究和重复性工作大量存在，利用信息资源进行的研究成果未能切实应用和共享；不少地方局服务平台功能定位尚停留在“资源集聚共享平台”阶段；地方局服务机构对平台“建而未用”的使用情况仍存在。这些问题都严重阻碍专利信息资源的传播和利用。

（一）形成全国专利信息公共服务资源清单供用户使用

表 2　全国专利信息公共服务资源清单列表

省区市	专利信息公共服务资源
北京	北京市知识产权服务中心（www. bjip. org. cn） 北京市知识产权公共信息服务平台（www. beijingip. cn）
天津	天津市知识产权服务中心（www. tjipo. gov. cn/ztbd/fwzx/index. html）
河北	河北省专利信息公共服务平台（www. hebipo. net）
山西	山西省知识产权信息服务平台（www. sxipic. cn）
内蒙古	内蒙古知识产权服务中心（www. imipsc. com）
黑龙江	黑龙江省知识产权服务中心（www. hlipo. gov. cn/jgzz/fwzx/）
辽宁	辽宁省知识产权局专利信息服务平台（www. lnipo. gov. cn 网页右侧链接）
吉林	吉林省知识产权服务网（www. jlipo. org. cn）
上海	上海市知识产权服务中心（www. ssip. com. cn） 上海市知识产权信息平台（www. shanghaiip. cn）
江苏	江苏省知识产权公共服务平台（www. jsipp. cn）
浙江	浙江省知识产权研究与服务中心（www. zjip. org）
山东	山东省知识产权服务网（www. sdipo. gov. cn）
安徽	安徽省专利信息服务平台（www. ahzlpt. com）
福建	福建省知识产权信息公共服务中心（www. fjipcc. com） 福建省专利信息服务平台（www. fjipo. gov. cn：8080）
湖南	湖南省专利信息公共服务平台（www. hnipo. net）
湖北	湖北省专利发展服务中心（www. hbpatentcenter. com）
河南	河南省知识产权公共服务平台（www. hnzl. com）
广东	广东省知识产权公共信息综合服务平台（www. gpic. gd. cn）
海南	海南省专利信息服务平台（zl. hipo. gov. cn）
四川	四川省专利信息服务平台（www. scipsc. com. cn）
重庆	中国西部知识产权信息网（www. motorip. com. cn）
甘肃	甘肃省知识产权公共服务平台（www. gansuip. com）
青海	青海省专利技术产业化平台（www. qhipo. gov. cn/trans/）

续表

省区市	专利信息公共服务资源
新疆	新疆维吾尔自治区专利信息服务平台（218.195.234.54）
大连	大连市知识产权综合服务平台（www.dlip.gov.cn）
青岛	青岛市知识产权公共服务平台（www.qingdaoip.cn）
宁波	宁波市知识产权公共服务平台（www.nbpis.com）
厦门	厦门市知识产权信息公共服务中心（xmips.xminfo.net.cn）
深圳	深圳市知识产权服务平台（www.shipsc.org）
长春	长春市专利信息服务平台（www.ccst.gov.cn/ccipo/）
沈阳	沈阳专利信息公共服务平台（218.61.146.46：8080/cnipr/）
济南	济南知识产权信息服务平台（www.jnipo.gov.cn/InformationCenter/Cfnter_ index.html）
南京	南京知识产权公共服务平台（www.njipp.cn）
杭州	杭州知识产权信息网（www.hzip.gov.cn）
广州	珠三角·广州专利信息服务网（www.gzpic.cn）
成都	成都市知识产权综合服务信息共享平台（www.cdip.gov.cn）
西安	西安市知识产权网（www.xaipo.org.cn）

（二）建立专利信息服务平台建设进展发布机制

建立专利信息服务资源建设年度发布机制，借助《全国专利信息传播利用》白皮书的编写工作中收集、发布各地区专利信息服务平台、专题数据库等最新情况，引导各地及时调整本年度服务平台建设工作计划，避免重复建设，实现资源共享。

（三）引导各地方局整合专利信息服务队伍资源

从公益类专利文献信息服务人才队伍统计情况看，绝大多数地区将专利信息服务队伍局限在自身服务力量上，建议各地调研、整合情报所、专业图书馆等公益性专利信息服务机构的人员，壮大专利信息服务力量，探索建设本地区专利信息服务联盟和服务队伍。

（四）在人才选拔过程中注意人才区域和结构的均衡

在目前专利信息领军人才和师资人才的选拔中，区域和人才结构的不均衡性也较为突出，建议在下一步人才选拔、培育工作中，一是注重对部分重点区域进行倾斜，如基地单位；二是对高校及科研机构进行倾斜的同时，在企业人员选拔中注重岗位分布的均衡考虑。

（五）在专利信息服务工作中注重发挥现有服务资源的作用

在专利信息促进、帮扶、培训等工作中，注重发挥地方现有服务资源的优势，例如发挥已建成的专题数据库或产业平台的作用深入开展产业专利分析、重点企业服务，充分调动地区专利信息服务机构、服务队伍共同开展工作，等等。引导各地充分利用已有产业平台或专题数据库，建立产业专利情报发布机制，服务产业和企业发展。

（六）研究制定专利专题数据库建设指南

鉴于全国各省区市都在开发专利专题数据库，建议研究制定专利专题数据库建设指南，从建设流程、数据库结构、数据库内容、系统功能、使用评估等方面提出专利专题数据库基本建设内容，为各省区市提供参考。

专利信息培训课程体系框架研究*

赵欣

摘 要 本课题着眼于专利信息的具体应用，对企业具体生产经营活动进行研究，按照工作场景和流程将其进行步骤细分并提取具体指标，使专利信息利用与企业生产经营活动进行合理有效匹配。进而，梳理并规范专利信息人才培训的课程内容，系统编制教案及课件，探索形成“专利信息培训体系”，促进企业在实际工作中有效利用专利信息。

关键词 专利信息 培训 框架

一、引 言

随着经济全球化趋势的深入发展和科技水平的突飞猛进，科技创新能力成为衡量和决定一个国家和地区未来发展潜力的关键指标。专利制度作为鼓励和保护创新的法律制度，对我国创新型国家建设、提高国家核心竞争力的作用越发凸显，专利日益成为国家发展的战略性资源和竞争力的核心要素。

专利信息是一笔数量巨大、内容广博的信息财富。作为科技信息系统的重要组成部分，专利信息在经过一系列的传递、加工、储存和转换后，可以创造出更多物质财富。在市场经济条件下，专利信息已成为企业生存发展极其重要的资源。

二、研究背景及目标

当今信息时代，越来越多的企业把专利信息利用作为提升企业综合竞争力的重要手段。伴随着我国自主创新战略和国家知识产权战略的实施与我国经济的快速发展，全社会对专利信息人才的迫切需求必将不断增加。

然而目前，我国的专利信息人才培养与实际需要存在着巨大差距。

---

* 本文改编自国家知识产权局专利局专利文献部2014年度软课题“专利信息培训课程体系框架研究”，课题负责人黄建军。研究人员为刘勇刚、吴泉洲、郭波涛、赵欣、盖爽、侯金霞、卢世超、仲杰、宋瑞玲、张永建、王英丽、付占海、丽娜。

一是我们的专利信息培训多为站在政府或教学的角度进行知识性的培训，类似于学历教育。该培训重在讲授归纳总结后的知识，力求把相关内容全面推广灌输下去，需要学员进行较为系统、深入的学习。这样在解决具体问题时，学员需要将所学到的内容再分解细化，融会贯通才能活学活用，应用于实践。这与企业当前的实际状况和人员水平是不匹配的。由于目前知识产权人才数量少，水平也不高，所受的培训机会也有限，因而很多人不能学以致用，出现问题时依然觉得无从下手。

二是目前专利信息方面的培训还是相对独立的，但是实际专利信息在运用过程中与专利审查、侵权判定等知识关系紧密，因此专利信息培训应该与审查、侵权判定等知识进行有关联系。

因此，本研究基于人才培养和社会需求的多样性，致力于解决当前专利信息培训和企业具体需求部分脱节的问题，以解决具体问题为导向，梳理企业人才在实际生产经营及管理活动中所需的知识，编制专利信息培训课程体系框架，并依据该框架设置具有现实意义、操作性强的专利信息培训课程。

三、研究思路和方法

本研究力图从企业生产经营及管理的角度看信息、学信息、用信息，尝试通过编制专利信息培训课程体系框架来引导解决问题。本研究采用文献调研、对比研究、分析综合等研究方法，将企业具体生产经营及管理活动进行细分和研究，使专利信息利用技能与企业生产经营及管理活动进行合理有效匹配。然后分析企业在具体这些活动中所需掌握的专利信息相关知识体系和架构，系统编制专利信息培训课程体系框架，制作实务性的教案及课件，促进企业有效利用专利信息。

具体研究方法如下：

（1）通过收集资料、调研和专家咨询，增强对企业和社会专利信息需求的了解。

（2）将企业具体生产经营和管理进行分解，形成了覆盖企业生产经营和管理全流程的 26 个环节。

（3）对分解后各环节涉及的专利事务进行分析，更进一步地对各环节中基于专利信息可以获取的决策参考信息进行研究。

（4）在第 3 步分析的基础上对专利事务进行分解，明确专利知识点，对提供决策参考信息的专利信息分析方式进行明确，同时对可能涉及的专利审查、侵权判定等知识也进行相应的关联，形成专利信息培训课程体系框架。

（5）召开专家咨询会议，邀请分别来自企业、服务机构和政府部门的各类专利信息领军人才，对专利信息培训课程体系框架中的各方面细节进行咨询和讨论，从各角度保证研究成果的全面性。

（6）进行企业实地走访调研，核实专家意见和建议，查漏补缺，提升对专利信息需求的全面认识，进一步修改完善专利信息培训课程体系框架。

（7）以专利信息培训课程体系框架为依据，在其基础上搭建形成针对企业经营管理各个环节的培训模块。

（8）最终形成覆盖企业经营管理各个环节的培训模块，各模块既相互独立可实施，又相互支持。为培训工作提供勾选式实务课程菜单。

四、专利信息培训课程体系框架设计

课题组通过收集资料、调研和专家咨询，以符合企业生产经营管理和工作习惯的方式将企业生产经营管理全流程划分为26个环节。其具体环节如表1所示。

表1　企业生产经营管理流程26个环节

技术研发前的 科技立项	技术研发中的 问题解决	技术研发后的 专利管理	技术应用 科技成果转化
技术引进	技术引进后的知识产权整合	技术输出的对象选择	技术输出的实施
原材料采购	产品上市出口	会展	专利许可与转让
专利被许可与被转让	质押融资	招商引资	人才引进
诉人侵权	被诉侵权	企业上市	专利联盟管理
并购战略	并购实施	并购整合	专利风险预警
被并购战略	被并购实施		

考虑到专利信息在企业生产经营管理活动中的作用，进一步对各环节中涉及的专利事务，以及专利信息知识和技能需求进行分析，明确了专利信息可以发挥的具体作用，形成了专利信息培训课程体系框架。以26个环节之一的“技术研发前的科技立项”（见表2）为例，其框架一级类目是技术研发前的科技立项；其二级类目展示科技立项过程中，专利信息可以在评判企业技术基础及实力、进行现有技术分析以便明确方向和了解潜在知识产权风险三方面发挥作用；其三级类目对二级类目的内容进行进一步落实，比如要想评判企业的技术基础及实力，首先评判它的现有知识产权状况，还要评判已有知识产权与研究项目的匹配度，另外还要看它的主要发明人或创作人与现在想开展的科研项目的匹配度；其四级类目主要是技能的实现，开展这样的工作需要掌握什么样的技能；其五级类目是具体知识点的细分。

表 2　课程体系研究框架——技术研发前的科技立项

一级类目	二级类目	三级类目	四级类目	五级类目
技术研发前的科技立项	技术基础及实力	现有知识产权状况	法律状态（有效性）	
			权属	
			许可信息	
		已有知识产权与研究项目匹配度		
		主要发明人或创作人		
	现有技术分析	技术发展趋势	技术发展趋势分析	申请量趋势分析
			技术生命周期分析	
		专利布局分析	专利技术布局	技术功效分析/技术发展热点、空白点
			专利区域布局	在不同国家地区分布/数量分布、技术分布
		技术相关人	竞争者分析	申请人分析
			发明人分析	
			合作者分析	
		非专利文献信息的应用		
	潜在知识产权风险	研发方案侵权风险		
		所属领域知识产权环境风险	诉讼	
			律师函等其他	
		对风险评估、解决方案和规避		

五、研究成果的应用价值及推广利用初步设想

本研究对企业的专利信息利用需求进行总结，对各类型企业的具体生产经营活动进行研究，使专利信息利用与企业生产经营活动进行合理有效匹配。探索提出专利信息培训课程体系框架，设计形成专利信息培训课程体系，为专利信息人才培养培训工作提供支撑，促进企业在实际工作中有效利用专利信息。

基于以上研究成果，课题组将会总结工作经验和模式，组织开展具体的课程设计和课件编写工作。结合不同企业的需要，对各环节中的专利信息利用方法进行课程宣讲和培训。同时开展相关模块的指南编制和推广工作，形成如《技术研发前专利信息利用工作指南》《产品、技术出口前专利信息利用工作指南》等系列专利信息运用指南。

关于专利文献资源组织方式的思考*

陈少芳

摘 要 本文梳理了专利文献资源组织方式的现状与影响因素，并提出专利文献资源的组织可将文献资源粒度的精细标引、文献资源内容的深度聚合、文献资源与用户知识的有机融合等三个方面作为发展重点。

关键词 文献 资源 组织 方式

一、专利文献资源组织方式的现状

文献资源组织就是人们根据文献资源本身特点，运用各种工具和方法，依据一定的标准，对其进行加工整理、排列与组合，以增强文献资源对象的表现效能和运用效能，满足人们对文献资源需求的过程和活动。专利文献的组织通常有两种方式。

1. 基于传统应用的文献资源组织方式

传统的专利检索通常以专利文献的名称、申请（公开）号、申请（公开）日以及分类号等著录信息或关键词信息来检索，以获取基本的摘要内容，进而浏览全文图像数据或全文文本数据等。与应用相对应，专利文献的组织形式也主要以检索数据和图像数据两种形式进行组织和管理。

检索数据在系统应用中多采用数据库的形式进行存储。在检索数据库中，以专利文献基本著录项目为特征来组织数据库的检索字段，专利文献基本特征的逻辑关系成为检索数据库的架构、设计、组织、管理的依据，专利文献的基本特征被设置成为数据库标识，尽可能提高传统应用对检索应用数据库的性能要求。

图像数据通常是在检索到著录数据后才能调取进一步阅览的对象。图像数据的组织管理，更多的是按照其属性特征或类型特征的活跃程度进行组织管理，进而应用在文献的加工或者传输过程中。其中，此类专利文献的基本特征涵盖了国别、年代、专利类型、公布日期以及数据类型等多个方面。例如，通过提取专利文献的国别组织特征（中国、

---

* 本文改编自国家知识产权局2014年高培课题“文献资源的智能化组织”，课题负责人陈少芳，研究人员为陈少芳、董小灵、马利霞、何欣、费凌云、李蓓、余洋、邓亮、王波、程序。

美国以及欧专局等）、专利类型特征（发明、实用新型及外观设计等）和公布日期，形成规范的数据目录组织结构，形成具体文献的目录存储规则，便于海量图像数据的有序管理组织及精确定位提取。

目前国家知识产权局的专利信息检索服务系统中的数据库主要是应用了这种文献资源组织方式。

2. 基于特色应用的文献资源组织方式

随着专利文献应用的普及和传播，公众对于专利文献的应用需求呈现出多样化发展趋势。专利文献应用从传统的单一形式逐步向应用领域深入，不断涌现出一些新的特色检索模式，如行业导航的专题库检索、组织机构代码检索、失效专利检索等，这些特色应用一般是以用户的需求为导向，更有利于用户充分了解专利行业动态，较为便捷地获取检索结果。

基于特色应用的专利文献组织方式，更多地是从检索需求的角度观察和理解专利文献数据，进而重新组织、管理专利文献数据。因此，传统的专利文献组织方式已经无法满足特色应用的需求，特色检索需要特色的专利文献组织方式，需要按照应用需求的要求组织规范专利文献，并进行必要的预处理（规范、合并、关联、标引处理等），以降低系统应用的计算量和资源消耗。

与基于传统应用的文献资源组织方式相比，基于特色应用的专利文献组织有着自身显著特征，一方面以应用为导向，聚焦在具体的文献特征上组织建立新的文献关系；另一方面，专利文献的组织规则较为明确固定，在既有的文献组织关系下即可实现新增文献的横向扩展。

目前商业专利检索系统中的数据库已开始应用这种文献资源组织方式。

二、影响文献资源组织方式的因素

1. 文献资源内在的特点

（1）文献资源类型。资源类型是依据专利文献资源内容性质与特点进行划分，一般分为著录文摘资源、全文图像资源、全文文本资源和辅助检索资源四大类，其中辅助检索资源可以进一步分为专利公报、专利引文、法律状态、专利分类、专利同族和其他类型。专利文献资源类型的复杂性对资源组织的关联整合提出了更高的要求。

（2）文献资源语种。各国专利出版机构的专利文献资源多为本国语言，专利文献资源应用语种已呈现出多元化的发展趋势。比如国家知识产权局的检索系统应用文献资源也从以中文与英文为主逐步增加法文、德文、日文和韩文等专利文献资源。应用语言的多样性增加了应用的难度，对检索技术与资源的组织加工提出了现实需求。

（3）文献资源格式。由于文献资源来源不同，数据资源版本多样、载体各异。另外不同国家使用的数据标准不同，数据格式也不尽相同。比如有 XML、SGML、TXT、DOC 等格式的结构化数据，也有 TIF、GIF、PDF、JPG 等格式的非结构化数据，文献资源格式的多样性给应用造成了一定的困难，对加工与组织标准的统一提出了要求。

2. 文献资源检索技术的应用

多数据源集成技术的应用使检索系统能够在单一检索环境中运用统一检索方式实现多个数据源的检索。目前运用虚拟集成与物理集成技术，可实现专利文献资源与非专利文献资源的统一集成检索，为文献资源的关联组织的扩展提供了一定的技术保障。随着自动或半自动语言翻译工具的应用，可解决检索的语言障碍，为获取更为全面的技术信息，充分挖掘各国专利文献价值奠定了基础，为多语种的文献资源的组织与加工提供了新的方向。

语义模型技术将在检索领域发挥越发重要的作用，该技术不仅能够优化检索过程也能够支持文献隐藏关系的识别。基于语义模型的检索正被逐步证实优于基于布尔逻辑模型的检索。同时，该技术的应用也为文献资源的组织提供了可自动化加工的方向。

3. 文献资源用户应用的需求

用户在查看检索结果时，高度关注与目标文献有关联的信息，希望能够通过相关的引文、作者、单位等信息发现其他相关的文献，能够直观了解相关文献的关联脉络。这种需求对文献资源的关联组织提出了可视化的要求。

用户在使用关键词/主题词检索的过程中，希望能有上、下位概念、同义词、近义词及等同特征扩展等功能以获取更为全面、完整的信息。对专业词库、技术辞典等辅助工具的完善有更多的期待，并有利于分享其经验意义。这为资源的关联组织中增加用户参与的开放机制提供了基础。

目前用户对全面、细致的关键词标引、专利分类标引需要强烈，希望揭示的文献信息更加准确、详细，能够描述更多的内容细节。这就需要对资源加工组织的粒度与领域开展更多的思考。

三、文献资源组织方式的思考

1. 文献资源组织方式的发展重点

基于传统应用的文献资源组织方式仅能满足简单的检索需求，因此对于基于特色应用的文献资源组织方式将是未来的发展方向。为了应对文献资源种类、格式及语种多样性特点，适应检索技术的发展，满足用户对检索功能和查阅功能的需求，并促进资源的有效应用，文献资源的组织方式可着重于以下三个方面发展。

一是组织过程将更多地运用智能化手段。随着科学技术的发展，在加工组织复杂与多样资源等时，不应只依靠人的加工标引，还可以更多地应用计算机的批量处理功能，也就是通过人对文献资源理解所形成的标准或规范，更多地转换为计算机的智能判断，通过计算机的计算实现文献资源的表征与排序。

二是从隐性组织到与显性组织相结合的呈现。为适应用户对结果展示的可视化趋势，文献资源的组织将不再仅局限于文献资源加工过程，而可以拓展到文献资源应用过程。

三是强调用户知识与文献内容的有机融合。在文献资源的组织中，可以将用户在文献资源使用过程中所形成的隐性知识显性化，并且与文献资源内容融合，两者形成有机整体，实现文献资源的持续增值。

2. 文献资源组织的方式

（1）开展文献资源粒度的精细标引。

在文献资源粒度的标引方面，要结合检索技术的发展，不但向精细度纵向深入，更要进一步横向扩展和引伸标引的对象。在精细度的纵向深入方面，要针对性地挖掘文献资源中具有意义和价值的概念、图表、数字等较小粒度的知识单元，以实现文献资源的多维揭示。在横向扩展和引伸标引方面，要针对多数据源中相同的知识元素、关联元素开展统一规则的加工，以相同的方式表达技术主题的术语、元素，为多数据源的集成检索、关联与聚合奠定基础。

（2）加强文献资源内容的深度聚合。

在文献资源内容的聚合方面，要揭示和描述文献资源内在多重关联关系，以实现文献资源的互联互通。除了引文的关联，还可以通过其他方式实现文献资源的关联。一方面可以基于语义实现文献数据的关联。现阶段，专利文献主要是以各种格式的文档形式单独存在，如果能够使用语义标注，建立特殊规则，则可在各种文献之间建立一种关联。通过利用计算机的分析、比较以及推理功能，对关联的文献进行扩展，并根据关联程度进行排序，从而确定关联度最高的文献，以提高专利检索的全面性和准确度。另一方面还可基于用户的使用轨迹实现关联。关注用户除专利外的其他检索文献，可以反映出用户关注的其他热点领域，以实现研究人员在获取学术信息过程中隐性知识和经验的共享，引导他们在更宽广的视野下获取相关主题资源。

（3）促进文献资源与用户知识的有机融合。

对文献资源与隐性知识的有机融合包括两个方面：一方面是对用户需求信息、用户经验信息的挖掘应用。从资源使用情况——即对用户数据进行深度挖掘，包括检索系统中用户的检索习惯、数据库使用规律、分领域关键词的积累等，以实现文献资源与用户知识的有机融合。另一方面将用户纳入文献资源组织过程中。实现文献资源组织用户的参与，开辟用户经验交流和资源共享的空间，将用户在实际工作中积累的本领域丰富的技术知识和检索经验共享并展现出来，将用户资源转化为资源共享体系中的一部分，实现用户与用户、服务人员与用户之间的知识交流与共享。

3. 当前需要解决的问题

（1）构建完整的文献资源体系。

摸清文献资源是开发利用文献资源的前提和基础，将分散的文献资源构成一个完整的体系，以实现文献资源的有机整合，可解决文献资源来源的多样化、结构异构化、内容复杂化特性，形成规范、统一、稳定、有序的文献资源集合。

（2）推进科学的资源评估分析体系。

科学评估资源要全面了解、研究文献资源，明晰其可用性、强化易用性、增强好用性，以促进文献资源建设的科学化，从而有效提升文献资源的质量和优化资源结构，这就需要消除认知文献资源的障碍，资源评估有助于用户甄选出最恰当可用的文献资源。

（3）持续积累丰富知识库。

文献资源的组织需要运用知识库智能判断文献资源特点或内容，对其进行加工整理、排列与组合。在对文献资源开展分析时，不但要注重资源的可应用性研究，更要注重文献资源的格式、结构、内容的分析，对每种资源形成一套自动识别的工具，以便完成该资源信息的自动提取与加工。对资源分析与构建工具中所积累的标准与规则，应当形成共享的资源组织的知识库，以促进文献资源组织中各种资源之间的互联与互通。

（4）建立完善的信息挖掘机制。

用户需求信息、用户经验信息的数据挖掘。一方面从资源使用情况，即对用户数据深度挖掘，如对用户的检索习惯、数据库使用规律、分领域关键词的积累等。另一方面要注重文献资源蕴含的信息的深度挖掘，完善相关文献数据统计与分析，如引证文献、技术关联等信息的统计分析，提升资源的应用效能。

（5）建立持续的信息跟踪路径。

对文献资源组织、检索技术发展进行持续跟踪，包括资源与技术的发展、标准的变化发展等变化。只有对资源组织、检索技术的持续跟踪，让文献资源体系与检索需求通过不断地跟踪反馈与研究推荐，才能建立持续的信息跟踪路径。

结　语

文献资源是检索系统中重要的物质基础，检索技术是其技术保障，文献资源的组织方式是架在二者之间的桥梁，文献资源的组织方式可以促进文献资源与检索技术的内在联系。恰当的文献资源组织方式可以提升文献资源的应用效能，同时促进检索技术的发展。因此，要紧密跟踪信息化技术发展的新趋势，深入研究专利文献资源自身发展的新特点，全面掌握用户对文献资源的新需求，才能更好地完成文献资源的组织。

联合专利分类体系最新进展及全球推广应用现状

卢慧生　林小露　王春辉**

摘　要　联合专利分类体系自问世以来，在欧美两局的大力推动下发展迅速，目前已有超过45个国家及地区的知识产权主管机构开始使用这一分类体系，分类文献已达4 200余万篇。本文主要介绍了该分类体系在组织结构、产品服务、培训支持和改进计划等方面的最新进展，归纳总结了其全球推广现状及世界各主要知识产权局的应用实施情况，以方便读者更好地了解和洞悉这一分类体系的未来发展态势。

关键词　联合专利分类　最新进展　推广应用

一、引　言

专利分类体系是知识产权领域中组织和检索专利文献资源独特而重要的手段之一，精细、合理的专利分类体系是提高专利检索水平和专利审查质量的重要保障。随着全球专利文献量的快速增长，各局均面临着专利分类、审查、管理和利用的巨大挑战，而现有的几大专利分类体系亦面临着改革和发展的问题。为适应专利文献的发展，满足专利审查相关业务和工作共享的需要，欧洲专利局（EPO）和美国专利商标局（USPTO）于2010年10月共同着手开发一套新的专利分类体系——联合专利分类（Cooperative Patent Classification，CPC）。经过两年多的开发与推广，CPC于2013年1月正式发布并生效。

CPC以欧洲专利分类体系（ECLA）为基础，其分类原则与国际专利分类体系（IPC）基本保持一致，并整合了ICO引得码、IPC引得码、ECLA和ICO中的重要关键词，以及美国专利分类体系（USPC）中的商业方法细分类、交叉引用技术文献及摘要等内容，是欧美两局最佳分类实践的充分融合，细分条目已达到25万个，是在IPC基础上最为精良的细分类体系。

** 等同第一作者。

二、CPC 体系最新进展

在欧美两局的大力推动下，CPC 得到快速发展。自 2013 年 1 月第一版 CPC 分类表问世以来，历经多次修订，分类表版本数量多达 10 余个，目前最新版本是刚刚生效的 2015 年 4 月版（2015.04）。

（一）CPC 分类表的结构变化

CPC 分类表包括 9 个大部，分别为 A、B、C、D、E、F、G、H 及 Y 部。A～H 部是其主要内容，由主分类表（Main trunk）和索引表（2000 系列）组成。主分类表包括原来的 IPC、ECLA 以及镜像的 ICO，总计约 16 万条，用于标引发明信息和附加信息。索引表由进一步细分的 ICO、ICO 垂直条目以及 IPC 引得码转化而成，仅作为附加信息使用。其中，IPC 引得码转化成的 CPC 2000 系列引得码约 82 000 条，只能与 CPC 主体分类号联合使用。CPC 分类表的 Y 部总计约 7 300 条，亦只能作为附加信息使用。

2014 年伊始，欧美两局针对 CPC 分类表的 2000 系列进行了重新编排，将进一步细分的索引表嵌入到 CPC 主分类表中，以便更好地揭示其与主分类表条目的上下文关系。欧美两局将重新编排后的分类表版本称为“interleaved”版本，以区分原来的“original”版本，并在其官方网站上同时提供两种版本的分类表。2014 年 9 月欧美两局宣布，“interleaved”版本将成为 CPC 分类表的官方版本，而“original”版本从此停止使用。“interleaved”版本的 CPC 分类表示例如图 1 所示。在今后的 CPC 分类表中，进一步细分的索引条目（<2200）都将内嵌到主分类表中的合适位置，而垂直索引条目（> =2200）以及 IPC 引得码仍然放置在主分类表底部。目前，EPO 的 Espacenet 系统已经支持 CPC“interleaved”版本的查询和检索。

A61M 5/00		**Devices for bringing media into the body in a subcutaneous, intra-vascular or intramuscular way; Accessories therefor, e.g. filling or cleaning devices, arm-rests**
A61M 5/001	.	{Apparatus specially adapted for cleaning or sterilising syringes or needles}
A61M 5/002	.	{Packages specially adapted therefor, e.g. for syringes or needles, kits for diabetics (needle protection, e.g. caps, A61M 5/3202 ; for sharps A61B 19/0262)}
A61M 5/003	..	{Kits for diabetics}
A61M 2005/004	..	{Magazines with multiple needles directly inserted into an injection or infusion device, e.g. revolver-like magazines}
A61M 2005/005	..	{Magazines with multiple ampoules directly inserted into an injection or infusion device, e.g. revolver-like magazines containing ampoules with or without needles}
A61M 2005/006	.	{for gases, e.g. CO2}
A61M 5/007	.	{for contrast media}
↓		
A61M 39/00		**Tubes, tube connectors, tube couplings, valves, access sites or the like, specially adapted for medical use**
↓		
A61M 2202/00		**Special media to be introduced, removed or treated**

图 1 “interleaved”版本 CPC 分类表示例

为方便全球用户获悉分类表的最新变化情况，CPC 管理局采取了预发布方式，即在 CPC 官方网站 www. cpcinfo. org 上提前一个月公布下个月即将正式生效的最新分类表修订信息。

（二）CPC 产品及支持服务

1. CPC 分类表及分类定义的获取

目前，全球用户可通过 3 个途径获取 CPC 分类表及分类定义，具体是：

（1）CPC 官方网站：www. cpcinfo. org；

（2）Espacenet 网站：worldwide. espacenet. com/classification；

（3）USPTO 网站：www. uspto. gov/web/patents/classification/index. html。

上述网站的 CPC 信息同步更新，但信息内容和服务功能不尽相同。其中，CPC 官方网站提供的内容最为全面、完整。通过该网站，用户不仅可以浏览 CPC 分类表及其定义的信息，还能打包下载 XML 和 PDF 格式的分类表及 PDF 格式的分类定义。此外，该网站还为用户提供 CPC 分类表的修订信息，帮助用户提前 1 ~ 2 个月了解新修订版本较上一版本变更的内容。该网站还提供了 3 种格式（TXT、PDF 及 XML）的 CPC – IPC 以及 ECLA – CPC 对照表，帮助用户了解不同分类体系的对应关系。由于 EPO 已于 2013 年 1 月起停止使用 ECLA，因此这一时间之后的 ECLA – CPC 对照表是一个静态表，不再更新。

与 CPC 官方网站不同，Espacenet 除了提供 CPC 分类表及其定义的浏览服务之外，还能提供检索和查询功能，并且可以按用户希望的方式进行展示。USPTO 网站也支持 CPC 分类表及其定义的浏览和检索，用户还可以通过该网站了解 USPC 与 CPC 的对应关系。

2. CPC 分类修订

目前，CPC 分类体系由欧美两局共同维护，有关 CPC 修订的所有项目均通过 CPC 电子论坛（CPC e – forum，简称“CEF”）讨论。同时，CPC 官方网站定期发布正在进行的 CPC 修订项目的简短摘要，供其他用户了解修订情况。

3. CPC 培训支持

为促进各专利局及全球用户使用 CPC，欧美两局共同制作了培训视频，就 CPC 分类体系的基本思想、分类表设置、附注及定义等内容进行基础培训和讲解。

（1）在线学习模块。

该模块主要面向普通用户，属于基础类培训，主要用于帮助用户了解 CPC 分类体系的基本情况。用户可通过以下两个网站获取有关信息：

① EPO 网站：https：//e – courses. epo. org/course/view. php? id = 167；

② USPTO 网站：http：//www. uspto. gov/patents/resources/classification/CPC _ Training. jsp。

（2）特定领域培训视频。

特定领域培训（Field – Specific Training，简称“FST”）视频主要面向各 CPC 使用局，以提升其分类员和审查员运用 CPC 进行分类和检索的能力。欧美两局一方面通过双边合作向各 CPC 使用局提供视频文件，另一方面将有关文件上传至 Epoxy 网站（https：//epoxy. epo. org/？ d = cpcvideo&p = 2324，106，2296），供各局使用。在 Epoxy 网站上，各局可下载每个视频的字幕文件，用于内部学习和翻译。截至目前，这些特定领域的培训视频尚未对公众开放。

（三）CPC 改进计划

当前，欧美之外的 CPC 使用局提交的 CPC 分类数据在 EPO 数据库中主要以文献级（Document Level）存储在 CPCNO 字段中。在该字段中，同族专利文献可以有不同的 C（PC）NO 分类结果，这时如对文献进行同族处理，则容易出现文献在专利族级（Family Level）的分类号与在文献级的分类号不同的情况，而且如果文献是唯一的（即没有同族），则其无法在专利族级获得 CPC 分类结果信息。以表 1 所示的专利族为例，其涉及多个 CPC 使用局的文献，当各局对该专利族中本局的文献进行分类时，有可能出现如表 2 所示的分类结果。这时，针对同族中每篇文献的分类号进行存储，则这些分类号便处于文献级。

表 1　专利族示例

同族文献号	文献种类代码	日期
BR 9910073	A	20001226
CN 1306684	A	20010801
EP 1075714	A	20010214
GB 2353908	A	20010307
KR 20010071195	A	20010728
SE 0003892	A	20001213
US 6206729	B	20010327

表 2　各局给出的分类结果示例

受理局	文献号	CPC 分类号
INPI Brazil	BR 9910073	H01R 12/71；H01R 13/6581
SIPO	CN 1306684	H01R 13/65
EPO	EP 1075714	H01R 12/71；H01R 13/6581
UKIPO	GB 2353908	H01R 12/73
KIPO	KR 20010071195	H01R 13/6581
PRV	SE 0003892	H01R 13/6581
USPTO	US 6206729	H01R 12/71；H01R 13/6581

当对上述文献进行同族处理时，由于无法抽取 CPCNO 的分类结果，则该同族在专利族级的 CPC 分类号将变成如图 2 所示的情况，即只有 CPC 字段（由 EPO、USPTO 给出的分类号）在专利族级显示，而 CPCNO 字段（其他使用局给出的分类号）仍在文献级显示。

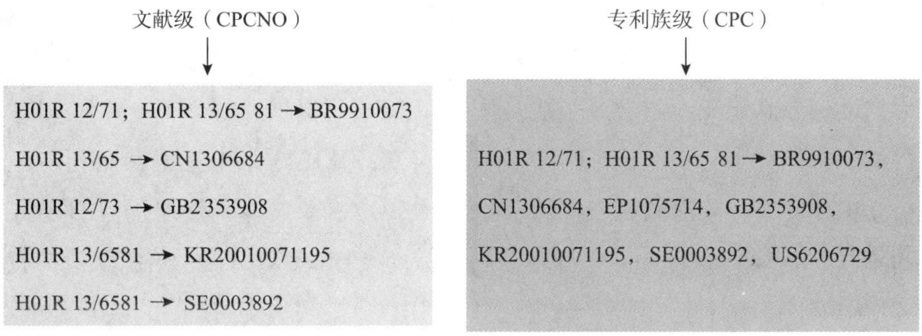

图 2　专利族文献的 CPC 分类号现状

为解决上述情况，使各使用局给出的 CPC 分类号在进行专利族合并后均可显示，欧美两局计划对各局提供的 CPC 分类号进行重新组织，将这些分类号提升至专利族级，如图 3 所示。假设此时 EPO 删除了分类号 H01R 12/71、UKIPO 删除了分类号 H01R 12/73，则专利族级的分类号变为：H01R 12/71 （US，BR）；H01R 13/6581 （EP，US，SE，KR）；H01R 13/65 （CN）。

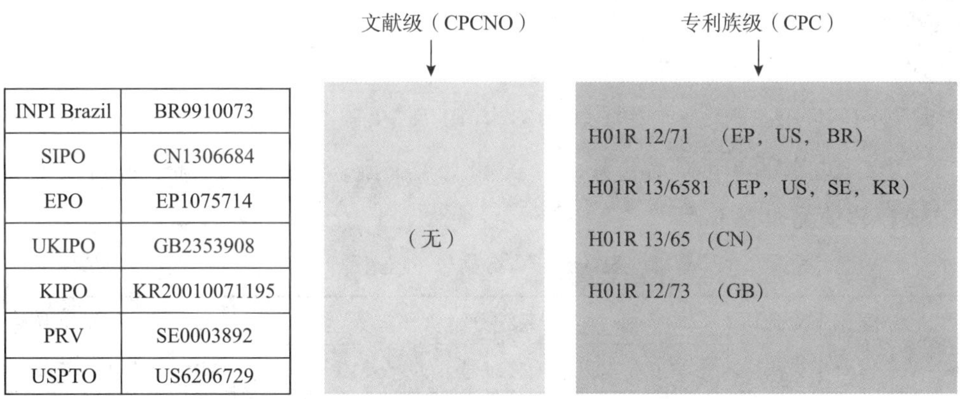

图 3　未来专利族文献 CPC 分类号的组织

这种修改的好处是，各局在专利族中仍然只贡献其给出的分类结果，但在分类结果显示时，各局的检索结果将处于同样等级。这样不仅可以帮助各局复制他局给出的分类号，在他局的分类工作中充分获益，也有助于分类实践结果的相互对比，从而促进各局分类实践的一致性。

三、CPC 全球推广情况

（一）CPC 覆盖的机构范围

CPC 自 2010 年诞生以来发展迅速，目前已有超过 45 个国家/地区的知识产权局或知识产权组织使用该分类体系，覆盖的审查员超过 25 000 人。

其中，欧洲专利组织中已有 8 个成员国使用 CPC 对文献进行分类，并向 EPO 提供分类结果数据。它们分别是：西班牙专利商标局（ES/OEPM）、芬兰国家专利与注册委员会（FI/NBPR/PRV）、英国知识产权局（GB/UKIPO）、瑞典专利注册局（SE/PRV）、奥地利专利局（AT/Öst. Patentamt）、丹麦专利商标局（DK/DKPTO）、希腊工业产权组织专利局（GR/OBI）和匈牙利知识产权局（HU/HIPO）。另外还有 3 个成员国即将使用 CPC，分别是捷克工业产权局（CZ/UPV）、挪威工业产权局（NO/NIPO）及葡萄牙工业产权局（PT/INPI）。

除欧洲专利组织成员国之外，中国国家知识产权局（CN/SIPO）、韩国知识产权局（KR/KIPO）、俄罗斯联邦知识产权专利商标局（RU/ROSPATENT）和巴西工业产权局（BR/INPI Brazil）已分别就使用或试用 CPC 同欧美签署相关协议/备忘录；墨西哥工业产权局（MX/IMPI）也正在积极考虑使用 CPC。

（二）CPC 覆盖的文献范围

截至 2013 年 10 月，使用 CPC 分类的全球专利文献达 4200 万篇。其文献覆盖范围主要包括：以英语、法语、德语和荷兰语出版的 PCT 最低限度文献；EPO 自 1978 年 12 月 20 日以后公开的文献，以及 WIPO 自 1978 年 10 月 19 日以后公开的文献；所有的美国专利文献，其中包括 1836 年以后公开的 A 类和 B 类文献；具有 XP 号的大量非专利文献。具体文献覆盖情况如表 3 所示。

表 3　CPC 分类号覆盖范围

国家	国别代码	文献种类代码	系统分类**			非系统分类	
			完成情况	起始文献号	起始时间	起始文献号	起始时间
非洲工业产权组织	AP		完成	1	1985. 7. 3		
奥地利	AT*	A，B		288 286	1971. 1. 15	100 022	1925
澳大利亚	AU*	B，D			1973. 1. 18（首次申请为 1971 年）	1 019 332	1933
比利时	BE			100 486	1892		1959 ~ 1962

续表

国家	国别代码	文献种类代码	系统分类**			非系统分类	
			完成情况	起始文献号	起始时间	起始文献号	起始时间
加拿大	CA*			848 159	1970.8.4	114 746	1908
				939 101（本国首次申请）	1974.1.1		
瑞士	CH	A，B		208 320	1939.1.31	1	1888
		D			1968		
德国	DE	A，B，C		1	1877	1 037 492	1928
		U		6 609 798	1973.1.4		
欧洲专利局	EP	A	完成	1	1978.12.20		
法国	FR	A，B		292	1844		
		E		92 701	1968.12.20		
英国	GB	A，B		1909 02 488	1910.1.27	1817 04 136	1817
卢森堡	LU			555	<1920		
荷兰	NL			28	1913		
非洲知识产权组织	OA		完成	1	1966.1.15		
美国	US	A，B	完成	1	1836.7.13		
		E	完成	8	1839.4.23		
		I（防御） I（试验，项目）	完成	120	1855.10.4		
		H	完成	1	1985.12.3		
全球（PCT）	WO		完成	7 800 001	1978.10.19		

数据统计截至2013年10月2日。

* 表示首次申请，即无外国优先权。

** 当无“完成”字样时，表示该数据集中有部分文献未进行CPC分类。

此外，通过同族方式，欧美两局还对其他国家的文献进行了CPC分类，包括中国、日本、韩国、巴西、俄罗斯和印度等。具体情况参见表4。

表 4　其他专利局文献的 CPC 覆盖情况　（单位：篇）

国家	在 DOCDB 中的文献量	完成 CPC 分类的文献量（DOCDB 及 CPCDB）	含 CPC 分类号文献所占比例
日本	16 763 533	4 048 874	24.1%
中国	8 004 042	1 524 540	19.0%
韩国	2 711 178	841 576	31.0%
巴西	518 456	304 896	58.8%
俄罗斯	2 067 559	243 242	11.8%
印度	54 363	23 689	43.6%

注：统计日期为 2014 年 10 月 27 日。

考虑到目前欧美两局已和多个局签署了合作协议，这些局将针对本局部分领域或全部领域的专利文献进行 CPC 分类，据此可以预测，未来每年在全球范围内将新增近 200 万篇带 CPC 分类号的专利文献。各局未来对 CPC 文献的贡献情况如图 4 所示。

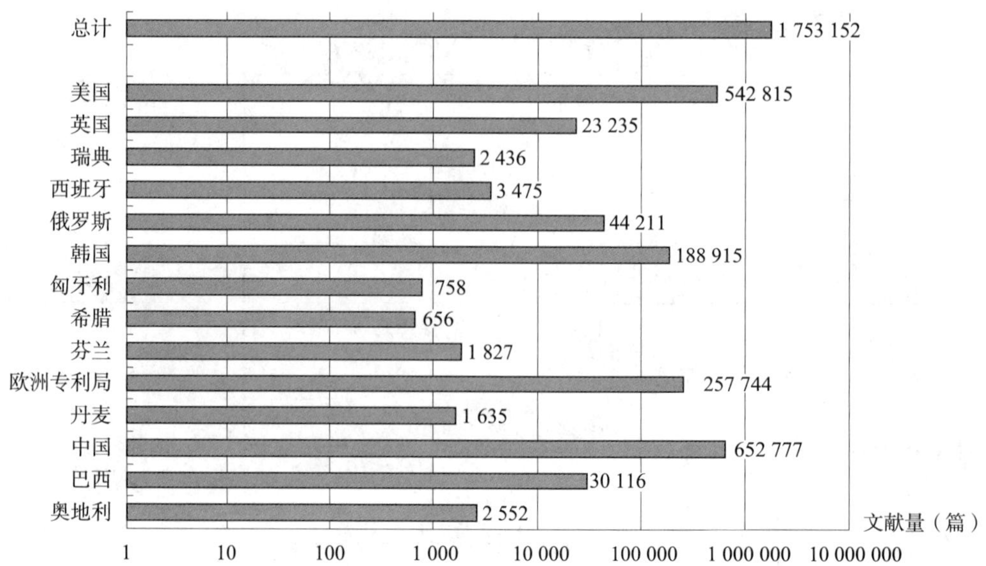

图 4　未来各局每年的 CPC 分类文献量预估

四、各主要局 CPC 应用实施情况

（一）欧洲专利局

虽然 CPC 是由欧美两局联合打造的分类体系，但 CPC 分类表的创建、修订、维护和分类质量管理等工作基本由 EPO 完成。CPC 分类表的主干分类号主要来源于 ECLA，从

分类思想到分类表设置，无不体现着欧洲技术的发展脉络。

为有序实施 CPC 分类体系，EPO 在 CPC 版本发布、分类表及分类定义修订、分类体系推广、国家局分类数据接收、ECLA 停止使用和分类质量控制等方面制订了详细计划，如图 5 所示。从目前各项工作的实施进展情况来看，EPO 的计划正一步步实现，CPC 的影响力正迅速蔓延至全球各主要知识产权局。

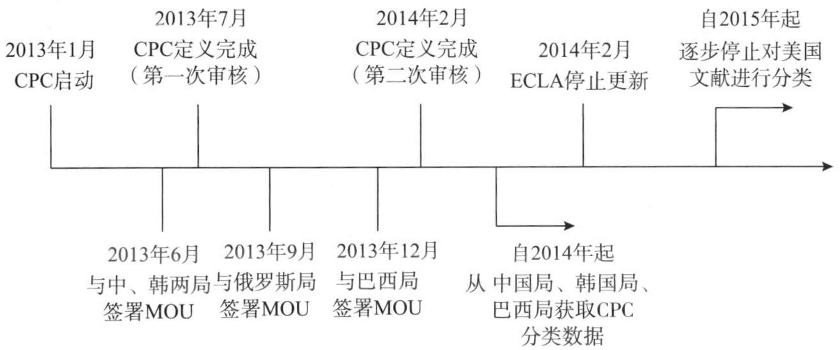

图 5　EPO 的 CPC 实施计划

在 EPO 内部，分类员均由审查员兼任，分为 A、C、E、F 和 S 5 个等级。其中，A 级为最高级别，通常为某个技术领域的负责人；C 级是仅次于 A 级的高级分类员；E 级分类员仅对自己检索的案件进行分类；F 级是初级分类员；S 级是实习分类员。同一个分类员可能同时承担多个级别的分类员角色，例如，在某个领域的一位 A 级分类员可能是另一个领域的 C 级分类员。

为强化分类质量控制，EPO 制订了严格的业务管理流程，并在每个技术领域指定一位负责人（通常由 A 级分类员担任），由其基于该领域的 CPC 分类表和分类定义对一定时期内的分类案卷进行抽样检测，视情况对分类结果进行修改，并将修改情况反馈给分类员，然后生成该领域的分类质量报告。

（二）美国专利商标局

近年来，随着各专利分类体系的发展，侧重功能分类的 USPC 在兼容性方面与其他分类体系渐行渐远，发展空间日益局限。出于自身利益的考虑，USPTO 毅然放弃已有百年历史的 USPC，与 EPO 共同开发了 CPC 分类体系。

根据 USPTO 的计划（见图 6），自 2013 年 1 月 1 日起 USPTO 正式使用 CPC 分类体系，并使之与 USPC、IPC 一并成为其官方专利分类体系。同年 3 月，USPTO 开始针对 US 发明申请授权专利提供 CPC 分类号。同年 10 月，USPTO 审查员开始从 USPC 逐步过渡到 CPC，过渡阶段至 2015 年 1 月结束，在此期间 CPC 与 USPC 并存。自 2015 年 1 月 1 日起，USPTO 不再使用 USPC 对发明专利申请进行分类，这意味着在公开出版方面，美国的 A 类文献全部含带 CPC/IPC 分类号，而未来的 B 类文献中将只有 CPC（IPC）分类号，

USPC 则不再出现。今后，带有 USPC 分类号的文献仅作为历史数据进行检索，并作为管理工作流使用。

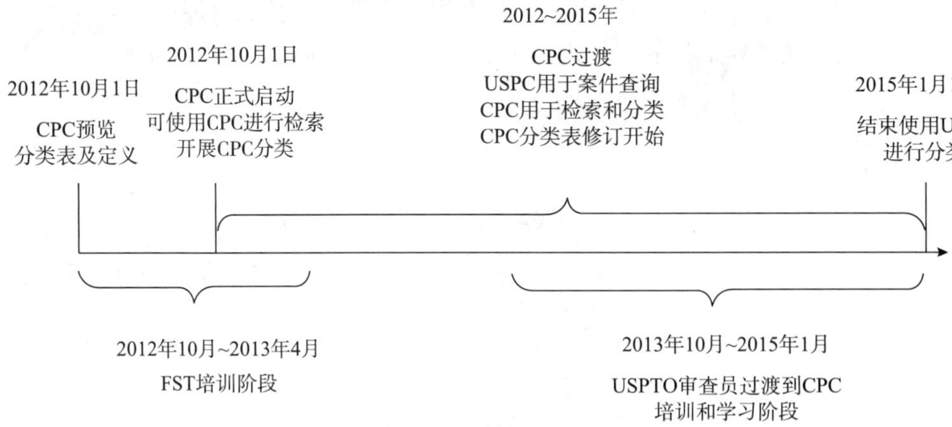

图 6　USPTO 的 CPC 实施计划

USPTO 现有超过 8 000 名审查员，为实现从 USPC 向 CPC 的平稳过渡，USPTO 自 2013 年 10 月开始实施大规模内部培训。培训分为两个阶段，第一阶段是 CPC 综合培训，主要学习 CPC 基础知识以及如何使用 CPC 分类工具和资源进行分类；第二阶段是特定领域培训（FST），通过多个预先录制的 FST 视频资料学习特定领域的 CPC 分类内容。培训结束后，审查员还将利用一段时间，同时使用 USPC 和 CPC 进行分类和检索，通过二者之间的对比分析，进一步加深对 CPC 的理解与认知。过渡阶段期间，针对每一件需要检索的申请，USPTO 均给审查员提供额外时间来练习使用 CPC 进行检索和定位。据 USPTO 统计，过渡期间每位审查员的非审查时间投入约为 140 个小时；截至目前，审查员的 CPC 学习时间累计超过 100 万个小时，已有 1 800 余位审查员完成了过渡阶段的学习。

为促进美欧两局审查员对 CPC 理解的趋同，两局对应领域的审查员一直保持着紧密沟通与互访交流。仅 2014 年 9 月，USPTO 便派出 32 名审查员赴 EPO，与该局约 100 名对应领域的审查员进行交流；同年 11 月，两局在 USPTO 举办 CPC 研讨会，10 名 EPO 审查员与 250 余位 USPTO 审查员进行了深入的业务交流。

（三）中国国家知识产权局

近年来，随着我国科技水平的不断提高和专利制度的日臻完善，专利申请数量急剧上升。2011 年至 2014 年，中国发明专利申请量连续四年位居世界首位。专利申请量激增对专利审查尤其是发明专利实质审查带来了压力与挑战，仅采用现有的 IPC 对中国专利文献进行分类和检索已不能充分满足专利审查和文献工作的需要。

为此，中欧两局于 2013 年 6 月正式签署《加强两局专利分类领域合作的谅解备忘录》。根据该谅解备忘录，SIPO 将在未来几年逐步引入 CPC 对中国发明专利文献进行分类。其中，自 2014 年 1 月起 SIPO 已开始在部分技术领域中，针对新公开的发明专利申请进行 CPC 分类，并将争取从 2016 年 1 月开始，针对所有技术领域新受理的发明专利申请进行 CPC 分类，相关分类数据将与 EPO 共享。

（四）韩国知识产权局

2013 年 6 月，KIPO 同 USPTO 签署了《CPC 试点项目协议》。依照该协议，KIPO 已于 2014 年完成了 25 个试点领域过去 10 年间过档文献的 CPC 分类工作，文献总量约为 9 万篇。2014 年 6 月，KIPO 与 EPO 签订协议，其 CPC 分类数据将与 EPO 共享，存储在 EPO 的 DocDB 数据库和 USPTO 的 CPCDB 数据库中。基于该试点项目收到的积极反馈，2014 年 9 月，KIPO 同 USPTO 签署谅解备忘录，KIPO 承诺从 2015 年 1 月起对全领域新受理的专利申请开展 CPC 分类。

（五）俄罗斯联邦知识产权专利商标局

2013 年 9 月，ROSPATENT 同 EPO 签署谅解备忘录，明确 2014 年至 2015 年，EPO 为 ROSPATENT 提供 CPC 基础培训和特定技术领域培训。自 2016 年 1 月起，ROSPATENT 开始对流程中的专利文献进行 CPC 分类；2017 年 1 月起，开始对已公开的专利文献进行 CPC 分类；分类数据同 EPO 共享，存储在 DocDB 和 CPCDB 中。

（六）巴西工业产权局

2013 年 12 月，INPI Brazil 同 EPO 签署分类合作谅解备忘录，明确自 2014 年起，巴西局将在已接受 EPO 培训的技术领域中开展 CPC 分类；2015 年考虑扩展问题；其 CPC 分类数据同 EPO 共享，存储在 DocDB 和 CPCDB 中。

（七）日本特许厅

日本特许厅（JPO）虽然未明确表示使用 CPC 对日本专利文献进行分类，但近年来亦借助欧日审查员互派之机，不断同 EPO 在分类议题上进行探讨和交流。2014 年 6 月，JPO 选派多位审查员和分类员赴 EPO 接受 CPC 培训。2014 年至 2015 年，JPO 计划选派 10 个技术领域的若干审查员赴 EPO，同对应领域的 EPO 审查员探讨 CPC 与 FI 在分类思想和分类实践等方面的异同点。

结 语

CPC 问世至今虽然仅有两年多时间，历经多次修订且尚存不少改进之处，但是从总体发展趋势来看，其无疑将成为全球最优秀的分类体系。随着越来越多的专利局开始学习、使用和推广这一分类体系，未来几年 CPC 分类文献总量将出现大幅增长，可供全球用户检索的 CPC 分类数据资源将越发丰富。作为一种兼容性强且细分程度高的分类体系，CPC 必将成为提高检索效率、优化审查质量的高效工具，这一点值得期待。

战略性新兴产业产品服务分类与国际专利分类对照研究*

付占海　郭波涛**

摘　要　为了实施战略性新兴产业专利信息分析，本研究通过产业技术分析、构建关键词、筛选分类号等步骤，构建了节能环保、新一代信息技术产业产品服务分类的 IPC 的对照表，探索了一套战略性新兴产业专利数据的组织模式。

关键词　战略性新兴产业　国际专利分类

一、前　言

战略性新兴产业（以下简称“战新产业”）是指建立在重大前沿科技突破基础上，代表未来科技和产业发展新方向，体现世界经济发展潮流，尚处在成长初期，未来发展潜力巨大，对经济社会具有全局带动和重大引领作用的产业。2010 年 9 月我国发布了《关于加快培育和发展战略性新兴产业的决定》（国发［2010］32 号），确定了节能环保、新一代信息技术、生物、高端装备制造、新能源、新材料和新能源汽车等 7 大战新产业。

产业专利态势是产业技术状况、竞争环境、企业发展战略的集中体现，无论是宏观管理者进行产业政策制定、产业为导向的专利管理与服务工作还是企业的研发、生产、出口等经营活动都离不开对产业专利态势的分析。所以，如何快速、动态地获取战新产业相关专利成为推动战新产业发展工作亟待解决的问题。本文在分析战新产业专利数据组织问题及思路的基础上，以节能环保、新一代信息技术产业为例，通过构建产品服务分类与 IPC 分类的对照表，最终形成一套战新产业的专利数据组织模式。

二、战新产业专利数据组织的问题及思路

战新产业专利数据组织模式，即将有关专利文献数据按战新产业归类的方法，其研

---

* 本文改编自国家知识产权局专利局专利文献部 2014 年度软课题“服务于产业行业的数据组织方式研究”，课题负责人黄建军，主要执笔人付占海、黄文静、丽娜、陈可南、马家华。

** 等同第一作者。

究主要解决两方面问题，一是战新产业的定义及分类标准的不统一，二是使用者对产业专利数据利用需求的多元化。

1. 战新产业的定义及分类标准的不统一

《国民经济行业分类》（GB/T 4754—2011）采用经济活动性质对行业进行定义及分类，经济活动性质相同的企业为一个行业，如国民经济行业的谷物种植行业定义为“指以收获籽实为主，供人类食用的农作物的种植，如稻谷、小麦、玉米等农作物的种植”。以国家标准的形式确定行业的内容，其范围相对明确和固定。战新产业属于政策性产业，由不同层级和地域的政府部门在不同时期提出的产业定义和分类，其定义的侧重点、详略程度都不尽相同，分类标准更是不明确，与国民经济行业比较，其涉及的领域相对不固定，可见缺乏从经济活动性质的角度对战新产业进行定义和分类的统一标准。例如，节能环保产业北京市文件中的描述明显比国务院文件表述详细，具体比较见表1。

表1　节能环保产业在不同政策文件中的表述差异

政策文件	内　　容
《关于加快培育和发展战略性新兴产业的决定》	重点开发推广高效节能技术装备及产品，实现重点领域关键技术突破，带动能效整体水平的提高。加快资源循环利用关键共性技术研发和产业化示范，提高资源综合利用水平和再制造产业化水平。示范推广先进环保技术装备及产品，提升污染防治水平。推进市场化节能环保服务体系建设。加快建立以先进技术为支撑的废旧商品回收利用体系，积极推进煤炭清洁利用、海水综合利用
《北京市关于加快培育和发展战略性新兴产业的实施意见》	大力加强高效节能、先进环保和资源循环利用关键技术及装备的研发，鼓励先进低碳技术应用。面向工业、交通、建筑等重点领域，重点开发推广 LED（发光二极管）等高效节能技术装备及产品，加快节能诊断、节能改造、合同能源管理、能源监测及管理等节能服务产业的发展。发展固体废弃物处理和综合利用成套设备，提升污水处理与废水资源化等领域的设备成套能力，大力培育集工程设计与建造、设备制造、技术服务和运行管理为一体的系统集成商。推动大气污染治理技术的研发、成果产业化和推广应用。完善资源回收体系，加快推进餐厨垃圾、固体废弃物、废旧商品等资源循环利用产业化发展，提高资源综合利用和再制造水平

若从产业提供的产品和服务角度来定义和细分行业，则可保证定义及分类标准的一致性。以产品和服务定义的产业范围虽然与以经济活动定义的产业范围有差异，但产品和服务的定义标准相对统一，且易于操作。考虑到分类的权威性，本研究拟采用国家发

改委制定的《战略性新兴产业重点产品和服务指导目录》（2013）作为战新产业的分类标准。

2. 使用者对产业专利数据利用需求的多元化

对于产业专利数据利用的需求，不同的机构或部门有着不同的需求，一般就政府部门而言，希望了解产业或者行业专利现状和专利技术发展趋势，从而为政府决策提供宏观层面的数据支撑，需求往往集中在专利数量统计方面；某些行业，如生物饲料产业、医疗器械产业等，发展较快，技术较为密集，希望构建比现有国民经济行业分类更为细致的分类，以方便对产业专利状况的把握；还有些行业，如通信技术行业3G、4G之类技术标准的分类体系在该领域中占主导地位，希望能够以技术标准为分类方式来组织专利数据。可见，各行业之间的差异较大，其对专利数据组织方式的需求也不尽相同，因此建立一套普适的，能满足各行业所有个性化需求的数据组织模式比较困难。

国际专利分类（IPC）是专利文献的一种分类工具，它是针对专利涉及的技术主题按照功能和应用给出每件专利的分类号。为满足各战新产业对专利数据组织的不同需求，可构建产业与IPC对照的关系，向使用者提供与某个产业相关的IPC分类号，为其提供方向指引及辅助应用，而各企业或相关部门可以在IPC对照的基础上细化关键词来满足其个性化需求。

综上分析，可以通过构建战新产业的产品和服务分类与IPC的对照关系表（具体为从产品和服务分类映射到IPC分类的单方向对照表），来获得战新产业的专利数据。

三、对照表构建步骤

对照表的构建分为4个步骤：第一步分解环保产业和新一代信息技术产业的产品和服务类型（最底层的产品和服务称为“技术主题”），第二步确定每个技术主题所包括的技术内容，第三步确定每个技术主题相关的国际专利分类号，第四步计算横向权值、纵向权值，具体如下：

1. 环保产业和新一代信息技术产业技术主题分解

按照《战略性新兴产业重点产品和服务指导目录（2013）》，节能环保产业被划分成3个产业大类和30个产业小类，新一代信息技术产业被划分成3个产业大类和17个产业小类，其中每个产业小类又根据所包含的重点产品或者服务划分为更为具体的技术主题，技术主题总量达1 080个。“新一代信息技术”产业的技术主题分布情况见表2。

表2 “新一代信息技术”产业的技术主题分布情况

产　业	产业大类	产业小类	技术主题数
2. 新一代信息技术	2.1 下一代信息技术产业	2.1.1 网络设备	27
		2.1.2 信息网络设施	19
		2.1.3 新一代信息终端设备	13
		2.1.4 下一代信息网络安全防护产品	14
	2.2 电子核心基础产业	2.2.1 集成电路	36
		2.2.2 新型显示器件	9
		2.2.3 新型元器件	31
		2.2.4 数字视听与数字家庭产品	34
		2.2.5 广播电视制播设备	29
		2.2.6 关键电子材料	28
		2.2.7 电子专用设备仪器	16
	2.3 高端软件和新兴信息服务产业	2.3.1 软件及应用系统	35
		2.3.2 信息技术服务	41
		2.3.3 电子商务服务	7
		2.3.4 公共事业信息服务	10
		2.3.5 数字内容服务	16
		2.3.6 网络与信息安全服务	16

2. 确定技术主题所包括的技术内容

根据这些技术主题分类，通过查阅相关技术资料并结合专业知识，初步确定这些技术主题分类中包括的技术内容。例如，“2.3.6.6 攻击防护服务”为“2.3.6 网络与信息安全服务”产业小类下的第6个技术主题，通过文献分析，得出“2.3.6.6 攻击防护服务”是指“防范利用网络存在的漏洞和安全缺陷对网络系统的硬件、软件及其系统中的数据进行的攻击”。以此类推，确定1 080个技术主题的具体内容。

3. 确定相关的国际专利分类号

（1）根据技术内容确定一系列主题词，利用主题词构造检索表达式在检索系统中进行初步检索。由于很难同时保证检索结果的查全率和查准率，考虑到本步骤的目的是确定与产业为相关的国际专利分类号，对查全率的需求相对更高，因此构造检索表达式的总体原则为保证查全率的情况下尽量提高查准率。例如，针对技术主题“2.3.6.6 攻击防护服务”的技术分解见表3。

表3　攻击防护服务的技术内容、关键词及检索表达式

技术内容解释	关键词	检索表达式
防范利用网络存在的漏洞和安全缺陷对网络系统的硬件、软件及其系统中的数据进行的攻击	（攻击 or 入侵）；（防护 or 防范 or 防御 or 防卫 or 阻止）；（网络 or 计算机 or 因特网 or 互联网 or 硬件 or 软件 or 系统 or 数据 or 信息）	（TI =（（攻击 or 入侵）and（防护 or 防范 or 防御 or 防卫 or 阻止））and TA =（网络 or 计算机 or 因特网 or 互联网 or 硬件 or 软件 or 系统 or 数据 or 信息））OR（TA =（（攻击 or 入侵）and（防护 or 范 or 防御 or 防卫 or 阻止））and TI =（网络 or 计算机 or 因特网 or 互联网 or 硬件 or 软件 or 系统 or 数据 or 信息））

注：TI 为名称，TA 为摘要。

（2）利用检索系统的统计功能对检索结果进行统计，并导出 IPC 分类号及含义。由于本课题对技术主题分类划分得较为细致，经过研究技术内容及 IPC 分类号涉及的技术范围，并参考《国民经济行业分类与国际专利分类（IPC）的对照研究》，发现 IPC 大组与技术主题的范围匹配程度最好，故确定导出的 IPC 分类号以 IPC 大组为主。

（3）进行技术主题与 IPC 分类号的对照，即根据产业分类涉及的技术内容和 IPC 分类号的解释说明，对导出的 IPC 分类号进行筛选，挑选出最为相关的 IPC 分类号。由于很多技术内容之间存在相互关联关系，检索结果中通常会包含上百甚至上千个 IPC 分类号，一般情况下，通过对比最终确定相关性最高的申请量排名前 20 位的 IPC 分类号。

例如，针对技术主题“2.3.6.6 攻击防护服务”，得到如下相关 IPC 大组，具体见表 4。

表4　2.3.6.6 攻击防护服务相关的 IPC 大组

IPC	分类号含义	与技术主题相关的专利数量	IPC 中所有数量
H04L 29	H04L 1/00 至 H04L 27/00 单个组中不包含的装置、设备、电路和系统	413	94 242
H04L 12	数据交换网络	220	103 046
H04L 9	保密或安全通信装置	107	19 426
G06F 21	防止未授权行为的保护计算机、其部件、程序或数据的安全装置	89	16 950
G08B 13	夜盗、偷窃或入侵者报警器	73	10 535
H04W 12	安全装置，例如接入安全或欺诈检测；鉴权，例如检验用户身份或权限；保密或匿名	36	8 394

续表

IPC	分类号含义	与技术主题相关的专利数量	IPC 中所有数量
G06F 17	特别适用于特定功能的数字计算设备或数据处理设备或数据处理方法	26	81 672
G08B 25	将报警的位置情况发信号给中心台的报警系统，如火灾或警察电信系统	25	6 119
G06F 11	错误检测；错误校正；监控	18	18 089
G06F 12	在存储器系统或体系结构内的存取、寻址或分配	16	14 579
H04W 84	网络拓扑	16	12 149
G06F 9	程序控制装置，如控制器	15	38 139
G06F 1	不包括在 G06F 3/00 至 G06F 13/00 和 G06F 21/00 各组的数据处理设备的零部件	12	47 192
H04L 1	检测或防止收到信息中的差错的装置	12	24 218
G08B 15	识别、恐吓夜盗、窃贼或入侵者，或使夜盗、窃贼或入侵者丧失活动能力，如用爆炸物	10	561
H04W 24	监督，监控或测试装置	8	13 673
H04W 4	专门适用于无线通信网络的业务或设施	5	22 901
H02J 13	对网络情况提供远距离指示的电路装置，例如网络中每个电路保护器的开合情况的瞬时记录；对配电网络中的开关装置进行远距离控制的电路装置，例如用网络传送的脉冲编码信号接入或断开电流用户	5	7 776
G06F 15	通用数字计算机；通用数据处理设备	5	13 474
G05B 19	程序控制系统	5	46 117

4. 计算横向权值、纵向权值

为全面反映各个 IPC 分类号中与技术主题相关的文献占到多大比例，以及技术主题相关文献在各 IPC 分类号中的分布情况，需要计算两类权值，分别命名为横向权值及纵向权值。

横向权值：某一 IPC 分类号中，与技术主题相关的专利文献所占的比重。

$$横向权值=\frac{某一\ IPC\ 分类号中与技术主题相关的文献数量}{该\ IPC\ 分类号中所有的文献数量}$$

纵向权值：某一 IPC 分类号中与技术主题中相关的文献数量，占到所有与技术主题相关的文献数量的比重。

$$纵向权值=\frac{某一 IPC 分类号中与技术主题相关的文献数量}{该技术主题中相关的所有专利文献数量}$$

例如，针对技术主题“2.3.6.6 攻击防护服务”，权值计算结果见表5。

表5　2.3.6.6 攻击防护服务权值计算结果

IPC	与技术主题相关的专利数量	IPC 中所有数量	横向权值	纵向权值
H04L 29	413	94 242	0.44%	53.5%
H04L 12	220	103 046	0.21%	28.5%
H04L 9	107	19 426	0.55%	13.9%
G06F 21	89	16 950	0.53%	11.5%
G08B 13	73	10 535	0.69%	9.5%
H04W 12	36	8 394	0.43%	4.7%
G06F 17	26	81 672	0.03%	3.4%
G08B 25	25	6 119	0.41%	3.2%
G06F 11	18	18 089	0.10%	2.3%
G06F 12	16	14 579	0.11%	2.1%
H04W 84	16	12 149	0.13%	2.1%
G06F 9	15	38 139	0.04%	1.9%
G06F 1	12	47 192	0.03%	1.6%
H04L 1	12	24 218	0.05%	1.6%
G08B 15	10	561	1.78%	1.3%
H04W 24	8	13 673	0.06%	1.0%
H04W 4	5	22 901	0.02%	0.6%
H02J 13	5	7 776	0.06%	0.6%
G06F 15	5	13 474	0.04%	0.6%
G05B 19	5	46 117	0.01%	0.6%

注：一件专利可能涉及多个 IPC 分类号，不同的 IPC 大组中“与技术主题相关的专利”可能有重叠，所以纵向权值的和大于100%。

四、对照表应用展望

对照表主要将在相关专利信息服务平台中实现自动化应用，具体有检索导航、专利统计分析两方面的应用。

1. 检索导航

检索导航是帮助用户快速获得战新产业专利文献的模式，又分为分类导航式和辅助检索式。分类导航式，按“战略性新兴产业与国际专利分类的对照关系”建立“战略性新兴产业分类”的专利检索导航，用户只需点击相关分类目录，便可直接查看专利列表；辅助检索式，向用户提供战新产业查询专利的功能，列出每个分类下涉及的 IPC，在系统后台通过技术手段计算出每个战新产业大类、小类和技术主题下的 IPC 横向权值，一般用户在检索专利文献时可以利用这些专利分类号，结合本行业熟知的一些关键词，就能便捷、全面地获取到和该行业相关的专利数据。对于其中横向权值为 100% 的 IPC 分类号，则无需进行关键词的选择。

2. 专利统计分析

在统计相关行业的专利数据时，由系统自动检索战新产业分类对照表中相应 IPC 分类号下的专利文献数量，并乘以横向权值，便可得到与该行业相关的专利文献数量，可以极大简化战新产业专利数据统计的工作流程，提高工作效率，并增强统计结果的参考价值。同时将各战新产业的检索式汇总及完善，制作出战新产业的专利分析报告模板，从而随时可以利用系统平台自动生成专利分析报告。可以使政府部门方便快捷地获得及更新战新产业的专利信息统计结果，并与各部门掌握的相关行业数据进行关联或综合分析，以得到更为全面、权威和更具科学性的分析结果，为相关部门的宏观决策提供支撑。

参考文献

[1] 国民经济行业分类（GB/T 4754—2011）.

[2]《关于加快培育和发展战略性新兴产业的决定》（国发［2010］32 号）.

[3]《北京市关于加快培育和发展战略性新兴产业的实施意见》（京政发［2011］38 号）.

[4] 国民经济行业分类与国际专利分类（IPC）的对照研究.

HONGGUAN ZHENGCE
YANJIU

宏观政策研究

基于专利文献信息的创新评价指标体系研究

陈海琦　张晓东[**]　曾志华

摘　要　专利文献资源是承载人类创新成果的巨大宝库。本文基于专利文献信息，参考国家知识产权局专利局专利文献部历年完成的创新评价相关课题研究成果以及国际影响力较大的专利排行指标，从两个视角构建创新评价指标体系，并对指标的含义和计算进行了详细说明，供相关机构、部门进行创新评价时选择使用。其中，创新活动评价维度视角包括创新实力、创新质量、创新效率、专利价值和专利布局5个一级指标和32个二级指标；专利价值链视角包括创新投入、创新产出、创新质量和创新驱动4个一级指标和30个二级指标。

关键词　专利文献信息　创新评价指标体系　创新活动评价维度　专利价值链

一、研究背景

当前，我国经济进入新常态，经济发展正在从主要依靠要素驱动向主要依靠创新驱动转变。为更好地引导创新，服务创新型国家建设及创新驱动发展战略实施，有必要对创新主体、地区、国家和产业的创新活动进行客观评价。据世界知识产权组织统计，全球95%以上的最新发明创造记载在专利文献中，并且约70%的发明创造仅在专利文献中公开。可见，专利文献是承载人类创新成果的宝库，基于专利文献信息来评价创新，客观性和准确性较高。

为此，笔者参考国家知识产权局专利局专利文献部历年完成的创新评价相关课题研究成果以及国际影响力较大的专利排行指标，从创新活动评价维度和专利价值链两个视角进行构建基于专利文献信息的创新评价指标体系，并给出指标的适用对象和指标说明，供相关机构评价创新时选择使用。

二、创新活动评价维度视角的创新评价指标体系

本指标体系是基于专利文献信息构建的创新评价指标体系，指标数据主要基于发明

** 等同第一作者。

专利的文献数据，只有创新效率和专利布局方面的部分指标同时涉及了实用新型和外观设计专利。具体创新评价指标体系及其适用对象如表1。

表1　创新活动评价维度视角的创新评价指标体系

指标体系		适用对象			
一级指标	二级指标	国家	地区	机构	产业
创新实力	发明专利申请公布量				
	发明专利授权公告量				
	有效发明专利量				
	发明专利授权公告占比				
	合作申请的授权发明专利公告占比（研发合作密度）				
创新质量	专利影响力指数（专利H指数）	×			
	当前影响指数				
	引用专利文献的领域宽泛程度（技术原创指数）				
	平均权利要求数量				
	平均说明书页数				
	技术覆盖范围				
创新效率	发明专利申请公布增长率				
	发明专利授权公告增长率			×	
	申请人增长率				
	有效发明专利增长率				
	技术循环周期		×	×	
	产业技术生命周期				
	每发明人平均发明专利授权量				
	单位研发经费投入发明专利授权量				×
专利价值	发明专利文献被引用的次数				
	发明专利文献平均被引用的次数				
	被引用专利文献的领域宽泛程度（技术扩散指数）				
	科学关联性				
	专利权转移比率				
	专利权质押比率				
	专利实施许可比率				
专利布局	域外专利布局指数		×	×	×
	发明PCT申请量				×
	相对专业化指数			×	
	每申请人平均发明专利授权量			×	
	单位GDP有效发明专利量			×	×
	发明、实用新型与外观设计授权专利占比			×	

基于专利文献信息的创新评价指标的适用对象是国家、地区、机构或产业，其中机构是创新活动最基本的活动主体，从发明专利申请角度看，大部分的发明申请人是机构，主要是企业、科研机构和高校，这些机构通过开展创新活动产出科技成果，而专利文献

是一种十分重要的科技成果载体，因此可以从专利文献信息视角评价机构的创新活动。对地区和国家的创新评价，主要是通过评价地区和国家内机构集群的创新活动，进而反映地区和国家的创新活动。对产业的创新评价，主要是通过评价某产业在地区或国家内机构集群的创新活动，进而反映该地区或国家的产业创新活动。若某个指标不适用于国家、地区、机构或产业，在相应的空格中画“×”标记。

三、指标说明

（一）创新实力

创新实力通过创新主体的创新产出数量反映，即专利申请、授权的数量以及相关的比例。

1. 发明专利申请公布量

是指一定时期内，专利行政部门受理且已处于公开状态的发明专利申请文献的数量，能够体现评价对象的创新意愿和创新实力。

2. 发明专利授权公告量

是指一定时期内，专利行政部门授予发明专利权并予以公告的发明专利文献的数量。授权的发明专利是创新主体被国家专利行政管理部门授予专利权的创新成果，能够体现评价对象的创新实力。

3. 有效发明专利量

是指一定时期内，已经获得专利行政部门授权并且仍处于有效状态的发明专利数量，能够体现评价对象的创新实力。

4. 发明专利授权公告占比

是指一定时期内，专利行政部门授予发明专利权并予以公告的数量占申请公布和授权公告数量之和的比例，比例越高，说明评价对象的创新实力越强。

计算公式：发明专利授权公告占比 = 发明专利授权公告数量/（发明专利申请公布数量 + 发明专利授权公告数量）

5. 合作申请的授权发明专利公告占比

又称为研发合作密度，是指一定时期内，合作申请的授权发明专利公告数量占授权公告总量的比例，能够反映创新主体的合作意识，进而体现创新实力。该指标也可进一步衍生出区域/机构内部合作密度和外部合作密度两种。

（二）创新质量

创新质量是指评价对象的创新产出质量，主要表现为专利的影响力、原创性、严密性和复杂性。

1. 专利影响力指数

又称为专利H指数，是指某地区、机构或产业的N件授权发明专利中有h件至少被引用了h次，其余（N－h）件专利的被引用次数均小于h，则其专利H指数为h。专利H指数指标将专利数量与被引用次数相结合，客观反映了专利技术的影响力。

计算方法：将某地区、机构或产业的N件授权发明专利按照被引用次数从高到低排序，依次对序号和被引用次数进行比较，至某一发明专利的序号大于被引用次数，将该序号减1就得到H指数。

2. 当前影响指数

是指一定时期内，前五年授权的发明专利在当前年份被引次数的平均值与更大范围内前五年授权的发明专利在当前年份被引次数的平均值的比例，能够体现评价对象授权发明专利的影响力。

3. 引用专利文献的领域宽泛程度

又称为技术原创指数，是指发明专利文献引用专利（即受引专利）文献的国际专利分类（以下简称“IPC”）小类覆盖数。改进型发明倾向于参考来自单一领域的现有技术，而重要的原创型发明倾向于组合多个不同领域的专利技术进而形成新的发明创造。因此，发明专利文献引用专利的领域宽泛程度越大说明发明专利创新性越好、质量越高。

4. 平均权利要求数量

是指一定时期内，每件授权发明专利的平均权利要求项数。独立权利要求的数量代表了专利权覆盖的最大范围。从属权利要求的数量代表了对保护范围层层限定的程度，体现了申请专利权的严密性。权利要求的数量可以表明该专利保护范围的层次性和周密性，其数量与技术领域有一定的关系，该指标的应用要考虑技术领域的影响。

5. 平均说明书页数

是指一定时期内，每件授权发明专利的平均说明书页数。说明书页数既反映了专利技术的复杂程度，也反映了专利技术描述的详尽程度。越是高质量的发明专利，涉及的技术往往越复杂，描述得越翔实，给出的实施例越充分，则其说明书的页数就越多。其数量与技术领域也有一定的关系，该指标的应用要考虑技术领域的影响。

6. 技术覆盖范围

是指技术覆盖范围用授权发明专利的IPC小类覆盖数进行衡量，是指一定时期内，每件发明专利的平均IPC小类数。创新活动涉及的技术范围越广，专利的IPC分布就越多，说明该发明创造在不同技术领域都有所建树，创新质量更高。

计算公式：技术覆盖范围＝一定时期内授权发明专利的IPC小类覆盖总数/授权发明专利总数

（三）创新效率

创新效率是指评价对象的创新活力及创新活动的投入产出效率，通过评价对象及其创新成果的增长率以及创新的投入产出比反映。

1. 发明专利申请公布增长率

是指一定时期内，专利行政部门受理且已处于公开状态的发明专利申请的增长率。发明专利申请公布增长率反映了评价对象创新意愿的增强和创新能力的提升，其值越高，说明创新效率越高；某产业内发明专利申请公布增长率反映该产业内技术领域的创新趋势，增长率越高，反映该技术领域是未来创新趋势的可能性越大。

2. 发明专利授权公告增长率

是指一定时期内，专利行政部门授予发明专利权并予以公告的增长率，说明相关创新成果不断增多。

3. 申请人增长率

是指一定时期内，发明专利申请人的增长率，说明加入创新活动的主体越多，一定程度体现创新活动的集群效率。

4. 有效发明专利增长率

是指一定时期内，已经获得专利行政部门授权并且仍处于有效状态的发明专利的增长率。

5. 技术循环周期

是指某国家、地区、机构或产业拥有授权发明专利引用的所有发明授权专利的专利年龄的时间中位数，能够体现评价对象的创新速度或科技演化速度。技术循环周期较低，代表该技术较新并且创新速度快。

6. 产业技术生命周期

产业技术生命周期反映在技术发展的不同阶段其创新效率的高低。在技术生长期，其创新活跃，效率较高；成熟期和衰退期则创新活力和效率不断降低。专利数量测算法是一种重要的利用专利数据判断产业技术生命周期的方法，通过四个指标测算产业技术生命周期。

① 技术生长率（v）。

是指某技术领域在考察年份发明专利申请（或授权）数量占过去5年该技术领域发明专利申请（或授权）总数量的比率。如果技术生长率连续几年不断增大，则说明该技术处于生长阶段。计算方法见公式（1）：

$$v = a/A \tag{1}$$

公式（1）中，a 表示发明专利申请（或授权）数量，A 表示过去5年的发明专利申请（或授权）总数量。

② 技术成熟度系数（α）。

是指某技术领域在考察年份发明专利申请（或授权）数量占该技术领域发明专利和实用新型两种专利合计申请（或授权）数量的比率。如果技术成熟度系数逐年变小，说明该技术处于成熟期。计算方法见公式（2）：

$$\alpha = a/\ (a+b) \tag{2}$$

公式（2）中，a 表示发明专利申请（或授权）数量，b 表示实用新型专利申请（或授权）数量。

③ 技术衰老系数（β）。

技术衰老系数是某技术领域在考察年份发明和实用新型两种专利合计申请（或授权）数量占该技术领域发明、实用新型、外观设计三类专利合计申请（或授权）数量的比率。如果 β 逐年变小，说明技术处于衰老期。计算方法见公式（3）：

$$\beta = (a+b)\ /\ (a+b+c) \tag{3}$$

公式（3）中，a 表示发明专利申请（或授权）数量，b 表示实用新型专利申请（或授权）数量，c 表示外观设计专利申请（或授权）数量。

④ 新技术特征系数（N）。

新技术特征系数是由技术生长率和技术成熟度系数推算而来，反映了某一技术领域的新技术特征。如果 N 越大，说明其新技术的特征越强。计算方法见公式（4）：

$$N = \sqrt{\nu^2 + \alpha^2} \tag{4}$$

7. 每发明人平均发明专利授权量

是指一定时期内，每个发明人平均拥有的授权发明专利数量，从发明人，即人员投入角度考查创新的效率。

计算公式：每发明人平均发明专利授权量 = 一定时期内授权发明专利数量/授权发明专利发明人数

8. 单位研发经费投入授权专利量

是指一定时期内，评价对象单位研发经费投入所产出的授权发明专利数量，从研发经费投入角度考察评价对象创新的效率。使用该指标时应考虑研发投入与专利产出之前的时间差，包括研发投入到创新成果产出的周期和专利申请到结案的周期。

计算公式：单位研发经费投入授权专利量 = 期末授权发明专利数量/期初评价对象的研发投入总量

（四）专利价值

专利价值是指评价对象创新成果的驱动效应和溢出效应，主要体现在专利对其他发明人和申请人的价值、科学与技术融合的价值以及专利转移转化对经济的驱动价值。

1. 发明专利文献被引用的次数

是指一定时期内，授权发明专利文献被在后专利文献（发明、实用新型和外观设计）引用的次数，能够反映发明专利整体的基础性和核心性。

2. 发明专利文献平均被引用的次数

是指一定时期内，每授权发明专利文献被在后专利文献（发明、实用新型和外观设计）引用的次数，能够反映平均每件发明专利的创新质量。

3. 被引用专利文献的领域宽泛程度

又称为技术扩散指数或技术普及性指数，是指发明专利文献被引用专利（即施引专利）的领域宽泛程度（IPC 小类覆盖数）。该指标值越大，说明该发明专利的应用普及性越好，对后续专利创新的影响范围越大。

4. 科学关联性

是指一定时期内，每件授权发明专利所引用的正式发表的科学类论文的数量。科学关联性指标衡量的是专利技术和前沿科学研究关系的紧密程度。该指标值越大，说明评价对象的创新活动越是基于科学前沿，与科学研究的关系越紧密，越接近原始创新，科学与技术的融合度越高，该专利的创新价值越高。

计算公式：科学关联性 = 发明专利所引用的非专利文献的数量/授权发明专利的数量

5. 专利权转移比率

是指一定时期内，发生专利权转移的发明专利数量占授权发明专利数量的比例。专利转移程度越高，说明相关专利创新的经济价值越高。

计算公式：专利权转移比率 = 一定时期内发生专利权转移的发明专利数量/该时期内授权发明专利总数

6. 专利权质押比率

是指一定时期内，发生专利权质押的发明专利数量占授权发明专利数量的比例。专利权质押比例越高，说明相关专利创新的经济价值越高。

计算公式：专利权质押比率 = 一定时期内发生专利权质押的发明专利数量/该时期内授权的发明专利数量

7. 专利实施许可比率

是指一定时期内，专利实施许可合同备案的发明专利数量占授权发明专利数量的比例。专利实施代表了科技成果的转化，实现科技成果的经济驱动作用。一定时期内，授权发明专利中专利实施许可合同备案的比率越高，说明专利转化程度越高，相关专利创新的经济价值越高。

计算公式：专利实施许可比率 = 一定时期内专利实施许可合同备案的发明专利数量/该时期内授权的发明专利数量

（五）专利布局

专利布局主要体现在该国家、地区或机构在其他国家专利申请与授权的情况及申请人和产业规模角度的专利强度、密度。

1. 域外专利布局指数

是指一定时期内，某专利来源国在本国以外的某个或者某些专利受理机构获得的授权发明数量与该专利来源国所拥有的全球授权发明数量的比值。本国以外的专利受理机构既可以是全球范围，也可以是集中在某些特定的范围，例如中美日欧韩五局范围。

计算公式：域外专利布局指数 = 一定时期内某专利来源国在本国以外的专利受理机构获得的授权发明数量/该专利来源国的全球授权发明数量

2. 发明 PCT 申请量

是指一定时期内，某专利来源国通过《专利合作条约》程序提出国际申请进入其他国家阶段处于公开状态的发明专利申请数量。

3. 相对专业化指数（RSI）

是指在某一特定技术领域，某国家专利授权量在全球专利授权量中所占比例与该国所有专利授权量在全球所有专利授权量中所占比例的比值，所得数值取对数。某国家针对某一特定技术领域的相对专业化指数，体现该国家针对该技术领域相对于该国家整体技术水平所处的地位，该指标大于 0 的技术领域在本国具有相对专业化优势，指标值越高，相对专业化优势越大。可以将该指标的应用范围推广，用于测度地区层面的技术领域专业化优势。

计算公式：$RSI = Lg\left(\dfrac{F_{C,T}/\sum_{C}F_{C,T}}{\sum_{T}F_{C,T}/\sum_{C,T}F_{C,T}}\right)$，其中 $F_{C,T}$ 表示在某一特定技术领域 T，来自国家 C 的专利授权量，$\sum_{C}F_{C,T}$ 表示在某一特定技术领域 T 的全球专利授权量，$\sum_{T}F_{C,T}$ 表示国家 C 所有专利授权量，$\sum_{C,T}F_{C,T}$ 表示全球所有专利授权量。

4. 每申请人平均发明专利授权量

是指一定时期内，每个申请人平均所拥有的授权发明专利数量，从申请人角度考查专利布局强度。

计算公式：每申请人平均发明专利授权量 = 一定时期内授权发明专利数量/授权发明申请人的数量

5. 单位 GDP 有效发明专利量

是指一定时期内，某国家或地区每 10 亿元 GDP（单位 GDP）处于有效状态的发明专利数量。GDP 代表了国家或地区的产业规模，该指标反映了从产业规模角度的专利布局密度。

计算公式：单位 GDP 有效发明专利授权量 = 一定时期内处于有效状态的发明专利数量/国家或地区的 GDP（以 10 亿元为单位）

6. 发明、实用新型与外观设计授权专利占比

是指一定时期内，某国家、地区或产业的发明、实用新型和外观设计三类授权专利所占的比例。发明专利反映了评价对象的科技创新能力，实用新型专利反映了评价对象的技术改进创新能力，外观设计专利反映了评价对象的艺术创意方面的能力。三类专利的占比反映了评价对象的专利结构。

四、专利价值链视角的创新评价指标体系

（一）科技创新价值链

完整的科技创新价值链包括：“社会经济需求分析→科技创意→知识创造→技术创新→技术转移→科技企业孵化→产品研发→产品制造→市场营销→科技服务→社会经济需求满足”等主要环节。

科技创新价值链（如图1所示）主要包括三个阶段：第一阶段是科技成果的生产阶段，主要是根据国家战略、产业发展或企业创新等需求形成科技创意及科技项目计划，科技人员通过在实验平台上开展试验研究，形成科技成果。第二阶段是科技成果转化与转移阶段，因为初次的科技成果一般不能进行转化，还需要根据企业的产品和大规模生产需求进行技术创新及技术标准化、知识产权化和规模生产试验。第三阶段是产业经济和社会效益阶段，这一阶段主要是企业的核心活动，企业进行产品研发和生产制造，通过销售形成企业的经济利润，企业的发展壮大会带动相关产业的发展。

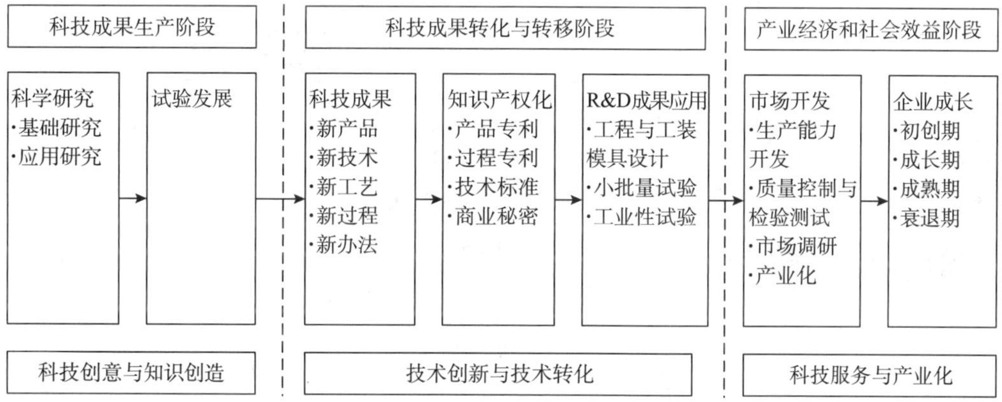

图1 科技创新价值链

（二）基于专利价值链评价创新活动分析

专利是一种重要的科技成果，因此可以将科技创新价值链应用于专利领域，基于科技创新价值链，构建专利价值链，其包括“专利创造→专利申请→专利授权→专利实施”等主要环节。本文尝试从专利价值链角度分析评价对象的创新活动。

专利创造环节与创新价值链中的“科技成果生产阶段”相对应，主要考量评价对象的研发环节，核心是创新投入，即对创新活动投入的人力、财力和物力，从专利创造角度评价创新活动，更多的是专利申请人、发明人和研发经费投入，因此专利创造环节对应的是创新投入指标。该指标反映评价对象已有的创新资源，也可以看作是创新存量指标，是过去时指标。

专利申请和专利授权环节，主要是衡量创新产出。专利申请可以从国内申请和国外申请区分，专利授权可以从专利授权数量与专利授权质量区分。因此专利申请与专利授权的数量指标对应的是创新产出指标，专利授权的质量指标对应的是创新质量指标，创新产出指标和创新质量指标反映评价对象当前拥有的创新产出，是现在时指标。

专利实施环节，衡量专利对其他发明人和申请人的驱动作用、科学与技术融合的驱动作用以及进行转移转化对评价对象的发展驱动作用，甚至是对经济社会的驱动作用，因此专利实施对应的是创新驱动指标。创新驱动指标反映评价对象具备的科技竞争潜力及其经济社会驱动效应，是将来时指标。

从上面的分析，专利价值链视角的创新评价指标可以从创新投入、创新产出、创新质量和创新驱动四个维度进行测度，一方面这四个维度反映了专利价值链的整个过程，对应了专利创造、专利申请与专利授权、专利实施；另一方面这四个维度也对应了评价对象过去时、现在时和将来时的科技竞争力。

（三）专利价值链视角的创新评价指标体系

由此构建了包括 4 个一级指标和 30 个二级指标的创新评价指标体系，如表 2 所示。

表 2　专利价值链视角的创新评价指标体系

一级指标	专利价值链	二级指标
创新投入（过去时）	专利创造	发明专利申请人数
		申请人增长率
		发明专利发明人数
		研发经费投入
		国内生产总值（GDP）
创新产出（现在时）	专利申请（申请数量）	发明专利申请公布量
		发明专利申请公布增长率
		域外专利布局指数
		发明 PCT 申请量
	专利授权（授权数量）	发明专利授权公告量
		发明专利授权公告增长率
		合作申请的授权发明专利公告量
		有效发明专利量
		有效发明专利增长率
		相对专业化指数
		实用新型专利授权公告量
		外观设计专利授权公告量

续表

一级指标	专利价值链	二级指标
创新质量（现在时）	专利授权（授权质量）	专利 H 指数
		技术影响指数
		发明专利文献引用专利的领域宽泛程度
		平均权利要求数量
		平均说明书页数
		技术覆盖范围
创新驱动（将来时）	专利实施	发明专利文献被引用的次数
		发明专利文献平均被引用的次数
		发明专利文献被引用专利的领域宽泛程度
		科学关联性
		专利权转移比率
		专利权质押比率
		专利实施许可比率

表 2 所示的创新活动评价指标体系更具逻辑性，可以从创新投入、创新产出、创新质量和创新驱动 4 个维度评价评价对象的整体创新效果，也可以从国家、地区、机构和产业不同层面针对创新活动的不同角度进行评价。

五、结论与讨论

两个视角的创新评价指标体系的个别指标会有所差异，其中创新活动评价维度视角的 8 个指标在专利价值链视角的指标体系中没有直接体现，包括发明专利授权公告占比、每发明人平均发明专利授权量、单位研发经费投入授权专利量、每申请人平均发明专利授权量、单位 GDP 有效发明专利量、发明、实用新型与外观设计授权专利占比、技术循环周期、产业技术生命周期，除技术循环周期和产业技术生命周期这两个指标是衡量技术循环与演化的，不直接体现在专利价值链的各个环节中，需要计算获得，其他 6 个指标的基础指标都体现在表 2 中，可通过相关指标计算得出。相关机构可根据工作需要或工作重点，选择不同视角的指标体系进行创新活动的评价，通过创新评价结果可以为政府部门提供相关政策建议，也可以为创新机构提供相关策略，提升我国的创新竞争力。

参考文献

[1] 张占疆，等．国家知识产权局专利局专利文献部项目：“基于专利文献的产业创新竞争力评价指标体系研究”报告［R］．2014（10）．

[2] 彭茂祥，冀小强，等．国家知识产权局专利局专利文献部项目：“基于专利信息的全球（主要国家）技术创新活动研究”报告［R］．2014（12）．

[3] 王娇丽，等．国家知识产权局专利局专利文献部项目：“全球专利创新资源研究”报告［R］．2013（12）．

[4] 章璠，郑洁，等．国家知识产权局专利局专利文献部项目：“中国专利创新研究报告（2011）——基于专利文献的视角”［R］．2012（12）．

[5] 洪昶，等．国家知识产权局专利局专利文献部项目：“面向产业的专利竞争情报分析模型及实证研究”报告［R］．2014（11）．

[6] 林甫．面向产业竞争力评价的专利指标体系构建及应用［J］．图书情报工作．2014（14）．

[7] 张征岚．科技创新价值链与高校技术成果推广模式初探［J］．科技创业，2011（18）．

[8] 美国电气和电子工程师协会．专利实力记分卡［J］．IEEE SPECTRUM，2013（10）．

浅谈运用专利信息提升专利申请质量*

胡宇　仲杰　曹丽荣

摘　要　本文以“专利信息在提升专利申请质量方面的运用研究报告”为基础，阐述了专利信息在技术创新、申请撰写、专利布局等环节对专利申请质量的提升作用，分析了企业及其他主体利用专利信息的现状和存在的主要问题，并在此基础上提出了应对措施与建议。

关键词　专利信息　专利申请质量　技术创新　专利申请撰写

一、引　言

国家知识产权战略实施以来，我国专利申请数量持续快速增长。2014 年，我国 3 种专利申请总量为 236.1 万件。但与专利申请数量的增长相比，专利申请质量的提高却差强人意，暴露出一些亟待解决的问题，主要表现在：专利申请的文件撰写水平较低，专利申请的技术创新水平不高，专利申请缺乏市场价值等。2013 年 12 月，国家知识产权局发布了《关于进一步提升专利申请质量的若干意见》，指出“进一步提升专利申请质量对提高我国自主创新成果专利保护水平，保障专利制度高效运行具有重要意义”。

专利信息作为人类创新成果的集中体现和再创新活动的重要源泉，对提升专利申请的质量具有不可替代的作用。专利信息又可称为专利文献信息，是根据专利法规和其他有关标准撰写、审查、公开的文件资料信息。近年来，全世界每年出版的专利文献超过 500 万件，汇集了极其丰富的科技、法律和市场信息。这些信息能为技术创新提供引导和启示，帮助申请人进行专利文件撰写，并指导其开展专利布局。

目前，我国创新主体对专利信息的运用仍然缺乏足够认识，没有充分发挥专利信息对专利申请质量的提升作用。因此，强化专利信息的利用意识，指导和帮助创新主体将专利信息融入技术创新和专利申请的全过程显得十分必要，也是建设创新型国家的题中

---

* 本文是对国家知识产权局专利局文献部 2014 年课题研究报告——“专利信息在提升专利申请质量方面的运用研究报告”的内容精编。课题研究人员为同济大学法学院知识产权学院。主要研究人员为宋晓亭、曹丽荣、姜南、漆苏、李昕、陆阿东、胡惠平、胡丹阳、高建美。

应有之义。

二、专利信息对提升专利申请质量的作用

专利信息通常包括3类。第一类是技术信息，详尽记载了与该发明相关的技术原理、思路、实现方法及实验数据，并反映了相关技术领域的发展动态和趋势；第二类是法律信息，包含了与专利权相关的时间和地域信息，发明人和申请人信息、专利的技术保护范围等；第三类是市场信息，主要反映了专利的市场需求、技术影响力、产出价值等。这些信息可以通过技术创新、申请撰写、专利布局等环节形成合力，从整体上提高专利申请的质量。

（一）为技术创新提供引导启示

充分检索和阅读国内外相关领域的专利文献，总结归纳其技术信息，是发明主体进行技术革新、产品研发必不可少的过程。这个过程一是回顾前人成果、梳理核心技术、掌握研究方法，为自身开展相关领域科研工作奠定基础；二是探清未来技术发展趋势，根据不同技术方向的改进空间及价值大小给予不同的研究力度，避免重复、低效投入；三是对前人不足进行深入了解，据此寻找新的技术起点开展研究，通过拓展思考角度，引入或变换新的技术手段来获得进一步的创新成果。

（二）为专利申请提供撰写指导

专利申请撰写前，利用专利信息可以有效地界定发明的背景技术，明确发明实际解决的技术问题，从而精确划分现有技术与创新成果，帮助形成专利权的保护内容。在撰写权利要求时，借鉴相关专利文献的表述方法或技巧可以优化专利权的保护范围，例如将独立权利要求的保护范围界定得宽泛一些，将从属权利要求的保护范围按照需要层层递减。这样，当权利要求出现问题时，申请主体能主动做出退守，以合并方式来逐级调整保护范围，保证专利权的最大化。而对于说明书的撰写，参考以往文献可以更好地完善发明的技术方案，帮助形成合乎规范的申请文本，避免出现公开不充分或缺乏必要技术特征的情况。

（三）在专利布局中帮助决策和规划

专利文献中记载有某项技术在获取专利权过程中所涉及的各种信息，如专利权的范围、归属、内容、状态和法律状况等，利用这些信息可以从整体上把握该技术研究的活跃程度、分布范围、发展水平以及竞争对手的研究状态。此外，通过分析和研究近年来相关专利申请的趋势还可以了解该技术的市场走向和价值变化。根据这些技术、市场和法律情报，创新主体可以结合自身的科研实力与技术特点做出科技创新的具体部署和市场布局，针对性地设计科研方案，规划技术路线，避免盲目、低效的地毯式专利布局或

专利围墙，从而提高专利申请质量，实现专利市场价值的最大化。

三、专利信息的利用现状

与专利申请相关的主体一般包括企业、科研院校、社会公众和代理机构。其中前三者是技术创新主体，而代理机构则负责将技术成果转化为专利申请。各主体在专利信息利用方面都具有自身的一些特点。

（一）企业

根据我国企业运用知识产权的能力，可以将其划分为 3 种情况，即入门阶段、发展阶段和成熟阶段，表现为：大型企业和部分中型企业多为成熟阶段，中小型企业多为发展阶段，非技术性服务或低技术含量的中小微企业则多为入门阶段。各类企业对专利信息的利用也基本呈同样分布。

入门阶段的企业对知识产权运用还处于较低层次，甚至有的企业没有一件授权的专利技术。它们之中大多数对专利信息的价值缺乏认识，尚未形成自身的知识产权管理系统，没有确立本领域的专利信息分析制度和查询体系。因此，这些企业对专利信息的利用几乎处在零起跑线上，更谈不上系统、有效地利用专利信息来进行技术挖掘和创新。

发展阶段的企业对研发专利技术来抢占有利市场已经有一定的认识，很多大中型企业已经设立了知识产权部门或知识产权专职人员，或与企业内科技部、生产部、市场部等相融合，其知识产权的意识和能力有了较好地体现，例如国内医药领域中的创诺医药集团、阿斯利康制药有限公司和中信国健制药股份有限公司等。但目前我国多数企业还未形成一种成熟完善的专利信息利用体系，这些企业在日常的新产品研发和技术创新过程中，还经常发生管理层直接决策科研项目的非理性案例，或是仅仅在市场上寻求销量比较好的产品作为模仿对象，而没有事先委托有关专业部门进行系统的专利信息检索分析。由于这些技术活动缺乏专利信息的有效支撑，因此其专利申请质量自然也难以得到保障。

对于成熟阶段的企业，知识产权制度建立比较早，其知识产权的内部管理也比较完善，对专利信息的利用相对成熟，能够在一定程度上形成比较全面的专利信息查阅、梳理和分析系统。最为成功的案例如华为和海尔，其早已经形成对国内外专利文献进行收集、分析和统计的意识，特别是海尔于 1988 年建立了我国首个企业专利文献数据库，并且次年与世界上规模最大、检索功能最完善的 DIALOG 检索系统联机，同时在我国专利局帮助下开发出“中国家用电器专利文献数据库”。此类大型企业知识产权运用比较成熟，其典型特征就是建立起了本技术领域国内外专利信息的检索系统，这使企业对国内外先进技术和各大公司研发动向有所了解，从而为自身新产品、新技术的布局和研发奠定了坚实的基础。因此，在创新成果的专利产出上，成熟阶段的企业往往具有较高的专利申请质量。

虽然国内已有大型企业重视专利信息并加以充分地运用，但是较之我国市场主体的总量（尤其是大型企业的数量），其整体利用率仍然不太理想。

（二）科研院校

相比企业的市场化运营，我国科研院校一直以来承担着为国家培养高素质人才的重任，因此在先天上拥有充实的人才队伍和丰富的文献资源。科研院校利用文献信息的意识普遍较强，注重在技术创新活动中开展文献资源的检索和分析，并以此为基础进行创新。

以往，科研院校与市场联系少，更注重学术成果产出，因此利用学术文献资源较多，利用专利信息资源较少。随着科研院校的发展方向越来越紧密地服务于国民经济建设这一总任务，越来越多的科研院校已将自身教学工作和科研工作结合起来，主动加强了与企业之间的联系，并注重将科研成果以专利形式向市场转化推广。一些高校甚至规定审查鉴定科研成果时必须进行专利文献检索，根据专利文献检索结果分门别类进行审理，或是申请专利，或是申报奖项，以尽早实现产业化。

（三）社会公众

我国社会公众利用专利信息指导发明创造的意识目前仍显不足，对检索平台的熟悉程度不高，也没有充分掌握相应的检索方法，因此还没能形成对专利信息的有效利用。

（四）代理机构

我国专利代理机构主要是帮助创新主体将技术成果转化为专利申请。其在申请文件撰写过程中对专利信息的利用多与客户要求有关。当客户要求较高且愿意支付相应经费时，代理机构会通过检索相关专利信息来进行查新，并对现有技术的边界进行分析；反之，客户出于时间和成本考虑对专利申请不作额外要求的，代理机构往往不会花费时间去检索和分析，从而导致专利申请质量的降低。在对专利信息的检索程度上，许多专利代理人经常检索的数据库仅在两个以内，检索范围十分有限，因此也限制了专利申请质量的提高。

四、专利信息利用中存在的问题

上述各主体在专利信息利用方面都面临着一些问题。下面以企业为主，结合其他主体，对专利信息利用中存在的问题展开分析。

（一）利用专利信息的意识比较薄弱

很多企业在为新技术申请专利时，通常是经各有关部门集体商讨，从各自的角度和知识点出发来判断某一技术是否应当申请专利，决定后由技术人员进行方案的撰写并提交申请，因此整个过程缺乏对现有技术进行检索分析的意识。因此，即使申请得以授权，其权利和价值也容易在投入市场后被否定，最终造成各种资源的浪费。另外，许多企业虽然申请之前对现有技术进行过检索，但往往浅尝辄止，不愿花费精力对专利信息查全查准，更谈不上对技术内容的深入分析。这样一来，当专利申请出现新颖性或创造性问题时，企业往往会采取降低权利要求的方法以获得授权，从而使专利申请的保护范围缩小，质量低下，甚至失去实际生产价值。因此，缺乏对专利信息的利用意识是我国企业专利申请质量不高的一个重要原因。

从科研院校来看，其项目许多是基础研究，产出的成果往往难以满足专利申请的条件，故通常被作为发明创造的原理、依据，以科技引文方式在专利文献中体现。这类信息蕴含的是对基础研究的应用诠释与衍生创新，具有高度的技术水准。而科研院校人员由于利用意识不足，往往忽视专利文献所暗含的这些基础创新信息，导致对专利文献检索和使用较少、利用效能不高。此外，科研院校许多项目在立项之初未直接面向市场需求，而是针对自身科研或学术任务，相应人员在搭建从科研成果到市场产品这一产学研链条时，又常常忽视已有专利信息的参考和指引作用，缺少利用专利信息对科研成果进行市场转化、产品布局和专利运营的认识，使得研究成果市场推广效果欠佳、产业化程度较低。

对于代理机构或社会公众，其利用专利信息的意识同样不高。如前所述，大部分代理机构的专利撰写质量基本与客户的要求有关，其自身缺乏主观能动性；而社会公众在创新过程中也常常忽视专利信息的利用。

（二）对专利文献数据库知悉、使用程度较低

虽然社会上已存在不少专业数据库，例如 soopat、uspto、WO、Delphion、Derwent、EP、Jopal 及佰腾等，但不少创新主体尚未采用专业数据库对相关技术的研发开展文献检索。有些创新主体虽然对现有专利文献进行了检索，但由于使用习惯、掌握程度等原因，只利用其熟知的某一数据库进行检索，而缺少其他数据库作为补充。这样往往会出现检索不全的现象，造成相关信息的漏检。由于检索平台众多，创新主体通常对各数据库的特点缺乏全面了解，难以根据自身需要选择合适的数据库或其组合来进行使用，因此也降低了专利数据库的使用效果。

针对那些依靠代理机构进行专利申请的情况，对上海专利代理机构和律所进行的抽样问卷调查显示，约有 63% 的专利代理人经常使用的专利数据库为两个以内，亦即半数以上的专利代理人根据两个以内的数据库检索结果进行专利申请文件的撰写。这自然难以保证专利申请文件的质量。

此外，部分创新主体（特别是社会公众）由于资金缺乏也无力对专利数据库进行有效使用。

（三）对专利信息进行检索与分析的能力有待提高

目前，大多数创新主体或代理机构对专利信息的检索还达不到准确和完善了解“现有技术”的程度。专利信息的检索需要全面和完整，漏检必然会对技术分析造成一定的阻碍。在完整检索的基础上，还需要通过分析现有技术的内涵和外延来找准技术创新的边界，这需要创新主体或代理机构拥有一定水准的专业分析能力，而目前多数主体仍停留在全面检索这一基本要求上，远没有达到要求的专利信息分析水平。其主要原因一方面是多数创新主体或代理机构没有专门部门或专业人员来从事该项工作，另一方面是相关工作人员或技术研发人员多是通过短期的培训或自学来掌握专利检索和分析技术，缺少系统、长期的专业学习。例如，我国普通高等教育过程中，将专利信息检索方面的培养作为必修课上过的高校仅占5%，作为选修课上过的占26%，自学过的占13%。在校本科生、硕士生一般不会或很少利用专利文献，多数博士生也不注重利用专利文献，甚至部分高校教师和研究机构的科研人员也很少利用专利文献。其结果是：具备专业检索知识的研究人员储备较少，各创新主体或代理机构对专利信息的利用力不从心。

（四）缺少对专利信息分析研究的专职人员

就企业而言，在其技术研发过程中，对相关领域专利信息收集后，需要有专职人员对此进行分析和研究，筛选具有参考价值的专利信息，了解此领域内技术研发的阶段和程度，以便为进一步创新和专利申请做准备。这些人员对企业实现系统、科学的技术规划和专利布局具有重要意义。但据调研结果显示：除了部分成熟企业，大部分企业在技术创新活动中，都将专利信息的分析和研究任务委托给第三方中介服务机构；或者通过技术人员进行粗略的专利文献检索之后，交由第三方中介服务机构进行进一步的筛选和研究，而企业自身却置身事外。这样的后果是：在研发过程中没能切实掌控现有技术的范围，对相关专利信息缺少收集和管理，因而无法达成专利信息数据的系统化和专业化，对技术研发的可持续发展起不到促进作用。

对于科研院校，其通常由实施技术创新的研发人员来开展专利信息的分析和研究，或是通过委托代理机构来完成相关任务。代理机构虽设有分析和研究专利信息的专职人员，但由于其队伍素质和代理水平参差不齐，因此仍无法满足社会和市场的需要。

五、利用专利信息提升专利申请质量的措施

针对上述利用专利信息提升申请质量方面出现的问题，从专利申请有关主体的角度出发，提出如下应对措施：

（一）提高专利信息的利用意识

创新主体应打造将专利信息融入技术创新全过程的专利文化。在人员层面，通过系

统的宣传、讲座和案例教学，使研发人员认识到专利信息对于创新活动的重要作用（如在技术创新前帮助其快速了解技术背景，在创新过程中启迪发明思路和提供技术手段），切实感受到专利信息带来的好处，提高其主动学习、利用专利信息的积极性。在管理层面，创新主体可以在研发流程中设立必要的专利信息利用程序，提供简单易行的操作手册，并引入量化评价和考核机制，激励研发人员使用专利信息。

对于专利代理机构，则还应加强队伍职业道德建设，使代理人对自身承担的专利申请的质量尽心尽责。

（二）提升专利信息的检索水平

创新主体及代理机构应充分了解专利信息的来源及相应数据库。由于不同信息来源的数据库在收录内容、检索平台设计风格、检索方式、检索算符、检索结果分析与管理等方面都不尽相同，各主体应开展培训使相关人员熟悉各数据库的自身特点和适用范围，掌握其使用方法，并能根据实际情况选择数据库进行检索。

进一步而言，创新主体及代理机构应开展专利信息检索方法的培训。检索方法除基于分类号和基于关键词外，应兼顾其他多种类型的检索，包括基于申请人/发明人信息、同族信息、引证/被引证信息等等，形成多途径、多层次的检索。同时，应注重检索人员检索思路的培养，锻炼其灵活运用检索方法的能力，形成科学的检索策略，提高检索效率。

（三）提升专利信息的分析能力

创新主体及代理机构应建立一套专利信息的分析流程，主要包括拟定目标、信息检索、数据处理和生成报告等环节。拟定目标是通过分析自身需求来确定统计项目；信息检索是采集目标专利文献以提供分析素材；数据处理是选择适当方法对素材进行汇总、统计和分析；最后是生成报告，供相关负责人或技术人员使用。

在数据处理环节，各创新主体及代理机构应掌握一些典型的专利信息分析方法，例如引文分析法、统计分析法、地图分析法。此外，各主体还可以采用一些专利信息管理软件（如彼速专利之星）将收集到的信息进行归类整理，并以表格、图形的方式将多方信息关联或交叉整合，为后续专利信息的分析提供帮助。

（四）建设专利信息管理利用的人员团队

基于知识产权的特殊性，各创新主体应根据自身需求、规模和能力，在内部建立与之适应的专利信息管理利用团队。技术密集型主体应通过专职人员来负责相关技术领域内专利信息的收集、分析工作，从技术、法律和市场三个层面为研发提供宏观指导。

另外，由于专利信息的利用是一个长期持续的过程，积累越多则收益越大。各主体应关注专利信息管理利用团队的人员培养与保障，尽可能形成稳固的团队结构，以保证其效益最大化。

六、对专利信息利用工作的建议

（一）将提高专利申请质量作为企业专利信息服务的目标之一

在已有专利信息利用促进、专利信息帮扶等工作中，注重企业技术研发、专利布局中的专利信息运用指导，提高创新质量和布局质量；同时对参与相关工作的专利信息代理和服务机构进行培训，引导他们在撰写申请文件时通过专利信息检索等方式提高撰写水平，从而帮助企业提高专利申请质量。

（二）研究制定《运用专利信息提升专利申请质量操作指南》

从技术研发、专利布局、专利撰写 3 个方面，梳理并细化具体工作环节，对于每个环节分别形成专利信息检索分析的思路、步骤，形成可供技术人员、管理人员、代理人员分别参考借鉴的内容，便于他们在各项工作中参照执行。

（三）试点开展“提升专利申请质量的专利信息利用专项培训”活动

优先在专利信息利用促进、帮扶联系单位开展“提升专利申请质量的专利信息利用专项培训”，面向这些单位的研发人员、管理人员以及为这些单位提供专利代理和信息服务的有关机构，分别开展有针对性的专利信息检索分析培训。

（四）建立典型案例库

首先在专利信息利用促进、帮扶联系单位中建立案例收集机制，形成运用专利信息提升专利申请质量案例库，逐步扩大收集范围到企事业试点示范单位，收集内容包括专利信息利用策略、专利申请授权情况、对企业社会效果和经济效果的影响等。

（五）开展专利信息运用对于企业发展影响的研究

以专利信息运用提升专利申请质量为切入点，分析专利申请质量提升对于企业发展的影响，包括决策影响、发展影响、收入及利润变化影响等。

专利信息传播利用工作的年度评估及未来发展研究*

毛晓宇　仲杰　丽娜

摘　要　本文以“专利信息传播利用工作的年度评估及未来发展研究”课题为基础，提炼其研究成果。在此基础上，对该课题指标体系的进一步优化提出参考意见，并针对全国专利信息传播利用工作的未来发展提出具体工作建议。

关键词　专利信息　传播　利用　评估　指标体系

引　言

2011年，国家知识产权局（以下简称“国知局”）印发《关于加强全国专利文献信息传播与利用工作的意见》（以下简称《意见》），提出“十二五”期间全国专利信息传播利用工作的目标：全国专利信息人才培养工作全面加强；企事业单位等创新主体利用专利文献信息的水平显著提高；全国专利文献信息传播与利用的宏观管理和业务指导明显加强。全国知识产权局系统积极落实《意见》并进行了工作部署，专利信息传播利用工作取得显著成效。

1. 专利信息传播利用工作体系建设不断深化

专利信息传播利用基地建设全面推进，共建成12家基地单位，基地布局基本完成。此外，全国47个主要省区市知识产权局中，共有20个局已经开展专利信息传播利用工作体系建设，比2012年增加6个。

2. 专利信息工作队伍进一步壮大

2013年，全国专利信息领军人才达53人，全国专利信息师资人才达147人，省级专利信息工作队伍总人数达471人，形成了初具规模的专利信息工作队伍；专利信息人才培训项目连续3年稳步增长。

3. 专利信息利用与服务工作不断完善

2013年，全国多数省份建立了多样化的专利信息利用与服务机制；发布了《企业专

---

* 本文摘编自国家知识产权局专利局专利文献部2014年度课题研究项目“专利信息传播利用工作的年度评估及未来发展研究”，课题负责人黄建军，主要研究人员为丽娜、高慧颖、付占海、周美霞、刘倩、马家华、燕丽苹、李亮。

利信息利用工作指南（试行）》等指导文件；完成轨道交通行业专利信息利用研究、贵州黔东南州钡盐产业专利战略研究等专利信息服务工作。

4. 专利信息情报工作取得新突破

完成《全球专利创新资源研究报告》《新材料产业专利态势分析》等研究报告；指导实施天津、广东专利竞争情报服务试点，探索建立国家局、地方局、企业和专利信息服务机构多方联动的专利竞争情报工作模式。

为了全面评估当前全国专利信息传播利用工作成效，总结成功经验，发现工作短板，为下一阶段专利信息传播利用工作提出具体政策建议，国家知识产权局（国家局）文献部组织开展了“专利信息传播利用工作的年度评估及未来发展研究”课题。

一、课题主要研究内容

本课题基于全国专利信息传播利用工作实践，从顶层设计、人才队伍建设、帮扶与利用促进、基地工作、信息情报与研究工作和专利信息服务六个方面出发，设计了一套详细完整的专利信息传播利用工作评估指标体系，接着使用层次分析法进行指标赋权，并以2012年和2013年全国专利信息传播利用工作数据进行实证分析。以上述研究为基础，结合未来发展需要，为下一阶段专利信息传播利用工作提出政策建议。

（一）指标体系设计

专利信息传播利用工作评估指标体系是一套能够系统考察专利信息传播利用工作成效，并对未来工作开展具有导向作用的指标群体。本课题基于科学性、可操作性和层次性等原则，设计了三级指标体系，其中1级指标6个，2级指标36个，3级指标80个。

6个1级指标包括：

顶层设计——国家局负责全国专利信息传播利用工作的顶层设计和推进实施；人才队伍建设——对专利信息从业人员进行培训；帮扶与利用促进——国家局和地方局以培训、业务指导、项目支持等不同手段对各省企事业单位进行分类指导；基地工作——国家级专利信息传播利用基地是区域经济发展的专利信息人才培养中心、专利信息情报研发中心、专利信息利用促进中心；信息情报与研究工作——对专利文献进行深入分析研究，向社会经济活动提供高价值的专利信息情报；专利信息服务——各级知识产权局为企事业单位提供政府决策、市场培育、技术研发、商业化以及生产经营相关的专利信息服务工作。

2级指标是将1级指标划分为几个支撑性指标，以1级指标中的顶层设计为例，划分为以下6个2级指标：

文件制定——国家局制定相应指导文件，对全国专利信息传播利用工作进行总体规划，地方局结合自身需要制定相关文件落实国家局的方针政策；指导——国家局对地方局进行宏观指导，推动地方专利信息工作机制的建立；检查监督——国家局和地方局建立专利信息工作互动检查监督机制，以提升工作水平；经费投入——包括国家局专利信息工作经费投入和地方局专利信息工作经费投入；工作平台设定——通过基地工作平台、中部省份平台以及帮扶促进平台的设定和建设，推动专利信息服务体系建设，提供优质知识产权服务；合作——与其他国家加强合作，借鉴国外专利信息传播利用工作的成功经验。

3 级指标从专利信息传播利用工作细分出发，把2 级指标进一步细化为可量化并可获得数据的要素，利用这些要素来评估专利信息传播利用工作成效。

具体的3 级指标体系见表1（a）中1－3 列：

表1（a） 专利信息传播利用3 级指标体系和2012 年、2013 年实证数据

1 级指标	2 级指标	3 级指标	指标数据取值依据	2012 年	2013 年
U1 顶层设计（0.2291）	u11 文件制定（0.04608）[2.638，2.017]	u111 国家局对专利信息工作的要求（0.03102）	国家局出台文件数	7	5
		u112 地方局对专利信息工作的要求（0.01506）	地方局出台文件数	22	19
	u12 指导（0.02787）[1.326，1.488]	u121 推动工作开展情况（0.02787）	定性指标，按评价标准打分	80	90
	u13 检查监督（0.02580）[1.303，1.303]	u131 国家局检查监督地方局工作开展情况(0.01452)	国家局每年对地方局的考察次数	1	1
		u132 地方局检查监督国家局工作开展情况(0.01128)	地方局对国家局提出建议数、被采纳次数	0	0
	u14 经费（0.05804）[3.010，2.852]	u141 用于专利信息工作的专项费用（0.02867）	国家局专利信息工作投入经费额	300 万	360 万
		u142 地方局用于专利信息工作的专项费用（0.02937）	省级机构专利信息工作经费投入总额	9 447 万	7 086 万
	u15 工作平台设定（0.03606）[1.619，2.024]	u151 基地工作平台（0.01501）	定性指标，按评价标准打分	4	7
		u152 中部省份平台（0.00883）	中部省份平台数目	2	2
		u153 帮扶促进平台（0.01222）	帮扶促进平台数目	5	5
	u16 合作（0.03527）[1.781，1.781]	u161 国际合作（0.03527）	国际合作次数	1	1

续表

1 级指标	2 级指标	3 级指标	指标数据取值依据	2012 年	2013 年
U2 人才队伍建设（0.1325）	u21 目标（0.02006）[0.994，1.032]	u211 目标制定（0.01032）	定性指标，按评价标准打分	90	90
		u212 是否达到已有文件要求（0.00974）	定性指标，按评价标准打分	85	92
	u22 领军人才和师资人才队伍建设（0.02094）[0.958，1.157]	u221 人才选拔（0.00302）	专利信息领军人才和师资人才数量	133	200
		u222 人才培养（0.00529）	对领军人才和师资人才的培训交流会次数	2	0
		u223 人才使用（0.00664）	参与项目的领军人才、师资人才比例	27.20%	33.50%
		u224 人才管理（0.00599）	出台或修订人才培养的规范、标准数	0	1
	u23 专利信息人才培训（0.02352）[0.940，1.436]	u231 参与培训人员（0.00419）	国家局专利信息专门人才培训数量	1 398	3102
		u232 培训人员单位（0.00680）	专利信息专门人才培训单位数	1 000	800
		u233 培训内容(0.00612)	专利信息人才培训项目	17	34
		u234 培训教材（0.00643）	培训教材	1	2
	u24 指导（0.01735）[0.850，0.902]	u241 文件落实（0.00636）	定性指标，按评价标准打分	85	90
		u242 人才作用发挥（0.01099）	参加项目或培训的比例	31.30%	33.30%
	u25 地方配合（0.01774）[0.877，0.915]	u251 配合国家局工作开展情况（0.00937）	各地方局在岗人员数量	471	447
		u252 自身工作开展情况（0.00837）	地方局的人才培养活动数 + 人才培养项目数	49	57
	u26 工作成效（0.03291）[1.551，1.773]	u261 人才数量（0.00885）	通过考核学员数	885	1 185
		u262 人才质量（0.02407）	定性指标，按评价标准打分	85	92

续表

1 级指标	2 级指标	3 级指标	指标数据取值依据	2012 年	2013 年
U3 帮扶与利用促进（0.1478）	u31 目标（0.02027）[0.975，1.072]	u311 目标制定（0.00897）	定性指标，按评价标准打分	80	85
		u312 是否达到已有文件要求（0.01130）	定性指标，按评价标准打分	75	85
	u32 工作手段（0.02707）[1.248，1.486]	u321 工作制度制定与推广（0.00671）	出台关于帮扶与利用促进制度数	5	5
		u322 工作规范的制定与推广（0.00735）	出台关于帮扶与利用促进规范数	5	5
		u323 工作对象的筛选（0.01300）	专利信息利用重点促进单位	11	16
	u33 指导（0.02354）[1.129，1.248]	u331 文件落实（0.01082）	定性指标，按评价标准打分	80	95
		u332 业务指导（0.01272）	对地方局及业务促进单位的业务指导次数	23	24
	u34 合作（0.01990）[0.676，1.333]	u341 与国家局相关工作的合作（0.01990）	对国家局相关工作如贯标等的合作次数	2	4
	u35 地方配合（0.02726）[1.230，1.524]	u351 配合国家局工作开展情况（0.01480）	定性指标，按评价标准打分	90	90
		u352 自身工作开展情况（0.01246）	地方局深入开展面对面服务企业数	56	91
	u36 工作成效（0.02976）[1.025，1.981]	u361 工作模式的建立与推广（0.00412）	定性指标，按评价标准打分	77	87
		u362 地方配套情况（0.00730）	地方局建立相应体系、机制的单位数	53	53
		u363 对象效益显示（0.00954）	利用专利分析申请专利量	12 850	427 000
		u364 社会效益显示（0.00880）	定性指标，按评价标准打分	80	88

续表

1 级指标	2 级指标	3 级指标	指标数据取值依据	2012 年	2013 年
U4 基地工作（0.1563）	u41 目标（0.01993）[0.507，1.507]	u411 目标制定（0.00802）	定性指标，按评价标准打分	80	85
		u412 是否达到已有文件要求（0.01191）	定性指标，按评价标准打分	87	922
	u42 建设（0.02377）[1.040，1.361]	u421 基地选拔（0.00786）	评选基地数量	5	12
		u422 基地管理（0.01592）	对基地的考核次数	0.5	0.5
	u43 运行（0.02572）[0.999，1.599]	u431 工作体系建设（0.00345）	基地工作体系建设数量	5	12
		u432 服务政府决策（0.00628）	基地服务政府决策报告的数量	1	2
		u433 服务技术创新（0.00511）	定性指标，按评价标准打分	80	80
		u434 服务产业发展（0.00536）	产业分析报告数、针对产业的培训政策数	23	30
		u435 服务机构培育（0.00552）	跟中介机构相关的项目数，如贯标等	2	4
	u44 指导（0.02683）[1.181，1.529]	u441 文件落实（0.00678）	定性指标，按评价标准打分	78	85
		u442 组织管理（0.00835）	定性指标，按评价标准打分	76	86
		u443 业务指导（0.01170）	国家局对基地运行管理的业务指导次数	5	8
	u45 合作（0.02746）[1.387，1.387]	u451 与国家局下设相关平台的合作（0.02746）	基地与相关平台的合作次数	5	5
	u46 工作成效（0.03256）[1.644，1.644]	u461 服务经济情况（0.01369）	定性指标，按评价标准打分	85	85
		u462 地方配套情况（0.01887）	定性指标，按评价标准打分	80	80

续表

1 级指标	2 级指标	3 级指标	指标数据取值依据	2012 年	2013 年
U5 信息情报与研究工作（0.1439）	u51 目标（0.01510）［0.724，0.801］	u511 目标制定（0.00642）	定性指标，按评价标准打分	80	85
		u512 是否达到已有文件要求（0.00868）	定性指标，按评价标准打分	76	87
	u52 工作手段（0.02285）［0.763，1.545］	u521 项目开展（0.01179）	国家局信息专利研究分析报告数	1	13
		u522 教材编写（0.01106）	专利信息情报教材数	3	2
	u53 指导（0.01921）［0.919，1.021］	u531 文件落实（0.00599）	定性指标，按评价标准打分	78	89
		u532 组织管理（0.01322）	定性指标，按评价标准打分	79	87
	u54 合作（0.02268）［1.145，1.145］	u541 与国家局下设相关部门平台的合作（0.02268）	与国家局相关平台的合作次数	1	1
	u55 地方配合（0.02532）［1.029，1.528］	u551 配合国家局工作开展情况（0.01326）	完成国家局下发的信息情报项目数	6	7
		u552 自身工作开展情况（0.01207）	专利信息检索平台数	5	10
	u56 工作成效（0.03877）［1.779，2.136］	u561 服务产业发展（0.01664）	产业报告或研究报告被参考或采纳数	112	135
		u562 地方配套情况（0.02213）	地方局专利信息研究报告数	112	135
U6 专利信息服务（0.1904）	u61 目标（0.02015）［0.984，1.051］	u611 目标制定（0.00845）	定性指标，按评价标准打分	80	85
		u612 是否达到已有文件要求（0.01170）	定性指标，按评价标准打分	79	85
	u62 工作手段（0.02729）［0.890，1.866］	u621 政策制定（0.00488）	国家局出台相关专利信息服务政策数	0	0
		u622 规范制定（0.00829）	国家局出台相关专利信息服务规范数	0	1
		u623 文献信息资源支持（0.01412）	专利数据统计分析工作开展地区数	16	20

续表

1 级指标	2 级指标	3 级指标	指标数据取值依据	2012 年	2013 年
U6 专利信息服务（0.1904）	u63 指导（0.03400）［1.606，1.828］	u631 文件落实（0.01776）	定性指标，按评价标准打分	79	89
		u632 业务指导（0.01624）	定性指标，按评价标准打分	76	88
	u64 合作（0.03479）［1.757，1.757］	u641 与国家局相关工作的合作（0.03479）	专利信息服务工作与相关工作的合作数	1	1
	u65 地方配合（0.03517）［1.552，2.000］	u651 配合国家局工作开展情况（0.01878）	定性指标，按评价标准打分	85	85
		u652 自身工作开展情况（0.01639）	专利信息服务本地区重大科技项目数	11	18
	u66 工作成效（0.03896）［1.651，2.284］	u661 市场化繁荣程度（0.00889）	商业机构数	5	20
		u662 服务联盟/协会（0.01150）	定性指标，按评价标准打分	82	90
		u663 服务政府（0.01857）	定性指标，按评价标准打分	85	90

表 1（b）　1 级指标得分表

1 级指标	顶层设计	人才队伍建设	帮扶与利用促进	基地工作	信息情报与研究工作	专利信息服务	总计
权重	0.2291	0.1325	0.1478	0.1563	0.1439	0.1904	1
2012 年	11.676	6.170	6.284	6.758	6.360	8.440	45.688
2013 年	11.465	7.215	8.644	9.026	8.177	10.790	55.317
2013 年增长量	-0.211	1.045	2.360	2.268	1.817	2.350	9.629

（二）指标赋权

本指标体系采用层次分析法赋权，步骤如下：

（1）建立递阶层次模型。经过课题研究组和专家的深入探讨，确定专利信息传播与利用工作的评估指标分为以下 4 个层次：

目标层：即本课题要实现的目标——全国专利信息传播利用工作的评估；

准则层 1：对应表 1（a）中 6 个 1 级指标；

准则层 2：对应表 1（a）中 36 个 2 级指标；

指标层：对应表1（a）中80个3级指标。

（2）当递阶层次模型建立以后，确定每一个上层元素 z（除底层外）所支配的下一层元素 x_1，x_2，…，x_m 关于 z 的权重。由于直接确定权重比较困难，可用两两比较的方式建立判断矩阵。判断矩阵是判断同一层次中各评价指标相对重要性的矩阵，它由若干专家根据一定客观现实做出主观判断，并利用比例标度使评价指标相对重要性定量化。Saaty 使用1~9的比例标度（见表2）衡量其关系，全部指标成对比较后形成判断矩阵。若因素 x_i 相对因素 x_j 的比例标度为 a_{ij}，则因素 x_j 与因素 x_i 相比比例标度为 $1/a_{ij}$。

表2 判断矩阵的标度及含义

含义	x_i 与 x_j 同样重要		x_i 比 x_j 稍重要		x_i 比 x_j 重要		x_i 比 x_j 强烈重要		x_i 比 x_j 极重要
a_{ij}取值	1	2	3	4	5	6	7	8	9

若 s 个专家对准则层1的6个指标进行参评，每个专家的参评形成判断矩阵 $A[k]$，其中，$k=1$，2，…，S。

$$A[k]=\begin{pmatrix} a_{11}^k & a_{12}^k & \cdots & a_{16}^k \\ a_{21}^k & a_{22}^k & \cdots & a_{26}^k \\ \cdots & \cdots & \cdots & \cdots \\ a_{61}^k & a_{62}^k & \cdots & a_{66}^k \end{pmatrix}$$

层次分析法的原理表明，判断矩阵 A 的最大特征根所对应的特征向量就是各指标的权重向量。这样，计算各指标的权重就归结为求矩阵 $A[K]$ 的最大特征根所对应的特征向量 w_i^k。

（3）从上而下逐层进行各层元素相对目标 z 的权重计算，最终得到各指标的相对权重。

采用层次分析法，计算本指标体系各个层次指标的权重值，所得结果见表1（a）中括号内数值。

（三）评价方法以及操作步骤

80个3级指标可分为定性和定量两类。定量指标通过历年报告、上网搜集等方式获得；定性指标采用评估获得，即在充分调研的基础上，由专家和课题组对指标给出一个评估分数，90~100表示优秀，80~89表示良好，70~79表示中等，60~69表示合格，60分以下为不合格。

（四）2012年和2013年全国专利信息传播利用工作实证评估

通过调研、搜索官方网站、查阅官方统计数据，整理获得2012年和2013年全国专利信息传播利用工作指标的原始数据（见表1（a）中4-6列）。无量纲化处理得到每年相应指标的标准化数据，将3级指标的权重乘以标准化数据，然后累计求和，即得各2

级指标分值，如表1（a）中中括号内分值所示，逗号之前为2012年分值，逗号之后为2013年分值。将2级指标分值累计求和，得1级指标分值，如表1（b）所示。

（五）实证研究结论和建议

1. 通过实证研究可以得出如下结论：

（1）表1（b）的6个1级指标中，顶层设计的权重最大。可见专家组认为顶层设计关系全局，至关重要，因此在将来工作中要注重顶层设计。

（2）表1（b）可见以下工作得分提升：人才队伍建设（1.045）、帮扶与利用促进（2.360）、基地工作（2.268）、信息情报与研究工作（1.817）、专利信息服务（2.350），说明2013年这五项工作较2012年取得较大进展。而顶层设计得分略有下降（－0.211），说明2013年顶层设计工作成效较2012年基本持平。

（3）分析顶层设计工作分值下降的原因：由表1（a）第2列分析顶层设计下面的2级指标可知，2013年u11文件制定、u14经费这两项指标较2012年分值有所下降，由表1（a）第5，6列进一步分析可知，u142地方局用于专利信息工作的专项费用投入总额下降较多。

关于文件制定，2011年12月国家局发布了《关于加强全国专利文献信息传播与利用工作的意见》，2012年出台了大量落实该通知的政策性文件，形成一个文件制定量高峰，而2013年文件制定量相对下降；关于专利信息工作经费，2012年地方局投入大量经费用于搭建信息传播利用平台，而2013年部分地方局工作重心转向平台维护和完善，导致专利信息工作经费下降。尽管u11和u142两个指标下降有一些客观原因，但仍应引起充分重视。

此外，表1（a）中，2013年国际合作次数和2012年持平，均为1次，还有待加强。

2. 在此基础上，提出以下政策建议

（1）国家局的工作完善：出台文件，加强对地方工作的指导和监督；加强知识产权对外合作；开展对机构和人员的考核和统一认证工作；拓展帮扶工作的广度与深度；增加对基地的考核频次；通过对基地工作的横向比较，推广发达地区基地的特色工作与经验。

（2）地方局的工作完善：加大专利信息传播利用工作的经费投入；安排多层次、多角度的培训活动，以适应社会对知识产权信息开发利用的需求；增加对中小企业的帮扶，派专家进入企业对其创新进行指导，鼓励其增加创新投入，为其提供政策和数据分析上的引导。

（3）专利信息服务商业机构的培育：借鉴发达国家知识产权发展方式，官方机构侧重收集数据，为公众提供免费的基础信息，而鼓励商业机构提供知识产权的增值服务；开展面向专利信息服务商业机构的专利信息培训、帮扶工作。

二、课题研究带来的启示

本课题通过三级指标分析发现了文件制定力度不足、经费投入结构不均衡、对外交流合作程度较低等问题。基于该课题研究，提出以下工作建议：

1. 该课题在提升指标体系性能以及加强指标体系适用性上，需要继续进行以下研究

（1）进一步完善指标选择和评价方法：如文件制定具有时效特点，特别是战略纲要等抓总性文件的时效性较长，数年才制定一次，所以在文件数量统计时要创新评价方法，解决好文件存量和文件增量的关系；

（2）以此指标体系为框架，经进一步完善修订，可用于各层面专利信息传播利用工作的评价，并为国家或地方出台相关的公共政策及进行公共资源配置提供参考。但将该指标体系推广应用于评价地方局的专利信息传播利用工作时，相应指标还需做出取舍和补订。

2. 在促进全国专利信息传播利用工作未来发展方面，启示如下

（1）加强专利信息传播利用文件制定的政策导向和经济导向，分四类开展文件制定工作：

视情况修订细化已有的指导文件如《企业专利信息利用工作指南》等，加大宣传力度；

关于支持中小微企业、科技成果转化处置、专题数据库建设、行业预警分析等已有一定实践经验的工作，可以优先考虑制定相关的工作标准或者工作指南，使上述工作规范化；

以国家大政方针为导向，结合市场需求，制定一批新的指导性文件。如以上海自贸区知识产权局为试点，探索自贸区由于“境内关外”所导致的知识产权新业态，总结管理经验，并在其他自贸区推广实施；针对“京津冀一体化”开展京津冀资源共建共享、基地互助试点，针对北京、天津、河北的不同角色定位，开展不同的行业专利信息服务；针对“产能输出”的重点行业（如电信、电力、高铁、核能、机械）实行海外专利布局促进工程，并开展专利预警分析；针对“一路一带”相关国家地区的知识产权现状进行摸底调查，给相关投资中企提供知识产权保护建议；针对非洲投资热潮，联合在非投资经验丰富的企业开展非洲各国家专利保护现状专题研究，为赴非投资中企提供知识产权保护策略等。

督促地方局尽快落实已有的信息传播利用工作文件，同时结合自身需要制定一批符合地方特点的信息传播利用工作文件。

（2）加强国家局专利信息工作投入经费的杠杆作用和导向作用。调查各地方局经费使用、平台建设和专利信息服务情况，督促各地方局，尤其是刚开展信息传播利用工作的地方局，加大资金配套力度。可考虑推进专利信息平台共享试点，减轻中西部地区平台建设资金压力。

（3）加强国际合作。学习主要发达国家在专利信息人才培养、专利布局、产业预警、行业分析、专利信息服务等方面的政策和方法，可针对性地每年确定一个主题展开实施；安排专利信息传播利用相关人员参加全球知识产权学院（GIPA）等国际培训班；与其他国家共同承担知识产权项目，开展国际项目合作，互派知识产权联络员进行沟通学习。

（4）拓宽培养渠道，丰富实施方式，建立全方位的专利人才培养体系。除了对企业科技人员、管理人员加强专利信息培训，还需继续拓宽人才培训渠道。可与高校签订协议，在法学、经济学和理工科专业中，开设专利代理实务、专利信息检索利用、专利行业分析、专利运营等课程，加强大学生利用专利信息开展科研的能力；可针对知识产权领域的最新热点，与高校合作举办类似于“创业大赛”的“知识产权杯”竞赛，使知识产权进校园产生更大影响。整合师资资源，进一步发挥领军人才、师资人才、地方局、优秀代理机构和代理人在人才培养方面的作用。

（5）深化专利信息利用帮扶促进工作内容，加强市场需求导向。专利信息利用帮扶促进工作应逐步增加专利权价值评估、专利质押投融资模式、专利资产运营、专利成果经济转化等较复杂的专利服务。如以北京中关村产业园区为试点，探索专利质押投融资模式；以知识密集型企业为试点，开展专利资产运营；在高校建立技术转化研究院试点，促进高校知识产权的经济转化。

（6）建立基地之间的横向交流和帮扶机制。可先考虑在地域、经济联系紧密的基地（京津冀、长三角、珠三角等）之间开展帮扶机制：如实现资源共享，减少重复建设；老基地参与新基地建设；分享交流基地工作经验；实现师资人才支援；将基地之间的交流帮扶工作作为基地年度考核的一项重要内容，并对考核优秀的基地在资金项目投向上予以倾斜。

（7）积极促进专利信息工作商业机构发展。加快国家基础知识产权信息公共服务平台建设，逐步实现基础信息共享，鼓励商业机构提供知识产权的增值服务，促进知识产权市场繁荣；以经济利益激发商业机构的积极性，增加商业机构在专利信息传播利用工作中的参与度，充分发挥商业机构作用。

科技创新型中小微企业专利信息利用能力提升研究*

仲杰　宋瑞玲**　范理

摘　要　本文以“科技创新型中小微企业专利信息利用能力提升研究”课题为基础，提炼其研究成果。在获得相关启示的同时，对如何更好地为科技创新型中小微企业服务，从服务模式、服务措施、人才培养等方面提出具体工作建议，以期为全国专利信息传播利用工作的发展提供支持。

关键词　科技　创新　中小微企业　专利信息　利用

引　言

专利信息不仅包含大量的技术、经济、法律等基本专利信息，通过对专利申请量、技术领域分布、时间变化状况、同族专利数、分布国家、技术内容等信息进行统计分析，还能够获取有关市场意图、重点保护技术、企业发展动态等的增值专利信息。在当前以知识与信息为基础的知识经济时代环境下，专利信息已成为企业参与市场竞争最重要的资源之一，成为企业了解竞争对手与竞争环境，制定和实施有效竞争策略的有力武器。据世界知识产权组织统计，全世界90%以上的技术成果可以在专利文献中检索到。

据资料显示，我国科技创新型中小微企业已达16.2万家，已经成为我国创新发展的主力军，但专利申请量总体较少，对专利信息的利用还处于初级阶段。近几年，我局将企业作为最主要的专利信息服务对象，开展了一系列工作，包括面向企业研发人员、管理人员举办专利信息利用培训班，开展西部省份专利信息利用帮扶，开展基地专利信息利用促进工作，发布并推广《企业专利信息利用工作指南（试行）》等，致力于通过专利信息工作促进企业创新发展，增强核心竞争力。

为深入挖掘科技创新型中小微企业的专利信息利用需求，将专利信息所蕴含的情报、专利信息服务工作与中小微企业生产经营发展紧密结合，深化专利信息促进和帮扶工作

* 本文摘编自国家知识产权局专利局专利文献部2014年度课题研究项目“科技创新型中小微企业专利信息利用能力提升研究”，课题负责人姜胜建，主要研究人员为范理、王金生、丁清青、陈晓舒、方晨焜、孙冰。

** 等同第一作者。

内容，同时为全国开展科技创新型中小微企业的专利信息服务提供参考，国家知识产权局专利局文献部组织开展了“科技创新型中小微企业专利信息利用能力提升研究”课题。

一、课题主要研究内容

“科技创新型中小微企业专利信息利用能力提升研究”课题以浙江省为例，采取问卷调查、文献调研等方式，调研了科技创新型中小微企业的特点及所处市场环境，分析了科技创新型中小微企业的专利信息利用现状和需求，归纳梳理了国内外专利管理机构扶持科技创新型中小微企业利用专利信息创新发展的经验做法，并从企业和政府两个角度对如何提升科技创新型中小微企业的专利信息利用能力提出了建议。

（一）科技创新型中小微企业的特点

科技创新型中小微企业一般具有以下特点：一是其产品或服务在行业或细分市场占据一定规模，有明显创新特点，处于产业链关键环节或有特定品牌价值；二是拥有与企业主营业务相适应的创新团队和经营管理团队；三是初步建立了与企业发展阶段相适应的创新机制，具备一定的创新能力。从人员组成上来看，科技创新型中小微企业的创办者多数是科技人员出身，基层技术人员也多为专业对口的企业急用人才，人员结构相对合理，从领导层到基层员工都具备技术创新能力；从组织架构上来看，科技创新型中小微企业的组织结构一般较简单，管理机构较简单，更擅长产学研合作研究和成果产业化；从企业决策上来看，科技创新型中小微企业把创新作为竞争的战略核心和企业生存的生命线，以市场需求为导向，对市场和技术的变化能做出迅速有效的反应，及时开发市场急需品。

（二）科技创新型中小微企业专利信息利用存在的问题

本课题针对浙江88家有一定专利基础的科技创新型中小微企业（中型企业为43家、小型企业44家、微型企业1家）作为实证基础，调研并分析了国内科技创新型中小微企业的专利信息利用现状和需求，发现：一是专利信息利用制度尚不完善，目前主要集中在管理、奖励、保密、档案等方面，没有将专利信息利用纳入企业知识产权管理工作中；二是专利信息利用意识初步形成，多数企业在技术挖掘、科研立项和产品研发等环节中已经开始有意识利用专利信息，但专利信息利用的重心集中在创造环节，且缺少掌握专利信息利用技能的人员；三是专利信息利用经费在企业知识产权工作经费中的比例很低，数据库建设与维护、检索与分析等专利信息利用相关费用所占比例不足10%。

（三）国内外专利管理机构对科技创新型中小微企业的专利信息服务措施

1. 国内对科技创新型中小微企业的专利信息服务措施

目前，我国国内面向科技创新型中小微企业的专利信息服务主要是由国家局和地方局、专利信息公共服务部门和专利信息服务机构承担，包括：国家局和地方局网站的专利信息政策、资讯服务；各政府机构及其事业单位、高校图书馆以及一些商业专利信息服务机构提供的公益性质和商用性质的专利信息资源服务、专利检索分析服务；国家局和地方局开展的专利信息培训服务，如文献部的公益讲座、专利信息巡回培训等；国家局和地方局开展的专利信息管理服务，如《企业专利信息利用工作指南（试行）》、青岛市中小企业知识产权托管平台、成都市中小企业托管服务平台等；专利转化应用对接服务，如北京中关村技术交易市场、上海和浙江的网上技术交易市场等；专利信息资金支持，如西安市知识产权局于2013年在企业专利信息利用项目中先后投入经费380万元，江苏省知识产权局出台《专利实施计划项目和资金管理暂行办法》，资助中小企业利用专利信息、实施和转化专利技术等。

2. 国外对科技创新型中小微企业的专利信息服务措施

以美国专利商标局（USPTO）、欧洲专利局（EPO）、日本专利局（JPO）和韩国知识产权局（KIPO）为例，调研其对科技创新型中小微企业的专利信息服务，主要包括：

（1）从国家层面强化专利信息服务的战略性地位。

美国在1982年通过了中小企业技术创新法案，其中包括了政府在中小企业技术研发过程中的专利信息利用支持，从立法层面提升了中小企业技术创新地位。韩国政府制定了支持中小企业技术创新的相关政策方针，与此相配合，韩国知识产权局制定了促进中小企业运用知识产权的系列计划，并推出了“中小企业知识产权普及运动”，旨在提高中小企业知识产权意识，引导中小企业利用知识产权信息进行技术创新。

（2）注重基础专利信息服务的易用性和便民性。

一是发布与专利技术有关的分析报告，包括技术变化趋势、前沿技术等，例如美国和日本。二是制作并公布“专利地图”，有文献研究人员、各专业技术领域人员参与，例如日本和韩国。三是设立线上线下技术交易市场，加快中小企业专利技术的转化应用，促进专利的商品化，例如韩国。四是通过中介组织或者互联网等方式与中小企业建立联系提高企业专利信息意识，例如欧洲国家。

（3）着力推进专利信息利用宣传与培训。

培训工作主要针对中小企业来开展，但是培训内容及培训资源各有特点。

在培训内容上，一是开展专利信息检索工具以及专利信息检索技巧的培训，如美国、欧洲、日本；二是开展利用专利信息和处理专利信息问题的能力，如韩国；三是面向企业管理人员开展意识培训，如韩国、欧洲。

培训资源上，美国联邦中小企业管理局利用全国1万多名经验丰富的退休人员组成的经理服务公司和960个中小企业服务点，通过自愿和合同的方式为中小企业提供服务，包括通过商会、科研院校等向中小企业提供专利管理和技术等方面的培训；欧洲定期或不定期邀请专家对新近成立的中小企业管理层开展创新扶持培训；法国工业产权局联合经济管理部门、教育部门以及其合作伙伴为中小企业提供多样化的培训机会；日本专利局不定期联合日本发明与创新促进协会（JIPII）、日本知识产权协会（JIPA）、日本专利律师协会（JPAA）等社会团体重点面向中小企业开展知识产权培训，联合教育部门开发网上学习系统；韩国局开发网络在线教育培训系统，为中小企业提供在线远程教育以及视频教育。

（4）开展中小企业知识产权支持服务。

日本从2011财年开始推出中小企业知识产权支持项目。目前，知识产权战略专家主要致力于指导意在开拓亚洲市场的中小企业制定和实施企业知识产权战略。为了给中小企业提供便利，日本2012财年共在30个城市举行了知识产权教育研讨会，企业可以选择就近参加。此外，为了促进产学研合作，多名知识产权战略专家被派到20多个产学研联合财团去指导财团开展知识产权战略管理。2000年起韩国知识产权局和韩国专利律师协会开始合作向中小企业提供从申请到登记的免费的专利管理服务，让中小企业能够方便、节约地获取专利权；同时，韩国很多专利机构都开放向中小企业提供免费的咨询服务。

（四）提升科技创新型中小微企业专利信息利用能力的措施建议

提升科技创新型中小微企业的专利信息利用能力分三步走：首先引导和培养专利信息利用意识，关键在于要让企业“一把手”充分认识到专利信息利用所能带来的益处。其次帮助掌握高效的专利信息利用方法，针对企业生产经营各环节建立有针对性的培训课程体系，细化培训课程。最后量身定制专利信息利用模式，帮助企业根据自身的市场地位和经济实力，分层次发展，确定与之相适应的专利信息利用模式。因此，促进科技创新型中小微企业专利信息利用能力提升，一是要提高专利信息服务在国家层面的战略地位，调整专利信息相关政策制度；二是建立基于高质量资源、完备的系统工具以及高水平专家队伍的专利信息公共服务体系；三是提高企业专利信息利用意识，培养专利信息利用人才；四是鼓励和支持商业化专利信息服务，推动知识产权托管业务发展；五是建立专利信息帮扶长效机制，推动专利信息利用工作平衡发展。主要建议包括以下内容：

一是调整面向中小微企业的专利扶持政策，从专利申请授权资助到专利维持及信息利用的转变。

二是在有需求的市、县（园区）设立分专利信息工作站，引入高校、科研院所、法律服务机构、专业价值评估机构、成果转化机构等各类信息服务机构，建立常态化的合作模式，形成产学研用一体的服务体系。

三是创新人才培养模式，通过校企合作等方式推动人才需求和供应的有效对接，将已有专利信息课程培训体系通过公益讲座、专项培训等方式面向中小企业的管理人员、技术人员开展培训，加强专利信息服务机构的人员培养。

四是建立公益服务引导、商业服务补充的中小微企业信息服务机制，通过政策鼓励和数据支持等方式吸引商业服务机构积极参与专利信息服务，给科技创新型中小微企业利用专利信息提供更多的选择。①建议政府向中介机构购买数据库、培训、专利地图等服务产品，并免费向一定范围内的中小微企业开放，以此引导服务方向，同时扶持商业服务机构的发展。②建议政府加速制定专利信息服务标准以推动和规范专利信息服务行业发展，使专利信息服务行业有规可循、有价指导、有门投诉。

五是适时修改《企业专利信息利用工作指南（试行）》，明确企业专利信息利用评价的定量指标，各个指标的参考量或者建议量，便于企业更加直观地参考《指南》设定专利信息利用投入资金、人员数量等；明确企业专利信息利用评价的定性指标，各项指标可能对企业产生的影响，供企业在做专利信息利用决策时参考。

二、课题研究带来的启示

2014 年 10 月，国家知识产权局出台了《关于知识产权支持小微企业发展的若干意见》，明确提出要完善小微企业知识产权社会化服务、提高小微企业知识产权运用能力，包括“加强专利信息传播利用基地建设，深入开展专利信息利用帮扶促进工作，开展专利信息助推小微企业创新发展试点。依托各类服务平台向小微企业免费或低成本提供专利查新检索服务，广泛开展知识产权信息订制推送服务”和“将小微企业的业务骨干培养纳入年度全国知识产权人才培训计划，加强小微企业研发人员专利撰写、专利分析等实务能力的培养”。在课题研究成果的基础上，结合国家关于支持中小微企业发展的最新政策，以专利信息传播利用基地为试点，依托专利信息领军人才、师资人才，围绕中小微企业的具体需求，实施（基地）中小微企业专利信息帮扶工程。

一是建立基地、专利信息服务机构、园区、地市知识产权局、企业等不同组合的专利信息帮扶体系，研究制定《中小微企业专利信息帮扶指南》，从组织方式、工作流程、服务内容、服务效果收集、服务评价等方面等提供指导。

二是利用专利信息利用课程体系试点开展专利信息实务人才培养培训，针对中小微企业的一把手开展专利信息利用意识培训；针对中小微企业知识产权岗位的人员或者技术研发部门的骨干，开展专利信息检索分析技能培训；面向专利信息服务机构的人员，开展企业需求分析和专利信息利用技能的培训。

三是提供专利情报支持，围绕产业需求发布产业专利动态，围绕企业的具体需求发布专利技术态势分析、预警分析等。

四是在有条件的地区组建产业专利信息帮扶联盟，针对地区某一重点产业的中小微企业提供帮扶服务，将帮扶工作由企业向产业聚集。

五是组建专利信息帮扶顾问团，由基地组织本区域专利信息领军人才、师资人才、实务人才以及其他知识产权人才，成立专利信息帮扶顾问团；将人才参与专利信息帮扶工作情况纳入人才考核内容。

六是开展基地专利信息服务能力培育工作，面向具备专利信息利用和管理基础、意愿能力较强的专利信息服务机构，通过合作开展专利信息帮扶工作等方式开展专利信息服务能力培育。帮扶工作采用“三专”的方式，即专门机构的专门人员为专门企业，开展更有针对性的帮扶。选择服务机构试点建立专利信息服务制度，设置专利信息服务岗位和专员，研究制定专利信息托管服务标准，建立健全专利信息托管工作机制。

七是建立企业专利信息利用效果收集与统计制度，从节约成本、提高效率、增加利润、规避风险、扩大市场等方面收集专利信息利用的效果，形成专利信息利用典型案例集合。

八是建立产业专利信息利用效果收集与统计制度，从产业转型、产业布局、规避风险等方面收集专利信息利用效果，形成典型案例集。

九是逐步总结基地中小微企业专利信息帮扶经验，在基地以外的地区逐步试点推广。

专利信息服务创新模式研究*

袁杰　李鹏**　胡尊爽

摘　要　互联网正在成为新经济发展的引擎，对传统经济模式起到革新甚至颠覆性的影响。本文通过研究云计算、移动互联网和大数据等高新信息技术以及互联网经济下的各种新兴服务模式，分析我国专利信息服务的现状及信息技术的影响和启示等，提出应用互联网思维进行专利信息服务模式创新。

关键词　专利信息　创新　模式

一、传统专利信息服务的现状与发展

随着经济社会的发展，科技创新在经济发展和转型当中的驱动作用日益显著，而集技术、经济和法律信息于一体的专利信息在技术创新、投资经营、市场竞争等多个方面凸显了战略性地位，专利信息利用与服务工作也得到越来越多的重视。我国专利信息服务行业起步较晚，服务市场尚未培育成熟，市场主体和服务主体在专利信息服务的供给和获取方面还存在着一定的障碍。

作为市场主体的企业，在专利信息服务获取和充分利用上存在对接不畅、人才缺乏、资源浪费、效率不高等问题。具体表现为相关信息产品不够丰富和个性化，企业在获取所需的专利信息时存在困难，企业寻找服务机构的成本过高；企业缺乏专业的人才、专利信息系统硬件资源闲置率高；缺乏“一站式”服务，问题解决效率不高。

作为服务主体的服务机构，在专利信息服务方面存在缺乏规范、数据、工具和渠道等。具体表现为开展专利信息服务缺乏可靠、稳定、低成本的专利数据来源，难以保证专利信息服务的质量；普遍缺乏专利分析、专利管理等软件工具的支撑，难以有效地拓展业务；对接用户需求渠道不畅，难以进行准确地市场定位，并进行差异化经营；缺乏

---

* 本文改编自国家知识产权局专利局专利文献部2014年专利信息重点引领项目“专利信息服务创新模式与实证研究”课题，课题负责人袁杰、王昉杰。课题参与人员为洪昶、李鹏、胡尊爽、吴永杰、杨尚伟、陈艳丽、罗先盛。

** 等同第一作者。

统一的规范和标准。

随着云计算技术、移动互联网技术、大数据技术等信息技术的不断涌现和技术成熟，淘宝模式、O2O 等新兴商业模式的出现为专利信息服务模式的创新提供了机遇和可能。如何有效利用信息技术通过新兴商业模式开展专利信息服务工作成为当前专利信息服务业关注的一个重点。

二、信息技术对专利信息服务的影响和启示

在网格计算、公用计算以及虚拟化技术、互联网技术等支持下，云计算技术、移动互联网技术、大数据技术相继出现并得到了应用，上述信息技术对信息服务业产生了深远影响，同样对专利信息服务带来了发展的启示。

（一）信息技术的模式与特点

云计算是一种基于互联网的计算方式，将共享的软硬件资源和信息按照需求提供给计算机和其他设备；通过按使用量付费的模式，提供可用的、便捷的、按需的网络访问，进入可配置的计算资源共享池。只需投入很少的管理工作，或与服务供应商进行很少的交互，相关资源能够被快速提供。从服务类型来看，云计算服务可分为基础设施级服务（IaaS）、平台级服务（PaaS）和软件级服务（SaaS）3 种。

移动互联网技术是移动通信与互联网的结合，通过智能移动终端，采用移动无线通信方式获取信息和提供服务。4G 时代的开启以及移动终端设备的普及，未来在各个行业中与其现有的商业模式相结合的服务类移动应用将更容易获得市场和消费者的青睐。基于传统互联网的信息服务均可以通过移动互联的方式提供。

大数据技术是指从各种类型的巨量数据中，快速获得有价值信息的技术，其“大数据”不仅是指数据本身的规模，也包括采集数据的工具、平台和数据分析系统。通过大数据技术可在合理时间内对数据进行撷取、管理、处理、整理成为决策依据。

（二）对专利信息服务的影响和启示

全球专利基础数据资源大幅增长，同时专利信息服务网络化逐步普及，众多用户在使用专利信息时产生了大量的关联数据，新信息技术的发展为数量巨大的基础数据资源及关联数据的存储、分析、挖掘等工作提供了可能。同时，信息技术的发展对于知识产权主管部门或服务机构构建统一基础设施，让中小企业部署专有的知识产权软件或建设企业专属知识产权管理平台；也为提供统一软件开发环境，提供按需付费、按期租用的专利信息软件工具分销平台成为可能。

三、新兴商业模式对专利信息服务的影响和启示

（一）新兴商业模式及特点

淘宝模式：淘宝网由C2C的个人网上交易平台和平台型B2C电子商务服务商淘宝商城组成，交易的对象主要是实物或虚拟产品；其主要收入包括广告费、店铺推介费、网站增值服务、融资等，其盈利的关键在于第三方支付和信用评价体系。

威客模式：以“猪八戒”网为代表的威客模式是指服务商借助威客平台出售服务，为企业、公共机构和个人提供定制化的解决方案，将创意、智慧、技能转化为商业价值和社会价值，成熟的威客模式一般包括提问与报价、检索、知识库、订购和交易五大系统。与淘宝模式不同，威客模式的交易对象主要是服务。

“苹果”模式：利用App Store提供IOS系统支持的各种应用软件，受到广大“果粉”的支持和热捧，成为销售苹果手机之外的主要利润来源。苹果的App store为第三方软件的提供者提供了一个方便高效的软件销售平台。这种模式将无形的手机网络应用服务与有形的苹果手机产品结合，形成捆绑利润。

“众包”模式：众包是近年来在互联网上出现的商业服务模式，指企业把传统上由内部员工或外部承包商开展的工作，通过互联网外包给广大的网民。众包平台提供方是连结发包方和接包方的媒介组织，它采用虚拟运作的方式，将发包方的工作任务或某项需求信息发布在虚拟空间里，非契约性接包方在同样的空间提供解决方案。众包平台为发包方和接包方提供交易场所和规则。

（二）对专利信息服务的影响和启示

专利信息服务市场是一个利基市场，在这个市场上存在着无数高度专门化的市场需求。目前，由于服务商能力、数量、分布方面的问题，大量的个性化需求没有得到满足。专利信息服务采用新兴服务模式，可以建立一个综合性的服务平台，通过互联网将散落全国乃至全球的专利信息服务商（包括具有专业能力的个人）、金融服务等相关服务商、第三方支付等支撑系统进行集中整合，通过平台进行服务、产品销售和任务分包、整合，从而满足各种独特的、个性化的专利信息服务需求。平台亦可通过广告收入、交易提成、增值服务等多种方式实现盈利。

四、专利信息服务模式创新设计

专利信息服务是一种基于需求满足的商业运作，广义专利信息服务模式的设计需分析考虑专利信息服务需求、专利信息服务模式运行和相关商业模式的运作，笔者将根据

前文的分析与比较，从上述三个方面对专利信息服务模式创新提出设计思路。

（一）专利信息服务需求分析

专利信息服务需求多数来源于企业，主要模式为以企业提出需求，服务商开展服务。然而，大多数企业对专利信息服务的需求是不明确的，仅仅知道企业存在的问题，而无法将这些问题转化为具体专利信息需求。例如，企业在进行决策时，往往需要考虑专利技术信息、管理政策信息、市场信息、人文环境信息、人力资源信息等多种因素，而企业往往无法准确地描述其所需要的专利信息服务。

此外，企业对专利信息的需求具有差异性和长期性。差异性表现为处在不同发展阶段的企业对专利信息的需求大有不同，企业不同部门人员对专利信息的需求同样存在较大差异。长期性表现为企业希望服务提供方能够了解企业的文化和各种竞争环境，熟悉并掌握企业的产品、技术、管理等情况，如跟踪竞争对手、开发新产品、技术创新等工作，这就要求服务提供方能够提供长期性和连续性的服务以满足企业的需求。

因此，企业需要既熟悉其产品和生产经营环境，又具备一站式服务能力的专利信息服务机构为其进行长期、针对性服务。目前，从事专利信息服务的代理机构及数据库服务商尚不能全面满足企业的需求。

（二）专利信息服务模式运行设计（见图1）

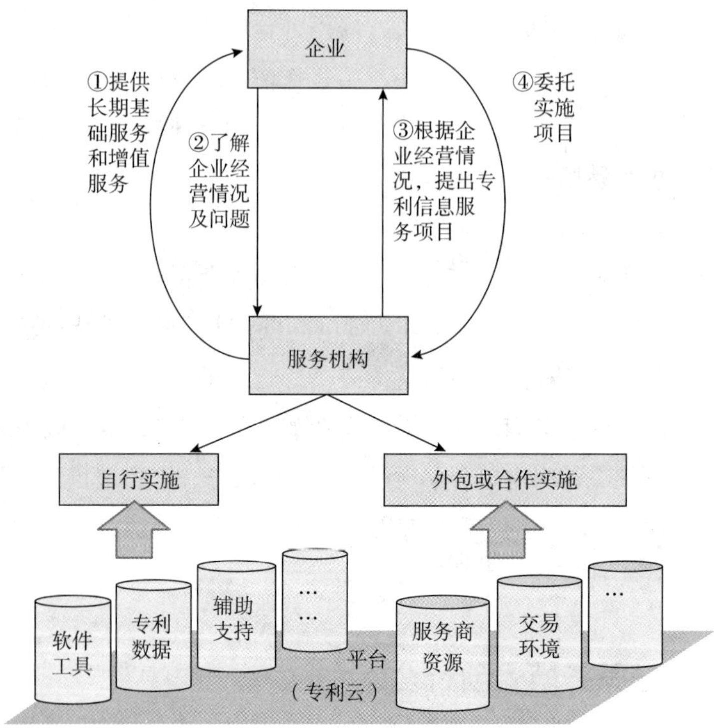

图1　专利信息服务模式运行设计

基于需求分析，专利信息服务模式运行创新设计的出发点是信息的主动推送、企业需求挖掘和传统服务方式的变革。通过信息化手段促进服务机构服务能力的升级，主动地根据企业经营情况进行专利信息推送，在信息推送过程中发现企业生产经营中存在的问题，并将之转化为专利信息服务需求。进而，利用综合性专利信息服务平台强大的数据资源、服务资源整合能力，通过自主实施或平台外包的方式开展服务，解决企业生产经营过程中的实际问题。企业通过专利信息服务获益后，将提出更多的服务需求，以此形成良性循环。

具体模式为通过构建一个基于互联网的综合性专利信息服务平台即专利云，为服务商提供诚信、有序的经营环境，为用户提供快速、可靠、低成本的专利服务，逐渐形成专利信息服务生态系统，并形成良性可持续发展的客户关系和盈利模式。

服务机构在对企业进行长期的基础服务过程中，熟悉企业生产经营情况，了解企业生产经营过程中遇到的问题，筛选出可通过专利信息服务解决的点，并提出具体的专利信息服务方案。企业认可后，委托服务机构进行实施。实施过程中，服务机构根据自身能力选择自行实施或外包（合作）实施。在自行实施过程中，平台能够为服务机构提供检索、分析、专利管理等软件工具支持，提供权威的专利数据支持，提供高效的交互和成果展示环境。在外包或合作实施过程中，平台能够为服务机构提供各类服务商资源，并进行分类评级；提供标准化的交易规则、第三方支付等交易环境。

此外，在日常的服务过程中，服务机构可以利用平台提供的基础环境，为企业构建专属的知识产权管理平台。通过企业专属平台，为企业搭建专题数据库、推送行业新闻和专利信息解读等资讯、开展企业专利管理等，一方面为企业提供增值服务，增加客户粘性，另一方面通过增值服务提升企业知识产权意识，促进企业提出更多的专利信息服务需求。

（三）专利信息服务商业模式运作设计

1. 目标客户确认

一是服务机构，专利云旨在为他们提供供需对接平台和数据工具支撑；二是终端用户，专利云旨在为他们提供快速、可靠、低成本的一站式服务。

知识产权服务机构和关联业务服务机构，包括代理服务商、法律服务商、技术中介服务商、信息咨询服务商、数据服务商、风险投资商、无形资产评估服务商、银行、担保公司等。这类服务商对于获取客户信息、扩展服务范围、降低运营成本有明显需求。

终端用户，包括政府部门、区县、园区、企业、高校、科研机构、社会公众等。这类用户是知识产权服务的最终对象，在决策制定、创新研发、维权保护、生产经营、市场开拓等多个环节需要针对性、个性化的知识产权服务。

2. 客户关系建立

客户关系是指专利云与特定客户细分群体建立的关系类型，通过对客户关系的维持，保持客户的忠诚度。主要包括如下类型：

（1）个人助理。专利云上的用户，无论是服务商还是终端用户，都可以把专利云看作是个人助理。专利云特别建立了客服中心，用户在遇到任何问题时都可以通过呼叫中心、电子邮件、在线客户等多种渠道获得技术或服务支持。

（2）自助服务。专利云为用户提供良好和完善的使用帮助，具有基本电脑使用技能的用户都可以在很短的时间内熟悉专利云各项功能的操作。

（3）社区。专利云建立了在线社区，用户和专利云、用户之间都可以在社区内进行无障碍交流，进而使专利云与社区之间建立更为深入的联系。

（4）共同创作。以 SaaS 的模式向用户提供各种软件和工具，在软件和工具开发或更新的时候，专利云会充分征求用户意见，邀请用户参与到产品的设计和创作中。

3. 渠道通路形成

渠道通路描述专利云通过何种渠道接触客户进而传递价值主张。在线销售是专利云接触客户的主要渠道。此外，还可通过如下渠道接触用户：成立知识产权服务联盟，在联盟会员中进行推广；举办线下培训和会员活动；同其他网站交换链接；社会化营销工具（博客、报纸、电视等）；论坛、会议等活动（中国专利信息年会、中国专利周、高交会、云博会等）；数据库（EDM、电话）；口碑传播；媒体合作等。

4. 核心资源与关键业务

专利云的核心资源是指让商业模式有效运转所必需的最重要因素，主要包括开放的专利云平台、服务商和服务人才的集成、权威官方的基础数据和深加工商业数据集成、服务商评价体系和第三方支付体系、诚信交易环境、企业需求挖掘机制。

关键业务是指为确保专利云商业模式可行，所必须做的最重要业务工作。一是平台开发，平台功能较为复杂，平台开发需要兼顾易用性、可靠性、可扩展性，可视化界面需要向用户传达权威、可靠、便捷、易用的理念；二是经营环境打造，专利信息服务网络交易模式，经营环境的易用性、诚信体系等决定了用户的接受程度。因此，需要重点关注交易流程设计、服务商评价体系、第三方支付功能的整合。

5. 发展重要伙伴

重要伙伴是指让商业模式有效运作所需的供应商与合作伙伴的网络，主要包括：负责提供可靠专利文献数据的专利数据提供者；负责挖掘企业知识产权服务需求的企业需求挖掘机构；为专利云提供必要运作资金，风险投资商；其他相关业务服务商。

6. 成本结构与收入来源

成本结构是指运营该专利云商业模式所引发的人员工资、办公场地、运营费用、推广费用、设备购置等所有成本。而专利云的收入来源均是建立在为客户提供价值的基础之上，主要包括会员费、服务租赁、网络广告、增值服务。

通过对目标客户、客户关系、渠道通路、核心资源、关键业务、成本结构及收入来源的涉及，提出完整的商业模式全景图如图2所示。

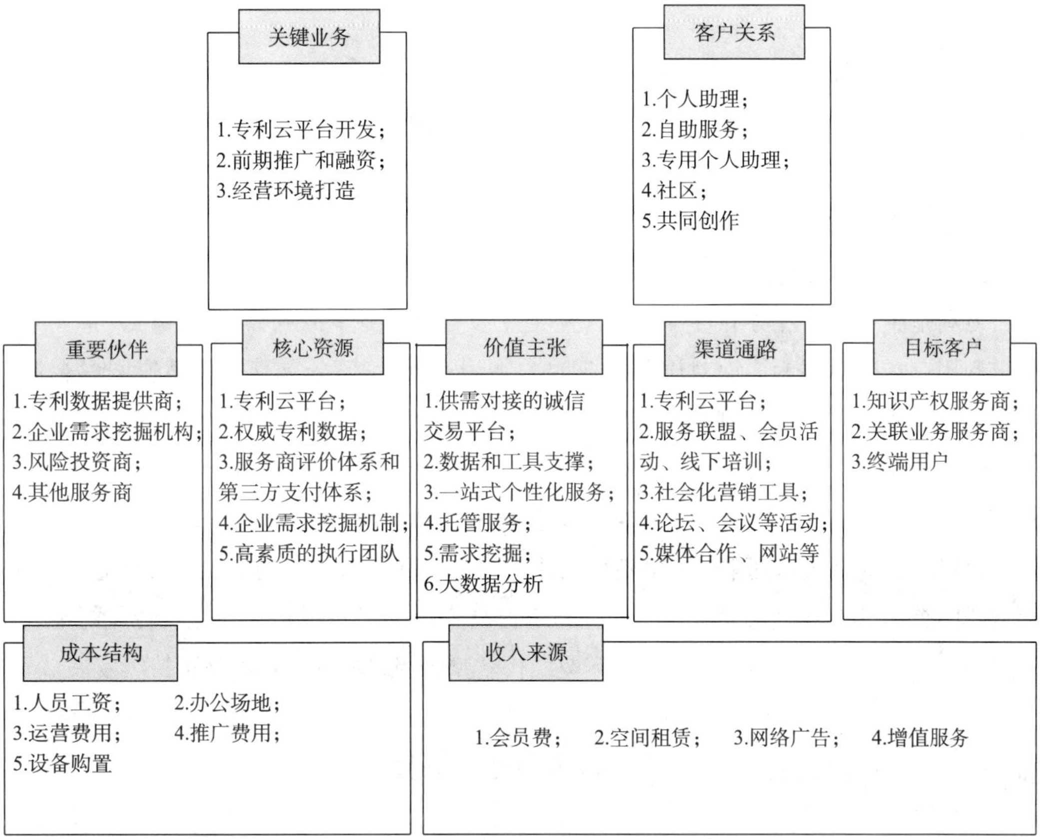

图2　专利信息服务商业模式

五、结　语

互联网正在成为新经济发展的引擎，对传统经济模式起到革新甚至颠覆性的影响。物联网、云计算、移动互联网、大数据等新一代信息技术的飞速发展，为专利信息服务创新提供了有力的工具和支撑环境。通过构建专利信息服务综合平台，改变服务商被动按需服务的方式，让服务机构主动地为客户进行专利信息推送和服务需求提炼，并通过专利信息服务综合平台强大的数据、工具、服务资源整合能力，促进服务商高质量地完成服务，让企业从中获益，进而提出更多服务需求，形成良性循环。

国内企业专利信息利用模式适应性研究*

王亚利　赵欣**

一、引　言

专利是企业竞争优势的重要来源，是企业参与市场竞争的利器。在我国，企业专利信息利用存在明显差距。面对国外企业的“知识产权大棒”，如何建立适应国内企业的专利信息利用模式，规避国外企业的专利围攻，绕过其设下的专利地雷，深入借鉴、消化吸收国外企业的专利信息利用模式显得尤为重要。本文对企业不同模式的专利信息利用开展适应性研究，以实际案例并结合企业利用不同专利信息的不同模式进行分析，从而有效提高企业对技术的掌握、对竞争对手地位的了解、对行业趋势和发展动态的认识。探索我国企业的专利信息利用模式将有助于提高企业创新水平和知识产权转化能力，提升我国企业的核心竞争力，促进我国产业结构转型升级，保证国民经济可持续发展。

二、专利信息促进企业技术创新模式研究

本部分主要从企业技术创新过程中的研发立项、研发过程和研发成果保护 3 个阶段开展专利信息利用模式的研究。

（一）研发立项的专利信息利用模式

在研发立项过程中，首先通过检索企业所有专利、集成电路和商标等相关知识产权的有效性及剩余有效期限，专利的实施与许可情况，专利与已立项目的相关性，企业自有专利的技术先进性等，可建立企业现有知识产权管理台账，判定企业自有技术实力。

第二步分析项目现有的技术，进行专利技术、重点技术分布和产业技术拥有者的分析。分析研发方案中产业的专利和专利申请的技术领域覆盖范围、技术创新点、国家及地区分布、技术发展趋势、技术构成和技术地域分布等。对重点技术进行技术路线、技

---

* 本文改编自国家知识产权局专利文献部 2014 年度“专利信息人才专项”课题研究项目同名课题，课题负责人吕阳红，统稿人王亚利，主要执笔人龚跃鹏、左勇刚、徐琦、翟佳雯，其他参与人员高劼、黄俊、温涛、陆敏、王勇、张正阳。

** 等同第一作者。

术功效矩阵分析。进一步的分析主要体现在竞争对手分布、研发合作者情况和研发团队的基本信息及产业技术拥有者的基本情况。

第三步分析所属领域知识产权环境风险（行业诉讼风险）和项目技术方案侵权风险（研发立项技术方案风险），有效提升研发立项的效率，降低后续研发实施过程的风险。

（二）研发过程中的专利信息利用模式

在研发过程中，主要是开展现有技术参考、专利预警和目标市场侵权分析。在现有技术参考中，可对项目研究中的失效专利加以利用。并且通过对现有技术中特定技术方案进行发展趋势和技术功效分析，可为企业在研发中寻求突破口，促进企业在研发过程中利用专利，减少研发过程的时间投入，提高研发效率。

专利预警主要是开展技术发展和竞争对手的跟踪。技术发展跟踪能够清晰显示该技术领域发展的脉络，显示技术扩展的进步历程，为企业研发的技术发展跟踪提供很好的线索以及更好地了解技术现状，从而避免研发进入衰退期的技术，技术研发需求的热点、重点和空白点，为确定研发方向、提升研发效率及专利布局提供依据。竞争对手跟踪可挖掘出行业内的领军企业和竞争对手，也可以分析出自身与竞争对手的优势与差距等，有效监控技术发展状况，以求探索技术发展脉络，为专利预警提供方向。根据竞争对手的专利布局情况构建专利网战略，限定竞争对手的发展。

目标市场侵权分析：一是通过专利信息分析某一技术在某国家或地区的主要专利申请者，找出该领域的主要技术企业，并借助专利技术地图分析该企业的主要技术特长、专利应用领域等信息。进而总结该技术领域的发展现状及这些企业在海外市场中的布局。借助竞争企业的同族专利分析，有针对性地了解某一特定专利技术世界范围的垄断程度，从而准确定位自身公司的竞争对手特征，制定合理的竞争策略，为研发布局相关目标市场提供有效的专利信息；二是通过专利信息分析专利壁垒。分析发达国家的政府或企业，依靠其技术垄断优势，以保护专利等知识产权的名义实施的各种限制其他国家产品生产和贸易的障碍措施，从而进行有效地专利规避。

（三）研发成果保护的专利信息利用模式

研发成果保护阶段的专利信息利用模式研究主要围绕研发成果的价值评估和专利布局来开展。研发成果的评估对企业产品研发具有重要意义，一方面阶段性的研发成果可以依据企业的实际需要投入生产，产生具体的经济效益；另一方面阶段性研发成果是企业后续研究的技术支撑，通过对阶段性成果的价值、创新型、经济效益，一级成果转化为实际生产能力的可行性、市场前景等进行分析和评价，为研发成果的发布、管理、保护和利用提供依据。

研发成果的专利布局一是通过专利信息选择专利代理机构和代理人，有效发挥代理人和代理机构的专业知识，提供技术和法律智力服务，有效支撑中小企业实现自主创新、提高生存与发展能力。二是通过各国市场份额、技术领域有效专利数量、知识产权支付费用、各国法律保护力度来进行海外专利布局可行性分析，以快速准确地进行全球专利布局。

三、专利信息促进企业产品生产销售中的模式研究

（一）企业产品采购过程中的专利信息利用模式

企业产品采购过程中运用专利信息可分析上游产业链的核心专利分布，寻找潜在的产品供应商，分析产品涉及的专利、有效性、有效期、许可及许可方式等情况，由此来选择潜在产品供应商。然后分析供应商的知识产权风险，主要考查协议和招标公告中潜在的知识产权风险，对合同知识产权条款进行说明，确定“权利与责任”，防止因产品知识产权纠纷或诉讼而引发的责任分担问题。

（二）企业产品销售出口中的专利信息利用模式

企业产品销售出口中的专利信息利用主要围绕目的地的知识产权保护环境、知识产权布局状况、产品销售侵权风险和诉讼应对策略等开展。目的地的知识产权保护环境主要是分析其知识产权基本法律制度、侵权判定标准、海关知识产权保护模式、司法诉讼程序、行政执法程序等；分析企业在产品目标市场相关专利布局、专利质量状况，以及相应的其他知识产权布局情况，查漏补缺和优化布局，是为了保护产品在目标市场不会被仿冒，保护其在目标市场的地位和利润。同时，又可以在未来发生侵权诉讼等纠纷时，作为对抗武器和谈判筹码，确保企业的利益不会被竞争对手的诉讼策略所干扰和破坏；产品销售目的地侵权风险分析，主要是对出口目的地竞争对手及其客户供应商的产品市场占有情况、知识产权情况进行分析，并进行技术特征对比，判断出口产品是否侵犯他人知识产权。并基于竞争对手的诉讼经历和策略，预见企业产品在目的地遭遇侵权诉讼和贸易排除令的潜在风险。进一步研究避免产品被诉侵权的应对策略方案。

四、专利信息在企业质押融资中的模式研究

本部分围绕质押贷款企业调查、专利质押风险和质押专利价值和质押专利处置开展专利信息利用的研究。

（一）质押贷款企业调查分析

首先是从企业的基本状况进行调查分析，从而确定企业的研发能力、规模、信誉、销售服务能力等，判断企业的经营风险。作为专利的权利人，企业的经营状况决定其还款能力，也决定了知识产权的市场价值。决定企业经营的关键因素是其研发团队和企业

的合作状况，主要从企业的授信能力和还款能力进行调查分析。

然后进行企业专利状况调查分析。对质押企业的专利状况进行调查和分析，从而有效地判断出企业的研发能力、规模、信誉、管理能力、知识产权意识、知识产权运用能力等方面的问题，分析出企业在利用专利进行有效转化方面的能力。对企业质押专利的可靠性进行分析，从而更好地减小质押融资的风险。

（二）专利质押风险分析

在质物选择阶段，从多维度的角度分析备选专利质押贷款的风险，可以帮助选择一些价值较高且更为可靠的专利，有效规避具有较大风险的质物，从而最大程度降低未来活动过程中的经济损失。质物法律风险是通过专利有效性检索、专利地域检索和权利人变更检索分析质物法律风险、分析权利纠纷、权利归属、时间效力等。一项专利在诉讼纠纷中获胜或者从无效宣告程序中维持下来，说明专利的法律地位稳固，具有很强的可靠性，价值较高。质物技术风险分析是当前专利技术更新速度加快，一些处于萌芽期和起步期的技术，由于出现技术瓶颈或者替代技术，使得其尚未成熟便被市场淘汰，可通过专利技术功效年代图分析各项技术近年来专利申请数量的变化状况与发展趋势，有效规避具有技术市场风险的质物。专利技术风险是专利本身的缺陷、专利实施难度较大等风险。专利的实施要受到客观物质条件的限制，必然影响实施速度，对其价值也会产生影响。对于目前尚无法实施的专利技术不会产生预期收益。专利按其重要性程度可分为核心技术专利和边缘技术专利。一般来说，核心专利主导专利产品的生产，是企业技术的核心，其质押价值相对边缘技术专利价值较大。专利的可替代性是指专利由其他专利或者技术代替的程度。专利可替代性越高，价值越低。专利按其性质可分为突破性创新技术和渐进性改进技术。突破性创新是首创独创性创新，渐进性改进是在原有技术的基础上进行的改进性创新。一般认为，突破性创新技术价值要高于渐进性改进技术价值。主要是从技术宽度、技术空白点和研究渗透点三个方向对技术的先进性进行分析。

（三）质押专利价值分析

专利质押最主要的是对专利进行分析，从而进行价值评估。专利价值分析作为一项专业性的工作，为保证分析质量、控制分析过程风险，维护各方当事人的合法利益，从专利自身属性的角度，分为法律、技术和经济 3 个指标。技术价值分析通过技术先进性、行业发展趋势、技术适用范围、配套技术的依存度、技术寿命周期、技术的可替代性、技术成熟度等指标分析研发成果的技术价值。

经济价值分析是分析市场涵盖度、估算知识产权许可收益等。市场涵盖度是通过一项专利技术或者功能、效果最接近的成熟产品所占有的比例进行估计，经过充分的市场推广后可能在市场上占有的份额。许可收益是知识产权产出后的专利在许可转让或者质押等相关法律事件中获得的收益大小。

法律价值分析以专利产出成果的稳定性、专利家族、依赖性、许可状态等指标，对研发成果从法律角度分析产出价值。

（四）质押专利处置分析

质押专利处置分析主要围绕质押专利许可和转让分析以及专利质押贷款额分析来开展。质押专利许可和转让分析主要是通过专利信息平台对专利的转让和许可状态备案状态进行检索，进一步地分析和确认质押专利的许可合同等。

专利质押融资，是指债务人为获取资金，凭借债务人拥有的专利以质押担保方式向银行、其他金融或投资机构获取资金。为了更好评估质押专利的贷款额度，利用专利信息对专利进行价值评估，从而估算出专利的具体数额，以获得银行的贷款。由于知识产权资产的价值评估与有形资产的估值存在较大差异，其评估立场、技术、方法、模型、参数的选择，以及融资性价值评估的特殊性，都直接影响知识产权资产的评估价值，价值评估决定了第二还款来源是否足值。根据研究，可以得到一种新的专利估值算法：

$$p = pm \cdot \acute{p} = (\omega \cdot \theta \cdot Q/N) \cdot (t + c)$$

式中所有参数集中说明如下：

p：待估专利价值；pm：待估专利所属产品专利价值均值；

$\acute{p}$：待估专利特征系数（0，2）；θ：所属产业专利敏感系数（0，1）；

ω：专利价值回报期望系数（0，1）；Q：待估专利所属产品市值总值；

N：待估值专利所属产品有效发明专利数；c：估值专利持有人市场影响参数（0，1）；

t：待估值专利性参数（0，1）。

五、专利信息在专利与标准结合上的应用

在国际标准化领域，国际标准与专利的结合由来已久。与发达国家相比，中国技术标准制定和推行工作起步较晚，因此在绝大多数的传统工业领域，我们已经没有办法左右国际标准的产生和广泛地被适用，在这些领域只能以“采标”为重点。但是，在高新技术领域，各国标准化工作都才刚刚开始，因此在这些领域内中国完全可以参与进去与发达国家竞争。

（一）标准化中的专利模式

标准化中的专利模式，第一种是标准所规约的内容是产品的指标或功能要求，而专利则是实现标准的具体、完整的技术方案。此时技术标准中技术要素所记载的内容表面上与任何一项专利都无关，但是某项或某些专利的应用却是该技术标准的实现途径或者技术支撑。

第二种是技术标准的技术要素涉及产品的某些特征，而某项专利技术是实现这些特

征的技术手段。此时技术标准中技术要素所记载的内容有部分直接与某项或某些专利的内容重叠，但这时的标准依然不是专利技术方案本身，某项或某些专利可能成为实施该标准内容所涉及的基础或必要专利。

第三种是技术标准的技术要素包含某项专利技术的全部技术特征，此时技术要素的内容与某项或某些专利的内容完全重叠。

（二）制定标准类的专利信息利用模式

对于制定标准类的专利信息利用模式，可以进行专利可行性分析、专利信息披露情况分析、标准必要专利评估、竞争对手产品侵权分析和标准中专利的预期经济效益等方面的分析。

专利可行性分析首先进行企业关键技术专利情况调查，检索汇总企业所拥有的所有专利及专利申请的清单。专利及专利申请的内容应统计专利申请类型及对应数量和技术领域分布，了解现阶段专利重点布局领域，并将相关专利权利要求与技术标准内容进行对比，确保企业专利储备与标准提案相匹配。然后进行竞争对手专利情况调查分析。通过对竞争对手的专利收集，分析其技术竞争力、技术发展动向。发现潜在对手和技术，以及其重点专利的保护范围。利用分析结果进行技术创新和改造。对于技术空白领域，申请自己的专利，提高标准自主知识产权的产出；对于无法绕过的专利，制定专利许可策略，降低未来侵权风险。

专利信息披露是指标准化组织或标准的发起人为了便于将来推广标准和豁免自己的责任，要求标准提案人在将有专利权等知识产权的技术纳入标准之前，必须披露该技术所有知识产权。相关指标是标准提案涉及的专利信息分析。其目的为通过专利权人或其他相关人员披露技术标准中涉及专利的情况，明晰各项技术的权属状况，使技术标准实施者可以有效地获得专利许可。有效的披露机制能够尽早地暴露相关专利，避免发生事后的专利劫持，保证后续权利人与标准实施者之间的专利许可谈判顺利进行。

标准必要专利评估需要进行必要专利权利要求与技术标准对比分析和专利不可替代性判断。必要专利的判断标准是：（1）标准中包含了独立权利要求中的所有技术特征，才认为是必要专利；（2）若标准中包含了比独立权利要求多的技术特征，也认为是必要专利；（3）若标准中所载技术方案不能囊括独立权利要求的所有技术特征，不认为是必要专利。

专利不可替代性是指在被许可人实现标准、开发产品的相应技术要求时是否必然用到该专利，且不能用其他技术或专利替代，同时短时间内也无法被其改进技术替代。

竞争对手产品侵权分析是通过对市场相关产品的知识产权行为进行监控与收集证据，计算技术标准对侵权产品的贡献度，以及标准制定人专利对标准的贡献度，进行损害赔偿额认定并采取维权措施。

标准中专利的预期经济效益指对标准中专利技术的创新性和先进性进行判断，在此基础上分析许可费用、范围、期限以及被许可对象，从而做出市场预期价值评估。被许可的对象数量越多，以及被许可的市场占有率越高，说明标准的预期经济效益越好。

在制定标准类专利信息的标准化途径方面，技术的专利化、专利国际保护的寻求、专利向标准的转化是三个关键步骤。

（三）采用标准类的专利信息利用模式

对于采用标准类的专利信息利用模式，进行技术标准许可政策分析和技术标准许可谈判应对策略等方面的分析，需要对专利的地域性、必要性和有效性，标准内专利许可限制性条款，企业自身相关专利情况，可替代技术标准，技术标准未来趋势做详尽的了解和分析。

六、企业专利信息利用模式建议

（一）构建企业专利信息保障体系

企业专利信息需求中的专利文献信息可以通过各国专利局公开出版的专利说明书、权利要求书、专利公报等获取。其他的技术信息和产品信息，可通过科技情报机构、技术咨询机构、技术市场获得，或直接与科学研究与技术开发机构联系而获得，采用比较、分析、综合等方法对最新科技成果和专利信息进行研究和预测。市场信息可以通过实地调查或问卷调查获得，也可以委托专门的市场调研机构进行调查，对调查所得到的信息应及时进行鉴别、汇总，并采用定性定量相结合的方法进行分析研究。竞争对手的信息可从公开出版的文献、竞争对手的有关部门、人员用户和产品中获得，对竞争对手的信息要跟踪搜集和系统分析，定标比超和 SWOT 分析是企业竞争对手信息分析的有效方法。反映企业自身情况的信息可通过企业的管理信息系统或向有关机构和人员征集而获得。为了满足企业在制定和实施专利信息的不同需求，保证这些信息需求得以实现，企业应该构建由内而外的专利信息保障体系。

（二）加强企业内部专利信息利用

1. 培养企业专利信息利用意识

培养企业专利信息利用意识，首先要加大对专利信息利用意识的宣传，使企业真正认清知识产权带来的机遇和风险，提高企业对知识产权的认识水平，只有知识产权意识提高后才能充分利用专利信息。此外，要做好企业专利信息工作，还需要有一支合格的专利信息人员队伍。这支队伍熟悉专利制度，精通专利信息检索，还具有较高的专利信息分析研究能力，能为本企业提供高质量的专利信息，帮助企业在竞争激烈的市场中获得优势。

2. 增加专利信息投资

企业不同模式专利信息需求的满足需要增加必要的信息投资，包括构建企业专利数据库和信息网络。信息投资量决定了信息收藏量和流通量，而信息收藏量和流通量又决定了信息保障率。因此，专利信息投资的保障对于专利信息利用是至关重要的。

3. 建立健全专利管理部门

组织保障是实施专利信息的基础，专职管理部门的建立能够有效保证专利信息工作的持续进行。专利管理部门的组织形式可以因企业规模和业务量而异，例如中央集权型组织，直属于企业负责人，从整个企业出发进行专利管理，另外在基层建立相应的专利管理分支组织，与专利管理部门配合，共同完成企业专利管理工作。

4. 建立专利信息利用等专利战略硬性制度

企业应当建立严格的专利信息管理制度。专利信息的利用和管理应当确定专人负责，建立专利信息查询手续及奖惩制度，对延误专利申请、掌握科技动态滞后、使用过时技术而造成损失的进行惩罚，对利用先进技术、促进专利信息利用、节省成本和提高经济效益的进行奖励。

企业应建立维持专利和保管专利记录的制度。维持专利需要缴纳年费以及投入保护相关专利权。在专利权有效的时期里，企业必须将其有关专利权的记录进行保存，如研究开发工作记录、专利申请所利用的技术文献、生产成本数量、销售数据和范围、原材料数量和价格等各项资料。企业还应建立其他有关专利信息利用等专利战略的硬性制度，如文献跟踪制度、研究与发展经费投入制度、知识产权决策咨询制度等。

（三）促进与外部专利信息的交流和沟通

1. 适合的专利信息获取渠道

信息资源是技术创新、产品生产销售、专利质押融资、专利诉讼、专利标准化等环节的核心，拥有合适的专利信息获取渠道是非常必要的。信息化时代，信息传递主要依赖网络，通过互联网可以方便快捷地了解各种专利信息，因此企业需充分利用网络渠道获取专利信息。

2. 有效的专利信息分析

通过专利申请量、时期与技术创新点分析技术发展过程、最新发展动态及未来趋势预测；通过专利文献公开国家及同族专利分布了解技术的市场战略范围；通过申请人所属公司及优先权国家的分布掌握国家与企业的技术优势分布；通过专利权有效期限分布判断将来技术发展的制约时间；通过专利权人的分布了解主要竞争国家及对手。对经过筛选、分析发现有重要价值的少量关键专利文献进行深入研究，对技术特征、权利要求范围、法律状态等进行详细论证、评析，促进企业技术创新、产品生产销售、质押融资和专利标准化等专利战略提供翔实可靠的决策依据。

3. 加强横向交流

由于专利文献信息量的巨大及企业规模的限制，企业可以与社会信息服务机构合作开展信息检索与分析，获得最新的专利信息。针对行业共性信息需求，企业可以与同行业企业加强横向交流，建立行业专利信息数据库，提升专利文献信息的利用效率，形成同行业企业的有序竞争及协同发展。

专利信息在科技成果转移中的应用研究

余翔　盖爽　刘珊　张栋

科技成果转移是推动科技创新成果的运用和转化、促进科技成果实现技术价值和商业价值的重要环节。加强专利信息在科技成果转移过程中的应用，对于健全创新成果转移机制、完善技术交易市场、鼓励科技创新，具有十分重要的意义。分析专利信息在技术成果转移过程中的具体运用过程，归纳总结创新成果转移中专利信息应用的规律和关键点，对于发挥专利信息在科技成果转移中的重要作用，促进科技成果转移和转化，指引专利信息有效地服务于经济科技发展具有重要作用。

一、创新成果转移相关概念、范围界定

在国际化研究中，创新成果转移的宏观范围，通常包括创新成果的科技转化与成熟科技成果的技术转移。创新成果的科技转化一般包括从实验室的技术发现、技术创新到尝试商品化的技术调试、产品试验，进行从技术到产品的设计、试验与改造，完善产品的生产工艺与质量规格，直到在较为成熟的产品设计与生产工艺下，对产品可以实现不断再加工，得以推向市场，完成创新技术研究向创新成果转移的过程。而科技成果的技术转移，一般是指已经较为成熟的或受到认可的技术，在市场主体之间进行技术的引进、转移，同时伴随必要的知识、技术、设备的迁移过程，以及人员知识的更新，和基于转移技术的再创新。譬如中国的高铁技术，在从基础薄弱到不断走向辉煌、跨出国门的过程中，便走过了典型的对国外先进技术进行吸收、转移、创新发展的技术转移过程。本研究内容主要针对科技成果的技术转移。

二、专利信息的分类及用途

专利文献是记载着世界科技创新成果文献的核心部分，同时专利文献中还蕴含着重要的法律信息、技术情报和战略信息，是知识经济时代最重要的战略资源。

专利信息分类方法有很多，这里专利信息基本可以分为两类，一类是文献型专利型信息，另一类是非文献型专利型信息。专利信息主要包括的具体内容和用途参见表1。

表1　专利信息的分类及用途

分类		用途
文献型专利信息	著录项目信息	提供与专利相关的一些特征信息（如专利权人、IPC分类号、申请日等）
	权利要求书	提供专利的法律信息和一定程度的技术信息
	说明书	提供较高程度的技术信息，支撑权利要求书
	摘要	说明专利的内容及效果
	附图	对专利技术的直观描述
非文献型专利信息	期刊论文	提供与专利技术相关的最新理论及方法
	图书	一般是对现有技术的概括总结
	法律法规、规章、相关国际条约、公约、协定、议定书、换文等	提供与专利相关的法律信息
	有关专利的新闻报道	提供专利市场的最新动态及最新的专利政策
	协议、合同	提供最真实的专利市场交易情况
	法院判决、行政处理意见、公告及相关案例	最权威的专利处理结果
	基于专利文献信息所得到的分析报告	运用最新的专利分析理论所得到的分析结果，对专利决策者起到参考作用
	不同技术领域的行业发展报告	说明与专利技术相关产业的发展趋势，为预测专利技术的发展提供基础
	专家意见、评论	起到参考作用

三、专利信息在创新成果技术转移过程中的作用

专利信息运用强调通过合理的加工、整理分析、深度挖掘与缜密剖析，把看似分散、不相关的专利数据整理成系统的、完整的、具有较高可利用价值的情报过程，使得专利信息的内容发生质的变化。美国、欧洲等发达国家非常重视对专利信息的分析和研究，并且已经取得了很大的研究成果和实践价值。我们基于国外相关专利信息应用研究的基础，结合技术转移过程的不同阶段，分析专利信息在创新成果技术转移过程中应用的不同环节，不同目的，不同需求，凝练出专利信息在创新转移中的作用，具体见表2。

表2　创新成果技术转移过程中专利信息的作用❶

技术转移过程	具体内容	说明	专利信息的利用
形式准备	寻找合作对象	寻找所有相关潜在合作对象的信息，从中进行决策选择合作对象	技术评估，机构评估，技术预测
技术形式转移	接触合作对象	联系选定的合作对象，并开始谈判	技术战略和策略研究，技术搜索，技术监测
	磋商	就具体协议条款解决分歧并达成一致	市场地位评估、专利优劣势评价
	签约	最终达成文本化协议	法律法规、相关案例
实质性准备	合同履行初期	技术供方针对技术需方要求制造出原型、原型演示等；技术需方则提供相应的资源如人力、资金、原材料或部件等	专利技术文献、技术专家意见
技术实质性转移	合同履行中期	技术需方在技术供方的支持下学习消化技术，并将技术转化为产品或服务进入市场	专利竞争情报、技术信息的流动和配置、技术的内部化
评价/反馈	合同履行末期	技术需方向技术供方反馈在技术使用中存在的问题，并按照合同解决相应的争议	技术效果评估
扩散	合同履行完毕之后	即技术供需双方的合同履行后义务，技术需方可能需要遵守相应的保密义务	市场上产品、服务相关信息

在创新成果技术转移全过程中，通过研究可以分为不同阶段，包括形式准备阶段、技术形式转移阶段、实质性准备阶段、技术实质性转移阶段、评价/反馈阶段和技术扩散阶段。形式准备阶段一般发生在寻找创新成果技术转移合作对象的过程中，寻找所有相关潜在合作对象的信息，从中进行决策选择合作对象。专利信息在此阶段起到的作用是技术评估，机构评估，技术预测。技术形式转移阶段一般发生在接触合作对象、磋商、签约的过程中，联系选定的合作对象，并开始谈判，和双方就具体协议条款解决分歧并达成一致，最终达成文本化协议。专利信息在此阶段起到的作用是技术战略和策略研究，

❶ 张钢，范保群．供需合作与技术转移过程［J］．科研管理，1996（4）．李诚，柯贤能．技术竞争情报在技术转移过程中的作用研究［J］．图书情报工作，2009（24）．

技术搜索，技术监测，对市场地位评估、对专利优劣势评价，并提供专利信息中的法律法规、相关案例。实质性准备阶段一般发生在合同履行初期，技术供方针对技术需方要求制造出原型、原型演示等，技术需方则提供相应的资源如人力、资金、原材料或部件等，专利信息在此阶段提供专利技术文献、参查技术专家意见等。技术实质性转移阶段一般发生在合同履行中期，技术需方在技术供方的支持下学习消化技术，并将技术转化为产品或服务进入市场。专利信息在此阶段起到的作用是专利竞争情报、技术信息的流动和配置、技术的内部化。评价/反馈阶段一般发生在合同履行末期，技术需方向技术供方反馈在技术使用中存在的问题，并按照合同解决相应的争议，专利信息在此阶段起到的作用是技术效果评估。技术扩散阶段一般发生在合同履行完毕之后，即技术供需双方的合同履行后义务，技术需方可能需要遵守相应的保密义务。专利信息在此阶段起到的作用是提供市场上产品、服务相关信息等。

四、专利信息应用于科技成果转移的规律和关键点

科技成果技术转移工作是一个不断选择的过程。这一过程包括转移技术的选择、技术转移的方式选择、合作企业的选择等。在进行科技成果技术转移时要充分利用专利信息，提供必要的参考信息。

其中选择转移的创新技术成果是技术转移工作的首要问题，它关系到企业技术转移的成败。创新成果技术转移方应开展现有技术调查，了解技术成果的各项状态指标，以决定转移何种技术以及转移的价格。调查的内容主要包括：（1）本领域技术动向调查。它是指在广泛搜集过去及新近出现的技术信息的基础上，分析当代技术水平并预测今后技术发展动向而进行的调查。通过对技术动向的调查可把握需引进的技术所处的层次，明确企业技术引进的总体方向。（2）同行业先进技术调查。它主要包括：对同行业某项特定技术是否是专利技术、是何种专利技术、是否是有效专利、专利权的期限还有多长，以及特定技术和特定专利之间的关系等情况的调查；调查技术所处的生命周期（开发期、成长期、成熟期、衰退期），该项调查，对判断能否进行转移、转移价格高低具有很好的参考意义。（3）进行具体的可行性调查。首先是进行适用性情况调查，一般来说，衡量技术适用性的标准主要有目标的适用性、产品的适用性、工艺过程的适用性和文化与环境的适用性。其次是进行可靠性情况调查，即转移的技术是否成熟，生产工艺、产品质量是否可靠，是否可以推广应用。最后是进行剩余市场调查以及市场发展趋势调查，通过产品信息、客户名单，了解暂时未被其他企业占有的市场，以及转移该技术后可能占有的市场份额（见表3）。

表3　专利信息应用于科技成果转移的规律和关键点

序	工作流程	考虑问题关键点	实现规律建议
1	研究创新技术需求	◇成熟技术与薄弱技术环节 ◇技术需求、设备需求、管理需求	■根据项目需求意向，基于专家研究，拟定技术需求列表
2	确定意向创新技术标的	◇技术功效，设备作用 ◇关键技术与引进设备的集成性和兼容性	■全球专利检索和分析 ■分析专利组合，研究技术秘密（Know－How） ■调查第三方替代性技术
3	研究技术转移来源对象	◇技术来源意向公司 ◇备选替代性机构组织 ◇技术转移对象调查	■具体意向技术的权利持有人 ■权利人调查、专利权法律权利稳定性、诉讼经历调查 ■目标技术的市场经济性及前景、技术转移经历
4	准备技术转移洽谈	◇选择技术转移洽谈组织形式 ◇技术转移谈判准备	■基于自身的技术转移战略作出决策 ■拟定技术转移方式与条件，包含设备购置、知识产权及技术秘密许可、配套服务和技术支持等 ■技术引进的同时考虑技术输出，争取将自身拥有的优势技术与对方进行交叉许可，互利互惠 ■通过专利信息寻找来源第三方的备选技术，作为谈判筹码
5	实现创新技术转移	◇技术转移谈判 ◇实现技术转移的具体操作方案	■确定对自身于技术实现、工程建设、长期运营、财务状况最为有利的合作方式及条件
6	工程建设与后期服务	◇设备引进与功效实现 ◇技术支持与人员培训 ◇设备系统维护与升级	■企业通过工程建设与技术支持，迅速掌握所转移的技术能力，逐步运用到自己的产品或运营之中，并力求再创新
7	技术转移更新换代	◇技术设备换代出现更新需求	■企业需要通过自主创新、合作研发、或者重新制定技术转移方案，寻求新一轮的技术转移。技术转移合作设计机制应为示范项目后期技术更新的循环体系提供支持

专利信息应用于科技成果转移的主要工作流程包括研究创新技术需求，确定意向创新技术标的，研究技术转移来源对象，准备技术转移洽谈，实现创新技术转移，工程建

设与后期服务，技术转移更新换代诸项。在研究创新技术需求工作流程中应考虑的关键点是分辨成熟技术与薄弱技术环节，考量实际技术需求、设备需求、管理需求；实现规律建议根据项目需求意向，基于专家研究，拟定技术需求列表。在确定意向创新技术标的工作流程中应考虑的关键点是考量技术功效，设备作用，考量关键技术与引进设备的集成性和兼容性；实现规律建议进行全球专利检索和分析，分析专利组合，研究技术秘密（Know - How），调查第三方替代性技术。在研究技术转移来源对象工作流程中应考虑的关键点是技术来源意向公司，备选替代性机构组织，技术转移对象调查；实现规律建议找到具体意向技术的权利持有人，进行权利人调查、专利权法律权利稳定性和诉讼经历调查，以及目标技术的市场经济性及前景、技术转移经历。在准备技术转移洽谈工作流程中应考虑的关键点是选择技术转移洽谈组织形式，进行技术转移谈判准备；实现规律建议基于自身的技术转移战略作出决策，拟定技术转移方式与条件，包含设备购置、知识产权及技术秘密许可、配套服务和技术支持等，技术引进的同时考虑技术输出，争取将自身拥有的优势技术与对方进行交叉许可，互利互惠，通过专利信息寻找来源第三方的备选技术，作为谈判筹码。在实现创新技术转移工作流程中应考虑的关键点是技术转移谈判和实现技术转移的具体操作方案；实现规律建议合理确定对自身于技术实现、工程建设、长期运营、财务状况最为有利的合作方式及条件。在实现工程建设与后期服务工作流程中应考虑的关键点是设备引进与功效实现，技术支持与人员培训，设备系统维护与升级；实现规律建议企业通过工程建设与技术支持，迅速掌握所转移的技术能力，逐步运用到自己的产品或运营之中，并力求再创新。在技术转移更新换代工作流程中应考虑的关键点是技术设备换代出现更新需求；企业需要通过自主创新、合作研发、或者重新制定技术转移方案，寻求新一轮的技术转移。

拟上市企业专利信息的披露与管理研究*

张倍源　李鹏**　张园

摘　要　通过对现有与知识产权相关的信息披露制度分析与整理，研究论述企业上市前知识产权法律风险管理和知识产权管理制度，从资本调查、主营业务调查、持续盈利能力调查、募投方向调查4个模块提出拟上市企业专利信息披露的指标体系。

关键词　知识产权　专利信息　信息披露

以专利权为代表的知识产权，是企业参与市场竞争的核心竞争力。随着社会经济的发展，知识产权不再只是强调其法律意义上的权利确定与保护，其已开始强调权利运用，其财产价值属性倍受关注。❶ 知识产权已不再是一种竞争武器或工具，已然成为资本竞争的重要筹码。这一点的直接体现是与知识产权相关的指标已经逐渐成为企业（特别是科技型企业）IPO上市的重要审核标准。

如何做好企业上市前知识产权评议，为企业在筹备上市过程中提供一个规范的指导，引导企业运用专利信息成功上市、转型升级，进而促进经济发展是知识产权管理部门助力IPO上市程序、指导企业上市的必由之举。本文将从上市知识产权信息披露制度入手，分析上市知识产权信息披露制度及其规范体系，结合拟上市企业知识产权法律风险管理及企业知识产权规范管理，提出上市前知识产权评议内容与对象，并尝试提出专利信息披露指标体系。

一、上市知识产权信息披露制度及规范体系

信息是证券市场的核心和枢纽，信息在证券市场中发挥的作用最终将反映在股票价格和股指上，证券市场的运行过程其实就是信息处理过程，因此信息披露是证券市场的

* 本文改编自国家知识产权局专利局专利文献部2014年专利信息重点引领项目“拟上市企业专利信息的披露与管理研究”课题，课题负责人王昉杰、李锋，课题参与人李鹏、张倍源、张园、肖坤立、罗环、朱宇冰。

** 等同第一作者。

❶ 王岩．知识产权资产——从法律到经济的枢纽概念［J］．知识产权，2013（7）．

主要特点和基本要求。❶ 我国上市公司信息披露制度建立了以《公司法》《证券法》原则为指导，部门规章、规范性文件、交易所规则的四级体系。

知识产权信息披露是指股份有限公司通过招股说明书、上市公告书、定期报告、临时报告及其他披露文件，向广大投资者及其他信息使用者披露反映公司知识产权所有权、使用权、使用期限、保护期限以及相关变化信息和有利于理解、分析利用上述信息的相关信息。❷ 上市公司披露的知识产权信息具体应包括以下内容：知识产权类型、知识产权的取得方式及权属问题、知识产权的法律状态、知识产权的使用情况、知识产权的管理和维护、知识产权的潜在风险及风险防范对策、技术市场销路和市场优势分析等。

与知识产权信息披露相关的原则和标准在《中华人民共和国公司法》《中华人民共和国证券法》《首次公开发行股票并在创业板上市管理办法》《首次公开发行股票并上市管理办法》等相关法律和规范性文件体系中有明确的涉及和要求。而相对于标准的法律及规范要求而言，对于具体的专利信息的披露，可以从必须进行的专利信息披露、依据实际情况必须进行的专利信息披露以及资源选择的专利信息披露三方面进行划分，并对应于资本标准、主营业务竞争力标准、持续盈利能力标准、募投方向标准等四个方向，给出明晰的信息披露内容。

表 1　专利信息披露强制披露和自愿披露项目的基本划分

强制披露和自愿披露项目的基本划分	
必须进行的专利信息披露❸	资产信息（资本）
	存在的现实不利风险（持续盈利能力）
依据实际情况必须进行的专利信息披露❹	主营业务核心技术保障（主营业务）
	股权纠纷（资本）
	同业竞争（资本）
	关联交易（资本）
	技术取得或者使用存在的重大不利变化的风险❺（持续盈利能力）
	募投方向

❶ 陈林．中美上市信息披露制度比较研究［D］．华东政法大学，2012.

❷ 陆洋．上市公司知识产权信息披露制度研究［D］．华东政法大学，2010.

❸ 信息披露制度规定的企业上市时必须披露的信息。

❹ 信息披露制度规定的当出现特定情况时必须披露的信息。

❺ 调查表明：因为“核心技术人员、合作研发等重大权益的不利风险”等风险属于内部法律风险，发行人识别与确认风险的几率更高，发行人往往能主动披露；但“产品销售过程中的侵权风险”“专利的稳定性风险”等属于外部法律风险，发行人识别与确认风险较为被动，并不能及时披露相关信息。

续表

强制披露和自愿披露项目的基本划分	
自愿选择的专利信息披露❶	行业竞争格局和市场化程度（主营业务）
	行业技术水平及技术特点（主营业务）
	与上、下游行业之间的关联性及上下游行业发展状况（主营业务）
	进口国同类产品的竞争格局（主营业务）
	主要竞争对手的简要情况（主营业务）
	发行人产品或服务的市场地位、技术水平及特点、竞争优势与劣势（主营业务）
	影响发行人发展的有利和不利因素（主营业务）
	盈利预测报告（持续盈利能力）

公司有动机地自愿披露自身资产的信息，目的在于降低平均资本成本、提高公司的可信度、改善投资关系、增强公司股票的市场流动性，还有降低公司因披露不充分而导致的诉讼风险，最终在获得好的上市预期的同时，使上市过程更加稳健。对于投资者及其他利益关系者而言，在目前的知识经济时代，知识资本已经成为企业发展的关键驱动要素。知识资本的信息成为投资者或股东投资决策所需求的信息。知识资本已经成为企业获取竞争优势和取得成功的关键资源，投资者对企业知识资本信息的需求也越来越强烈。

信息披露法律制度确保了广大投资者了解公司最新信息，在平等的条件下作出明智的投资选择。信息披露越充分，投资人投资风险越小，投资人可以通过上市公司披露的信息，了解自己所投资的公司的经营情况、获利能力与财务风险状况。发行人应该在内部风险管理与信息管理时建立有效机制以平衡其损益，在符合信息披露制度要求的情况下作出取舍，以期对企业内部专利信息披露与管理提供一定的指导。

二、拟上市企业知识产权法律风险管理

企业在上市阶段，必须符合信息披露制度的要求，否则很有可能遭遇不同的法律风险，这些风险一方面来源于企业内部管理机制不完善，致使信息披露不符合法律的要求，例如，披露的信息不符合真实、准确、完整这一原则的要求；另一方面则来源于企业外部，如核心专利遭遇竞争对手无效，核心产品被控侵权等。因此法律风险的管理工作也是知识产权信息披露管理的一个重要方面。

❶ 在披露制度规定的特定事项时，可以运用专利信息的事项，应用专利信息的目的一方面可以证明发行人的观点，另一方面在发现与发行人观点不一致时，可以帮助发行人及时采取措施，以满足信息披露的要求。

2012年2月1日，国家标准化委员会《企业法律风险管理指南》正式实施。该指南明确法律风险管理过程由法律风险环境信息、法律风险评估、法律风险应对、监督和检查4个环节构成。

在明确法律风险环境信息的环节——本行业的业务模式及特点；国内外与本企业相关的政治、经济、文化、技术以及自然环境等；与本企业相关的市场竞争情况；本企业在产业价值链中的定位及与其他主体之间的关系；企业主要的外部利益相关者及其对法律、合同、道德操守等的遵从情况等外部信息；本企业知识产权管理情况；本企业发生的重大法律纠纷案件或法律风险事件的情况，本企业相关的法律规范库和法律风险库等内部信息后续法律风险管理活动得以顺利实施的必要基础——这些信息都与知识产权信息（特别是专利信息）息息相关。管理团队充分利用公开的知识产权文献和检索工具，结合上市信息披露制度的相关工作进行尽职调查。

在风险评估环节，企业在掌握与上市信息披露制度有关信息的基础上，识别相关法律风险，对查找出的法律风险进行描述、分类，对其原因、影响范围、潜在的后果等进行分析归纳，最终生成企业的法律风险清单。进行法律风险识别时要掌握相关的最新信息，因此风险识别是一个持续性过程。在法律风险分析阶段对识别出的法律风险进行定性、定量的分析，考虑法律风险源或导致法律风险事件的具体原因、法律风险事件发生的可能性及其后果，影响后果和可能性的因素，为法律风险的评价和应对提供支持。结合上市信息披露制度，后文对指标体系进行了构建，以期为客观分析法律风险提供分析依据。在法律风险评价中，将法律风险分析的结果与企业的法律风险准则相比较，或在各种风险的分析结果之间进行比较，确定法律风险等级，以帮助企业做出法律风险应对的决策。

在法律风险应对环节，与证券发行机构、保荐机构等外部机构及时沟通。针对法律风险或法律风险事件采取相应措施，将法律风险控制在企业可承受的范围。法律风险应对包括选择法律风险应对策略、评估法律风险应对现状、制定和实施法律风险应对计划三个环节。

企业应实时跟踪内外部法律风险环境的变化，重点在于内部管理体系文件要做到权责分明。针对不同披露事项，制定切实可行的流程文件，及时监督和检查法律风险管理流程的运行状况，以确保法律风险应对计划的有效执行，并根据发现的问题对法律风险管理工作进行持续改进。

三、企业上市前的知识产权评议

近年来，我国的上市公司无论是在数量上还是在规模上都有了长足发展，特别是在资产构成方面，专利权、版权、商标、商业秘密、技术秘密等企业在生产经营实践和科学试验等创新过程中所发明创造的高新技术和技术诀窍，而形成的知识产权资产日益成为上市公司资产的重要组成部分。[1] 通过评议，可为企业参与市场竞争提供咨询参考，避免经济科技活动因知识产权导致重大损失。评议产生的结果将成为实现企业知识产权管理目标的重要参考因素。建立企业知识产权评议制度是企业在整合知识产权资源的基础上，针对企业知识产权工作的各事项进行知识产权评价，企业各相关部门予以审查论证并提出合理意见。企业上市前知识产权评议制度是针对企业上市前知识产权工作进行知识产权评价，并提出审查论证合理意见。评议制度可成为各部门沟通协调的重要组织形式，成为企业知识产权运营管理的重要一环。

依照相关法律规定，企业上市前知识产权评议内容应包括：知识产权出资情况，主要包括资本真实/合法性调查；股权纠纷调查；资本独立性调查。主营业务竞争情况，主要是指行业竞争格局和市场化程度、行业内的主要企业和主要企业的市场份额、进入本行业的主要障碍、市场供求状况及变动原因、行业利润水平的变动趋势及变动原因等；影响行业发展的有利和不利因素，如产业政策、技术替代、行业发展瓶颈、国际市场冲击等；行业技术水平及技术特点等。持续的盈利能力情况，涉及相关知识产权许可及权益文件调查、核心产品知识产权侵权风险调查、主营产品知识产权风险调查等。募投技术评估，涉及募投方向技术领域态势调查、募投技术领域知识产权布局调查，募投技术领域产业状况调查等。

四、拟上市企业专利披露的指标体系

知识产权不仅对企业的生存和发展起着重要作用，而且是企业赢得市场竞争和发展壮大的关键。企业上市作为企业的一项经营活动，上市知识产权信息披露管理是其中的一方面工作。上市过程中信息披露管理，应当在企业经营管理方针、企业专利战略的指导下，通过将上市过程中信息披露管理贯穿于企业专利管理的全模块、全流程之中以获取决策的依据，依照上市信息披露制度的要求，并结合企业经营（上市）管理方针作出与企业实际情况相适应的决策。

通过对国家法律法规及规范性文件的研读，依照法律法规及规范性文件的编制要求，结合企业专利信息分析工作实践，编制了拟上市企业专利信息披露指标体系。指标体系分为资本调查、主营业务调查、持续盈利能力调查、募投方向调查四个模块。每个模块包括2~5级指标，其中第一级和部分二至三级指标是通过对法律法规及规范性文件中规定的披露项目进行整理后采用标准术语。下级指标则是通过专利信息工作的实践总结及专利信息分析统计资料进行编纂整理得到。根据指标性质及可获得数据资源不同，指标体系可以有不同的详细程度，指标可被用于定性、定量或组合的分析，也可以应用于基

[1] 孟海燕．知识产权分析评议基本问题研究［J］．中国科学院院刊，2013（4）．

于动态及静态指标评议。

表2　资本调查指标体系

资本调查			
一级指标	二级指标	三级指标	四级指标
资本真实/合法	权利期限		
	法律状态		
	专利处置情况	许可、质押、自行持有等	
	同族专利		
	重要程度	专利类型	
		权利要求数量及质量	
		专利族规模	
		是否对应主营产品	
		是否为产品的核心部件	
		是否对应主要市场	
		专利实施情况	
	是否现实存在诉讼等不利情况	（以调查时的客观情况为准）	
	取得方式（时间）	原始创新、集成创新或引进消化吸收再创新	
股权清晰	出资（股权）协议		
	出资协议中专利出资的专利著录项目		
	法律状态		
	权利期限		
	是否办理转移登记		
	专利权变动情况		
	受否存在现实（或潜在）的股权纠纷	协议/现实条件下中是否存在限制使用的条款	
		是否存在股东无偿占用的情形	
		是否存在其他限制条件（质押或冻结）等	
		是否存在诉讼等不利情况	

续表

资本调查			
一级指标	二级指标	三级指标	四级指标
资本独立	核心技术人员、研发人员的独立性调查（职务发明）	著录项目基本信息	发明人姓名
			申请人
			专利权人
		专利权变动情况	
		法律状态	
	核心技术人员、研发人员的独立性调查（非职务发明与在先发明）	著录项目基本信息	发明人姓名
			申请人
			专利权人
		专利权变动情况	
		法律状态	
		对本公司经营构成的限制	专利权人业务与公司主营业务的关联程度
			专利技术与公司技术的关联程度
			专利权人实施专利的情况
	控股股东、实际控制人的专利独立性调查	对发行人的专利价值	与公司主营业务的关联程度
			与公司技术的关联程度
		是否存在对未转让专利技术的依赖	存在依赖的技术对应的业务/产品
			存在依赖的技术对应的技术环节（对应的专利）
			存在依赖的技术对应的技术环节对上下游行业限制的情况

续表

<table>
<tr><th colspan="4">资本调查</th></tr>
<tr><th>一级指标</th><th>二级指标</th><th>三级指标</th><th>四级指标</th></tr>
<tr><td rowspan="22">资本独立</td><td rowspan="7">合作研发的专利独立性调查</td><td rowspan="2">对发行人的专利价值</td><td>与公司主营业务的关联程度</td></tr>
<tr><td>与公司技术的关联程度</td></tr>
<tr><td>是否对合作方的其他技术存在依赖</td><td></td></tr>
<tr><td>基本著录项目信息</td><td>法律状态</td></tr>
<tr><td>存在依赖的技术对应的业务/产品</td><td></td></tr>
<tr><td>存在依赖的技术对应的技术环节（对应的专利）</td><td></td></tr>
<tr><td>存在依赖的技术对应的技术环节对上下游行业限制的情况</td><td></td></tr>
<tr><td rowspan="5">董、监、高人员的专利独立性调查</td><td>董、监、高人员转让的专利清单</td><td></td></tr>
<tr><td rowspan="4">董、监、高人员为转让的专利调查</td><td>著录项目基本信息</td></tr>
<tr><td>专利技术对应的业务/产品</td></tr>
<tr><td>专利技术对应的技术环节（对应的专利）</td></tr>
<tr><td>专利技术对应的技术环节对上下游行业限制的情况</td></tr>
<tr><td rowspan="6">许可专利的专利独立性调查</td><td>法律状态</td><td></td></tr>
<tr><td rowspan="2">对发行人的专利价值</td><td>与公司主营业务的关联程度</td></tr>
<tr><td>与公司技术的关联程度</td></tr>
<tr><td rowspan="3">是否存在对未许可专利技术的依赖</td><td>存在依赖的技术对应的业务/产品</td></tr>
<tr><td>存在依赖的技术对应的技术环节（对应的专利）</td></tr>
<tr><td>存在依赖的技术对应的技术环节对上下游行业限制的情况</td></tr>
<tr><td rowspan="4">关联交易情况调查</td><td>购买或出售的专利</td><td></td></tr>
<tr><td>对外投资的专利</td><td></td></tr>
<tr><td>对外担保的专利</td><td></td></tr>
<tr><td>赠与与受赠的专利</td><td></td></tr>
</table>

表3　主营业务调查指标体系

主营业务调查			
一级指标	二级指标	三级指标	四级指标
发行人主营业务总体专利基本情况	专利实施率		
	发行人专利在所处行业的地位（占有率）		
	专利数量	专利申请量	
		专利授权量	
		专利授权率	
	近3年专利申请变化情况		
	专利平均维持年限		
	研发范围	技术份额（研发重点）	
		相对技术份额	
		IPC多样性与数量	
	平均专利质量		
	专利产出效率		
	专利效能		
	保持技术不断创新的机制		
	总体技术水平及特点		
	技术集中度	技术分解	
	当前影响指数		
发行人主营业务各专利基本情况	核心技术关联程度（参考出资模块）		
	科学关联度		
	专利引证情况		
	专利维持时间		
主营业务行业竞争和市场格局	专利分布的基本情况份额	主要申请人分布	
		技术来源国分布	
		技术指向国分布	
	专利数量	专利申请量	
		专利授权量	
	专利年度趋势（专利增长率）		
	技术生命周期分析		
	专利垄断指标		
	专利转移率		

续表

主营业务调查			
一级指标	二级指标	三级指标	四级指标
行业技术水平及技术特点	技术生命周期指标		
	专利技术集中度（按 IPC，产品结构等）		
	技术替代，行业发展瓶颈（技术发展路径）		
	进入本行业的主要技术障碍		
	当前影响指数		
	现有技术水平		
	未来技术发展方向		
主要竞争对手竞争市场化基本格局	发明人	主要发明人	
		发明人技术领域分布	
	专利数量	专利申请量	
		专利授权量	
		专利授权率	
	近 3 年专利申请变化情况		
	专利申请国家分布	基本分布	
		各主要申请国技术领域分布	
	专利平均维持年限		
主要竞争对手技术水平及特点	技术发展路线		
	技术功效矩阵		
	各专利基本情况	基本著录项目	
		科学关联度	
		重要程度（参考出资模块）	
		专利维持时间	
		专利引证情况	
上、下游行业的关联性调查	专利分布的基本情况份额	主要申请人分布	
		技术来源国分布	
		技术指向国分布	
	专利数量	专利申请量	
		专利授权量	

续表

主营业务调查			
一级指标	二级指标	三级指标	四级指标
上、下游行业的关联性调查	专利年度趋势（专利增长率）		
	技术生命周期分析		
	专利垄断指标		
	技术集中度		
	技术生命周期指标		
	专利技术集中度（按 IPC，产品结构等）		
	技术替代，行业发展瓶颈（技术发展路径）		
	进入本行业的主要技术障碍		
	当前影响指数		
	现有技术水平		
	未来技术发展方向		
主要上下游企业（关联按技术）调查	技术发展路线		
	技术功效矩阵		
	各专利基本情况	基本著录项目	
		科学关联度	
		重要程度（参考出资调查模块）	
		专利维持时间	
		专利引证情况	
	研发范围	技术份额（研发重点）	
		相对技术份额	
		IPC 多样性与数量	
	平均专利质量		
	专利效能		
	技术集中度		
	专利引证率		
	行业占有率		
	当前影响指数		

续表

<table>
<tr><th colspan="4">主营业务调查</th></tr>
<tr><th>一级指标</th><th>二级指标</th><th>三级指标</th><th>四级指标</th></tr>
<tr><td rowspan="14">进口国同类产品的竞争基本格局</td><td>进口国专利数量</td><td></td><td></td></tr>
<tr><td rowspan="13">进口国竞争对手专利分析</td><td>竞争对手专利数量</td><td></td></tr>
<tr><td rowspan="4">技术竞争领域分析</td><td>发行人专利技术集中度</td></tr>
<tr><td>竞争对手专利技术集中度</td></tr>
<tr><td>领先的技术关注领域</td></tr>
<tr><td>在后的技术关注领域</td></tr>
<tr><td rowspan="3">竞争对手专利发展趋势</td><td>竞争对手专利数量发展趋势</td></tr>
<tr><td>竞争对手专利布局技术数量发展趋势</td></tr>
<tr><td>竞争对手专利布局技术路线</td></tr>
<tr><td rowspan="2">竞争对手发明人情况</td><td>主要发明人</td></tr>
<tr><td>各发明人关注的技术领域</td></tr>
<tr><td rowspan="3">竞争对手进口国的运营情况</td><td>运营主体</td></tr>
<tr><td>运营主体的专利申请</td></tr>
<tr><td>专利实施情况</td></tr>
</table>

表4　持续盈利能力调查指标体系

<table>
<tr><th colspan="5">持续盈利能力调查</th></tr>
<tr><th>一级指标</th><th>二级指标</th><th>三级指标</th><th>四级指标</th><th>五级指标</th></tr>
<tr><td rowspan="4">发行人的行业地位或发行人所处行业的经营环境已经或者将发生重大变化（结合主营业务）</td><td>发行人主营业务总体专利基本情况</td><td></td><td></td><td></td></tr>
<tr><td>主营业务行业竞争和市场格局</td><td></td><td></td><td></td></tr>
<tr><td>上、下游行业的关联性调查</td><td></td><td></td><td></td></tr>
<tr><td>行业技术水平及技术特点</td><td></td><td></td><td></td></tr>
</table>

续表

持续盈利能力调查

一级指标	二级指标	三级指标	四级指标	五级指标
对关联方存在重大依赖（结合专利独立性调查）	核心技术人员、研发人员的独立性调查			
	控股股东、实际控制人的专利独立性调查			
	合作研发的专利独立性调查			
	许可专利的专利独立性调查			
专利技术以及特许经营权等重要资产或技术的取得或者使用存在重大不利变化的风险	公司重要资产、核心技术或其他重大权益的取得合法，能够持续使用，不存在现实或可预见的重大不利变化（结合出资调查）			
	不存在可能严重影响公司持续经营的担保、诉讼、仲裁或其他重大事项	专利稳定性调查		
		核心产品知识产权侵权风险调查	涉案产品基本信息	主要市场国
				对应部件
				销售额
			涉案专利基本著录项目	专利权人
				法律状态
			技术特征对比	全面覆盖原则判断结果
				等同原则判断结果
			禁止反言原则文件查找与判断	
			反制专利调查	
			无效证据查找与判断	
			其他涉嫌专利调查	相关技术专利调查
				同族专利调查
		产权纠纷（参见出资调查）		
	技术不成熟、技术尚未产业化			
	技术缺乏有效保护或保护期限短			

续表

持续盈利能力调查				
一级指标	二级指标	三级指标	四级指标	五级指标
专利技术以及特许经营权等重要资产或技术的取得或者使用存在重大不利变化的风险	核心技术或核心技术依赖他人	核心技术论证	对应产品	
			引证情况	引证指数
				引证率
				引证速度
			申请类型	
			撰写质量	
			后续科技之核心	
			产品商业开发之核心	
			产品或技术面临被淘汰等	
		核心技术依赖他人	所述技术领域	
			对应产品（部件）	
			法律状态	
			同族专利	
			关键技术特征（技术依赖的技术点）	
			其他相关专利（外围专利）	
盈利能力预测分析	主营业务、采用的经营模式及行业竞争情况等可能影响发行人盈利能力连续性和稳定性的主要因素			
	股东专利资产损益对公司经营成果有重大影响			
	专利收益对公司经营成果的重大影响			

续表

持续盈利能力调查				
一级指标	二级指标	三级指标	四级指标	五级指标
盈利能力预测分析	专利诉讼对发行人财务状况、盈利能力及持续经营的影响			
	用于重大专利资产购买的盈利预测报告			
	上游厂商专利技术变化对价格因素的影响			

表5　募投方向调查指标体系

募投方向调查		
一级指标	二级指标	三级指标
政策法律指标	主要政策环境（与专利有关的政策）	
	募集资金的专利产出是否符合主营业务和资金用途	
	控股股东、实际控制人与本募投方向相关的有关专利（同业竞争调查）	
募集资金投资项目的可行性	现有技术水平	募投方向技术水平及技术特点（行业技术水平及技术特点）
		竞争对手技术水平及技术特点（参考企业竞争格局和市场化程基本格局）
		发行人技术水平及特点
募集资金投资项目的可行性	与专利相关的投资风险	拟收购专利资产调查（参考购买专利）
		诉讼风险调查
	募投方向行业竞争和市场格局（参考主营业务行业竞争和市场格局）	
	募投方向行业发展趋势——技术发展趋势（行业技术水平及技术特点）	

结　语

在 IPO 审查阶段，严格把关发行人质量，有利于维护投资人权益和证券市场稳定。充分利用专利信息的特点，将专利信息进行标准化解读，以期最终能够形成应用于在上市审查过程中评价发行人质量的指标体系。指标体系也可应用于企业法律风险管理、知识产权管理过程中，为其经营决策提供依据，为企业上市保驾护航。

CHANYE CUJIN
FUWU

产业促进服务

善用专利信息　实现专利标准化*

王亚利　盖爽**　王勇

摘　要　知识经济条件下，专利技术标准化是企业在竞争中取胜的重要战略。本文总结了中外专利技术标准化现状，归纳出目前国际上专利技术标准化的主要模式，梳理专利技术的标准化过程，在此基础上提出充分利用专利信息推动中国企业专利技术标准化的方法，并给出实证研究成果。

关键词　技术标准化　专利　信息

产品技术标准是企业从事生产、建设及商品流通的一种共同遵守的技术依据，技术标准成为知识经济下产业竞争的重要工具以及市场准入的重要门槛。专利标准化的表象是知识产权被纳入技术标准，其本质则是作为私权的知识产权和作为公共产品的标准之间的关系问题。熟练地运用专利技术标准化战略，"制敌以先、制敌以高"是在现代竞争环境中企业取胜的关键和捷径。

一、中外专利技术标准化现状分析

（一）发达国家专利技术标准化现状

专利与标准的结合由来已久，国际标准化组织（ISO）和国际电信联盟（ITU）最早涉及专利的国际标准出现在1983年，国际电工委员会（IEC）最早涉及专利的国际标准则出现在1967年。截至2009年12月31日，ISO共发布标准及标准类文件18 083个，涉及专利的标准约300个，占标准总数的1.66%。截至2011年3月23日IEC制定的6 271项标准中，涉及专利的标准共有475项，占标准总数的7.57%。

"技术专利化—专利标准化—标准许可化"已成为西方大国及国际高技术公司屡屡不战而胜的经营秘诀，是知识经济条件下国际竞争的新游戏规则。专利技术标准化已成

---

* 本文改编自国家知识产权局专利局专利文献部2014年专利信息人才专项研究课题"企业人员专利信息利用能力培养研究"，课题负责人吕阳红、王亚利，执笔人：王勇、陆敏、徐琦。参与人员为龚跃鹏、左勇刚、张正阳、高劼、翟佳文、黄俊、宋强。

** 等同第一作者。

为西方大国在国际贸易中不遗余力实施的重要战略之一。

面对中国庞大的市场，西方的跨国公司利用技术标准与技术标准背后的专利权，频频对中国企业发难。例如，2001 年，中国信息产业部和美国高通公司谈判，在中国生产采用该 CDMA 标准的手机，高通公司开出的条件是每部手机需缴纳 360.80 元人民币的专利技术许可使用费，中国需要向高通公司支付的专利许可使用费恐怕每年都要高达数十亿人民币，然而阵痛未消，又有消息传来，日本企业正在酝酿对中国生产的数码相机收取高额的专利费。

（二）我国专利技术标准化的现状

与发达国家相比，中国技术标准制定和推行工作起步较晚，因此在绝大多数的传统工业领域，我们已经没有办法左右国际标准的产生和广泛地被适用，在这些领域只能以“采标”为重点。各种专利技术标准所构成的技术性贸易壁垒严重阻碍了中国相关产品的进出口。例如，欧盟 2002 年公布针对打火机的 CR 法案，要求销往欧盟市场的打火机必须安装安全锁，这一标准的目的是为了保护儿童的安全，但由于围绕这一标准的技术已被发达国家的公司申请了很多的专利，要达到 CR 法案标准，中国企业必须支付专利使用费，从而提高了产品成本，降低了产品竞争力。这样，技术标准以及标准背后的专利权形成了强大的技术壁垒，限制了我国产品进入国际市场。

但是在高新技术领域，各国标准化工作都才刚刚开始，因此在这些领域内中国完全可以参与进去，与发达国家一较长短。我们很高兴地看到在第三代移动通信国际标准、互联网络技术国际标准、数字电视系统国际标准等领域已经出现中国代表的身影，不管最后他们的工作是否卓有成效，但毕竟中国已经迈出了在高新技术领域参与国际标准争夺的第一步。

“得标准者得市场”，我企业国应充分重视标准在当今国际竞争中的作用，将标准战略上升到竞争战略的高度，加强专利技术标准化的推动，在一些技术领域的国际技术标准的制定过程中发挥自己的实力，在国际市场角逐中争取更多的话语权。

二、专利技术标准化的模式

总结国际上专利技术标准化的模式，主要有 3 种。

第一种是标准所规约的内容是产品的指标要求或者功能要求，而专利则是实现标准的具体的、完整的技术方案。此时技术标准中技术要素所记载的内容表面上与任何一项专利都无关，但是某项或某些专利的应用却是该技术标准的实现途径或者技术支撑。例如 2003 年欧盟出台的 CR 法案规定：出口价格在 2 欧元以下的打火机必须安装防止儿童开启的“安全锁”，否则不准进入欧洲市场。安装防止儿童开启的“安全锁”，是技术标准中技术要素的内容，但是实现该技术要求就必须要使用关于“安全锁”装置的专利技术。这就是国内外学者常常提及的“标准后面的专利”“专利陷阱”等。这样的标准大约占现有标准的 80% 。

第二种是技术标准的技术要素涉及产品的某些特征，而某项专利技术是实现这些特征的技术手段。此时技术标准中技术要素所记载的内容有部分直接与某项或某些专利的内容重叠，但这时的标准依然不是专利技术方案本身，某项或某些专利可能成为实施该标准内容所涉及的基础专利或必要专利。例如 ISO/IEC16448《信息技术 120mm DVD 只读光盘》的技术标准，该标准规定了该产品的物理特性、数据记载位置、检测方式等，但并不是专利所记载的完整技术方案。目前通信领域的部分标准，涉及通信协议或者组网方法等内容与相应的专利技术方案也是部分特征重叠。这时标准的字面内容似乎没有新的、完整的技术方案，但专利依然是标准的支撑。这样的标准多在通信、计算机技术等领域出现，大约占现有标准的 18% 。

第三种是技术标准的技术要素包含某项专利技术的全部技术特征，此时技术要素的内容与某项或某些专利的内容完全重叠。例如，筑路的方法、某新产品制作的工艺流程等。这种标准主要见于有关规定环保和建筑施工方法等领域，在现有标准中所占比例不足 2% 。

三、专利技术的标准化过程

根据事实标准产生的规律以及各标准化机构标准制定的程序规则，概括起来讲，在实现专利技术标准化战略中，技术的专利化、专利国际保护的寻求、专利向标准的转化是其中的 3 个关键步骤。

（一）技术成果转化成专利的可行性和必要性

专利技术标准化的第一步是技术专利化，技术是否要进行专利化需要从 3 方面判断：其一是维持技术秘密可能性的大小。维持技术秘密的可能性越大，权利人支付的维持成本越低，实际占有的垄断地位越高，相应的收益也越多，在此种情况下技术秘密制度成为首选。反之，维持技术秘密的可能性越小，权利人支付的维持成本越高，但如果将这些维持成本转而用于专利权的申请，以此获得专利制度的法定垄断地位，其收益仍然能够得到保障，此时专利制度就应当成为首选。其二是同一发明被多人创造出来的可能性大小。可能性越小，权利人承担的竞争成本就越少，实际垄断地位越有所保证，此时选择商业秘密制度可行；反之，同一发明被多人创造出来的可能性越大，权利人应当承担的竞争成本就越多，此时取得具有法定垄断性的专利保护就应当成为首选。其三是特定发明创造被更新替代的周期长短。如果被更新替代的周期短于专利保护期，则选择专利制度更符合权利人的经济利益，反之技术秘密制度对其更为有利。

从以上3点的分析也可以回答为什么目前技术标准之争主要集中在现代通信、数字产品以及互联网等新兴科技领域，这些领域的技术成果恰好具备反向研究易攻克技术要点（因此维持秘密性的可能性小）、多个企业同时进行相同或近似技术开发（因此竞争成本高）和技术成果的更新替代周期短的特点。因此，企业要在这些技术领域占据竞争优势，技术成果的专利化、专利的标准化是最快、也最有效的途径。

（二）专利保护国际化

被标准纳入的“必要专利”的构成要件之一是该专利的有效性。这种有效性不仅包括在一国专利主管部门申请获权并通过缴纳专利年费维持其整个有效期内的效力，还包括该专利在其他相关国家的有效性。如果某项专利要实现其国际标准化的战略，专利的多国申请和专利的国内申请一样是不可缺少的步骤。

专利的多国申请可以通过两种方式进行：一种是逐一国家申请，这种申请方式的弊端是程序复杂、费用很高，并且有可能因错过优先权期限导致申请国家数量有限；另一种就是通过世界知识产权组织进行国际申请。

（三）专利技术向标准转化的途径

专利向标准，尤其是向国际标准的转化是企业专利技术标准化战略的核心步骤。但应该指出的是，这个步骤通常不是单个企业能够完成的，它需要行业甚至是国家的助力。在绝大多数的发达国家，企业专利的标准化通常遵循两种途径：一种是从企业专利池自发产生，发展成为事实标准；另一种则是走从企业专利，到国家标准战略的确定，到专利信息披露，再到有意构筑的专利池，直到国家标准的产生。

鉴于当今技术发展中单件产品技术集成度高、我国单个企业掌握技术较为单一并且行业协会的影响力和作用有限等特点，借助行业助力参与制定和推行技术标准的进程相对缓慢。因此，以行业作为标准制定的发起人，以政府为助力完成国家标准的制定以及向国际标准的转化，是我国实现标准化战略最佳的选择。

四、以专利信息助推中国专利技术标准化

（一）专利标准化可行性分析

1. 企业关键技术专利情况调查

检索汇总企业所拥有的所有专利及专利申请的清单，专利及专利申请的清单的内容应统计专利申请类型及对应数量，技术领域分布，了解现阶段专利重点布局领域，并将相关专利权利要求与技术标准内容进行对比，确保企业专利储备与标准提案相匹配。

以世界领先的日本信息通信技术企业富士通公司在RFID领域的专利为例。富士通公

司于2003年正式启动RFID业务，然而，该公司的RFID技术积累和专利申请却可以追溯到20世纪80年代，例如其在1987年9月24日提交的专利申请JP 23920487A就涉及将RFID技术应用于车辆制造和个人身份识别。虽然在此之后该公司的RFID专利申请沉寂了很长一段时间，但在2000年之后开始迅速发展。截至2012年5月18日，富士通公司共申请了373项RFID技术专利。图1显示了富士通公司在全球范围内专利申请数量和发明人数量的发展趋势，从图中可以看出，该公司的申请自1988年之后处于基本停滞状态，并于2003年随着富士通进入RFID产业之后开始增长，随后申请量和参与研发的发明人数不断增加，富士通在2005年达到申请量的顶峰（88项）。虽然2005年之后申请量开始缓慢下降，但是却在相当长的时间段内维持在了一个相对较高的数量水平上。此外，从图中还可以看出，发明人数量与专利申请数量趋势基本保持一致，也即自1988年之后，发明人数量也处于一直相对较少的水平，但是在2003年之后，富士通开始加大了RFID技术的人力物力投入，有更多的研发人员参与到了技术发明创造中，同时也进行了更多的专利申请。

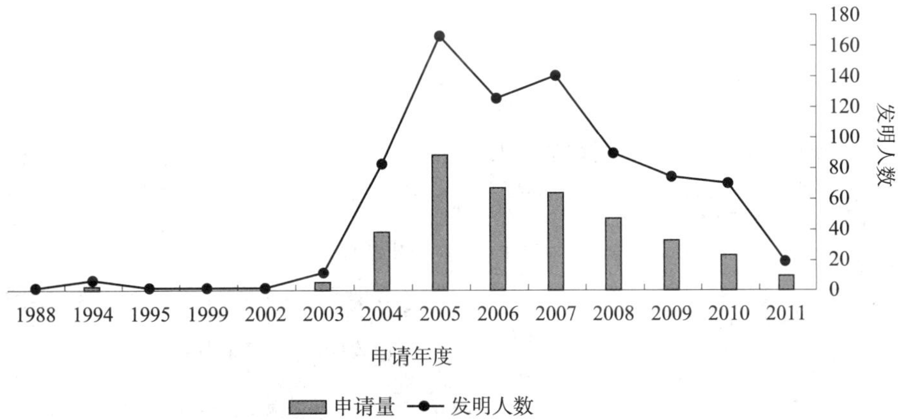

图1　富士通公司全球专利申请趋势和发明人趋势

图2是富士通公司全球专利申请技术分布情况。从图中可以看出，富士通公司在标签技术上的专利申请数量占有的百分比最大，共申请了196件专利，占总量的52%。其次是RFID技术应用，共138件，占总量的37%。而阅读器方面的专利申请较少，为42件，占总量的11%。此外，从图2中可以看出，富士通公司在标签技术上的专利申请数量在2005年的时候达到了最大值，计为60余件。在此之后，该公司在标签技术上的专利申请数量开始呈现明显下降趋势。与此对应的是，在阅读器技术和应用技术上的专利申请却基本维持在10余件和20余件左右，变化较为平缓。值得注意的是，随着RFID技术在应用上创新，2008年富士通公司在应用方面的专利申请才达到峰值，比其在标签上的申请量峰值要晚了3年。因此可以看出，富士通公司是在前期积累了大量的底层技术后，后期将更多的精力放到了技术的应用和推广上面。

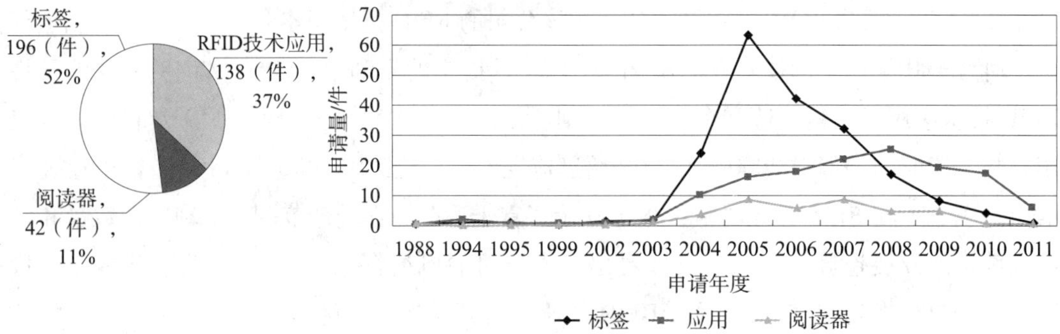

图2　富士通公司全球专利申请技术分布情况

2. 竞争对手专利情况调查分析

通过对竞争对手的专利收集，分析其技术竞争力、技术发展动向，发现潜在对手和技术，及其重点专利的保护范围。利用分析结果进行技术创新和改造。在他人没有申请专利的技术领域和环节，申请自己的专利，提高标准自主知识产权的产出。对于无法绕过的专利，制定专利许可策略，降低未来侵权风险。

再以富士通公司的竞争对手IBM公司为例，图3是IBM公司在全球范围内历年的专利技术布局。由于IBM公司在RFID技术领域主要提供产品和服务，涉及RFID解决方案及测试，因而相对来说，IBM更注重应用，其在应用技术上的专利申请数量占据了较大的份额。然而，从图3中可以看出，对比于其他公司，IBM公司的专利申请数量达到最大值的年份较晚，即该公司在2008年的专利申请为最大值80余项（例如富士通公司于2005年达到专利申请数量最大值，Symbol公司以及ETRI均于2006年达到专利申请数量最大值）。从图3中可以发现，IBM公司在2008年的时候，应用技术部分的专利申请数量达到了最大值。同时，图3中饼图中也显示了该公司应用技术部分的专利申请占有51%的份额。也就是说，该公司的专利申请主要是由应用技术部分所支撑的，IBM公司对于RFID技术更侧重应用部分的专利申请。这样也就可以避开富士通的标签方面关键技术的布局，在应用方面布局自己的专利，提高标准自主知识产权的产出。

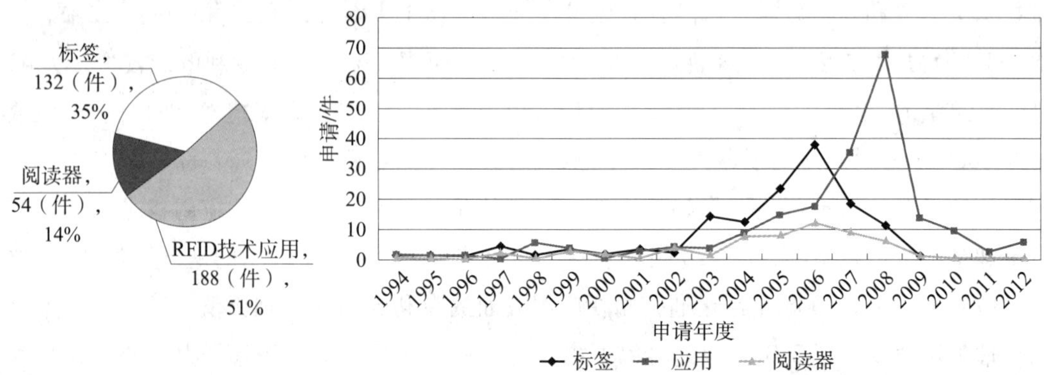

图3　IBM公司全球专利申请技术分布情况

（二）专利信息披露情况分析

专利信息披露是指标准化组织或标准的发起人为了便于将来推广标准和豁免自己的责任，要求标准提案人在将专利权等知识产权的技术纳入标准之前，必须披露该知识产权的相关指标。相关指标是指标准提案涉及的专利信息分析，其目的是通过向专利权人或其他相关人员披露技术标准中涉及专利的情况，明晰各项技术的权属状况，使技术标准实施者可以有效地获得专利许可。有效的披露机制能够尽早地暴露相关专利，避免发生事后的专利劫持（Patent Holdup），保证后续权利人与标准实施者之间的专利许可谈判顺利进行。

最为典型的案例是美国 Dell 公司案。1992 年美国 Dell 公司加入了声频电子标准联合会（Video Electronics Standards Association，下文简称 VESA）。该协会是一个由所有美国主要硬件和软件商组成的非盈利性标准化组织。1992 年 6 月到 8 月，Dell 公司的代表参加了 VESA 举行的“VL－bus”标准制定会议。在该会议上，标准化工作小组要求参与“VL－bus”标准制定的各方代表申报其与该技术标准有关的知识产权状况。Dell 公司的代表曾两次通过书面方式声明：“据我所知的范围，该提案没有侵犯任何 Dell 公司所拥有的商标权、版权或者专利权。”而事实上早在约一年前即 1991 年 7 月，Dell 公司就已经获得了专利号为 5036481 的美国专利。

表 1　5036481 权利要求与 VL－bus 标准对比

5036481 权利要求	VL－bus
A personal computer system having an I/O channel and a memory channel, and having a dual purpose expansion slot, comprising: (a) a chassis; (b) a main logic board mounted on the chassis and incorporating the I/O channel and the memory channel; (c) a fixed number of expansion slots, including the dual purpose expansion slot, each occupying a fixed volume, positioned over the main logic board for providing space for selective connections of I/O devices, implemented on full length and short logic cards, to the I/O channel; (d) a high speed memory system mounted on the main logic board and connected to the memory channel, occupying a fixed amount of space; and (e) expansion high speed memory, mounted on the main logic board within the fixed amount of space, connected to the memory channel, and occupying a portion of the dual purpose expansion slot, the remaining portion being occupied by a short logic card, thereby enabling increased high speed memory capacity without eliminating I/O capability	32Bit但却和 ISA 的 16Bit 完全兼容，ISA 再加上 MCA 组成，VL－Bus 速度建议为 33MHz，不过可容许在 40MHz 的速度下采用两个 VL－Bus 卡，或是 50MHz 下使用一个 VL－Bus 卡

“VL－bus”标准发布实施后非常成功，仅8个月后，按照“VL－bus”标准生产的电脑的销售量即突破了140万台。此时，Dell公司突然通知正在使用“VL－bus”标准的电脑制造商，其使用“VL－bus”标准是对Dell排他性权利的侵犯。Dell公司要求这些公司与其代表会晤“以确定确认Dell公司排他性权利的方式”。

（三）标准必要专利评估

1. 必要专利权利要求与技术标准对比分析（见图4）

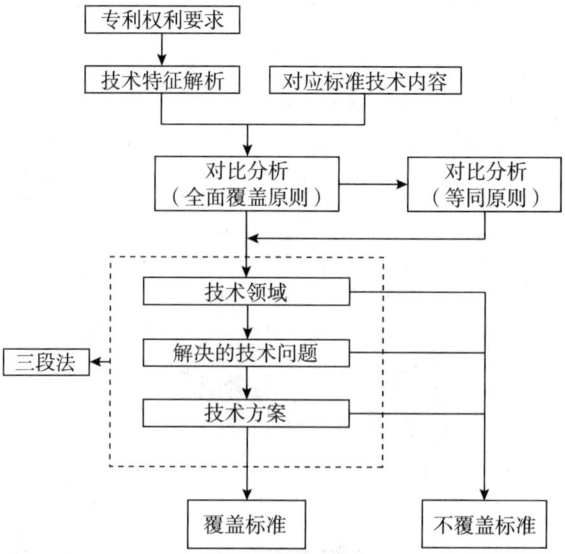

图4　必要专利权利要求与技术标准对比分析流程

必要专利的判断标准是：①标准中包含了独立权利要求中的所有技术特征，才认为是必要专利；②若标准中包含了比独立权利要求多的技术特征，也认为是必要专利；③若标准中所载技术方案不能囊括独立权利要求的所有技术特征，不认为是必要专利。图4是必要专利权利要求与技术标准对比分析流程。

图5显示了JP 2004215225A（CN 1692566A）授权文本权利要求1所包含的各技术特征和标准ISO/IEC18092中记载的技术内容所作出的特征对比。其中国申请CN1692566A是第一件在华申请、记载了NIFCIP绝大部分技术内容的中国专利申请，同样包括了NIFCIP的编码方式、调制方式、各个控制命令、主动模式、被动模式、防碰撞、传输协议等内容。授权文本的权利要求涉及标准ISO/IEC18092，具有较小的保护范围。以上可作为必要专利的一个评判。

2. 专利不可替代性判断

被许可人实现标准、开发产品的相应技术要求时，是否必然用到该专利，且不能用其他技术或专利替代，同时短时间内也无法被其改进技术替代。

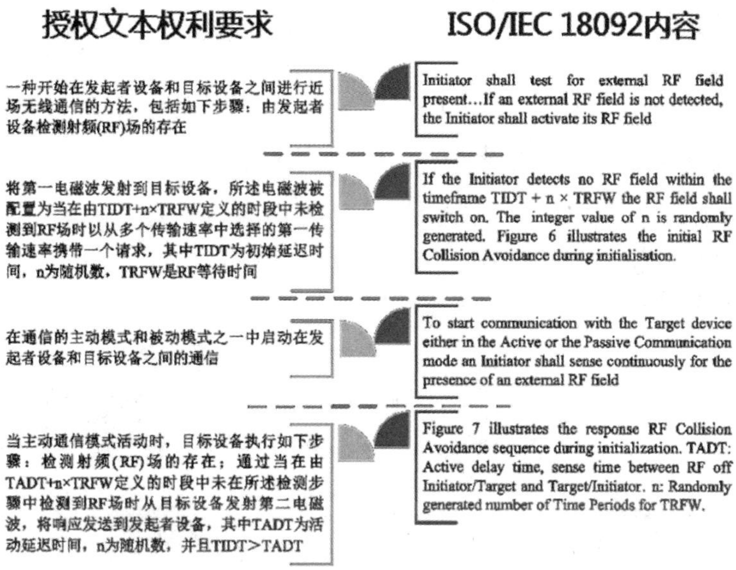

图 5　JP 2004215225A（CN 1692566A）授权文本权利要求 1 所包含的各个技术特征和标准 ISO/IEC18092 中记载的技术内容所作出的特征对比

例如 ISO/IEC16448《信息技术 120mmDVD 只读光盘》的技术标准，该标准规定了该产品的物理特性、数据记载位置、检测方式等，但并不是专利所记载的完整技术方案。目前通信领域的部分标准，涉及通信协议或者组网方法等内容与相应的专利技术方案也是部分特征重叠。这时标准的字面内容似乎没有新的、完整的技术方案，但专利依然是标准的支撑。这样的标准多在通信、计算机技术等领域出现。

（四）竞争对手产品侵权分析

通过对市场相关产品的知识产权行为进行监控，及时收集证据，计算技术标准对于侵权产品的贡献度，以及标准制定人的专利对标准的贡献度，进行损害赔偿额认定并采取维权措施。

如某低地板轨道企业对竞争对手技术方案和自己的技术方案进行的侵权比对，见表 2。

表 2　某企业技术方案与竞争对手技术方案专利侵权对比

某企业技术方案	竞争对手研发技术方案	特征对比
具有两组轮对，以及设置在轮对上的轴箱体	a：两对轮组，分别通过轴颈承载于一对左、右轴箱内	相同特征
	e：左、右安装装置包括左、右高度调节机构，用于调节横向构件与左、右轴箱之间的距离	相同特征

续表

某企业技术方案	竞争对手研发技术方案	特征对比
构架，在该构架的外侧安装固定有基础制动装置，一系悬挂装置，二系悬挂装置；二系悬挂装置的摇枕横向连接在构架上	b：转向架框架，其通过第一悬挂装置而支撑在左、右轴箱上并且设有用于支撑车体的第二悬挂装置	相同特征
一系悬挂装置的垂向油压减振器和抗蛇行减振器连接在构架与轮对轴箱之间		不同特征
一系弹簧连接在轴箱与构架之间进行定位；空气弹簧上端连接所述的摇枕，下端连接构架	c：两个横向特件，它们分别通过左、右弹性安装装置而安装在一对左、右轴箱之一上，所述弹性安装装置允许横向构件关于其横向旋转轴线进行有限的旋转运动	不同特征
所述的摇枕套接有中心销式径向机构的中心销，径向机构的中心扭盘连于中心销上，中心扭盘通过径向杆、关节与各个轴箱分别连接；所述的轴箱分别设置在两组轮对的内侧，所述的构架连接固定在轮对轴箱上	d：所述连接装置被构架为使得通过连接装置作用到每个横向构件上的合力的作用点处在位于横向构件旋转轴线上并且距左、右安装装置等距离的中心位置处	不同特征
一直线电机，该直线电机的定子安装在所述构架的下方，所述的直线电机定子，安装在构架直线电机的下方、两组轮对的内侧	f：连接装置，其用于将线性感应电机装置连接到每个横向构件上	不同特征

某企业授权专利具有两组轮对，以及设置在轮对上的轴箱体；构架，在该构架的外侧安装固定有基础制动装置，一系悬挂装置，二系悬挂装置，二系悬挂装置的摇枕横向连接在构架上，与竞争对手中轨道转向架及相关方法的技术方案具有相同的技术特征；而其他3个技术特征，（1）一系悬挂装置的垂向油压减振器和抗蛇行减振器连接在构架与轮对轴箱之间，一系弹簧连接在轴箱与构架之间进行定位；空气弹簧上端连接所述的摇枕，下端连接构架；（2）所述的摇枕套接有中心销式径向机构的中心销，径向机构的中心扭盘连于中心销上，中心扭盘通过径向杆、关节与各个轴箱分别连接；所述的轴箱分别设置在两组轮对的内侧，所述的构架连接固定在轮对轴箱上；（3）一直线电机，该直线电机的定子安装在所述构架的下方，所述的直线电机定子，安装在构架直线电机的下方、两组轮对的内侧，则属于不同的技术特征，所以某企业的研究技术方案没有覆盖竞争对手的技术特征，所以不构成侵权风险。

（五）标准中专利的预期经济效益

标准中知识产权预期经济效益指对标准中专利技术的创新性和先进性进行判断，在此基础上分析许可费用、范围、期限以及被许可对象，从而做出市场预期价值评估。有一点可以判断，就是被许可的对象数量越多，以及被许可的市场占有率越高，说明标准的预期的经济效益越好。

DVD 标准是典型的企业间联合发布的带来巨大经济效益的事实标准，目前存在着两个兼容的事实标准，分别由两个企业联盟发布和掌握。其一是由日立、松下、三菱电机、时代华纳、东芝、JVC 组成的“6C”联盟发布和掌握的 TOSHIBA/TIMEWARNERDENSITY DISC（SD），其二是由飞利浦、索尼和先锋组成的“3C”集团发布和掌握的 SONY/PHILIPS MULTIMEDIA CD（MMCD）。另外还有一个影响力稍小一点的法国汤姆森公司，掌握了一些相关核心技术，称为“IC”。自 2000 年以来，6C 和 3C 轮流在中国掀起了一阵 DVD 核心技术专利许可费的波澜，令世人瞩目。

6C 许可费率的基本情况是：对于 DVD－VIDEO 播放器、DVD－ROM 驱动器和 DVD 解码器，按照产品销售净价的 4% 或每件产品 4 美元收取；对于 DVD－VIDEO 光盘和 DVD－ROM 光盘，2002 年以前按每盘 7.5 美分收取，2002～2003 年按每盘 6.5 美分收取，2004 年以后按照每盘 5 美分收取。3C 的许可工作则由飞利浦负责，其许可费率的基本情况是：对于 DVD－VIDEO 播放器、DVD－ROM，按照产品销售净价的 3.5% 或每件产品 5 美元收取；对于驱动器带 AC－3 杜比功能的，按每个音频频道（Audio Channel）20 美分，但每一多音频频道播放器最多不超过 60 美分收取；对于 DVD－VIDEO 光盘和 DVD－ROM 光盘，按每盘 5 美元收取；对于光盘带 AC－3 杜比功能，按每盘 0.3 美分收取。3C 许可网站上有两个可以公开查询或检索的数据库，其一是核心专利情况电子数据库，分别将 3C 成员飞利浦、先锋和索尼按照 DVD－VIDEO、DVD－ROM 等技术领域分类的专利情况列举出来；其二是被许可人名单的数据库，DVD 产品购买商和进口商可以通过此数据库查询核实生产厂商是否已经获得专利许可，如果该生产厂商不在数据库名单上，那么该生产商的产品就是侵犯知识产权的产品。6C 公司拿出上百个专利技术向我国企业索要专利费，给其带来巨大的经济效益。

（六）技术标准未来趋势分析

通过对技术应用的市场需求以及行业专利布局情况进行组合分析，预测未来标准中的技术发展趋势，帮助企业实现技术改进点的尽早布局。

英国剑桥显示技术公司（CDT）的总部位于英国剑桥附近的坎伯恩（Cambourne），为聚合物有机发光二极管开发中的先驱厂商，其各种电子显示产品可用于资讯管理、通讯及娱乐。在对竞争对手柯达的专利布局情况进行分析以后，CDT 1990 年成功研制出有别于柯达公司的高分子有机发光显示元件，拥有高分子 OLED 原始技术和专利。CDT 共申请美国专利163件，1991～1996年，OLED技术的专利申请量不大，且年度申请量比较平均，1997～2002年，专利申请量呈逐年增加趋势，2002年达到峰值（27件），以后呈逐年减少趋势，但2008年有小幅回升。CDT申请最多的技术领域分别是有机固态器件及工艺设备、共用衬底的半导体器件、高分子化合物。

CDT充分利用技术领先优势，通过授权和技术转让，与显示器和相关领域的领先企业合作。2007年9月，CDT被住友化学收购为全资子公司，双方携手合作，共同研究用于显示和发光应用的发光聚合体技术，并将其推入商业化市场。

CDT通过对竞争对手柯达公司专利布局的准确分析，并提前对OLED的核心技术进行专利布局，并且积极致力于OLED技术转移与专利授权，以此来推动和加速OLED的产业化，进而推动其专利技术标准化，以确立和巩固其行业领导地位。

专利信息在企业专利风险分析与预警中的应用研究*

陈仁松　卢世超**　卢炳克

摘　要　企业专利系统运作过程中，专利风险日益凸显。专利系统正常运作依赖于专利管理部门对信息的全面获取，专利信息是专利系统运作中最重要的信息来源，专利信息的充分利用是分析、评价、预警、控制专利风险的重要手段。本文以专利运作过程为主线，对专利风险进行分类，从专利信息中提炼出定性和定量的专利特征指标，运用层次分析法对专利风险进行评价，并提出专利信息在专利风险预警和控制中的运用。

关键词　专利信息　风险　分类　分析　预警

一、专利风险基本理论

在企业的运行中，企业风险的控制是管理的核心问题。而在专利作用日益突出的今天，专利风险的管理和控制也成为企业风险控制的重要组成部分。

相对普遍意义上的风险，专利风险除具有确定性、或然性、损益性、扩散性等风险的一般特征外，还有其自身独特的特征。主要包括隐蔽性、系统性，可控制性。隐蔽性是指专利风险难以被发现，需要进行专利的检索分析才能察觉；系统性是指专利运作风险具有来源于企业外部环境和内部的资源运作系统的特性；专利运作风险具有可控性，因为运用风险控制的一般理论，进行形成机理分析和风险识别，采取相应的风险管理措施，就能转移、消减和规避风险，实现对专利运作风险的控制。正是由于专利风险具有系统性和可控性，因此深入研究专利风险，科学的控制和避免专利风险对避免企业损失，增强企业竞争力具有重要的作用。

二、专利风险分类

专利风险来源于从技术研发到专利经营的各个环节，对专利风险的分类应把握科学

---

* 本文改编自国家知识产权局专利局专利文献部2014年专利信息人才专项研究课题“专利信息在企业专利风险分析与预警中的应用研究”，课题负责人陈仁松、文家春，课题组成员为董宏伟、刘红、何兆忠、王禹、夏媛、刘莹佳、李顺才、蒋逊明、邓亚君。

** 等同第一作者。

性、全面性、层次性和独立性等基本分类原则，综合考虑各环节的专利风险因素，从纵向和横向两个方面进行把握，在纵向上应该以专利系统运作过程为主线，在横向上应该兼顾内部风险因素和外部风险因素，使得专利风险分类更加全面具体。

根据上述分类标准和分类原理，对专利风险分类如下（见图1）：

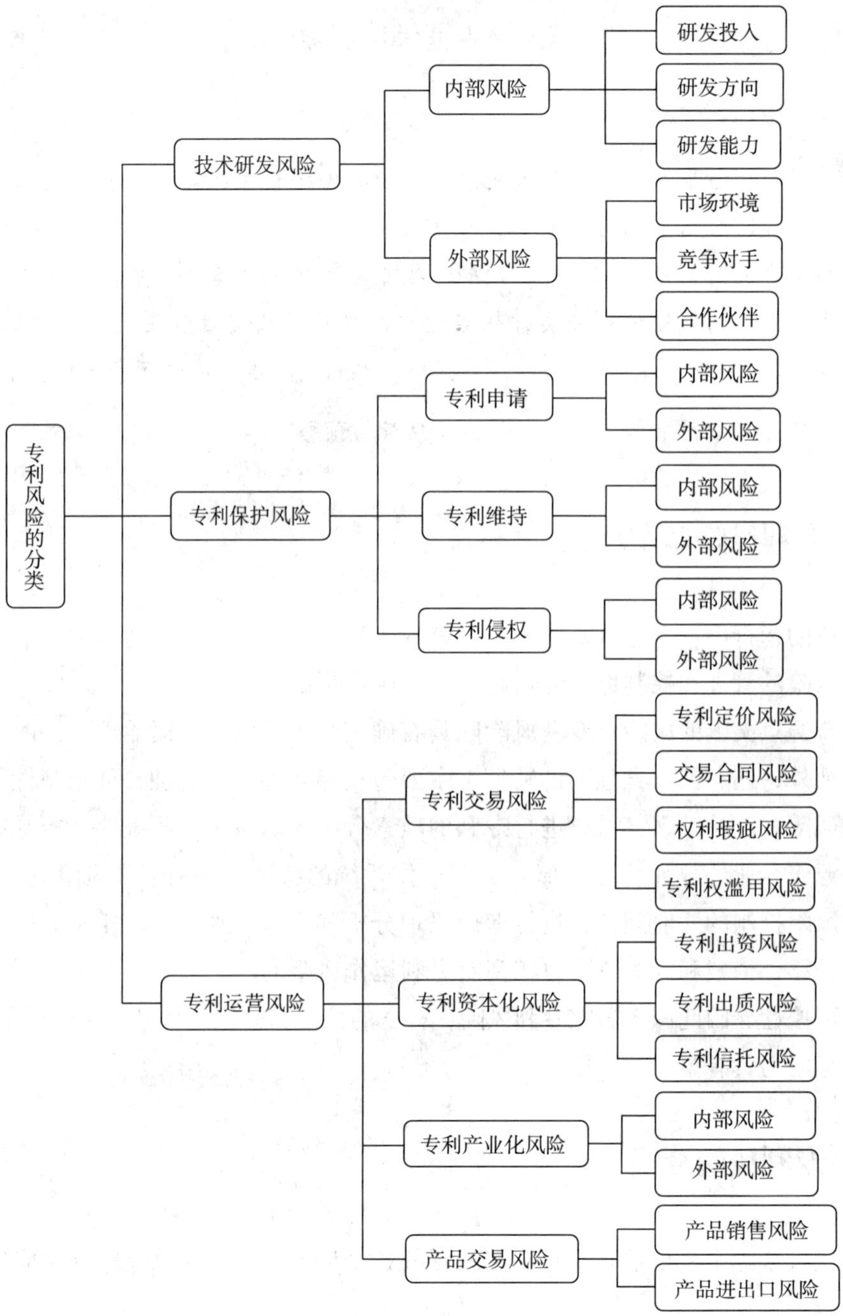

图1　专利风险的分类

三、专利信息在专利风险评价中的运用

（一）基于专利信息的专利风险指标体系构建

我们以专利文献为主要依据，经分析、加工、标引、统计、分析、整合和转化等手段处理总结出以下35个指标来衡量专利系统运作过程中关键环节的风险情况。

指标体系如表1所示。

表1　基于专利信息的专利风险评价指标体系

一级指标	二级指标	三级指标
研发风险 A1	信息风险 a1	专利查新信息失真率 U1
		市场信息失真率 U2
		信息传递失真率 U3
	研发方向选择 a2	所选技术领域专利平均引证指数 U4
		技术标准度 U5
	研发能力 a3	研发投入比率 U6
		硬件支撑水平指数 U7
		人员创新能力指数 U8
		百万专利产出比率 U9
	研发组织管理风险 a4	部门目标为实现率 U10
		人员流失率 U11
		技术人员比率 U12
		保密管理水平指数 U13
专利保护风险 A2	专利申请风险 a5	专利申请决策不合理 U14
		专利申请地域不当 U15
		代理机构申请失败率 U16
		外部因素导致专利性丧失 U17
		审批时间风险度 U18
	专利维持风险 a6	专利保护期限保护度 U19
		专利维持成本比率 U20
		专利管理水平 U21
		专利质量 U22
	专利侵权风险 a7	专利文献质量 U23
		司法惩罚力度 U24
		行政执法惩罚力度 U25

续表

一级指标	二级指标	三级指标
专利运营风险 A3	专利交易风险 a8	专利转让选择对象不当 U26
		专利许可选择不当 U27
		专利许可方式不当 U28
		专利强制许可风险 U29
	专利产业化风险 a9	专利独立性风险 U30
		硬件支撑水平 U31
		专利转化失败率 U32
		企业营销变动率 U33
	产品市场风险 a10	市场需求变化率 U34
		市场竞争程度 U35

（二）指标权重计算

由于该指标体系中存在定性的指标，所以我们选择层次分析法进行指标权重的计算。

1. 计算过程

（1）对指标进行两两比较，构造判断矩阵。判断矩阵是同一层次中各评价指标的相对重要性判断值，由若干专家根据一定客观现实做出主观判断。层次分析法通过指标的两两比较，判断其相对重要性，并利用 1 ~ 9 的比例标度（见表 2）使这一重要性定量化，全部指标成对比较后形成判断矩阵。

表 2　判断矩阵的标度及含义

含　义	标度 a_{ij}
因素 i 与因素 j 同样重要	1
因素 i 与因素 j 稍微重要	3
因素 i 与因素 j 明显重要	5
因素 i 与因素 j 强烈重要	7
因素 i 与因素 j 绝对重要	9
介于上述两相邻等级之间	2，4，6，8

因素 i 与因素 j 相比得到判断 a_{ij}，则因素 j 与因素 i 相比为 $1/a_{ij}$。

设评价指标体系包括 n 个指标，参评专家有 S 人，根据标度转换后每个专家对 n 个指标的估价权数构造判断矩阵 A ［K］

$$A[K]=\begin{bmatrix} a_{11}^k & a_{12}^k & \cdots & a_{1n}^k \\ a_{21}^k & a_{22}^k & \cdots & a_{2n}^k \\ \cdots & \cdots & \cdots & \cdots \\ a_{n1}^k & a_{n2}^k & \cdots & a_{nn}^k \end{bmatrix}$$

其中 $k=1, 2, \cdots m$，判断矩阵 $A[K]$ 中元素 a_{ij}^k 表示第 K 位专家给出的评价指标 x_i^k 相对于指标 x_j^k 的相对重要程度的两两比较值。a_{ij}^k 越大，表示指标 x_i^k 比 x_j^k 越重要。根据以上分析得 $a_{ij}^k>0$，$a_{ij}^k=1$，$a_{ij}^k=1/a_{ji}^k$，$(i, j=1, 2, \ldots, n)$。

（2）计算各指标的权数。层次分析法的原理表明，判断矩阵 A 的最大特征根所对应的特征向量就是各指标的权数向量。这样，计算各指标的权数就归结为求矩阵 $A[K]$ 的最大特征根所对应的特征向量。用简单实用的方根法计算各指标的权数，具体步骤如下：

第一步，计算判断矩阵 $A[K]$ 的每一行元素的积 M_i^k，公式为：

$$M_j^k=\prod_{j=1}^{n} a_{ij}^k,(i=1,2,\cdots,n)$$

第二步，求各行 M_i^k 的 n 次方根 $w_i^{k'}=\sqrt[n]{M_i^k}$

第三步，对 $w_i^{k'}$ 作归一化处理，即得各指标的权数

$$w_i^k=\frac{w_i^{k'}}{\sum_{j=1}^{n} w_i^{k'}}$$

其中 $\sum_{j=1}^{n} w_i^k=1$，则 w_i^k $(i=1, 2, \cdots, n)$ 构成系数向量，即求得特征向量的近似值，这也是各元素的相对权数值。

（3）对判断矩阵进行一致性检验。层次分析法确定指标权数时，为使专家对各指标相对重要程度的判断协调一致，需要检验判断矩阵的一致性。判断矩阵 $A[K]$ 具有一致性的条件是矩阵 $A[K]$ 最大特征根 $\lambda_{\max}^k$ 等于指标个数 n。据此可设置一致性检验指标 CI 和 CR 来检验判断矩阵 $A[K]$ 偏离一致性的程度。

第一步，计算判断矩阵 $A[K]$ 的最大特征根 $\lambda_{\max}^k$：

$$\lambda_{\max}^k=\frac{1}{n}\sum_{j=1}^{n}\frac{A[K]W^k}{w_i^k}$$

其中，$W^k=(W_1^k, W_2^k, \cdots, W_n^k)$ 为权数向量，$(A[K]W^k)_i$ 为向量 $A[K]W^k$ 的第 i 个元素。

第二步，计算平衡判断矩阵 $A[K]$ 偏离一致性的指标 CI：

$$CI=\frac{\lambda_{\max}^k-n}{n-1}$$

第三步，由上式可以看出，一致性指标 CI 与指标个数 n 有关数均适用的检验一致性

标准，还需要计算随机一致性比率 CR：

$$CR=\frac{CI}{RI}$$

式中，RI 为随机一致性标准值，当 $n=1$，2 时，$RI=0$；当 $n=3$ 时，$RI=0.58\cdots$。当 $CR<0.1$ 时，一般认为判断矩阵班 A ［K］具有满意的一致性，否则需要调整判断值，直至通过一致性检验为止。

（4）综合各位专家的指标权数，计算同一层次上各指标的综合权数

$$W_i=\frac{\sum_{k=1}^{s}W_i^k}{s}，其中 i=1，2，\cdots，n$$

其中 $i=1，2，\cdots，n$

2. 计算结果（见表3）

表3　指标计算结果

一级指标	二级指标	三级指标 W
研发风险 A1 0.405	信息不对称风险 a1 0.385	专利信息检索失真率 U1 0.625
		市场信息失真率 U2 0.243
		信息传递失真率 U3 0.132
	研发方向选择风险 a2 0.056	专利平均引证指数 U4 0.695
		技术标准度 U5 0.305
	研发能力风险 a3 0.411	研发投入比率 U6 0.439
		硬件支撑水平指数 U7 0.158
		人员创新能力指数 U8 0.134
		百万专利产出比率 U9 0.269
	研发管理风险 a4 0.148	部门目标为实现率 U10 0.320
		人员流失率 U11 0.177
		技术人员比率 U12 0.386
		保密管理水平指数 U13 0.117
专利保护风险 A2 0.361	专利申请风险 a5 0.552	专利申请决策不合理 U14 0.062
		专利申请地域不当 U15 0.025
		代理机构申请失败率 U16 0.313
		外部因素导致专利性丧失 U17 0.311
		审批时间风险度 U18 0.298
	专利维持风险 a6 0.286	专利保护期限保护度 U19 0.091
		专利维持成本比率 U20 0.180
		专利管理水平 U21 0.248
		专利质量 U22 0.480

续表

一级指标	二级指标	三级指标 W
专利保护风险 A2 0. 361	专利侵权风险 a7 0. 143	专利文献质量 U23 0. 591
		司法惩罚力度 U24 0. 286
		行政执法惩罚力度 U25 0. 123
专利运营风险 A3 0. 234	专利交易风险 a8 0. 512	专利转让选择对象不当 U26 0. 205
		专利许可选择不当 U27 0. 256
		专利许可方式不当 U28 0. 398
		专利强制许可风险 U29 0. 141
	专利产业化风险 a9 0. 344	专利独立性风险 U30 0. 204
		硬件支撑水平 U31 0. 618
		专利转化失败率 U32 0. 142
		企业营销变动率 U33 0. 036
	产品交易风险 a10 0. 144	市场需求变化率 U34 0. 357
		市场竞争程度 U35 0. 643

（三）模糊评价

基于专利信息的检索分析，我们利用模糊评价法对专利系统运作过程中存在的专利风险进行定量评价。

1. 一级模糊分析

依据专家对三级指标的评价，得出三级指标的风险评价（见表 4）。

表 4　三级指标的风险评价

指　标	风险很高	风险较高	风险一般	风险较低	风险很低
专利查新信息失真率 U1	0. 6	0. 3	0. 1	0	0
市场信息失真率 U2	0	0. 2	0. 5	0. 2	0. 1
信息传递失真率 U3	0	0	0. 2	0. 8	0
技术领域专利平均引证指数 U4	0	0	0. 4	0. 3	0. 3
技术标准度 U5	0. 2	0. 4	0. 2	0. 2	0
研发投入比率 U6	0. 5	0. 3	0. 1	0. 1	0
硬件支撑水平指数 U7	0. 4	0. 3	0. 3	0	0
人员创新能力指数 U8	0. 6	0. 3	0. 1	0	0
百万专利产出比率 U9	0. 3	0. 2	0. 1	0. 3	0. 1
部门目标为实现率 U10	0. 5	0. 3	0. 2	0	0

续表

指　标	风险很高	风险较高	风险一般	风险较低	风险很低
人员流失率 U11	0.2	0.2	0.1	0.2	0.3
技术人员比率 U12	0.6	0.3	0.1	0	0
保密管理水平指数 U13	0.4	0.3	0.3	0	0
专利申请决策不合理 U14	0.1	0.1	0.3	0.2	0.3
专利申请地域不当 U15	0	0	0	0.2	0.8
代理机构申请失败率 U16	0.5	0.3	0.1	0.1	0
外部因素导致专利性丧失 U17	0.4	0.3	0.3	0	0
审批时间风险度 U18	0.3	0.2	0.1	0.3	0.1
专利保护期限保护度 U19	0	0	0	0.3	0.7
专利维持成本比率 U20	0.1	0.3	0.2	0.1	0.4
专利管理水平 U21	0	0.2	0.5	0.2	0.1
专利质量 U22	0.5	0.3	0.1	0.1	0
专利文献质量 U23	0.5	0.3	0.1	0.1	0
司法惩罚力度 U24	0.5	0.3	0.2	0	0
行政执法惩罚力度 U25	0.3	0.3	0.3	0.1	0
专利转让选择对象不当 U26	0.6	0.3	0.1	0	0
专利许可选择不当 U27	0.5	0.3	0.2	0	0
专利许可方式不当 U28	0.2	0.4	0.2	0.1	0.1
专利强制许可风险 U29	0.2	0.2	0.1	0.2	0.3
专利独立性风险 U30	0.4	0.5	0.1	0	0
硬件支撑水平 U31	0.6	0.3	0.1	0	0
专利转化失败率 U32	0.4	0.3	0.3	0	0
企业营销变动率 U33	0.2	0.4	0.2	0.1	0.1
市场需求变化率 U34	0.2	0.2	0.1	0.2	0.3
市场竞争程度 U35	0	0.2	0.5	0.2	0.1

$a1$ 的评价矩阵 R_{a1} 如下：

$$R_{a1}=\begin{bmatrix}0.6 & 0.3 & 0.1 & 0 & 0\\ 0 & 0.2 & 0.5 & 0.2 & 0.1\\ 0 & 0 & 0.2 & 0.8 & 0\end{bmatrix}$$

$$H_{a1} = W_{a1} \times R_{a1} = [0.625 \quad 0.243 \quad 0.132] \times \begin{bmatrix} 0.6 & 0.3 & 0.1 & 0 & 0 \\ 0 & 0.2 & 0.5 & 0.2 & 0.1 \\ 0 & 0 & 0.2 & 0.8 & 0 \end{bmatrix}$$

$$= [0.375 \quad 0.236 \quad 0.210 \quad 0.154 \quad 0.013]$$

归一化处理后可得到：

$$H \times a1 = [0.380 \quad 0.239 \quad 0.213 \quad 0.309 \quad 0.013]$$

同理，得到各项二级指标的模糊评价

$$H \times a2 = [0.139 \quad 0.020 \quad 0.339 \quad 0.269 \quad 0.424]$$

$$H \times a3 = [0.316 \quad 0.209 \quad 0.209 \quad 0.209 \quad 0.057]$$

$$H \times a4 = [0.337 \quad 0.279 \quad 0.263 \quad 0.087 \quad 0.034]$$

$$H \times a5 = [0.258 \quad 0.258 \quad 0.247 \quad 0.142 \quad 0.095]$$

$$H \times a6 = [0.075 \quad 0.226 \quad 0.361 \quad 0.187 \quad 0.151]$$

$$H \times a7 = [0.311 \quad 0.311 \quad 0.156 \quad 0.161 \quad 0.061]$$

$$H \times a8 = [0.182 \quad 0.454 \quad 0.182 \quad 0.1820]$$

$$H \times a9 = [0.204 \quad 0.111 \quad 0.367 \quad 0.174]$$

$$H \times a10 = [0.217 \quad 0.522 \quad 0.26100]$$

2. 二级模糊评价

表5 二级指标的风险评价

指　标	风险很高	风险较高	风险一般	风险较低	风险很低
信息风险 a1	0.380	0.239	0.213	0.309	0.013
研发能力风险 a2	0.073	0.199	0.146	0.364	0.218
研发选择风险 a3	0.316	0.209	0.209	0.209	0.057
研发管理风险 a4	0.337	0.279	0.263	0.087	0.034
专利申请风险 a5	0.258	0.258	0.247	0.142	0.095
专利维持风险 a6	0.075	0.226	0.316	0.187	0.151
专利侵权风险 a7	0.311	0.311	0.156	0.161	0.061
专利交易风险 a8	0.182	0.454	0.182	0.182	0
专利产业化风险 a9	0	0.204	0.111	0.367	0.174
产品市场风险 a10	0.217	0.522	0.261	0	0

$$R_{A1} = \begin{bmatrix} 0.380 & 0.239 & 0.213 & 0.309 & 0.013 \\ 0.073 & 0.199 & 0.146 & 0.364 & 0.218 \\ 0.316 & 0.209 & 0.209 & 0.209 & 0.057 \\ 0.337 & 0.279 & 0.263 & 0.087 & 0.034 \end{bmatrix}$$

$$H_{A1} = W_{A1} \times R_{A1} = [0.385 \quad 0.056 \quad 0.411 \quad 0.148] \times \begin{bmatrix} 0.380 & 0.239 & 0.213 & 0.309 & 0.013 \\ 0.073 & 0.199 & 0.146 & 0.364 & 0.218 \\ 0.316 & 0.209 & 0.209 & 0.209 & 0.057 \\ 0.337 & 0.279 & 0.263 & 0.087 & 0.034 \end{bmatrix}$$

$$= [0.330 \quad 0.230 \quad 0.215 \quad 0.238 \quad 0.046]$$

归一化处理：

$$H \times_{A1} = [0.312 \quad 0.217 \quad 0.203 \quad 0.225 \quad 0.043]$$

同理得到：

$$H \times_{A2} = [0.226 \quad 0.226 \quad 0.251 \quad 0.164 \quad 0.133]$$

$$H \times_{A3} = [0.123 \quad 0.307 \quad 0.226 \quad 0.226 \quad 0.118]$$

可见，在二级指标中，技术的研发风险很高和较高的概率分别为31.2%、21.7%，专利保护的风险很高的概率分别为22.6%、22.6%，专利运营的风险很高和较高的概率分别为12.3%、30.7%。因此，在专利系统运行的三个环节中，尤其是在技术研发和专利保护环节，面临着很大的专利风险。

3. 三级模糊评价

表6　一级指标的风险评价

指标	风险很高	风险较高	风险一般	风险较低	风险很低
研发风险 A1	0.312	0.217	0.203	0.225	0.043
专利保护风险 A2	0.226	0.226	0.251	0.164	0.133
专利运营风险 A3	0.123	0.307	0.216	0.226	0.118

得到专利风险 A 的矩阵 R_A

$$R_{A1} = \begin{bmatrix} 0.312 & 0.217 & 0.203 & 0.225 & 0.043 \\ 0.226 & 0.226 & 0.251 & 0.164 & 0.133 \\ 0.123 & 0.307 & 0.216 & 0.226 & 0.118 \end{bmatrix}$$

$$H_A = W_{A1} \times R_{A1} = [0.405 \quad 0.361 \quad 0.234] \times \begin{bmatrix} 0.312 & 0.217 & 0.203 & 0.225 & 0.043 \\ 0.226 & 0.226 & 0.251 & 0.164 & 0.133 \\ 0.123 & 0.307 & 0.216 & 0.226 & 0.118 \end{bmatrix}$$

$$= [0.237 \quad 0.241 \quad 0.223 \quad 0.203 \quad 0.093]$$

归一化处理可得：

$$H_A^* = [0.238 \quad 0.245 \quad 0.224 \quad 0.204 \quad 0.093]$$

可见，在专利系统的运行过程中，专利风险很高的概率为23.8%，专利风险较高的概率为24.5%，专利风险一般的概率为22.4%。因此，专利系统运作过程总体处于高风险水平。因此，在专利系统的运作过程中，要充分发挥专利信息的作用，对专利信息进行检索分析，防范专利系统运作的风险。

四、专利信息在专利风险预警中的运用

企业可以通过收集、整理和分析判断与本企业主要产品和技术相关的技术领域的专利和非专利文献信息、国内外市场信息和其他信息，对可能发生的重大专利侵权争端和可能产生的危害程度等情况向企业决策层发出警报。因此，企业进行专利风险预警的第一步是基于专利信息的检索分析，构建完整的专利风险预警体系。

（一）企业专利系统预警体系

企业专利预警机制的体系，又称为企业专利预警机制的框架构想，是从微观层面探讨企业专利预警机制应该包括哪些组成部分，以及这些组成部分之间的内在联系。一个完整而有效的专利预警体系应包括专利预警对象的选定、专利信息的收集与分析、专利预警警度的评价、专利预警报告的形成和专利危机应急预控措施。

（二）专利信息的运用

专利风险预警体系中最关键的一步是专利风险的警度分析，为了提高专利风险预警的精确度，本文采用定性分析和定量分析相结合的分析方法。

1. 专利风险警度的定性分析

（1）专利风险预警的信息源。

专利风险预警的信息源主要有专利文献信息、非专利文献信息、市场信息等，通过对各种信息源的分析判断，可以确定企业所处的专利风险状态。

（2）专利风险预警的定性指标评价。

根据专利预警的信息来源，我们可以提炼出定性评价指标体系。我们将指标分为正常状态指标（Z1）、警戒状态指标（Z2）和危机状态指标（Z3）。

正常状态的指标 Z1 可以细分为以下几个子指标：

Z11：本企业产品或方法的技术特征与他人相应的专利必要技术特征相比，均不相同。

Z12：没有检索到与本企业产品或方法可对比的他人专利技术。

Z13：本企业产品或方法的技术特征数比他人相应的专利必要技术特征数少。

警戒状态的指标 Z2 可以细分为以下几个子指标：

Z21：受到专利权人的专利侵权指控或收到专利权人的专利侵权警告函。

Z22：在非专利文献检索中，发现了与本企业专利技术相同或相似的产品或方法的广告、说明书、招投标书等。

Z23：在市场监控中，发现了他人正在制造、使用、销售、许诺销售、进口与本企业专利相同或相似的产品。

危机状态指标 Z3 可以分为以下几个子指标：

Z31：本企业产品或方法的技术特征与他人相应的专利必要技术特征相比，均相同或等同。

Z32：本企业产品或方法比他人相应的专利必要技术特征多一项以上技术危机状态指标特征。

Z33：发生了假冒本企业专利的行为。

当非风险指标 Xi 出现时，即 Xi = Z11，Z12，Z13 时，不发出警报，继续监控；

当警戒指标 Xi 出现时，即 Xi = Z21，Z22，Z23 时，发出警报，并制定风险控制策略；

当危机指标 Xi 出现时，即 Xi = Z31，Z32，Z33 时，发出警报，并制定危机管理对策。

专利信息在专利预警的定性分析中起着重要的作用，通过对专利指标的定性分析，可以提炼出专利的特征指标，结合企业的实践经验，对专利运作过程中存在的侵权风险进行及时的预警。但是这些预警主要是集中在专利侵权方面的预警，专利运作的其他环节中的预警难以通过定性分析实现，下文将通过定量分析的方法，建立其他环节的预警体系。

2. 专利风险警度的定量分析

上文基于专利信息对专利风险的评价中，我们从专利信息中提炼出了 35 个评价专利风险的指标，我们选择其中的定量指标对专利风险的警度进行定量分析。

专利信息检索失真率 U1 = 专利信息检索失真总数/专利信息检索总数 ×100%

市场信息失真率 U2 = 市场信息失真总次数/获取市场信息总次数 ×100%

信息传递失真率 U3 = 信息失真、延误总次数/信息传递总次数 ×100%

技术标准度 U5 = 预定技术评级标准/行业实际技术评级标准 ×100%

百万专利产出比率 U9 = 企业百万元专利产出数量/该领域平均每百万元专利产出数量 ×100%

专利部门目标未实现率 U10 = 部门年度实际绩效评价值/部门年度目标绩效评价值 ×100%

人员流失率 U11 = 年末研发离职员工数/（年末研发员工数 + 年初研发员工数） ×100%

核心技术人员比率 U12 = 核心技术人员数量/参与研发技术人员数量 ×100%

代理机构申请失败率 U16 = 专利代理机构申请失败数量/专利代理机构代理总量 ×100%

专利维持成本比率 U20 = 专利维持成本/企业年利润 ×100%

专利转化失败率 U32 = 专利技术转化产品质量瑕疵个数/专利技术转化产品总个数 × 100%

企业营销变动率 U33 = 企业专利产品实际销售量/企业专利产品预期销售量 × 100%

市场需求变化率 U34 = 当年市场需求量 − 市场目标需求量/市场需求量 × 100%

市场竞争程度 U35 = 市场实际占有率 − 市场目标占有率/市场目标占有率 × 100%

根据以上警度定量评价指标的计算方法，可以计算出每一个指标的评价值 R。根据 R 值的大小，可以采用指标数值区域划分法来评价专利预警的警度。R 值的大小根据专家的意见和企业的实践经验总结，并在实践过程中不断修正。

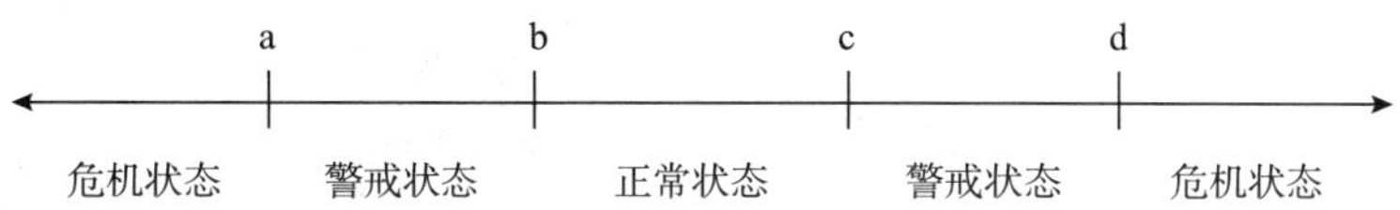

图 2　指标数值区域划分与专利预警的警度

当 R 在 a ~ b 之间时，不发出预警，继续监测；

当 R 在 a ~ d 和 b ~ c 之间时，发出警报，制定并风险控制策略；

当 R 小于 d 或大于从 c 时，发出警报，制定并危机管理对策。

通过对专利信息定量指标的分析和计算，可以更加准确和全面地掌握专利风险出现的节点。在专利风险监测过程中，一旦超过专利风险指标值所在的正常范围，便会发出预警。专利预警的定量分析法比定性分析法更加客观和全面。

企业在实践过程中，应该把定性分析法和定量分析法相结合，科学、全面地分析专利信息，充分发挥两种方法的优点，确保专利风险的预警全面、准确、及时。

五、专利信息在专利风险控制中的运用

专利信息在专利风险控制中的充分利用，需要有科学的运用方法和健全的管理体制，如充分利用先进方法和工具、建设专业的专利信息团队、建立完善的信息管理体制等。

（一）专利信息在技术研发风险控制中的运用

1. 专利信息在科学选择研发路径风险控制中的运用

专利管理人员通过对专利情报的分析，可以了解本企业的专利拥有情况、竞争对手的专利拥有情况、竞争对手的专利战略、专利技术过去和现在的状况以及未来发展趋势、剩余专利市场空间等。通过对上述情报的分析即可以找出本企业和竞争对手之间专利拥有的优势和劣势，推知未来新技术发展趋势，分析竞争对手的专利战略意图等。运用收集到的专利信息对现有技术的发展方向和水平进行评估，同时也要对自身的创新能力和

硬件支持能力进行评估，形成可行性报告，在进行综合全面的分析和判断下，选择研发路径。

2. 专利信息在选择合作伙伴风险控制中的应用

在进行合作研发的过程中，合作伙伴的选择对于整个研发工作的顺利与否都起着决定性的作用，所以在选择合作伙伴时应积极收集与研发技术相关企业的信息，包括企业的信誉、产品销售情况、拥有的专利数量和质量、现有的技术水平、企业的科研能力以及研发该技术的欲望等，并对收集到的信息进行整合和分析，将各个可以合作的目标企业进行对比，选择最可靠的企业进行合作。

3. 专利信息在人员管理风险控制中的应用

人员因素往往是影响研发的重要风险因素，企业应加强人才激励机制的建立，激励是技术人员创新动力的重要来源，同时要改进人力资源的管理制度；尽量控制研发人员的流动性，特别是在研发人员的雇佣合同中，将保密条款以及研发成果所有权的归属加以明确的界定；同时，应当制定完善的研发档案管理制度，做到档案资料能追本溯源，以便研究人员可以根据资料进行跟进研究，避免过于依靠少量核心技术人员而产生的风险。

4. 专利信息在研发管理风险控制中的运用

研发管理中最重要的环节是加强研发部门和专利管理部门之间的合作。专利部门和研发部门建立良好的工作合作关系，一方面通过邀请专利管理人员参加研发会议等沟通方式，使他们尽早了解各个项目的进展情况和技术研发人员的需求问题，防止专利的管理和研究脱节；另一方面，专利管理人员有计划地介入研发活动的早期阶段，通过对专利信息的检索和分析，运用综合后的专利情报，对技术人员提出一些有利于技术研发进程和专利申请的建议，同时也要提醒研发的技术可能存在的侵权风险。

（二）专利信息在专利保护风险控制中的运用

1. 专利信息在专利申请风险控制中的运用

在申请专利保护之前，首先应该对自己的技术进行全方位的审查，包括技术人员对技术可专利性、营销人员对市场信息、专利分析人员的分析等。将技术分为不具有专利性类、具有专利性但不合适申请专利类和具有专利性并且适合申请专利类，前两类技术不适合申请专利，应该通过技术信息分析、市场信息分析，及时避免，以免造成企业人力、物力和财力的浪费。

2. 专利信息在专利维持风险控制中的运用

专利的维持工作是专利授权后的重点之一。为了避免专利失效的风险，管理部门要首先明确专利费用的缴纳期限，保证专利费用的按期足额缴纳；其次，要通过专利信息的检索分析，了解市场的变化和竞争对手的意图，防止专利无效诉讼风险的出现，避免不必要的损失。同时，企业应注意保存包括研究开发工作记录、专利申请所利用的技术文献、生产成本数量、销售数据和范围、原材料数量和价格等原始文件，保证记录文件的可信度，使企业处于维权的主动地位。

3. 专利信息在专利保护风险控制中的运用

当企业发现专利侵权时，应当立即通过市场调查并结合专利信息的检索和分析来收集专利侵权者侵权状况的证据，如侵权产品的资料、销售的数额以及已经被侵权的技术方案等。同时，也要收集企业自身损害的证据，例如通过专利信息分析被侵权专利的市场价值或者调查侵权者获得的不法额度。在侵权诉讼进行过程中，企业还需要注意观察被诉侵权方的行为，防止其毁灭证据，隐匿财产。必要时企业可以申请人民法院采取财产保全，保证案件审理结束后，判决结果的可执行性，维护企业的利益。

（三）专利信息在专利运营中的运用

1. 专利信息在专利产业化风险控制中的运用

专利的最大的价值是专利技术的产业化。为了确保专利技术的成功实施，正确地把握市场的脉搏，在专利技术实施前，应该通过专利信息分析专利技术的成熟性，并对其市场价值进行评估，同时要结合市场信息、企业资源、管理能力、人员素质等制定产业化策略。对于以他人在先专利为基础的专利技术，应该充分调查所依赖的技术的法律状态，通过专利许可、转让或企业合作的方式规避侵权风险的发生。

2. 专利信息在专利交易风险控制中的运用

专利许可、专利转让等专利交易方式是实现专利价值的有效途径。为了避免专利交易中的风险，企业应该建立健全专利交易管理机制。在专利交易之前，企业应该通过多种信息渠道调查交易方的信息，特别是对方的履行能力、资信状况，避免交易对象选择不当。在许可交易中，企业应该充分考虑企业内部产业布局、生产能力等，确定自己是否需要继续实施专利。慎重选取许可方式，在确定许可方式前，要充分预估采取不同的方式对企业和市场的影响，形成评估报告。在专利交易时，企业专利技术中往往也交织着技术秘密，因此企业应在交易合同中详细制定保密条款和责任条款，避免技术外溢风险。

3. 专利信息在产品交易风险控制中的运用

在产品交易尤其是产品的海外交易前，企业应充分获取市场信息和专利信息。通过市场信息掌握市场发展的动向，从而进行有效的营销布局；检索和分析专利信息，避免海外侵权的发生。同时，企业应重视市场信息的反馈，将其作为进一步引导企业后续技术研发的工作信息基础。此外，企业也应根据市场的状况，在专利产品的收益已经无法支持专利维持成本时，及时选取专利放弃策略。

六、总　结

随着我国科技进步和经济发展，与专利有关的企业管理活动呈现越来越活跃的趋势，与此同时企业面临的专利风险也日趋加剧。本文所研究的专利信息分类方法以及其在企业专利风险分析与预警中的应用，对企业生产经营过程中的专利风险排查和防控具有重要基础性意义，将本文的研究结论在企业层面和政府政策导向层面进行推广，有助于提高企业的专利风险意识和利用专利信息防控专利风险的能力。

基于专利信息挖掘的单件专利价值定性分析*

邱洪华　卢世超**

摘　要　专利信息是专利价值评估的重要基础数据，也是专利价值分析的重要内容，本文从专利信息挖掘的角度探讨专利价值评估的方法，并分别举例说明此方法在基于专利组合的企业专利价值评估和单件专利价值定性分析中的实际应用。

关键词　专利信息　挖掘　价值　评估　应用

一、研究背景与方法

专利作为知识产权保护技术创新成果的重要手段，体现了技术进步的重要内容，是一个国家或企业科技资产的核心部分，同时也是最富经济价值的部分。然而，他们的价值大部分是通过那些相对较少但是又较引人注目的成功企业的交易和诉讼得以彰显，缺乏专门针对这些知识产权进行评估的实践方法实现专利价值的实现。❶ 因此，在技术萌芽期、成长期就有必要对专利价值进行评估。

专利价值评估是专利运营的关键环节，一方面有利于专利权人对其专利技术进行有效的管理，另一方面也有利于政府专利管理职能部门开展重大项目审议、产业化项目筛选和专利评奖等活动，涉及专利权人在专利转让、许可、出资、投资、置换、收储、质押融资、拍卖、损害赔偿分析、企业并购重组、专利池和专利联盟的建立、项目引进、专利分级分类管理等技术经营决策，对企业、政府等相关部门的专利管理具有重要现实意义。

当前，国内外学者对于专利价值评估的方法和模型已有大量研究，但仍存在一些不足，如假设过于简单并理想化或应用很复杂。目前常用成本法、市场法或收入法等均是静态的，仅体现了专利价值的某一方面，而忽略了未来专利内在的高度不确定性。

专利信息挖掘是对单件专利价值进行评价的重要工具。本文以专利申请号

---

* 本文改编自国家知识产权局专利局专利文献部2014年度专利信息人才专项研究课题“基于专利信息挖掘的专利价值评估方法及其应用研究”，课题负责人邱洪华，研究人员包括李锋、肖冬梅、刘强、李里、隆瑾、吴秀文、路攀冰、宋秋玉、陈祥玲、龙斌、陈娟、彭文波、冯程程。

** 等同第一作者。

❶ ROBERT PITKETHLY, The Valuation of Patents: A review of patent valuation methods with consideration of option based methods and the potential for further research［R］, Judge Institute Working Paper WP 21/97, The Judge Institute of Management Studies, Trumpington Street, Cambridge CB2 1AG.

CN201010555179，名称带耦合透镜的高速蝶形封装管壳及光发射器组件、制造工艺的中国专利为例，从年度态势、主要竞争对手、技术分布、主要发明人、高价值专利、涉诉专利、引证专利和生命周期等角度挖掘专利价值相关信息，同时还专门从竞争对手和技术先进性比较等角度，对其进行专利价值分析。

二、专利概况：专利基本信息和技术发展态势

（一）专利基本信息

申请号：CN201010555179，公开号：CN102129101，申请日 2010 年 11 月 23 日，授权公告日 2012 年 10 月 17 日，名称：带耦合透镜的高速蝶形封装管壳及光发射器组件、制造工艺。专利权人：武汉电信器件有限公司，发明人：卢昆忠、樊士彬、宋小平。

本发明属于光纤通信技术领域，涉及一种高速蝶形封装管壳及光发射器组件（TOSA）的设计。采用了一种带耦合透镜的高速蝶形封装管壳及光发射器组件，该组件主要包括蝶形金属陶瓷管壳、半导体制冷器、热沉、过渡块、准直透镜、光学隔离器、热敏电阻、发射器芯片和背光探测器、聚焦透镜、焊接工件和陶瓷光纤插针。本发明的聚焦透镜直接焊接在管壳上，不需要特殊的光学校准平台，工艺简单，生产成本大大降低。

经检索发现，该专利还没有在国外进行专利申请。该专利在 2011 年 7 月 21 日被公开，2011 年 8 月 31 日实质审查生效，于 2012 年 10 月 17 日被中国国家知识产权局专利局授予专利权。

（二）待评估专利所属技术领域发展态势

1. 专利年度趋势和全球分布

光发射器组件是现代光纤通信的核心器件，因此光发射及封装管技术领域也成为各国相关企业和研究单位的研究重点，图 1 显示了世界相关专利的申请量发展趋势。（因专

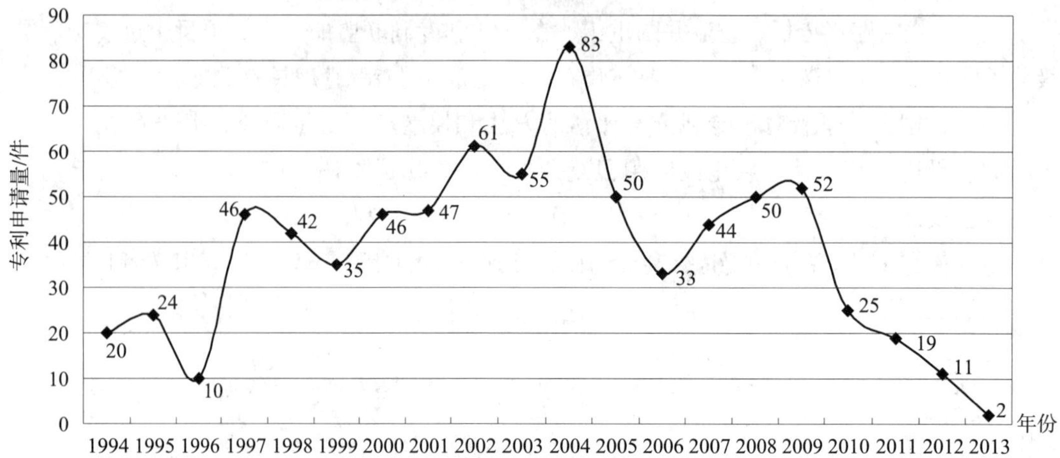

图 1　世界光发射及封装管技术领域专利申请量年度趋势

利申请提出 18 个月后才予以公开，2012 年、2013 年的专利申请不具可参考性。)

2. 专利主要申请人

全球共有 336 位申请人申请了该领域的相关专利，选取申请量前 10 位的申请人进行竞争对手专利总量分析（如图 2 所示），美国和日本的企业比较重视该领域技术的开发和专利布局。

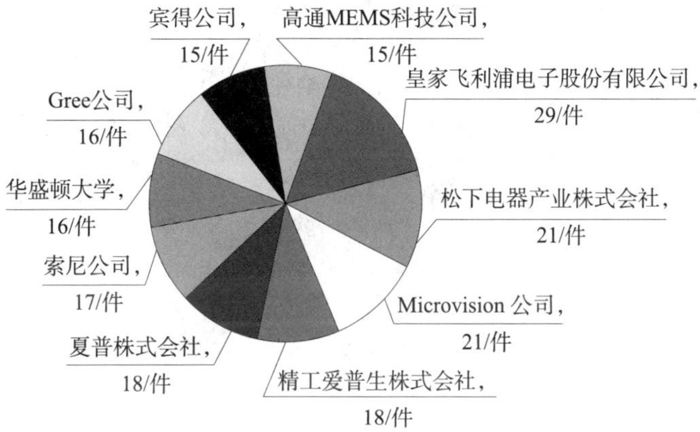

图 2　相关领域 TOP10 专利权人及其专利数量/件

专利权人综合竞争力主要考量专利竞争力和市场竞争力两个指标。分析结果显示专利竞争力和市场竞争力最强的是皇家飞利浦，综合竞争力排名依次是皇家飞利浦、松下和索尼。

3. 专利区域分布

图 3 所说明的是根据受理专利申请的国家或地区不同，封装管壳及光发射器专利申请在各国的分布。

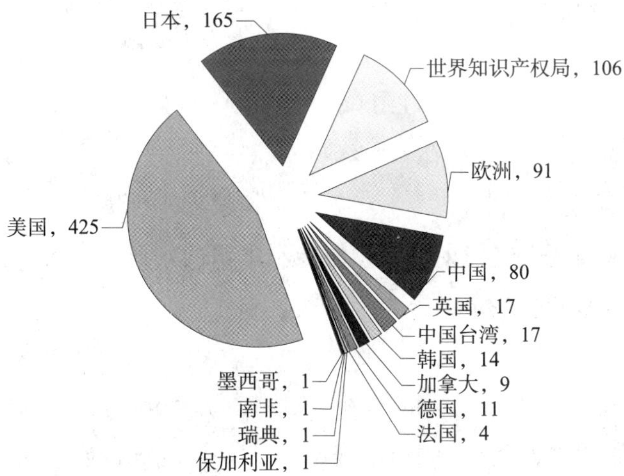

图 3　专利申请国家分布/件

图4说明的是根据专利申请人所属的国籍不同，封装管壳及光发射器技术领域专利申请在各国的分布。

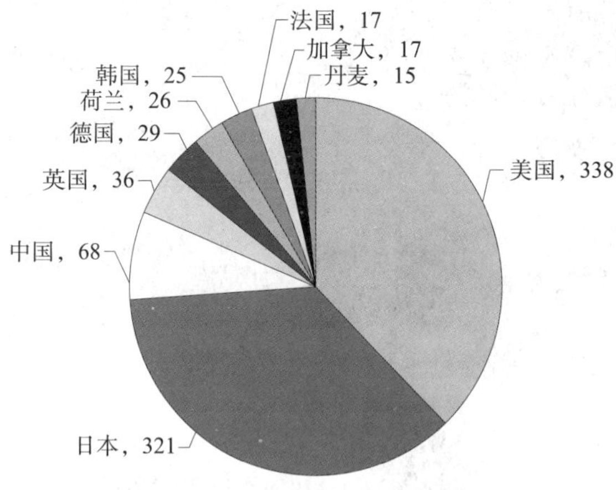

图4　专利申请量来源国分析/件

4. 专利申请技术领域分布

光发射领域有较多的专利申请集中于 G02B 06［光导；包含光导和其他光学元件（如耦合器）的装置的结构零部件］，共计专利申请316件，G02F 01（控制来自独立光源的光的强度、颜色、相位、偏振或方向的器件或装置，例如转换、选通或调制；非线性光学），共计228件。此外，G02B 26、G02B 27、G02B 05、G02B 07、G02B 03等技术领域也有一定数量的专利申请。说明以上IPC所涉及的技术领域是封装管壳及光发射器组件相关技术创新和研发活动的密集领域。

在中国申请的封装管壳及光发射相关专利的IPC分布中，G02B 06，共计专利18件，G02F 01，25件。此外，G02F 26、G02B 27、G02B 05等技术领域也具有一定数量的专利申请。中国在光导和其他光学元件的装置结构零部件、控制光的各种性能器件或装置上取得了较多创新成果。从全球看，G02B 06、G02F 01也是专利申请的热门领域，我国应重点关注一些新兴技术领域。

5. 专利主要发明人

表1反映了封装管壳及光发射技术领域专利申请的主要发明人。我国在该技术领域的专利申请与国外申请存在一定差异。

6. 高价值专利分析

在该领域内专利价值80分以上的专利有35件，其中90分以上的专利11件，80～90分的专利24件。该35个专利都是在美国申请的，一定程度说明美国在封装管壳及光发射领域具有技术优势。进一步统计发现在1997年、1998年产生的高价值专利数最多，可能是因为在20世纪末光发射领域处于发展初期，当时的一些研究成果所申请的专利就构成了该领域的基础性核心技术。

表 1 专利申请主要发明人

发明人	专利数量	所属公司
Shigeru Kondoh	15	Pentax Corporation
Shinuke Kohmoto	14	
Hideki Ohkubo	13	
Keisuke Haraguchi	12	
Takeo Kobayashi	11	
Norio Numako	11	
Susao Nakamura	10	
Etsuro Nishio	9	
John R Lewis	10	Microvision，Inc.
Charles D Melville	8	University Of Washington

7. 专利生命周期分析

封装管壳及光发射技术的专利生命周期如图 5 所示。

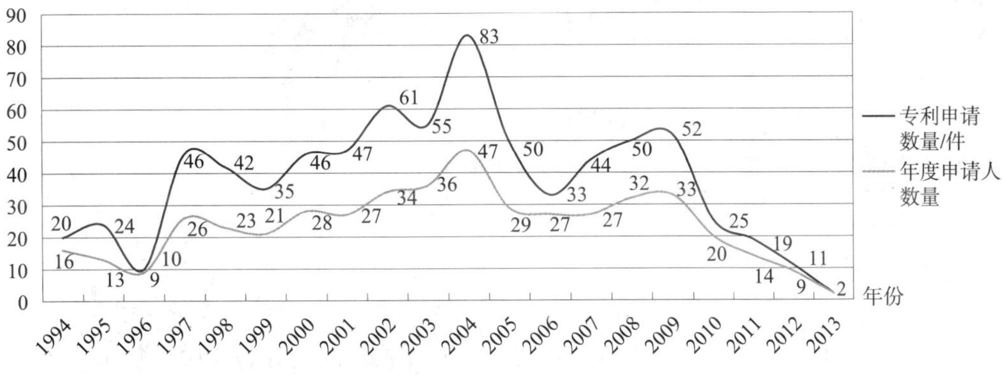

图 5 专利生命周期图

三、待评估专利权人的主要竞争对手分析

1. 主要技术领域的比较

表 2 列示的是封装管壳及光发射领域主要竞争对手专利申请的主要 IPC 分布情况。

表2　主要技术领域 IPC 分析

主要专利竞争对手	主要技术领域的 IPC	主要技术领域内容	专利数量	占比
皇家飞利浦电子股份有限公司	G02B 06	光导；包含光导和其他光学元件（如耦合器）的装置的结构零部件	13	44.8%
松下电器产业株式会社	G02F 01	控制来自独立光源的光的强度、颜色、相位、偏振或方向的器件或装置	10	47.6%
Microvision 公司	G02B 26	利用可移动的或可变形的光学元件控制光的强度、颜色、相位、偏振或方向的光学器件或装置，例如，开关、选通、调制	15	71%
精工爱普生株式会社	G02B 06	光导；包含光导和其他光学元件（如耦合器）的装置的结构零部件	6	33.3%
夏普株式会社	G02F 01	控制来自独立光源的光的强度、颜色、相位、偏振或方向的器件或装置	9	50%
索尼公司	G02B 06	光导；包含光导和其他光学元件（如耦合器）的装置的结构零部件	8	47%
华盛顿大学	G02B 27	某些光学系统；光学仪器	6	37.5%
Gree 公司	G02F 01	控制来自独立光源的光的强度、颜色、相位、偏振或方向的器件或装置	11	68.7%
宾得公司	G02B 07	光学元件的安装、调整装置或不漏光连接	15	100%
高通 MEMS 科技公司	G02B 05	除透镜外的光学元件	5	30%

2. 发明阵容的比较

表3反映了封装管壳及光发射技术领域的主要专利权人的发明阵容及其专利数量。专利集中度是本项目用来测定专利总量与发明人数量关系的指标，发明人集中度等于专利总量/发明人数量，该指标反映了发明人的创新效率。

表3　发明阵容比较

专利竞争对手	发明人数量	专利总量	发明专利集中度
松下电器产业株式会社	47	21	0.45
皇家飞利浦电子股份有限公司	45	29	0.64
夏普株式会社	44	18	0.41

续表

专利竞争对手	发明人数量	专利总量	发明专利集中度
精工爱普生株式会社	30	18	0.6
Microvision 公司	26	21	0.81
索尼公司	25	17	0.68
Gree 公司	18	16	0.89
宾得公司	17	15	0.88
华盛顿大学	15	16	1.07
高通 MEMS 科技公司	12	15	1.25

3. 活跃程度的比较

表 4 反映了封装管壳及光发射器技术领域的主要专利申请人的专利活跃度。

表 4　专利权人活跃程度比较

专利申请人	专利申请量总数	近 5 年专利数量	所占比例
高通 MEMS 科技公司	15	9	60%
Gree 公司	16	4	25%
夏普株式会社	18	3	17%
皇家飞利浦电子股份有限公司	29	4	14%
松下电器产业株式会社	21	3	14%
Microvision 公司	21	0	0
精工爱普生株式会社	18	0	0
索尼公司	17	0	0
华盛顿大学	16	0	0
宾得公司	15	0	0

四、专利价值评估结论

通过检索结果进行整理和分析，关于专利 CN102129101 的价值分析可以归纳如下：

（1）光发射领域的发展初期大致是在 1994 ~ 2001 年，高速发展期是 2002 ~ 2004 年，2005 ~ 2009 年处于成熟期，2009 年之后该技术领域的发展开始走向衰退期。年专利申请人数量也随着年专利申请量趋势变化。

（2）专利申请中，36.1% 来自美国，34.4% 来自日本，可知美国和日本在该领域具有较明显的竞争优势。技术的主要应用也在美国和日本。国内机构应重点关注美、日在该领域内的研发动向。

（3）全球封装管壳及光发射领域专利申请都比较多地集中于 G02B 06、G02F 01，说明这些 IPC 所涉及的技术领域是该技术领域的密集区域。

（4）皇家飞利浦电子股份有限公司、松下公司、索尼公司等在光发射领域均有较明显的综合竞争力优势。

（5）近 5 年内该领域专利申请量较低，申请量排名前 10 的申请人在近 5 年的专利申请量占总量的 2.4%，最近 5 年主要竞争对手在该领域中的活跃程度明显降低，从一定程度上可以认为，随着信息技术的不断发展，封装管壳及光发射技术领域已经逐渐开始迈向成熟后的衰退阶段，如何寻求技术突破或替代技术的出现将是技术应用领域必须面临和解决的技术问题。

（6）专利价值是综合了该专利的诉讼、被引证情况、权利要求数、从申请到授权的时间长度等几个因素，在光发射领域中的专利价值在 80 分以上的就有 35 件，说明该领域内有较多的核心专利。另外，这 35 件专利主要集中在美国申请，且 30 件专利的申请人来自美国，可知美国掌握了该领域中较多的基础性核心专利。

五、研究总结

对于企业而言，要提高自身专利价值，需对以下几个方面给予足够的重视：（1）注重自主研发和创新，提高专利在技术上的创新高度，以保护专利的“先进性”和“权利的稳定性”，保证自身在市场上的相对竞争优势；同时要及时研发“外围专利”，以降低他人申请依存专利的可能性，从而减少对他人专利技术的依赖；（2）对技术进行开发和专利申请之前，需要正确分析该技术所处的“生命周期”和该技术相关产品的“市场适应性”，以降低技术和市场风险；（3）加强对专利技术的推广，积极通过各种许可方式，实现专利的市场价值；（4）及时关注政府的产业政策，提高专利技术的“政策融性”，为专利价值的实现奠定良好的外部环境基础。

基于财务预测的专利经济价值评估

赵晓峰

摘 要 预计测算企业财务数据的未来发展变化可以成为评估专利技术所蕴含经济价值的重要途径之一。全面理解财务预测方法的基本原理，准确把握财务预测方法的关键因素，以企业财务活动的不同层面为切入点，探讨构建财务预测方法的具体实施模型，全方位、多维度地估算专利技术的经济价值，为企业对专利技术的投资、质押与融资的决策提供可靠依据，帮助企业控制运用专利技术所产生的金融风险与不确定性。

关键词 专利技术 经济价值 财务预测 专利价值

专利是一种无形资产[1]，其经济价值的实现是企业进行专利技术投资、质押与融资活动的本质意义。专利经济价值是指专利预期可以给其所有者或使用者带来的利润在现实市场条件下的表现[2]。企业经营者对于专利技术所带来利润的期望值会对企业当前财务结构产生潜在性影响，换言之，预计测算企业财务数据的未来发展变化可以成为评估专利技术所蕴含经济价值的重要途径之一。

财务预测是根据企业财务活动的历史资料，考虑现实的要求和条件，对企业未来的财务活动和财务成果做出科学预计与测算[3]。利用财务预测方法追踪企业运用专利技术对企业财务收支状况的未来变化，测算度量专利技术的潜在经济效益，为企业对于专利技术的投资、质押与融资决策提供可靠依据，帮助企业控制运用专利技术所产生的金融风险与不确定性。

一、财务预测方法的基本原理

专利经济价值的评估是一个宽泛繁杂的问题，利用财务预测方法进行专利经济价值的评估关键在于要系统性地测算企业财务活动的潜在性变化，这也是财务预测方法评估专利经济价值的基本立足点。因此，深入探究并准确把握企业运用专利技术与企业财务活动的内在关系，如图 1 所示，是财务预测方法实施专利经济价值评估的基本前提和理论基础[4]。

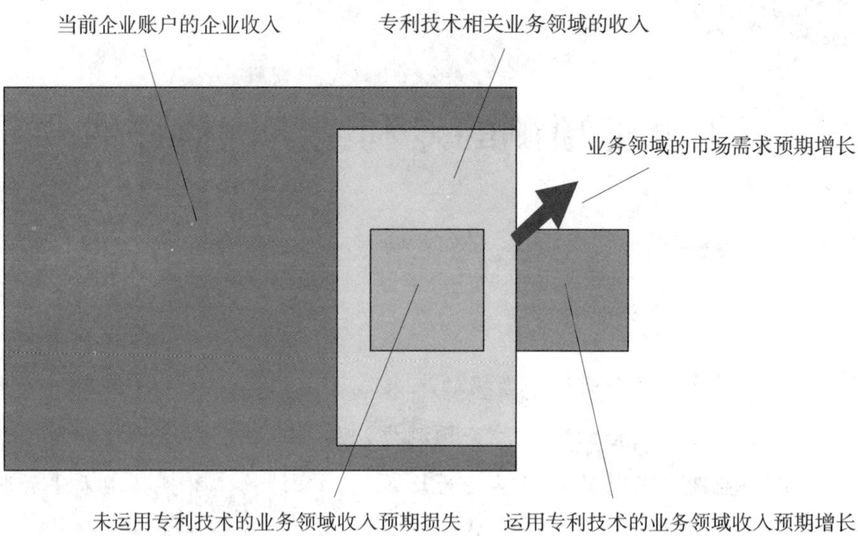

图 1　专利技术与企业账户财务收入

从图 1 可知，企业专利技术相关业务领域所产生的收入是企业当前账户收入的组成部分之一，其所占的份额或者比例会直接影响企业当前账户的整体收入。测度企业专利技术相关业务领域所产生的收入状况要重点把握 3 个方面内容：一是要测算企业专利技术相关业务领域的市场未来增长率，预测该业务领域市场需求的成长性；二是要测算企业业务领域未运用专利技术所造成的收入预期损失，体现企业业务领域运用专利技术的"防御性价值"；三是要测算企业业务领域运用专利技术所产生的收入预期增长，体现企业业务领域运用专利技术的"进攻型价值"。

二、财务预测方法的关键因素

财务预测方法评估专利技术的经济价值基本研究对象是企业账户结构，企业账户结构主要描述企业财务活动中"营业额—成本—投资"三者之间的基本关系。企业的业务领域运用专利技术会影响企业账户结构，其营业额、成本与投资会产生相应的波动变化，财务预测方法通过对企业账户结构变化的测度，实现对专利技术经济价值的估价。

（一）企业业务领域的营业额

企业业务领域的营业额是企业的业务领域运用专利技术所产生的直接收益，其波动变化由专利技术的附加性收益、替代性收益以及市场增长率共同决定。一是企业业务领域运用专利技术获取潜在额外收益，体现企业业务领域运用专利技术的直接性效益。二是企业运用专利技术的业务领域目标市场的增长率，体现运用专利技术的业务领域可预见的市场需求增长。三是未运用专利技术业务领域的现有市场收益变动，体现专利技术是否成为企业业务领域发展的必要性要素。

（二）企业业务领域的成本

企业业务领域的成本是企业的业务领域运用专利技术所必需的相关支出，其波动变化由运用专利技术的研发性支出与生产性支出共同决定。一是企业业务领域运用专利技术的产品研发预期支出，体现了专利技术商业化所必需的研发成本。二是企业业务领域运用专利技术的产品生产预期支出，体现了运用专利技术对企业产品当前生产成本的影响。

（三）企业业务领域的投资

企业业务领域的投资是企业的业务领域运用专利技术所需的设备投入，其波动变化来自运用专利技术必需性生产设备的升级需求。企业运用专利技术有可能要求更为复杂昂贵的生产技术来提高产品的生产能力，直接导致企业生产设备投入的增加，也相应地提高企业生产设备的预提折旧费，体现了专利技术的运用对企业生产设备当前投入水平的影响。

三、财务预测方法的具体实现

全面理解财务预测方法的基本原理，准确把握财务预测方法的关键因素，以企业财务活动的不同层面为切入点，探讨构建财务预测方法的具体实施模型，全方位、多维度地估算专利技术的经济价值。

（一）基于业务领域收入的预测

专利技术基于业务领域收入的预测反映企业特定业务领域运用专利技术所产生的经济效益，重点揭示特定业务领域是否运用专利技术导致企业预估账目的差异。业务领域收入的预测值估算基础公式为：业务领域收入预测值 = 运用专利技术的营业额 - 运用专利技术的成本 - 运用专利技术的日常设备折旧费 - 运用专利技术的额外设备折旧费 + 运用专利技术的额外营业额 + 未运用专利技术的营业额 - 未运用专利技术的成本 - 未运用专利技术的设备折旧费。

根据上述公式估算企业特定业务领域运用专利技术 X 未来十年的收入状况，通过比较企业特定业务领域是否运用专利技术 X 所产生的收入差异，来预测估算专利技术 X 所产生的预期效益。具体结果见图 2。从图 2 可知，在十年的预算周期内，前两年企业特定业务领域运用专利技术 X 比未运用专利技术 X 产生正向的预期收益，而后八年企业特定业务领域运用专利技术 X 未产生任何预期收益，这表明企业特定业务领域运用专利技术 X 仅在两年之内能够产生预期收入效益。

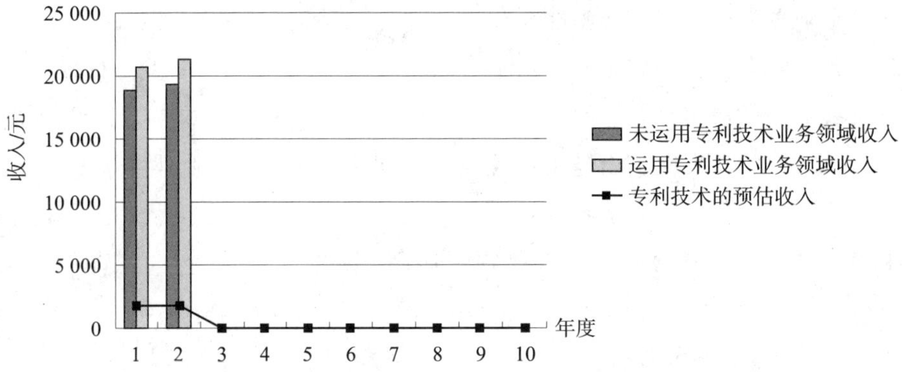

图 2　专利技术 X 基于业务领域收入的预测

（二）基于全部业务领域收入的预测

专利技术基于全部业务领域收入的预测反映企业特定业务领域运用专利技术所产生的预期收益与企业全部业务领域预期收入之间的关系，重点揭示专利技术所产生的预期收益在企业全部业务领域预期收益中的重要程度。全部业务领域收入的预测值估算基础公式为：全部业务领域收入预测值 = 运用专利技术的营业额 − 运用专利技术的成本 − 运用专利技术的日常设备折旧费 − 运用专利技术的额外设备折旧费 + 运用专利技术的额外营业额 + 未运用专利技术的营业额 − 未运用专利技术的成本 − 未运用专利技术的设备折旧费 + 其他业务领域营业额 − 其他业务领域成本 − 其他业务领域设备折旧费。

根据上述公式估算企业特定业务领域运用专利技术 X 其全部业务领域未来十年的收入状况，通过比较企业运用专利技术 X 的特定业务领域预期收益与其他业务领域预期收益的差异，来预测估算专利技术 X 对企业全部业务领域预期收入的影响力度。从图 3 可知，在十年的预算周期内，前两年企业特定业务领域运用专利技术 X 所产生的附加收益占企业全部业务领域预期收益比例较低，后八年企业特定业务领域运用专利技术 X 未产生任何附加收益，这表明企业特定业务领域运用专利技术 X 所产生的预期收益对企业全部业务领域预期收入的影响力度小。

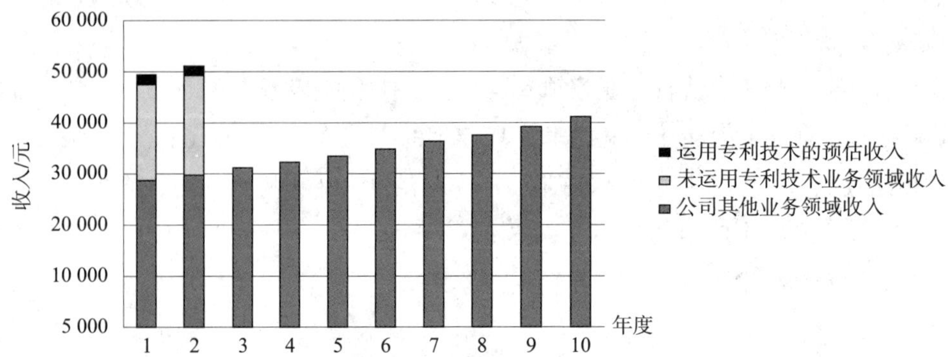

图 3　专利技术 X 基于全部业务领域收入的预测

（三）基于流动性的预测

专利技术基于流动性的预测反映企业特定业务领域运用专利技术造成企业的预期收入与支出的波动，重点揭示企业特定业务领域运用专利技术对企业流动资金的影响程度。企业流动性的预测值估算基础公式为：流动性的预测值 = 年度营业额 - 年度成本支出 - 年度投资支出。

根据上述公式估算企业特定业务领域运用专利技术 X 未来十年预期收益的流动性，通过对企业特定领域运用专利技术 X 的预期收益年度流动性与累计流动性的测算，评估企业特定业务领域运用专利技术 X 对企业流动资金的贡献度。从图 4 可知，在十年的预算周期内，前两年企业特定业务领域运用专利技术 X 对企业现金净流量有正向贡献，后八年企业特定业务领域运用专利技术 X 未对企业现金净流量有任何贡献，这表明了企业特定领域运用专利技术 X 对企业流动资金的贡献度低。

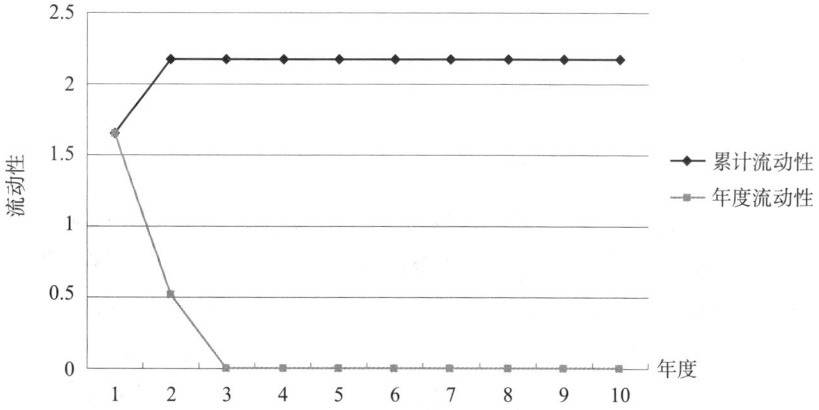

图 4　专利技术 X 基于流动性的预测

（四）基于净现值的预测

专利技术基于净现值的预测反映了企业特定业务领域运用专利技术 X 所产生的现金净流量以贴现率折现之后与企业原始投资额现值的差额，重点揭示企业特定业务领域运用专利技术所产生的投资收益。净现值的预测值估算基础公式为：

$$\text{净现值的预测值} = [\text{第一年流动性}/(1+\text{贴现因子}) + \text{第二年流动性}/(1+\text{贴现因子})^2 + \cdots + \text{第十年流动性}/(1+\text{贴现因子})^{10}] \times \text{全部业务领域营业额}/100$$

根据上述公式依据不同现金贴现率估算企业特定业务领域运用专利技术 X 未来十年全部预期流动性的净现值，评估企业特定业务领域运用专利技术 X 的投资价值。从图 5 可知，企业特定业务领域运用专利技术 X 在不同贴现率条件下所测算的净现值，反映了企业在不同投资风险条件下运用专利技术所产生的最低投资收益，也表明了企业出售专利技术 X 最低预期价格。

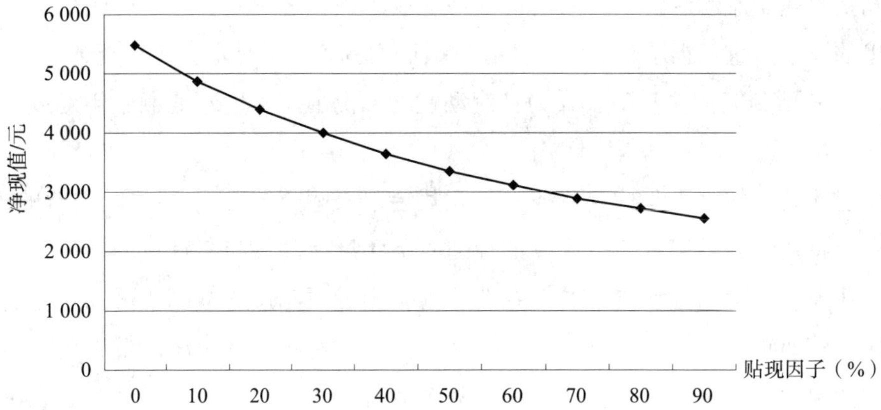

图5　专利技术 X 基于净现值的预测

参考文献

［1］程文婷．专利资产的价值评估［J］．电子知识产权，2011（8）．

［2］万小丽，朱雪忠．专利价值的评估指标体系及模糊综合评价［J］．科研管理，2008（2）．

［3］韦德洪．财务预测理论与实务［M］．上海：立信会计出版社，2005．

［4］European Patent Office，Patent Portfolio Management with IPscore2.2，2010.2：61．

专利角度浅析“大国重器”

张永建

摘 要 从专利角度，通过对我国装备制造业代表企业的专利申请情况的分析，透视影响行业/企业技术创新的诸多因素。

关键词 专利 装备制造业

2013年年末，一部大型六集高清电视纪录片《大国重器》在中央电视台财经频道播出，随后成为网络热议的话题。这部纪录片介绍了中国装备制造业依托产业和技术创新，在世界装备制造业领域逐步站稳脚跟，甚至独树一帜的过程。

片中将装备制造业称为中国工业的脊梁。通过百度搜索，可以了解到装备制造业又称装备工业，是为满足国民经济各部门发展和国家安全需要而制造各种技术装备的产业总称。装备制造业包括重要的基础机械，重要的机械、电子基础件，重大成套技术装备。可以看出，装备制造业的强弱，某种意义上也决定了国力的强弱。

通过该片可以了解到，中国的装备制造业正一步步从弱到强，再到赶超世界一流水平。其原因既有国家产业升级的宏观战略部署的客观环境，也有企业为在竞争中占领市场而进行技术升级的内在动力。装备制造业作为技术密集型的产业，体现了一个国家在技术储备、技术创新方面的能力。本文将从专利角度，通过对纪录片中提到的18个企业的专利申请情况的分析，透视影响行业/企业技术创新的诸多因素。

一、检索范围和检索内容的确定

本文将专利申请统计的范围控制在国内申请，即只研究上述公司的中国专利申请情况。检索时间范围为1985年4月1日至2013年12月31日。因中国专利有效期为20年，且在前期检索中发现装备制造业的专利申请也多集中于近20年，故分析时间为1993年1月1日至2013年12月31日。涉及专利种类为各企业发明、实用新型、外观设计3种专利申请。

二、各企业专利年度分析

（一）整体趋势

图 1 可以看出 18 家企业从 1993 年起专利申请的趋势。整体上，从 2000 年开始有比较明显的上升，从 2007 年左右开始有爆发式的增长，有的企业专利申请量几乎是成倍增长。

（二）各企业的具体分析

为了解各企业的专利申请趋势，分别统计了 18 家企业从 1993 年起的年度专利申请数据，并生成趋势图（如图 1），其中 2013 年未获取全年数据。

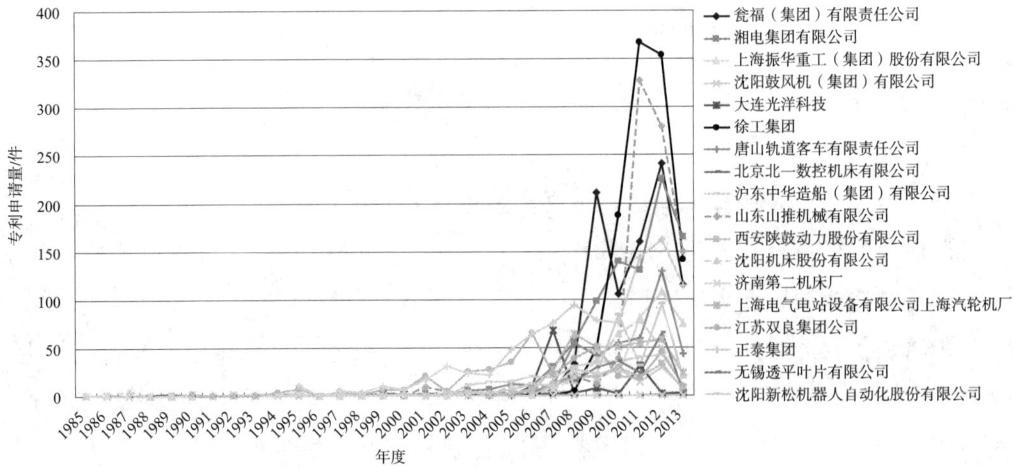

图 1　各企业专利申请年度趋势图

1. 瓮福（集团）有限责任公司

如图 2 所示，该公司在 2006 年前专利申请几乎为零，从 2006 年开始，公司的专利申请量呈现快速增长趋势；2008 年、2009 年有一个近乎直线的增长，专利年申请量从不足 50 件猛增到 200 件以上；随后的 2010 年大幅下降，之后连续两年又有了快速增长并达到历史最高。

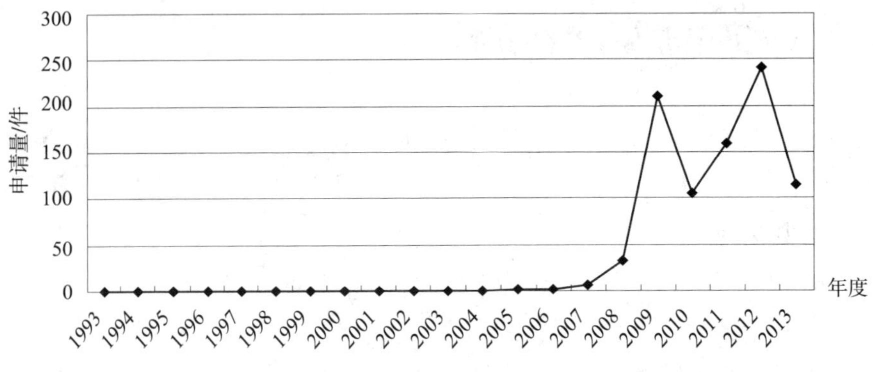

图 2　瓮福（集团）有限责任公司专利申请年度趋势图

2. 湘电集团有限公司

湘电集团是一个大型的国有企业，通过检索背景信息，可以发现湘电集团旗下有多个分公司、子公司或是控股公司。为了体现集团的整体实力，检索中把这些公司的专利作为一个整体进行分析。从图 3 中可以看出，该企业从 1993 ~ 2006 年专利申请量呈微弱增长趋势；但从 2006 年起专利申请量呈现大幅提高的趋势；2010 ~ 2011 年有小幅下降。

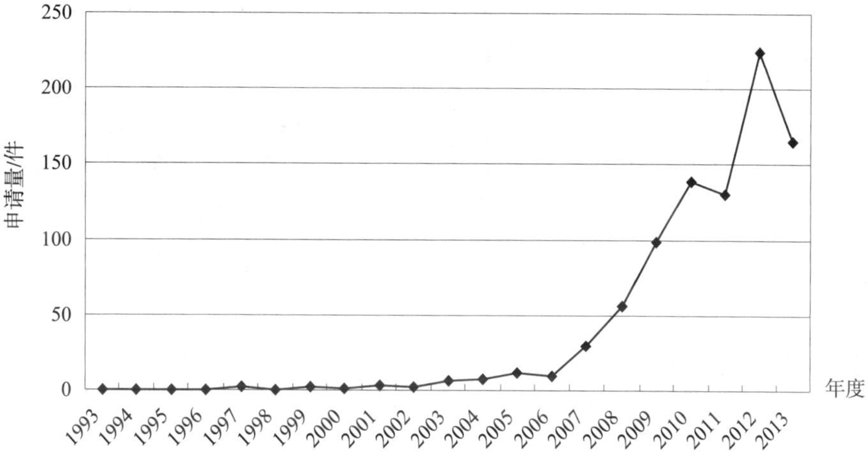

图 3　湘电集团有限公司专利申请年度趋势图

3. 上海振华重工（集团）股份有限公司

从图 4 中可以看出，在 2006 年前，该企业专利申请量几乎为零。2006 年以后，专利申请量显示出明显的增长趋势；经过两年的徘徊，从 2009 年开始，申请量有了一个飞跃；随后的 2010 年申请量又有所回落；从 2011 年开始，专利申请又呈现高速增长趋势。

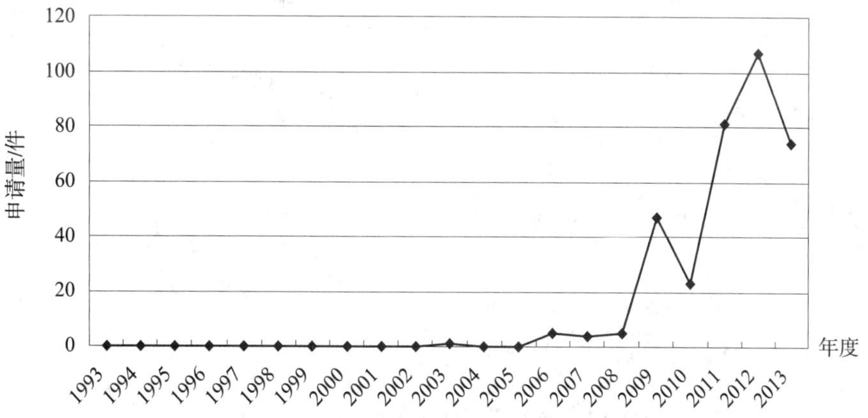

图 4　上海振华重工（集团）股份有限公司专利申请年度趋势图

4. 沈阳鼓风机（集团）有限公司

同湘电集团一样，沈阳鼓风机集团也是一个大型国有企业，旗下也有多个分公司、子公司或是控股公司。为了体现集团的整体实力，检索中把这些公司的专利作为一个整体进行分析。如图5所示，同上述几家企业的申请情况类似，该企业从2006年开始，专利申请量有了较大提升，且总体保持这一趋势；但从2008年开始，专利年申请量呈现出上下波动态势。

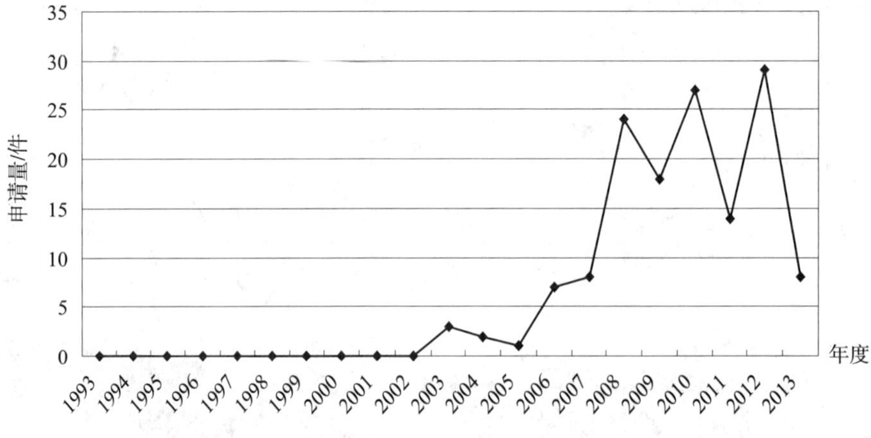

图5　沈阳鼓风机（集团）有限公司专利申请年度趋势图

5. 大连光洋科技

如图6可以看到，该企业的专利申请有其自身特点：即2007年专利申请量有一个非常突兀的近乎直线上升的提升；在随后的2008年，申请量又猛然跌落；在低位保持了三年后，2011年又有较大幅度的提升，随后又归于平淡。

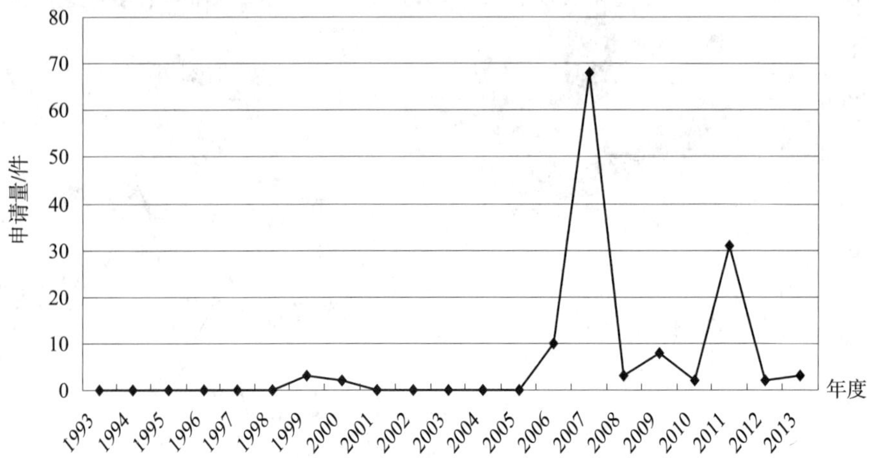

图6　大连光洋科技专利申请年度趋势图

6. 徐工集团

徐工集团是国内最大的工程机械生产企业。如图7可以看出，在2009年以前，该企业的专利申请几乎可以忽略不计；从2009年开始，企业的专利申请量的增长趋势呈现爆发式增长，近似直线上升的曲线从2009年一直延伸到2011年；2012年开始有了小幅的降低。

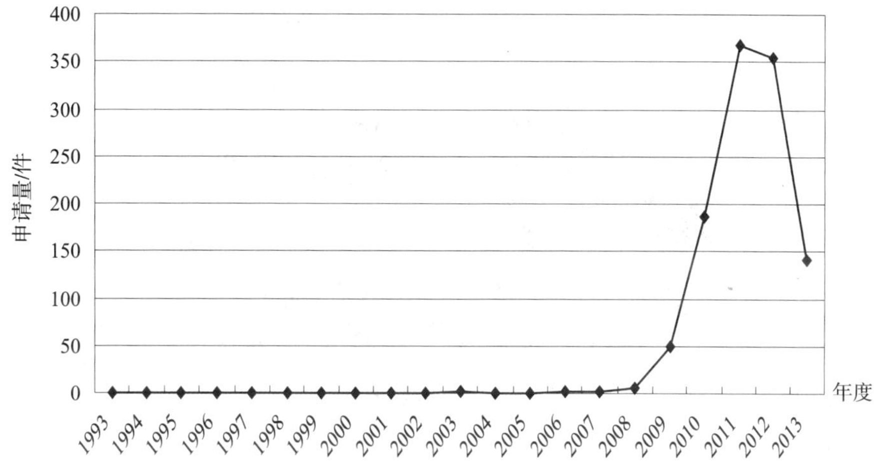

图7　徐工集团专利申请年度趋势图

7. 唐山轨道客车有限责任公司

如图8，该企业从2006年开始专利申请量逐步提升；2008年后申请量有小幅下降；随后保持三年的小幅提升；2012年又开始有了较大的提升。

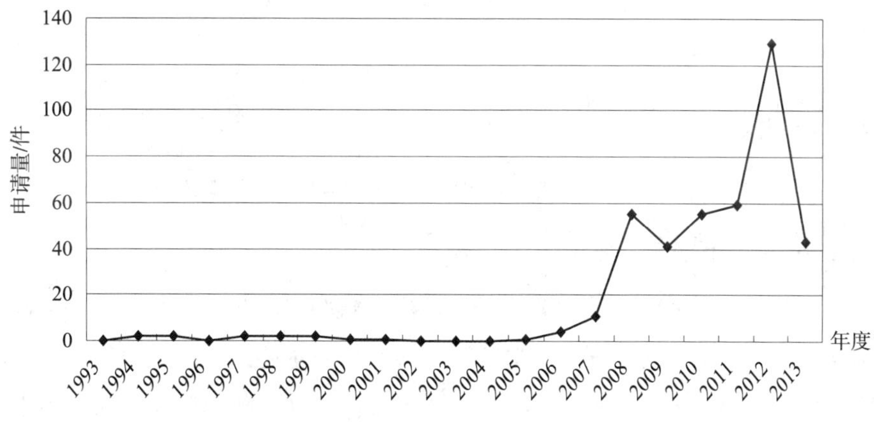

图8　唐山轨道客车有限责任公司专利申请年度趋势图

8. 北京北一数控机床有限公司

如图9可知，该企业的专利申请量并不多，且不具有连续性。1993～1997年有一个申请的集中时期；2005～2008年是又一个集中申请时期，且申请量最高的一年也在这一时期，2006 年为 4 件，2012 年又有 1 件申请。

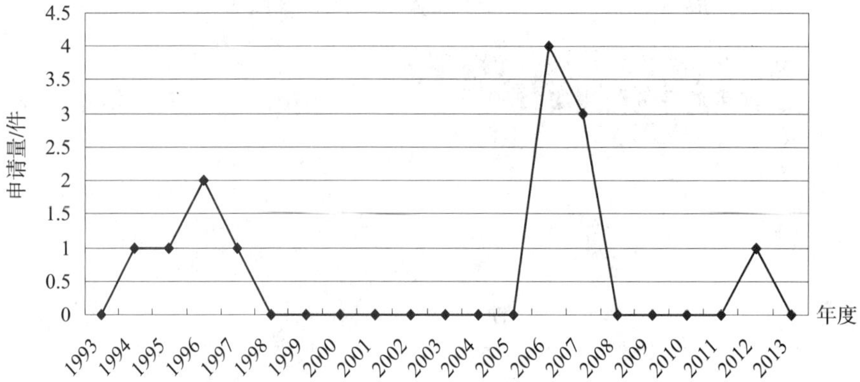

图 9　北京北一数控机床有限公司专利申请年度趋势图

9. 沪东中华造船（集团）有限公司

如图 10 可知，该企业的专利申请量并没有飞跃式的发展，但是整体增长趋势明显，基本没有停滞现象。另外，该企业的专利申请量开始明显提升的时间也比较早，从 2003 年开始，专利申请开始有了较大的变化。

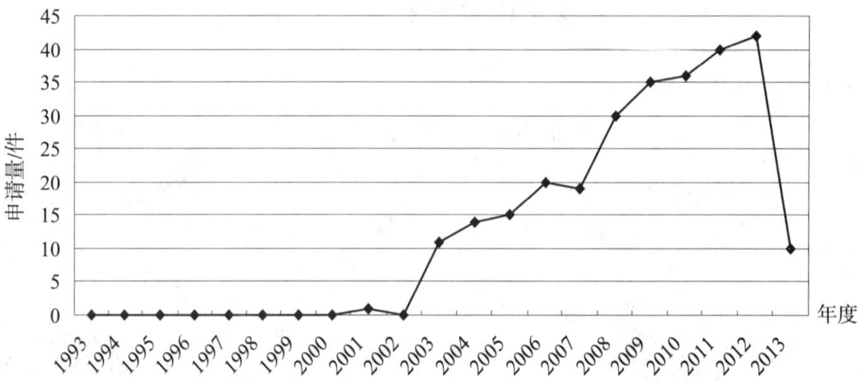

图 10　沪东中华造船（集团）有限公司专利申请年度趋势图

10. 山东山推机械有限公司

该公司旗下有多个子公司或控股公司。为了体现集团的整体实力，检索中把这些公司的专利作为一个整体进行分析。如图 11 所示，该企业专利申请量也是从 2006 年开始逐渐提升，直到 2010 年起，开始了飞跃式发展，由不足 50 件的年申请量一跃达到了年申请量 300 余件；虽然随后的 2012 年申请量小幅下降，但是仍然达到了 250 件以上。

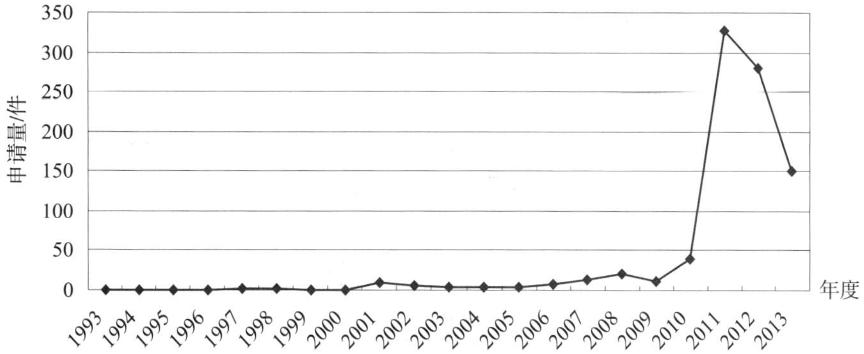

图 11　山东山推机械有限公司专利申请年度趋势图

11. 西安陕鼓动力股份有限公司

如图 12，从 2006 年起，企业的专利申请量开始大幅度增长；在 2011 年有大约 1/3 的降幅后，2012 年专利申请量超过 30 件，达到历史新高。整体而言，该企业的专利申请呈现稳定提升趋势。

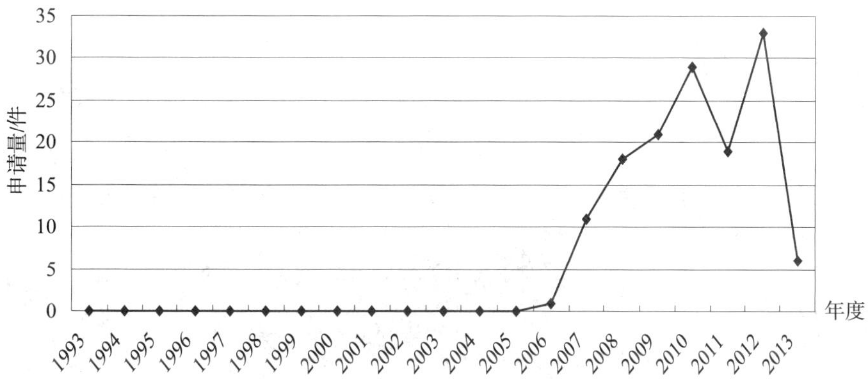

图 12　西安陕鼓动力股份有限公司专利申请年度趋势图

12. 沈阳机床股份有限公司

沈阳机床股份有限公司旗下有多个子公司或控股公司。为了体现集团的整体实力，检索中把这些公司的专利作为一个整体进行分析。如图 13，该企业的专利申请量从 1993 年开始呈现上下波动趋势，且年度申请量保持在 10 件以下的水平；直到 2007 年，企业的专利申请量开始呈现出比较高的增长趋势；但是到 2011 年达到年申请近 80 件的顶点后，2012 年的申请量又大幅降低，只有近 50 件。整体而言，该企业的专利申请趋势比较符合纪录片中对其的介绍，即不断地创新并获得了可观的市场效益。

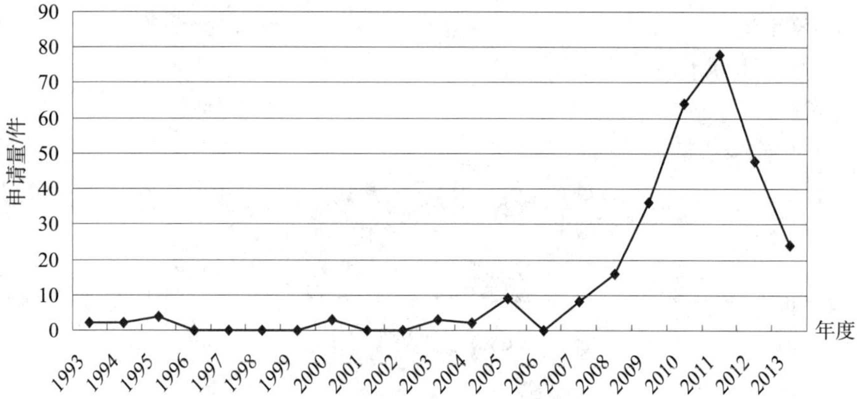

图 13 沈阳机床股份有限公司专利申请年度趋势图

13. 济南第二机床厂

如图 14 所示，该企业从 1993 年以来，仅有两件专利申请，且均发生在 1995 年，之后该企业没有专利申请。

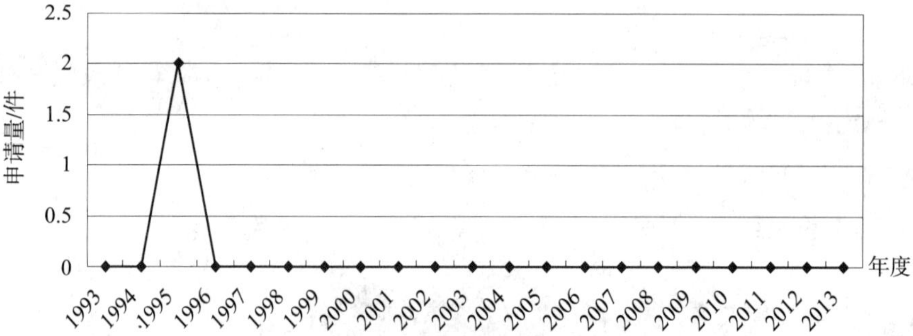

图 14 济南第二机床厂专利申请年度趋势图

14. 上海电气电站设备有限公司上海汽轮机厂

该企业是以生产汽轮机为主的企业。如图 15，从 2005 年开始，企业的专利申请量开始有大幅提升，至 2008 年达到了 60 余件；随后于 2009 年有小幅下降；之后从 2010 年起又开始逐步提升；但是到 2012 年仍未再超过 60 件。

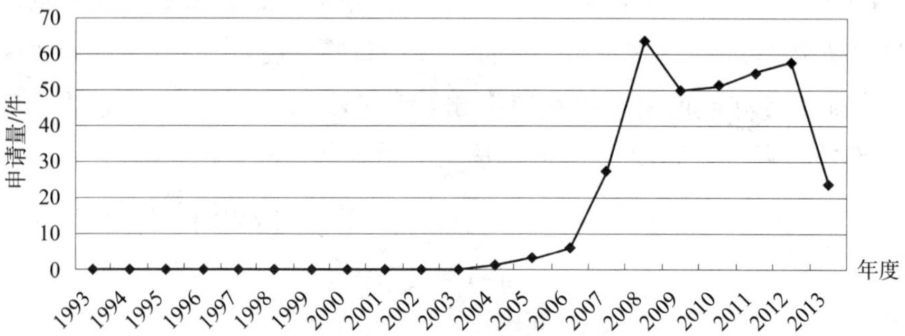

图 15 上海电气电站设备有限公司上海汽轮机厂专利申请年度趋势图

15. 江苏双良集团公司

该企业是一家民营企业，从最初的中央空调制造业发展为集多种产业于一体的集团公司。从图16中可以看出，该公司从1993年起专利的申请量就呈波动增长趋势；到2006年，年申请量达到最高65件；在此之后呈现波动下行趋势，但每年的申请量绝对值已经比2000年以前的最高值还要高。

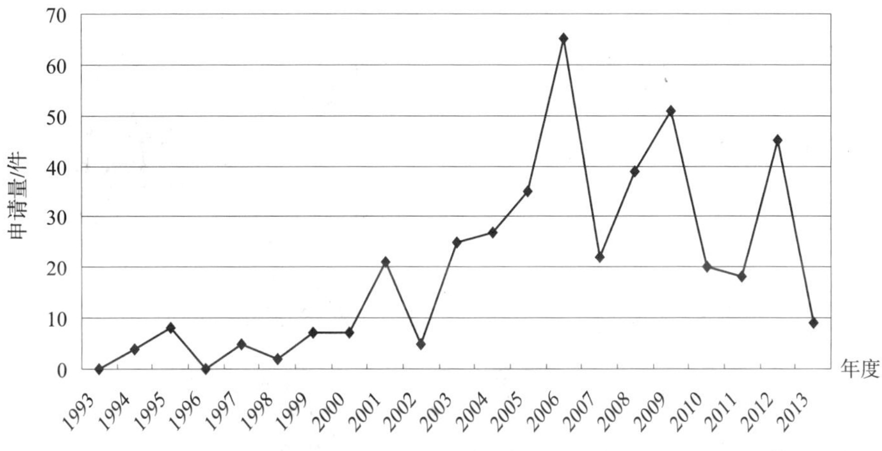

图16 江苏双良集团公司专利申请年度趋势图

16. 正泰集团

该企业品牌比较知名，但是除了民用的开关面板外，从片中可知正泰集团还是全国最大的低压开关生产商，在工业领域也有不错的业绩。由图17可知，该企业的专利申请始于1995年，在随后的近二十年中，专利申请量呈现出不断提升的趋势，从最初的年申请量不足20件到2012年超过160件。这家民营企业在科研创新上的持续投入和坚持有目共睹。

图17 正泰集团专利申请年度趋势图

17. 无锡透平叶片有限公司

透平叶片（turbine blade）是一个学术名词，是汽轮机、燃气轮机、水轮机等透平机械的重要部件。如图 18 所示，该企业的专利申请始于 2008 年，在随后三年申请量迅速提升，在 2011 年申请量小幅减少后，2012 年专利申请量又提升至历史最高的 65 件。

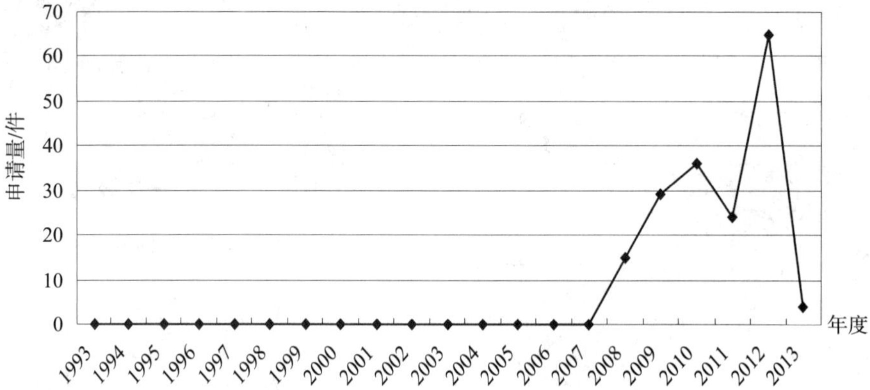

图 18　无锡透平叶片有限公司专利申请年度趋势图

18. 沈阳新松机器人自动化股份有限公司

如图 19 所示，该企业的专利申请从 2002 年起一直在低位徘徊；从 2005 年开始逐步呈现出增长趋势；但从 2010 年开始，企业的专利申请量开始出现波动，2011 年专利申请量比上一年有超过一半的降幅；但是 2012 年的专利申请量达到了历史新高，超过了 90 件。

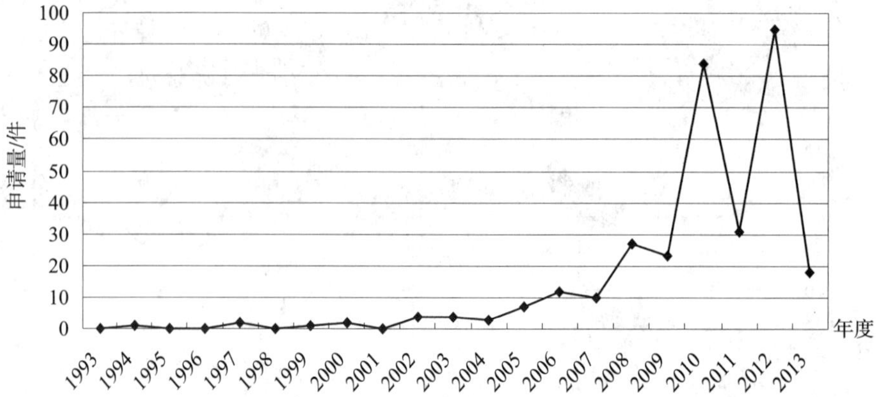

图 19　沈阳新松机器人自动化股份有限公司专利申请年度趋势图

三、各企业三种专利占比分析

为方便了解纪录片中企业在专利申请中对发明、实用新型和外观设计 3 种专利的分布，特别是近六年三种专利的分布，特制定了各企业专利申请量细目表以供分析。

由表1可以看出，最能代表创新能力的发明专利在各企业三种专利中所占比例很少有超过50%的，仅有三家企业比例过半，分别是：沪东中华造船（集团）有限公司、上海汽轮机厂以及无锡透平叶片有限公司，而这三家企业所涉及的产业也是公认的技术密集型产业。

表1 各企业专利申请量细目表

企业名称	申请总量（件）				近六年申请量（件）				近六年申请量占其申请总量百分比
	发明	实用新型	外观设计	总计	发明	实用新型	外观设计	小计	
瓮福（集团）有限责任公司	436	425	12	873	428	425	12	865	99.08%
湘电集团有限公司	297	575	16	888	283	519	11	813	91.55%
上海振华重工（集团）股份有限公司	167	179	1	347	157	179	1	337	97.12%
沈阳鼓风机（集团）有限公司	30	117	0	147	25	95	0	120	81.63%
大连光洋科技	59	64	9	132	24	23	2	49	37.12%
徐工集团	262	776	70	1 108	261	773	70	1 104	99.64%
唐山轨道客车有限责任公司	157	229	24	410	154	207	21	382	93.17%
北京北一数控机床有限公司	3	13	1	17	1	0	0	1	5.88%
沪东中华造船（集团）有限公司	147	125	1	273	84	109	0	193	70.70%
山东山推机械有限公司	119	741	16	876	119	697	13	829	94.63%
西安陕鼓动力股份有限公司	43	91	16	150	41	81	4	126	84.00%
沈阳机床股份有限公司	87	172	50	309	83	137	46	266	86.08%
济南第二机床厂	1	3	0	4	0	0	0	0	0
上海电气电站设备有限公司上海汽轮机厂	197	142	0	339	168	134	0	302	89.09%
江苏双良集团公司	107	291	19	417	58	118	6	182	43.65%
正泰集团	256	493	236	985	184	364	118	666	67.61%
无锡透平叶片有限公司	107	58	8	173	107	58	8	173	100%
沈阳新松机器人自动化股份有限公司	147	161	16	324	128	134	16	278	85.80%

大部分企业近六年专利申请量达到了自身专利申请总量的80%以上，这也表明了装备制造业企业在近些年均选择了通过创新来谋求发展和突破的战略。但是也有个别企业近年专利申请量在其专利申请总量中所占比率偏低。其中北京北一数控机床有限公司、

济南第二机床厂的申请量较少，可以推断此两家企业并未将专利申请作为企业创新发展的途径。大连光洋科技、江苏双良集团公司、沪东中华造船（集团）有限公司、正泰集团近年专利申请量之所以没有达到很高的比率，是因为这几家企业的专利申请起步早且比较平均，并没有集中在某一个时间段。

各企业近六年的三种专利的占比情况与全部年份情况基本类似。但是北京北一数控机床有限公司和济南第二机床厂的情况却与整体情况大相径庭。一是专利申请总量较小，分别为 17 件、4 件；二是最近六年专利申请量更少，分别为 1 件、0 件。在其他企业近几年都在加大专利申请量的时候，这两家企业的专利申请量却在减少，可以看出专利在这两家企业的创新活动中并未处于重要地位。

四、相关分析与结论

通过上述数据的统计分析，我们可以得出如下结论。

（一）行业创新发展与国家战略密切相关

在进行各企业的具体分析时我们发现，各企业在 2007 年左右，专利申请量几乎均呈现出一个快速增长的趋势。据了解，国务院 2006 年 6 月颁布了《国务院关于加快振兴装备制造业的若干意见》（国发［2006］8 号）（以下简称《意见》），《意见》指出“我国装备制造业……取得了令人瞩目的成就，形成了门类齐全、具有相当规模和一定水平的产业体系”，但是“还存在自主创新能力弱、对外依存度高、产业结构不合理、国际竞争力不强等问题”。与此同时《意见》还在“明确工作方向”部分中明确提出要“以科技进步为支撑，大力提高装备制造业自主创新能力”，并“鼓励企业通过自主开发、引进技术消化吸收以及国际合作、并购、参股国外先进的研发、制造企业等方式掌握核心技术”。国务院层面颁布的《意见》，无疑对装备制造业的发展注入了强心剂，同时强调多种途径掌握核心技术，也对企业的专利申请起到了一定促进作用，这也解释了为什么 2007 年前后，这些企业专利申请量开始有爆发式的增长。

（二）企业专利发展战略与世界经济发展息息相关

随着 2008 年下半年的国际金融危机爆发，受扩大内需和产业转型升级等多方因素的影响，国务院于 2009 年 5 月 12 日颁布了《装备制造业调整和振兴规划》（以下简称《规划》）。《规划》首先明确“我国已经成为装备制造业大国”，同时也承认“产业大而不强、自主创新能力薄弱、基础制造水平落后、低水平重复建设、自主创新产品推广应用困难”，并强调“增强自主创新能力”“加大科研投入力度”。中央一系列政策，鼓励各企业通过专利这一途径，不断加大科研投入力度，增强企业的自主创新能力和丰富企业自身的核心技术。这也解释了为什么 2009 年以后片中装备制造业企业的专利申请量逐年递增并保持高位。

（三）申请专利是企业创新战略的重要内容

通过前述各企业的专利申请量的趋势分析可以看出，大部分企业都将申请专利作为自身创新发展的途径之一。通过互联网搜集的信息也从侧面证明了这一点，例如据中国经济网2011年4月25日的题为《贵州瓮福集团：加强技术开发转变发展方式》的报道，该公司“不断加强技术改造和开发”，“十一五期间，该公司共投入技改资金11亿多元，申请专利301项……”；又例如，无锡透平叶片公司“自2008年起，立足主业、拓展主业……积极向航空领域拓展业务”，而该公司的专利申请也是从2008年起实现了零的突破。

（四）企业的专利申请趋势能够一定程度反映其发展状况

通过对各企业的专利申请趋势分析，可以发现各企业在创新过程中的不同特点，这些特点也从侧面反映出了企业的发展情况。

例如，上海振华（重工）股份有限公司主要面向世界各港口出口成套机械设备，该公司注重加强自身技术实力，积极实施走出去战略，特别是在2008年世界金融危机爆发后，公司的业务发展迅速，而其专利申请量也正是从2009年开始有了高速增长。

又如，中国从2004年起从川崎重工、庞巴迪、西门子等引进技术，并进行二次集成创新，发展出了自己的动车和高铁。从2008年开始，中国的高铁又在动车的基础上逐步发力，中国成为了世界上铁路技术数一数二的国家，而与之对应的专利申请趋势也比较准确地反映了这一情况。

江苏双良集团公司是以中央空调制造业起家的民营企业，现在已经发展成为集多种产业于一体的集团公司。该企业在发展工程中专利申请总量呈上升趋势，但是每年的申请均呈现出比较规律的波动情况。这与该企业的业务不断发展壮大，不断寻求创新点，企业的技术创新不断变化密不可分。

沈阳鼓风机（集团）有限公司的产品具有“技术含量高，种类繁多，结构复杂，产品研发、设计、生产周期长”的特点。而从2008年开始，该企业的专利年申请量呈现出上下波动态势。这种情况很有可能是与企业对于新技术的研发和创新需要一定时间积累有关。

装备制造业是一个国家提升其核心工业特别是重工业生产效率的重要产业，要想评价其水平高低，发展快慢，应该有很多种指标和因素，考量其拥有专利的情况只是其中之一，还有诸如其引进技术消化吸收以及国际合作、并购、参股国外先进的研发等多种指标和因素。本文只是以企业专利申请的情况及发展趋势为切入点，对纪录片《大国重器》中所涉及的装备制造业企业从其专利申请的角度进行一个简单的分析，使读者能够从中体会到专利在企业的创新与发展中所具有的独特而重要的作用。

基于专利文献信息的全球（主要国家）技术创新活动研究*

彭茂祥　王亚玲**　冀小强**　李隽春**

摘　要　本研究课题对全球和中国专利按照WIPO公布的35个技术领域和我国国务院拟定的七大战略性新兴产业进行了统计分析，基于技术领域或产业对世界主要国家的发明专利申请量、发明专利授权量、每申请人平均发明专利授权量、每授权发明专利平均发明人数、技术领域相对专业化指数（RSI）、五局❶专利布局比例、域外专利布局指数等国际通用的客观量化衡量专利质量和专利布局能力的指标进行了统计分析。在研究全球和中国市场技术创新活动的基础上，对比分析我国技术创新活动的优势和不足，结果显示，中国具有一定的技术创新实力，尤其在专利数量方面已处于明显领先地位，但专利技术创新质量方面还有待提升，在重要国际市场或地区的专利布局意识和能力表现也有进一步提升的空间。

关键词　专利分析　创新趋势　创新能力　专利布局

一、全球技术创新活动的发展趋势

（一）全球技术创新活动整体情况

如图1所示，从2006～2013年，全球发明专利申请整体呈递增趋势，年度增长率也逐年提高，仅2009年的发明专利申请量稍有下降。如图2所示，同期，全球发明专利授权量也持续上升，增长态势良好。这反映全球技术创新活动主动性强，整体处在较活跃状态。

---

* 本文改编自国家知识产权局专利局专利文献部2014年研究课题“全球专利文献信息创新资源报告”，课题负责人彭茂祥、冀小强。主要研究人员为李隽春、李蓉、董伟燕、杨景蓝、史光伟。

** 等同第一作者。

❶ 指世界主要的五个国家专利局/地区专利组织，包括中国知识产权局、欧洲专利局、日本特许厅、韩国知识产权局和美国专利商标局。

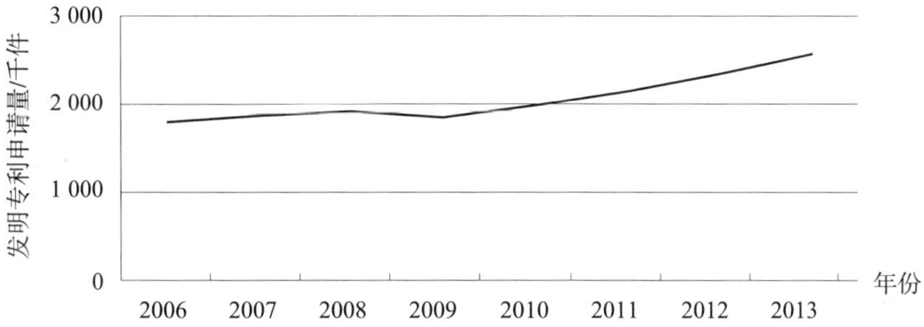

图1　2006～2013 年全球发明专利申请态势

数据来源：世界知识产权指标报告 2013、2014。

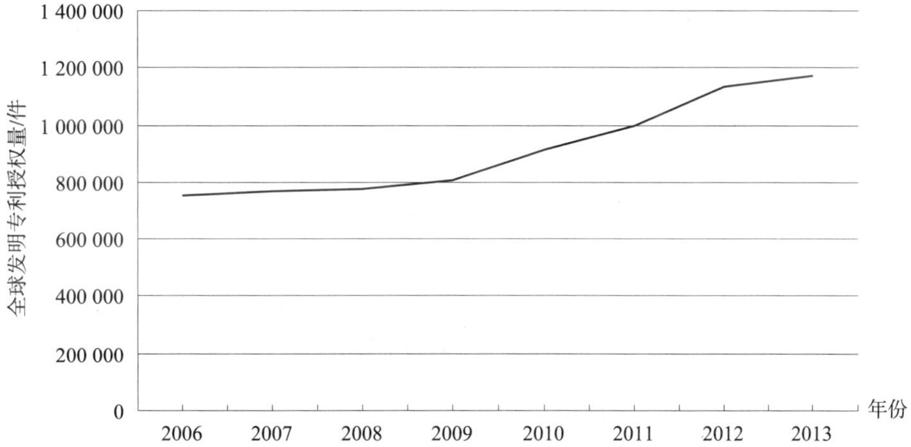

图2　2006～2013 年全球发明专利授权量态势

数据来源：世界知识产权指标报告 2013、2014。

如图 3 所示，2013 年全球五个一级技术领域中，发明专利申请量最高的是电气工程领域，反映出电气工程领域的技术创新活力最强，其发明专利申请量占 2013 年发明专利申请总量的 30%。

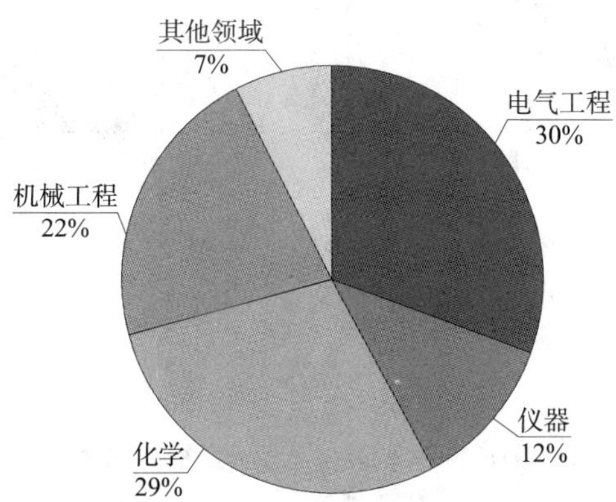

图3　2013 年全球五个一级技术领域发明专利申请量占比情况

如表1所示，在二级技术领域中，发明专利申请量最高的为计算机技术，电机/电气装置/电能紧随其后。

表1　2006～2013年发明专利申请量WIPO35前十名技术领域

一级技术领域	二级技术领域	发明专利申请量（件）
电气工程	计算机技术	1 166 065
电气工程	电机/电气装置/电能	1 096 989
电气工程	半导体	745 198
化学	药品	726 925
仪器	测量	720 488
电气工程	电信	719 780
电气工程	音像技术	682 312
化学	医学技术	675 150
电气工程	数字通信	674 077
仪器	光学	657 130

数据来源：EPODOC。

（二）全球主要专利来源国技术创新状况[1]

1. 全球授权发明主要来源于美国、日本、中国、韩国

如图4所示，在9个WIPO公布的技术领域中，美国授权发明专利数量居九国之首。数量上的绝对优势说明美国的创新活动在此期间积极程度高，创新成果显著。

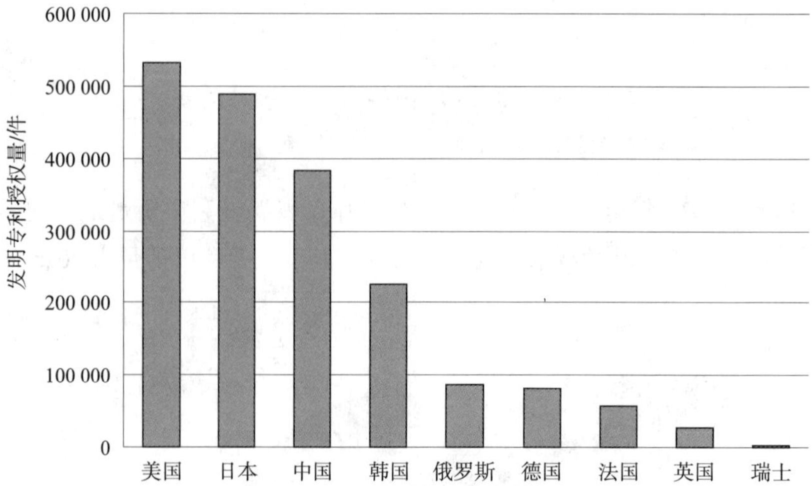

图4　2010～2013年九个主要专利来源国授权发明专利总数（件）

数据来源：EPODOC。

[1] 本章基于全球专利数据的优先权国信息确定专利来源国，以“九国两组织”中的九国作为世界主要专利来源国所拥有的全球授权发明专利文献作为研究基础。“九国两组织”是指《专利合作条约》规定的国际检索单位必须检索的“PCT最低文献量”涉及的国家，具体包括美国、英国、法国、德国、日本、俄罗斯（苏联）、瑞士、中国、韩国、欧洲专利局和《专利合作条约》组织官方出版的专利文献。

2. 美国和中国是全球专利布局的主要市场（见图 5、表 2、图 6）

域外专利布局指数显示，以德国为首的四个欧洲国家高达 50% 以上，它们除了在本国申请外，还在欧洲专利局进行大量申请。此外，日本则表现最为突出，美国与韩国紧随其后。虽然在 2010 年中国的域外专利布局指数仅为 4. 5%，但到了 2013 年，该项指数已经迅速攀升到约 20%，这表明我国创新主体在创新过程中，注重在国内竞争环境进行专利布局的同时，也快速提升了向域外布局的意识与能力，并依然有较大的上升空间。在中、美、日、韩四国的专利技术流动中，日本处于高位势，是最大的技术输出国，中国则处于低位势，是最大的技术输入国。

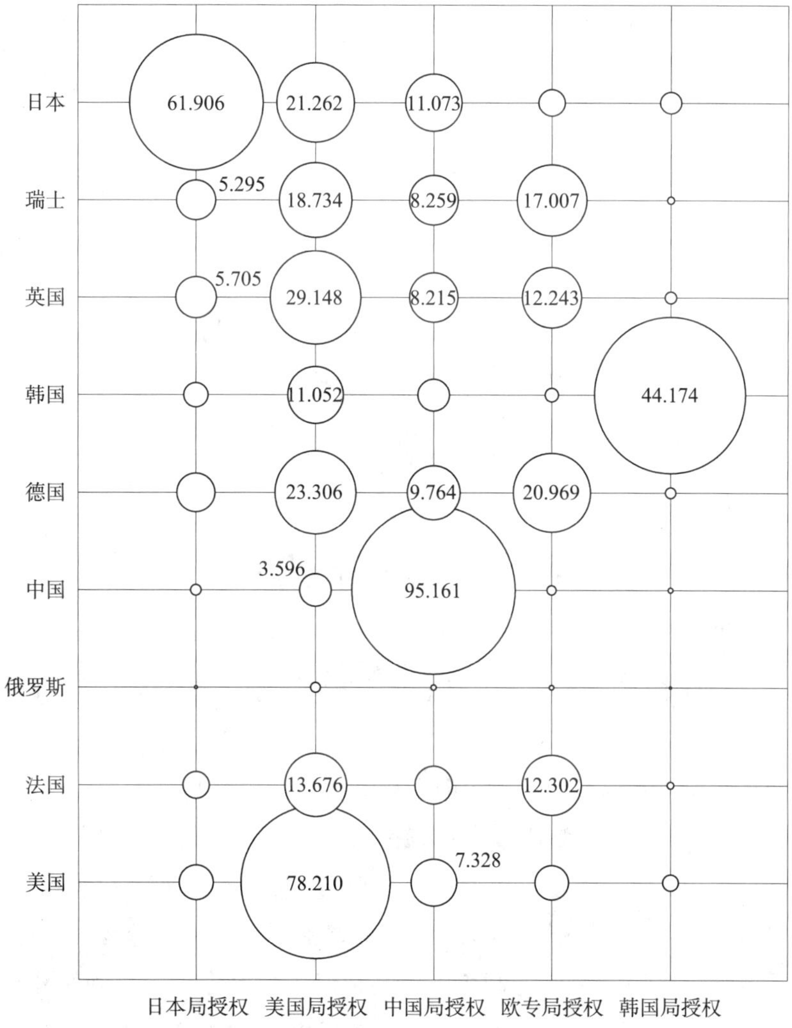

图 5　2010 ~2013 年九个主要专利来源国五局专利布局

数据来源：EPODOC

表2　2010～2013年九个专利来源国历年域外专利布局指数　（单位:%）

专利来源国	域外专利布局指数（%）				趋势
	2010年	2011年	2012年	2013年	
美国	28.3	22.1	14.6	12	
日本	38.5	42.6	36.9	21.5	
中国	4.5	4.4	5	19.6	
韩国	24.1	18.7	14.4	5.7	
德国	77.8	72.4	59.6	28.9	
法国	49	60.2	70.9	82.9	
俄罗斯	1.5	1.2	0.5	0.3	
英国	70.3	64.7	56.3	47.1	
瑞士	53.4	60	60.4	51.7	

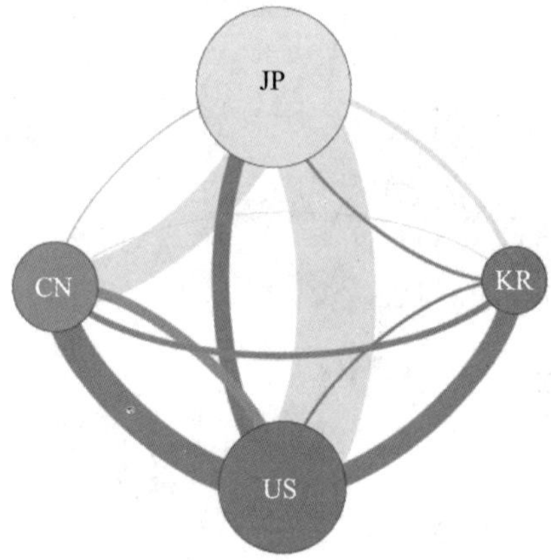

图6　2010～2013年四国授权发明专利流向图

数据来源：EPODOC

3. 日本专利权人的平均专利集中度最高，远领先于其他国家，美国位居第二（见表3、表4）

这表明日本申请人在参与市场竞争时，创新实力较强，独立运用专利技术的程度较高。中国的该项指数在世界主要九国中位列倒数第三。中国授权发明专利的平均研究密集程度最高，居九国之首。但专利质量、专利价值、专利产出效率和效益均较发达国家存在一定差距。俄罗斯、美国、日本也都拥有较高的平均研究密集程度。每授权发明专利投入的研发人员越多通常表明专利价值越高，但综合考虑中国专利域外布局比例低、市场参与者在全球和中国市场的竞争中表现平平等情况，中国专利并未表现出与高研究密集程度相对应的高质量和高价值。中国较高的平均研究密集程度可能更多得益于国内人力资源丰富且相对人力成本较低的优势。

表3 2010～2013年九个主要专利来源国的每申请人平均发明专利授权量

专利来源国	每申请人平均发明专利授权量（件/个）
日本	15.53
美国	5.28
法国	5.05
德国	4.71
俄罗斯	3.89
韩国	3.88
中国	3.48
英国	2.82
瑞士	2.05

数据来源：EPODOC。

表4 2010～2013年九个主要专利来源国的每授权发明专利平均发明人数

专利来源国	每授权发明专利平均发明人数（人次/件）
中国	3.66
俄罗斯	3.12
美国	2.75
日本	2.54
韩国	2.48
德国	2.43
英国	2.3
法国	2.26
瑞士	1.83

数据来源：EPODOC。

4. 美国、日本、中国在WIPO35多个技术领域中占据优势，相关发明专利数量分别位居九国第一（见表5）

在全球申请公开量最高的前十个领域中，日本和美国的技术创新优势明显。其中在计算机技术、药品、电信、医学技术、数字通信领域中美国的技术创新优势明显；在电机/电气装置/电能、半导体、音像技术、光学领域中日本的技术创新优势明显；中国在测量领域的技术创新优势明显。

同时，美国计算机、信息技术管理办法、基础通信程序领域在本国的专业化优势明显；日本光学、音像技术领域在本国的专业化优势明显；中国材料/冶金、生物技术、食品化学、基础材料化学领域在本国的专业化优势明显。

表5 2010～2013年九个主要专利来源国在测量领域的技术创新情况

专利来源国	发明专利授权量（件）	每申请人平均发明专利授权量（件/个）	每授权发明专利平均发明人数（人次/件）
日本	23 832	8.45	2.50
美国	27 725	3.60	2.61
中国	27 583	3.05	4.24
韩国	11 905	3.21	2.67
德国	6 521	3.64	2.42
法国	3 724	4.42	2.32
俄罗斯	6 722	2.58	3.34
英国	1 675	2.17	2.13
瑞士	573	2.24	1.91

数据来源：EPODOC。

（三）全球技术创新的主要竞争者

1. WIPO35个技术领域的主要竞争者分布特点（见表6）

WIPO35个技术领域发明授权量的前十名共涉及191位申请人，其中，共有26位申请人分别占据35个技术领域发明授权量的首位。发明授权量同时进入6个以上技术领域的申请人共有10个。这10位申请人全部为国外企业，其中7席由日本占据，美国和韩国分别占据2席和1席。PANASONIC CORP（松下）在11个技术领域的发明授权量，均进入发明授权量的前十名，体现了很强的创新能力和综合竞争力。中国申请人列入的比例偏低，专业化技术优势多集中于化学领域。同时，分析数据表明，企业作为市场竞争的主体，占据了23个技术领域，而科研资源与人才集中的高校和科研机构则紧随其后。

表6 2010～2013年发明授权量在六个以上技术领域均位列前十的申请人

企业名称	缩写	涉及技术领域数	国籍
PANASONIC CORP（松下）	MATU	11	日本
SAMSUNG ELECTRONICS CO LTD（三星电子）	SMSU	8	韩国
HONDA MOTOR CO LTD（本田技研）	HOND	7	日本
GEN ELECTRIC（通用）	GENE	7	美国
FUJIFILM CORP（富士胶片）	FUJF	7	日本
CANON KK（佳能）	CANO	6	日本
SONY CORP（索尼）	SONY	6	日本
IBM（国际商业机器公司）	IBMC	6	美国
TOYOTA MOTOR CORP（丰田汽车）	TOYT	6	日本
DENSO CORP（株式会社电装）	NPDE	6	日本

数据来源：EPODOC。

2. 优势竞争者特点（见表7）

以 PANASONIC CORP（松下）在电机/电气装置/电能领域中的表现为例，当发明专利授权量、授权发明的科研人员规模、授权发明专利的研究密集程度等指数均表现突出时，说明竞争者创新实力强。

表7　2010～2013 年电机/电气装置/电能领域发明授权量前十名申请人的技术创新情况

电机/电气装置/电能领域竞争者	发明专利授权量（件）	发明人总数（人）	每发明人平均发明专利授权量（件/人）	每授权发明专利平均发明人数（人次/件）
PANASONIC CORP	1 752	2 496	0.7	3.32
SAMSUNG SDI CO LTD	1 379	1 464	0.94	2.97
MITSUBISHI ELECTRIC CORP	1 291	1 493	0.86	3.27
HON HAI PREC IND CO LTD	1 246	1 159	1.08	2.24
TOYOTA MOTOR CORP	1 075	1 534	0.7	2.84
SAMSUNG ELECTRO MECH	1 050	1 112	0.94	4.03
HONDA MOTOR CO LTD	1 024	1 101	0.93	2.74
GEN ELECTRIC	931	1 548	0.6	3.28
SHARP KK	919	915	1	2.39
DENSO CORP	881	1 008	0.87	2.47

数据来源：EPODOC。

二、国内技术创新活动的发展趋势

（一）国内技术创新活动整体情况

2006～2013 年，中国发明专利申请量总体呈快速增长态势（见图7），其中战略性新兴产业的发明专利申请量增长尤为显著（见图8）。

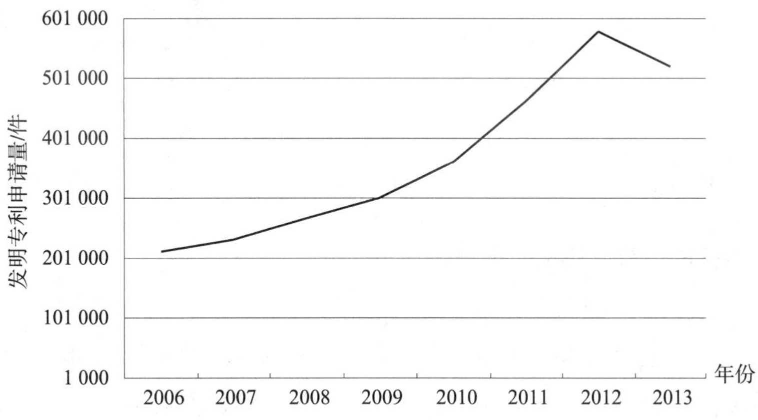

图7　中国发明专利申请量年度趋势图

数据来源：CNABS。

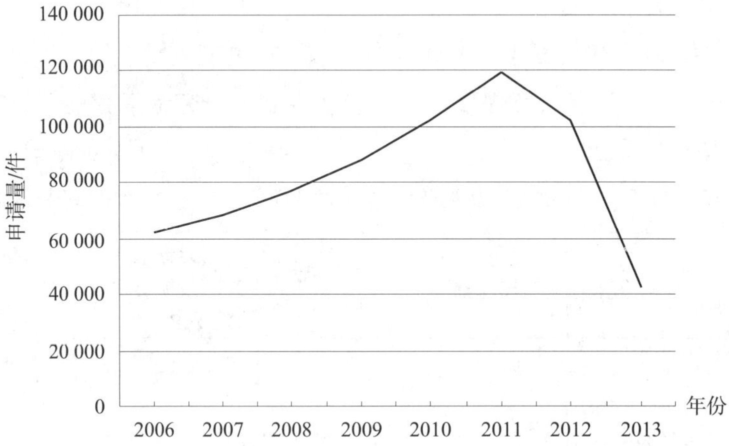

图8 2006~2013年战略性新兴产业中国发明专利申请量年度趋势

数据来源：CNABS。

WIPO35的化学、电气工程、机械工程三个一级技术领域的专利申请活动最活跃，而2013年当年的发明专利申请量所占份额也较大（均超过20%）。2013年化学、机械工程领域申请活动的活力增强。如图9（a）、（b）所示。

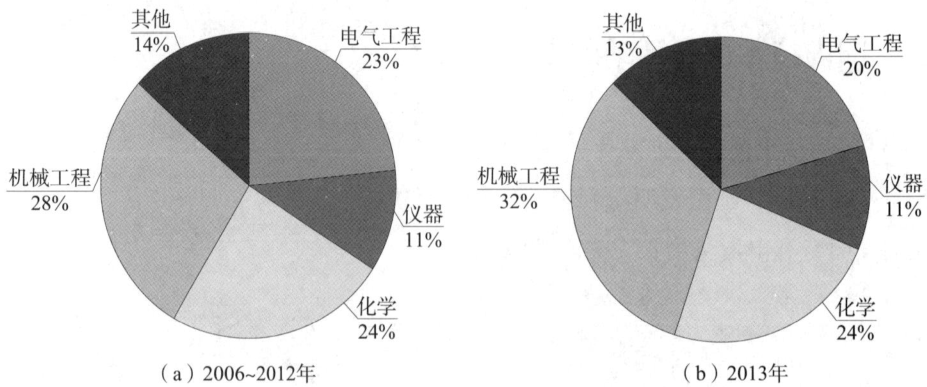

图9 WIPO35一级技术领域发明专利申请分布

数据来源：CNABS。

（二）国内技术创新方向及趋势

1. WIPO35创新方向与趋势（见图10）

与全球技术创新特点一致，近年来在国内技术创新活动中，电机/电气装置/电能、计算机技术领域也是最为活跃的技术方向。2013年，电气工程类技术领域的领先优势减弱，测量领域跃居为活力第二的技术创新方向。食品化学、机床、土木工程、测量、环境技术等领域有可能引领未来国内技术创新方向及趋势。

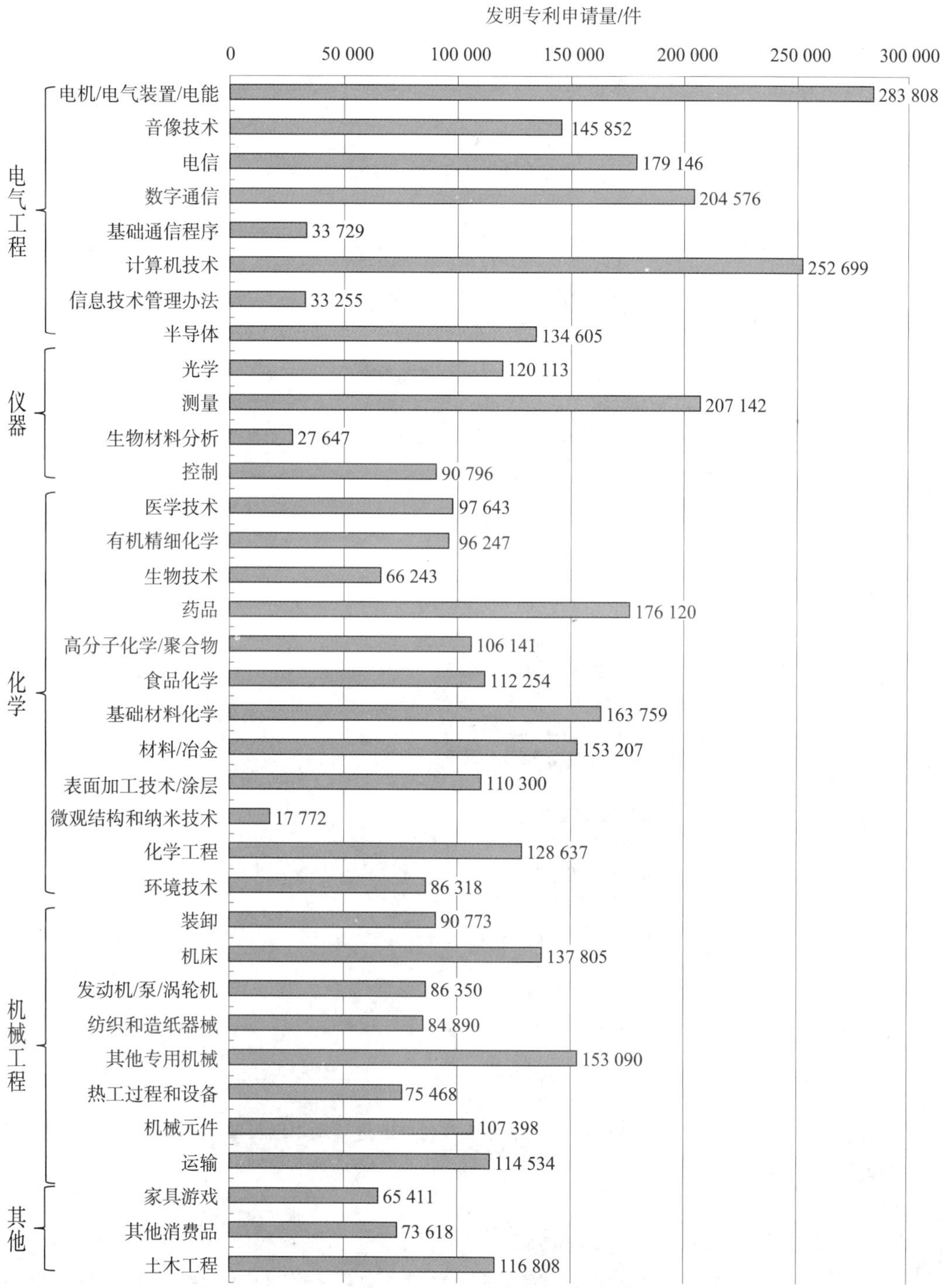

图 10　2006～2013 年中国发明专利申请 WIPO35 领域分布图

数据来源：CNABS。

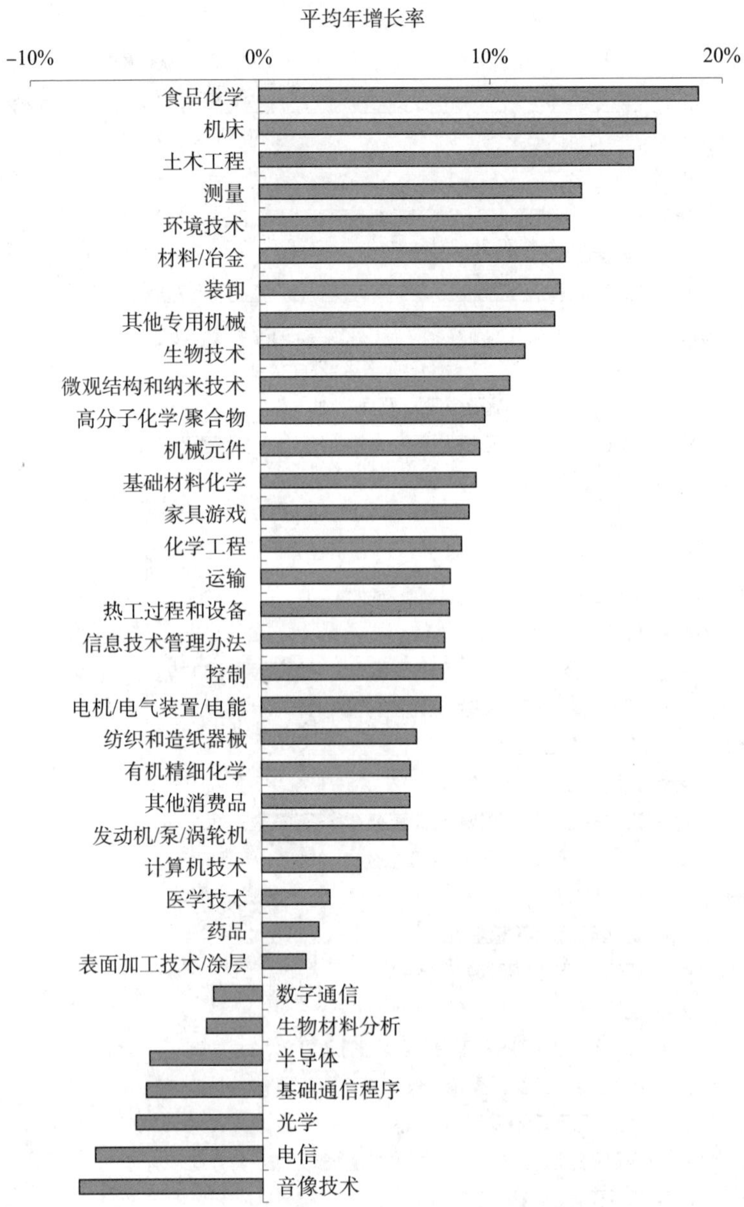

图 11　WIPO35 分领域发明专利申请量平均年增长率

数据来源：CNABS。

2. 战略性新兴产业创新方向与趋势

战略性新兴产业中的生物产业、节能环保产业、新一代信息技术产业是近年来发明专利申请量累计最高的产业。2013 年节能环保产业发明专利申请量跃居第一。新能源产业、新能源汽车产业、节能环保产业将可能引领未来国内技术创新方向及趋势（见图 12、图 13）。

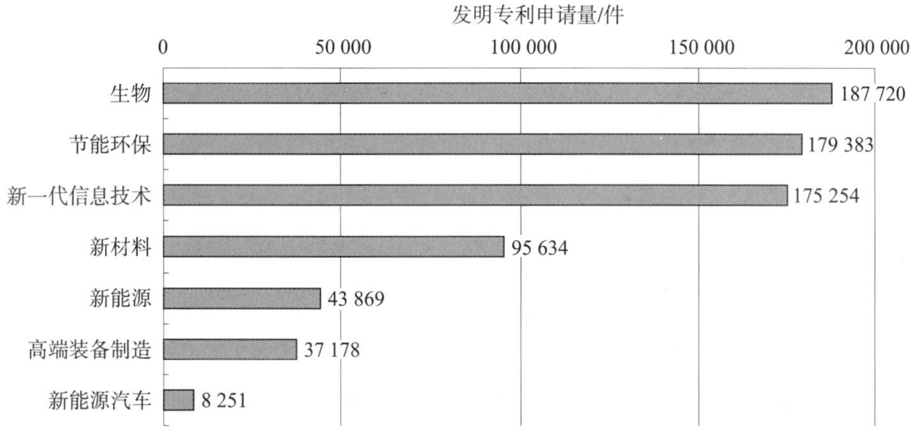

图 12　2006～2013 年战略性新兴产业中国发明专利申请产业分布

数据来源：战略性新兴产业专利检索系统。

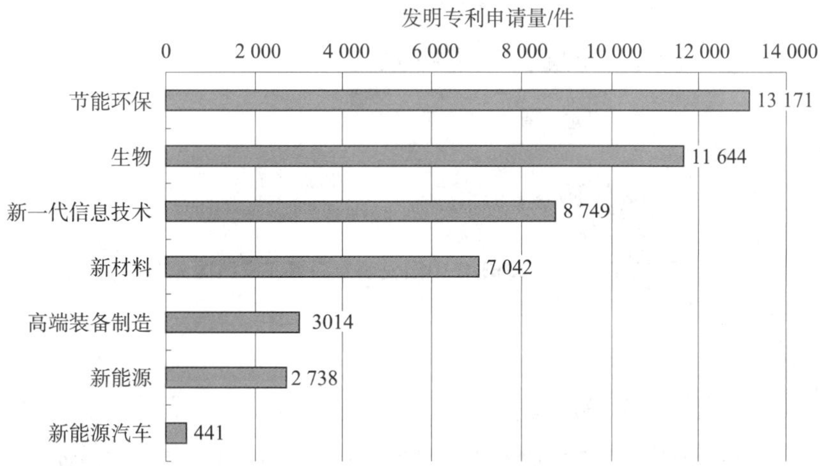

图 13　2013 年战略性新兴产业中国发明专利申请产业分布

数据来源：战略性新兴产业专利检索系统。

三、国内专利布局

（一）国内专利布局整体情况

2006～2013 年国内发明专利授权量总体呈快速增长态势（见图 14），除中国在本土占据绝对优势外，日本、美国相当重视在中国创新竞争环境中进行布局，优势较其他 5 国明显突出（见图 15、图 16）。

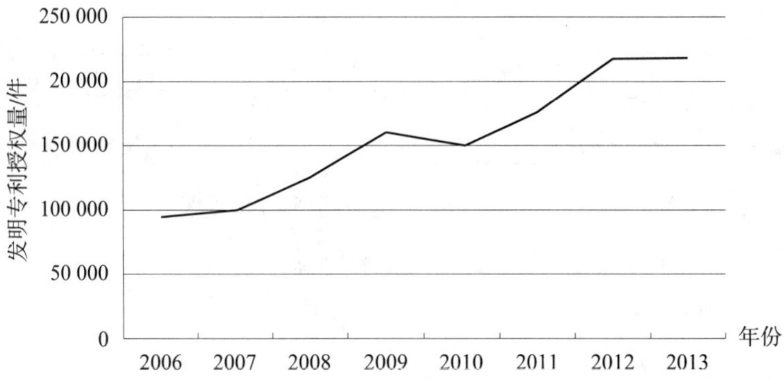

图 14　2006～2013 年中国发明专利授权量年度趋势图

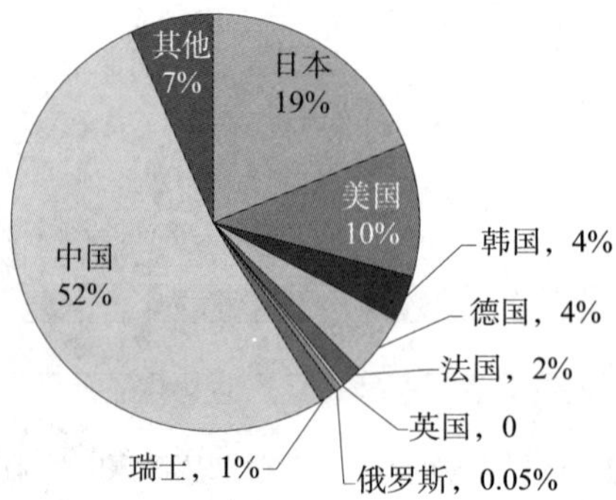

图 15　2006～2013 年中国发明专利授权来源国分布

数据来源：CNABS

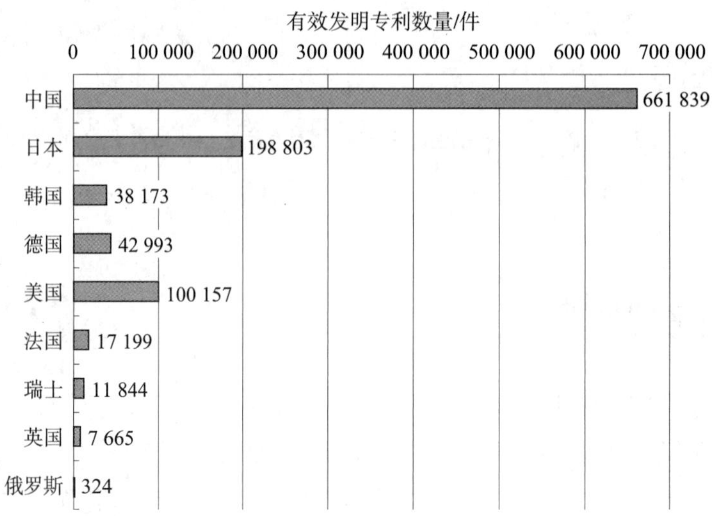

图 16　主要国家在中国的有效发明专利数量

数据来源：INCOPAT

（二）WIPO35 领域国内专利布局情况

2006～2013 年，在中国创新竞争环境中，从 WIPO35 领域角度看，各主要国家创新竞争的活跃领域基本与全球竞争环境下的特点保持一致。中国国内技术创新活力前十强领域中各国专利布局不尽相同，日、美优势突出，相当重视在华竞争市场份额的占领。中国在电机/电气装置/电能、测量、药品、基础材料化学、材料/冶金等领域均占据明显较高的专利布局份额；日本、美国分别在电机/电气装置/电能、计算机技术、数字通信、电信领域及音像技术等领域布局比重较大（见图 17、图 18、图 19）。

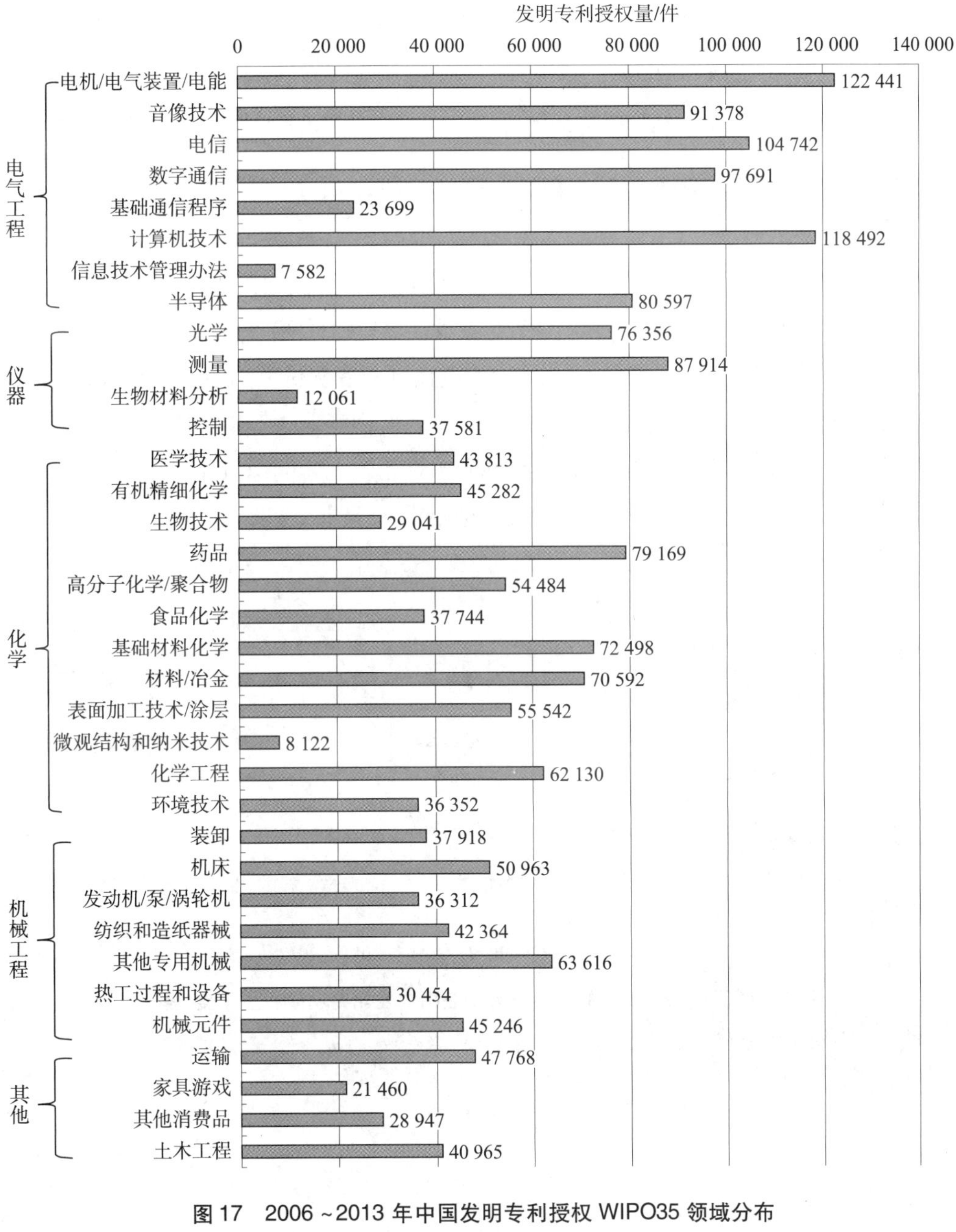

图 17　2006～2013 年中国发明专利授权 WIPO35 领域分布

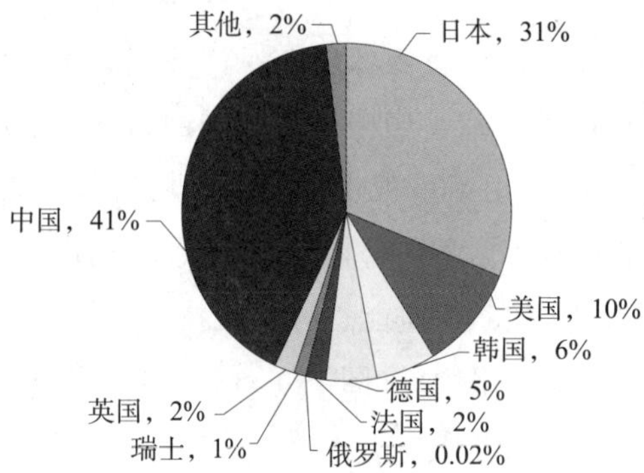

图 18　2006～2013 年各国在电机/电气装置/电能领域的授权发明专利布局

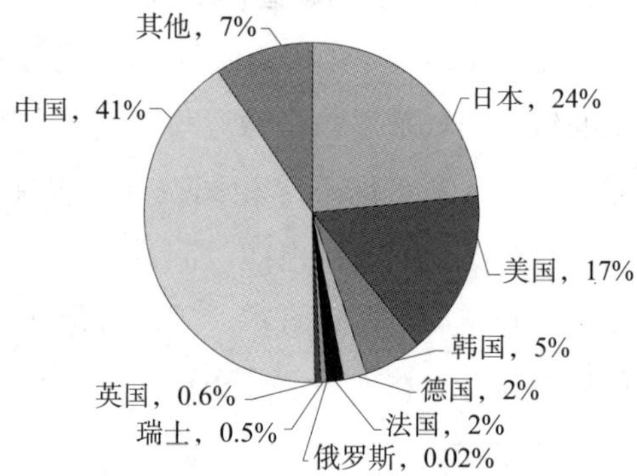

图 19　2006～2013 年各国在计算机技术领域的授权发明专利布局

（三）战略性新兴产业国内专利布局情况

1. 概况

2006～2013 年，战略性新兴产业国内发明专利授权量呈快速增长趋势（见图 20），其中 2009 年、2011 年及 2012 年发明授权专利增长率均超过 30 个百分点，国内技术创新能力日益增强。战略性新兴产业中国在本国的授权发明专利份额均最高，占有绝对优势；仅新能源汽车产业日本所占份额几乎与中国持平。生物产业、节能环保、新一代信息技术产业是国内专利申请活动最活跃的技术领域。新能源、新能源汽车、节能环保产业将可能引领国内未来产业技术创新方向及趋势（见图 21、图 22、图 23）。

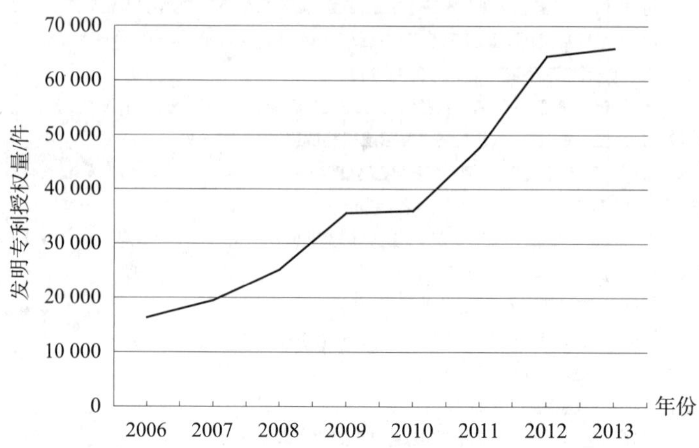

图 20　2006～2013 年战略性新兴产业国内发明专利授权量年度趋势

数据来源：战略性新兴产业专利检索系统。

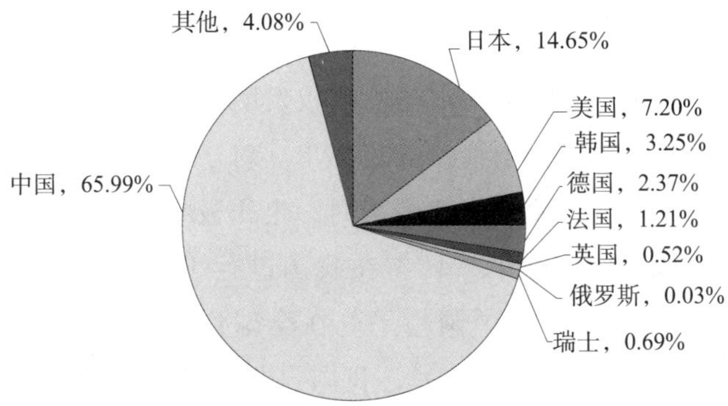

图 21　2006～2013 年战略性新兴产业中国发明授权专利来源国分布

数据来源：战略性新兴产业专利检索系统。

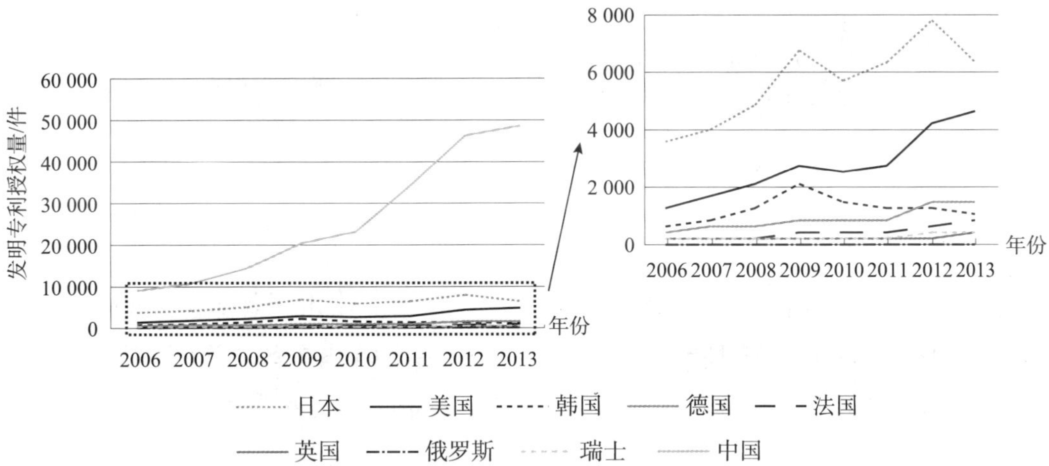

图 22　2006～2013 年战略性新兴产业部分国家专利申请

数据来源：战略性新兴产业专利检索系统。

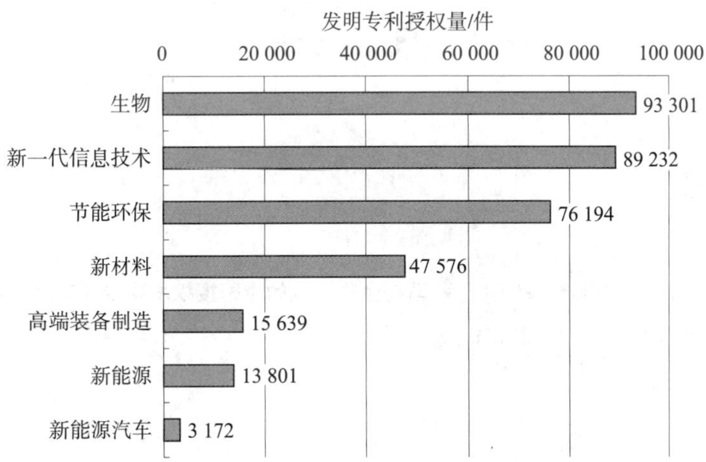

图 23　2006～2013 年战略性新兴产业中国发明授权专利产业分布

数据来源：战略性新兴产业专利检索系统。

2. 七大战略性新兴产业各国在华的专利布局浅析（见图24、图25、图26、图27）

七大战略性新兴产业中，中国在本国的授权发明专利份额均较高，大部分占据绝对优势。其他8国中，日本和美国依然表现突出。对于在我国竞争市场中各种先机的占领，美、日在保持原有传统领域优势的同时，也积极将眼光重点放在热点新兴产业领域。例如，在新能源汽车产业中，日本在我国进行了较密集的专利布局，其获得授权的发明专利所占份额几乎与中国持平。在全球汽车动力新能源化的大趋势下，中国作为汽车购买潜力巨大的市场之一，我国自主创新活动所面临的压力与动力都相当显著。

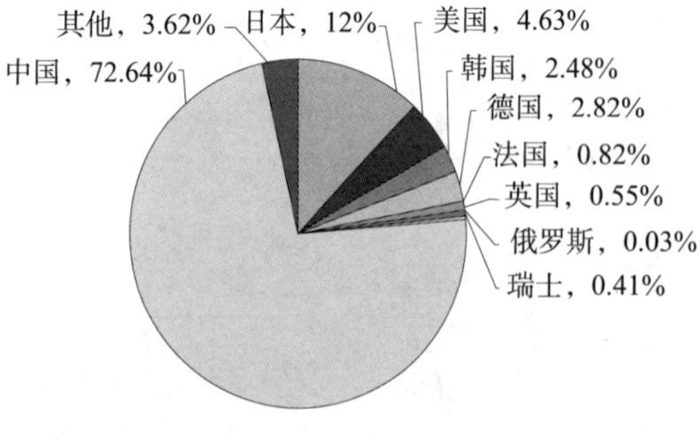

图24　2006～2013年各国在节能环保产业的中国授权发明专利布局

数据来源：战略性新兴产业专利检索系统。

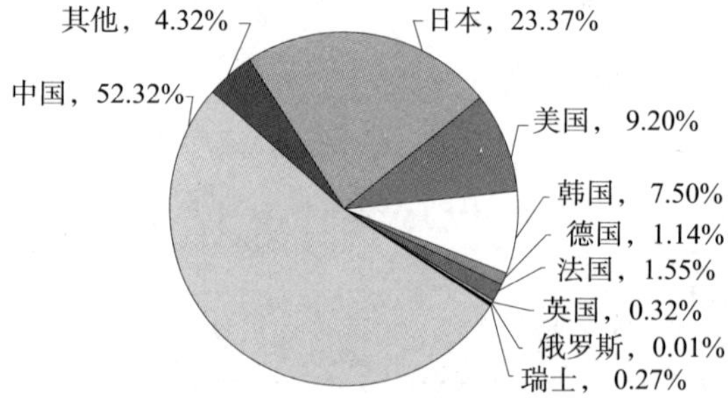

图25　2006～2013年各国在新一代信息技术产业的中国授权发明专利布局

数据来源：战略性新兴产业专利检索系统。

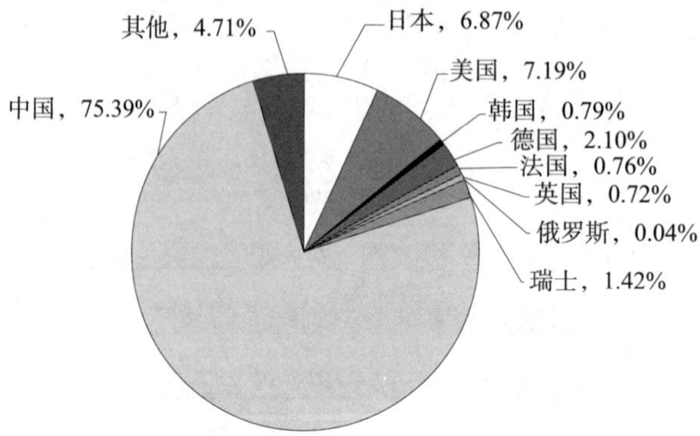

图26　2006～2013年各国在生物产业的中国授权发明专利布局

数据来源：战略性新兴产业专利检索系统。

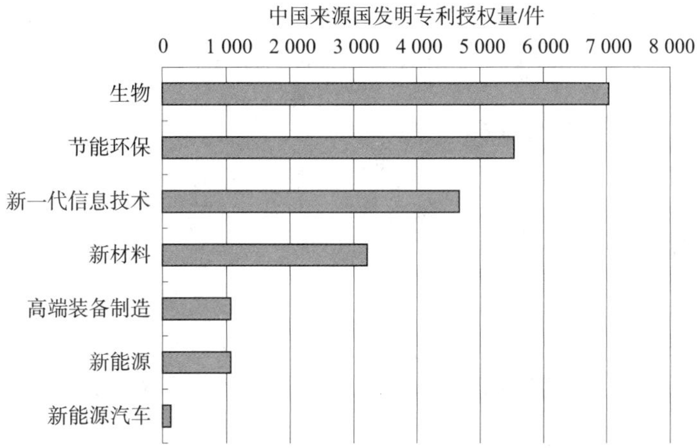

图 27　2006 ~2013 年中国来源国授权发明专利七大战略性新兴产业分布

数据来源：战略性新兴产业专利检索系统。

四、国内技术创新状况

（一）国内技术创新概况

对比九个主要专利来源国，在华技术创新优势最明显的主要国家是中国，其次是日本（见表8）；对比中国各省区市，国内具有技术创新优势的省区市中，北京优势最明显，江苏、广东、山东、浙江、上海等东南沿海省市也表现出较明显的技术创新优势（见表9）。

表 8　2010 ~2013 年九个主要专利来源国的技术创新情况

专利来源省区市	发明专利授权量（件）	每申请人平均发明专利授权量（件/人）	每授权发明专利平均发明人数（人次/件）
中国	309 723	4.28	5.21
日本	112 966	19.58	2.38
美国	62 408	5.92	2.78
德国	26 848	6.83	2.51
韩国	21 381	6.32	2.72
法国	10 461	5.88	2.21
瑞士	7 314	1.10	2.55
英国	4 284	5.26	2.25
俄罗斯	221	2.50	3.19

数据来源：CPRS。

表9　2010～2013年中国各省区市的技术创新情况

专利来源省区市	发明专利授权量（件）	每申请人平均发明专利授权量（件/人）	每授权发明专利平均发明人数（人次/件）
广东	59 350	5.08	2.52
北京	54 088	6.43	4.03
江苏	42 552	3.31	3.20
上海	31 530	4.67	3.33
浙江	30 386	2.82	2.90
山东	21 264	2.29	3.53
四川	11 814	3.45	3.71
辽宁	11 227	3.06	3.67
湖北	11 064	3.59	4.18
陕西	10 691	4.97	4.29
湖南	9 426	3.05	3.61
天津	8 876	4.03	3.75
河南	8 665	2.39	4.29
安徽	8 406	2.65	3.18
福建	7 035	2.46	2.89
黑龙江	6 533	4.42	4.36
重庆	6 112	3.79	3.89
河北	5 137	2.30	3.71
吉林	4 263	3.44	4.20
山西	3 751	2.78	3.86
云南	3 550	2.65	4.38
广西	2 584	1.94	3.64
江西	2 304	2.08	3.34
贵州	2 083	2.53	3.37
甘肃	1 993	2.77	4.44
内蒙古	1 399	2.13	3.48
新疆	1 191	1.91	3.89
海南	1 088	3.57	2.81
宁夏	405	1.73	3.88
青海	247	2.03	4.78
西藏	113	2.05	2.59

数据来源：CPRS

（二）WIPO35主要领域的国内技术创新情况

1. 世界主要国家在最具创新活力的前五强技术领域的技术创新情况（见表10）

在最具创新活力的前五强技术领域中，世界主要国家在华技术创新优势各有所长。电机/电气装置/电能领域，中国、日本均具有相对较明显的技术创新优势；计算机技术领域，中国、美国的技术创新优势相对较强；测量、电信领域，中国、日本在中国具有较明显的技术创新优势；数字通信领域，美国、日本均具有较明显的技术创新优势。

表 10　2010 ~2013 年九国在中国电机/电气装置/电能领域的技术创新情况

专利来源国	发明专利授权量（件）	每申请人平均发明专利授权量（件/人）	每授权发明专利平均发明人数（人次/件）
中国	38 399	3.00	3.11
日本	14 574	11.54	2.73
美国	4 974	4.03	2.88
德国	2 741	4.07	2.64
韩国	2 541	7.00	2.94
法国	930	3.65	2.49
瑞士	576	3.94	2.77
英国	359	1.99	2.23
俄罗斯	16	1.15	3.44

数据来源：CPRS。

2. 国内各省区市在最具创新活力的前五强领域的技术创新情况（见表 11）

表 11　2010 ~2013 年中国各省市在电机/电气装置/电能领域的技术创新情况

专利来源省区市	发明专利授权量（件）	每申请人平均发明专利授权量（件/人）	每授权发明专利平均发明人数（人次/件）
广东	5 691	3.21	2.47
江苏	4 271	2.67	2.95
北京	3 371	3.59	3.91
浙江	2 769	2.00	2.64
上海	2 482	2.73	2.92
山东	921	1.77	3.63
陕西	877	3.52	3.68
辽宁	842	2.26	3.54
湖北	757	2.56	3.92
四川	757	2.19	3.35
安徽	646	1.90	3.29
河南	646	2.49	3.80
湖南	623	2.09	4.13
天津	605	2.62	3.53
福建	510	1.75	2.64
黑龙江	453	5.05	4.34
重庆	342	2.29	3.85
河北	327	1.71	4.07
吉林	187	3.20	4.20
山西	172	1.88	4.04
江西	161	1.73	2.83
广西	154	1.76	3.86
甘肃	146	2.46	5.38
贵州	146	1.94	5.41
云南	91	1.42	4.42
新疆	51	1.51	3.04
内蒙古	35	1.17	4.20
宁夏	25	1.53	3.92
海南	8	1.00	1.88
青海	5	1.14	10.80
西藏	0	0.00	0.00

数据来源：CPRS。

在中国最具创新活力的前五强领域中，国内31个省区市（不含港、澳、台）的技术创新优势差异明显：电机/电气装置/电能领域，广东、北京、江苏具有较明显的技术创新优势；计算机技术领域，北京、广东具有相对较明显的技术创新优势；测量领域，北京的技术创新优势明显；数字通信领域，广东的技术创新优势明显；电信领域，广东、北京具有较明显的技术创新优势。

（三）战略性新兴产业国内技术创新情况

1. 世界主要国家在我国战略性新兴产业中的技术创新情况（见表12）

从战略性新兴产业角度分析，世界主要国家在华技术创新优势各有侧重。其中美、日、德、韩创新活跃程度较为突出。在节能环保、新一代信息技术、生物、高端装备制造、新材料、新能源汽车等产业中，除中国外，日本、美国、韩国也具有较明显的技术创新优势（见表13）。这从侧面说明，我国战略性新兴产业的提升步伐与世界创新活动前沿同步；同时，我国本土创新主体需调整思路，顺应趋势，迎接创新综合能力强国的市场竞争压力。

表12　2010～2013年节能环保产业九个主要专利来源国的技术创新情况

专利来源国	发明专利授权量（件）	每申请人平均发明专利授权量（件/人）	每授权发明专利平均发明人数（人次/件）
中国	42 508	2.33	3.91
日本	5 416	5.60	2.94
美国	2 403	3.08	2.94
德国	1 045	2.71	2.83
韩国	890	3.02	3.17
法国	422	2.09	2.55
英国	257	2.12	2.56
瑞士	200	2.22	2.58
俄罗斯	13	0.81	4.31

数据来源：战略性新兴产业专利检索系统。

表13　2010～2013年新能源汽车产业九个主要专利来源国的技术创新情况

专利来源国	发明专利授权量（件）	每申请人平均发明专利授权量（件/人）	每授权发明专利平均发明人数（人次/件）
中国	1 033	2.36	3.61
日本	885	12.58	2.57
美国	339	8.85	3.13
韩国	64	3.55	2.70
德国	64	3.18	2.16
法国	23	1.85	2.65
英国	4	2.00	1.75
瑞士	2	1.00	2.00
俄罗斯	1	1.00	1.00

数据来源：战略性新兴产业专利检索系统。

2. 国内各省区市在战略性新兴产业中的技术创新情况（见表14、表15）

在战略性新兴产业中，国内31个省区市技术创新优势有所差异。整体上看，北京、江苏、广东等传统经济发达地区均表现出明显的技术创新优势，尤其是北京在战略性新兴产业发展中表现优异，在七个产业中有六个产业授权量排名均第一。

表14　2010～2013年节能环保产业国内各省区市的技术创新情况

专利来源省区市	发明专利授权量（件）	每申请人平均发明专利授权量（件/人）	每授权发明专利平均发明人数（人次/件）
北京	6 268	3.35	4.45
江苏	4 747	2.22	3.60
广东	4 034	2.02	2.96
浙江	3 031	2.08	3.35
山东	2 876	1.99	4.10
上海	2 083	2.47	3.85
辽宁	1 820	2.41	4.00
湖南	1 535	2.27	4.25
湖北	1 488	2.67	4.67
四川	1 435	1.94	4.22
河南	1 218	1.68	4.68
陕西	1 085	2.86	4.43
天津	993	2.62	4.02
安徽	983	1.98	3.72
福建	924	1.75	3.12
黑龙江	895	2.80	4.31
重庆	859	2.73	4.25
云南	725	2.24	4.96
河北	699	1.60	3.92
山西	630	2.19	4.23
吉林	463	2.11	4.49
江西	401	1.61	3.33
广西	373	1.68	3.78
甘肃	330	2.14	4.84
贵州	320	2.00	3.53
内蒙古	235	1.58	4.04
新疆	232	1.54	4.10
海南	73	1.78	3.44
宁夏	66	1.35	3.18
青海	41	1.17	5.71
西藏	7	1.17	3.14

数据来源：CPRS。

表 15　2010～2013 年新能源汽车产业国内各省区市的技术创新情况

专利来源省区市	发明专利授权量（件）	每申请人平均发明专利授权量（件/人）	每授权发明专利平均发明人数（人次/件）
北京	166	3.07	4.37
安徽	131	14.56	2.16
广东	131	2.08	3.11
江苏	88	1.44	3.13
浙江	87	1.55	3.53
上海	77	1.88	3.71
重庆	58	4.83	4.29
天津	36	1.80	4.83
湖南	35	1.84	4.63
山东	31	1.41	3.19
湖北	28	1.87	4.50
辽宁	28	1.65	4.11
吉林	23	2.30	6.04
河北	18	1.29	2.94
河南	15	1.15	3.07
陕西	12	1.09	4.25
四川	11	1.22	2.82
黑龙江	10	1.67	4.50
云南	9	1.80	2.78
福建	6	1.00	3.67
广西	5	1.00	2.40
内蒙古	4	1.00	2.75
山西	4	1.00	3.25
贵州	3	1.50	1.00
新疆	2	1.00	1.00
甘肃	1	1.00	1.00
海南	1	1.00	1.00
江西	1	1.00	4.00
宁夏	0	0.00	0.00
青海	0	0.00	0.00
西藏	0	0.00	0.00

数据来源：CPRS。

五、国内技术创新活动的主要竞争者

（一）国内主要竞争者整体情况（见表 16、表 17、表 18）

从中国市场的发明专利授权量来看，中国企业和高校在国内技术创新活动中具有重要地位，企业竞争者技术领域及产业分布均相对集中，高校竞争者技术领域及产业分布均范围广泛。其中高校申请人在技术创新活动中具有重要地位，拥有较多的授权发明专利，与其他国家的企业为主要创新主体的状况形成差异；日本企业为我国主要竞争对手；中国部分企业和高校合作专利申请占比较高，且合作申请主体主要为企业。尤其是在国内市场，各领域授权量排前十的申请人多为高校，企业并未表现出明显优势，由于高校申请人专利转化和运用能力较弱，侧面体现了中国专利更多地表现为数量优势的特征。

表 16　2010～2013 年国内发明专利授权量排名前十竞争者

排名	竞争者	国籍	类型	发明专利授权量（件）
1	华为技术有限公司	中国	企业	10 275
2	中兴通讯股份有限公司	中国	企业	9 100
3	松下电器产业株式会社	日本	企业	5 909
4	浙江大学	中国	高校	5 394
5	三星电子株式会社	韩国	企业	5 070
6	清华大学	中国	高校	4 541
7	索尼株式会社	日本	企业	4 094
8	鸿海精密工业股份有限公司	中国	企业	4 063
9	鸿富锦精密工业（深圳）有限公司	中国	企业	3 958
10	中国石油化工股份有限公司	中国	企业	3 593

数据来源：CPRS。

表 17　2010～2013 年国内发明专利授权量不同类型竞争者排名情况

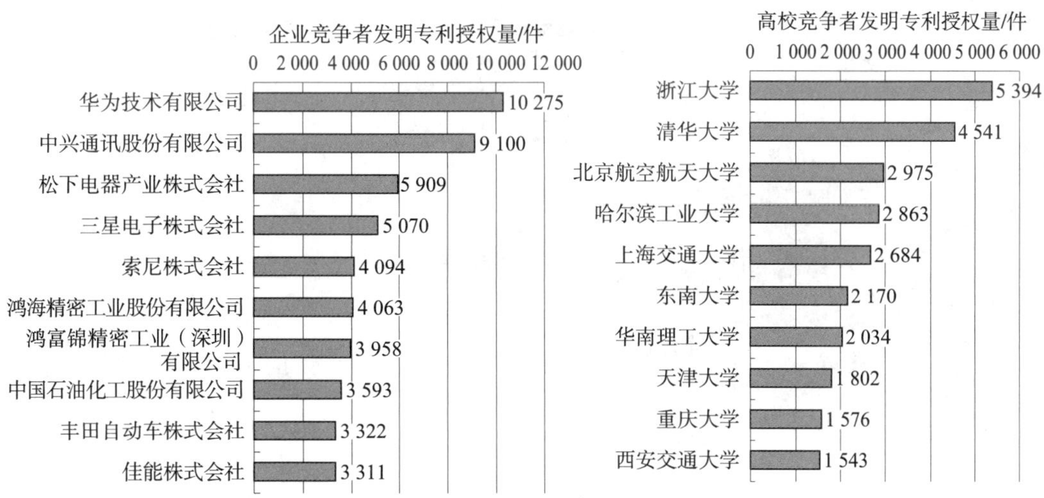

表 18　2010 ~2013 年国内发明专利授权量国内外竞争者排名情况

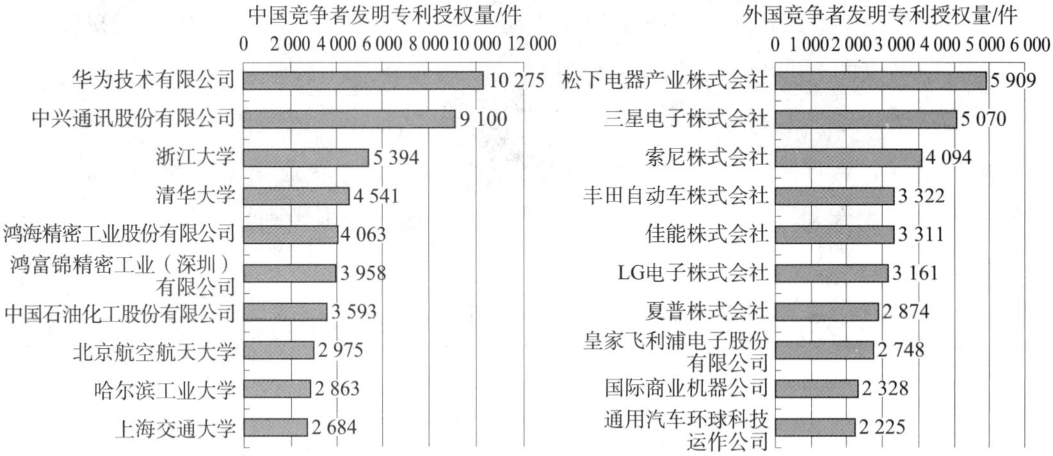

1. WIPO35 技术领域竞争者概况（见图 28）

世界主要专利来源国中，日本在我国创新竞争环境中表现实力雄厚；我国自主创新主体中，以华为技术有限公司为代表的企业竞争者优势明显，高校竞争者显示出较高的技术创新能力，浙江大学与清华大学表现突出；中国部分企业和高校合作申请占比较高，且合作申请主体主要为企业。

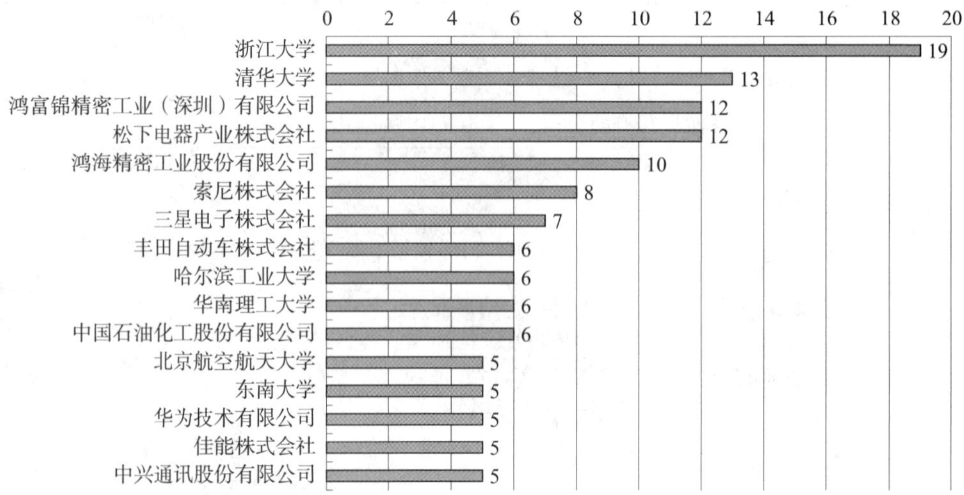

图 28　涉及五个以上技术领域的主要竞争者

数据来源：CPRS

2. WIPO35 优势领域主要竞争者技术创新情况[1]（见表 19、表 20、表 21）

WIPO35 一级技术领域中，电气工程领域技术集中度较高，化学领域技术集中度

[1] 本部分以发明专利申请量最高、创新活力最强的前五个领域为例进行分析，具体领域包括：电机/电气装置/电能、计算机技术、测量、数字通信、电信。

较低。WIPO35 优势领域中，电机/电气装置/电能领域松下电器产业株式会社的技术创新优势明显；计算机技术领域微软公司和国际商业机器公司的技术创新优势明显；测量领域前十竞争者全部被中国竞争者占据，高校竞争者的技术创新优势明显；数字通信领域、电信领域华为技术有限公司和中兴通信股份有限公司的技术创新优势显著。

表 19　2010~2013 年测量领域主要竞争者的技术创新情况

测量领域竞争者	发明专利授权量（件）	发明人总数（人）	每发明人平均发明专利授权量（件/人）	每授权发明专利平均发明人数（人次/件）
北京航空航天大学	878	1 706	0.51	4.51
浙江大学	825	1 702	0.48	4.26
清华大学	678	1 569	0.43	5.22
哈尔滨工业大学	500	1 169	0.43	4.75
东南大学	448	769	0.58	3.39
鸿富锦精密工业（深圳）有限公司	407	409	1	2.22
鸿海精密工业股份有限公司	396	395	1	2.13
重庆大学	360	1 069	0.34	5.5
上海交通大学	346	955	0.36	4.58
西安交通大学	326	856	0.38	5.24

数据来源：CPRS。

表 20　2010~2013 年数字通信领域主要竞争者的技术创新情况

数字通信领域竞争者	发明专利授权量（件）	发明人总数（人）	每发明人平均发明专利授权量（件/人）	每授权发明专利平均发明人数（人次/件）
华为技术有限公司	8 027	5 868	1.37	2.46
中兴通讯股份有限公司	6 996	5 027	1.39	2.3
高通股份有限公司	1 280	1 543	0.83	3.11
杭州华三通信技术有限公司	1 155	666	1.73	1.68
电信科学技术研究院	1 095	288	3.8	3.01
三星电子株式会社	979	1 301	0.75	3.32
艾利森电话股份有限公司	813	1 228	0.66	2.61
株式会社NTT都科摩	683	566	1.21	3.4
中国移动通信集团公司	672	826	0.81	4.36
LG电子株式会社	645	496	1.3	3.25

数据来源：CPRS。

表 21　2010～2013 年电信领域主要竞争者的技术创新情况

电信领域竞争者	发明专利授权量（件）	发明人总数（人）	每发明人平均发明专利授权量（件/人）	每授权发明专利平均发明人数（人次/件）
中兴通讯股份有限公司	3 390	3 166	1.07	2.29
华为技术有限公司	2 887	3 283	0.88	2.54
三星电子株式会社	1 152	1 606	0.72	3.22
松下电器产业株式会社	847	1 109	0.76	3
索尼株式会社	773	1 153	0.67	2.68
LG电子株式会社	742	719	1.03	2.87
高通股份有限公司	699	1 056	0.66	2.92
夏普株式会社	563	640	0.88	2.45
佳能株式会社	525	649	0.81	1.63
日本电气株式会社	397	406	0.98	1.59

数据来源：CPRS。

3. 七大战略性新兴产业竞争者概况（见表 22、表 23、表 24）

在战略性新兴产业竞争中，日本的实力最为突出。我国自主创新主体中，多名高校竞争者分别同时位列多个产业的授权量前十位，相较企业竞争者而言，高校在专利数量上占据较强的创新优势。这从侧面反映了我国在战略性新兴产业创新研究活动中的资源投入比较积极，成果技术也有一定积累，但技术转化与运用的比例还有更大的提升空间。

表 22　2010～2013 年战略性新兴产业国内发明专利授权量排名前十竞争者

排名	竞争者	国籍	类型	发明专利授权量（件）
1	中兴通讯股份有限公司	中国	企业	2 586
2	华为技术有限公司	中国	企业	2 409
3	浙江大学	中国	高校	1 932
4	清华大学	中国	高校	1 728
5	松下电器产业株式会社	日本	企业	1 426
6	中国石油化工股份有限公司	中国	企业	1 324
7	丰田自动车株式会社	日本	企业	1 315
8	上海交通大学	中国	高校	1 194
9	三星电子株式会社	韩国	企业	1 172
10	索尼株式会社	日本	企业	1 067

数据来源：战略性新兴产业专利检索系统。

表 23　2010 ~2013 年七大战略性新兴产业主要竞争者国籍分布

七大战略性新兴产业	中国	日本	美国	韩国	荷兰	德国	丹麦
节能环保	7	2	1				
新一代信息技术	4	3	1	2			
生物	5	3	1		1		
高端装备制造	8	1				1	
新能源	8		1				1
新材料	10						
新能源汽车	3	4	2	1			
总计	45	13	6	3	1	1	1

数据来源：战略性新兴产业专利检索系统。

表 24　2010 ~2013 年七大战略性新兴产业主要竞争者类型分布

七大战略性新兴产业	企业	高校	科研机构	个人
节能环保	3	6	1	
新一代信息技术	9	1		
生物	5	5		
高端装备制造	3	6	1	
新能源	4	5		1
新材料	3	6	1	
新能源汽车	9	1		
总计	36	30	3	1

数据来源：战略性新兴产业专利检索系统。

4. WIPO35 优势领域主要竞争者技术创新情况（见图 29、表 25）

新能源汽车产业授权发明专利技术集中度较高，生物产业授权发明专利技术集中度较低。

节能环保产业中国石油化工股份有限公司的技术创新优势明显；新一代信息技术产业华为技术有限公司和中兴通信股份有限公司的技术创新优势显著；生物产业浙江大学和江南大学的技术创新优势明显；高端装备制造产业北京航空航天大学和哈尔滨工业大学的技术创新优势明显；新能源产业清华大学的技术创新优势明显；新材料产业前十竞争者全部被中国竞争者占据，中国石油化工股份有限公司的技术创新优势显著；新能源汽车产业丰田自动车株式会社的技术创新优势明显。

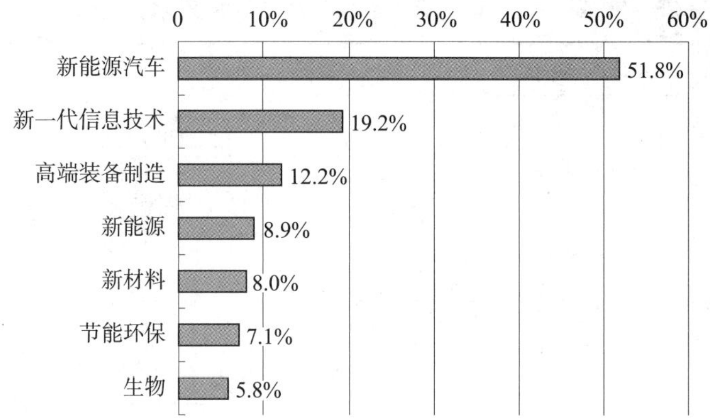

图29　2010～2013年七大战略性新兴产业专利技术集中度

数据来源：战略性新兴产业专利检索系统。

表25　2010～2013年新一代信息技术产业主要竞争者的技术创新情况

竞争者	发明专利授权量（件）	发明人总数（人）	每发明人平均发明专利授权量（件/人）	每授权发明专利平均发明人数（人次/件）
中兴通讯股份有限公司	2 586	2 711	0.95	2.19
华为技术有限公司	2 409	2 765	0.87	2.59
浙江大学	1 932	3 821	0.51	4.55
清华大学	1 728	3 025	0.57	4.25
松下电器产业株式会社	1 426	2 117	0.67	3.27
中国石油化工股份有限公司	1 324	1 914	0.69	5.32
丰田自动车株式会社	1 315	1 653	0.8	2.7
上海交通大学	1 194	2 574	0.46	4.12
三星电子株式会社	1 172	2 216	0.53	3.15
索尼株式会社	1 067	1 690	0.63	2.69

数据来源：战略性新兴产业专利检索系统。

附录1　术语说明

1. 发明专利申请量

指标定义：报告期内专利行政部门受理且已处于公开状态的发明专利申请数量。

2. 发明PCT申请量

指标定义：报告期内通过《专利合作条约》程序提出国际申请且已处于公开状态的发明专利申请数量。

3. 发明专利授权量

指标定义：报告期内专利行政部门授予发明专利权的数量。

4. 有效发明专利数量

指标定义：已经获得授权并且仍处于有效状态的发明专利数量。

5. 发明人总数

指标定义：一个国家、地区或机构中获得发明授权专利的发明人数量。

6. 每申请人平均发明专利授权量

指标定义：每个申请人平均所拥有的授权发明专利数量。

计算公式：每申请人平均发明专利授权量 = 授权发明专利数量/授权发明申请人数。

指标含义：一个国家或地区有效竞争者所拥有的平均发明专利授权量，反映一个国家或地区有效竞争者的平均专利集中度。

7. 每发明人平均发明专利授权量

指标定义：每个发明人平均所产出的授权发明专利数量。

计算公式：每发明人平均发明专利授权量 = 授权发明专利数量/授权发明发明人数。

指标含义：一个国家、地区或机构的每单位有效科技人员投入所产生的发明专利授权数量，反映一个国家、地区或机构的平均有效创新效率。

8. 每授权发明专利平均发明人数

指标定义：每授权发明专利投入的科研人员数量。

计算公式：每授权发明专利平均发明人数 = 授权发明总发明人次/授权发明专利数量。

指标含义：在一个国家、地区或机构中，授权发明专利投入的科研人员数量越多，授权发明专利的研究密集程度越高，则发明专利的价值可能越高。

9. 相对专业化指数（RSI）

指标定义：某国在某一特定技术领域专利中所占的比例除以该国在所有专利中所占的比例，所得数值取对数。

计算公式：$RSI = Lg\left(\dfrac{F_{C,T}/\sum_{C}F_{C,T}}{\sum_{T}F_{C,T}/\sum_{C,T}F_{C,T}}\right)$，其中 $F_{C,T}$ 表示来自国家 C 的在技术领域 T 的发明专利授权量。

指标含义：体现一个国家某个技术领域相对于该国整体技术水平所处的地位，该指标大于 0 的技术领域在本国具有专业化优势，值越高，专业化程度越高。

10. 五局专利布局比例

指标定义：某专利来源国分别在中国专利局、美国专利商标局、日本特许厅、韩国知识产权局、欧洲专利局获得的授权发明数量与该专利来源国所拥有的全球授权发明数量的比值。

计算公式：五局专利布局比例 = 某专利来源国在某专利局获得的授权发明数量/该专利来源国的全球授权发明数量。

指标含义：体现一个国家分别在中国、美国、日本、韩国、欧洲的专利布局能力。

11. 域外专利布局指数

指标定义：某专利来源国在本国以外的专利受理机构获得的授权发明数量与该专利来源国所拥有的全球授权发明数量的比值。

计算公式：域外专利布局指数 = 某专利来源国在本国以外的专利受理机构获得的授权发明数量/该专利来源国的全球授权发明数量。

指标含义：体现一个国家在本国之外进行专利布局的能力。

附录2 数据列表

WIPO35 涵盖了所有的专利技术领域，共分为电气工程、仪器、化学、机械工程和其他领域五个部分，每个部分分别包括若干个技术领域。

表1 WIPO35 技术领域列表

一级技术领域	二级技术领域
I 电气工程	1 电机/电气装置/电能；2 音像技术；3 电信；4 数字通信；5 基础通信程序；6 计算机技术；7 信息技术管理办法；8 半导体
II 仪器	9 光学；10 测量；11 生物材料分析；12 控制
III 化学	13 医学技术；14 有机精细化学；15 生物技术；16 药品；17 高分子化学/聚合物；18 食品化学；19 基础材料化学；20 材料/冶金；21 表面加工技术/涂层；22 微观结构和纳米技术；23 化学工程；24 环境技术
IV 机械工程	25 装卸；26 机床；27 发动机/泵/涡轮机；28 纺织和造纸器械；29 其他专用机械；30 热工过程和设备；31 机械元件；32 运输
V 其他领域	33 家具游戏；34 其他消费品；35 土木工程

表2 2006～2013 年全球发明专利申请 WIPO35 技术领域分布

一级技术领域	二级技术领域	发明专利申请量（件）
电气工程	电机/电气装置/电能	1 096 989
	音像技术	682 312
	电信	719 780
	数字通信	674 077
	基础通信程序	151 159
	计算机技术	1 166 065
	信息技术管理办法	235 674
	半导体	745 198

续表

一级技术领域	二级技术领域	发明专利申请量（件）
仪器	光学	657 130
	测量	720 488
	生物材料分析	143 533
	控制	317 335
化学	医学技术	675 150
	有机精细化学	365 230
	生物技术	282 633
	药品	726 925
	高分子化学/聚合物	352 117
	食品化学	244 106
	基础材料化学	505 116
	材料/冶金	389 837
	表面加工技术/涂层	391 236
	微观结构和纳米技术	50 453
	化学工程	419 496
	环境技术	271 647
机械工程	装卸	414 734
	机床	410 493
	发动机/泵/涡轮机	426 577
	纺织和造纸器械	319 127
	其他专用机械	513 346
	热工过程和设备	264 594
	机械元件	462 036
	运输	641 854
其他领域	家具游戏	378 071
	其他消费品	307 811
	土木工程	481 602

数据来源：EPODOC。

宁夏专利创新近况分析

郑洁

摘　要　本文系统梳理了近年来宁夏中国发明专利申请、授权及维持有效的变化情况，并从创新者、技术领域、专利运营等角度进行深入分析，总结宁夏当前创新发展的状况和特点，提出相关的建议。

关键词　宁夏　专利　创新　申请　授权　有效　运营

世界知识产权组织统计表明，全球发明创造的成果90%以上最先以专利文献形式公布，专利数据因而能够体现创新的发展状况。本文以近年宁夏的中国发明专利申请、授权、维持有效、法律状态等数据为依据，分析、总结了宁夏专利创新发展的近况和特点，并提出了相关建议。

一、专利产出增长迅速

（一）中国发明专利申请

截至2014年6月，宁夏共提交5 466件中国发明专利申请（具体见表1），其中2009～2013年的中国发明专利申请提交量分别为：182件、268件、442件、846件、1 792件，呈现稳定增长态势，其发明专利申请量在全国的排名总体处于第30位左右。

表1　宁夏2009～2014.6中国发明专利申请量及全国同时期状况

时间	宁夏申请量（件）	排名	同比增长	排名	国内申请（件）	同比增长
2014.6	508	30	－5.2%	30	289 563	12.8%
2013	1 792	29	111.8%	2	704 936	31.7%
2012	846	31	91.4%	2	535 313	28.7%
2011	442	31	64.9%	6	415 829	41.9%

续表

时间	宁夏申请量（件）	排名	同比增长	排名	国内申请（件）	同比增长
2010	268	31	47.3%	2	293 066	27.9%
2009	182	31	—	—	229 096	—
1985 ~2014.6	5 466	31	—	—	3 373 771	—

注：表中的申请量指国家知识产权受理的数量。国内申请数量包含港、澳、台。

数据来源：国家知识产权局统计年报及月报。

从2009 ~2013 年的年增长率来看，宁夏的发明专利申请增速可观，明显高于同时期国内发明专利申请的增长速度，并在全国各省市区域中名列前茅。特别是在2011 年《宁夏回族自治区知识产权战略纲要》颁布实施后，宁夏通过设立专利申请奖励资助政策、增强专利代理服务、构建专利申请快捷通道等多种手段，直接推动了专利申请数量的大幅增长，2013 年发明专利申请同比增长率高达111.82% 。

但2014 年上半年，宁夏的发明专利申请数量为508 件，同比增长率为 -5.2% ，呈现较明显的下降趋势。这一下降趋势的产生可能存在多方面原因：一是与国家知识产权局2013 年底颁布的《关于进一步提升专利申请质量的若干意见》或许存在一定联系，在更加注重专利申请质量的要求下，各省市区域均采取了一些“挤泡沫”的措施，专利申请数量的增长速度有所下降，这在国内整体的申请数量和同比增长率中均有所体现；二是专利申请在各月份之间分布不均衡，宁夏有可能在2014 下半年提交更多申请❶，因此，发展趋势有待进一步跟踪。但无论何种原因，以上数据都提示宁夏在营造创新环境、激发创新动力等方面仍需下力气，以便尽可能多地进行专利布局，为后续专利权的获取和运营打下基础。

（二）中国发明专利授权

宁夏2009 年以来的中国发明专利授权量也呈现了稳定的增长，截至2014 年上半年，授权量共计1 040 件（具体见表2）。发明专利授权的同比增长率同样较高，2011 年以来均超出国内同时期的授权增长率。2014 年上半年，宁夏发明专利授权数量的同比增长率排名全国第一。宁夏授权量的持续、高速增长得益于其近年迅速增长的申请量，这也在一定程度上印证了：专利申请数量的持续增长为高质量创新成果的产生打下了基础。

表2　宁夏2009 ~2014.6 中国发明专利申请授权量及全国同时期状况

时间	宁夏授权量（件）	排名	同比增长	排名	国内授权量（件）	同比增长
2014.6	115	31	71.6%	1	76 205	4.2%
2013	184	31	31.4%	4	143 535	-0.2%
2012	140	31	35.9%	11	143 847	28.0%

❶ 此文写作在2014 年上半年，下半年的数据未能体现。（编者注）

续表

时间	宁夏授权量（件）	排名	同比增长	排名	国内授权量（件）	同比增长
2011	103	31	68.9%	4	112 347	40.8%
2010	61	31	17.3%	25	79 767	22.0%
2009	52	31	—	—	65 391	—
1985 ~ 2014.6	1 040	31	—	—	812 068	—

注：国内授权量包括港、澳、台。

数据来源：国家知识产权局统计年报及月报。

但是，宁夏发明专利授权总数量还比较少，在全国的排名仍比较靠后，没有产生突破性增长；而且从授权率的粗略估算来看，国内发明专利授权平均为 24.1%（812 068 件国内授权/3 373 771 件国内申请），宁夏的授权率为 19.0%（1 040 件宁夏授权/5 466 宁夏申请），还远低于国内平均授权率，专利申请质量尚需进一步加强。

（三）中国发明专利有效量

宁夏近几年的中国发明专利有效量也处于不断增长的过程中，截至 2014 年 6 月，发明专利维持有效的数量为 686 件（具体参见表 3）。宁夏发明专利有效量的同比增长率也较高，2012 年以来均超出了国内平均增长率，在全国的排名快速提升至第 5 位。从专利密度来看，宁夏每万人拥有的发明专利数量从 2011 年度的 0.51 件提升到 2014 年上半年的 1.06 件，增长明显。

表 3　宁夏 2009 ~ 2014.6 年中国发明专利有效量及全国同时期状况

时间	宁夏有效量（件）	排名	同比增长	排名	专利密度（件/万人）	排名	国内有效量（件）	同比增长
2014.6	686	31	34.2%	5	1.06	25	644 213	21.0%
2013	603	31	34.0%	9	0.93	25	586 493	23.9%
2012	450	31	39.8%	14	0.70	25	473 187	34.7%
2011	322	31	25.8%	31	0.51	25	351 288	36.2%
2010	256	31	28.0%	33	—	—	257 893	43.2%
2009	200	31	—	—	—	—	180 042	—

注：国内有效量包括港、澳、台，专利密度的排名中不包括港、澳、台

数据来源：国家知识产权局统计年报及月报。

但从绝对数量上来看，宁夏的中国发明专利有效数量仍很少，与广东、江苏、上海等省市数以万计的专利有效量相比，存在非常大的差距。专利密度的数值降低了人口因素的影响，宁夏在这一维度的排名相对有效量来说有所上升，在全国基本处于第 25 名左

右，但总体仍处于中等靠后位置。而且，全国的发明专利维持率粗略计算为 79.3%（644 213件国内有效专利/812 068 件国内授权），而宁夏的发明专利维持率基本为 66.0%（686 件宁夏有效专利/1 040 件宁夏授权），低于全国平均水平，从中可以反映出宁夏在加强专利运营、实现专利价值等方面较为薄弱，真正得到长期维持的专利数量还较少。

二、企业占据创新主体的地位

（一）创新者分布

2009~2012 年，宁夏提交的中国发明专利申请中，大专院校、科研单位、企业、机关团体及个人的申请数量及所占比例如图 1 所示。从中可看出，大专院校、科研单位以及机关团体的发明专利申请数量没有发生大的变化，而企业发明专利申请量在成倍增长，迅速上升到创新主体的地位。

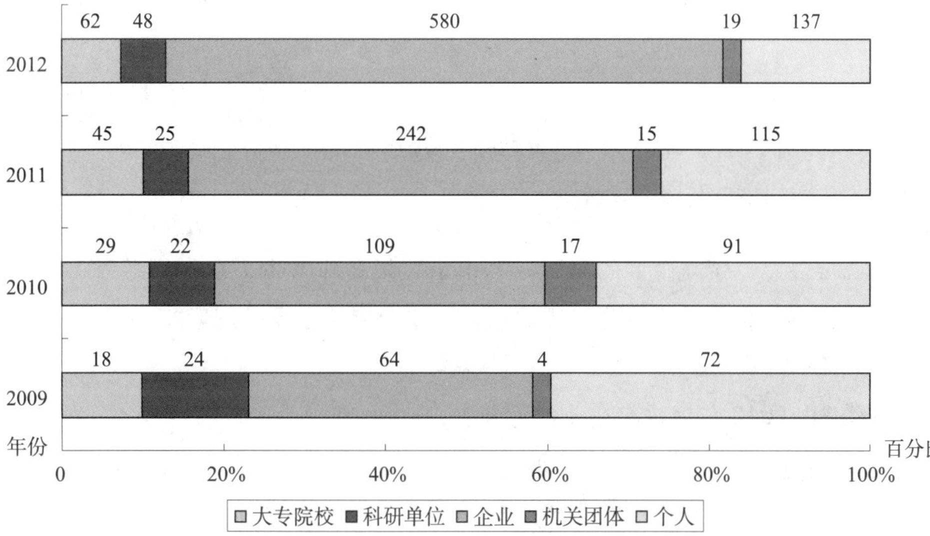

图 1　2009 ~2012 年宁夏发明专利申请中各类型创新者的申请情况

针对宁夏企业的创新情况做进一步分析（参见表 4）：宁夏企业的发明专利申请量占本区发明专利申请量的比例从 2009 年的 35.2% 提升至 2012 年的 68.6% ，占比的国内排名也从 2009 年的 22 位提升到 2012 年的第 5 位；企业发明专利授权量、有效量的占比同样呈现逐年上升的情况。这说明：在知识经济的大环境下，大部分企业已经意识到唯有通过创新才能在市场竞争中占据优势，并已通过专利这一制度来加强对自身创新成果的保护，企业已经成为宁夏自治区中的创新主体，表现出了较强的创新活力。

表4 2009～2012年宁夏企业专利申请量、授权量、有效量及相应占比

年度	企业申请量（件）	占比	排名	全国企业申请量占比
2012	580	68.6%	5	59.1%
2011	242	54.8%	11	55.7%
2010	109	40.7%	19	52.8%
2009	64	35.2%	22	51.6%
年度	企业授权量（件）	占比	排名	全国企业授权量占比
2012	80	57.1%	8	54.7%
2011	51	49.5%	10	51.9%
2010	22	36.1%	20	50.2%
2009	17	32.7%	16	49.2%
年度	企业有效量（件）	占比	排名	全国企业有效量占比
2012	255	56.7%	8	57.9%
2011	140	43.5%	14	52.8%
2010	93	36.3%	18	51.1%
2009	68	34.0%	21	50.7%

注：占比为企业发明专利申请、授权或有效量占本省市区域发明专利申请、授权或有效总量的比例。

数据来源：国家知识产权局统计年报。

但同样需要注意，宁夏企业的发明专利申请数量还非常少，在全国各省市区域中还处于较落后的位置，企业需要持之以恒的创新，才能带动宁夏的创新实力产生较大飞跃，达到更高的水平。

（二）区域内2013年度排名前十的创新者

从宁夏2013年中国发明专利授权数据中进行分析，宁夏自治区内最具竞争力的前十位创新者为：宁夏大学、北方民族大学、宁夏共享集团有限责任公司、宁夏康亚药业有限公司、宁夏伊品生物科技股份有限公司等，具体如表5所示。

表5 宁夏2013年度排名前十的创新者

排名	2013年		2012年	
	专利权人	发明授权量（件）	专利权人	发明授权量（件）
1	宁夏大学	12	宁夏东方钽业股份有限公司	11
2	北方民族大学	11	宁夏大学	9
3	宁夏共享集团有限责任公司	9	宁夏伊品生物科技股份有限公司	9
4	宁夏康亚药业有限公司	8	宁夏大北农科技实业有限公司	5

续表

排名	2013 年		2012 年	
	专利权人	发明授权量（件）	专利权人	发明授权量（件）
5	宁夏伊品生物科技股份有限公司	8	北方民族大学	4
6	宁夏农林科学院	7	宁夏共享集团有限责任公司	3
7	宁夏红中宁枸杞制品有限公司	5	宁夏回族自治区电力公司	3
8	西北稀有金属材料研究院	5	宁夏启元国药有限公司	3
9	宁夏天瑞产业集团现代农业有限公司	4	宁夏新瑞长城机床有限公司	3
10	宁夏银星多晶硅有限责任公司	4	平罗县滨河碳化硅制品有限公司	3

注：排名根据第一专利权人确定。

数据来源：中国专利公报数据管理系统。

在表5的排名中，大专院校、科研院所占据四席，且宁夏大学和北方民族大学分别占据了第一和第二的位置，说明宁夏的学研单位在创新中也发挥着重要作用。对比2012年专利权人的排名，可以发现宁夏共享集团、康亚药业、伊品生物科技三家公司连续两年进入前十位，说明在宁夏这几家企业的创新活动上走在了前列。

2013年度，宁夏共52家企业获得专利授权，表5中的6家企业的发明专利授权量占到企业专利授权总量的37.3%。总体来看，并没有出现创新成果高度集中的状况，企业参与专利活动较为广泛；但从另一角度也说明，宁夏尚未出现专利创新实力十分突出的大型公司。

三、化学、机械领域的专利创新更为突出

宁夏2013年度中国发明专利授权数量排名前十的领域为：食品化学、材料冶金、生物技术、药品、基础材料化学等，这些领域多属于化学、机械领域，宁夏在计算机、通信等高科技领域较少涉足。具体数据可参见表6。

表6　2013 年度宁夏最具竞争力的十大领域

序号	2013 年领域	2013 年授权量（件）	全国排名	2012 年领域
1	食品化学	38	29	食品化学
2	材料、冶金	31	28	材料、冶金
3	生物技术	19	29	电机、电气装置、电能
4	药品	19	30	药品

续表

序号	2013 年领域	2013 年授权量（件）	全国排名	2012 年领域
5	基础材料化学	19	29	生物技术
6	其他特殊机械	18	29	机器工具
7	有机精细化学	9	29	其他特殊机械
8	机器工具	9	28	测量
9	化学工程	8	28	表面加工技术、涂层
10	测量	7	29	有机精细化学

注：本表中的领域根据世界知识产权组织（WIPO）制定的 IPC 与技术领域对照表确定，排名不包括港、澳、台地区。

数据来源：中国专利公报数据管理系统。

表 6 中十大领域的发明专利授权数量共计 177 件，占到了该年度专利授权总量的 96.2%，体现出产业集中度较高，上述领域在宁夏本区内具有较强专利竞争力，但对照全国排名来看，这些领域在全国的竞争力尚显不足。

对比宁夏 2012 年、2013 两年技术领域的排名可以发现：食品化学、材料冶金分别占据了第一、第二的位置。其中，食品化学领域拥有较多专利授权的原因主要在于：宁夏充分利用其区位优势，大力发展特色农业，形成了枸杞、酿酒葡萄、马铃薯等多个特色优势产业带，在产业发展过程中，相关企业正逐步通过专利制度保护其创新成果、提高产品质量和附加值；材料、冶金领域的专利授权主要来源于中国科学院青海盐湖研究所的申请，涉及对盐湖资源的开发利用。

四、专利运营处于起步阶段

（一）专利运营整体情况

从中国专利公报数据中检索得到，2013 年度公告的宁夏自治区有效专利中涉及专利权转移 21 件、实施许可 2 件，相比 2012 年度（专利权转移 10 件、实施许可 1 件），宁夏在专利运营方面有所加强，但整体仍属于起步阶段。

现阶段，宁夏企业拥有的专利数量本就不多，且绝大多数企业申请专利仅能服务于当前发展，还无法从战略性规划角度出发进行专利布局和运营。

（二）2013 年度专利运营活动排名前八的公司

进一步针对 2013 年度专利权转移、专利实施许可合同备案生效的数据进行专利权人的分析，得出：宁夏开展专利权运营活动的企业共 20 家，其中涉及两件以上专利运营的公司如下表 7 所示。

表7　2013 年度宁夏专利运营活动较活跃的公司

序号	专利权人	2013 年专利运营涉及数量（件）
1	宁夏共享集团有限责任公司	6
2	宁夏共享装备有限公司	5
3	宁夏博浩环保技术有限公司	2
4	宁夏长城须崎铸造有限公司	2
5	宁夏共享化工有限公司	2
6	宁夏西部皮草有限公司	2
7	西安力邦医疗电子有限公司	2
8	银川高新区广煜科技有限公司	2

注：涉及权利转移的双方均列入统计。

数据来源：中国专利公报数据管理系统。

上表中排名第一的宁夏共享集团有限责任公司是宁夏自治区的工业龙头企业之一，主导产品包括铸造、化工、机械加工与装配、模具制造等。在 2013 年度共享集团共涉及与子公司之间的专利转移 6 件（共享装备、须崎铸造、共享化工三家子公司），该集团通过专利权的转移实现了集团公司与其下子公司之间的专利运转，一方面有利于集团公司对其所拥有的专利资源的统一管理，另一方面也便于子公司根据发展需求积极实施这些专利，共享集团正在专利运营方面逐步积累经验，促使其拥有的专利发挥越来越重要的作用。

五、结论和建议

综合上述分析可知，近年来宁夏的专利产出数量整体呈现快速增长趋势，但在全国各省市中的排名较为靠后；宁夏企业的创新活动较为活跃，已经快速成长为创新主体；宁夏的食品化学、材料冶金、药品、生物技术等产业在本区内具有较强竞争力；企业对专利权的运营尚处于起步阶段。

针对宁夏当前专利创新发展状况，建议：

（1）更加注重产业领域发展过程中的专利布局，增加各产业领域中的专利申请数量，以数量打基础，以数量促质量，以便形成更多、更高质的专利成果；

（2）进一步激发企业的创新热情，巩固企业创新主体地位，使更多的企业具备专利意识、参与专利活动，对尚无专利申请的小微企业进行专项帮扶，实现“零”的突破；

（3）加强对大中型企业的指导，帮助其制定专利战略，有计划地开展专利管理和专利运营，形成一批优势企业；

（4）继续加强在食品化学、材料冶金等优势产业中的专利创新活动，支撑产业创新发展，并争取将优势扩大到全国范围内。

北斗卫星导航专利现状分析

徐秋杰　刘莹*　陈敏泽

摘　要　本文从专利申请量、申请人、IPC分类号以及专利申请类别与机构分布几方面对北斗导航技术领域的中国专利申请进行深入分析。通过分析相关数据，研究北斗导航技术领域的发展现状，为我国企业、科研机构今后制定专利申请以及保护策略提供参考依据。

关键词　北斗卫星　导航　专利分析

一、引　言

目前全球有四大卫星导航系统：美国GPS、俄罗斯格洛纳斯（GLONASS）、欧盟伽利略（GALILEO）、中国北斗（COMPASS）。其中，美国GPS为最成熟的系统，占全球市场份额95%以上[1]。

北斗卫星导航系统（BDS）（以下简称“北斗技术”）是中国正在实施的自主研发、独立运行的全球卫星导航系统。20世纪90年代，我国建成并开通运行了北斗一代卫星导航系统。2004年，我国开始建设北斗二代卫星导航系统，并于2012年年底宣布北斗二代（亚太）投入正式运营。这预示着北斗导航系统规模化应用已启动，中国将快步迈入“北斗时代”。

作为具有自主知识产权的国家研发项目，北斗导航系统在全球市场与GPS、GALILEO、GLONASS等系统存在技术合作与竞争，因此也不可避免地要触及专利等知识产权问题。正确运用专利战略对市场和技术资源进行有效掌控，将使企业在竞争中掌握主动权。而对专利申请的现状及趋势进行技术分析，可以为专利战略研究提供数据信息支撑，并为准确把握研发方向和提升研究高度提供有力的信息化保障。

二、数据采集

本文的数据采集范围为中国专利数据库（CPRS）中公开收录的在华专利申请。截至

---

* 等同第一作者。

2013 年 11 月 28 日，对于涉及北斗卫星导航的专利申请，在 CPRS 中文库检索中文关键词“北斗”，并经过筛选和数据整理，得到有效的北斗相关技术中国专利数据 1 088 项。使用专利数据库的数据分析系统以及 Excel 软件对数据进行分析，采用专利文献计量分析方法，对北斗技术专利进行分析。

三、北斗导航技术专利情报分析

（一）专利申请情况分析

首先，图 1 示出了北斗技术专利申请的整体趋势分布。从图 1 中可以看出，2002 ~ 2005 年，北斗技术领域专利申请持续在低位运行，直到 2007 年该领域才有了跳跃式地发展。这主要是因为，2003 年“北斗一号”区域卫星导航系统建立，2007 年国防科工委、国家发改委联合发布了《关于促进卫星应用产业发展的若干意见》[2]，大力扶持北斗技术的发展。随着技术的不断积累、政策迅速完善到位和决策者专利意识的积累形成，促使北斗技术领域专利申请量的大幅增加。

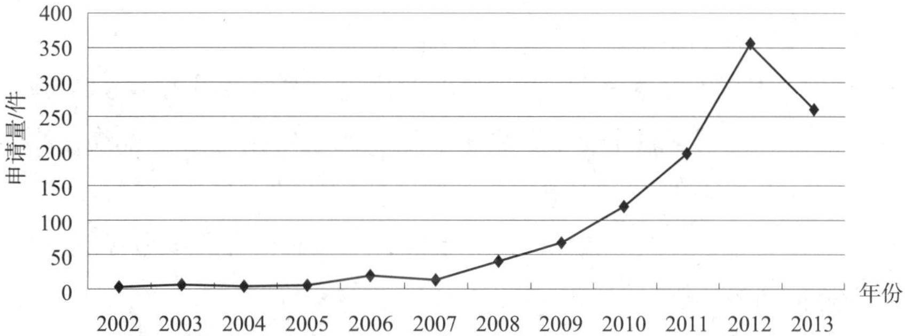

图 1　北斗导航领域专利申请量逐年变化趋势

另外，图 1 中 2013 年申请量的回落趋势，是由于大多数发明专利申请都需要自申请日起满 18 个月才进入公开程序，因此，2012 ~ 2013 年的数据略有缺失。

从专利申请的数量上看，北斗技术专利申请的绝对数量偏少，原因可能为：（1）涉及北斗的相关技术尤其是涉及核心技术的基础专利，多数通过国防专利提交，以技术秘密的方式加以保护，并不对外公开；（2）北斗技术的发展依赖于国家北斗卫星的发展，而卫星制造与发射、地面基站建设与运营主要为国家掌控，企业可以参与的领域主要为北斗终端设备应用，所以通过非国防途径提交的专利申请，大多数是涉及应用方面的申请。北斗一号区域导航建立之后，才开始出现北斗地面应用方面的专利申请，所以该类专利申请只处于起步的阶段。

（二）专利技术领域分析

国际专利分类号（IPC）是目前国际通用的专利文献分类和检索工具，通过 IPC 分类号所涵盖的技术领域，可以初步了解该专利申请人研发的主要领域和当前的发展方向。

图 2 示出了北斗技术专利的技术领域分布，超过 90% 的北斗技术专利分布在 G（物理）、H（电学）部。而其余 10% 分布在 A 部、B 部、C 部、E 部、F 部，这说明北斗技术的应用领域比较广泛。

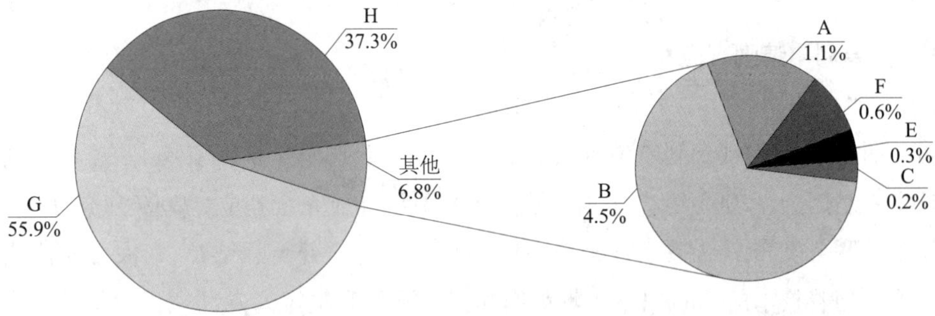

图 2　北斗技术专利的技术领域分布

表 1 示出了北斗技术国内专利申请的主要 IPC 排名。根据统计，包含专利数量最多的为 G01S 19/00（卫星无线电信标定位系统；利用这种系统传输的信号确定位置、速度或姿态）共 413 件，说明在北斗技术所属领域中“导航定位”占了多数。其次是 H01Q 1/00（天线）和 H04W 4/00（专门适用于无线通信网络的业务或设施）。结合表 1 可以看到，国内目前在北斗导航技术领域的研究热点，基本集中在无线电导航定位、地面接收天线、无线通信网络、数字信息传输等技术上。

表 1　北斗技术国内专利申请的主要 IPC 排名

排名	IPC 分类号	技术主题	专利申请量/件
1	G01S 19/00	卫星无线电信标定位系统；利用这种系统传输的信号确定位置、速度或姿态	413
2	H01Q 1/00	天线零部件或与天线结合的装置	137
3	H04W 4/00	专门适用于无线通信网络的业务或设施	78
4	G01S 5/00	通过确定两个或更多个方向或位置线的配合来定位；通过确定两个或更多个距离的配合进行定位	76
5	H04B 7/00	无线电传输系统，即使用辐射场的	72

续表

排名	IPC 分类号	技术主题	专利申请量/件
6	H04L 29/00	H04L 1/00 至 H04L 27/00 单个组中不包含的装置、设备、电路和系统	61
7	H04B 1/00	不包含在 H04B 3/00 至 H04B 13/00 单个组中的传输系统的部件；不以所使用的传输媒介为特征区分的传输系统的部件	56
8	G01C 21/00	不包含在 G01C 1/00 至 G01C 19/00 组中的导航仪器	54
9	G01S 1/00	以发射信号具有一个或几个特征可被无方向性接收机检测到并确定与信标发射机密切相关的方向、位置或位置线为特征的信标与信标系统；与其配合的接收机	52
10	G08G 1/00	道路车辆的交通控制系统	47

（三）主要申请人分析

图 3 示出了北斗技术领域的国内主要申请人分布。申请量最多的为东莞市泰斗微电子科技有限公司，达到 34 件；其次是成都天奥电子股份有限公司、北斗天汇（北京）科技有限公司以及厦门大学，申请量分别达 17 件、14 件和 12 件。东莞市泰斗微电子科技有限公司在北斗导航技术方面相对领先，它所申请的专利 62% 集中在 G01S 19/00 领域：地面接收机及其组件、导航的位置确定、多模式操作（如 GPS 模式/北斗模式）、协作单元之间的交互通信等。

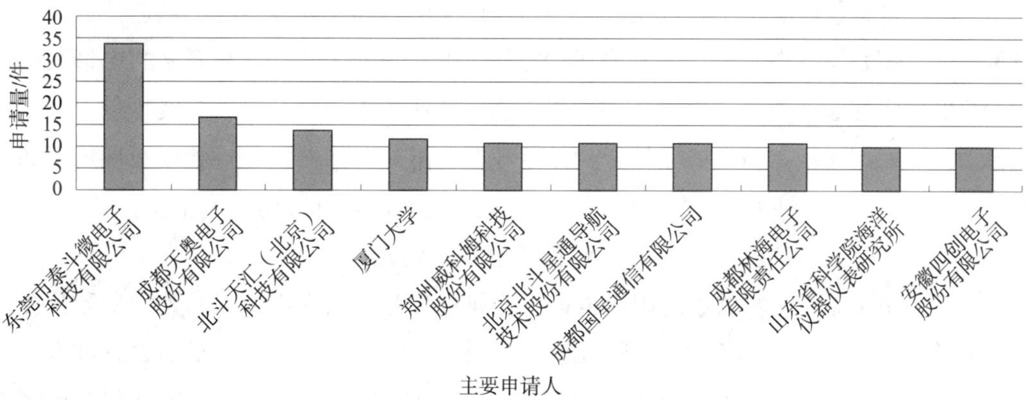

图 3　北斗技术领域的国内主要申请人分布

图 4 示出了北斗技术领域的国内申请人地区分布。北京、江苏、广东、四川、上海、山东位居前六位，而北京以绝对的优势领先于其他省市。这是因为：从 2012 年 3 月开始，广东、上海、北京、南京、四川等地纷纷兴建北斗导航产业联盟，这些省市大力扶

持和推动北斗导航业的发展；并且，从事该领域研发的重点企业、科研机构和排名前列的主要申请人，其单位所在地均在这些省市。因此从整体上看，专利申请的主要省市还是集中在我国东部发达省市，而其他省市的专利申请并不多。

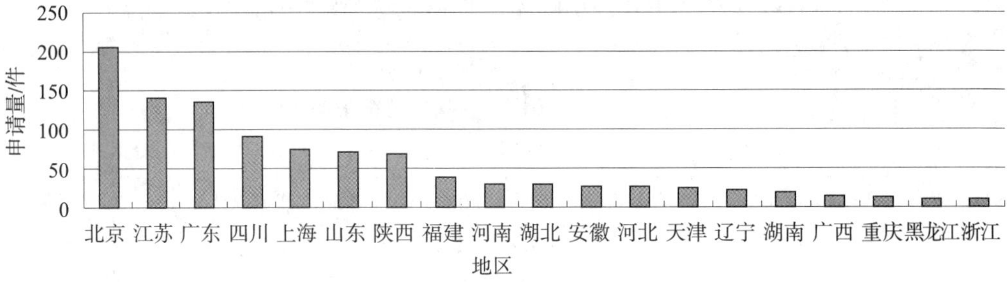

图4　北斗技术领域的国内申请人地区分布

（四）专利申请类别和机构属性分析

图5示出了北斗技术领域的专利申请类别分布。三种专利中，发明专利占48.53%，实用新型专利占46.78%，外观设计专利占4.69%。北斗技术领域专利申请以发明和实用新型为主，二者占比近似，外观设计占比很小。进一步分析，在发明和实用新型专利申请中，13%（64件）的实用新型专利同时还申请了发明专利，即发明申请人为了更早的获得专利保护又期望获得更长、更有效、更稳定的保护期限，采用了对同一产品技术方案同时申请发明和实用新型两种专利保护的申请策略，即“一案两请”。

从申请类型上看，企业由于采用了“一案两请”的申请策略，在一定程度上缓解了企业在谋求早授权和获得有效、稳定的权利之间的矛盾。实用新型专利采用不经实审的初审授权制度，这就决定了其所获取的专利权比发明专利权在新颖性、创造性方面要求较低，而且还容易存在其他导致权利不稳定的实质性缺陷。“一案两请”的申请策略对专利权的稳定性起到了“双保险”的作用，也为企业提供了多层次、多类型的专利保护途径。虽然实用新型专利申请更易于获得专利权，但是它们的稳定性和权威性均不如发明专利，有效保护期也短于发明专利。我国相关企业和科研机构应当重视长期基本功，增加发明专利申请的数量，从而在北斗导航技术领域获得更大的优势。

图6示出了北斗技术领域的国内申请机构属性分布。国内申请人的类型一般分为公司、大学/科研院所和个人三种类型，在北斗技术领域，不同类型主体的研发兴趣有所不同。公司申请的数量较大，占64%；大学/科研院所次之，占21%；国防部门的申请占2%。公司申请成为该领域的发明专利申请的主体，产生自公司的技术成果转化速度快，创新推动力强。大学/科研院所占有较高的比例，反映了学术机构在北斗技术领域非常活跃，学术研究氛围浓厚。大学/科研院所相继与企业开展各种研发合作，充分发挥自身科研实力强的优势，依托市场的指导作用，做到了研究有的放矢，成果进入市场后竞争力强，对市场起到了一定的引领作用。国防部门申请人的占比说明，部分军品民用化趋势，使

得国防部门在技术上所具有的其他申请人无法比拟的传统压倒性优势正逐步渗透到市场中，这将使国防部门在该领域成为不可小觑的“黑马”。

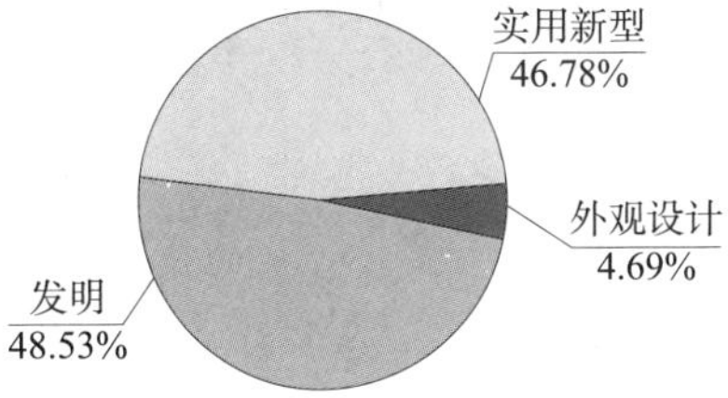

图5　北斗技术领域的专利申请类别分布

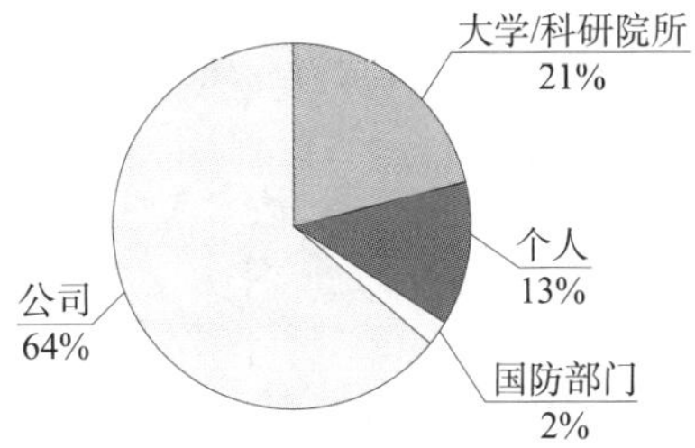

图6　北斗技术领域的国内申请机构属性分布

四、结　论

北斗技术作为一种重要的信息服务工具，会在一段时间内持续成为研究的热点对象，本文主要通过专利定量分析方法对北斗技术进行了研究分析。从专利数量来看，在政府的大力扶持和引导以及对市场的培育下，国内专利申请量持续快速增长，最近几年的每年度申请总量均是往年申请总量的1.6~1.8倍。但在这种快速发展势头之下，申请质量亟待提升和加强，整体的行业发展基础亟待夯实。

基于公司、大学/科研院所在北斗领域的研究中所占有的重要的地位，笔者建议进一步深化企业与大学/科研院所的产学研合作，瞄准北斗领域企业发展过程中遇到的突出问题，集中优化利用各种资源，促进北斗技术迅速成熟。企业需要提升知识产权意识，利用知识产权联盟、专利池等手段有效整合知识产权资源，扭转在国际市场中的不利局面。

北斗技术经过短短十几年迅速成长壮大起来，与其他卫星导航技术相比具有自身的优势，再加上国家产业政策，其发展有着巨大的潜力和空间。我国申请人应当抓住这一机遇，充分借助国家产业政策，尽快进行国内的专利布局，以车载导航、智能手机导航为主要市场，加强北斗技术的应用。

参考文献

[1] 蒋鹏，秦敏．北斗卫星导航系统在海上石油钻井平台拖航定位中的应用［C］．2011年全国通信安全学术会议论文集．杭州，2011.

[2] 国防科工委，国家发改委．关于促进卫星应用产业发展的若干意见，2007.

数字集群通信产业专利竞争情报分析*

冀小强　贾丹明**　李荣昌

摘　要　本文主要以专利信息为基础，结合相关非专利信息，研究数字集群通信产业技术发展趋势，反映国内外市场需求、竞争环境和专利竞争格局，揭示主要竞争者实力与策略，并以摩托罗拉和中兴两家企业为例，分析中外主要竞争者全球专利布局的差距，为产业内创新主体参与市场竞争提供参考，为产业结构调整、相关政策制定提供支持。

关键词　数字集群通信　技术联盟　技术标准　LTE　竞争启示

一、技术概述

数字集群通信技术，是指采用数字调制方式通过动态指配信道实现多用户共享多信道的无线移动通信技术，是一种高级移动调度技术，代表着通信体制之一的专用移动通信技术的发展方向。数字集群通信技术以其保密性好、支持多种业务、信息传输速率高、网络管控容易等诸多优点在现代移动通信网络技术中成为广泛采用并不断演进的新兴技术。

从全球范围看，多数发达国家目前正在运营的数字集群网络按技术标准可分为陆上集群无线电（Terrestrial Trunked Radio，TETRA）与集成数字增强型网络（Integrated Digital Enhanced Network，iDEN）两种体制；按使用对象可分为政务共网与商业共网，按运营模式可分为国有国营、国有民营、民有民营三大类，覆盖范围既有全国性的，也有地方性的。各国根据本国国情建设运营的数字集群网络各具特色。

近年来，我国在数字集群通信技术领域采用的主要标准如图 1 所示。

其中，iDEN 是 1994 年美国摩托罗拉研制和生产的一种数字集群移动通信系统。

TETRA 是 1995 年由欧洲电信标准协会（ETSI）制定和公布，1998 年被评为国际标准，2000 年成为我国的行业推荐标准。2005 年 ETSI 发布 TETRA 的增强版本，简称为 TEDS。

---

* 本文改编自国家知识产权局专利局专利文献部 2014 年专利竞争情报研究课题“数字集群通信产业专利竞争情报研究”，课题负责人为冀小强、李荣昌。主要研究人员为李隽春、李蓉、吴德壮、何肖玢、王志云、李凌。

** 等同第一作者。

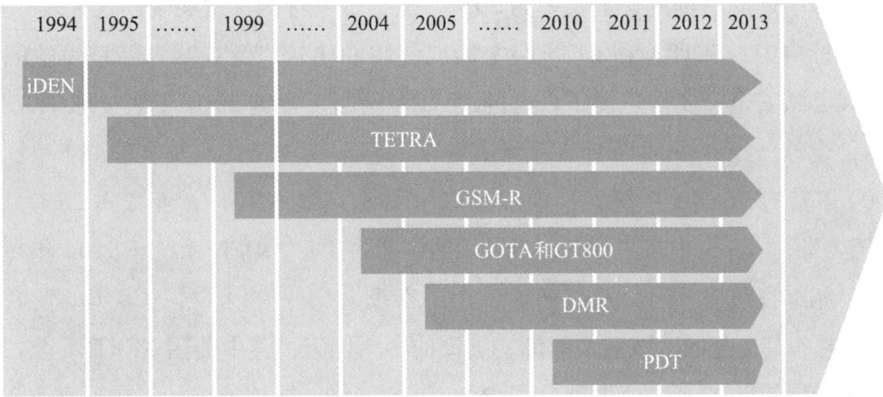

图 1　我国采用的主要数字集群通信技术标准

全球铁路综合调度移动通信系统（Global System For Mobile Communications For Railway，GSM－R）是专门为铁路通信设计的综合专用数字移动通信系统。

开放式集群架构（Global Open Trunking Architecture，GOTA）是 2004 年由中兴自主研发的全球首个基于 CDMA 技术的专业数字集群通信系统。2012 年 12 月，GOTA 被国际电信联盟（ITU）定为国际标准。

GT800 是 2004 年由华为发布的，通过对 TDMA 和 TD－SCDMA 进行创造性的融合和创新，为专业用户提供高性能、大容量的集群业务和功能，系统稳定，可持续发展能力强。

数字移动无线（Digital Mobile Radio，DMR）是 2005 年发布，其定位是代替模拟集群系统。

警用数字集群（Police Digital Trunking，PDT），2011 年中国公安部将 PDT 标准定为数字集群建设的主要标准，并开始规模建设。

全球无线专网技术历经模拟集群、数字集群，正向宽带数字集群演进。长期演进（Long Term Evolution，LTE）技术作为全球 4G 标准，具有高速率、高频谱效率、低时延等优点，产业实力雄厚，基于 LTE 技术的宽带集群技术演进成为无线专网发展的共识。

二、产业综述

全球数字集群市场发展和经济发展水平密切相关，西欧和北美数字集群市场处于发展的前沿水平，市场发展规范，产业链的配套也成熟，而亚太、拉美等的数字集群市场均处于快速发展阶段，市场潜力较大。据 IMS research 统计，2008 年全球专网通信行业市场规模约为 690 亿元人民币；2009 年行业受到金融危机影响市场规模缩小约为 620 亿元人民币；2010 年随着全球经济好转，专网通信行业市场规模扩大，约为 660 亿元人民币，其中，数字产品市场复合增长率为20%，欧美等发达国家发展规模较大。

在国际标准中，TETRA和iDEN两个标准使用的比较广泛。欧洲经济发达的国家为满足应急和公共安全需要均建设了自己的TETRA网络。根据2010年底全球TETRA合同统计数据，全球已经签署的TETRA系统和终端的合同或协议共涉及全球114个国家，使用了1 000多套的TETRA系统，其中欧洲占40%，东欧占15%，亚太占25%，非洲占5%，拉丁美洲占6%，中东占5%，斯堪的纳维亚占4%。iDEN系统于1994年在美国洛杉矶问世，相继在北美、南美及亚洲等多个国家投入商业应用。经过多年的发展，iDEN技术较为成熟，其覆盖的区域遍及亚洲、美洲的多个国家，其中美国NEXTEL公司运营的iDEN网络覆盖全美，是最大、发展最完善的iDEN网络。据相关统计，在财富500强中有80%的公司使用NEXTEL公司运营的iDEN网络，2004年12月与Sprint合并时，NEXTEL公司的全美网络用户已经达到1 360万，华盛顿特别行政区及纽约州用户达到了30万。

随着中国社会经济水平的发展，政府之间的各个部门、企事业单位或部门之间，对调度通信的需求日益增大，使中国数字集群的产业进入到高速发展期。数字集群系统的建设出现了百花齐放的局面。北京、上海、深圳、成都、天津等地均建设了不同体制、不同厂家的数字集群网络，涉及公安交警、轻轨地铁、民航港口、水利电站、军队武警等多个行业及部门。据诺达咨询统计，如图2所示，TETRA技术占据最大的市场份额，约占全国数字集群现网规模的72%，居于绝对领先地位。PDT标准成为数字集群标准中的后起之秀，它已被确定为我国公安领域数字集群建设采用的主要标准。

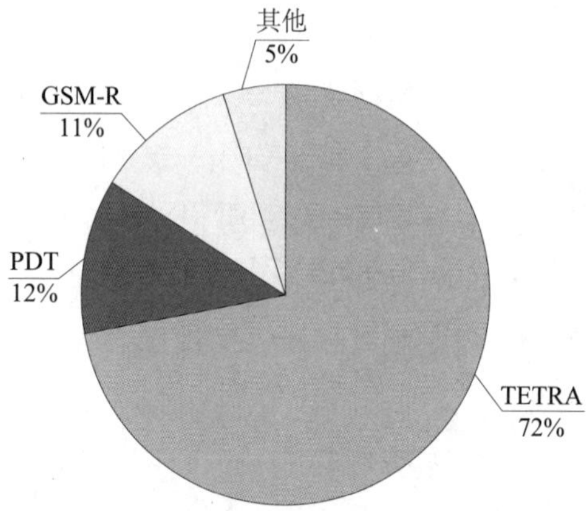

图2　我国数字集群主要技术标准的市场份额

中国经济的发展和城市化进程的加快使得社会经济形态越来越追求高效，社会对于高效处理紧急突发事件、信息安全的要求不断提高，加之频率资源的日趋紧张，如何提高频率利用率，实现资源的最佳配置，加强政府应对紧急、突发事件的快速反应和抗风险能力已经成为我们面临的首要任务。在这种情况下，数字集群共网必将成为未来数字集群通信的发展方向。

三、研究目的及思路

为了有助于制定国家统一的自主创新标准，使各种专业移动通信设备能互联互通，同时支持专业移动通信模转数以及安全性升级，本报告以数字集群通信技术全球及中国专利为研究对象。通过分析全球及中国的专利状况，同时结合非专利信息，运用专利统计分析方法和SWOT分析方法对专利信息、宏观信息和行业信息进行竞争分析，从而揭示数字集群通信技术的竞争态势，理清数字集群通信产业布局，探究专利战略和竞争态势，提供有效的竞争情报分析，为我国数字集群通信行业提供借鉴，促进行业发展。

四、竞争环境分析

（一）全球数字集群通信兴起于20世纪八九十年代，21世纪初步入快速发展期，目前发展平稳

图3和图4显示了全球数字集群通信专利申请趋势、技术生命周期。

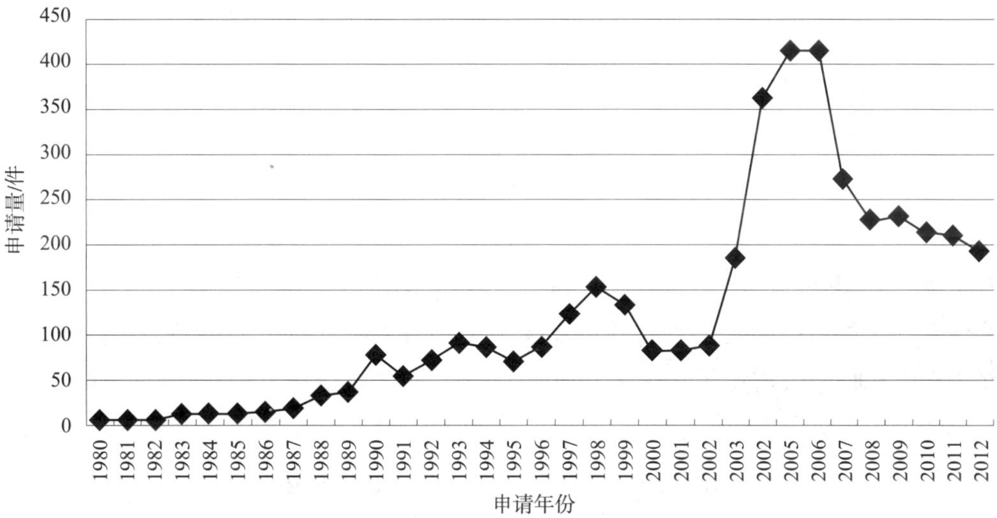

图3　全球数字集群通信专利申请趋势

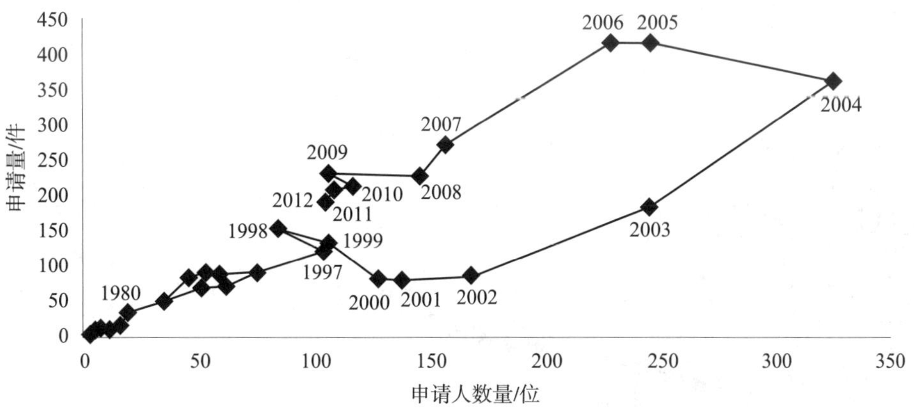

图4　全球数字集群通信专利技术生命周期

从图3中可以看出，在20世纪80年代初，数字集群通信专利技术每年的专利申请

数量都在 20 项以下，申请人数量也较少。一方面由于集群通信系统是一种高级（专用）移动通信系统，与公共移动通信技术发展途径是相似的，都是属于移动通信系统，而当时以数字化为特征的移动通信技术并不成熟，企业研发成本较高，企业投入意愿较低；另一方面模拟集群通信当时可以满足用户的需求，数字集群通信技术市场需求不旺盛，也会影响企业的投入意愿。因此仅有少量申请人参与数字集群通信技术的研发，处于萌芽期。

从 20 世纪 80 年代末到 90 年代末，每年专利申请量开始平稳增长，申请人数量平稳增长，这一时期数字化的公共移动通信系统已经商用，公共移动通信数字化较为成功，技术研发门槛降低，因此更多的申请人愿意投入研发集群通信的数字化（即数字集群通信），相应的专利申请量也开始增长。但是由于集群通信的用户主要是政府部门或大型公司，大部分是独立搭建专网，系统升级成本较高，因此集群通信更新换代较慢，市场需求并未扩大，处于平稳增长期。

从 21 世纪开始到 2006 年，每年专利申请量增长迅速，并在 2006 年达到最高峰。与此同时，申请人数量也增长迅速，并在 2004 年达到最高峰。在 2004 ~ 2006 年，专利申请量增多，而申请人的数量降低，技术集中度有所提升。这一时期数字化公共移动通信技术越来越成熟，并且第三代（3G）公共移动通信系统开始商用，公共移动通信所支持的业务更加丰富。同时随着经济的发展，集群通信应用的领域更加广泛，对集群通信的需求越来越高，模拟集群通信性能已经难以达到集群通信用户的要求，因此数字集群通信的市场不断扩大，技术吸引力凸显，使介入的企业增多，数字集群通信技术处于快速增长期。

2007 年至今，专利申请量持续下滑，申请人数量也下降明显，这一时期已有数字集群通信技术已经成熟，技术研发的门槛逐步提高，因此数字集群通信整体的专利申请量和申请人数量逐步下滑。

如图 5 所示，全球数字集群通信 PCT 专利申请趋势与图 3 中趋势基本一致。

图 5　全球数字集群通信 PCT 专利申请趋势

（二）基于 LTE 的全球数字集群通信发展迅速

相比近几年全球数字集群通信专利的下滑趋势，基于 LTE 的全球数字集群通信专利却逆势上升。第四代（4G）公共移动通信技术逐渐成熟，并在近两年开始商用，数字集群通信也面临着向 4G 技术的演进，如图 6 所示，基于 LTE 数字集群通信专利数量逐年增多，与全球数字集群通信专利趋势差别明显，说明基于 LTE 数字集群通信成为数字集群通信发展的方向所在。

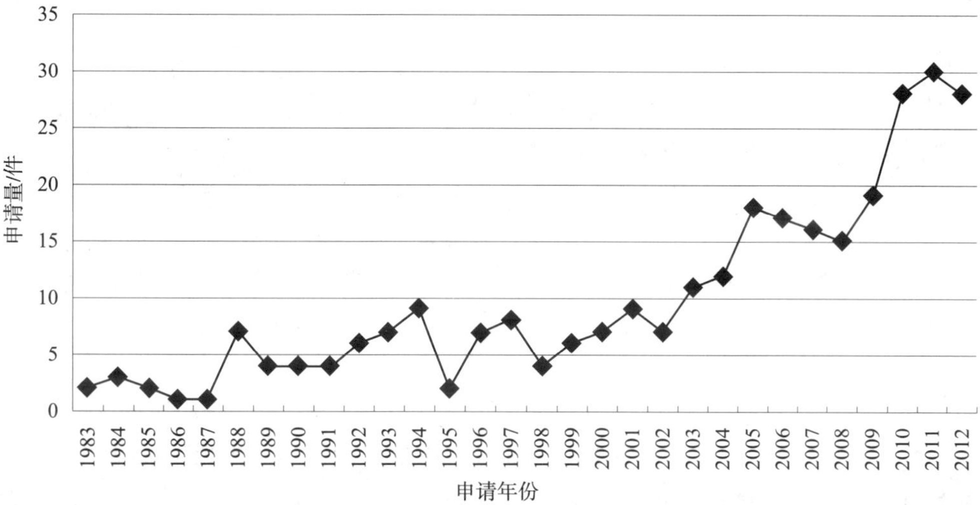

图 6　基于 LTE 的全球数字集群通信专利申请趋势

（三）中国专利申请数量在全球占比最高、增长迅猛

如图 7 所示，全球专利申请公开主要分布在中、美、欧、日、韩五局，占总公开数量的 73%，专利申请公开最多的地区是中国，占总公开数量的 22%。

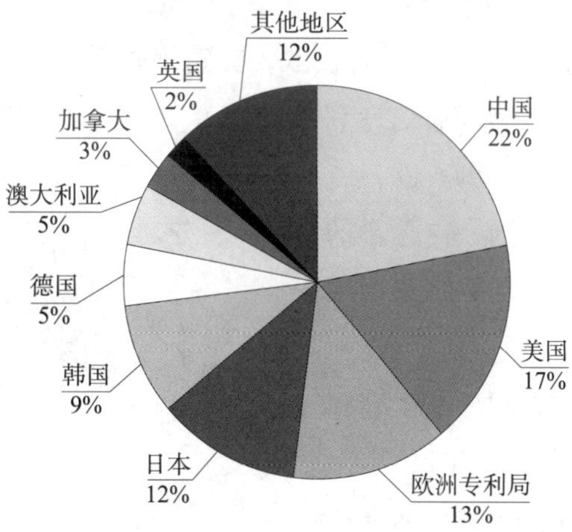

图 7　数字集群通信全球专利公开地区分布

如图 8 所示，与其他 4 个专利局相比，中国局公开的专利申请量在 21 世纪初迅速增

加，在2006年前后达到顶峰，之后虽有所回落，但每年申请量仍高于其他专利局，甚至达到其他专利局专利申请量的3倍以上。

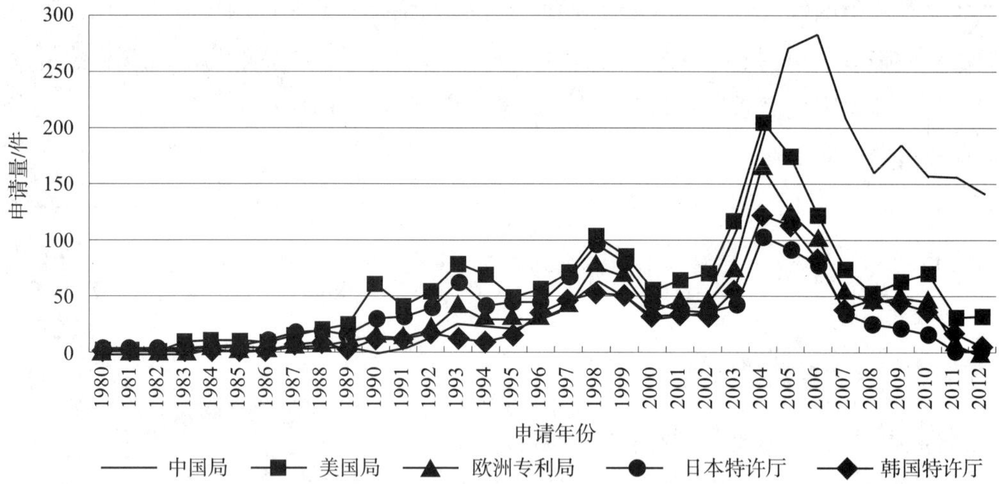

图8　中、美、欧、日、韩五局数字集群通信专利申请趋势

中国数字集群通信专利的快速增长主要原因有两个方面：第一，中国在改革开放以来，是经济发展最快的国家。在经济发展到一定阶段，经济形态由成本优先逐步向效率优先过渡是未来发展的趋势，集群通信在提高效率方面可以发挥重要作用，如在公共安全、军队、运输调度、石油矿业开发等领域都有广泛应用，而数字集群通信整体优于模拟集群通信，因此中国数字集群通信市场前景较好，全球数字集群通信企业预先在中国进行专利布局；第二，中国的宏观经济政策对数字集群通信技术的支持，如在“十五”规划中，明确提出中国信息产业要加快数字集群国家标准的制定，推动数字集群通信产品的开发与产业化，也促进了中国专利数量的迅速增长。

（四）技术主要来自美、中、日、韩、欧，美国领先

如图9所示，全球数字集群通信专利申请主要来源于美、中、日、韩、欧，专利申请来源地区最多的是美国，占总量的36%，美国的通信企业在全球数字集群通信技术方面占据优势。

来源于美国的专利中，30%是由摩托罗拉申请的。摩托罗拉提出了iDEN数字集群通信标准，同时也是TETRA标准的主要制定者，而这两种标准是全球市场占有率较高的两种标准，也是1998年ITU

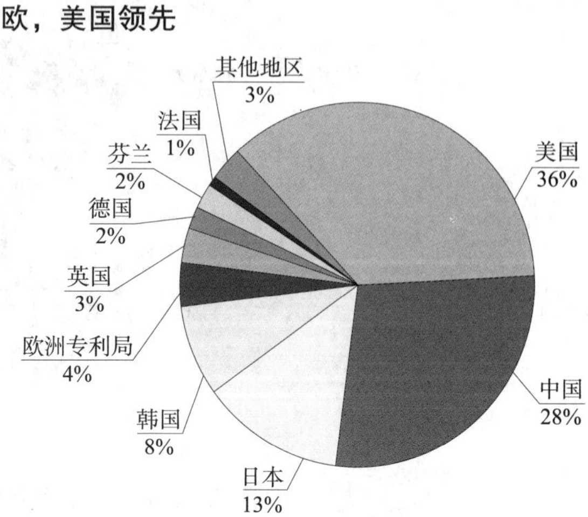

图9　数字集群通信全球专利申请来源地区分布

推荐的数字集群通信标准。来源于中国的数字集群通信数量仅次于美国，占总量的28%，而来源于中国的专利，其中34%是由中兴申请的，中兴在2004年提出了基于CDMA的GOTA数字集群通信标准，该标准在2012年成为ITU推荐标准。可见，某个国家或地区的大型通信企业是该国家或地区的数字集群通信专利的主要申请人。

五、主要竞争者分析

综合数字集群通信全球竞争者的专利申请量、五局授权量和专利被引用量，同时结合竞争者的行业影响力等，筛选出全球数字集群通信领域13个主要竞争者，如表1所示。

表1 数字集群通信全球主要竞争者

申请人（支持标准）	申请量/件	五局授权量❶/件	被引次数/次	平均被引次数/（次/件）
摩托罗拉（TEDS/TETRA/iDEN/DMR）	542	431	4 773	8.81
中兴（GOTA/GSM－R）	508	275	170	0.33
华为（GT800/GSM－R）	427	309	161	0.38
日本电气	186	125	646	3.47
高通	160	118	303	1.89
爱立信	159	135	1 405	8.84
三星	153	92	450	2.94
诺基亚（TETRA/GSM－R）	115	88	651	5.66
LG	92	61	233	2.53
富士通	63	43	248	3.94
西门子	62	28	263	4.24
NTT都科摩	61	52	411	6.74
欧洲宇航（TEDS/TETRA）	59	13	36	0.61

（一）摩托罗拉实力最强，中兴和华为未来可期

如表1所示，摩托罗拉的数字集群通信专利申请量（占总量的13%）、五局授权量和被引次数都处于首位，支持4种数字集群通信标准，且据浙商证券研究显示，摩托罗拉在全球数字集群通信市场份额居于首位，摩托罗拉在全球数字集群通信领域实力最强。

❶ 五局授权量是指在中国国家知识产权局、美国专利商标局、欧洲专利局、日本特许厅、韩国知识产权局授权的专利数量。

欧洲宇航在专利申请量、五局授权量、被引次数指标中在全球仅排名第十三位，平均被引次数排名也仅比华为和中兴略高，排名第十一位。由上述指标可知，欧洲宇航在专利方面的表现与其他竞争者相比没有优势。尽管如此，欧洲宇航依然通过收购在数字集群通信方面有优势的企业等手段增强自身竞争力。如在 2005 年，欧洲宇航收购了诺基亚的数字集群相关业务，巩固了其在数字集群通信市场的优势。

中兴、华为两家企业在专利申请量（分别占总量的 12% 和 10%）和五局授权量两方面处于第二位、第三位，分别支持自家公司主导的 GOTA 标准和 GT800 标准，都支持GSM－R 标准。由于中兴和华为两家企业是知名的综合型通信设备厂商，更多服务于公网通信，因此支持的数字集群通信技术在关键指标上难以满足专业用户需求，目前市场份额有限，但随着 GOTA 标准在 2012 年成为 ITU 推荐行业标准，未来的发展值得期待。与此同时也应看到，两家企业的专利被引次数排名均靠后，说明在专利申请质量方面还有待提高。

（二）中国竞争者与发达国家竞争者在专利布局方面差距明显

美国和中国是数字集群通信专利主要来源地，摩托罗拉和中兴分别是来源于美国和中国专利的主要申请人，同时也是全球数字集群通信专利申请量最多的两个企业，二者在全球专利布局方面的差异代表了中国竞争者与发达国家竞争者在全球专利布局方面的差异。

如图 10、图 11 所示，摩托罗拉为实现其全球竞争策略，在全球进行了较为平均的专利布局，在本国布局专利仅占其全球专利公开量的 27%，除在欧、中、英、韩、日、澳进行重点布局外，在全球 23 个国家或地区均有布局；中兴专利申请量仅次于摩托罗拉，但全球布局不平均，有 87% 的专利都在中国布局，除在美、欧进行少量布局外，在其他国家鲜有布局。可见，发达国家竞争者优先在本国进行专利布局的同时，在全球范围布局广泛，且较为平均，而中国竞争者主要布局于本国，与发达国家竞争者在专利布局方面差距明显。

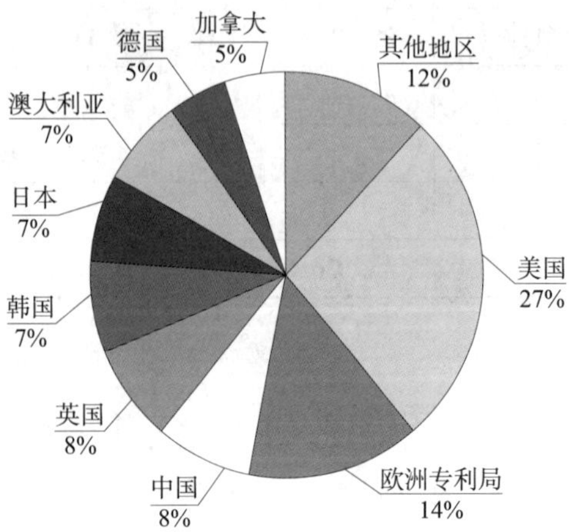

图 10　摩托罗拉全球数字集群通信专利申请公开地区分布

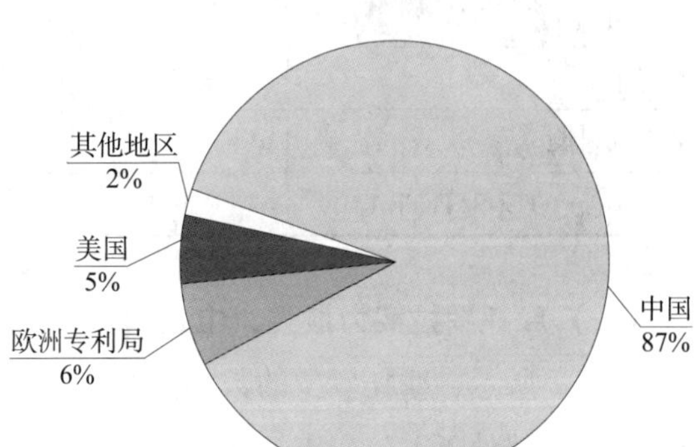

图 11　中兴全球数字集群通信专利申请公开地区分布

六、结　论

（一）数字集群通信技术整体发展平稳，基于 LTE 的数字集群通信技术是目前研究的热点

全球数字集群通信技术兴起于 20 世纪 80 年代，中国数字集群通信技术兴起于 20 世纪 90 年代，全球和中国的数字集群通信技术都在 21 世纪初进入快速发展期，在 2006 年左右是发展高峰期，目前数字集群通信技术整体发展平稳，而基于 LTE 的数字集群通信技术发展迅速，是目前数字集群通信技术方面研究的热点，是数字集群通信技术未来发展的趋势。

（二）全球数字集群通信企业重视中、美、欧、日、韩 5 个国家和地区的市场，尤其是中国市场

全球数字集群通信相关专利主要公开在中、美、欧、日、韩五局，五局公开数量之和占总量的 73%，其中在中国局公开的数量最多，占总量的 22%，并且全球数字集群通信主要竞争者中的 8 位竞争者也是中国数字集群通信的主要竞争者，说明全球数字集群通信企业非常重视中国市场，注重在中国的专利布局。

（三）全球数字集群通信相关专利技术主要来源于美、中、日、韩、欧 5 个国家和地区，但我国竞争者与发达国家竞争者在专利布局方面差距明显

全球数字集群通信相关专利主要来源地是美、中、日、韩、欧 5 个国家和地区，来源美国的申请最多，占总量的 36%，来源于中国的专利数量紧随其后，占总量的 28%。

然而，我国竞争者与发达国家竞争者在专利布局方面差距明显。我国竞争者多数专利在本国公开，除在美、欧等地有少量布局外，其他地区鲜有布局，而像摩托罗拉这样的国外竞争者，不仅在本国有专利布局，还在欧、中、英、韩、日、澳等国家和地区进行重点布局，在全球范围布局广泛。此外，我国本土竞争者申请 PCT 发明专利比例仍然很低，通过 PCT 进行全球专利布局的意识不强。

（四）摩托罗拉全球数字集群通信领域实力强劲，欧洲宇航的各项专利指标与其市场地位不相匹配

摩托罗拉的数字集群通信专利申请量（占总量的 13%）、五局授权量和被引次数都处于首位，是支持数字集群通信标准最多的公司。摩托罗拉目前在全球数字集群通信市场份额居于首位，实力强劲。

欧洲宇航在专利申请量、五局授权量、被引次数指标中在全球仅排名第十三位，平均被引次数排名也仅为第十一位，在专利方面的表现与其他竞争者相比没有优势。尽管欧洲宇航通过收购等方式巩固其在数字集群通信市场的优势，但其专利指标与市场地位

是不相匹配的。

（五）中兴、华为在专利申请量、授权量方面排名靠前，但在专利布局、PCT 申请方面与发达国家竞争者差距明显

中兴、华为两家企业在全球专利申请量（分别占总量的 12% 和 10%）和五局授权量方面在全球分别排名第二位和第三位，在中国专利申请量和授权量方面也遥遥领先于其他竞争者。然而，两家企业在全球专利布局方面，尤其是通过 PCT 途径向全球进行专利布局方面，与发达国家竞争者有着明显的差距。

七、竞争启示

中国数字集群通信的发展现状同国外发达地区相比还处于初期阶段，具有自主知识产权的数字集群系统也刚刚开始发展，无论从数字集群通信的市场发展还是民族产业发展角度来看，都存在着很大的发展空间，这对中国数字集群通信系统的发展是挑战也是机遇。

（一）建设适合中国国情的数字集群通信网络以促进产业发展

欧洲国家由于面积比较小，容易实现全面覆盖，且国家经济基础较好，故大多数都选择建设全国性的集群网络。而中国幅员辽阔，地形复杂，各地区发展不平衡，要建立全国性网络在资金和技术方面都面临较大的困难，且以中国的国情，建立全国性网络的可用性较小。

为此，我国可以先在某些经济较发达、城市化程度较高的地市建网，兼顾考虑标准的统一性及互联互通等问题。运营模式方面可以参考借鉴几个欧洲国家政务共网的运营经验。鉴于集群共网的社会效益，集群政务共网必须由政府主导、协调和支持。可以由地方政府联合当地运营商共同出资，或者由政府牵头，运营商控股，联合市场资本共同出资，成立运营公司，具体选择何种方式应依据政府的财政收入及控制力而定。选用这种模式，既可以保证网络的建设和服务符合政府用户的严格要求，使集群网的用户群相对稳定，取得较稳定的收入来源，以保证网络的正常维护和发展，又可以保证前期建网资金。同时，运营商可以提供大量的站址和传输链路（提高运营商的设备利用率），共享具有电信网络运营经验的专业人员，加快网络的建设及发展，提高服务水平，发挥多方面的积极性，促进中国的数字集群通信健康发展。

（二）中国企业应抓住当前时机，在 3G 向 4G 网络发展过程中抢占全球数字集群通信市场

掌握产业链上游，即网络设备的研发制造能力，本土企业就可能打破国外供应商长期占据我国集群通信市场的旧格局。随着技术的不断发展，公众移动通信网正在从 3G 向 4G 网络发展，集群通信也面临着向下一代技术，即宽带集群通信技术的演进，主流宽带接入技术中LTE是热点，基于LTE的数字集群技术处于快速增长期，国内申请人应利用该契机，提高科技创新能力，寻找技术空间和方法，尽快提出统一的基于LTE的数字集群标准，抢先占领基于LTE的数字集群通信市场，使未来中国能在国际上占有一席之地。

（三）国内企业应在注重本国市场发展的同时，着眼于全球市场，在全球进行有重点且全面的专利布局

中兴等国内企业在数字集群通信技术方面具有一定实力，在本国市场也具有一定的专利优势、市场优势，但这种优势仅限于国内市场，在全球市场上的整体实力上与国外企业相比仍存在差距，在全球专利布局方面就与发达国家企业有相当的差距。自主知识产权是国内相关企业参与市场竞争的基本条件，也是提高自身竞争力的关键。因此，国内企业应在全球进行有重点的、全面的布局。专利布局可以考虑以下几个方面：着重在欧美发达国家等成熟市场布局，以能在发生专利纠纷时达到交叉许可甚至是胜诉为目标；在巴西、印度等潜在市场进行有重点的布局，为今后产品进入该国市场铺路；在非洲等全球竞争者布局较少的地区进行前瞻性的、抢占性的布局，建立在当地的专利优势，为今后在该国市场的主导性地位打基础。总之，合理的全球专利布局，有助于扩大中国通信企业的行业影响力，同时推动在潜在海外市场的发展。

（四）充分参与技术联盟及技术标准的制定，加强企业自身实力

国外企业通过参与制定数字集群通信标准、参加技术联盟，为自身在全球范围内的发展提供了保障。我国企业虽然在数字集群方面起步较晚，但可以通过当前基于LTE的数字集群通信发展的大好时机，多参与相关技术标准的制定，占领技术制高点，同时参加技术联盟，掌握话语权，以此巩固和加强自身在数字集群通信产业的地位。

（五）善于利用企业收购快速增加自身竞争力

通过收购有价值的目标企业，不仅可以增强收购实施企业自身的竞争力，也有助于其开拓新的市场。企业在进行收购时，可以考虑以下两个方面：一是收购在某区域的数字集群通信领域具有市场竞争力的企业，如欧洲宇航通过收购美国的PlantCML公司快速拓展了在美国等北美地区的数字集群通信市场；二是收购在数字集群通信某领域尤其是某标准方面具有竞争力的企业，如海能达通过收购德国罗德萨瓦茨公司的数字集群通信业务，提升了其开发TETRA相关终端产品、提供相关解决方案的能力。

（六）加强专利竞争情报研究工作

面对国家、产业及企业日益增长的专利竞争情报需求，专利竞争情报工作逐渐成为知识产权系统的一项重要工作。中国专利竞争情报工作尚处于起步阶段，亟需开展相关理论与方法的探索。我国可建立专利竞争情报研究机构，推动专利竞争情报工作开展。同时，还应注重专利竞争情报人才队伍建设，培养一支数量、结构和能力都比较完善的专业人才队伍。

参考文献

[1] 甘绍宁．专利竞争情报理论与实践［M］．北京：知识产权出版社，2014.

[2] 姚宁．北京数字集群通信行业发展策略［D］．北京：北京交通大学，2013.

[3] 王悦．TETRA 数字集群系统移动终端业务的研究与实现［D］．北京：北京交通大学，2013.

[4] 北京诺达咨询有限公司．数字集群通信市场研究报告［R］．2013.

[5] 李国秋，吕斌．企业竞争情报理论与实践［M］．北京：清华大学出版社，2011.

[6] 何涛洋．协同集团数字集群通信业务发展战略研究［D］．上海：复旦大学，2009.

[7] 宋杰，朱莹莹，徐静，李剑华，等．电信行业竞争分析方法与实践［M］．北京：人民邮电出版社，2009.

[8] 郑祖辉．数字集群移动通信系统［M］．北京：电子工业出版社，2008.

[9] 徐小涛．数字集群移动通信原理与应用［M］．北京：人民邮电出版社，2008.

[10] Frost&Sullivan（中国）．中国数字集群通信市场发展趋势研究报告［R］．2005.

[11] 浙商证券有限责任公司．爆发成长期近在咫尺——中国数字集群产业深度报告［R］．2011.

[12] 数字集群网．http：//jq. ccr100. com/

[13] 中国集群通信网．http：//www. pttcn. net/

[14] 刘华．集群通信在我国民航的应用与展望［J］．移动通信，2012（5）．

[15] 李丽琴．专利信息在行业竞争中的重要性探讨［J］．产业与科技论坛，2013，12：（16）．

[16] 李瑞红，王进．几种数字集群通信系统的分析和比较［J］．移动通信，2008（6）．

[17] 王映民，孙韶辉．TD－LTE 技术原理与系统设计［M］．北京：人民邮电出版社，2010.

大气污染防治技术之二氧化碳捕获分离领域全球专利竞争情报分析*

于立彪　隆捷

摘　要　减少温室气体排放，提高大气污染防治水平是全球关注的热点。二氧化碳捕获分离处理技术是目前公认的降低二氧化碳排放最有效的方法之一。本文基于二氧化碳捕获分离处理技术的全球专利申请数据，从专利申请目标国分布、专利产出国分布、各分支技术发展状况等方面分析了全球专利竞争环境，对该领域全球主要竞争者进行了比较分析，揭示了市场潜力国家/地区，进一步指出适合该国家/地区的二氧化碳捕获分离具体技术分支，阐述了进入该市场国/地区时应该注意的重大政策问题及国情情况。在此基础上，从技术启示、市场启示、以及专利布局三方面提出了相关建议。

关键词　大气污染防治　二氧化碳　捕获　分离　专利竞争情报

一、二氧化碳捕获分离领域技术与产业发展概况

全球气候变化问题日益严峻，碳排放已经成为威胁人类可持续发展的主要因素之一，削减温室气体排放以减缓气候变化成为当今国际社会关注的热点。有关研究显示，未来几十年化石能源仍将是人类最主要的能量来源，要控制全球温室气体排放，除大力提升能源效率、发展清洁能源技术、提高自然生态系统固碳能力外，二氧化碳捕获分离技术将发挥重要的作用。随着气候变化国际谈判的逐步深入，世界各国将面临更加严格的碳排放约束，可能形成全球性的产业，掌握技术的发达国家将通过输出技术在产业中占据竞争优势。

作为一项具有战略意义的新兴温室气体控制技术，二氧化碳捕获分离技术总体上尚处于研发和示范阶段。美国、欧盟、加拿大、英国、日本、澳大利亚等发达国家或地区都投入大量资金开展二氧化碳捕获分离的研发和示范活动，并通过颁布技术发展路线图、

---

* 本文改编自国家知识产权局专利局专利文献部2014年专利竞争情报研究课题“大气污染防治技术产业——二氧化碳捕获分离领域专利竞争情报分析”，课题负责人为于立彪，主要研究人员为焦健、王义刚、李晶晶、佟婧怡、宋欢、李鹏、时彦卫、李欣、王扬平、张凌、张旭、樊培伟、韩玉顺、王丹。

战略规划，明确近期、中期、远期的技术方向和研发重点，设立跨部门的协调工作机制等措施加强国家层面的技术政策的指导和宏观协调。即使国际金融危机爆发，美欧等发达国家也没有削减，反而加强了对二氧化碳捕获分离研发和示范的支持。各个国家进一步加大政府的投入，引导私有投资加快开展全流程碳捕获分离项目的示范，将推动碳捕获分离技术商业化作为应对金融危机、促进国内经济复苏的手段。

目前全球共实施碳捕获商业项目 131 个、碳捕获研发项目 42 个、地质封存示范项目 20 个、地质封存研发项目 61 个。其中，比较知名的有挪威的 Sleipner 项目、加拿大的 Weyburn 项目和阿尔及利亚的 InSalah 项目等。国际能源署 2009 年发布的《碳捕获与封存技术路线图》（*Carbon Captureand Storage Technology Road map*）提出，在 2050 年前全球二氧化碳捕获分离项目要达到 3400 多项，其中电力方面的项目将占到 48%。

中国当前二氧化碳排放居全球第一位，年排放量 70 亿吨左右，80% 左右来源于煤炭利用。以煤为主体的能源结构特点，决定了碳捕集分离在中国具有潜在的重要战略地位。中国的二氧化碳捕获分离技术研究起步较晚，研究与开发还处于前期，仍处于实验室阶段。但是近年来我国在二氧化碳捕获分离的研究上做了很多工作，从 2003 年开始中国政府就参加了碳捕获领导人论坛，“973 计划”“863 计划”在内的国家重大课题都对二氧化碳捕获分离进行了研究，《国家中长期科学和技术发展规划纲要（2006—2020 年）》也在先进能源技术重点研究领域提出了“开发高效、清洁和二氧化碳近零排放的化石能源开发利用技术”。截至 2009 年末，国内采用该技术进行二氧化碳捕获分离利用的工业企业已有 20 多家，年捕获高纯度二氧化碳 100×10^4 多吨。中国对于二氧化碳捕获分离技术的了解和关注程度非常高，目前已经拥有了具有自主知识产权的二氧化碳捕获分离技术。

二、全球专利竞争环境

（一）全球专利技术市场分析

二氧化碳捕获分离领域 1994 ~ 2012 年全球专利申请分布及趋势如图 1 所示。申请人将某国作为专利申请的目标国反映了其对该国市场的进入和布局意图。

美、中、日、欧 4 个国家/地区申请总量达到 10 164 件，占全球总量的 56.6%。21 世纪以来，随着全球气候变化问题的加剧，二氧化碳捕获分离技术受到了广泛的关注和重视，专利数量也随之迅速增加。美、中、日、欧四国/地区的专利分布量势均力敌，美国专利申请量稍高。美、日、欧的申请量变化趋势较为类似，近几年已经开始逐渐降低在二氧化碳捕获分离领域研究的投入。而中国的专利申请量近年来保持快速增长，且增长形势优于其他国家。目前，环境污染问题是我国面临的严重课题，二氧化碳捕获分离技术在减轻环保压力方面是优选技术。中国已经是世界上仅次于美国的第二大二氧化碳捕获分离目标市场国家，在二氧化碳捕获分离领域的研发投入、以及专利技术均得到了持续性的提高和发展，具有良好的市场前景。

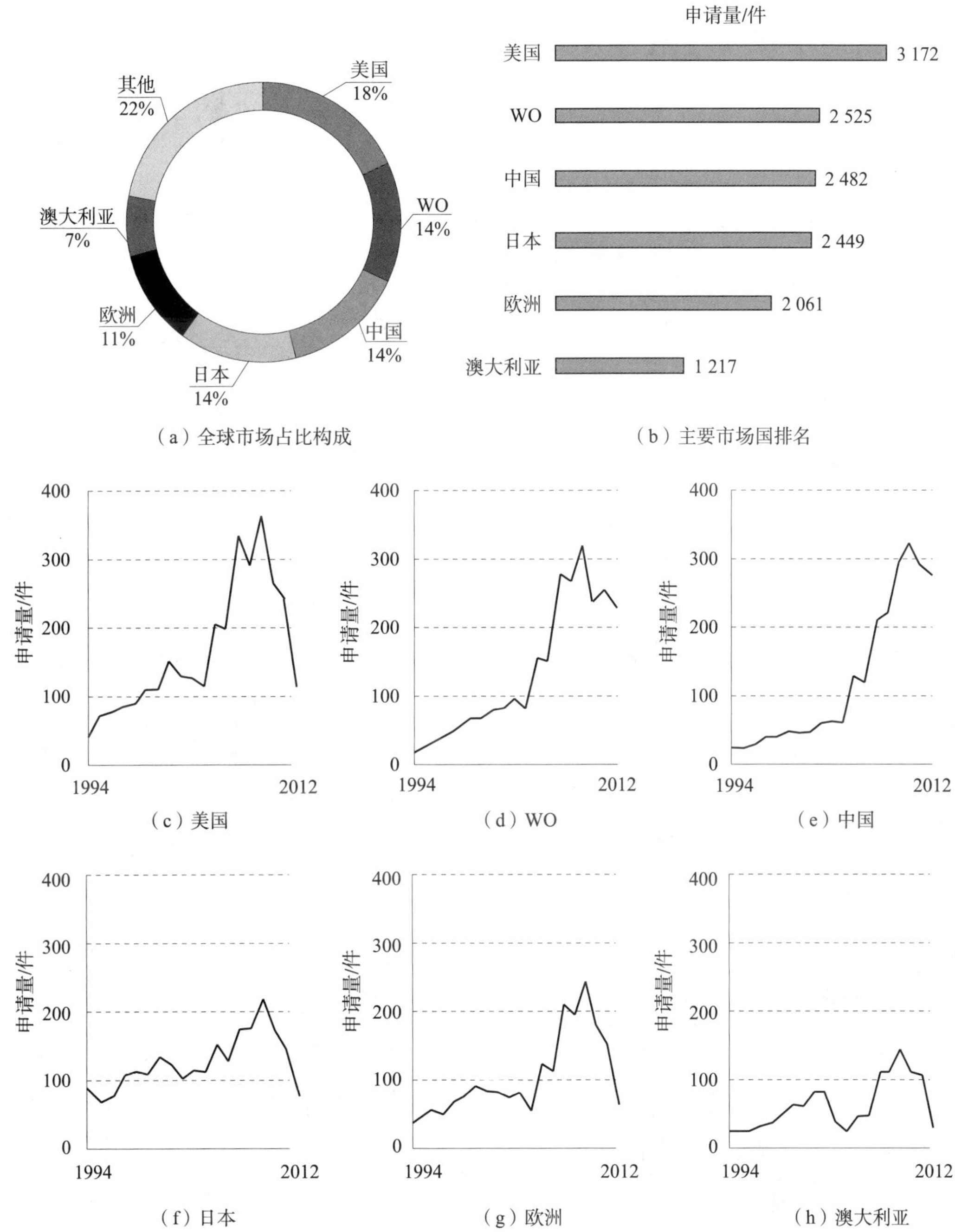

图 1　二氧化碳捕获分离领域 1994～2012 年全球专利申请分布及趋势

（二）全球专利技术产出分析

二氧化碳捕获分离领域1994～2012年全球专利产出分布及趋势如图2所示。二氧化碳捕获分离专利技术主要分布在美、日、中、德、韩等国，其中，美、日、中三国的专利产出与专利申请量一样均位于全球前三位，且专利产出要远高于德国和韩国。美、日、德从2009年左右对于二氧化碳捕获分离领域的研发投入逐渐降低。而中国与韩国的发展趋势相似，在二氧化碳捕获分离技术方面的研发投入一直呈快速直线增长趋势，且在近两年达到了研发投入的高峰。该领域技术中国正处于蓬勃发展期，应当重点关注美、日的最新科研动向，注意参考发达国家的二氧化碳捕获分离技术所实施的工业化思路与步骤。

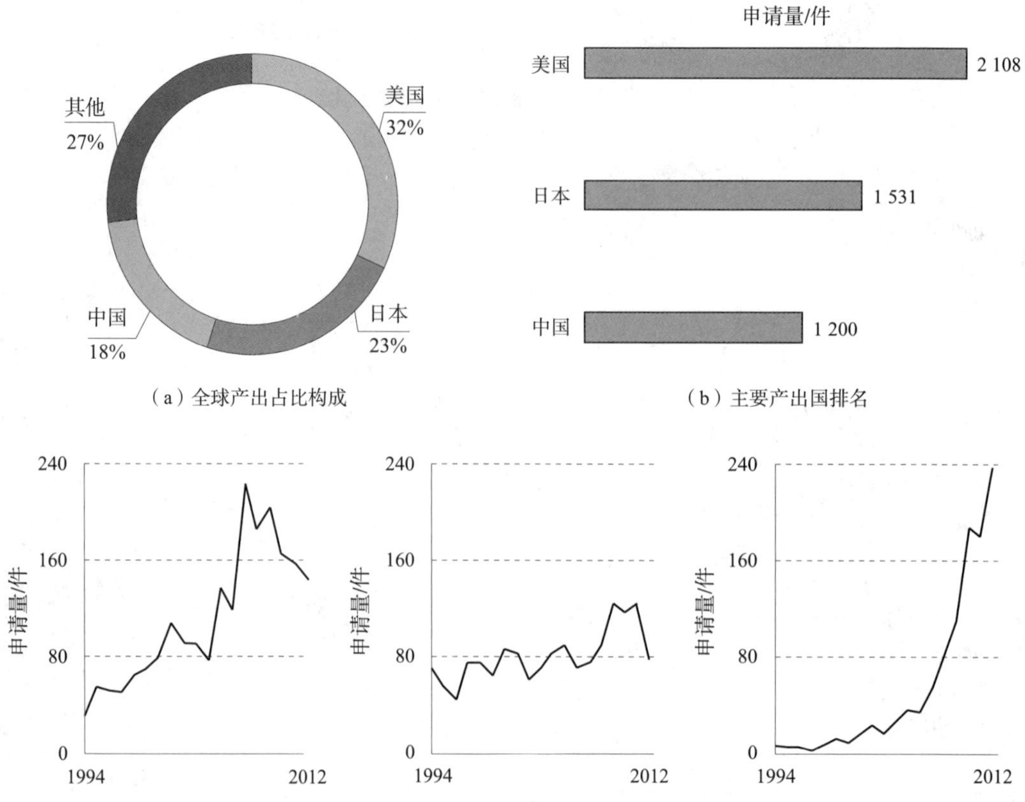

（a）全球产出占比构成　（b）主要产出国排名

（c）美国　（d）日本　（e）中国

图2　二氧化碳捕获分离领域全球专利产出分布及趋势

（三）分支技术发展情况分析

根据欧洲专利局（EPO）推出的清洁能源新分类系统以及现有的二氧化碳捕获分离技术，二氧化碳捕获分离可分为以下6个技术分支：第一类，吸附分离；第二类，吸收分离；第三类，化学分离；第四类，生物分离；第五类，扩散分离（包括膜分离）；第六类，低温分离（包括精馏法和冷凝法）。各分支技术的全球市场分布如图3所示。

与传统的吸附分离、吸收分离以及化学分离技术相关的专利申请量居多，主要来自美、日、中三国；而新兴的生物分离、扩散分离以及低温分离方面的申请量较低，主要来自中、日、美、德、欧、韩。传统技术由于起步较早，技术相对成熟，专利申请量也较多，3 项传统技术的申请量均在 320 033 800 项左右，而新兴技术的出现主要依赖于生物、膜材料、冷却等相关技术的快速发展。因此，新兴技术的专利申请量相对传统技术还较低，其中，扩散分离（主要是指膜分离）和低温分离均在 1 300 件左右，而生物分离仅在 400 件左右。

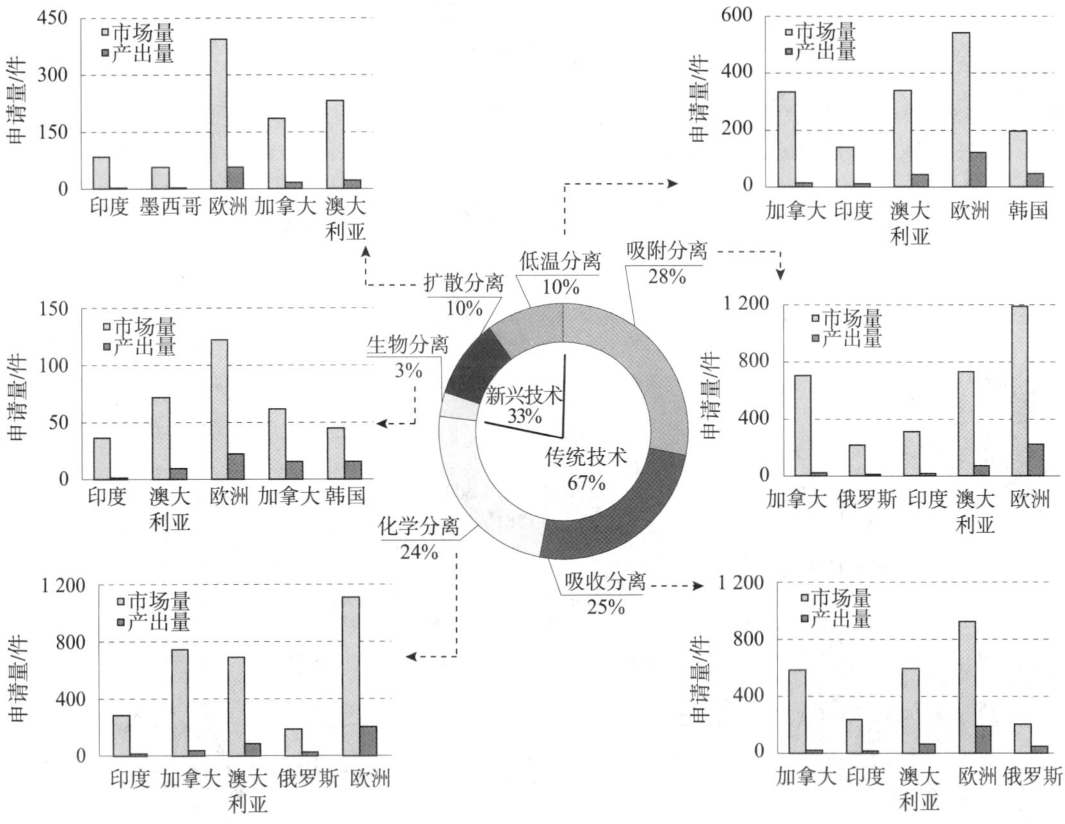

图 3　二氧化碳捕获分离领域各分支技术的全球市场分布

对比各国/地区在一项技术分支的专利申请量与产出量，能够反映该技术分支在该国/地区研究活跃程度和市场潜力。对比发现，新兴技术潜在市场国较多，传统技术潜在市场国较少。中国和韩国虽然是新兴市场潜在国，但是由于技术研发和产出较为强劲，因此外来企业面临的竞争更为激烈。印度、加拿大、俄罗斯、澳大利亚等国家也是未来的潜在市场国。这些国家存在一个共同的特点是地域广阔，适应气候变化的能力较强，为了保持世界领先的地位或追赶经济强国，必须持续发展工业，仍需要继续大额排放二氧化碳，因此需要二氧化碳捕获分离产业在国内大规模存在以适应经济发展需求。在吸附分离、吸收分离、低温分离领域，加拿大自身实力较弱，外来企业机会较大。加拿大国内制定了环境税政策，包括碳税，规定所有企业、个人和在不列颠哥伦比亚省的游客，在该省购买或使用燃料，或为了取暖和获取能量而燃烧易燃品，都需要开支碳税。未来极有可能将碳排放交易与碳税挂钩，而二氧化碳捕获分离技术是碳交易的核心技术内涵，这隐含了为适应国内碳税规定，对二氧化碳捕获分离技术的需求将可能会呈现爆发式增长。在化学分离、生物分离、膜分离领域，印度拥有较好的市场前景。作为发展中国家的印度，对依靠化石能源推动经济增长的依赖程度较高，即其总体碳排量规模较大。且到 2025 年，印度人口将达到 14 亿，而印度 3/4 的人口生活在传统经济的农村地区，消耗着大量且分散的生物质能源。这些均为引入二氧化碳捕获分离项目的利好消息。对中国而言，需要加大新兴技术研发，尽快谋划专利布局，尤其在膜分离、生物分离技术领域，应该拥有若干核心基础专利，占据市场，赢得先机。

各分支技术全球专利技术生命周期如图 4 所示。

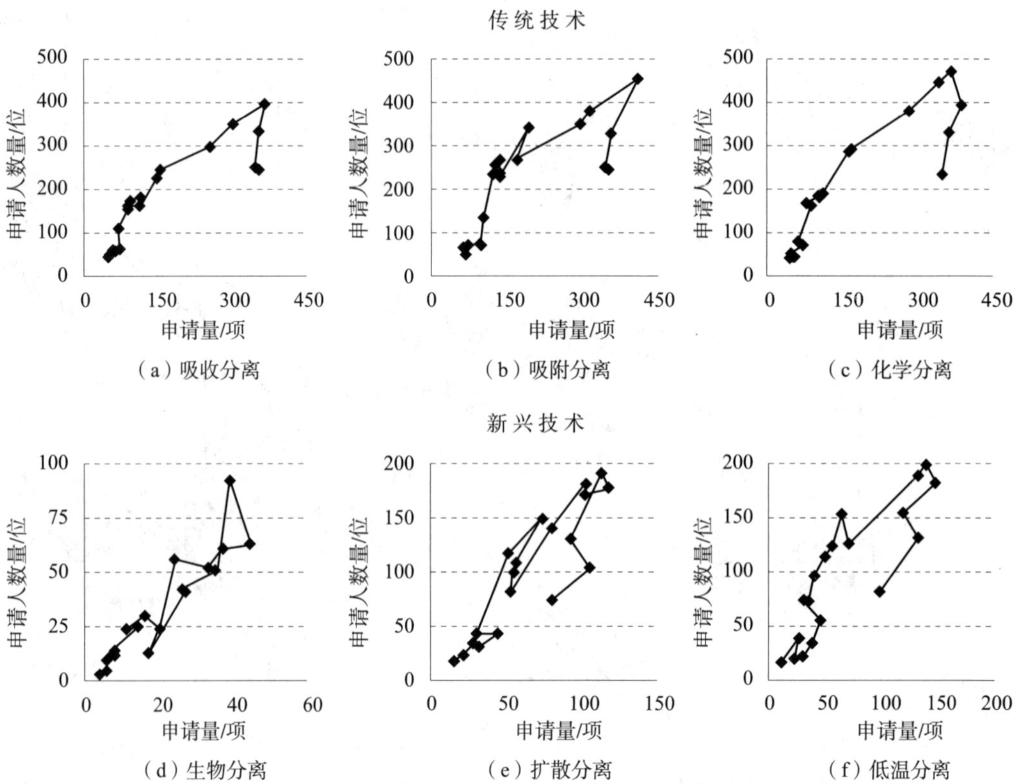

图 4　二氧化碳捕获分离领域各分支技术全球专利技术生命周期

二氧化碳的传统处理技术在迅速发展了十多年后，申请量趋于稳定，而申请人数有一定的下降，说明随着传统技术的成熟发展，一部分竞争者被具有强大实力的大公司兼并或淘汰。二氧化碳新兴处理技术的生命周期并不规律，还处于发展期。从近几年的发展趋势上看，随着新兴技术的发展，申请量随年有所波动，而申请人数却逐渐下降，这表明虽然新兴技术领域处于发展期，但是也将不断涌现出越来越多具备竞争实力的企业，尤其是扩散分离和生物分离领域技术进步不断涌现，工艺革新层出不穷，这些新工艺新设备的产业化，将极大促进膜技术和生物技术的发展，进而提高二氧化碳的处理效率和能力，其市场前景也是不言而喻的。目前由于传统的二氧化碳捕获分离技术成熟且多样化，研究人员还在通过相关技术的发展对传统分离技术进行不断改进，以满足工业化需求，因此传统技术申请量远远大于新兴二氧化碳捕获分离技术的申请量。换言之，传统技术占据市场绝大部分份额，但新兴技术有巨大发展潜力，新老技术处于交替更迭时期。值得一提的是，生物分离技术是一项高新技术，不仅利用生物技术，还一定会涉及其他领域。从生物技术生命周期图来看，大体表现出发展期的趋势，但该发展期呈螺旋上升的状态，显示出专利申请人数量和申请量呈现不规律性变化，表现了该技术的跨领域特征。

将各技术分支近 5 年专利申请涉及的分类号进行统计排序，结合各分支技术中专利技术生命周期，可以看到：生物分离技术是该领域的技术空白点；扩散分离技术是新增技术点；在吸收技术中，混合溶剂、离子液体吸收技术是近年来兴起的技术，由于研发技术成本不高，吸收效果较好，研究方向也较多，因此，将来可能会成为世界通用技术。

三、全球专利竞争者分析

（一）全球主要竞争者概况

二氧化碳捕获分离领域全球专利申请量排名前十位的申请人如表 1 所示。其中日本 3 家，法国 3 家，美国 2 家，德国和荷兰各 1 家。专利质量较高（授权率高）的公司有三菱、空气化工产品、石油研究院、埃克森美孚等。技术参与人数较多的公司有三菱、液化空气、壳牌、空气化工产品等。该领域主要竞争者的概况如图 5 所示。

表 1　二氧化碳捕获分离领域全球十大竞争者

排名	CPY	公司名称（中文）	国　别
1	MITO	日本三菱	日本
2	AIRL	法国液化空气	法国
3	LINM	德国林德	德国
4	AIRP	美国空气化工产品	美国
5	SHEL	荷兰壳牌	荷兰
6	ESSO	美国埃克森美孚	美国
7	TOKE	日本东芝	日本
8	HITA	日本日立	日本
9	ALSM	法国阿尔斯通	法国
10	INSF	法国石油研究院	法国

		专利概况					产业概况		
		总申请量	授权率	进入国家总数	发明人数量	转让	主流工艺、核心技术	主营业务	研发方向
日本	三菱	205	56.12%	16	450	无/无	化学分离（分离工艺与设备）	化学品生产	生物分离
	东芝	142	36.55%	12	210	无/无	化学分离（分离工艺与设备）	化学品生产	化学分离
	日立	60	35.86%	13	120	无/无	化学分离（分离工艺与设备）	化学品生产	化学分离
法国	液化空气	219	26.90%	23	380	无/无	化学分离（多卤化物参与反应）	化学品生产	化学分离
	阿尔斯通	140	23.61%	23	270	无/无	吸收分离（特色溶剂）	石油开发炼制	吸收分离
	石油研究院	107	46.29%	24	215	无/无	吸收分离（特色溶剂）	石油开发炼制	吸收分离
美国	空气化工产品	102	61.39%	21	250	无/无	吸附分离（特色化学品生产）	化学品生产	吸附分离
	埃克森美孚	81	43.97%	33	185	无/无	吸收分离（特色溶剂）	石油开发炼制	吸收分离
德国	林德	85	16.00%	21	200	无/无	吸收分离、膜分离（特色溶剂）	化学品生产	膜分离
荷兰	壳牌	104	43.53%	27	265	无/无	吸收分离（特色溶剂）	石油开发炼制	吸收分离

图5　二氧化碳捕获分离领域全球主要竞争者概况

排名靠前的专利申请人的注册地或母公司主要分布在美国、日本和欧洲，其中，日本公司三菱、东芝、日立的二氧化碳捕获分离工艺以及核心技术均涉及化学分离领域。日本三菱、美国空气化工产品、荷兰壳牌、美国埃克森美孚、法国石油研究院等公司的授权率均超过40%，说明这些公司不仅具有强大的竞争实力，而且其专利质量也较高。主营业务涉及石油开发炼制的公司，如荷兰壳牌、美国埃克森美孚、法国阿尔斯通、法国石油研究院等，它们不仅在能源领域占据鳌头，而且还将其技术延伸到了由能源开发所产生的下游产业，上述能源集团在二氧化碳捕获分离领域中的“进入国家总数”上排名相对靠前，充分显示了这些能源公司作为大型跨国集团对专利技术布局方面的重视。

（二）主要技术分布

二氧化碳捕获分离领域全球主要竞争者的技术分布如图6所示。各大竞争者在二氧化碳的各个技术分支均有专利布局，因此，在制定研发方向以及申请专利时，需要重点关注这些公司在各技术分支布局存在的量和涉及的核心专利情况，注意雷区的存在。

大部分公司将研发重点放在了吸收和吸附技术上，且在吸收分离方法中主要以化学吸收、液相作用、气液接触技术为主，在吸附技术方面主要以利用固定吸附剂以及变压吸附为主要技术。另外，由于低温分离技术可直接得到液化的二氧化碳，并实现二氧化碳在高压下的直接储存，容易在工业上实现，因此其各大竞争者在低温分离二氧化碳技术上的研发投入也相对较多。在新兴技术中，扩散分离和生物分离起步较晚，相关技术发展还未成熟，因此其研发投入较传统分离技术较少，但分析表明各主要竞争者逐渐开始对新兴技术领域渗入，尤其是以膜材料为主的分离二氧化碳技术，因为扩散分离的膜分离法对环境友好、常温操作、能耗低。因此，扩散分离的膜分离技术将成为未来重要的二氧化碳分离方法之一。各大竞争者在生物分离技术上的研发投入还较低，但是随着生物科技的快速发展，以生物分离二氧化碳技术将成为未来二氧化碳分离技术研究热点。

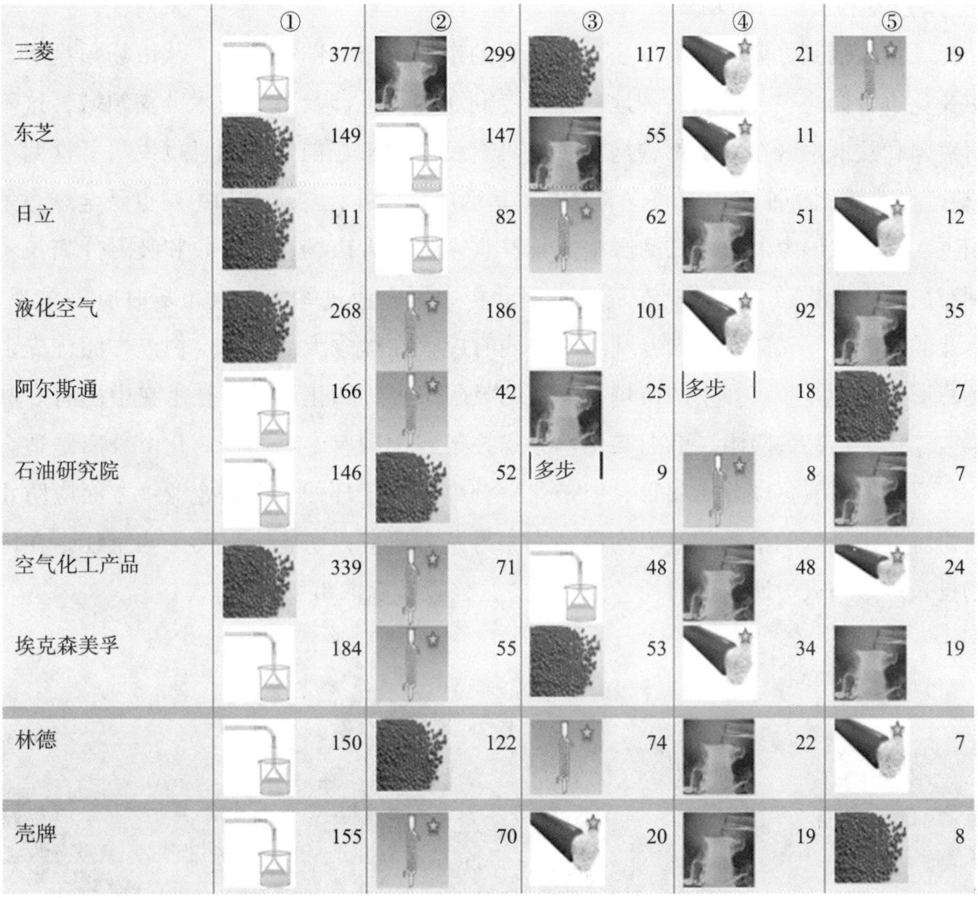

图 6　二氧化碳捕获分离领域全球主要竞争者的技术分布

全球主要竞争者中 3 个日本公司在化学分离技术领域中的专利申请均较多，尤其是申请量居高的日本三菱公司，其在化学分离技术上的申请量远远超过其他竞争者，可以看出日本在利用化学分离捕获二氧化碳领域处于领先位置，而其他主要竞争者虽然在化学分离领域中也有涉及，但是其研发投入热情并不高。因此，在化学分离领域进行布局专利时，需要重点关注日本在这方面的专利技术。法国液化空气公司在二氧化碳捕获领域的技术分布较为平衡，与其他竞争者相比，法国液化空气公司在低温分离技术、扩散法分离技术上的申请量较高，这可能与该公司的主营业务相关，这使其在上述技术领域上的发展较其他竞争者更为突出。

另外，随着大气污染物的日益增多，处理烟气的复杂性提高，越来越多的竞争者开始考虑采用多步骤联合处理二氧化碳，联合法处理二氧化碳能够使各个技术优势互补，提高处理效率，各大竞争者也逐渐对这一综合处理二氧化碳的技术给予重视，如法国阿尔斯通以及法国石油研究院。

文献基础研究
宏观政策研究
产业促进服务

（三）专利布局与市场分布情况

二氧化碳捕获分离领域全球主要竞争者的市场分布如图7所示。从市场角度看，全球主要竞争者们均在美国和欧洲地区进行专利布局，且涉及各个技术分支领域，这不仅说明美国和欧洲地区在二氧化碳捕获领域具有良好的市场前景，而且也说明了这两个国家/地区在二氧化碳捕获领域的技术发展尤其迅速。此外，加拿大和中国也是全球竞争者竞相进入的热点国家。美、日两国企业日益重视加拿大市场，且吸收和吸附分离技术的专利布局量大于化学分离专利布局量。因此，中国企业进军加拿大市场时应该重视美、日企业的专利布局，防止陷入专利纠纷，同时应该在加拿大的技术空白点方面优先占据市场，形成有力竞争。在中国市场，林德的吸附、吸收和化学分离技术在中国有专利布局，空气化工产品的吸附、低温和化学分离技术在中国有专利布局。化学分离是适合大规模商业化的二氧化碳分离项目，但是化学分离不利于环保。中国企业一方面应防止国外公司对中国市场的垄断和攫取高额利润，另一方面应以防止大气污染为重任，在国内市场投入资金与人力研发低能耗、低污染方法，逐步赢取市场份额。

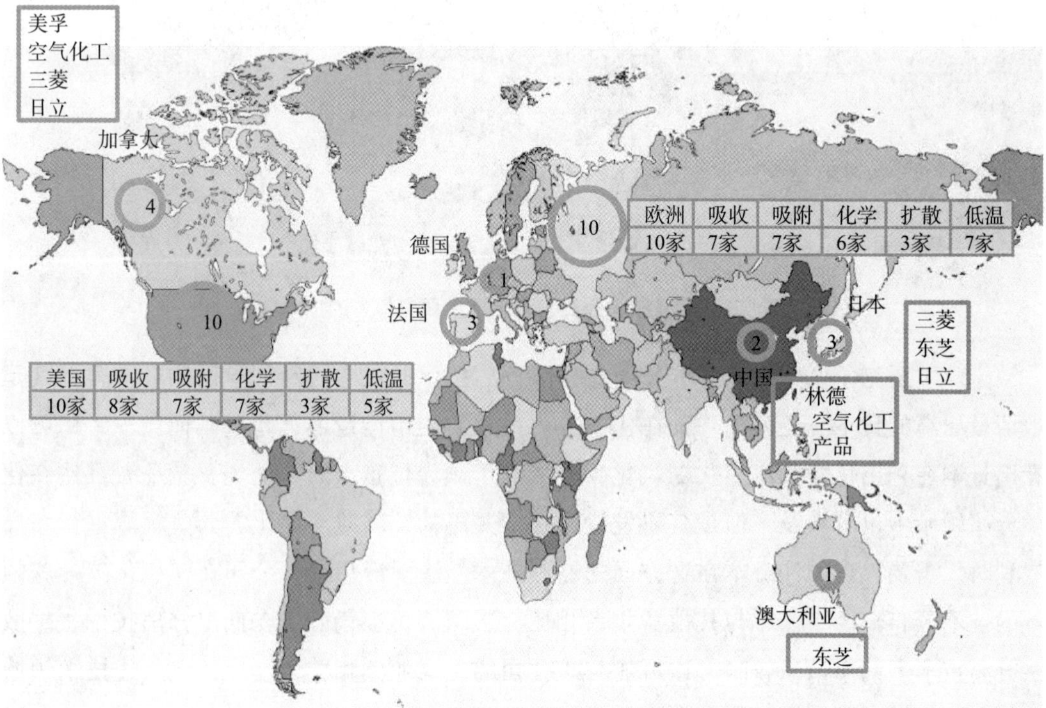

图7　二氧化碳捕获分离领域全球主要竞争者的市场分布

从竞争者角度看，日本三菱在其国内的专利布局主要在吸收分离、化学分离、吸附分离技术上，而当其进入美国、欧洲、加拿大市场时，以吸收分离、化学分离为主要布局，这两个技术分支也均是日本三菱的主要技术分布领域。东芝在其国内主要以吸附分离技术为主，且申请量较高，但是其并未将该技术在澳大利亚进行专利布局。美国空气化工产品在二氧化碳捕获领域中主要以吸附分离技术为研发重点，吸附分离技术上的发展较为突出，同时其在中国进行了大量的吸附分离技术的专利布局。此外，德国林德在吸附分离技术上的核心技术也较多，其同样在中国进行了大量的吸附分离技术的专利布局，可见中国在二氧化碳的吸附分离技术上具有广阔的市场前景。法国3家主要竞争者将其专利布局的重点放在了美国以及欧洲地区，并在吸收、吸附、低温、扩散分离技术均有专利布局。日本3家主要竞争者将其专利布局的重点同样放在了美国以及欧洲地区，并以吸收、吸附、化学分离技术进行主要布局，说明美国以及欧洲地区在二氧化碳捕获领域的市场巨大，是各大竞争者期待进行布局的热点区域。

四、竞争启示与建议

（一）技术启示

传统分离技术将依然是二氧化碳捕获分离领域中全球竞争者关注的焦点。通过对分离理论的深入研究，对吸收剂、吸附剂的种类进行革新，从二氧化碳分离效率、吸收剂或吸附剂再生能力、运行成本能耗等问题对传统分离技术进行改进仍旧是传统分离技术目前的发展方向。新兴分离技术中，膜分离技术、生物分离技术均表现出了强有力的发展态势，尤其是膜分离技术，随着膜材料科学的不断进步，适合于气体分离的新型膜材料将不断出现，这将为解决膜分离技术中存在的使用成本高、寿命短、耐久性差等问题提供新的思路。因此，膜分离二氧化碳技术具有潜在的发展前景。生物分离技术由于其特殊的捕获二氧化碳的方式，因此在二氧化碳捕获分离领域将具有独特优势，其已经成为全球科研人员研发热点。此外，从二氧化碳捕获分离技术总体发展来看，通过改进工艺以多个分支技术相结合的途径来捕获分离二氧化碳的技术将越来越多，其并不局限于单一的分离技术，而是将各种分离技术相联合，优势互补，从而提升二氧化碳捕获分离的整体效率，这种联合方式捕集二氧化碳的技术将具有更好的工业化前景。

为寻求技术突破，一是应注意对组合工艺的相关研究。不同碳捕集方式有其各自的优点，现今对于不同捕集工艺的组合的研究，如膜分离与变压吸附的组合或吸收吸附与膜分离的组合，越来越受到国外企业和申请人的关注，今后应该注意对这方面的研究，寻找适应不同工况的捕集组合工艺，或者提高捕集工艺对不同工况的适应性。二是应注意对于吸收剂的改进。由于传统胺类吸收剂研究已经较为成熟，可以在离子液体的选择以及其可以配合使用的助剂上寻求新的技术突破，以突破国外专利技术壁垒，而对于吸附剂的发展，可重点对树脂以及树脂的改性进行相关的研究。

鉴于发达国家在低碳专利技术上几乎垄断的现状，应提倡对核心专利进行小改进以实现对国外核心原创专利的包围，使国内企业逐步摆脱国外专利的技术壁垒；同时要加强产研结合，促进技术成果的产生和产业化。

（二）市场启示

遏制气候变暖是国际社会关注的重点和热点问题，二氧化碳捕获分离是实现碳减排的关键技术。该领域具备一定实力的企业尤其是全球排名前十位的大型跨国企业均已在全球进行专利布局。在吸附分离、吸收分离、低温分离技术方面进军加拿大市场较为可行，尤其是吸收分离技术在加拿大力量薄弱，外来企业机会较大。而在化学分离、生物分离、膜分离领域进军印度较为稳妥，尤其是在生物分离技术方面时间前景最为看好。但仍需结合国家政策、项目管理能力与技术动态等因素综合考量。

将专利技术发展与布局情况与市场潜力、国家政策、产业发展状况等综合考量，建议联合法捕获二氧化碳技术可进军加拿大市场，生物捕获分离二氧化碳技术可进军印度市场。同时还应加大新兴技术研发，尽快谋划专利布局，尤其在扩散分离如膜技术，应该拥有若干核心基础专利，以占据市场，赢得先机。

（三）专利布局启示

对中国企业在二氧化碳捕获分离领域的海外专利布局建议分“两步走”：首先，通过增加国内外的二氧化碳捕获分离技术专利申请量，储备核心专利技术，切实提高二氧化碳转化率，提高自身竞争实力；其次，针对定位的目标市场国，将储备的核心技术尽快申请布局，突破国外申请人实施的专利布局，有意识地制定专利策略，区分评估核心专利与外围专利在市场国中的作用，通过寻求合作，力求市场国不被发达国家所主导，逐步达到或赶超国际先进水平。

袋式除尘器中国专利申请状况分析

于瑛　刘静**

摘　要　本文对袋式除尘器在中国的专利申请进行了检索，并从专利申请趋势、专利申请人分布以及技术功效等角度进行了研究和分析。

关键词　袋式除尘器　专利　技术功效

引　言

袋式除尘器可以获得极低的颗粒物排放浓度，有效控制影响大气质量和人体健康的微细粒子，去除有害气体；袋式除尘器能够适应多种复杂条件而获得稳定的运行效果。[1]伴随着国家节能减排环保政策的进一步趋紧以及新兴行业发展的机遇，在一定程度上作为重要减排环保产业的袋式除尘行业的地位凸显。本文对袋式除尘器在我国的专利申请状况进行分析，希望能够为我国袋式除尘企业在进行技术研发时明确研发方向。

一、袋式除尘器在中国专利申请状况分析

本节以向中国国家知识产权局提交并公开的袋式除尘器的专利申请为研究对象，检索数据的截止日期为2013年12月31日。在中国专利检索系统（CPRS）数据库中经检索、去重降噪得到2 319件专利申请。受专利公开期限影响，将不对2012年和2013年数据降低原因进行分析。

如图1所示，中国的袋式除尘器出现在1985年，起步阶段总申请量只有4件，从1986～2000年年均申请量增加至11件左右，申请量没有明显变化，2001年申请量开始迅速上升，总体趋势呈逐渐增加的态势。从总体趋势上可以预见，中国的袋式除尘器专利申请量在一定的时间段内，仍然会维持在一个较高的水平，我国申请人对该领域的技术研发热情和投入力度比较高。

** 等同第一作者。

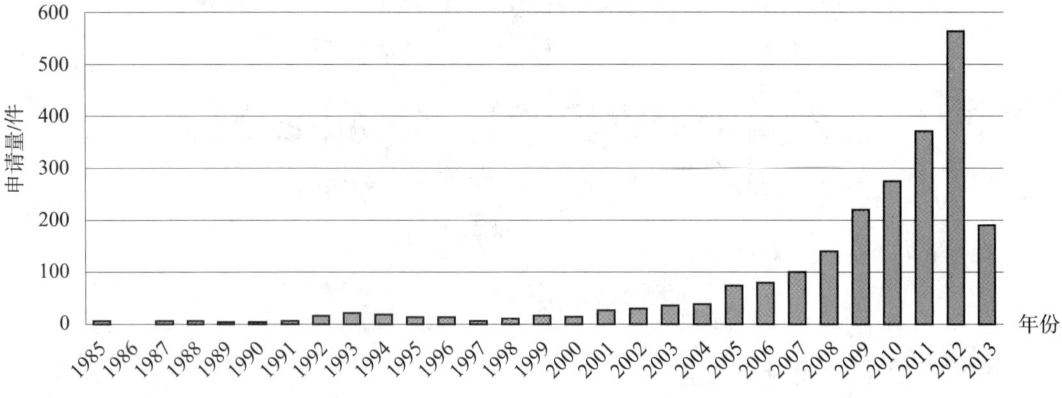

图 1　袋式除尘器中国专利申请量年度分布图

二、申请人分析

从图 2 可以看出，在国内的袋式除尘器专利申请中，前 15 位申请人的专利申请量占总申请量的 20%，可见该领域的申请人具有一定的集中性，对于前 15 位的申请人专利申请量的数据可参见图 3；另外，国外申请人在华专利申请量较少（约占 1%），申请人主要为国内申请人。

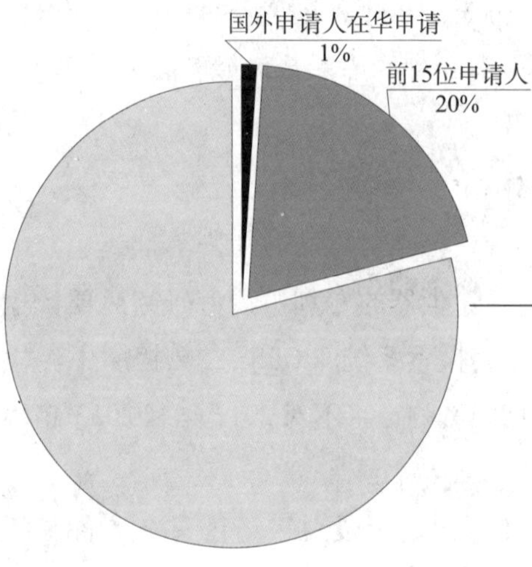

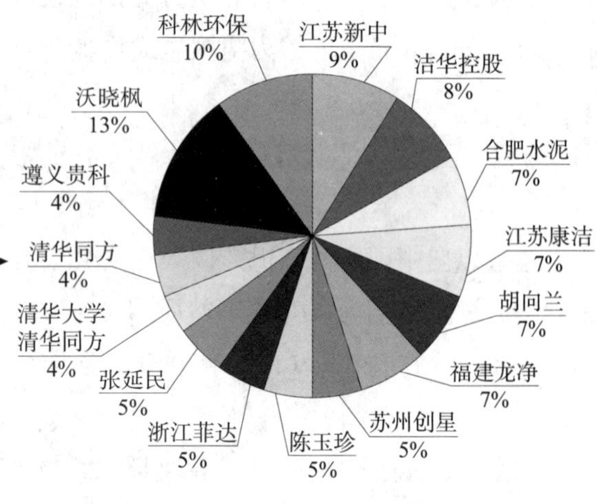

图 2　袋式除尘器在华申请人分布　　**图 3　袋式除尘器中国前 15 位专利申请人排名**

此外，由表 1 的分析可知，袋式除尘器前 15 位申请人主要为企业、个人、高校。10 家申请量最多的企业中大部分为民营股份制企业，其中 4 家为上市公司，且 4 家上市公司的地区分布比较均匀，可预期其在不同区域或具体应用领域具有相应的市场；通过上述分析可知我国相关骨干企业的发展比较成熟且具有一定的技术研发水平，共同分享高端市场。整体上看，表 1 也显示出袋式除尘器行业竞争较为充分，市场化较高；其中科林环保、江苏新中、江苏康洁、苏州创星均位于江苏省，而洁华控股、浙江菲达都位于浙江省，可见不同地区的相关技术发展及研发水平具有一定的差距，因此导致技术研发和创新主要集中在某些发达省份。对于排名靠前的个人申请，尽管有4人申请量排名位居前15位，但通过查看图4所示的前15位申请人发明与实用新型专利申请量可知，大部分个人申请属于实用新型专利申请（其中3人的申请全部为实用新型申请），由此可知其对本领域的技术贡献程度、应用价值及专利稳定性实质上低于拥有发明申请量较多的企业及高校。对于高校申请人，清华大学和东华大学在滤袋材料、自动化控制方面具有较高的研发能力，也是我国高校当中在袋式除尘器领域主要的自主研发团队。

表1　袋式除尘器中国前15位申请人类型统计

申请人	申请人类型	地　区	备　注
沃晓枫	个人		
科林环保	企业	江苏	上市公司
江苏新中	企业	江苏	
洁华控股	企业	浙江	
合肥水泥	企业	安徽	
江苏康洁	企业	江苏	
胡相兰	个人		
福建龙净	企业	福建	上市公司
苏州创星	企业	江苏	
陈玉珍	个人		
浙江菲达	企业	浙江	上市公司
张延民	个人		
清华大学、清华同方	高校、企业	北京	上市公司与高校联合申请
遵义贵科	企业	贵州	
东华大学	高校		

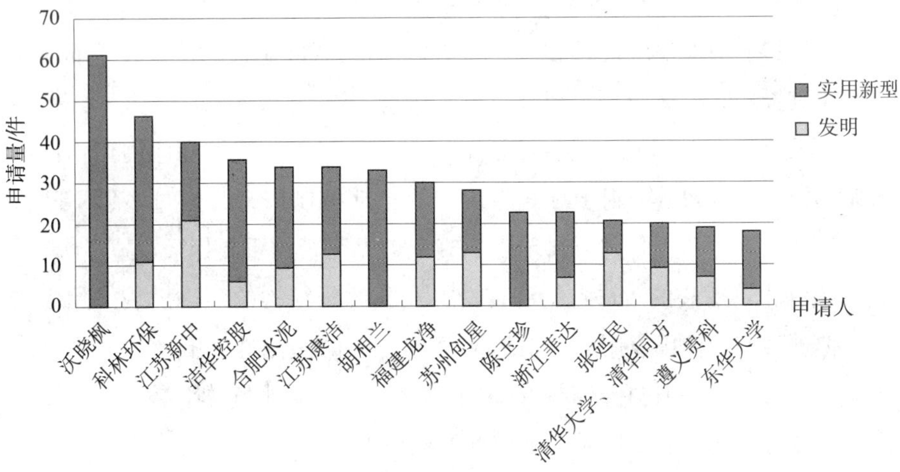

图4　前15位申请人发明与实用新型申请量

三、袋式除尘器的技术发展方向及功效分析

基于对专利稳定性及发明创造贡献程度的考虑，本文在下述技术分析中对 2 319 件中国专利申请中的 501 件发明专利申请进行具体的技术分析。

（一）技术侧重点分析

通过对 501 件发明专利申请的分析，可以从图 5 中看出，我国袋式除尘器的发明专利申请中主要发明改进点在于反吹清灰部件（25%，126 件）、控制及检测系统（19%，97 件）以及滤袋的改进（15%，76 件）。

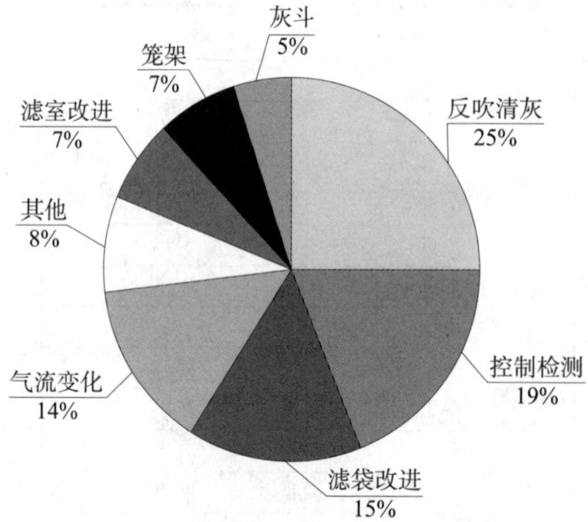

图 5　袋式除尘器发明专利申请技术分布

（1）袋式除尘器的清灰方式主要包括机械振打、反吹风、脉冲喷吹三种类型。在清灰部件相关的 126 件发明专利申请中，脉冲喷吹方式的申请有 78 件（62%），机械振动 21 件（17%），其余基本为反吹风形式（20%）。就袋式除尘器的清灰技术而言，清灰方法的演变，对其推广和扩大应用范围起了重要作用。

（2）我国袋式除尘技术的自动控制技术和产品的研究、开发和应用工作已历时数十年，自可编程控制器（PLC）用于袋式除尘器的自动控制以来，经过多年不断改进和完善，其已成为袋式除尘器在各种复杂环境下安全可靠运行的重要保障。

（3）袋式除尘器滤袋的改进包括滤袋材料及其滤袋结构的改进。袋式除尘器是依据滤料固有的物理过滤特性以及附着在滤料表面粉尘层的过滤性来截留烟气中具有一定颗粒度的粉尘。[2]所以滤料的选择主要考虑以下几个方面：含尘气体对袋式除尘器滤料的影响、与清灰装置配合选择滤料以及其他生产的实际要求。

（二）技术功效分析

为了更清晰地了解袋式除尘技术各部件及其所要解决的技术问题、各部件产生的技

术效果之间的关系，我们通过图 6 向读者进行详细说明。技术功效分析是对专利技术手段与技术手段实现的目的或效果（功效）的分析。通过技术功效分析可以了解技术与功效之间的关系，了解技术密集区、地雷区、尚未被开发区域等内容，为企业确定研发和专利布局方向提供条件和依据。按照布袋除尘器的主要部件及其功能效果进行技术信息的提取，可以得到图 6 所示的布袋除尘器领域的技术功效图，其中横行代表技术主题，竖行代表技术所能实现的技术功效；圆圈的面积与专利申请量相关。

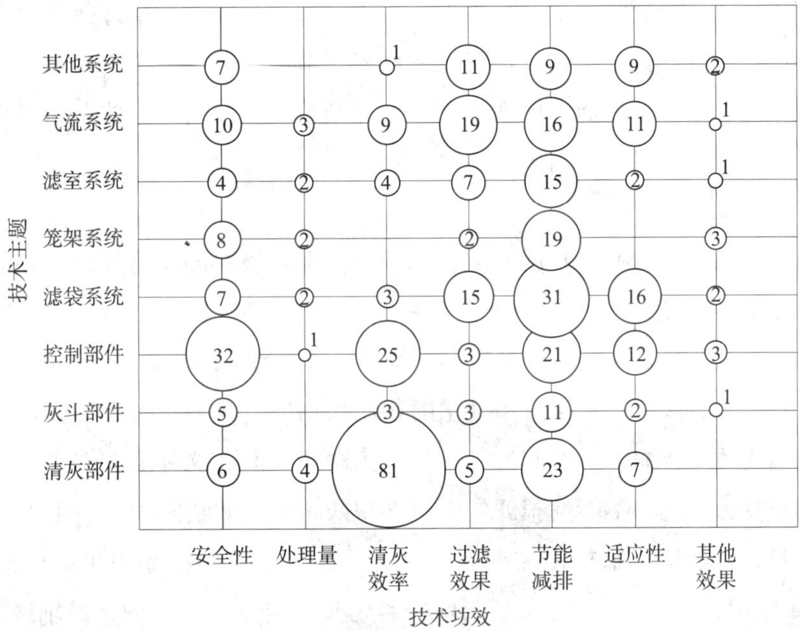

图 6　袋式除尘器技术功效图

由图 6 可以看出，纵向分类（部件结构）具体包括清灰部件、灰斗部件、控制部件、滤袋、笼架、滤室、气流系统和其他部件。其中：清灰部件包括对滤袋表面及内壁的积累灰尘进行反吹或清灰的部件（例如脉冲阀、振打清灰等）；灰斗部件包括灰斗的结构、配件（如卸灰阀、螺旋输灰装置）及连接方式；控制部件包括对反吹清灰部件的控制、滤袋内外压力检测、防露防冰防火及排放检测；滤袋包括滤袋结构、制作方法及过滤材质的改进和选择等；笼架包括支撑滤袋用骨架的结构、连接方式等的改进；滤室包括滤室的布置、结构及具体配件的改进；气流系统包括进出风系统、气流走向、均匀度及分散混合所采用的配件或方法；其他部件包括电袋复合除尘、除尘预处理、添加药剂或湿法袋式除尘等。

横向分类（技术功效）具体包括安全性、处理量、清灰效率、过滤效果、节能减排、适应性和其他效果。其中：安全性保证除尘器稳定、安全、有效进行，防止二次污染；提高处理量包括提高过滤面积、处理风量及设备容量；清灰效率包括降低过滤负荷、提高清堵排灰效率；提高过滤效果包括提高过滤精度、拦截率及均匀过滤；节能减排有利于节约成本、降低维修频率和更换频率以及操作方便；适应性包括用于不同工业领域所产生气体的过滤、不同工作环境要求；以及除上述效果以外的其他技术效果。

从图6中也能非常直观地了解到布袋除尘器领域的研究热点集中在提高清灰效果、节能减排上，同时除尘器的安全稳定性、提高过滤效果也是发明专利申请侧重解决的技术问题，这几方面也一直是布袋除尘器的热点研究方向。然而专利申请为了解决这些技术问题，多采用通过对反吹及清灰部件的改进提高布袋过滤器的清灰效果、通过控制系统的改进提高运行的安全稳定性及清灰效率并实现节能减排的效果、以及通过气流及滤袋的改进提高过滤效果等方面。因而本文结合专利技术，总结出这些问题在现有专利当中的解决方式以及技术相对空白区，供读者借鉴。

1. 提高清灰效率

喷吹清灰法（主要为脉冲反吹）是借助于各种不同型式的压力气流逆向清除粘附于滤袋上的粉尘层。从图6中可以看出，在提高清灰的效率方面，申请人主要通过对反吹清灰部件的改进或通过对反吹清灰的控制来实现清灰效率的改进。

例如，清灰时，脉冲阀直接向净气室喷射压缩空气，部分压缩空气首先喷射到顶门和箱壁，然后再改变方向，反射到滤袋内部达到清灰目的。这种清灰方式使净气室内气流紊乱，滤袋受力不均，不能清掉滤袋下半部积灰，造成滤袋阻力居高不下，既影响袋除尘器通风量，又加快了滤袋的破损。为解决上述问题，2007年提出的中国专利申请（公开号为CN101053730A）通过设置引流喷管匀步一定数量的与滤袋成轴线30°角对称的喷射孔，使整个箱体承受均匀清灰力度从而提高了清灰效率和滤袋的使用寿命。

为研究、改进和提高脉冲袋式除尘器的性能，2009年提出的中国专利申请（公开号为CN101642653A）通过数据采集仪采集喷吹前后气包内的压力及气包内压缩空气的温度，再结合已知当地大气压和气包的容积，通过公式计算出脉冲阀的单次喷吹气量。根据测试所得的喷吹管压力变化数据，可用于分析和改进喷吹管的设计以指导设计最优的喷吹管；并且利用这些参数组合建立袋式除尘器脉冲喷吹系统数据库，提高现有脉冲袋式除尘器的性能。

2. 安全稳定、节能减排

安全稳定运行是提高除尘设备效率的基础和有力保障，因此避免糊袋、烧袋、掉袋等事故的发生就显得尤为重要，从图6也可以看出安全稳定的运行主要是通过控制的手段得以实现。针对上述现有技术中存在的问题，2008年的中国专利申请（公开号为CN101530707A）提供一种用于布袋除尘器的事故保护控制系统，通过在除尘器的烟道上设置压差、温湿度测量器以及喷水降温设备，并且与PLC控制系统连接成一体进行及时反馈，达到安全及时的程序控制。

另外，节能减排也是降低企业运行成本、满足环保需要的重要议题。由图 6 可知针对节能减排的改进则体现在袋式除尘器的各个方面。比如由于过滤期间滤袋及笼架的晃动会造成滤袋间的相互摩擦并影响粉尘的沉降，影响了除尘器的正常运行、减少了滤袋的使用寿命；对此 2008 年的中国专利申请（公开号为 CN101433790A）在普通花板的对应下方增加了下花板以及套管，使花板的结构更为合理，增强了结构性能，降低了制造成本，避免了滤袋间的相互摩擦，延长滤袋的使用寿命；同时加快了粉尘的沉降，提高了除尘效率和除尘效果，降低了除尘器的负荷，节能效果明显。

3. 提高过滤效果

滤料是袋式除尘器的核心，关系到除尘器能否长期、可靠、高效地使用，也直接影响着过滤的效果。例如，2008 年的中国专利申请（公开号为 CN101380818A）公开了一种聚苯硫醚纤维除尘袋的制作方法，通过加热搭接以及对加热后搭接缝处的两接触面压合成一体的方式解决除尘袋易在周向断裂的问题，使滤袋能够长期使用，降低了维修和更换成本。又如，2012 年的中国专利申请（公开号为 CN102961928A）公开了一种控制 PM2.5 细颗粒物的袋式除尘装置，通过集成低于 0.1MPa 的柔性清灰技术、电凝并协同预处理技术以及纳米涂层增效过滤技术，提高除尘器对于细微颗粒物，尤其是对于环境和人体具有较大伤害的 PM2.5 的拦截和过滤。

此外，我们从图 6 中也可以看出，相关专利的技术创新点比较集中，而对于滤室和笼架在不同领域以及技术的适应性、通过控制的方式调整过滤等方面的相关专利申请却很少见，因此读者可以根据图 6 的启示发掘袋式除尘器潜在的技术创新点和发展方向，避免局限于现有技术的发展思路。

四、对我国袋式除尘器的发展建议及展望

在今后较长一段时期内，我国的基础工业必然会有适度增长，节能减排的力度会不断加大，加上环保产业也是国家拉动内需、加大投资力度的行业，袋式除尘行业面临着发展的大好机遇。本文通过对袋式除尘领域专利申请的技术功效分析得出了该领域的技术密集区及潜在的技术发展点。国内申请人可以在此基础上寻找研究方向，避免重复劳动和投资浪费。通过对袋式除尘器相关专利的统计与分析，在此对我国该领域的发展提出以下建议：

（1）我国袋式除尘行业主机生产是带动整个行业发展的龙头，主机生产应考虑的问题是设备的大型化、满足直接处理高浓度粉尘、降低阻力和减少钢耗等问题。[3]同时，应借鉴学习和消化吸收国外先进成熟的经验，以提高袋式除尘的气流分布技术。在现有节能减排技术的基础上进一步巩固完善节能效果，使除尘器不产生二次能耗、投资过大的

问题；同时应当更加注重各部件之间的协同作用，适应不同领域袋式除尘的应用，不局限于现有的除尘形式。让袋式除尘走进更多的中小型企业，让工业、民用粉尘得到有效处理，使各类企业从中受益。

（2）近年来国内纺织技术的不断进步，特别是非织造工艺的发展，使滤料的发展得到了技术支持。过滤材料是袋式除尘器的核心，其性能决定着设备对粉尘以及超细粒子的捕集性能。目前，袋式除尘器使用的滤料主要以全尘为主，对超细粒子有一定去除效果，其PM2.5捕集效率随不同滤料的原料纤维、制造加工方法、后处理工艺而有所不同。但这些滤料由于其结构和加工工艺的不同，对PM2.5的效率相差很大，在78% ~ 99%之间，其中以覆膜滤料效率最佳。但由于覆膜滤料具有易损性，开发针对PM2.5的高效、可靠的滤料在当前情况下显得十分迫切。

（3）展望未来，袋式除尘行业需要在完善现有骨干企业研发能力、提高企业硬实力的基础上，更多地与高校联合进行相关技术研究，把握社会的需要，使环保理念与技术融入高校的教学实践与企业的技术创新当中；同时也应当鼓励依靠合理竞争在骨干企业的带动下提高小型企业的发展水平，尤其是技术研发与成果转化能力，进行高端技术合作研究以快速攻破技术瓶颈。这不仅需要相关高校、研究单位的技术支持，还需要提高企业的自主创新能力以及政府知识产权相关单位的指导与项目建设，并及时对研发成果进行有效地保护。

参考文献

[1] 李万军．节能环保领域奇葩——袋式除尘器［J］．中国投资，2012（4）．

[2] 郭莎莎．袋式除尘器滤料的选择和技术发展［J］．非织造布，2006，14（6）．

[3] 中国环境保护产业协会袋式除尘委员会．我国袋式除尘行业2012年发展综述［J］．中国环保产业，2013（5）．

家用空气净化技术及专利布局分析

霍芳

摘 要 本文根据家用空气净化技术的分类情况，介绍了各类空气净化技术及其优缺点，并根据相关检索结果分析国内外家用空气净化器的主要生产企业的专利申请情况，从而为国内空气净化器生产企业进一步的技术研究提供参考。

关键词 家用 空气净化 专利布局

引 言

随着空气污染及装修污染等问题日益严重，越来越多的消费者开始关注家居空气质量，尤其是近年我国爆发了大范围的雾霾天气，家用空气净化器再次成为人们关注的热点。家用空气净化器是指能够吸附、分解或转化各种室内空气污染物、提高室内空气清洁度的产品。室内空气污染物一般包括可吸入颗粒物、气态污染物及微生物三大类，其中，可吸入颗粒物包括粉尘、烟雾、花粉、PM2. 5、PM10 等悬浮物；气态污染物包括甲醛、苯、TVOC、氨气、氮氧化物、二氧化硫及臭氧等；微生物包括各类常见的细菌、病毒、螨虫尸骸、皮屑等。

一、家用空气净化器的分类

家用空气净化器从其工作原理上可以分为三大类，分别是被动式净化类、主动式净化类、以及将二者相结合的双重净化类。

（一）被动式净化类

被动式净化类又称滤网净化型，其主要原理是：用风机将室内污染空气抽入净化器中，通过内置的滤网过滤空气，主要起到过滤颗粒物、除去异味和有毒气体以及杀灭部分细菌等作用。滤网是被动式空气净化器的核心部件，其数量和材质对净化效果有很大影响。根据所过滤的污染物不同，滤网可分为集尘滤网、除甲醛滤网、除臭滤网、HEPA 滤网等。集尘滤网通常放置在空气净化器的空气进口处，用于去除空气中灰尘、毛发等较大颗粒物。除甲醛及除臭滤网放置于集尘滤网之后，用于去除空气中的甲醛、苯等气态污染物。HEPA 滤网是一种国际公认最好的高效滤材，由一叠连续前后折叠的亚玻璃纤维膜构成，形成波浪状垫片用来放置和支撑过滤介质，其主要针对悬浮颗粒物，由于其对微粒的捕捉能力较强、孔径微小且吸附容量大，因而对过滤颗粒物的效果非常明显，净化效率高。但由于我国粉尘比较严重，HEPA 滤网的使用寿命可能相对缩短，也就意味着 HEPA 滤网需要经常更换，因而成本较高。

由于被动式空气净化器需利用空气的流动才能产生净化效果，因而只能对空气净化器周围的空气产生一定的净化效果，用在室内时难免存在死角，很难对整个室内环境进行有效的净化。

（二）主动式净化类

主动式净化类又称为无滤网净化型，其摆脱了风机与滤网的限制，不是被动的等待室内空气被抽入净化器内进行过滤净化，而是主动向空气中释放净化灭菌因子，利用空气的弥漫性特点将净化灭菌因子送达室内各个角落，对室内空气进行无死角净化。根据其主动杀菌原理可分为银离子净化技术、负离子净化技术、低温等离子体净化技术、光触媒净化技术和净离子群净化技术等。

1. 银离子净化技术

由于银离子能够实现与空气中的有害细菌结合，破坏细菌的细胞壁，从而达到杀死细菌、防止霉菌生成的抗菌、防霉功能。但由于银离子净化技术单独使用成本较高，且作用范围有限，因而难以独立应用于家用空气净化器中。

2. 负离子净化技术

负离子是空气中一种带负电荷的气体离子，也被称作“负氧离子”。空气负离子能与漂浮在空气中的尘埃、细菌、病毒、烟雾等结合成中性离子而沉降，对空气具有净化作用。负离子的产生可分为自然产生和人工产生两种。自然界空气中负离子的主要来源是宇宙射线、紫外线、岩石土壤中的放射性元素放出的射线激发，雷电电击激发，或风暴、瀑布、海浪冲击摩擦等作用，使气体分子的外层电子逸出，变为正离子，逸出的自由离子很快附着在某些气体分子或原子上，成为空气负离子。人造负离子主要采用高压静电场、高频电场、紫外线、放射线或水的撞击等方式使空气电离，从而产生负离子。人工条件产生负离子的方法有一定缺陷，如电晕放电在产生负离子时会造出大量的臭氧，放射发生负离子的同时需要特殊的防辐射措施，使用不当会对人体产生极大的危害。负离子空气净化器主要依靠人工方式产生负离子，所产生的负离子可主动出击捕捉空气中的有害物质。

3. 低温等离子体净化技术

低温等离子体是继固态、液态、气态之后的物质第四态，通过给气体外加电压至气体的放电电压，使气体被击穿，产生包括电子、正负离子、原子和自由基在内的各种强氧化性粒子。这些强氧化性粒子能够在极短时间内把接触到的污染物分解，并发生后续的各种反应以达到降解污染物的目的。这种技术一般用于工业废气脱硫、脱硝等处理，在等离子体净化废气过程中会产生臭氧等副产物，如若要将等离子体净化技术应用到家用空气净化器中，需要关注二次污染处理技术。

4. 光触媒净化技术

光触媒也称为光催化剂，是一类以二氧化钛为代表，在光的照射下自身不起变化却可以促进化学反应、具有催化功能的半导体材料的总称。在光源照射下，它能够利用特定波长光源的能量产生催化作用（即氧化还原反应），使周围的氧气及水分子激发成具有活性的自由基，这些自由基几乎可分解所有对人体或环境中有害的有机物质及部分无机物质。该技术的优点是产品成本较低，缺点是自由基活性导致其在空气中停留的时间较短，对病毒及细菌的杀灭效果也有限。

5. 净离子群净化技术

这是夏普公司所申请的专利技术。净离子群净化技术是一种将空气中的水分子直接电离成 H 自由基和 OH（羟基）自由基，同时再包裹水分子的技术。OH 自由基对病毒和细菌的杀灭率超过臭氧，在空气中停留、存在时间也比臭氧长。该技术是目前国际公认的医用空间净化技术，也是目前唯一能有效杀灭甲型 H1N1、H1N5 禽流感、SARS 病毒的空间净化技术。

6. 全效净离子群净化技术

全效净离子群净化技术是在净离子群净化技术基础上衍生的新一代净离子群净化技术。全效净离子又叫 ECOION 生态净离子，ECOION 离子发生器经由高压放电释放出与自然界相同的正、负离子群，对空气中的浮游霉菌、病毒等有害物质进行包围分解，净离子群粒子附着在浮游菌表面的瞬间，生成氧化性最强的 OH 自由基，从浮游菌的蛋白中抽出 H+，使其失去活性，最后以水分子的形式返回到空气当中，由此实现整个房间的主动杀菌，达到净化空气的效果。

（三）双重净化类

双重净化类结合了主动净化技术和被动净化技术，因而净化效果是最好的，也是目前家用空气净化器中被广泛采用的。

二、国内外主要空气净化器企业的专利申请情况

笔者在 CNPAT、WPI 及 EPODOC 数据库中对涉及家用空气净化器的专利进行了检索，并对国内外主要生产企业的申请量及其主要专利技术进行了分析总结。国内企业主

要包括：球海格力电器股份有限公司、北京亚都科技股份有限公司、美的集团有限公司、海尔集团公司及远大空调有限公司等；国外企业主要包括：大金工业株式会社、松下电器产业株式会社、夏普公司、三星电子株式会社、LG 电子株式会社、皇家飞利浦电子股份有限公司及霍尼韦尔国际公司等。

（一）国内主要空气净化器生产厂家的专利布局

国内主要空气净化器的生产厂家在国内外的专利申请量情况见图 1。

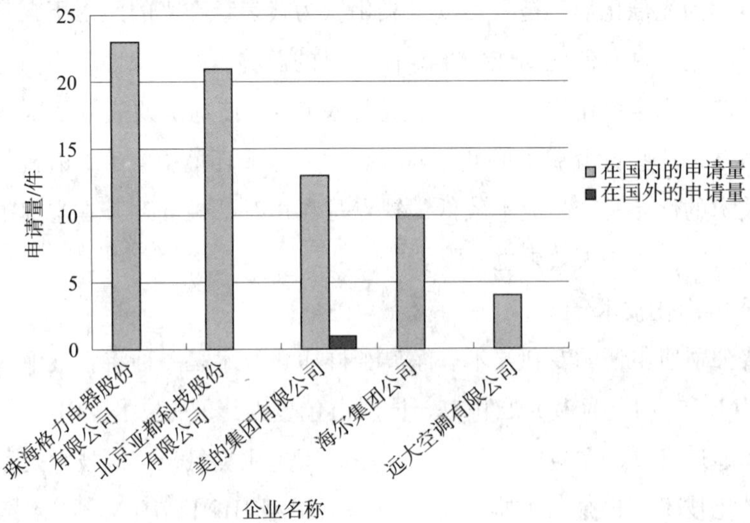

图 1　空气净化器国内主要企业在国内外的专利申请情况

珠海格力电器股份有限公司在国内共申请了 23 件涉及室内空气净化器的专利，未在国外申请相关专利。其专利技术主要涉及利用高压放电方式的净化技术、提高粉尘传感器检测的准确性及提高空气净化器的处理风量等方面。

北京亚都科技股份有限公司及其各子公司在国内共申请了 21 件涉及室内空气净化器的专利，未在国外申请相关专利。其专利技术涉及多个方面，如抗菌过滤纸芯的制造、滤材的安装、利用湿法去除有害气体的净化技术等。

美的集团有限公司及其子公司在国内共申请了 13 件涉及室内空气净化器的专利，在国外申请了 1 件相关专利。其专利技术主要涉及空气净化器的外观结构、对空气进行杀菌及除甲醛的技术等。

海尔集团公司在国内共申请了 10 件涉及室内空气净化器的专利，未在国外申请相关专利。其专利技术主要涉及对空气净化器局部结构的改进，如对出风结构、显示屏结构或空气净化模块的安装结构的改进等。

远大空调有限公司在国内申请了 4 件涉及室内空气净化器的专利，未在国外申请相关专利。其空气净化原理主要是通过银离子过滤网、静电吸附装置、以及活性炭板进行除尘、除菌及除味等净化处理。

（二）国外主要空气净化器厂家的专利布局

国外主要空气净化器的生产厂家在国内外的专利申请量情况见图 2。

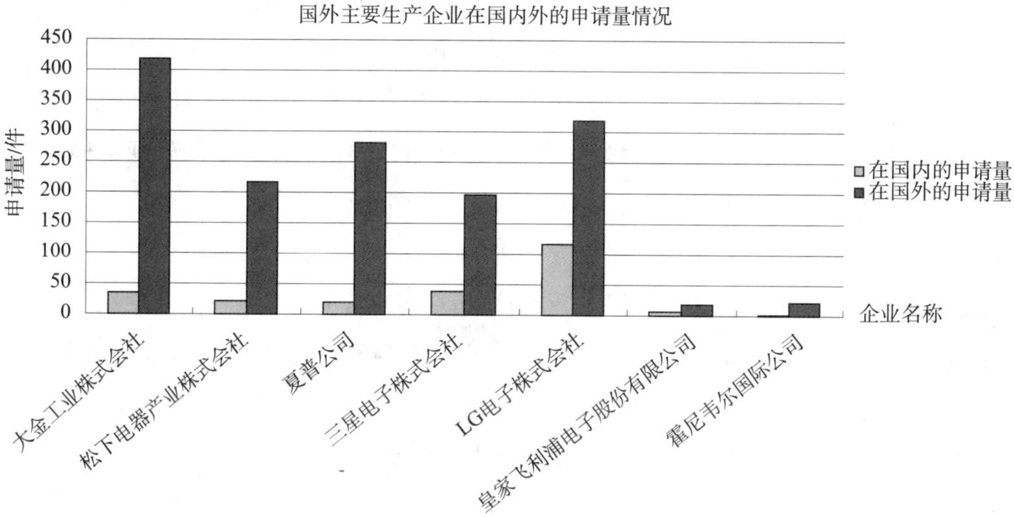

图 2　空气净化器国外主要生产企业在国内外的申请量情况

大金工业株式会社在中国申请了 35 件有关空气净化器的专利，在国外申请了 418 件相关专利。其专利技术主要涉及过滤器滤材、低温等离子体净化技术、光催化净化技术、空气净化器的控制方式、提高污染物去除效率的方法和装置、改善空气净化器的外观结构等。

松下电器产业株式会社在中国共申请了 22 件有关空气净化器的专利，在国外申请了 216 件相关专利。其专利技术主要涉及空气净化装置搭载的高压杀菌装置、电子集尘装置及静电雾化装置等、降低尘螨及花粉引起的变态反应原的空气清洁滤片及装置、对空气净化器显示装置的改进等。

夏普公司在中国共申请了 20 件有关空气净化器的专利，在国外申请了 281 件相关专利。其专利技术主要涉及其特有的“净离子群”空间净化技术，即经由电极施加交流电压而产生正、负离子，该正负离子附着在空气中的细菌表面，经化学反应进行除菌，并可结合其他特定滤网，以更大范围地迎合室内污染净化的需要。夏普公司于 2001 年申请的国际申请“空气改质机器及使用于此的离子产生装置”（国际申请号为 PCT/JP2001/007326），就是其特有的“净离子群”空间净化技术。此外，还有部分专利涉及将“净离子群”技术产生的粒子向室内扩散的微粒扩散装置等。

三星电子株式会社及其在中国的子公司苏州三星电子有限公司在中国共申请了 38 件有关空气净化器的专利，在国外申请了 197 件相关专利。其专利技术主要涉及电集尘装置、污染物监测及控制方法、利用离子发生装置灭菌的方法和装置以及自动收集并去除灰尘过滤器上的灰尘的装置等。

LG电子株式会社及其在中国的子公司乐金电子（天津）电器有限公司，在中国共申请了116件有关空气净化器的专利，在国外申请了318件相关专利。其专利技术主要涉及空气净化器中的增氧装置、光触媒与等离子体相结合的空气净化装置、空气净化器的电子式集尘装置、空气净化器的增香、除尘螨、除甲醛等附加功能；空气净化器的局部结构改进、空气净化器的控制装置及方法等。乐金电子（天津）电器有限公司所申请的有关空气净化器的专利，涉及空气净化器的方方面面，如空气净化器的外观结构、过滤器的配置及安装、污染物的显示装置、风机结构、出风结构等。

皇家飞利浦电子股份有限公司及其在中国的子公司，在中国共申请了7件有关空气净化器的专利，在国外申请了19件相关专利。其专利技术主要涉及使用活性氧化物质发生器来改善空气净化装置的净化性能，以及空气处理设备空气传感器的校准方法等。

霍尼韦尔国际公司在中国共申请了2件有关空气净化器的专利，在国外申请了22件相关专利。其专利技术主要涉及光催化净化技术的改进。

三、国内外家用空气净化器企业的专利布局分析

由以上各空气净化器主要生产企业的专利情况分析可以看出，欧、美、日、韩等国家或地区的企业所申请的家用空气净化器相关专利超过1 500件，几乎覆盖各种净化技术和方法，能够对进口空气净化器产品进行有力的专利封堵。国外生产企业注重核心技术的研发，空气净化器的最先进技术基本都掌握在国外生产企业的手中，其专利有效率也较高。在国内空气净化器市场中，国外产品比国内产品更具有优势，比如主推“净离子群”技术的夏普公司占据了高端市场的较大份额。

我国空气净化器主要生产企业在国内申请相关专利的申请量不足百件，在国外申请的相关专利更是寥寥无几。并且所申请的专利涉及核心技术的少，多涉及局部细节的改进，所申请的专利类型多为稳定性较差的实用新型专利申请，其专利有效率较低。美的、格力等品牌的知名度、普及度和美誉度虽然不错，但由于其产品重心及优势不在空气净化器上，因而所生产的空气净化器产品比较单一，无突出的特色。亚都空气净化器在国际知名度、美誉度等方面虽无法与国外大企业相比，但由于其在空气净化器方面的专注性及专业性，其在国内空气净化器市场竞争中也取得了一定的份额。

国内企业要想在空气净化器市场竞争中占据一定的份额，企业自身必须不断强化技术的研发，注重专利申请和保护并加强海外专利部署。企业应建立完整立体的知识产权战略体系，才能在国际竞争中化被动为主动，提高企业核心竞争力，从根本上实现企业的可持续发展和利益最大化。要积极开发并掌握核心专利技术，高度重视专利成果保护，并且采取有效的专利策略来应对来自竞争对手的挑战。对短期内无法拥有核心专利技术，

可以通过引进、消化、吸收及再创新，开发出一批围绕原核心专利的应用技术专利，并形成对核心专利的包围网，通过交叉许可，取得发展空间。另外，应紧盯市场上新的技术动向，密切注意新技术对市场的潜在影响，分析新技术与本企业在产品集合上可能产生的效应。如果证明该新技术具有巨大的市场价值时，应及时跟进，并在短时间内开发出新产品，或通过购买专利技术占领市场。此外，应随时追踪检索现有的专利技术，一旦发现失效而又适用的专利技术便及时跟进开发，这样企业不仅可以得到免费使用的专利技术，而且可以从失效专利中获得启发，进而萌发新的发明点，开发出新的方法、新的产品。

四、展　望

随着社会和公众对于空气污染问题的日益关注，家用空气净化器市场将快速升温。但是，与欧美日韩等国家相比，我国的家用空气净化器行业起步较晚。因此，我国相关企业应努力提升产品的技术“含金量”，着力从解决家居环境中的化学性污染逐步向提高室内空气品质方向发展，进一步推广先进的技术和产品；同时，相关政府部门、行业协会应该加强对市场的“净化”，不断完善相关标准。长此以往，我国空气净化器行业才能真正将市场做大做强。国内相关企业应抓住机遇，努力创新，研发出适合中国国情的家用空气净化技术，并将各项创新技术应用于新产品的开发，这样才能够在激烈竞争中立于不败之地。

我国 PM2.5 相关专利技术分析

霍芳　昌学霞**

摘　要　本文利用中国专利检索系统，检索了我国 PM2.5 相关技术领域的专利申请，重点分析了我国 PM2.5 相关专利申请的分布情况，从专利申请的年度分布、申请人类型、技术侧重点等方面进行统计分析。在上述统计分析的基础上，总结出我国 PM2.5 相关专利技术的一些规律，并提出相应建议，为进一步研究我国 PM2.5 相关技术提供参考资料。

关键词　PM2.5　专利技术　专利分析

引　言

近年来频繁出现的雾霾天气将 PM2.5 引入人们的视野。PM2.5 是指环境空气中空气动力学当量直径小于或等于 2.5μm 的细颗粒物，也称可入肺颗粒物。由于其易于富集有毒重金属、酸性氧化物、有机污染物、细菌与病毒，且能通过呼吸系统进入人体，因而会严重危害人体健康。PM2.5 主要来源于火力发电、工业生产、汽车尾气排放等向外界环境释放的残留物。现有的常规除尘技术如静电除尘、旋风除尘、湿式除尘等虽已达到较高水平，但仍难以有效捕集可吸入颗粒物，尤其是 PM2.5，造成大量 PM2.5 排入大气环境中，因此，如何预防及脱除 PM2.5 是目前研究的重点。

我国对 PM2.5 相关技术领域的研究起步较晚，还没有系统地研究它的各种规律，如 PM2.5 的基本污染特征、健康效应和来源分析等。但自 1999 年以来，相关企业、高校或个人开始对 PM2.5 的预防、监测及脱除等各个方面进行了研究，并产生了大量专利技术。

一、检索系统、数据库及检索方法

为了解 PM2.5 相关技术在我国的专利申请状况，我们通过检索中国专利申请数据库

** 等同第一作者。

（CNPAT）和中国专利全文数据库（CNTXT）来获得进行统计分析的专利样本。检索涉及的关键词主要包括：PM2.5、细颗粒物、可吸入颗粒物、悬浮颗粒物、入肺颗粒物、入肺粒子、亚微米粒子、细微粒子、小颗粒物、大气颗粒物、悬浮微粒、微尘、飘尘、微细粉尘、2.5 微米、2.5μm。由于2013 年所申请的专利多数还未公开，因而本文仅分析 2012 年之前（含 2012 年）的数据。经过数据整理，得到有效数据 751 项。

二、专利分析

（一）专利申请量趋势分析

截至 2012 年底，我国 PM2.5 相关专利申请总量为 751 件，其年度分布如图 1 所示。从该图中可以看出，在 1999 年之前相关专利申请为零；1999～2009 年，我国 PM2.5 相关专利申请量较少，增长缓慢，年申请量均低于 50 件；2010 年和 2011 年的申请量增速有所提升，但增长仍较缓慢，年申请量低于 100 件；到 2012 年，申请量大幅增加，年申请量达到 483 件。这与我国在 2012 年 2 月发布的新的《环境空气质量标准》不无关系，在此次新修订的《环境空气质量标准》中增加了 PM2.5 的监测指标，这表明国家已经充分意识到 PM2.5 对国民的健康有较大影响。

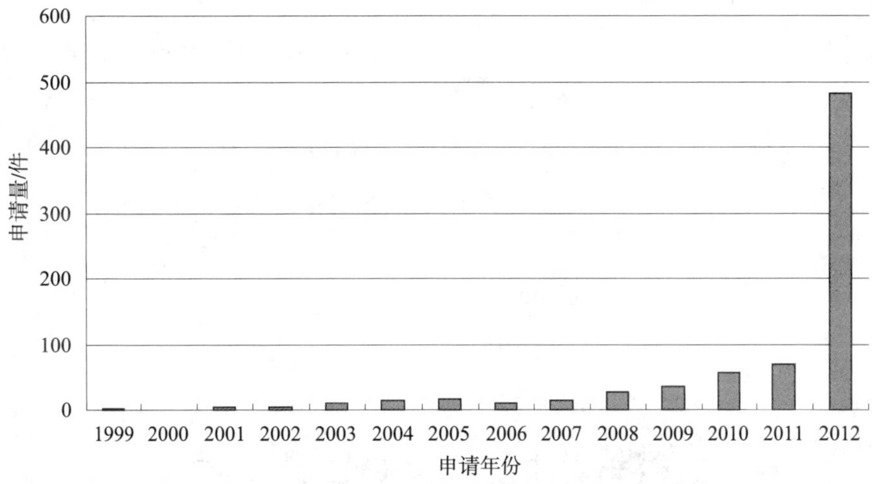

图 1　PM2.5 相关专利申请的年度分布情况

（二）专利申请类型及申请人分布

图 2 是 PM2.5 相关专利申请类型的分布情况。从图 2 可以看出：非 PCT 发明专利申请为 382 件，占总量的 51%；实用新型专利申请为 348 件，占总量的 46%；而 PCT 发明专利申请为 21 件，仅占总量的 3%。

图 3 是 PM2.5 相关专利申请的中外申请人分布情况。从图 3 中可以看出：在中国申请专利的申请人中，国内申请人占 96%，而外国申请人仅占 4%；外国申请人中，美国申请人为 13 个，日本申请人为 6 个，美国和日本两国的申请人占外国总申请人数的 66%。

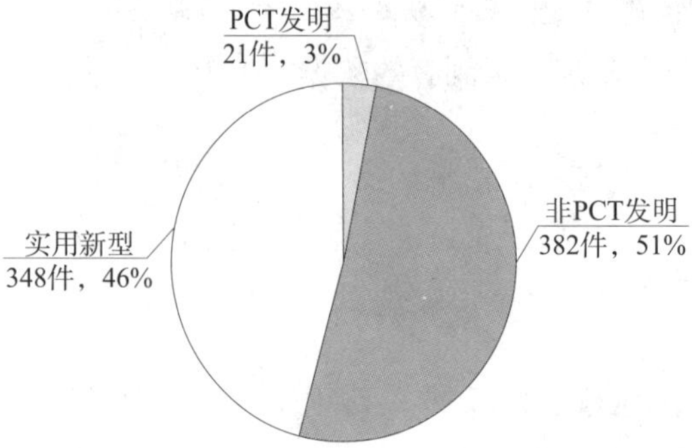

图 2　PM2.5 相关三种专利申请分布情况

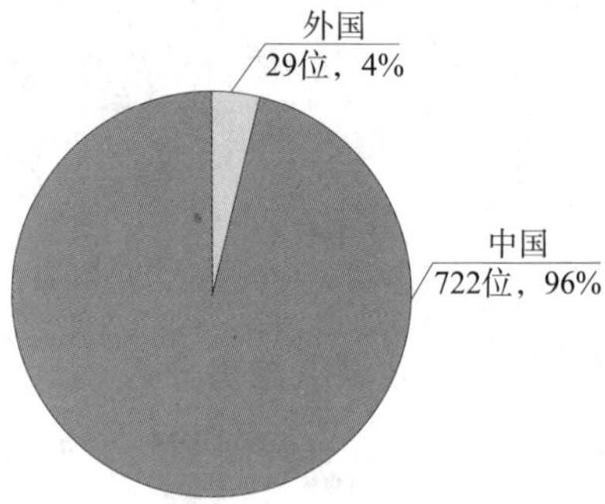

图 3　PM2.5 相关专利申请中国及外国申请人分布情况

图 4 示出了中国申请人的地区分布情况。从图 4 中可以看出，北京位居申请量的第一位，申请量为 114 件，占全国申请总量的 16%；第二位是江苏，申请量为 105 件，占总量的 15%；第三位是广东，申请量为 101 件，占总量的 14%；随后是浙江、上海、山东、山西、湖北、重庆和四川，以上是排名前十位的省市。排名前十位的省市的申请量之和占全国申请总量的 78%，而其余省、市和地区的申请总量仅占全国申请总量的 22%。这说明我国各省市申请量差距比较大，专利申请主要集中在北上广及江浙一带，这些省市经济比较发达，对科技创新比较重视，同时这些省市的工业及汽车污染比较严重，PM2.5 的问题也相对突出，因而对 PM2.5 的相关专利技术也更加重视。

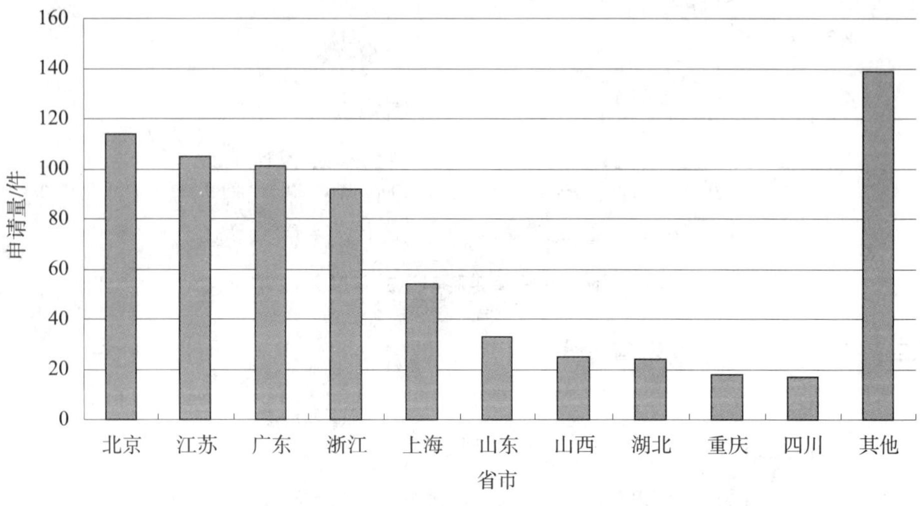

图 4　PM2.5 相关专利申请中国申请人地区分布情况

图 5 示出了中国申请人的类型分布情况，从该图中可以看出，中国申请人中企事业单位申请了 377 件，占总量的 52%；科研院所申请了 217 件，占总量的 30%；个人申请了 128 件，占总量的 18%。通过该图可以发现如下特点：国内申请人中企事业单位的申请量占了多数，这反映出我国相关企事业单位已充分认识到了 PM2.5 相关技术的重要性，专利申请比较积极。PM2.5 相关专利技术不是仅停留在研发阶段，产业化程度已比较高。

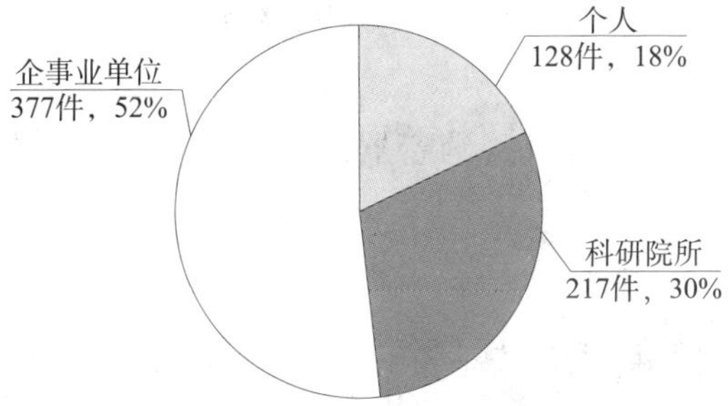

图 5　PM2.5 相关专利申请的中国申请人的类型分布情况

表 1 表示的是 PM2.5 技术领域前十位申请人的排序。排名前十位的申请人中有两位来自浙江，两位来自江苏，两位来自广东，北京、山西、山东和重庆各有一位，这与 PM2.5 相关专利申请的地区分布相符，再次从主要申请人排名侧面反映出这几个地区 PM2.5 相关技术的研发及产业化能力比较高。同时排名前十位的申请人均为企事业单位或科研院所，且企事业单位的申请量大于科研院所的申请量，进一步表明我国 PM2.5 相关专利技术不仅停留在研发阶段，更多的专利技术已投入产业化生产。

表 1　PM2.5 相关专利申请的主要申请人排序

排　序	申请人	申请量/件	所属地区
1	清华大学	20	北京
1	浙江菲达环保科技股份有限公司	20	浙江
3	长治市丰雨机械有限公司	19	山西
4	江苏瑞丰科技实业有限公司	16	江苏
5	东南大学	15	江苏
5	广东风华环保设备有限公司	15	广东
7	深圳市华测检测技术股份有限公司	14	广东
8	山东大学	12	山东
8	绍兴文理学院	12	浙江
8	中电投远达环保工程有限公司	12	重庆

（三）专利申请的技术主题分析

图6是PM2.5相关专利申请按IPC分类号的分布情况。申请量排名前几位的技术主题分布在分类号B01D、G01N、B03C、F24F、F01N和C10L等。上述分类号表示的技术主题分别为：

B01D：分离；

G01N：借助于测定材料的化学或物理性质来测试或分析材料；

B03C：从固体物料或流体中分离固体物料的磁或静电分离；高压电场分离；

F24F：空气调节；空气增湿；通风；空气流作为屏蔽的应用；

F01N：一般机器或发动机的气流消音器或排气装置；内燃机的气流消音器或排气装置；

C10L：不包含在其他类目中的燃料。

由此可以看出，我国PM2.5相关专利申请的技术侧重点为PM2.5的去除（涉及分类号B01D、B03C、F24F、F01N），其次为PM2.5的监测（涉及分类号G01N），然后是在燃料层面控制PM2.5，即从源头控制以减少PM2.5的排放（涉及分类号C10L）。

国内PM2.5相关专利申请涉及最多的就是PM2.5的去除，这也是应对目前PM2.5污染问题的直接有效的方法，但这并不能从根本上解决问题。相关企事业单位及科研院所还应找到能从源头解决这个问题的方法，如在燃料中添加各种添加剂作为脱除剂或吸附剂以减少PM2.5的产生，从而更有效地解决PM2.5所带来的各种问题。

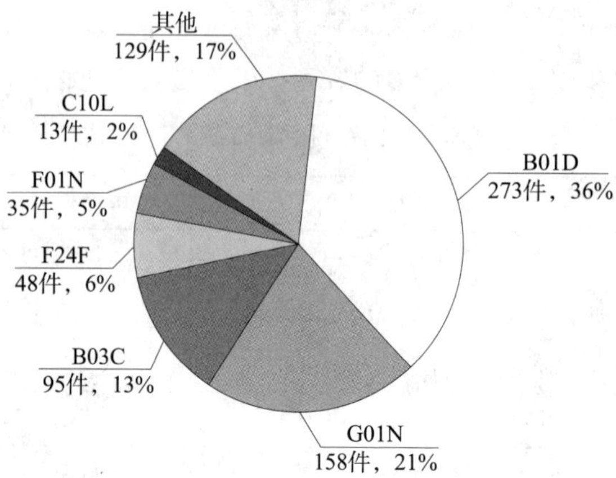

图6　PM2.5相关专利申请的技术主题分布情况

（四）典型技术分析

1. PM2.5的去除

传统的除尘装置如旋风除尘器或电除尘器等对PM2.5的去除能力有限，因而目前去除PM2.5的专利技术主要是通过化学团聚、超声团聚或电场团聚等技术使颗粒团聚增大，再用传统除尘装置进行捕集。

江苏瑞帆环保装备股份有限公司申请的CN102416363A，提供一种基于化学团聚与分体联动阳极式电除尘的除尘方法及装置，在电除尘器入口烟道经双流体雾化喷嘴喷入团聚剂溶液，且团聚剂溶液与压缩空气一起喷入，利用高聚物粘结剂与细微粉尘通过带有极性基团的高分子长链相连接，使细微粉尘粒径增大，再进入电除尘单元脱除。

绍兴文理学院申请的CN102847608A，提供一种超声团聚PM2.5颗粒的烟气净化装置及其净化方法，其装置包括超声团聚雾化器和电除尘器，燃煤烟气经脱硫脱硝后进入超声团聚雾化器，水雾、负氧离子与流入的燃煤烟气中的PM2.5颗粒相结合，团聚成较大颗粒，再通过电除尘器除尘后进入烟囱。

重庆大学申请的CN102626577A，提供一种脱除可吸入颗粒物的方法及系统，经除尘器除尘后的烟气引入可吸入颗粒物浓淡分离器，并在其中进行分离，将分离出的含尘浓度高的烟气经风机引入可吸入颗粒物团聚区域，在可吸入颗粒物团聚装置中布置有加湿喷嘴、电团聚发生器或声团聚发生器等装置，含尘浓度高的烟气经过颗粒物团聚装置后烟气中的颗粒物团聚、长大到颗粒粒径足够大，再引入脱硫塔中除尘和脱硫后排入大气。

另一类涉及PM2.5去除的专利技术是通过改进过滤装置，使其能够直接捕集PM2.5。

清华大学申请的CN102688639A，提供一种粒状空气过滤装置，其滤料采用直径为1~10mm的颗粒状滤珠，颗粒状滤珠采用毛玻璃制作。这种过滤装置造价低廉、清洗方便且能高效去除PM2.5。

苏州企航新能源有限公司申请的CN102626578A，提供一种玄武岩纤维的尾气除尘装置，包括第一除尘模块和第二除尘模块。第一除尘模块的除尘袋由纤维间隙为2.5~10微米的玄武岩纤维制成，第二除尘模块的除尘袋由纤维间隙小于2.5微米的玄武岩纤维制成，可分别用于过滤直径为2.5~10微米的尾气颗粒和直径为2.5微米的尾气颗粒。

华北电力大学申请的CN102764553A，提供一种谢尔宾斯基海绵结构细颗粒物脱除装置，其利用谢尔宾斯基海绵结构内比表面积大、多通道等特征并利用细颗粒物热泳沉积效应和湍流效应，对细颗粒进行脱除。

此外，还有一类涉及PM2.5去除的专利技术是利用高温燃烧的方法去除PM2.5颗粒物。华南理工大学申请的CN102705843A，提供一种烧除尾气中PM2.5颗粒物的处理装置，其利用螺旋形电阻丝作为加热介质，通电后，电阻丝能在较短时间内达到900℃以上的高温，PM2.5颗粒物随尾气通过这一区域时，由于PM2.5颗粒物较小，使得颗粒物能被迅速烧除。

2. PM2.5的监测

目前世界各国广泛采用的监测方法，主要有称重法、β射线吸收法和微量振荡天平法等，在采样气路前端加上PM2.5的切割器即可测得PM2.5的浓度。

称重法是颗粒物浓度测量最基本的方法，一般与其他测量方法结合使用，其原理简单、结果可靠，但需要大量的手工操作，而且采样时间长、自动化程度低、成本较高且难以实现在线监测。

β射线吸收法是在称重法基础上发展起来的一种方法，其测量的动态范围宽，且测量结果与气溶胶的种类、粒径、形状、颜色及化学组成等无关，只与粒子的质量有关，但由于存在放射性辐射源，容易产生辐射泄漏。

微量振荡天平法是近年才发展起来的颗粒物质量浓度测量方法，能够用于实时连续监测空气中颗粒物的浓度，其测量精度和实时性是传统方法无可比拟的，但其受温度、湿度干扰较大，且对滤膜要求很高。

我国涉及 PM2.5 监测的专利技术都是以上述方法为基础所进行的改进。

北京盈胜泰科技术有限公司申请的 CN102680349A，提供一种 PM2.5 的监测设备，在其进气道前端设置有颗粒物采集层，其后依次设置有多个第一分离层、多个第二分离层以及有机挥发物检测层。其中，颗粒物采集层用于采集大气中多级颗粒物，多个第一分离层用于按不同尺寸分层并收集 PM2.5 以上的颗粒物，多个第二分离层用于按不同尺寸收集 PM2.5 以下的粉尘颗粒并测量器重量，有机挥发物检测层用于检测有机挥发物的质量及体积参数。

北京汇丰隆生物科技发展有限公司申请的 CN102608004A，提供一种空气动力学粒径谱仪。与传统称重法相比，该发明采用飞行时间测量空气动力学直径，无需前级粒径切割采样，避免了粒子损耗，灵敏度较高，且检测准确度较高。此外，该发明可实现实时信息采集、分析，快速获得空气质量浓度谱图，并可自行设定数据统计时间，获得某一时刻或一段时间范围内的 PM2.5 和 PM10。

青岛中特环保仪器有限公司申请的 CN202075193U，提供一种烟气综合分析仪，其测量原理是基于振荡元件微质量测量原理。该仪器的核心为一个弹性的中空振荡管，它的底端固定，顶端装有选择吸附或过滤单元，振荡管顶端在驱动单元的驱动下以固有频率精确振荡，当不同的气体组分或颗粒物流过吸入过滤单元时，该单元质量将发生改变，从而导致固有频率的改变，由于气体流过振荡管的流速是固定的，因此通过一定时间内频率的变化即可测出被测物质的变化。

3. 源头控制

由于 PM2.5 主要源自于火力发电、工业生产以及汽车尾气的排放，因而可在燃料中添加各种添加剂。如钡基脱除剂或锌基脱除剂，添加剂在燃料燃烧过程中同步扩散到烟尘中，并在烟尘中与 PM2.5 接触粘连碰撞，使 PM2.5 颗粒附着和沉积到添加剂的内外表面上，从而使颗粒逐渐增大到能被除尘器脱出的大小，应用这种技术可使 PM2.5 在排入大气之前得到清除。

河南科技大学申请的 CN102517127A，提供一种燃煤超细颗粒物的排放控制方法，将钡基脱除剂与燃煤混合后一同送入磨煤机，将煤磨成煤粉，并使煤粉与钡基脱除剂混合均匀，将磨制好的煤粉和钡基脱除剂的混合物送入锅炉炉膛内燃烧，脱除剂会吸附大量的极细小颗粒，脱除剂粒径增大，携带飞灰和脱除剂的烟气进入除尘器内，除尘后直接排入大气。

东南大学申请的 CN101805654A，也提供一种燃煤超细颗粒物的脱除方法，该方法与 CN102517127A 提供的方法类似，只不过采用的是镁基脱除剂。

三、结　语

通过对我国 PM2.5 相关专利申请的分析，主要结论如下：

（1）目前，我国 PM2.5 专利技术正处于快速发展阶段，相关专利申请的数量和申请人的数量都在不断上升，特别是在 2012 年 2 月发布了新的《环境空气质量标准》之后，相关专利申请呈飞跃式增长，可见 PM2.5 已受到多方关注，行业发展十分迅速。但我国专利申请的技术主题多集中在 PM2.5 的去除和监测，从源头控制以减少 PM2.5 的相关专利技术还有进一步发展的空间和潜力。

（2）我国 PM2.5 相关专利申请主要集中在北上广和江浙地区，中西部地区还相对落后，今后中西部地区应积极加强与经济发达地区的合作，增强相关科研能力，同时还可以适当采取地区鼓励和扶持政策，支持 PM2.5 专利技术的全面发展。

（3）我国 PM2.5 相关专利申请以非 PCT 发明申请和实用新型申请为主，PCT 发明专利申请较少。应当鼓励申请人将优秀的专利技术进行 PCT 发明专利申请，以便在世界范围内进行专利布局，获取更多的专利保护，得到更大的专利收益，同时还能够增强我国在 PM2.5 技术领域的世界地位。

（4）目前我国 PM2.5 相关专利技术的申请人主要为企事业单位和科研院所，表明我国 PM2.5 相关专利技术不是仅停留在研发阶段，已有相当一部分实现了产业化。今后应当鼓励相关企事业单位与科研院所联手，实现更多专利技术的产业化，为切实解决我国 PM2.5 污染问题提出更有效的解决方案。

浅析国家政策与燃料乙醇领域的专利状况

张鑫蕊　李煦颖[**]　张秀丽　姚进孝

摘　要　以燃料乙醇领域为研究方向，以专利状况与国家政策关系为视角，在对比和梳理国内外相关政策的取向，提取和分析相关企业的专利数据基础上，提出了有关建议，以期对燃料乙醇领域的技术发展提供参考。

关键词　燃料乙醇　纤维素乙醇　酒精　清洁燃料　可再生能源

自20世纪90年代开始，为了应对能源危机、促进农业发展，世界各国均积极推动清洁能源的开发与利用。与此相同的是，中国对于不可再生能源的依赖程度正逐步降低，而对于可再生能源的认识和开发则逐步发展起来。在我国，燃料乙醇技术起始于粮食原料，但伴随着社会经济的发展，势必面临“与民争粮、与粮争地”的困境。只有“试之粮、发之非粮”的非粮类原料才是燃料乙醇的发展出路。[1]

近年来，我国以陈化粮为原料的燃料乙醇技术已实现产业化，以木薯等非粮作物为原料的燃料乙醇技术正在起步应用，以纤维素为原料的燃料乙醇技术正处于研发及专利布局的重点时期，目前包括中粮、中石化、诺维信等大型国企或外企已开展广泛的研发工作。可以预期的是，在国家相关政策的扶持下，燃料乙醇技术正面临快速发展的良好时机。

一、样本收集和数据准备

本文采用中国专利文摘数据库和德温特世界专利索引数据库（DWPI）中收录的专利文献作为数据来源。经前期预检、分类号统计以及文献筛选后，确定燃料乙醇主要涉及的分类号为C12P 7/06、C12P 7/08、C12P 7/10、C12P 7/12、C12P 7/14。为了便于统计和更有针对性，样本采集主要集中在上述分类号下。同时采用燃料乙醇中涉及原料、酶、菌、生产技术等关键词与上述分类号结合的方式进行检索。

截至2012年12月，在DWPI数据库中共获得涉及燃料乙醇的专利申请约4 254件，

** 等同第一作者。

在中国专利文摘数据库中共获得涉及燃料乙醇的专利申请约 2 754 件。

二、我国的相关政策及燃料乙醇产业的专利技术发展

（一）总体情况

我国的燃料乙醇产业发展起始于 20 世纪 90 年代中期，经历了试点期、大力推广期、严格限制期、科学发展期 4 个阶段。这 4 个阶段的技术发展状况与我国的“十五”规则、“十一五”规则以及“十二五”规划的相关政策（见表 1）息息相关。

表 1　2001 ~2012 年我国燃料乙醇的相关政策梳理

时期	年度	发布机构	政策名称	相关内容
“十五”期间	2001	国家粮食局	《陈化粮处理若干规定》	以陈化粮为乙醇原料得到了政府支持
	2002	国家财政部等	《车用乙醇汽油使用试点方案》和《车用乙醇汽油使用试点工作实施细则》	车用乙醇汽油使用试点方案，河南、黑龙江两省及五个城市试点
	2004	中华人民共和国国家发展与改革委员会等	《车用乙醇汽油扩大试点方案》和《车用乙醇汽油扩大试点工作实施细则》	推广使用变性燃料乙醇，严格控制变性燃料乙醇生产规模
	2005	国务院	《可再生能源法》	第一个框架法或政策法，以立法的形式鼓励生物燃料乙醇产业发展
“十一五”期间	2006	国务院	《中华人民共和国国民经济和社会发展第十一个五年规划纲要》	扩大生物质固体成型燃料、燃料乙醇和生物柴油生产能力
	2006	中华人民共和国国家发展与改革委员会	关于《加强燃料乙醇项目建设管理促进产业健康发展》的通知	禁止新建玉米生物燃料乙醇项目
	2006	国家知识产权局等	《我国应掌握自主知识产权的关键技术和产品目录》	燃料乙醇列入其中
	2007	国务院	《节能减排综合性工作方案》	实施生物乙醇及车用乙醇汽油规划，启动非粮生物乙醇试点项目
	2007	国务院	《可再生能源发展“十一五”规划》	十五期间，生物质燃料乙醇年生产能力达到 102 万吨
	2007	中华人民共和国国家发展与改革委员会等	《当前优先发展的高技术产业化重点领域指南（2007 年度）》	当前优先发展的高技术产业化：非粮作物生物燃料乙醇生产技术

续表

时期	年度	发布机构	政策名称	相关内容
“十一五”期间	2008	中华人民共和国国家发展与改革委员会	《可再生能源中长期发展规划》（发改能源［2007］2174号）	增加非粮原料燃料乙醇年利用量200万吨
	2009	国务院	《促进生物产业加快发展的若干政策》	对非粮燃料乙醇国家给予适当支持，稳步推进应用试点
	2010	中华人民共和国国家发展与改革委员会等	中国资源综合利用技术政策大纲（发展改革委公告2010年第14号）	研发利用秸秆纤维素生产燃料乙醇技术列入其中
“十二五”期间	2011	中华人民共和国国家发展与改革委员会等	《“十二五”农作物秸秆综合利用实施方案》	推进秸秆纤维乙醇产业化，燃料乙醇有了明确的政策鼓励方向
	2011	中华人民共和国科学技术部	《“十二五”生物技术发展规划》	大力发展非粮生物燃料，推动其快速发展
	2012	中华人民共和国科学技术部等	《“十二五”农业与农村科技发展规划》	开展生物燃料，攻克技术难点，建立非粮生物燃料乙醇示范基地

受国家政策和产业技术发展的影响，我国燃料乙醇的专利申请趋势如图1所示，可分为以下几个阶段。

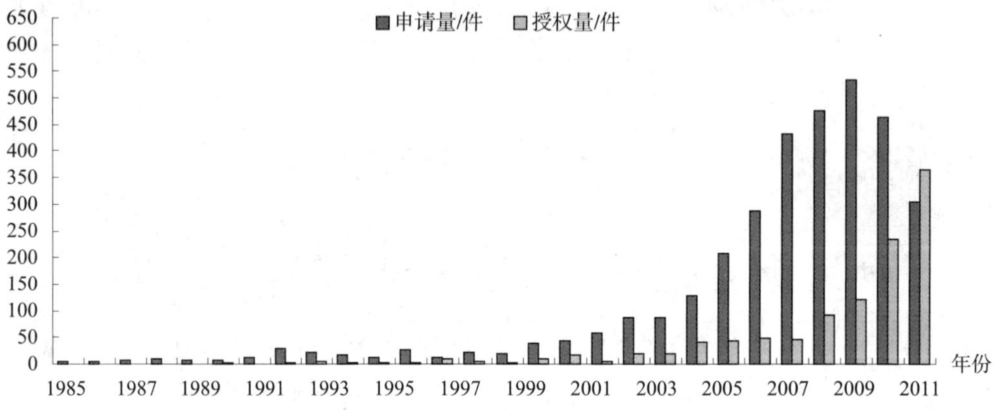

图1　国内燃料乙醇技术专利申请趋势（单位：件）

第一阶段（1985～2000年），国内燃料乙醇技术正处于发展的萌芽阶段。当时的国际油价正在低谷徘徊，而燃料乙醇的研发成本相对较高，导致相关企业及科研院所的研发动力不足，这十几年间的年均专利申请量不足10件。

第二阶段（2001～2005年），在“十五”时期，国家开展了燃料乙醇的试点工作，提出首要目的是消耗过剩陈化粮。伴随着国际油价的飙升和“十五”时期的政策利好，如第一个政策法《可再生能源法》的出台，企业及科研院所的研发动力得以提高，大量企业及科研院所陆续开展了燃料乙醇的研究工作，导致这五年的年均专利申请量超过40件。

第三阶段（2006～2010年），在“十一五”时期，受世界市场影响，燃料乙醇发展对粮食安全的威胁凸显，政府部门连续下发多个紧急通知，迅速叫停玉米燃料乙醇扩产和投资。同时将关注重点转向非粮类燃料乙醇，因此相关技术的研发投入及专利申请量稳步上升，年均申请量达到260件。

第四阶段（2011年至今），“十二五”以来，燃料乙醇产业已经进入科学稳步发展阶段，以推进秸秆纤维乙醇产业化为目标，将非粮燃料乙醇作为发展重点。但由于专利申请数据公开的滞后性，尚有大量专利申请数据还未公开，因此数据上还未体现出明显的增长趋势。

（二）国内专利申请人及主要企业技术发展情况

伴随着一系列国家政策的出台，燃料乙醇领域的研发投入和专利申请稳步提升。燃料乙醇技术专利申请人排名前十位的依次是中粮集团有限公司、中国科学院过程工程研究所、江南大学、天津大学、中国石油化工集团公司、清华大学、华南理工大学、华东理工大学、南京工业大学、哈尔滨工业大学。

可以看出，我国的专利申请主要以大学、科研院所为主，专利申请量排名前十位的申请人中，企业仅占20%，而科研院所占80%。这一方面说明我国企业与国际知名企业的研发水平存在差异，另一方面说明我国科研院所在燃料乙醇技术研发中的作用不容小觑。在国家“863计划”、国家自然科学基金以及大型乙醇生产企业的资助下，清华大学、山东大学、华东理工大学等单位[2]在生产燃料乙醇领域进行了诸多研究，取得了一批阶段性研究成果。

自“十五”以后，由于国家政策的倾斜及资金扶持，企业的研发投入和专利申请逐年增加。目前，我国五大燃料乙醇企业包括吉林燃料乙醇有限责任公司、黑龙江中粮生化能源有限公司、河南天冠集团、安徽丰原燃料酒精有限公司、广西中粮生物质能源有限公司（见表2）。[3]这些企业的专利申请量也高居国内企业榜首，其专利涉及纤维素预处理步骤。中国科学院过程工程研究所的生物质工程研究中心在燃料乙醇的各个研发领域进行了诸多研究，取得了一系列研究成果，其专利涉及燃料乙醇的生产过程优化。江南大学与河南天冠集团密切研发合作，形成了“产学研”一体化的研发生产模式。

表2　五大燃料乙醇企业的相关情况

公　司	产　能	加工原料	副产品
吉林燃料乙醇有限责任公司	50 万吨/年	玉米	DDGS、玉米油、乙酸乙酯等
黑龙江中粮生化能源有限公司	25 万吨/年	玉米	DDGS、玉米脐系列油等
河南天冠集团	50 万吨/年	小麦	谷朊粉、DDGS、二氧化碳等
安徽丰原燃料酒精有限公司	44 万吨/年	玉米	DDGS、玉米油等
广西中粮生物质能源有限公司	20 万吨/年	木薯	纤维饲料、沼气、二氧化碳等

三、全球专利状况分析以及欧美主要国家政策

（一）全球专利发展状况

图 2 为世界范围内燃料乙醇专利申请趋势，从该技术领域的全球申请量发展趋势来看，燃料乙醇的发展分为以下几个阶段。

第一阶段（1970 ~ 1978 年）：自 1970 年起，燃料乙醇技术开始逐渐发展起来，到 1977 年总申请量达到 45 件。此时美国、巴西等几个主要燃料乙醇消费生产地区也刚刚建立生物燃料相关政策，如美国 1970 年的空气清净法、巴西 1975 年的国家乙醇燃料计划等。

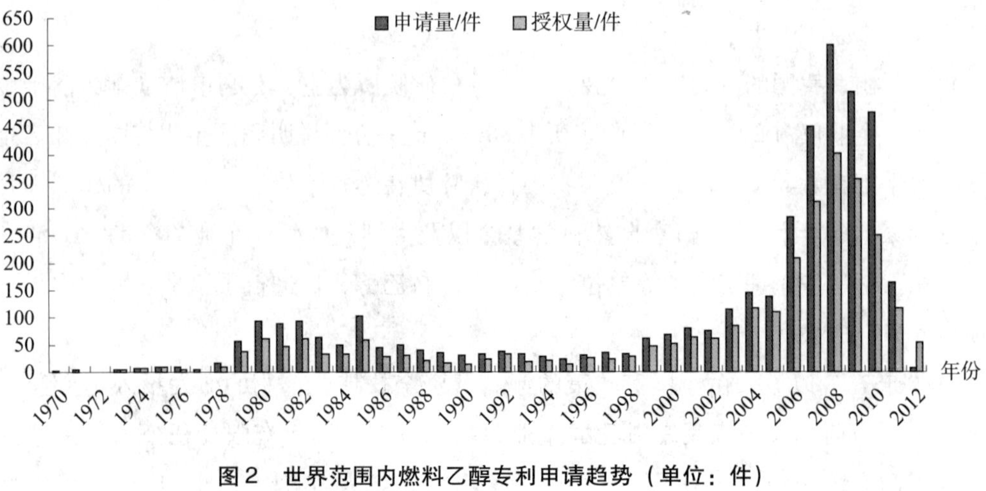

图 2　世界范围内燃料乙醇专利申请趋势（单位：件）

第二阶段（1978 ~ 1985 年）：继前一阶段的技术发展，在该阶段申请量出现一个小高潮，各国为降低对进口原油的依赖，开始从国家政策层面大力推广燃料乙醇，专利申请量也进入较为稳定的增长阶段。

第三阶段（1986 ~ 1998 年）：从 1987 年起，申请量出现较快的下降趋势，此后几年申请量均持续较低的水平，这个阶段由于石油价格暴跌，玉米减产，各国对燃料乙醇的

政策也表现出收紧的趋势，这导致世界燃料乙醇的研发投入大大减少。

第四阶段（1999 年至今）：在此期间，各国对可再生燃料的关注度增加，如美国的美国农业法令、先进能源计划，欧盟的可再生能源指令等都将发展重点放在了二代纤维素乙醇上。自 1999 年起的专利申请量开始恢复并逐年稳步增加，自 2006 年后，申请量增长极为迅速，并在 2008 年达到高峰；虽然 2009～2012 年的数据略有下降，但考虑到 2009～2012 年还有大量尚未公开的专利申请，因此这 3 年的实际专利申请量仍然可能超过前几年。

在燃料乙醇发展历程中，各国先后出台了多项激励政策，欧盟、日本、巴西、美国均投入了大量的财力、物力补贴，刺激燃料乙醇技术的发展。其中，以申请量最大的美国为例，其生物燃料政策更为系统和深入。在近 50 年的发展过程中，美国政府相继出台多项法案从各个角度来支持生物燃料的发展，如 2000 年农业风险保护法为研发资助，建立生物燃料研究机构；2004 年美国岗位创造法给予汽油生产商及勾兑商税收补贴；2008 年农业法案提出扶持农民种植生物燃料原料等。可以看出，美国完善的法律系统和多方面的政策支持奠定了其在燃料乙醇产业中的地位，其生物燃料技术以及专利申请量在世界范围来说均属于领先地位，也引导了全球生物燃料技术专利申请的发展。

（二）全球专利申请人排名

世界范围内，燃料乙醇技术专利申请人排名前十位的依次是诺维信、丹尼斯克、杜邦、中粮、日立造船株式会社、杰能科、三菱重工株式会社、日本产业技术综合研究所、中科院过程工程研究所、佛罗里达大学研究基金会有限公司，排名靠前的专利申请人均来自大型国际企业和著名科研院所。其中，诺维信是全球工业酶制剂和微生物制剂的主导企业，拥有超过 40% 的世界市场份额，在燃料乙醇的酶制剂研发领域占据领军位置。丹尼斯克也是引领全球的益生菌供应商，其主要产品涉及菌种筛选和酶制剂。杜邦是全球闻名的大型跨国化学企业，在 2011 年合资收购了丹尼斯克，使其在燃料乙醇的专利布局优势更加突出。

四、比较与建议

近年来，我国开展了先进的生物燃料技术的研究和开发，也给予了大量的政策支持和财政补贴，专利申请量逐年递增，但是与欧盟、日本、美国等发达国家和地区相比还存在较大差距。在梳理我国的国家政策、对比国内外专利发展状况的基础上，笔者拟对燃料乙醇产业相关的国家政策及企业发展提出以下两点建议：

1. 国家政策与产业发展关系

在政策层面，纵观燃料乙醇这 30 年来的发展历程，可以看出国家政策与技术发展密切相关。这30年来，为实现燃料乙醇的产业化，政府部门相继出台了一系列法律、法规以及发展规划，形成了比较完善的政策体系，为燃料乙醇的快速发展铺平了道路。相关企业应及时捕捉政策信息动向，将研发重点转向非粮类燃料乙醇，努力攻克纤维素乙醇的技术难关。

2. 全球与国内产业发展对比

平道路产模式，将科研院所的研发优势与企业的生产发展有效结合，在技术层面，高效的纤维素酶菌株、共发酵菌株均是燃料乙醇领域的关键技术。通过国内外申请人的比较研究发现，大型国际企业的研发重点关注在燃料乙醇生产中涉及生物酶和菌株等核心技术，而国内企业及科研院所则更多地关注预处理等方法过程的参数调整。为提升竞争力、抢占国内市场，国内的企业及科研院所应当同时兼顾核心技术的研发投入，积极加强“产学研”结合的研发生产模式，将科研院所的研发优势与企业的生产发展有效结合。争取在燃料乙醇的关键技术中攻克技术难关、打破专利壁垒，为今后燃料乙醇的产业发展铺平道路。

参考文献

[1] 冯献，詹玲，李宁辉. 低碳经济下中国燃料乙醇的发展策略［J］. 农业现代化研究，2010，31(6).

[2] 刘海军，等. 我国燃料乙醇生产技术现状与发展前景分析［J］. 化工进展，2012，20(5).

[3] 张剑. 我国生物燃料企业发展现状与发展模式研究［D］. 武汉：武汉理工大学，2009.

甲醇制烯烃技术中国专利申请状况分析

李慧　王丹**　史芸　宋欢

摘　要　甲醇制烯烃是以煤或天然气制得的甲醇为原料替代传统石油路线生产乙烯、丙烯等低碳烯烃的工艺。该技术有利于缓解石油紧缺局面，已经成为石化产业研究的热点。本文针对甲醇制烯烃技术的中国专利申请，从专利申请的年度分布、区域分布、主要申请人、技术构成等方面进行分析，并对我国相关企业的发展提出了建议。

关键词　甲醇　乙烯　丙烯　MTO　MTP　专利分析

一、引　言

乙烯和丙烯是最基本的有机化工原料，工信部发布的《石化和化学工业“十二五”发展规划》，预计到2015年，我国乙烯当量需求量约3 800万吨，年均增长率5.1%；而我国丙烯当量需求量约2 800万吨，年均增长率5.4%。[1]这体现了我国化工企业对烯烃的巨大需求，但在传统工业中，乙烯和丙烯的制备均来自石油路线，消耗大量石油资源。由美孚公司研发的甲醇制烯烃技术开创了以非石油资源为原料生产烯烃的新途径，并且可以作为石化企业的重要补充，既有利于缓解石油紧缺的局面，又为石化企业转型发展开辟了新的方向。

2011年，我国原油表观消费量为4.6亿吨，进口2.6亿吨，对外依存度超过56.5%，首次超过了美国成为世界上第一号石油输入大国。[2]我国石油资源短缺而煤炭资源丰富，因此煤基甲醇制烯烃对我国石化产业意义重大，对甲醇制烯烃技术的研究也成为近些年业界关注的热点。我国企业在甲醇制烯烃技术方面的研究虽然起步较晚，但是近十年发展迅速，申请量迅速增长，已经形成了自己的核心专利。目前，具有代表性的甲醇制烯烃技术分为甲醇制乙烯、丙烯（MTO）和甲醇制丙烯（MTP）两类。

本文以涉及甲醇制烯烃技术的中国专利申请数据作为分析样本，从专利申请的年度分布、区域分布、主要申请人、技术构成等方面对甲醇制烯烃专利技术的发展状况进行

** 等同第一作者。

了分析，希望我国的相关企业能够从中得到启示和借鉴。

二、甲醇制烯烃技术中国专利申请状况

本文以向中国国家知识产权局提交并公开的甲醇制烯烃技术专利申请为研究对象，检索数据的截止日期为2012年12月31日。在CNTXT数据库中经检索、去重得到532件专利申请。由于发明专利申请自申请日起18个月后才能被公布，实用新型专利申请在授权后才能获得公布，因此，在实际数据采集过程中会出现2011年后专利申请少于实际申请量的情况。下面对甲醇制烯烃技术中国专利申请状况进行分析。

1. 专利申请的年度数量分布状况

如图1所示，甲醇制烯烃技术中国专利申请中，发明专利占95%，实用新型专利占5%，技术含金量较高的发明专利申请占大多数，反映了行业的发展和技术的进步。中国的甲醇制烯烃专利技术始于1992年，这主要是由于20世纪90年代初期，我国首次成为原油净进口国，石油资源的短缺促进了国内对甲醇制烯烃技术代替石脑油制烯烃的研究。在1999年之前，甲醇制烯烃专利技术处于起步阶段，总申请量只有3件；从2000~2005年年均申请量增加至8件左右，申请量没有明显变化；到2006年申请量开始迅速上升，尽管中间曾存在小幅波动，但总体呈逐渐增加的趋势，这是由于中国科学院大连化学物理研究所经多年研究，开发出具有自主知识产权的DMTO技术（D代表大连），中试在2006年一次投料成功，促进了国内对甲醇制烯烃技术研发的热潮；2010年达到申请量的最高值139件。到2010年中石化上海石化研究院的SMTO技术［S代表Sinopec（中石化）］逐渐完善，中原石化采用SMTO技术建立了60万吨甲醇制烯烃项目，神华集团采用DMTO建设的180万吨甲醇制60万吨烯烃项目已经开车成功，同时美国UOP公司也

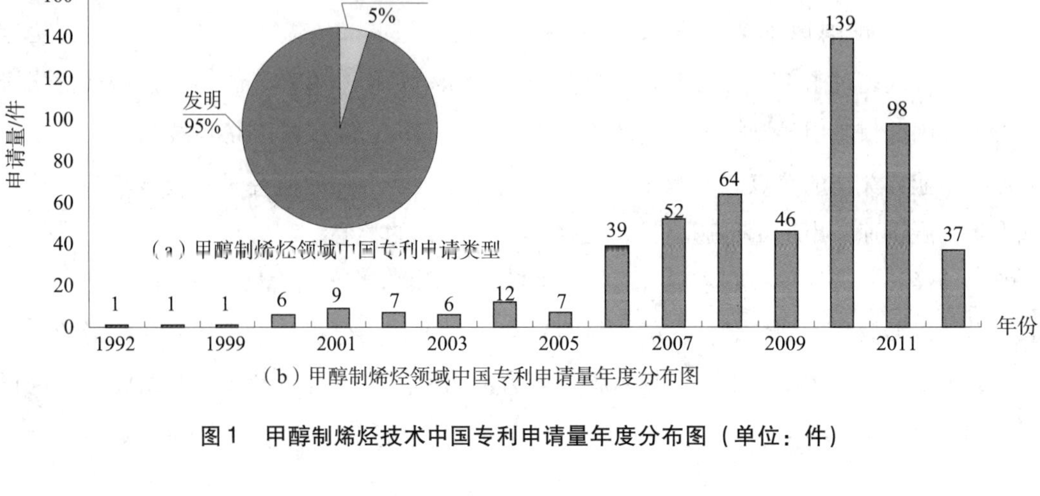

（b）甲醇制烯烃领域中国专利申请量年度分布图

图1　甲醇制烯烃技术中国专利申请量年度分布图（单位：件）

在20世纪90年代末独立完成了小型甲醇制烯烃实验装置，采用环球油品公司的MTO技术，法国道达尔石化在比利时费卢依（Feluy，Beigium）建成全球首创的甲醇制烯烃中试装置（MTO/OCP PDU），于2008年末启动。上述大型工业生产的投入均需依赖专利先行，因此迎来了甲醇制烯烃产业在我国快速发展的黄金时机。

从总体趋势上可以预见，中国的甲醇制烯烃技术专利申请量在一定的时间段内，仍然会维持在一个较高的水平，我国申请人对该领域的技术研发热情和投入力度比较高。

2. 专利申请的区域分布状况

从图2可以看出，甲醇制烯烃技术中国专利申请中，国内专利申请占86%，国外在华专利申请占14%。国外在华申请中，美国的专利申请量最多，占总申请量的9%，其次为比利时2%、日本2%和德国1%。由此可见我国贫油富煤和东南沿海化工企业，在低碳烯烃需求量逐年增加的大背景推动下，甲醇制烯烃技术不断发展，专利申请意识也逐渐增强，占据了国内该领域的显著优势地位；国外在华申请量达14%，这说明随着国内对于甲醇制烯烃技术的重视程度增强，越来越多的国外申请也进入中国，竞争中国市场。在这个领域国外来华申请量一直以来均维持在一个相对较低的水平，说明这些申请人的专利布局并不是高度密集的，但考虑到这些专利申请人都是技术实力很强的国际大型企业，它们构建的专利壁垒核心技术可能比较多，专利质量比较高，对我国甲醇制烯烃技术实施产生的影响不容小觑。

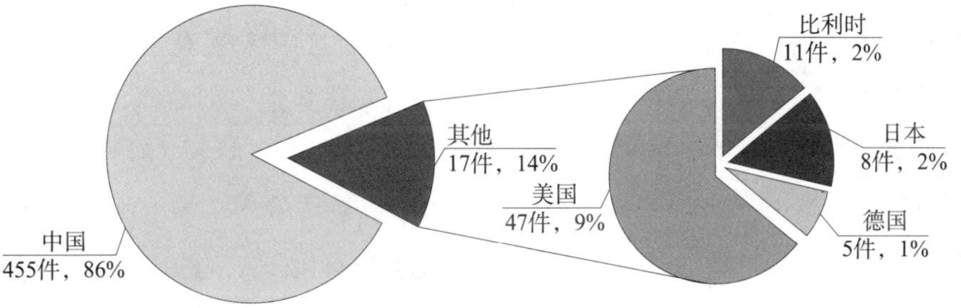

图2　甲醇制烯烃技术国内与国外在华专利申请量分布图

3. 申请人类型分布

图3是甲醇制烯烃技术中国专利申请的申请人类型分布图，可以看出，企业专利申请量占84%，之后依次为科研院所占7%，高校占6%，个人占3%。可见，在国内甲醇制烯烃领域，企业对该技术的研究占到了绝大多数。由此可以看出，巨大的市场和能源压力使石油化工相关企业在甲醇制烯烃技术的研发动力最大。目前的趋势为企业联合科研院所和高校对相关技术进行研发，由于产学研合作，也推动了科研院所和高校在该技术领域的技术研发，其中中科院大连化物所的DMTO技术和清华大学FMTP技术在甲醇制烯烃领域占据重要地位。

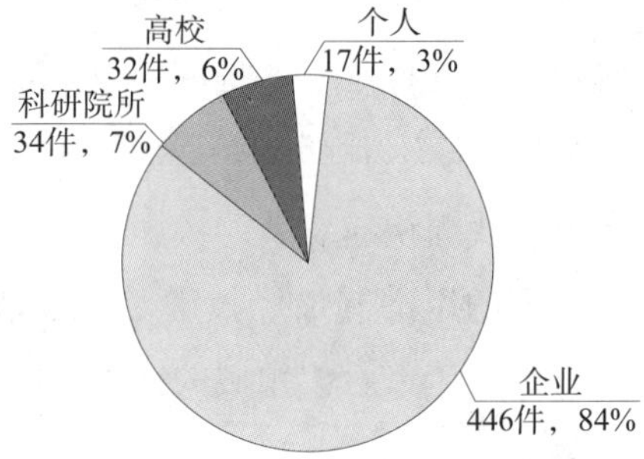

图3　甲醇制烯烃技术中国专利申请人类型分布图

综合来看，我国乃至世界各国均更重视该技术在产业上的应用，企业申请量远大于科研机构申请量。在国内申请人中，与企业相比，科研院所以及高校的申请量并不多。相对于科研院所以及高校的申请，企业的申请往往更注重工业性、适用性，而科研院所以及学校的申请则更侧重于实验性和学术性。因此，如果想进一步保护国内甲醇制烯烃技术，避免国外企业占领技术制高点，还需要国内企业进一步增加科研投入，加强与科研院所和高校的合作，提高专利申请的技术含量。

4. 主要申请人分析

从图4可以看出，专利申请量排名前十位的申请人中有7位均为我国的企业和科研院所，国外来华申请中以企业为主体。由此可见，在甲醇制烯烃领域，我国的企业和科研院所的科研人员的研发能力已经达到了一定的高度。其中中石化上海石化研究院的专利申请量居首位，占全部专利申请的61%，处于领先优势地位。然而，除中石化上海石化研究院之外，其他中国企业和科研院所的申请量与其他国家在华申请的相关专利数量相差较小。可见我国相关企业与国外一些主要企业相比，在专利申请量上所占优势并不明显，我国相关企业以及研发机构可以研究和借鉴中石化上海石化研究院的这种专利布局策略。

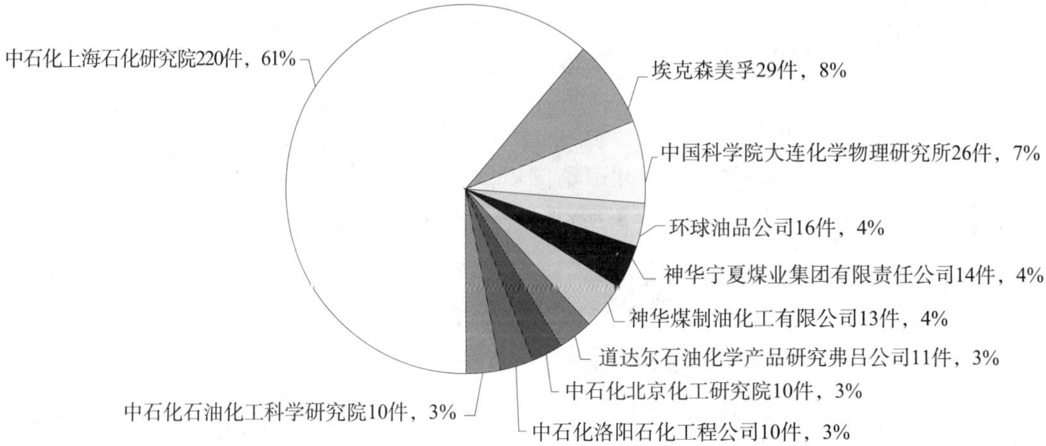

图4　甲醇制烯烃技术中国专利申请量排名前十位申请人及申请量分布图

从甲醇制烯烃领域前十名申请人的专利申请趋势来看，专利申请集中在2000年以后，国内申请人的专利申请在2006年之后开始活跃，申请量逐年递增。中国科学院大连化学物理研究所于1992年9月22日提出的发明名称为“甲醇转化为轻烯烃的催化剂和反应工艺”的专利申请，为首件有关甲醇制烯烃技术的中国专利申请，之后国内技术研究发展较为缓慢；埃克森美孚作为世界上首次提出MTO反应的公司，从2000~2005年，其始终占据甲醇制烯烃领域中国申请的主要地位；从2006年开始，中国科学院大连化学物理研究所开发出具有自主知识产权的DMTO技术一次投料试车成功，因此2006年中国科学院大连化学物理研究所申请量出现突增；2010年神华包头煤制烯烃项目采用DMTO技术年产60万烯烃；在2011年，神华及其下属公司的专利申请量出现了明显增加，发展态势十分强劲（见图5）。

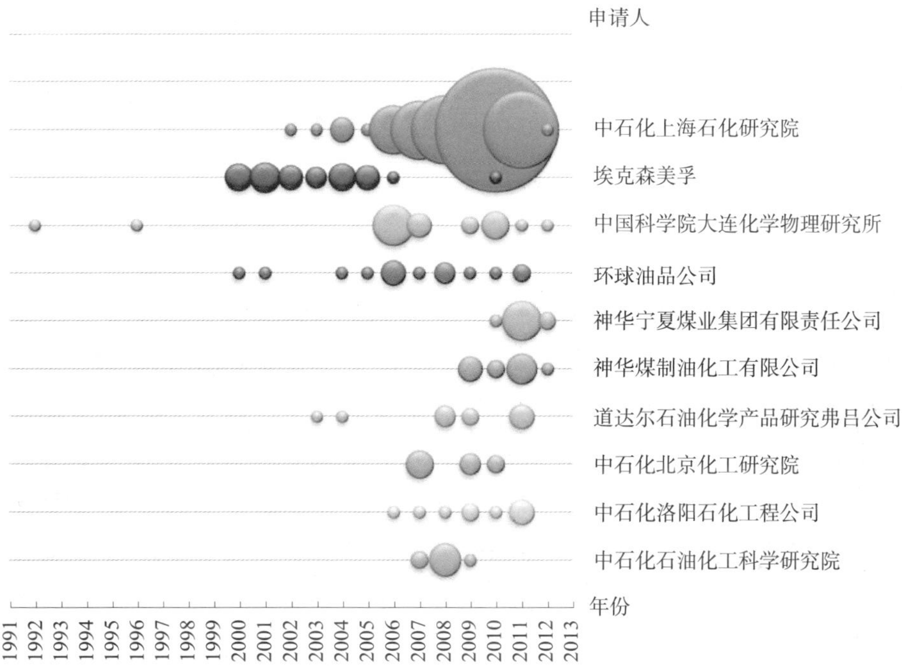

图5　甲醇制烯烃技术中国专利申请量排名前十位申请人专利申请量年度分布图

注：图中圈的大小代表申请量的多少。

而中石化上海石化研究院从2006年起，专利申请量逐年递增，其研究的SMTO技术于2007年用于燕山石化建立甲醇制烯烃示范化装置，2010年中原石化建成60万吨甲醇制烯烃项目。中石化上海石化研究院的专利申请量目前已经占中国申请甲醇制烯烃领域的60%以上，其技术发展飞速，专利布局比较成熟。

由于我国甲醇制烯烃自主知识产权意识的提升以及核心专利的掌握，埃克森美孚从2006年起专利申请量非常低，已经基本退出了相关领域的专利竞争。然而美国环球油品公司以及道达尔石化在中国的专利申请量仍然保持稳定发展，这也警示国内的研究机构及企业提高警惕，继续投入研发，做好专利布局（见图6）。

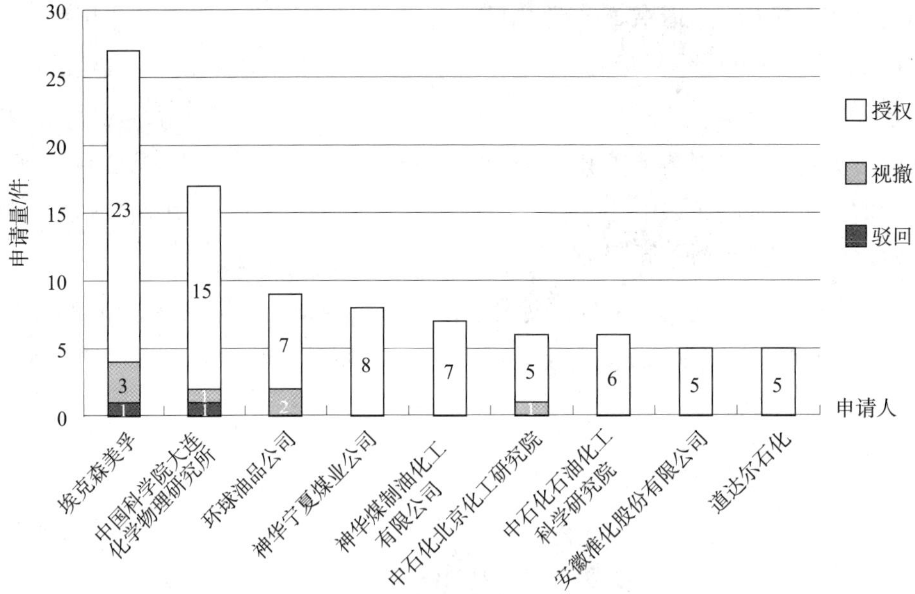

图6 甲醇制烯烃技术中国专利申请量排名第二位至第九位申请人已结案专利申请状态

专利的有效状况可以反映产业创新能力和产业市场竞争力。从图7中可以看出甲醇制烯烃领域中国申请主要申请人的专利授权率均较高，证明随着我国对专利技术的重视，申请人的技术开发能力以及专利撰写能力均有所提高，同时也说明甲醇制烯烃技术正处于技术发展期，介入的企业增多，相关专利申请和专利申请人激增，是一个具有巨大潜力的发展领域。

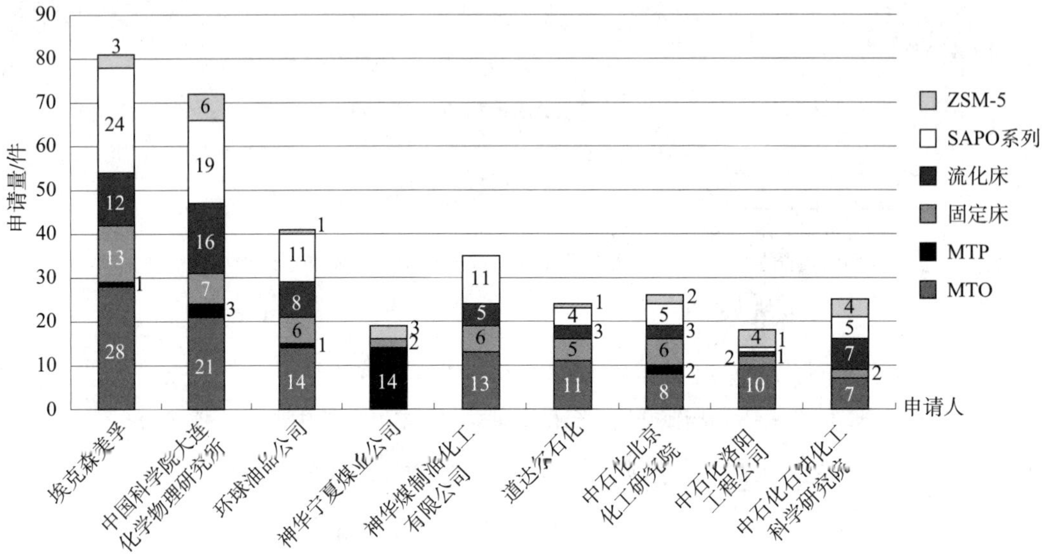

图7 甲醇制烯烃技术中国专利申请量排名第二位至第九位申请人技术分布图

从工艺分布来看，目前中国专利申请中 MTO 技术的申请占主要地位，而 MTP 主要申请人为神华宁夏煤业集团公司。神华宁夏煤业集团公司重点研发的催化剂集中于 ZSM－5，反应装置集中于固定床。神华宁夏煤业集团公司所采用的核心技术是德国鲁奇（Lurgi）公司的 MTP 技术，结合西门子发电集团的气化技术设备，在宁夏建设的煤基甲醇制丙烯工业装置已投产，年产聚丙烯 30 万吨。

从催化剂研发来看，目前催化剂研发的重点是 SAPO（硅磷铝分子筛）系列分子筛，尤其是 SAPO－34 分子筛。其中中国科学院大连化学物理研究所在研究初期以 ZSM－5 为催化剂，从 20 世纪 90 年代起，中国科学院大连化学物理研究所的研究转向以 SAPO－34 催化甲醇制烯烃，并研究出以廉价的三乙胺为模板剂，成功合成了 SAPO－34 分子筛，大大降低了分子筛的生产成本，有力地推进了甲醇制烯烃技术的工业化。

传统甲醇制烯烃技术中 MTO 主要采用流化床反应器，催化剂采用 SAPO－34；MTP 主要采用固定床反应器，催化剂是 ZSM－5。而清华大学自主研发的流化床甲醇制丙烯工艺（FMTP），是我国第一个具有完全自主知识产权的煤制丙烯技术，该技术使用 SAPO－18 与 SAPO－34 分子筛交相混晶催化剂和循环流化床反应器。清华大学与安徽淮化集团合作，于 2009 年 5 月建成了甲醇年处理量 3 万吨及丙烯年产量约为 2 万吨的 FMTP 工业性试验装置，并已投产试车成功。因清华大学以及安徽淮化集团的申请量总数较少，并未进入主要申请人排名前十位，但其在中国甲醇制烯烃领域仍然占有重要的地位。

此外，埃克森美孚在中国早期申请中所占比重较高，虽然其申请日期较早，但其专利地位非常重要。环球油品公司和道达尔石化在华申请技术分布比较均衡，几乎每个领域均有涉猎，是甲醇制烯烃领域国内企业较有影响力的竞争对手。

由于中石化上海石化研究院与其他申请人相比，专利申请数量相差较大，为便于准确表述，将中石化上海石化研究院的技术分布单独作图分析，如图 8 所示。

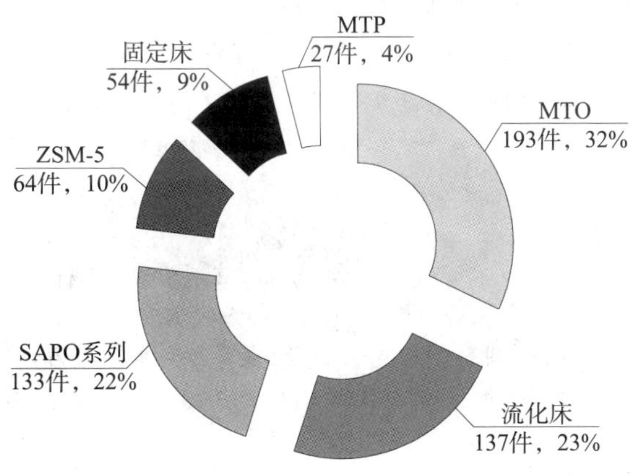

图 8　中石化上海石化研究院的技术分布

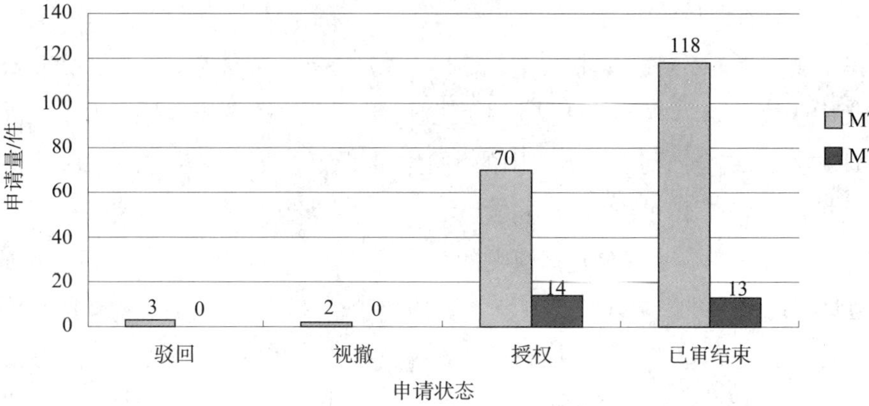

图9　中石化上海石化研究院专利申请状态按工艺分布图

从图8中可以看出，中石化上海石化研究院的研究重点在于MTO、SAPO系列分子筛以及流化床技术。中石化上海石化研究院具有SMTO的自主知识产权，该工艺使用的催化剂以SAPO-34分子筛为主要活性成分，使用类似炼油装置的流化床反应器，工艺过程可分为催化剂的反应-再生系统和反应器分离系统两部分。中石化上海石化研究院开发的SMTO-1催化剂在循环流化床平稳运行2000h，甲醇转化率≥99.8%，乙烯和丙烯的选择性≥80%。

从图9中可以看出，中石化上海石化研究院在MTO工艺的专利申请中，已授权专利为70件，占MTO已结案卷的93.3%；驳回专利为3件，占MTO已结案卷的4%；视撤专利为2件，占MTO已结案卷的2.7%；已审未结专利为118件，占MTO总申请量的61.1%。在MTP工艺的专利申请中，已授权专利为14件，占MTP已结案卷的100%；驳回、视撤专利数量均为0；已审未结专利为13件，占MTP总申请量的48.1%。

因此中石化上海石化研究院非常重视专利申请的布局，主要研发方向是MTO，在MTP工艺方向同样采取了较大力度研发，并且在技术研发以及专利撰写方面均已达到一定高度，专利申请量远远超过其他申请人。

5. 技术主题分布

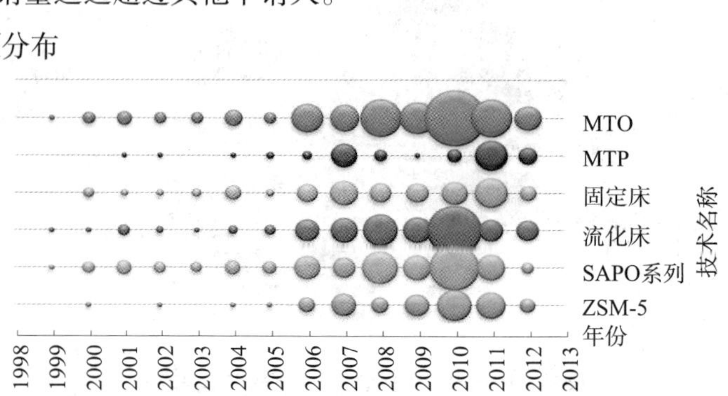

图10　甲醇制烯烃技术中国专利申请技术分支申请量相对年度分布图

从图10中可以看出我国甲醇制烯烃技术分支的发展趋势基本一致，均是从2006年起申请量逐年递增，在2010年达到最高值，目前国内甲醇制烯烃工艺以及工业化如表1所示。

表1 国内甲醇制烯烃技术工艺以及工业化发展情况概述

工艺	工艺细分	研发机构	中试或工业化
MTO	SMTO	中石化上海石化研究院	2007年燕山石化甲醇制烯烃中试装置
			2010年中原石化建设60万吨甲醇制烯烃工业装置
	SDTO	中国科学院大连化学物理研究所所	暂无
	DMTO	中国科学院大连化学物理研究所	2004年联合陕西新兴煤化工公司建成世界首套万吨级工业试验装置
			2010年神华包头煤制烯烃项目年产60万吨烯烃，为世界首套煤制烯烃工业化装置
	DMTO－II	中国科学院大连化学物理研究所	2010年与陕西蒲城清洁能源化工有限责任公司在陕西渭南建设年产烯烃67万吨的甲醇制烯烃项目
MTP	MTP	德国鲁奇公司	2009年大唐国际公司在多伦建设年产46万吨煤制丙烯项目
			2010年神华宁夏煤业公司，年产50万吨煤基烯烃项目
	FMTP	清华大学	2009年与安徽淮化集团建成丙烯年产量2万吨的FMTP工业性试验装置

三、对我国发展甲醇制烯烃技术的发展建议

通过上述对甲醇制烯烃技术中国专利申请的分析，笔者得出如下结论：

（1）由于我国石油资源匮乏，对外依存度较高，因此近十年国内企业对甲醇制烯烃技术的研发活力以及申请量明显高于国外申请人。

（2）申请人主要为实力雄厚的大型石化企业，而国内大学以及科研机构的相关专利申请量较少，专利布局薄弱。例如清华大学与中国科学院大连化学物理研究所，均已经形成了自主研发的核心专利，但后续申请量较少，外围专利布局不够。

（3）目前国内主要研发方向为MTO技术，对MTP的研发明显较少，随着丙烯需求量的急速增长，国内相关企业应提高对MTP技术的关注度，完善专利布局。

（4）除中石化上海石化研究院外，其他中国企业和科研院所的申请量与其他国家在华申请数量相差较小。但国外申请占有的核心技术较多，专利质量较好，其影响不容

小觑。

针对上述分析和结论，笔者对我国甲醇制烯烃专利技术的发展提出如下建议：

（1）我国相关企业需要加大在甲醇制烯烃领域的研发投入，在企业中成立专门的知识产权机构，关注我国专利制度以及甲醇制烯烃现有技术的发展，提高专利申请的撰写水平，并结合实际情况制定适合自身长期发展的专利战略。

（2）完善专利布局。对于重大科研成果，及时提出专利申请以保护自主核心技术，然后围绕核心专利继续创新研发并申请外围专利，构建密集的专利网。

（3）企业应加强与高校和科研院所的技术合作。企业通常具有雄厚的资金和设备支持，而高校则更关注前沿技术的发展，为了推进高新技术工业化的步伐，我国企业应加大与科研院所和高校的合作，提高专利申请的技术含量，避免国外企业占领技术制高点。

（4）由于全球丙烯年均需求增长率高于乙烯的年均需求增长率，因此增产丙烯成为全球石化工业重要生产技术发展动向。我国研发人员应加大对 MTP 工艺的研发，结合市场需求，促进 MTO 与 MTP 技术均衡发展。

四、结　语

甲醇制烯烃技术不但是石油化工产业的重要补充，也非常适合我国贫油富煤的国情。当前国内市场对乙烯、丙烯及其下游产品的需求增加，国内由于石油资源严重匮乏而使石油需求缺口逐年增大，以及国际市场油价不断攀升。在此态势下我国的相关研究人员应该抓住发展机遇，不断加大研发力度，重视专利分析，努力提高自身的研发能力，制定合理的知识产权战略，有意识地进行专利布局，为我国的能源可持续发展提供技术上的保障。

参考文献

[1] 袁学民，等．国内甲醇制烯烃技术最新进展［J］．现代化工，2012（12）.

[2] 李大鹏．甲醇制烯烃生产技术及其产业模式分析［J］．化学工程师，2012（7）.

甲醇制烯烃技术美、日、欧专利布局状况分析

王丹　宋欢**　李慧　史芸　钱林

摘　要　甲醇制烯烃是以煤或天然气制得的甲醇为原料替代传统石油路线生产乙烯、丙烯等低碳烯烃的工艺，既有利于缓解石油紧缺的局面，又为石化企业转型开辟了新的方向，其已成为近些年业界关注的热点。本文针对全球主要申请人在美国、日本、欧洲等地专利布局现状进行分析，并对我国甲醇制烯烃领域相关企业提出了专利布局建议。

关键词　甲醇　乙烯　丙烯　MTO　MTP　专利分析

一、引　言

以乙烯和丙烯为代表的低碳烯烃是重要的基础有机化工原料，随着化学工业的发展，对低碳烯烃的需求日益增长。[1]目前的工业生产中，低碳烯烃的生产主要靠石油，消耗大量石油资源。由美孚石油公司研发的甲醇制烯烃技术开创了以非石油资源为原料生产烯烃的新途径，并且可以作为石化企业的重要补充，既有利于缓解石油紧缺的局面，又为石化企业转型发展开辟了新的方向。目前，具有代表性的甲醇制烯烃技术分为甲醇制乙烯、丙烯（MTO）和甲醇制丙烯（MTP）两类。[2]

我国石油资源短缺而煤炭资源丰富，因此煤基甲醇制烯烃对我国石化产业意义重大，对甲醇制烯烃技术的研究也成为近些年业界关注的热点。由于甲醇制烯烃反应装置大多直接使用石油催化裂化装置，因而有能力对甲醇制烯烃技术进行研发的多为实力雄厚的大型石化企业。通过对背景技术和专利申请人排名的分析，表1以及表2分别列出了在甲醇制烯烃领域研究较早以及重点技术掌握较多的十名国外主要申请人和五名国内主要申请人，通过对它们在美国、日本、欧洲的专利申请现状进行分析，希望能够帮助国内相关企业快速掌握甲醇制烯烃核心技术的分布，并为国内相关企业在国外重点区域专利布局提供参考。

** 等同第一作者。

表 1　国外主要申请人

	公司英文名称	中文名称	CPY
1	MOBIL OIL CORP	美孚石油公司	MOBI
2	EXXONMOBIL INC	埃克森美孚化学专利公司	ESSO
3	AGENCY IND SCIENCE TECHN KOGYO GIJUTSUIN	日本机械设备协力株式会社 工业技术院长　飯塚幸三	AGEN
4	UOP INC	环球油品公司	UNVO
5	BASF AG	巴斯福公司	BADI
6	LURGI AG	德国鲁奇（卢吉）股份公司	LURG－N
7	TOTAL AS FELUY	道达尔公司 道达尔弗吕研究公司	PETF
8	NORSK HYDRO AS	诺尔斯海德公司（挪威）	NHYD
9	SHELL INT RES CO	壳牌国际研究有限公司	SHEL
10	MITSUBISHI CHEM CO	三菱化学株式会社	MITU

表 2　国内主要申请人

	公司英文名称	中文名称	CPY
1	CHINA PETROCHEMICAL CO LTD SHANGHAI PETR	中国石油化工集团公司 上海石化研究院等	SNPC
2	CHINESE ACAD SCI DALIAN CHEM PHYS INST	中国科学院大连化学物理研究所	CHSC－N
3	CHINA SHENHUA GROUP	神华集团有限责任公司	SHEN－N CHSH－N
4	UNIV QINGHUA	清华大学	UYQI
5	PETROCHINA CO LTD	中国石油天然气股份有限公司	CNPC

二、甲醇制烯烃技术主要申请人在美日欧专利申请状况

利用 S 系统 EPTXT、USTXT、JPTXT 全文数据库检索美日欧地区专利数据，结合 DWPI 数据库中 CPY 字段，检索数据的截止日期为 2012 年 12 月 31 日。经检索、去重得到 463 项专利申请，其中国内申请人中仅有中石化和中国科学院大连物理化学研究所在美、日、欧有相关申请。受专利公开期限影响，本文中将不对 2011 年和 2012 年数据减少的原因进行分析。

（一）主要申请人在美日欧申请发展趋势分析

1. 国外主要申请人在美、日、欧申请量总体趋势分析

如图 1 所示，从甲醇制烯烃领域国外专利申请趋势来看，国外甲醇制烯烃专利技术的发展始于 1974 年，这主要是由于石油危机使得 1974 年国际石油价格由 1.8 美元/桶突破 10 美元/桶。油价的突然攀升导致各大石油公司开始着眼于石油替代能源的研究，美孚石油在甲醇制汽油（MTG）技术的研发过程中，发现有低碳烯烃生成，进而研发出甲醇制烯烃技术。

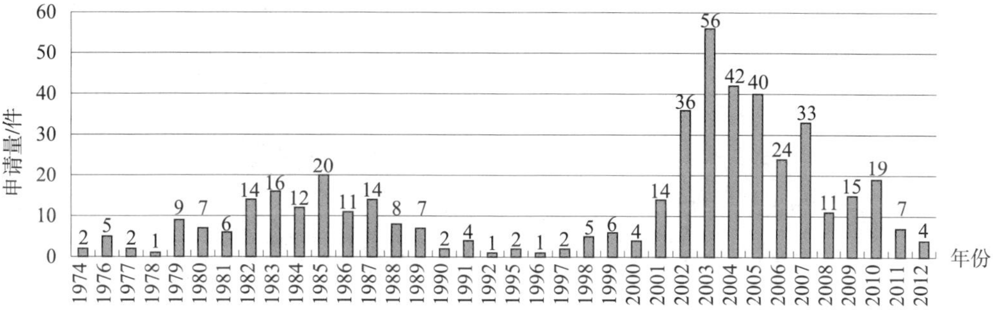

图 1 国外主要申请人在美日欧申请年代分布图（单位：件）

之后几年申请量一直较少，到 20 世纪 70 年代末开始快速增长，这是由于 1979 年伊朗的伊斯兰革命引起一次新的石油危机，油价超过 20 美元/桶。之后苏联入侵阿富汗以及两伊战争导致国际油价突然翻倍，因此 80 年代初期申请量有较大提升。

20 世纪 80 年代末至整个 90 年代，国际石油价格经历了十几年的低迷时期，油价基本保持稳定且回落至 22 ~ 28 美元/桶，各大石油公司基本放缓了对甲醇制烯烃技术的研究而继续采用传统石脑油裂解制备烯烃的方法，因而 90 年代申请量减少至个位数。

从 2002 年起，世界经济进入了新一轮的扩张期，石油需求猛增 300 万桶/日，国际油价一路攀升，于 2008 年飙升至 147.27 美元/桶的历史最高价位。因而从 2002 ~ 2007 年，专利申请量也相应迅速增长，原油价格居高不下导致各国纷纷加大了对甲醇制烯烃技术研发的投入。

然而 2008 年下半年的金融危机导致世界经济严重衰退，削弱了对能源的需求，油价暴跌，至 2008 年 12 月，纽约期货交易所原油价格下跌到 32.40 美元/桶，利益驱动着投资者的资金走向，各大石油公司迅速减少了在可替代能源方面的研究，2008 年专利申请量骤减至 11 件。

从 2009 年起，全球经济脆弱复苏，油价继续走高，2011 年再次重回 100 美元以上，因此 2009 ~ 2010 年，专利申请量有小幅度的增加，增加幅度缓慢的原因主要是由于近些年来国际油价与煤炭价格关联度越来越高，石油价格走高会导致石油需求下降，煤炭需求上升，从而提高煤炭价格，研发投入需考虑因素增多，大部分研发人员仍持观望态度。

由此可以看出，美、日、欧的主要研发企业对甲醇制烯烃技术的研发投入几乎完全与原油价格成正比，原油价格过高时，各大研发企业纷纷转投原油替代品的研发，而原油价格一旦下降，各大研发企业便迅速抽离资金继续使用原油。此外，本国的煤和石油储量也会影响到该国对于甲醇制烯烃技术的研发。

2. 国外主要申请人在美、日、欧申请量按年代分布分析

从图2中可以看出，日本机械设备协力株式会社（AGEN）在20世纪80年代对甲醇制烯烃技术进行了少量申请，1991年之后，则已经完全退出了该领域的竞争。巴斯福公司（BADI）从1974年起开始对甲醇制烯烃技术进行研究，70年代末到80年代初申请量有所增长，而从1984~2000年之间的实际申请量为零，其在这段时间内基本退出了甲醇制烯烃技术的研发，而从2001年起断续有申请。1999年之前，原埃克森石油公司（ESSO）在甲醇制烯烃领域申请量很少，1988~1995年申请量则是空白。而美孚石油公司（MOBI）从1974年起便一直是甲醇制烯烃领域的领军企业，申请量远远超过其他企业，享有较长时间的技术垄断优势，但专利申请年限较早，已接近或超过30年，很多专利可能已经失效或临近失效，可以作为借鉴或直接使用。1999年埃克森石油公司与美孚石油公司合并后，申请量在2002~2007年剧增，申请量几乎超过了以往申请总量；而从2008年受世界经济危机石油价格暴跌影响，申请量大幅度回落，至今每年均保持低量稳

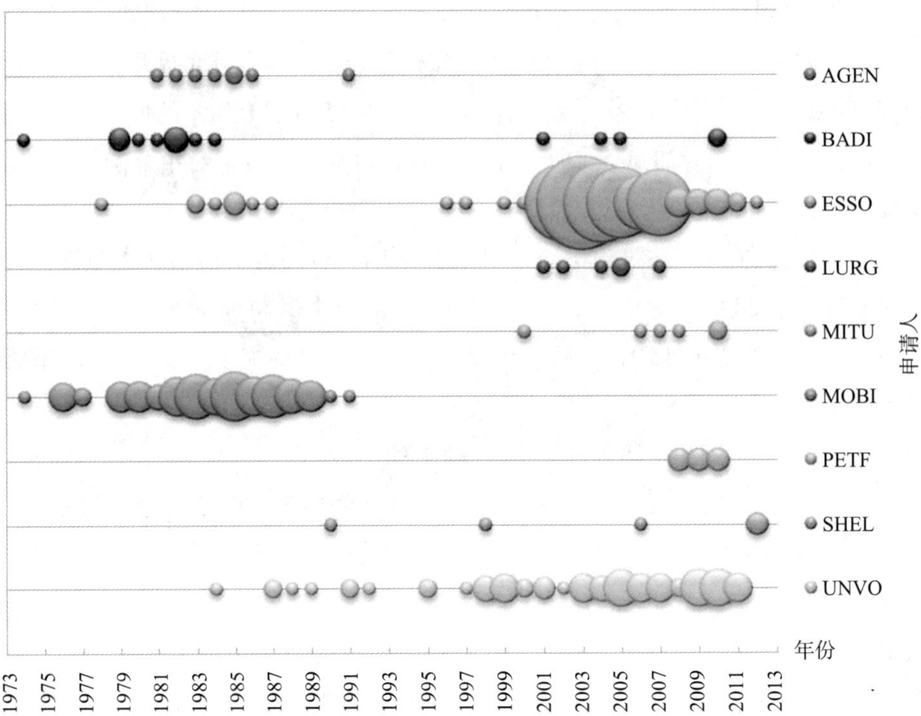

图2 国外主要申请人在美日欧申请量分布图

定申请。此外德国鲁奇（卢吉）股份公司（LURG－N）、三菱化学株式会社（MITU）、道达尔公司（PETF）、壳牌国际研究有限公司（SHEL）等公司申请量均较少，主要集中在近期，拥有的新技术较多。而美国的环球油品公司（UNVO）从1984年起一直持续对甲醇制烯烃技术进行研究，申请量稳定且呈逐步增长趋势，相对于其他公司属于强有力的竞争对手。

3. 国内主要申请人在美日欧申请量总体趋势分析

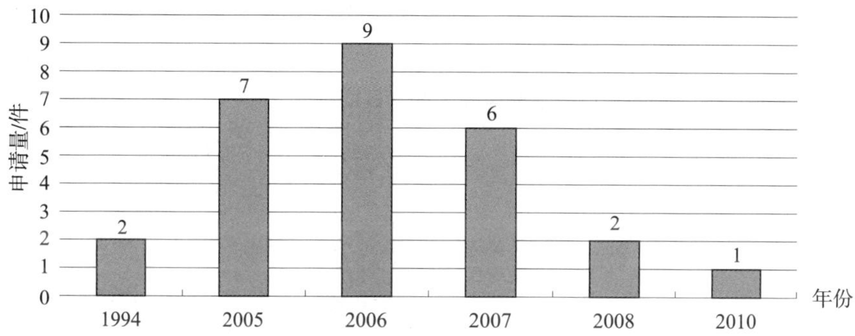

图3　国内主要申请人在美、日、欧申请分布

如图2、图3中仅列出了有申请量的年份从国内主要申请人在美、日、欧的专利申请趋势来看，虽然国内对甲醇制烯烃技术研发投入力度非常大，国内申请量逐日升高，但对国外申请的布局重视程度仍然不够。1994年中石化与中国科学院大连化学物理研究所便联合申请了第一项国外专利，但由于之后的十年国际石油价格低迷，国内主要申请人可能基本放弃了国外市场，直到2005年国际油价飙升后，才再次关注国外专利的申请。2005～2007年，国内主要申请人在国外申请量有所回升，然而2008年金融危机再次影响油价暴跌，国内主要申请人在国外专利申请量也随之降低，甚至降为零。由此可知国内主要申请人在国外专利申请量受国际石油价格影响较大，在国外申请布局非常薄弱，应提高对国外申请布局的重视。

（二）国外主要申请人在美日欧申请区域分布分析

1. 国外主要申请人在美、日、欧申请区域分布分析（见图4）

从甲醇制烯烃领域专利申请地区分布可以看出，美国的申请量最大，占国外主要申请人专利申请总量的85%，占据该技术领域的显著优势地位，在MTO技术方面处于领先地位；欧洲的专利申请量居第二位，并且在MTP技术领域进行了大量的研发，积累了较多的优势技术，占据重要的地位；日本的申请量最小，仅占到国外主要申请人专利申请总量的3%。可见各研发机构非常重视甲醇制烯烃技术在美国和欧洲的专利布局。

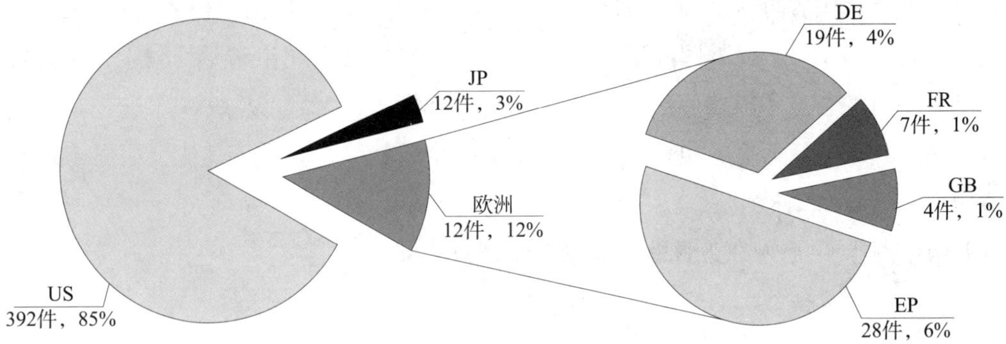

图4　国外主要申请人在美日欧申请地区分布

2. 国内主要申请人在美、日、欧申请区域分布分析（见图5）

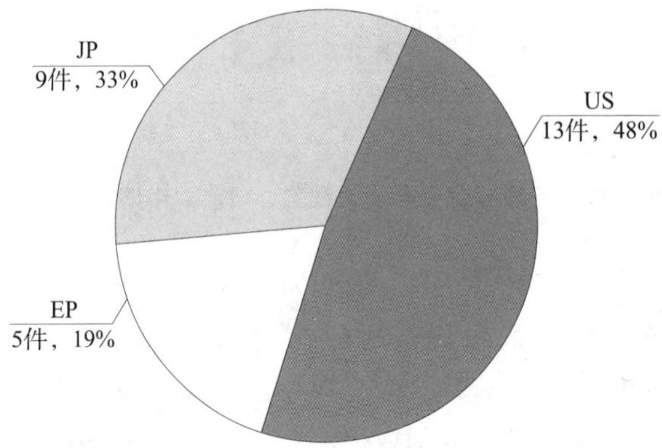

图5　国内主要申请人在美、日、欧申请区域分布

从国内主要申请人在美、日、欧的专利申请分布来看，国内主要申请人在美国的申请量最高，占48%，其次是日本，占33%，在欧洲的申请仅占19%，可见国内主要申请人较为重视甲醇制烯烃技术在美国和日本的专利布局。

美国的石油储量占世界总储量的3%，但美国每年消耗的石油占世界供应总量的四分之一，石油需求量非常大，而其煤炭储量居世界第一（占23.1%），因此也就促进了美国对石油可替代资源煤炭基甲醇制烯烃的研发投入。日本国土资源贫乏，石油和煤炭均几乎全部依赖进口，因此日本对甲醇制烯烃技术的研发热情相对美国和欧洲较低。而国内主要申请人与全球主要申请人的专利布局存在差别，我国相关企业应关注全球技术布局，认真分析自身布局存在的问题并根据实际情况作出相应调整。

（三）主要申请人在美日欧地区专利申请人布局分析

1. 国外主要申请人在美专利申请分析

从图6中可以看出，甲醇制烯烃领域美国的专利申请中，埃克森公司与美孚石油公司（MOBI）的申请量占据了总申请量的78%，可见埃克森公司和美孚石油公司合并后，延续了美孚石油公司的研究，继续对甲醇制烯烃技术投入研发。而排名第二的环球油品公司致力于催化剂的开发，以提高主产物乙烯和丙烯的收率。

2. 国外主要申请人在日专利申请分析（见图7）

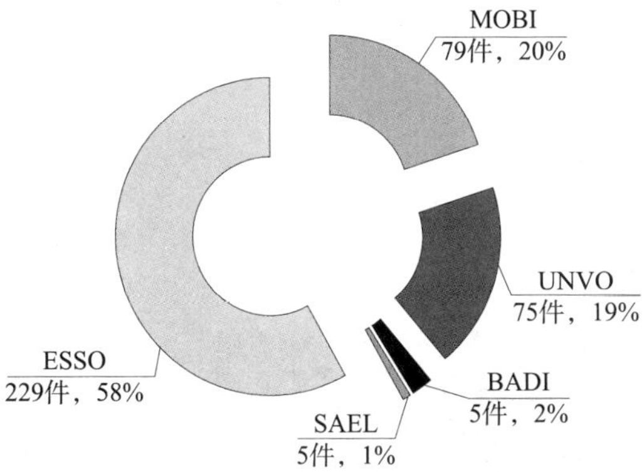

图6　国外主要申请人在美申请分布

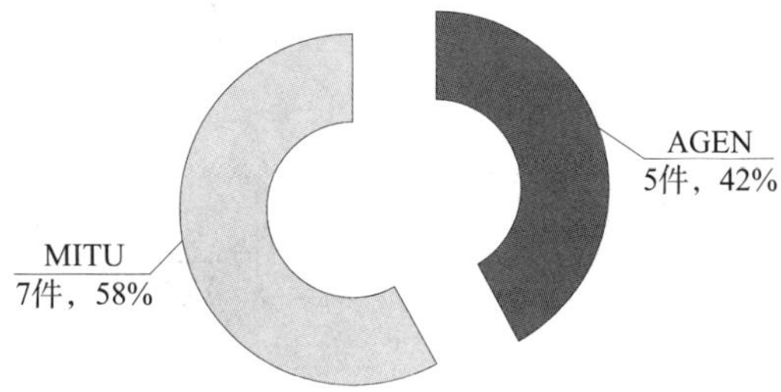

图7　国外主要申请人在日申请分布

国外主要申请人在日申请中，仅有两名申请人，并且均是日本本土申请人，分别是：三菱化学株式会社，申请量占日本专利申请量的58%；日本机械设备协力株式会社，申请量占日本专利申请量的42%。日本国土面积较小且为岛国，其石油和煤炭储量均非常少，对石油的依赖程度高达99%，煤炭自给率仅为2.8%左右，因此其对于甲醇制烯烃技术研发投入并不多。

3. 国外主要申请人在欧专利申请分析

如图8所示，国外主要申请人在欧洲申请中，申请量排名第一位的是美孚石油公司。美孚石油公司是甲醇制烯烃技术的创始人，其在美国大量申请甲醇制烯烃技术专利的同时，注重占领欧洲市场，其在欧洲的专利申请量远远超过其他公司，其开发出的ZSM－5分子筛至今仍然广泛应用于催化领域。

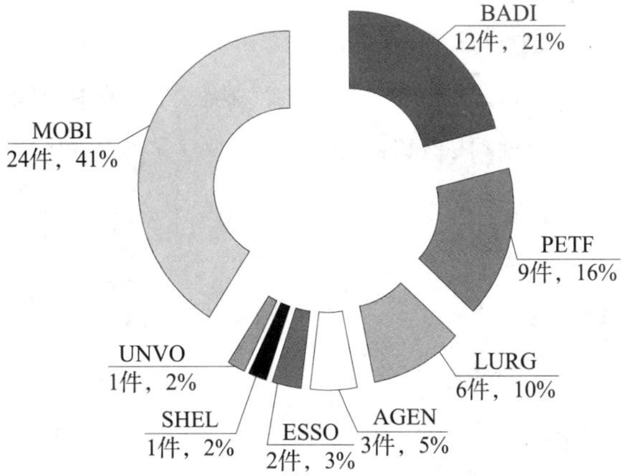

图8　国外主要申请人在欧申请分布

此外值得一提的是德国鲁奇（卢吉）股份公司，其在20世纪90年代成功开发了MTP工艺，该工艺以ZSM－5分子筛作为催化剂，丙烯产率可高达71%。该公司同时拥有大型的甲醇低压合成技术，2004年在南美特立尼达建立了大型甲醇装置并已投入生产，其日产量达到5 112吨；后期联合大型甲醇合成技术与MTP技术，进而建设大型MTP工业装置。

4. 国内主要申请人在美、日、欧申请分析（见图9）

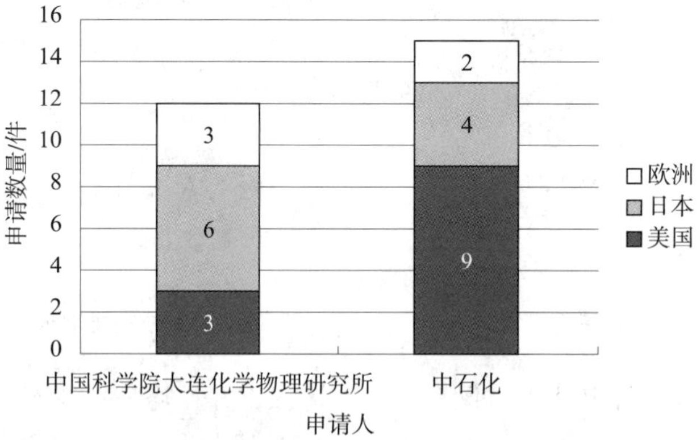

图9　国内主要申请人在美、日、欧申请区域分布

从国内主要申请人在美日欧的专利申请分布来看，中石化较重视在美国的专利申请，中国科学院大连化学物理研究所较重视在日本的专利申请，但在国外申请布局非常薄弱，需提高对国外申请布局的重视。

（四）主要申请人在美、日、欧地区专利申请工艺分析

1. 国外主要申请人在美专利申请工艺分布

从图10中可以看出，国外申请人在美国的专利申请中，甲醇制烯烃工艺的主要研发方向为MTO，MTO申请量占美国总申请量的26%，而MTP专利申请量仅占美国申请量的1%。装置方面流化床申请量占24%，固定床占18%；催化剂方面SAPO系列分子筛的申请量占19%，ZSM－5分子筛的申请量占12%。可见在甲醇制烯烃的技术研发中，美国的主流研发方向是使用流化床以及SAPO系列分子筛；MTP非常薄弱，仅有很少的申请是MTP方向的。

2. 国外主要申请人在日专利申请工艺分布

从图11中可以看出，国外申请人在日本的专利申请中，工艺的主要研发方向为MTO，MTO申请量占日本总申请量的27%，而MTP申请量为0。装置以及催化剂的申请量相对比较均衡，流化床占25%，固定床占20%；催化剂中SAPO系列占15%，ZSM－5占13%。可见日本在甲醇制烯烃领域研发方向仅为MTO，在MTP方向申请为空白，我国相关企业在日本进行专利布局时，可以重点考虑上述情况。

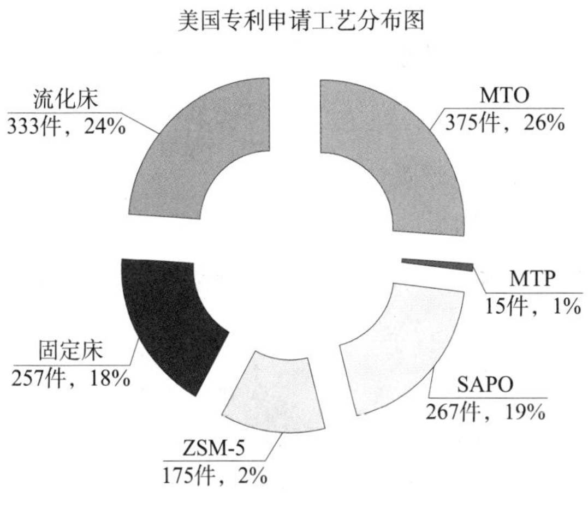

图 10　国外主要申请人在美申请分布

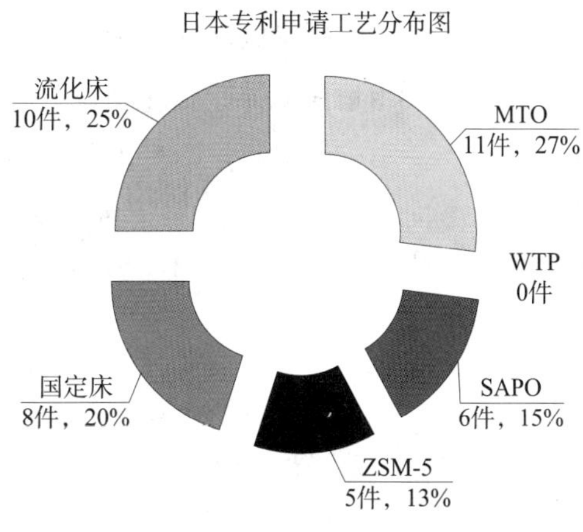

图 11　国外主要申请人在日申请分布

3. 国外主要申请人在欧专利申请工艺分布

从图 12 中可以看出，国外申请人在欧洲的专利申请中，工艺的主要研发方向为 MTO，MTO 申请量占欧洲总申请量的 31%，而 MTP 专利申请量仅占欧洲申请量的 2%。装置方面流化床申请量占 16%，固定床占 23%；SAPO 系列分子筛的申请量占 19%，ZSM -5 分子筛的占 7%。可见在甲醇制烯烃的技术研发中，欧洲的主流研发方向是使用固定床和 ZSM -5，流化床和 SAPO 系列分子筛的研发明显较少。欧洲的专利布局中 MTP 技术同样非常薄弱，申请量仅有 4 件。德国鲁奇（卢吉）股份公司虽然是 MTP 技术的创始公司，但其在专利保护方面布局并不完善。

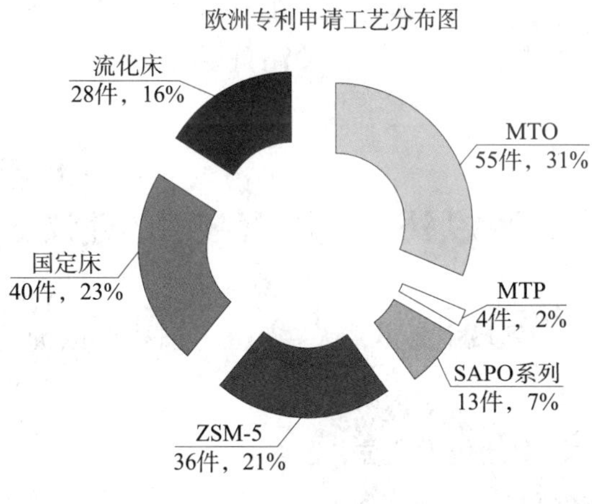

图 12　国外主要申请人在欧申请分布

4. 国内主要申请人在美、日、欧专利申请工艺分布

从国内主要申请人在美、日、欧申请工艺分布图（图 13）可以看出：在美国的专利

申请中，工艺的主要研发方向为MTO，装置方面集中于流化床的申请；在日本的专利申请中，工艺的主要研发方向同样为MTO；而在欧洲的专利申请中，工艺的研发方向仅为MTO，MTP的申请量为零，这主要是由于德国鲁奇公司占据了欧洲MTP的核心技术，催化剂方面主要集中于ZSM－5的研发。其中，大连化物所在美、日、欧申请中，工艺的主要研发方向为MTO，MTP申请量为零，催化剂方面主要研发方向为SAPO系列分子筛；中石化工艺的主要研发方向同样为MTO，但MTP方向也有所涉及，催化剂和装置的申请量分布相差无几。

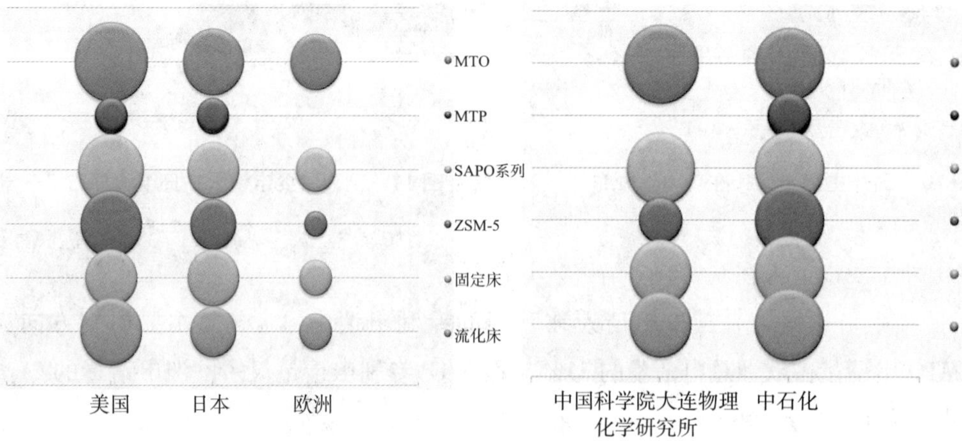

图13　国内主要申请人在美、日、欧申请工艺分布图

综上所述，从不同地区甲醇制烯烃工艺的分布可以总结出，各主要申请人的主要研发方向均为MTO，对MTP的研发投入非常之少。目前全球对乙烯的需求大于丙烯，绝大多数企业均将目光投向了MTO的研发，而几乎忽视了MTP技术。我国企业在国际化进程中也应学会借鉴国际先进企业的经验，关注重要竞争对手的专利申请以及专利布局情况。

三、对我国相关企业发展甲醇制烯烃技术的建议

通过对全球甲醇制烯烃领域主要申请人在美国、日本和欧洲的专利申请的分析，笔者总结如下。

（一）跨国公司占据重要的技术地位，国内企业面临挑战严峻

国外石油巨头对甲醇制烯烃技术的研发投入几乎完全与原油价格成正比，原油价格过高时，各石油公司纷纷转投原油替代品的研发，而原油价格一旦下降，各石油公司便迅速抽离资金减少研发投入。合并后的埃克森美孚石油公司占据国外主要申请人的专利申请总量的77%；排名其后的是环球油品公司，其专利申请量占国外主要申请人专利申

请总量的16%，占据该技术领域的显著优势地位，在MTO技术方面处于领先地位；MTP技术的核心专利技术几乎均掌握在德国鲁奇（卢吉）股份公司手中，其他企业在MTP方向尚未有较大的突破，因此也导致了在MTP方向研发的暗淡；几大跨国公司几乎掌握了甲醇制烯烃技术主要的核心技术，我国相关企业应加大在甲醇制烯烃领域的研发投入，在企业成立专门的知识产权机构，关注我国专利制度以及甲醇制烯烃现有技术的发展，提高专利申请的撰写水平，并结合实际情况制定适合自身长期发展的专利战略。

（二）国内相关企业应注重在国外的专利布局，加强对知识产权的重视

通过对国内主要申请人在国外申请的分析可知，国内企业很少进行国际申请，仅中国科学院大连化学物理研究所和中石化在美、日、欧提交27件申请。而国际先进企业则都非常注意国际申请的针对性，其在美、日、欧提交的申请多达几千件。可见国际先进企业都把国际申请与目标市场紧密联系，我国企业在国际化进程中可以借鉴这一点。此外，还应不断提高企业的专利意识及其对专利制度的运用能力，引进和培养懂技术、高素质的专利人才，在企业内部制定知识产权战略规划，加强自主研发能力，关注重要竞争对手的专利申请以及布局情况，真正重视专利申请，增强自身在国际市场中的竞争力。

（三）专利布局亟需完善，应加强对MTP工艺研发的关注

目前甲醇制烯烃领域的主要研发方向为MTO技术，对MTP的研发明显较少，我国在MTP技术上已经有研究，并且具有了自己的核心专利技术FMTP。然而在FMTP核心专利和外围专利布局上仍然较为薄弱，专利申请数量很少。通过分析国外和国内主要申请人在美、日、欧的专利布局发现，MTP这一工艺的专利布局几乎空白。由于近些年来丙烯的需求量年增长率逐渐超过了乙烯，因此可以预测，在未来几十年中丙烯需求量将逐步上升。因此抓住时机提前占据美、日、欧的MTP市场以及填补MTP研发空白区域，完善专利布局是我国相关企业需要关注的。对于重大科研成果，我国相关企业应当及时提出专利申请以保护自主核心技术，在核心专利已被外国企业占领的情况下，可以采取申请较多的外围专利包围核心专利的策略，构建密集的专利网。

四、结　语

高油价和石油供应的不稳定性促进了替代能源的快速发展，能源问题已成为全世界关注的焦点。在这样的背景下，从国家能源安全战略出发，发展适合我国国情的替代性能源，就成为了保证国家经济持续发展不可回避的一个重要课题。我国的甲醇制烯烃产业通过快速发展已经具有了一定的自主知识产权，并且在部分技术领域有所突破；但我国企业所掌握的关键技术仍然十分有限，技术路线较为单一，专利布局不够完善，尚未形成与产业相适应的产业保护网络。因此我国甲醇制烯烃产业在未来的发展过程中，还必须高度重视知识产权问题。

参考文献

[1] 袁学民，等. 国内甲醇制烯烃技术最新进展 [J]. 现代化工，2012 (12).
[2] 李大鹏. 甲醇制烯烃生产技术及其产业模式分析 [J]. 化学工程师，2012 (7).

牵引变流器技术全球专利分析

刘海燕　王志云

摘　要　高速铁路已经成为我国新的“外交名片”和“形象代表”，中国高铁“走出去”已经成为国家战略的一部分。作为高铁关键技术之一的牵引变流器（Traction Converter），其技术发展在一定程度上代表着高铁的技术水平。为使我国机车企业了解牵引变流器技术在全球专利布局的情况，为技术创新提供有效支撑，本文以牵引变流器技术领域全球专利文献为基础进行深入分析，并对中国牵引变流器的设计与发展提出建议。

关键词　高铁　牵引变流器　专利分析　技术集中度　多流制　技术发展路线

引　言

“高铁外交”成为中国2013年外交工作的一大亮点，高铁已经成为我国新的“外交名片”和“形象代表”。高铁高速行驶的根本动力保障是大功率的牵引电传动系统。牵引变流器是主牵引系统的核心部件，其主要功能是转换交直流电能，并对各种牵引电机进行控制和调节。牵引变流器的性能决定着高铁的启动、制动以及最高速度。可见，对牵引变流器技术领域的专利进行分析，以使企业有针对性地进行技术创新、了解相关竞争对手专利布局情况以规避侵权风险具有十分重要的意义。

一、牵引变流器简介

牵引变流器是机车电力传动系统的重要组成部分，如图1所示的交-直-交电力传动系统，受电弓通过电网接入25kV的高压交流电，输送给牵引变压器，降压成1500V的交流电。降压后的交流电再输入牵引变流器，通过功率变换，变成电压和频率均可控制的三相交流电，输送给牵引电机，通过电机的转动而牵引整个列车。

1879年，德国西门子公司建造的直流125伏、3马力的电车应用牵引变流器取得成功。20世纪90年代，绝缘栅双极晶体管（IGBT）变流器技术在机车车辆牵引系统开始应用并取得快速发展。在欧洲，首台IGBT牵引变流器是在1992年由西门子公司研制成功的，并用于法兰克福低地板电车上。[1] 由于 IGBT 器件属电压驱动的全控型开关器件，脉冲开关频率高、损耗小且自保护能力强，因此，目前世界上无论是干线铁路还是城市轨道的电动车辆的电气系统中均采用 IGBT 模块构成。[2]

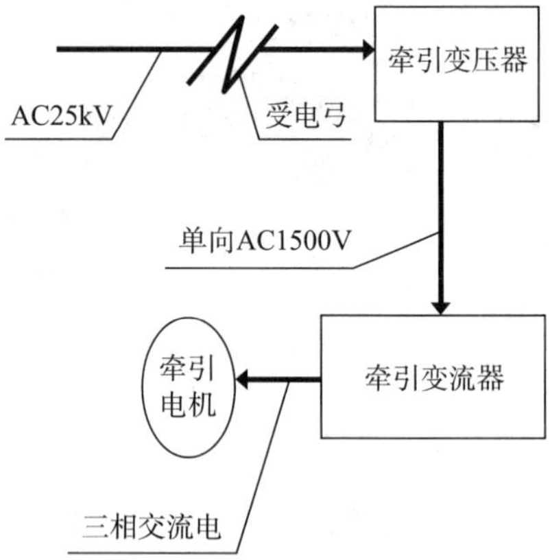

图 1　机车交－直－交电力传动系统

二、牵引变流器全球专利分析

为全面了解牵引变流器领域的专利技术发展动态，笔者从专利年度发展态势、专利技术生命周期、专利技术集中度、专利公开地域分布、专利来源国分布和主要申请人 6 个方面对牵引变流器领域全球专利进行了定量分析，并对多流制牵引变流器的专利技术发展路线进行了定性分析。本文所用的分析数据为“专利检索与服务系统（S 系统）”中 DWPI 数据库收录的公开日期在 2013 年 6 月 30 日之前的所有专利。

1. 专利年度发展态势分析

图 2 显示了牵引变流器领域的全球专利年度发展态势。❶ 在 1980 年之前，与牵引变流器相关的全球专利数量每年基本不超过 20 项❷。1980～2004 年，专利数量不断波动，出现了两个较大波峰，其中一个波峰出现在 1984～1986 年，另一波峰出现在 1996～1997 年。而在 20 世纪 80 年代初，全控型晶闸管（GTO）器件开始引入牵引变流器领域，在 20 世纪末，IGBT 引入牵引变流器领域，这与两个波峰出现的时期基本吻合，说明电力电子器件的创新带来了牵引变流器技术的飞跃发展，对此本文将在专利技术发展路线中进一步阐述。此外，1984 年日本申请人公开 21 项专利，占该年度总量的 56.7%，1985 年

❶ 由于数据库收录专利数据具有一定的延迟性，因此 2012 年的专利数量可能比实际公开的专利数量少，且由于检索截止日期为 2013 年 6 月 30 日，2013 年的专利数量不代表全年数据。

❷ 项：同一项发明可能在多个国家或地区提出专利申请，DWPI 数据库将这些相关的多件申请作为一条记录收录。在进行专利数量统计时，对于数据库中以一族（这里的“族”指的是同族专利中的“族”）数据的形式出现的一系列专利文献，计算为“1 项”。

日本申请人公开19项专利，占该年度总量的51.2%，1997年日本申请人公开33项专利，占该年度总量的51.6%。从这些数据可以看出，日本电力电子器件技术发展迅速使得其在牵引变流器领域的专利数量大增。

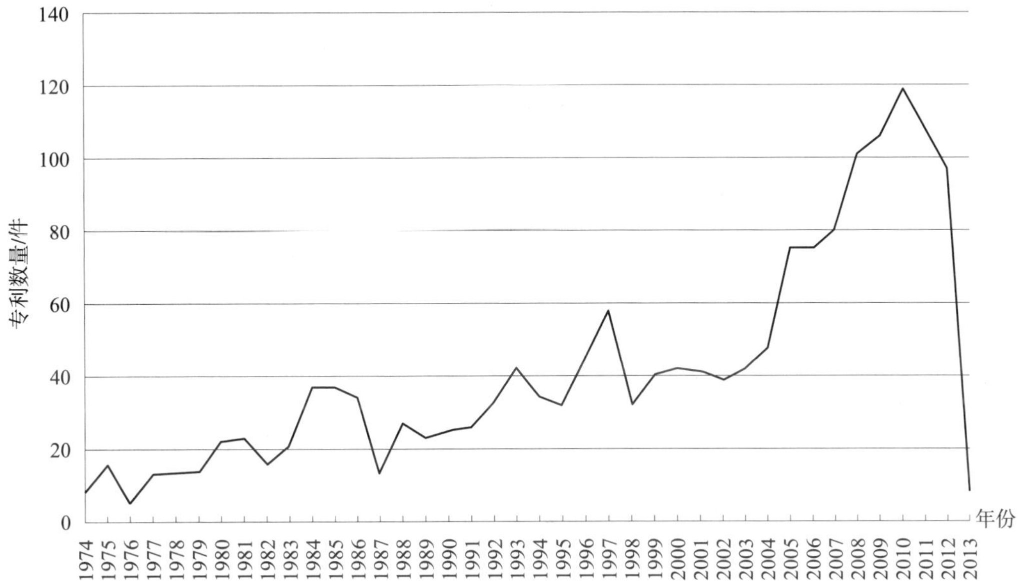

图2　牵引变流器全球专利年度发展态势

2005年后，随着大功率IGBT技术的不断发展，牵引变流器领域的专利数量逐年递增。

牵引变流器的性能优劣直接影响到机车的运行性能、运输能力和耗电量，随着各国铁路建设的不断发展，以及高性能电力电子器件的涌现，牵引变流器技术将快速发展，预计牵引变流器的专利数量在未来长时间内仍将保持稳步增长的态势。

2. 专利技术生命周期分析

专利技术生命周期是根据专利统计数据绘制出技术S曲线，以确定当前技术所处的发展阶段并且预测技术发展极限，从而进行有效技术管理。

图3所示为牵引变流器全球专利技术生命周期图，其反映了1973～2012年牵引变流器领域专利数量和申请人数量的关系。1973～1977年，申请人数量和专利数量都不多，说明该阶段的牵引变流器专利技术处于萌芽期，随后申请人数量和专利数量稳步增长，但增长速度不快。一直延续到2000年前后，随着高性能电力电子器件的出现，牵引变流器技术得到快速发展，尤其是2003～2012年，技术发展速度明显加快，申请人数量和专利数量大幅提升，牵引变流器技术目前正处于快速发展期。

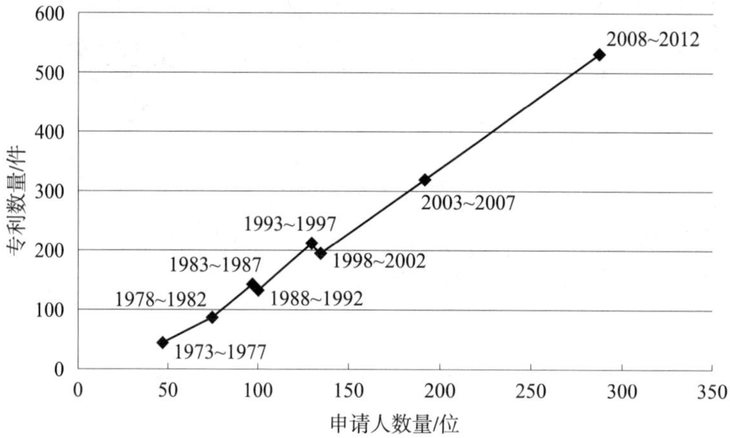

图3　牵引变流器全球专利技术生命周期

3. 技术集中度分析

图4显示的是牵引变流器领域全球专利中每5年的前十位申请人专利数量所占的比例，其中横轴代表专利公开年份，纵轴代表前十位申请人所拥有的专利数量占该5年的专利总量的百分比。总体来看，1973～2012年，前十位申请人专利数量所占比例较大，均超过50%。尤其是1993～2002年，其比例接近80%。说明由于牵引变流器结构及控制复杂，其技术主要被少数企业垄断，企业之间的竞争不激烈。而2002年后，前十位申请人专利数量所占比例逐年下降，并有继续下降的趋势，说明随着各国铁路建设的发展，尤其是发展中国家电力机车需求的大幅增加，越来越多的企业加入到市场竞争中，进而降低了牵引变流器领域的技术集中度，这将有利于牵引变流器技术的多元化发展。

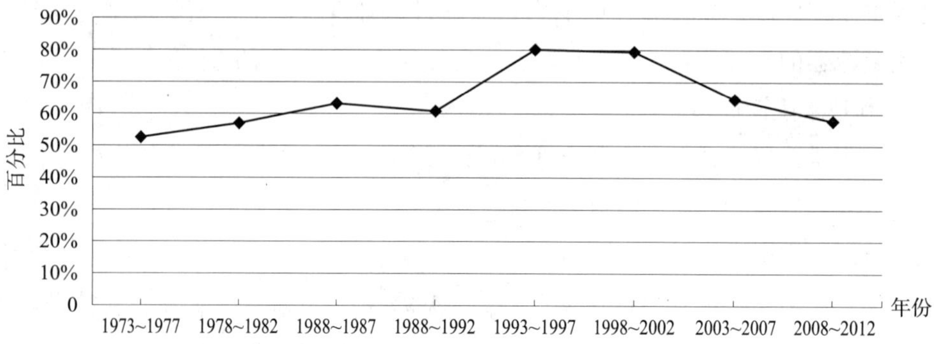

图4　牵引变流器全球专利前十位申请人所占比例情况

4. 专利公开地域分布

图5展示了牵引变流器领域全球专利的公开地域分布情况，从该图中可以看出，专利公开量最多的国家是日本，其次是美国、欧洲专利局和德国，美、日、欧等发达国家和地区的牵引变流器技术快速发展与其轨道系统的发达是密不可分的。中国的专利公开

量排名第四，与德国仅差一个百分点，说明随着我国铁路建设的不断发展，各国申请人为抢占中国市场，积极在中国进行专利布局，因此我国应加大牵引变流器的研发力度，提升自主创新能力，并做好专利布局，以稳定和提高市场份额。

5. 专利来源国分布

图6所示为牵引变流器领域全球专利的来源国分布图。从图6中可以看出牵引变流器领域的全球专利将近一半来自于日本申请人，日本铁路系统发达，且电力电子技术先进，二者结合促使日本的牵引变流器技术快速发展。德国的西门子公司是最早将牵引变流器成功应用在电车上的企业，而庞巴迪运输公司的牵引变流器技术发展也较早，且技术先进，因此在这两大企业的影响下，德国申请人的专利数量排名第二。美国和中国分列第三位和第四位，但相比美国，中国还不及其一半，因此中国的牵引变流器还需进一步发展。

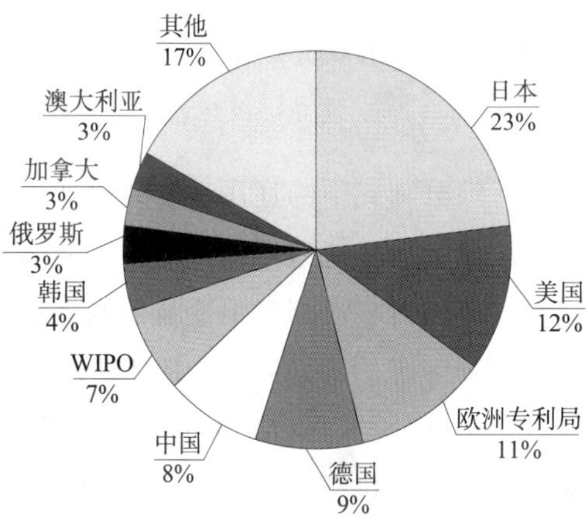

图5　牵引变流器全球专利公开地域分布

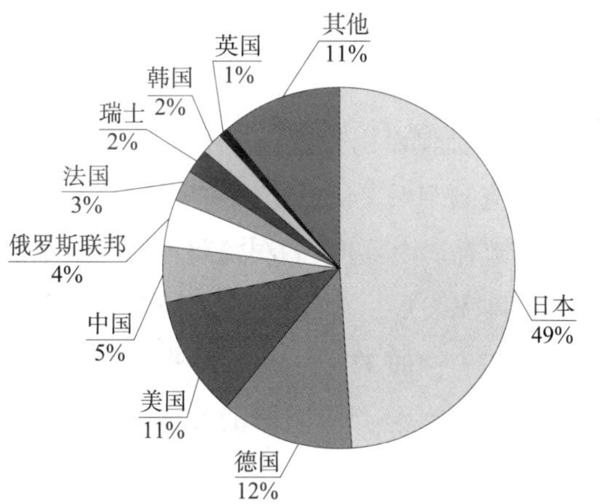

图6　牵引变流器全球专利来源国分布

6. 主要申请人分析

图7展示了牵引变流器领域全球专利前十位申请人的排名情况，从该图中可以看出，牵引变流器领域的全球专利中，日本企业日立、东芝、三菱电机位居前三位，3家企业的专利数量占牵引变流器全球专利总量的39.4%，足见其牵引变流器技术相当发达，同时表明这3家企业的专利战略非常成熟。除上述3家企业之外，还有富士电机和东洋电机2家日本企业，说明日本在牵引变流器领域具有相当大的技术优势。

在前十位申请人中，西门子、ABB、庞巴迪运输公司也排名靠前，这三大企业是欧洲铁路机车最主要的生产商，也是欧洲牵引变流器研制最早的企业，尤其是为适应欧洲地区电网的多种电流制式，西门子、ABB、庞巴迪运输公司相继推出多流制电力机车。

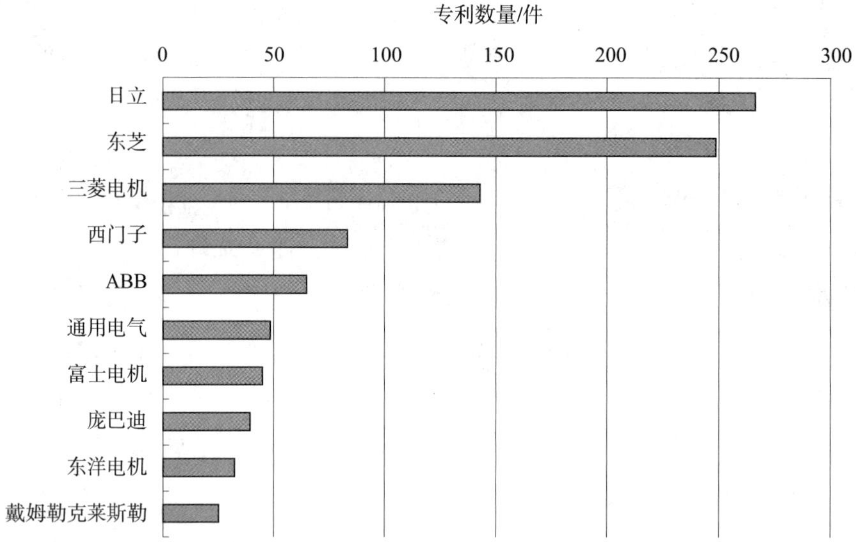

图 7　牵引变流器领域全球专利前十位申请人的排名情况

7. 多流制牵引变流器技术发展路线分析

多流制牵引变流器是为实现铁路机车在不同牵引供电制式下的通用性而研制的新型牵引变流器，其在欧洲及非洲具有广阔的市场。为使我国机车制造企业了解多流制牵引变流器技术发展、为其拓展海外市场提供思路，本文遴选出多流制牵引变流器发展历程中具有代表性的 22 项专利，梳理了多流制牵引变流器技术发展路线图，如图 8 所示。

从多流制牵引变流器的技术发展路线图可知，早在 1968 年 ATEL CONSTR ELEC CHARLEROI SA 已经提出了实现交流接触网与直流接触网通用的技术方案（NL162328B），随后日立、JEUMONT SCHNEIDER SA 也分别提出了实现交直流通用的技术方案（NL7416684、ZA8409707），由于 20 世纪 80 年代之前直流传动机车占据主流地位，因此 1965 ~ 1980 年申请的多流制牵引变流器主要针对直流牵引电机。而随着技术的进步，交流传动机车以其在提高电网质量、改善牵引特性、加快响应速度等方面的优点，逐渐取代直流传动机车，与之相对应，从 20 世纪 80 年代起，多流制牵引变流器主要用于驱动交流牵引电机。

从图 8 中可以看出 1965 ~ 1980 年，多流制牵引变流器主要采用半控型晶闸管器件，且这一时期专利数量少，处于技术发展的萌芽期。随着电力电子器件的发展，JEUMONT SCHNEIDER SA 于 1983 年 12 月 13 日申请了首个采用 GTO 器件构成的多流制牵引变流器的专利（ZA8409707），自此之后，ABB 和西门子公司相继申请了多项采用 GTO 器件的变流器。在 GTO 多流制牵引变流器技术较成熟后，1991 ~ 1997 年申请的专利则将技术改进点侧重在提高供电可靠性和滤波等问题上。

年份	1965~1980	1981~1990	1991~1995	1996~1997	1998~2000	2001~2011
主电路结构	1986.05.02 NL162328B ACEC 采用半拉型晶闸管 实现逆变 直流牵引电机	1983.12.13 ZA8409707 JEUM 采用GTO实现整流 直流牵引电机	1991.05.24 EP0514580B1 SIEI 采用两套变流器 单元提高供电可靠性 直流牵引电机	1996.04.13 DE19614627 ALLM 采用多套变流器 单元提高供电可靠性 无变压器结构 交流牵引电机	1998.03.12 JP3477068B2 TOKE 采用IGBT器件 实现整流和逆变 交流牵引电机	2004.06.16 EP1610450 HTTA 通过改进滤波 电路减少滤波 交流牵引电机
	1973.12.27 NL7416684 HTTA 采用半拉型晶闸管 实现整流 直流牵引电机	1987.04.24 DE3724526 ALLM 采用全控型晶闸管 （GTO）实现整流 交流牵引电机	1993.04.22 EP0621679 ALLM 采用两套变流器 单元提高供电可靠性 直流牵引电机	1997.03.25 DE19712564 SIEI 通过改进滤波电路 减少滤波 直流牵引电机	1998.09.21 DE0989016B1 ALLM 采用IGBT器件 实现交流 无变压器结构 交流牵引电机	2008.06.27 EP2139103 SIEI 通过改进滤波 电路减少滤波 交流牵引电机
		1988.05.25 DE3817652 ALLM 采用GTO实现整流 与逆变 四象限变流器 直流牵引电机	1994.02.07 DE4403762 SIEI 采用四套变流器 单元提高供电可靠性 交流牵引电机	1997.07.10 EP0891037 ALLM 采用多套变流器单元 无变压器结构 减小对电网冲击 交流牵引电机	1999.02.26 DE19908495 SIEI 采用IGBT器件 实现交流 无变压器结构 交流牵引电机	2010.08.24 EP2608980 SIEI 采用中频变压器 减小体积和重量 交流牵引电机
		1989.02.22 EP0383971 SIEI 采用GTO实现整流 与逆变 直流牵引电机	1994.02.22 HPH07236202 HITA 通过改进滤波电路 减少滤波 直流牵引电机	1997.08.27 JP3455076B2 TOKE 采用两套变流器 单元提高供电可靠性 交流牵引电机	2000.09.28 JP2002112405 HTTA 采用IGBT器件 实现交流 无变压器结构 交流牵引电机	2011.01.31 WO2012105282 HTTA 采用两套IGBT整流 器提高供电可靠性 交流牵引电机

图8　多流制牵引变流器技术发展路线

20 世纪 90 年代后期，IGBT 引入牵引变流器领域。1998 年 3 月 12 日，东芝申请了首个采用 IGBT 构成的多流制牵引变流器的专利（JP3477068B2），此后的两年间 ABB、西门子和日立相继申请了 IGBT 多流制牵引变流器。2001 ~ 2011 年，多流制牵引变流器领域的专利又将技术改进点侧重在了提高供电可靠性和滤波等问题上。

总体来看电力电子器件的发展决定着多流制牵引变流器技术的革命性变化，而提高牵引变流器的供电可靠性以及降低牵引变流器所引发的谐波问题，一直是该领域技术人员所寻求解决的技术点。

三、对牵引变流器领域专利技术发展的建议

结合牵引变流器领域相关技术专利现状，对专利布局给出以下建议：

1. 在国家政策引导下加快牵引变流器技术发展

在我国铁路建设飞速发展的大环境下，以及国家相关政策的引导下，加大牵引变流器技术研发的投资力度，在引进国外先进技术的同时，注重自主原始创新和消化吸收再创新，加快牵引电机技术发展。

2. 关注竞争对手技术优势领域，避免陷入知识产权纠纷

日本在牵引变流器领域具有一定的技术优势，尤其是日立、东芝、三菱电机三大企业的相关专利量较大，此外西门子、ABB、庞巴迪运输公司的多流制牵引变流器技术处于世界领先水平，因此建议我国企业在研发过程中对日立、东芝、三菱电机、西门子、ABB、庞巴迪运输公司的牵引变流器技术重点跟踪。尤其是西门子、ABB、庞巴迪运输公司的多流制机车用牵引变流器技术，避免在产品出口过程中陷入知识产权纠纷。

3. 加速专利布局，积极进行国外专利申请

随着我国铁路建设的不断发展，各国申请人为抢占中国市场，积极在中国进行专利布局，因此我国应加大牵引变流器的研发力度，提升自主创新能力，并做好专利布局，以稳定和提高市场份额。此外，在产品出口之前，还应积极在目标国进行专利申请，为产品“走出去”保驾护航。

四、结　语

“高铁外交”给中国高铁人带来了更大的挑战，也提供了重大的机遇。目前，国内牵引变流器产业与国外先进水平尚有不小差距，要敢于迎接挑战，坚持走自主创新的道路。随着我国中长期铁路网规划的实施，加上各国对中国高铁的极大热情，国内企业要乘着政策的东风迎头而上，早日形成中国高铁技术专利布局，为中国高铁的发展提供坚

强保障。

参考文献

[1] B. LASKA. IGBT牵引变流器的发展［J］. 交流技术与电力牵引，2004（5）.

[2] 陶生桂，等. 轨道车辆牵引变流器的应用与发展［G］. 第四届变频器行业企业家论坛.

丰田燃料电池专利布局研究

邹卫兵　张攀**　魏巧莲

摘　要　针对丰田在全球燃料电池技术领域的专利，进行了专利申请年代分布、区域分布、技术分布等角度的研究和分析，总结了丰田关于燃料电池汽车的技术研发特点。

关键词　燃料电池　丰田　专利

引　言

燃料电池（Fuel Cell）是一种将燃料与氧化剂中具有的化学能直接、高效（50% ~ 70%）地转化为电能的发电装置。近年来，随着能源短缺和环境恶化的问题日益严重，燃料电池作为一种高效洁净的发电装置，其技术的发展引起了各国政府、企业、科研机构及高等院校的高度重视。燃料电池被看作是继火力发电、水力发电与核电之后的第四种发电方式，燃料电池技术被认为是21世纪首选的洁净高效发电技术。燃料电池技术的研发近年来取得了长足进步，小到几瓦、大到兆瓦级的燃料电池系统相继研发成功，并应用于发电站、交通运输工具和便携式电子设备等领域。[1]

丰田是一家产量和销量均位居全球之首的汽车生产公司，于1992年开始着手研发氢燃料电池车，并于1996年在日本上路测试。

图1表示丰田开发的燃料电池发展历程。[2]丰田1996年开发出氢燃料电池车FCEV，1997 ~ 1998年开发出甲醇燃料电池车FCEV，2000 ~ 2001年开发出FCHV－3、FCHV－4，2002 ~ 2003年开发出FCHV－5。同时，丰田注重与其他汽车公司进行合作研发，1999年宣布与通用共同开发燃料电池车。2002年，与日野汽车联合推出日本首辆燃料电池客车FCHV－BUS，与大发汽车合作开发甲醇重整燃料电池车MOVE－FCV－K－Ⅱ。

2013年，丰田在东京车展上展出燃料电池汽车的概念车，并宣布2015年正式量产发售，跟2002年提供租赁服务的第一代产品相比，第二代氢燃料电池汽车制造成本已经降低了95%。跟普通加油的时间差不多，燃料电池汽车加满氢燃料大约需要3分钟，加满

** 等同第一作者。

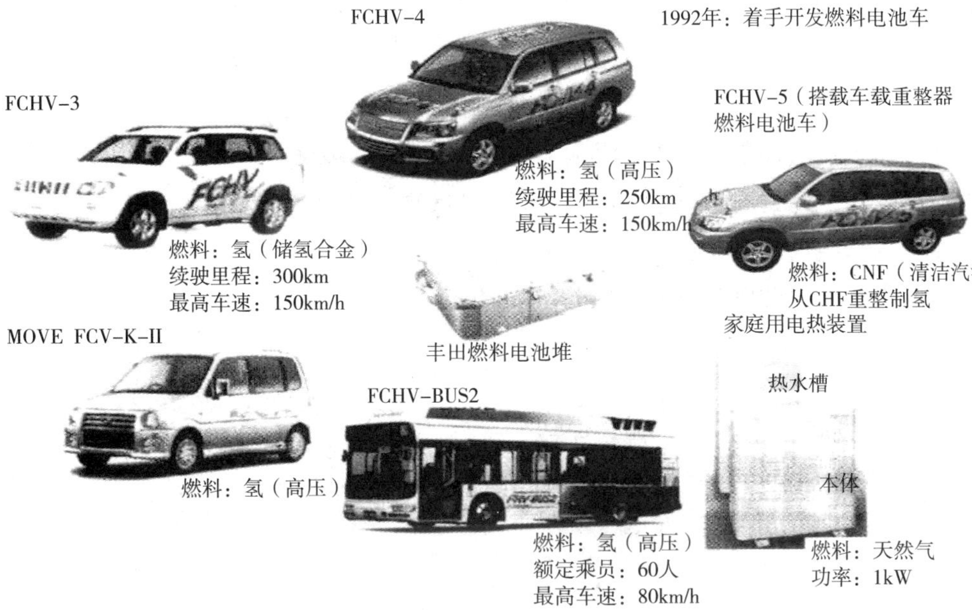

图 1　丰田开发的燃料电池发展历程

氢燃料后的续航里程约为 500 公里，经济模式下可以持续 700 公里，另外该车百公里加速时间约为 10 秒。[3]

在氢燃料电池汽车普遍不被业内看好的形势下，丰田力排众议，投入大量财力、人力和物力进行研发，并计划于 2015 年量产燃料电池汽车氢燃料电池车，又一次走在新能源汽车领域的前列，这与丰田注重科技研发密不可分。专利申请状况往往能够体现出企业的技术研发重点和思路。丰田非常重视知识产权，在燃料电池领域已申请了 9 250 件专利/专利族（WPI，截至 2014 年 3 月 1 日统计）。笔者从技术角度出发，分析了丰田在世界范围内的专利分布，并尝试总结出丰田的专利申请战略和技术分布，为国内相关企业确定研发方向以及制定专利战略提供借鉴。

本文以丰田在燃料电池技术领域的专利申请数据为基础，从专利申请的年代分布、区域分布、技术分布等方面对丰田燃料电池专利布局进行分析，数据来源于德温特专利摘要数据库。

一、专利申请的年代分布

图 2 为丰田 1980 ~ 2013 年有关燃料电池的专利年申请量分布图。丰田燃料电池专利在全球的申请量从 1980 ~ 2013 年分为 3 个发展阶段：第一阶段为 1980 ~ 1998 年，属于技术引入期，专利数量较少，年申请量变化不大，维持在 50 件以下，1992 年丰田着手研发燃料电池车，表明丰田早期就进行了燃料电池技术专利布局，牢牢掌握该领域的技术主

导权；第二阶段为 1999～2007 年，属于技术发展期，年申请量急剧增加，从 1999 年的 71 件快速增加到 2007 年的 1 824 件，丰田乃至全球燃料电池技术突飞猛进，处于研发的活跃阶段，丰田相继开发出 FCHV－3、FCHV－4 和 FCHV－5；第三阶段为 2008～2013 年，属于技术成熟期，专利申请数量逐年减少，与 2008 年金融危机和业内对氢燃料电池商业化的质疑有一定关系。虽然近几年专利申请减少，其他汽车生产厂商致力于纯电动汽车等其他新能源汽车的研发，但丰田并没有停止燃料电池技术的研发，其仍不断攻克燃料电池车面临的技术难题，并处于技术领先地位。

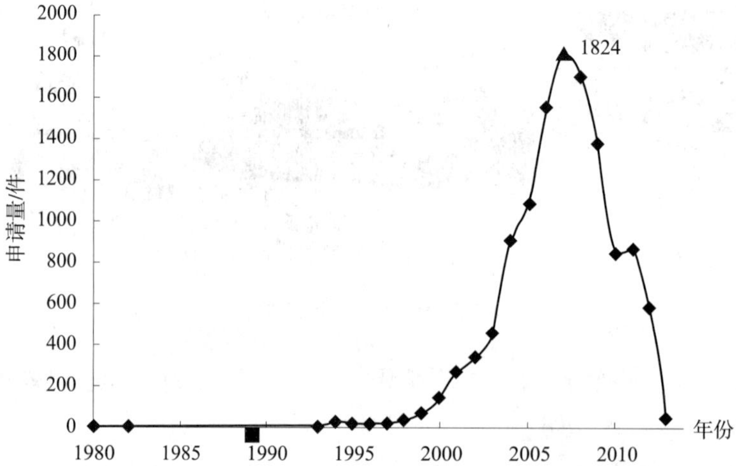

图 2　丰田燃料电池专利申请的年份分布

二、专利申请的区域分布

图 3 为丰田燃料电池专利申请的区域分布图，其中仅列出申请量在 300 件以上的国别，申请量小于 300 件的国家合并为其他。

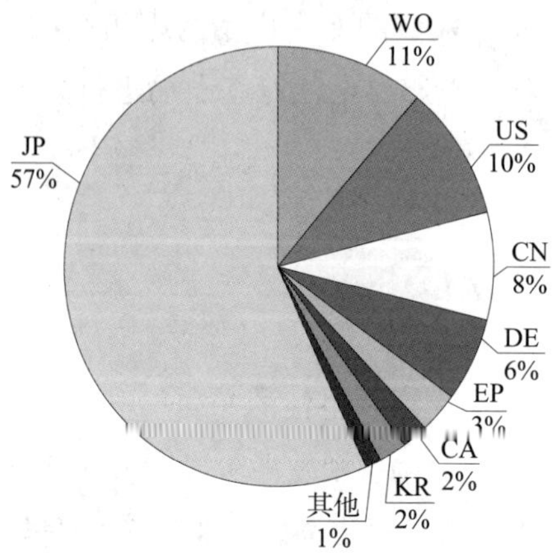

图 3　丰田燃料电池专利申请的区域分布

从图3可以看出，丰田在本国的专利申请最多，主要有两方面的原因：一是日本政府积极倡导氢能源和燃料电池的发展，建设日本氢能源高速路，计划在2015年前在日本高速路周边铺设100个加氢站，到2025年则多达1 000座加氢站，[4]这为技术研发和商业化运作提供了便利的基础设施；二是燃料电池研发实力强的企业大都集中在日本，为了在众多强大的竞争对手中处于领先地位，丰田必须在本土构建严密的专利布局。

其次是进入美国、中国、德国、欧洲、加拿大、韩国的专利数量，这与当地的经济和技术发展总体水平相适应。特别是进入中国的申请量达到1 200件，占比8%，可见丰田非常重视中国市场。此外，通过PCT途径进行国际专利申请，一方面为申请人提供便利，另一方面有利于全球专利布局，丰田共提交PCT专利申请1 646件，占总申请量的11%。

三、专利申请的技术领域分布

专利热点技术领域的分布反映了研发领域的分布，技术领域分析通常使用国际专利分类号（IPC）统计。但IPC偏向于功能分类，而非应用分类，不熟悉分类的人员较难理解IPC分类所对应的技术。相反，德温特手工代码（Derwent Manual Code，DMC）以应用为主，与技术有很好的对应，其含义容易理解，且分类明确、详细、复分较多。[5]本文利用DMC来分析燃料电池专利的技术分布特点，更能体现丰田燃料电池相关技术发展的趋势。

表1 丰田燃料电池技术领域合并分析

DMC	DMC表达的技术领域
X21－A01J、X21－B01A、X21－A01F、X21－A01D、L03－H05	汽车应用
X16－C15A、X16－C15C、X16－C15、X16－C17A、X16－C17A1	燃料制备与储存
X16－C16、L03－E04G	双极板
X16－C09	控制
X16－C18	外壳与密封
X16－E06A5A、L03－E04B1	电极催化剂
T01－J07D1	微处理器系统
X16－E06A5C	膜电极组件
X16－E06A、X16－E06、L03－E04B、L03－E04B2	电极
X16－C01、X16－C01C、L03－E04A2、A12－E06B、A12－E06、A12－M02、A12－M01	PEMFC

笔者选择专利数量排序前25位的DMC，过滤掉一些不需要分析的DMC（如L03－E04、X16－C等燃料电池的大类代码），将技术相近代码合并，[6]具体技术领域对应的DMC

如表1所示。对技术领域排序形成主要技术领域专利地图，如图4所示。

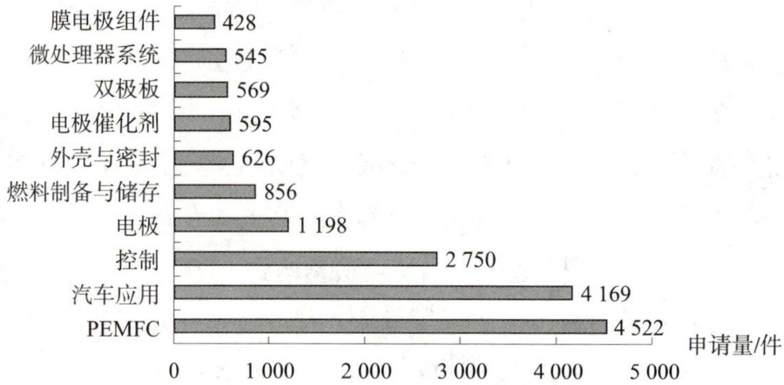

图4　丰田燃料电池专利的技术领域分布

由图4可知，丰田专利技术研发的热点技术领域分布在质子交换膜燃料电池的PEMFC、汽车应用、控制、电极、燃料制备与储存、外壳与密封、电极催化剂、双极板、微处理器系统和膜电极组件等领域，其专利数量都超过了400件。其中PEMFC技术是丰田申请专利的核心，能有效削减丰田燃料电池车成本有很大关系。PEMFC是广泛应用于电动汽车的燃料电池，能量转换效率高，是普通内燃机热效率的2~3倍，还具有噪音低、无污染、寿命长、启动迅速、比功率大、输出功率可随时调整等特性。[7]提高PEMFC性能是降低燃料电池车制造成本的关键。例如，如果单位体积的输出功率密度提高到2倍以上，则使用的燃料电池的体积就可以减至一半以下，从而削减材料费。丰田通过对燃料电池的大量研究，已经开发出输出功率密度高达3kW/L的燃料电池组，特别是使用无需冷凝即可涂覆数微米粒径的铂类催化剂的电极形成技术，对提高输出功率密度作出了巨大贡献。[8]丰田致力于降低燃料电池系统的成本，其氢燃料电池系统单价将从当前原型的百万美元级别削减至约5万美元，削减比例达95%。[9]

技术领域中专利申请量排第二的是汽车应用。由于燃料电池汽车续驶里程明显优于纯电动汽车，且可实现零排放，加氢时间接近传统汽车加油。作为全球最大的汽车公司，丰田坚持发展燃料电池汽车，将燃料电池在汽车应用领域的专利申请放在首位。

稳定可靠的燃料电池控制系统可以提高燃料电池的性能、可靠性和使用寿命，从而保证发动机能够安全、稳定、可靠地工作。丰田同样致力于控制系统的研发，特别是在其具备传统优势的混合动力型的燃料电池系统控制方面。专利JP2009159689A公开了一种技术，能够根据对通过电压转换装置的电力进行检测判断电力检测单元的异常，适当地实施电压转换装置的控制燃料电池系统，能够提高死区时间校正动作的可靠性。

电极、电极催化剂、双极板和膜电极组件等也是丰田重点研究的技术领域。目前，燃料电池商业化的最大问题是成本太高，为了与内燃机竞争，燃料电池的成本必须降到50美元每千瓦，降低燃料电池成本的3个关键部件包括电极、电解质膜和双极板。

PEMFC阴极和阳极的有效催化剂仍以铂为主，而电极的载铂量过高一直是阻碍 PEMFC 发展的重要因素。为了降低铂的使用量，世界各大公司进行了大量研究工作。专利 WO2012/046138A 在壳中使用铂、芯使用不同于铂的金属，在这样芯－壳结构催化剂的基础上，提出将颗粒表面具有氧缺陷的氧化物用作内部颗粒，含有键合于氧缺陷上的铂层与常规铂颗粒催化剂相比具有高活性和耐久性。同时，催化剂颗粒内部由氧化物组成，所用铂的量与使用铂颗粒的常规催化剂相比降低很多，能够显著降低成本。专利 JP2007287414A 提供了一种燃料电池膜电极组件，燃料电极和氧化剂电极中的至少一个具有含非负载型催化剂层，该催化剂层包含未负载在载体上的一次粒径 0.3 ~ 100nm 的金属催化剂纳米颗粒，该金属催化剂纳米颗粒的电化学活性表面积是 10 ~ 150m^2/g，该含非负载型催化剂层的层厚度小于或等于 10μm。因为该方面的燃料电池膜电极组件包含小至 0.3 ~ 100nm 的金属催化剂纳米颗粒，该金属催化剂纳米颗粒的状态为其未负载在载体（例如碳颗粒等）上但是高度分散的，其电化学活性表面积大至为 10 ~ 150m^2/g。此外，因为金属催化剂纳米颗粒未负载在载体上，致使催化剂层非常薄，可以在特别易于进行电极反应的电解质膜和催化剂层之间的界面处高密度布置催化活性成分，因此金属催化剂的利用率很高，能够提升燃料电池的效能。

随着燃料电池汽车技术日趋接近于大规模商业化应用，燃料的制备与储存技术显得十分重要，尤其是氢的储存，大规模、经济、高效和安全储氢技术的发展直接影响到燃料电池技术的推广应用。丰田于 1996 年首次将金属氢化物储氢装置规模化应用到燃料电池车中，使用 TiMn 系 BCC 储氢合金 100kg，储氢量 2kg。2001 年初，丰田宣布开发的燃料电池样车 FCHV3 是采用储氢合金供氢方式，该车最高时速为 150km/h，续航里程在 300 公里以上。[10]

四、结论与建议

专利分析的结果表明，丰田长期坚持开发燃料电池汽车，坚信燃料电池汽车是新能源汽车的终极发展目标，因此加大燃料电池系统专利的研发投入，从而使得其在PEMFC、控制、电极、燃料制备与存储、外壳与密封、双极板等技术领域占据领先优势，为后续的商业化道路扫清技术上的障碍。

燃料电池汽车要走向商业化，必定是一场厚积薄发的长跑。我国关于燃料电池车研究的竞争也非常激烈，长期从事氢源燃料电池研究的中科院大连化物所，早在 20 世纪 90 年代初，就开始对氢源质子交换膜燃料电池开展研究。1996 年底，该研究得到科技部、中国科学院、国家自然基金委的经费支持，并在国家“九五”计划中立项。2000 年，中国科学院大连化学物理研究所研发出第一台质子交换膜燃料电池发动机，并与中国科学院电工研究所、二汽集团合作，组装出了一台燃料电池中巴车，于2001年进行了试运行。随后不久，又组装了一台30千瓦功率的燃料电池中巴车。[11]但相比国外企业，我国车企在燃料电池车研发的力度和广度上都远远不够，离实际应用还有很漫长的路要走。通过对丰田燃料电池专利技术的分析，针对我国燃料电池车技术的发展，笔者提出如下几点建议：

（1）加强燃料电池系统上研发投入，降低燃料电池汽车的成本。燃料电池汽车发展的关键是燃料电池的成本。与电动汽车相比，燃料电池汽车成本仍然很高，仅燃料电池系统成本就相当于一辆纯电动汽车。燃料电池市场因素和加氢网络建设与国家能源战略相关，不仅仅是企业和市场层面问题，有基础、有条件的企业要把燃料电池汽车作为长期战略，加大研发投入，组建专业团队，加快工程化开发进程。

（2）对国外先进汽车企业的专利申请进行相关研究，掌握技术发展趋势，找准技术研发重点，为国内企业的战略制定提供可靠的依据，促进企业自主创新。可以在丰田等企业尚未进行全面专利布局的薄弱技术领域进行研发，加强这些技术领域的专利布局力度，以求在燃料电池领域拥有一席之地。

（3）国内企业应该积极开展与国外先进汽车企业的合作，丰田、本田、通用与宝马都有共同研发燃料电池的合作关系，学习国外先进技术，借鉴国外企业的营销策略，力求技术突破，并提高自己的商业化运作能力。

参考文献

［1］衣宝廉．燃料电池——原理·技术·应用［M］．北京：化学工业出版社，2003.

［2］杨妙梁．世界燃料电池车发展动向（三）［J］．汽车与配件，2005（5）：34－37.

［3］http：//cehua. xincheping. com/62151－7. html.

［4］毛宗强．世界各国加快氢能源市场化步伐［J］．中外能源，15（7）.

［5］http：//www. istis. sh. cn/list/list. aspx？id＝5229.

［6］http：//www. istis. sh. cn/list/list. aspx？id＝5230.

［7］律翠萍，叶芳，郭航，马重芳．质子交换膜燃料电池的水热管理［J］．节能，2005（8）.

［8］崔东树．丰田放弃“纯电动”思路值得借鉴［EB/OL］．中国新能源网，www. china－nengyuan. com/news/39241. html.

［9］http：//auto. huanqiu. com/globalnews/2013－10/4449737. html.

［10］Mitsugi C，HARUMI A，KENZO F. JAPANESE hydrogen program［J］．Int JHydrogen Energy，1998，23（3）.

［11］贾林，邵震宇．燃料电池的应用与发展［J］．煤气与热力，25（4）.

生物芯片中国专利申请状况分析

戴琳　方慧聪**

摘　要　本文以中国专利检索系统文摘数据库（CPRSABS）公开的生物芯片领域的相关专利文献为基础，对生物芯片领域国内、国外来华专利申请状况进行了统计和分析。旨在为我国生物芯片领域研发人员宏观了解生物芯片行业的现状提供参考，以期对我国生物芯片行业今后的技术发展和知识产权战略的实施提供有益的参考。

关键词　生物芯片　专利　申请　分析

一、引　言

生物芯片技术是一项高新生物技术，为分子生物学的发展带来了革命性的贡献，尤其是最近的十年里，已经被广泛应用于基因表达研究、功能基因组研究、蛋白质组研究、临床疾病诊断、药物筛选、组织工程等众多前沿领域。生物芯片拥有极为广阔的市场前景，是21世纪科技发展和市场发展的热点。[1]

在中国生物芯片的研究开发中，真正具有独立知识产权的产品较少，且偏重外围设计和应用，较少涉及基础技术。近年来，美国、日本、欧洲等在生物芯片领域领先的国家和地区纷纷加大在中国的专利布局。在此态势下，分析国际生物芯片研究和产业化进程中的技术和所处的阶段，了解全球生物芯片领域中的技术热点和难点，特别是研究国外主要生物芯片公司的技术进展和它们在华专利布局情况及发展方向，同时有针对性地评估国内生物芯片公司的研发状况和技术优势，这些对于研究该技术的现状、趋势、策略极为重要。

本文以中国专利检索系统文摘数据库公开的生物芯片领域的相关专利文献为基础，对生物芯片领域国内、国外来华专利申请状况进行了统计和分析，以期对我国生物芯片行业今后的技术发展和知识产权战略的实施提供有益的参考。

** 等同第一作者。

二、分析方法

为了保证数据的全面、准确，此次的检索策略主要采用 IPC 分类号与关键词相结合，并利用人工浏览以进一步排除噪音。

在中国专利检索系统（CPRS）中，主要针对 IPC 分类中的 G01N 33、C12Q 1 及其细分进行检索，将分类号的检索结果和所要检索的技术内容的关键词进行“与”“或”“非”等逻辑运算，在初步检索结果的基础上，进一步通过人工筛选获得检索结果。检索截止时间为 2013 年 11 月 30 日。

生物芯片技术领域初步检索结果在 CPRS 库中共有 7 926 件，通过对检索结果逐条筛选和补充检索，确认相关专利 5 108 件，其涵盖了 1997 年以来在中国专利局（现为国家知识产权局）递交的生物芯片方面的相关专利申请。在这一数据的基础上对中国相关专利申请进行总体上的统计分析，从年代分布、申请人的国家地区分布、主要申请人、技术领域分布状况等。

三、我国生物芯片领域专利申请趋势分析

1992 年，美国阿菲梅特里克斯（Affymatrix）公司采用光原位引导合成方法，成功地将大量的核苷酸序列固定在基片上，使得生物芯片的制作成为可能。[2] 1995 年，美国斯坦福大学 P. O. Brown 实验室首次发明了第一块以玻璃为载体的基因微阵列芯片，标志着基因生物芯片技术进入了广泛研究和应用时期。[3]

生物芯片主要是通过平面微加工技术，在固体芯片表面构建微流体分析单元和系统，以实现对细胞、蛋白质、核酸及其他生物组分的准确、快速、大信息量的检测。生物芯片技术具有的高通量、高灵敏度和快速等优点，在食品安全检测方面具有广阔的应用前景，市场效益也非常巨大。因此世界范围内的本行业主要竞争对手都投入了大量的人力和物力，使生物芯片技术不断得到创新和发展，并且产业化程度也在不断提高。

在 1997 ~ 1999 年，生物芯片领域年申请总量增长缓慢，低于 100 件；从 2000 ~ 2003 年其数量呈快速增长态势，2003 年以后趋于稳定。其原因在于：1997 年开始生物芯片技术进入中国，最初发展较为缓慢；随着 1999 年 3 月科技部起草《医药生物技术“十五”及 2015 年规划》[4]，国家“863”计划“功能基因组及生物芯片研究”重大专项的实施，中国对生物芯片领域加大了投入，国内技术得到了迅速发展，同时其他国家和地区在中国的申请也逐渐增加，使得 2000 ~ 2003 年中国专利申请量快速增长；而 2003 年以后，随着技术不断发展完善，对生物芯片技术的投入更加理性，但由于其广泛的应用前景，

申请量仍然保持较高水平。而图 1 中 2012 年和 2013 年的数据有所降低，是由于专利申请延迟公开以及数据库录入的滞后性所造成的。

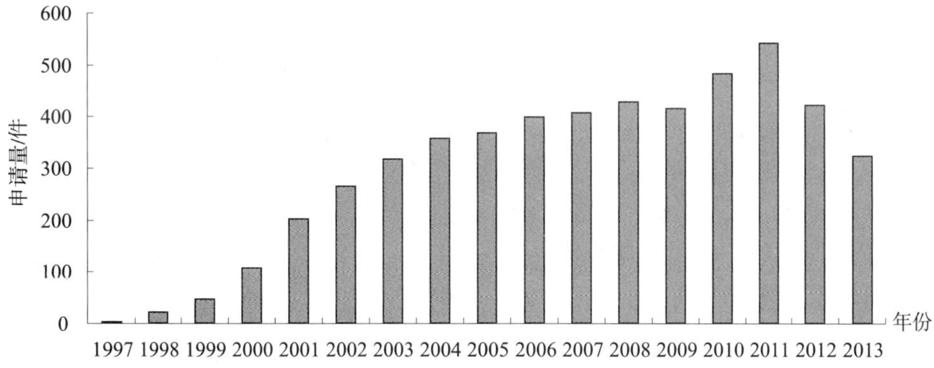

图 1　生物芯片专利申请年申请量分布图

四、生物芯片领域申请人国家地区分布

在 5 108 件发明专利申请中，国内申请❶为 3 269 件，占 64%，国外申请❷为 1 839 件，占 36%。来自其他国家和地区的申请人以日本、美国、欧洲和韩国为主，来自这 4 个国家或地区的专利申请分别占相关专利申请总量的 12%、10%、5% 和 3%（见图 2）。由此可见，国外来华申请量少于国内申请人的申请量，因此在申请数量上国内申请人占有一定的优势。

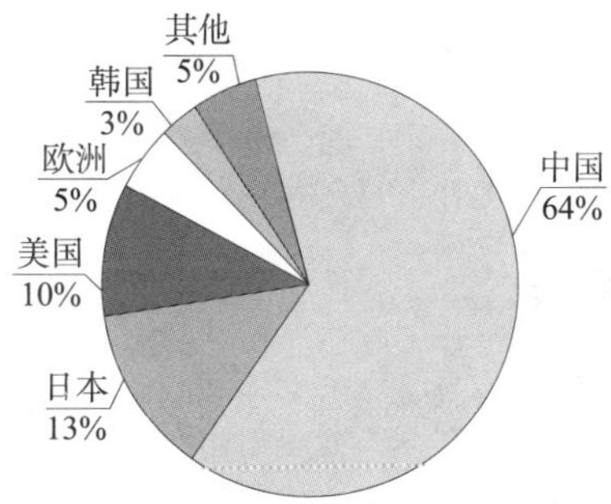

图 2　生物芯片领域申请人国家地区分布图

这其中的原因，第一是由于生物芯片技术本身起步比较晚，最早从事该领域研究的美国，其从 20 世纪 90 年代初开始生物芯片的研究，而我国是从 1997 年开始进入生物芯片领域。此时虽然生物芯片的一些关键技术已经由国外尤其是美国掌握，但是还有很多

❶ 国内申请：申请人为中国大陆及港澳台的相关专利申请。

❷ 国外申请：除国内申请以外的其他国家申请人的相关专利申请。

的技术环节有待改进，国外在技术上还没有来得及形成专利垄断或者其在技术上也并不十分成熟，国内正是在这些方面做了大量的研究工作。

第二是由于生物芯片涉及的领域非常广泛，包括微电子、微加工、生命科学、微机械等，其分支也越来越多，例如，基因芯片、蛋白芯片、组织芯片、PCR 芯片、糖芯片、微流控芯片等，没有一个国家能够在所有这些领域都具有绝对优势从而实现技术垄断。也就是说，生物芯片产业的发展空间非常广阔，我国一些高校和科研院所本身具有强大的技术实力和优秀的科研队伍，其利用自身的技术优势，在生物芯片的某些领域开展了大量的研究和开发工作，取得了较为显著的进展。

第三是由于国家非常重视生物芯片这一新兴产业，为了避免出现在“人类基因组计划”中的被动、尴尬局面，国家从 1997 年开始加大了对生物芯片的研发，投入了大量的人力、物力和财力，并且从政策上支持和鼓励个人、企业及科研院所从事生物芯片的研发工作。由于国家的高度重视和生物芯片可能产生的巨大经济效益，国内的各大高校和科研院所纷纷投入到生物芯片的研发中，并由此诞生了大批的专利申请。

五、生物芯片领域申请人类型分析

图 3 为生物芯片领域申请人的整体类型分布图。从图 3 中可以看出，企业和大学的申请比例明显高于研究机构、合作和个人的申请比例。总体而言生物芯片中国专利申请，企业、大学、研究机构、合作和个人的申请比例分别为 42%、36%、4%、7% 和 11%。

图 4 为国内申请在生物芯片领域的申请人类型分布图。从图 4 中可以看出，大学的申请比例高达 52%，超过所有申请量的一半，其次为企业（22%），个人申请比例也相对较高为 13%，合作申请和研究机构的申请分别为 8% 和 5%。

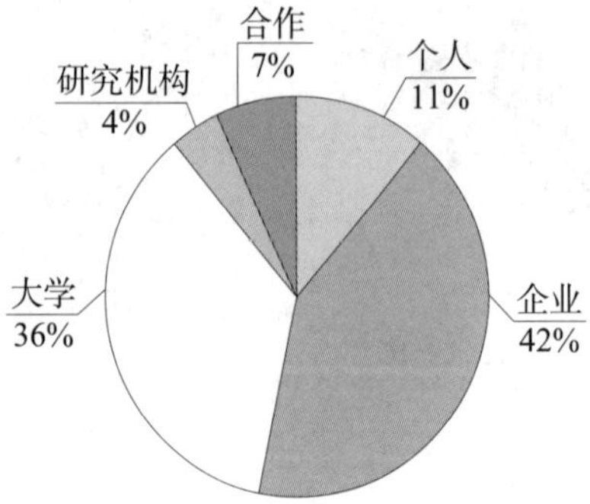

图 3　生物芯片领域全部申请人类型分布图

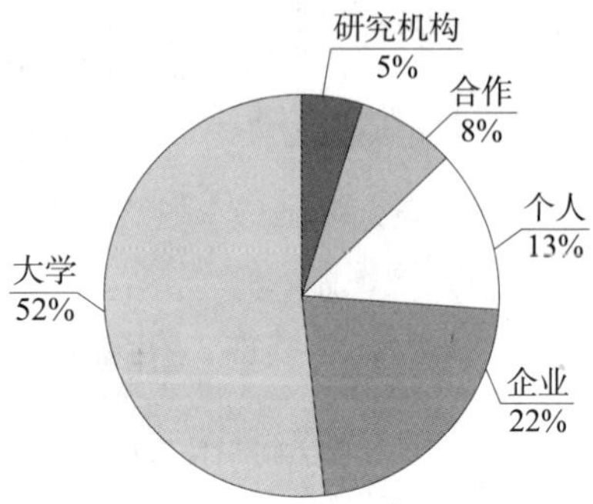

图 4　生物芯片领域国内申请人类型分布图

中国专利总体而言，企业、大学、研究机构、合作和个人的分布分别为 42%、36%、4%、7% 和 11%，企业和大学的申请相差不多，但对于国内申请人而言，大学和研究机构占 57%，企业仅有 22%。

从图 5 中可以看出，国外申请人为企业的占比约 79%，大学和研究机构占 10%。可见，生物芯片技术的发展在中国还处于技术研发阶段，产业化程度略显不足，而其他国家和地区则在产业化道路上走在中国的前面。

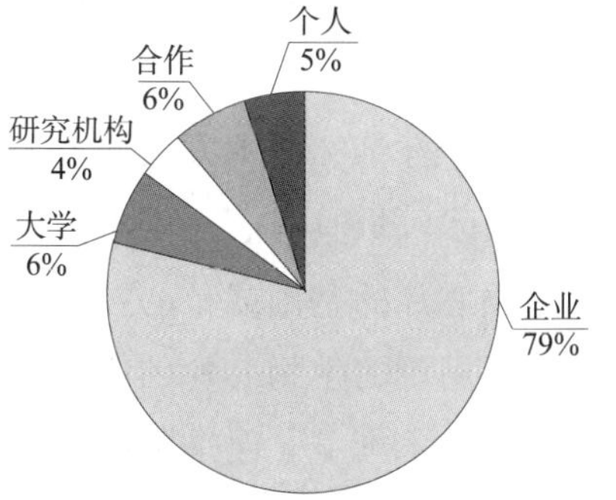

图 5　生物芯片领域国外申请人类型分布图

六、生物芯片领域申请人排名分析

生物芯片技术各主要专利申请人的申请量分布情况。在 5 108 件中国专利申请中，按照申请人专利申请量进行统计分析，申请量居前十位的申请人分别是精工爱普生株式会社（365 件）、浙江大学（186 件）、清华大学（142 件）、博奥生物有限公司（116 件）、中国科学院大连化学物理研究所（105 件）、东南大学（84 件）、天津生物芯片技术有限责任公司（79 件）、南开大学（76 件）、皇家飞利浦电子股份有限公司（65 件）、中国科学院上海微系统与信息技术研究所（58 件）。上述前十位申请人反映出在中国生物芯片领域的主要竞争对手。

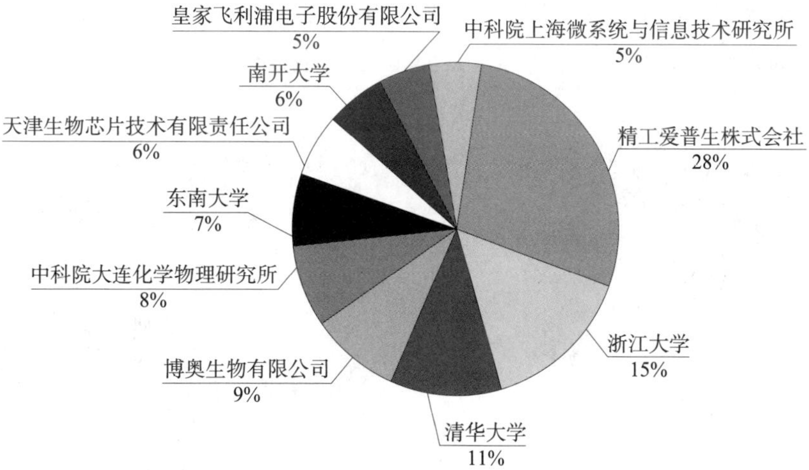

图 6　生物芯片领域申请人前十位排名

在前十位申请人中，有8位是国内申请人，其余是精工爱普生株式会社和皇家飞利浦电子股份有限公司。由此可见，虽然国内申请人的申请总量远高于国外来华申请总量，但是具体到申请人个体上，国外申请人即使在申请量上也占有优势。而且申请量排名前十位的国内申请人中2家为企业（博奥生物有限公司和天津生物芯片技术有限责任公司），其余均为科研院所或高校。

随着国内在生物芯片领域的大量经济、技术方面的投入以及研究的不断深入，国内大的企业或者科研院所已经在该技术领域具有了一定的竞争实力，而且形成了一定的规模。国外来华专利申请大多为生物芯片的基础或核心技术及其改进，而国内的专利申请基本处于跟随状态，很多申请都是简单的生物芯片的应用，甚至是将生物芯片的概念借用到其他领域，很少涉及生物芯片技术本身。但是国内的一些科研院所和高校也凭借自身强大的综合技术实力，自主创新了一些关于生物芯片的基础技术。

2位申请量排名前十的国外申请人（精工爱普生株式会社和皇家飞利浦电子股份有限公司）并非生物芯片领域的巨头，而是利用了在其他领域的技术优势，将自身的某几项优势技术结合到生物芯片领域，从而涉足生物芯片的研制开发。皇家飞利浦电子股份有限公司的申请集中在微结构设计以及生物芯片的光学检测方面；精工爱普生株式会社的申请多涉及微阵列芯片制作方法和装置，这得益于其在打印机技术的领先优势。

七、生物芯片领域相关专利类型分析

国内申请人和国外申请人在申请的专利类型上有很大的差异。图7和图8分别为生物芯片领域国内申请和国外来华申请类型分布图。国内申请人的总申请量为3 269件，其中实用新型为496件，占15.2%，普通发明2 665件，占81.5%，PCT申请仅为108件。国外申请人的总申请量为1 839件，其中普通发明774件，占42.1%，通过PCT途径进入中国的发明1 053件，占57.3%，而实用新型仅有12件，不足1%。

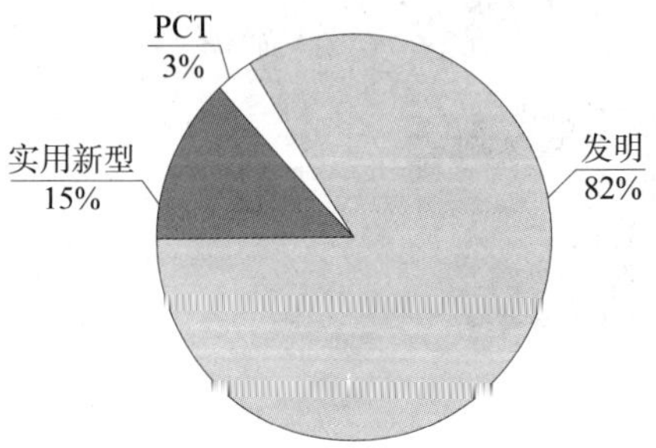

图7 生物芯片领域国内申请类型分布

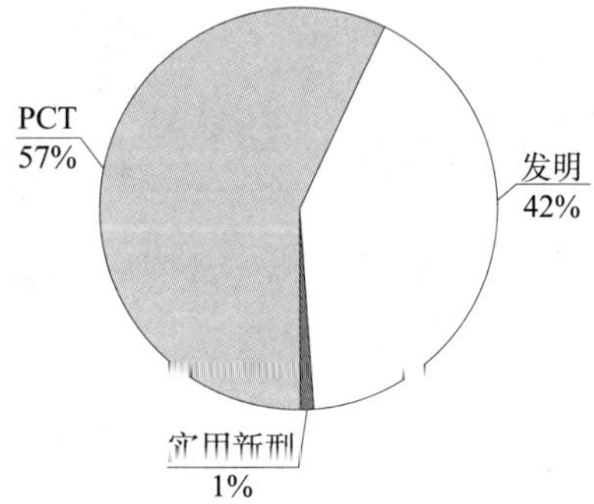

图8 生物芯片领域国外来华申请类型分布

国内申请尽管在申请量上占据一定优势，但其申请类型中存在较大比例的技术含量较低的实用新型。相比之下，国外申请人更倾向于通过 PCT 途径进入中国，体现出国外申请人对中国生物芯片市场的重视。生物芯片是一新兴产业，具有巨大的潜在市场价值，世界各个国家、地区或组织都意识到知识产权对各自生物芯片产业的重要性。同时也说明由于生物芯片涉及的技术非常多，各项基础技术都有待完善，每项基础技术的研发成功都将形成一定范围的专利保护圈，申请人意图通过 PCT 国际申请达到在世界范围内迅速进行专利布局，从而形成各自专利保护圈的目的。

生物芯片技术领域的专利申请量近年持续快速增长，国内申请人的申请量占总量的 64%，日本、美国、欧洲的申请人次之。尽管生物芯片相关专利申请国内申请数量占据优势，但申请中实用新型比例较高，通过 PCT 途径申请的案件数量很少。申请人类型分布中大学的申请超过申请总量的一半，可见我国生物芯片产业化程度略显不足。但是，随着国内在生物芯片领域的大量经济、技术方面的投入以及研究的不断深入，国内大的企业或者科研院所已经在该技术领域具有了一定的竞争实力，而且形成了一定的规模。

八、对我国生物芯片领域技术发展的建议

通过对生物芯片领域中国专利申请的分析，对我国生物芯片专利技术的发展提出如下建议：

（1）由于生物芯片的巨大应用潜力，对生物芯片领域研究投入不断加大，近年来生物芯片相关的专利申请量持续增加，国内技术得到了迅速发展。国内申请人在申请数量占据一定优势，但与国外来华专利申请大多为生物芯片的基础或核心技术及其改进相比，国内的专利申请多处于跟随状态，较多申请都是简单的生物芯片的应用，甚至是将生物芯片的概念借用到其他领域，较少涉及生物芯片技术本身。近年，国内的科研院所和高校也凭借自身强大的综合技术实力，自主创新了一些关于生物芯片的基础技术。我国相关企业需要加大在生物芯片领域的研发投入，追踪关注主要申请人的专利申请，对其技术进行追踪研究。通过分析竞争对手的专利状况，结合自身情况制定相应的专利战略。

（2）生物芯片领域国内申请人主要是大学及科研院所，相关企业仍未占据主导地位。生物芯片依然较多停留在研发层面，市场推广应用还处于起步阶段。一方面说明国内相关企业知识产权意识相对薄弱；另一方面产学研尚未很好地结合，科研成果向产业转化过程中存在脱节。我国生物芯片领域的企业要提高专利保护意识，同时要提高专利申请质量，尽早占据技术发展的高点。同时，也要加强与高校和科研院所的密切合作，实现科研成果产业化。

参考文献

[1] 高华方．生物芯片技术及其在生物科学研究中的应用［J］．世界科技研究与发展，2001，23（1）．

[2] 李瑶．基因芯片技术——解码生命［M］．北京：化学工业出版社，2004.

[3] SCHENA M，SHALON D，DAVIS RW，et. al. Quantitiative monitoring of gene expression patterns with a complementary DNA microarray［J］．Science，1995.

[4] 医药生物技术“十五”及2015年规划［EB/OL］．www. bio - soft. net/doc/yiyaoshiwu. html.

微软大数据全球专利申请态势分析

孔昕　马毓昭　张明霞　周正　王斐

摘　要　在移动计算、云计算以及物联网等多种技术和应用的推动下，大数据蓬勃发展，如雨后春笋般地出现在各个行业，给 IT 企业带来了颠覆性的改革。本文以德温特世界专利索引（DWPI）数据库公开的微软大数据相关专利文献为基础，从历年全球申请量、申请目标国、技术原创国和技术构成进行了深入分析，并选取了 5 个典型的专利，结合当今最热门的 Hadoop 构架进行了分析。通过对微软大数据相关技术的发展进行研究，在文章最后给出了对中国大数据领域发展的建议。

关键词　微软　大数据　专利申请

早在 1980 年，著名未来学家阿尔文·托夫勒便在《第三次浪潮》一书中，将大数据热情地赞颂为“第三次浪潮的华彩乐章”。不过，大约从 2009 年开始，“大数据”才成为互联网信息技术行业的流行词汇。

在移动计算、云计算以及物联网等多种技术和应用的推动下，人类世界的数据量在以惊人的速度增长。从迅速增长的数据当中挖掘出价值，成为企业构筑自己核心竞争力的一大利器，这直接促生了大数据的蓬勃发展。

微软是全球软件开发的先导，由比尔·盖茨与保罗·艾伦创始于 1975 年，其总部设立在华盛顿州的雷德蒙市，是目前全球最大的电脑软件提供商。

在大数据相关软件方面，1988 年微软与 Sybase 共同开发了 SQL Server。1994 年微软与 Sybase 在数据库开发方面的中止合作，并于次年开发出了 SQL Server 6.0，微软重写了大部分核心的系统，提供了一个低价的小型商业应用数据库方案。2000 年，SQL Server 2000 诞生，微软定义其为企业级数据库系统。历经 SQL Server 2005、SQL Server 2008，直至今天，微软已经推出了 SQL Server 2012。

2008 年 10 月 27 日在洛杉矶举行的专业开发者大会 PDC2008 上，微软前首席软件架构师 Ray Ozzie 宣布了微软的云计算战略以及云计算平台——Windows Azure，通过将以 SQL Server 2008 为基础设计出的 SQL Azure 建构在 Windows Azure 云操作系统之上运行云计算的关系数据库服务（Database as a Service），提供网络型的应用程序数据存储的服务。

为使业内人士进一步了解微软大数据相关的专利情况，笔者于2013年9月10日针对微软在大数据领域的相关技术在DWPI数据库中进行了全面检索，共涉及2000年后的专利文献649篇。

一、全球专利申请趋势分析

图1显示了微软自2000年起世界范围内的大数据相关专利申请量年分布情况。可以看出，虽然2000年并没有兴起大数据这一概念，但微软已经开始针对网络海量数据的处理进行了相关专利的申请。在这之后的几年中，申请量逐年平稳增加。从2005年开始，专利申请量开始停止增长，后几年中虽然有小幅波动，但仍保持在一个稳定的水平，直到2010年开始专利申请量又开始缓慢增长。而这一年正是前文提到的网络大数据概念兴起之年。各公司开始针对大数据这一概念进行布局，增加了相应技术的专利申请量。

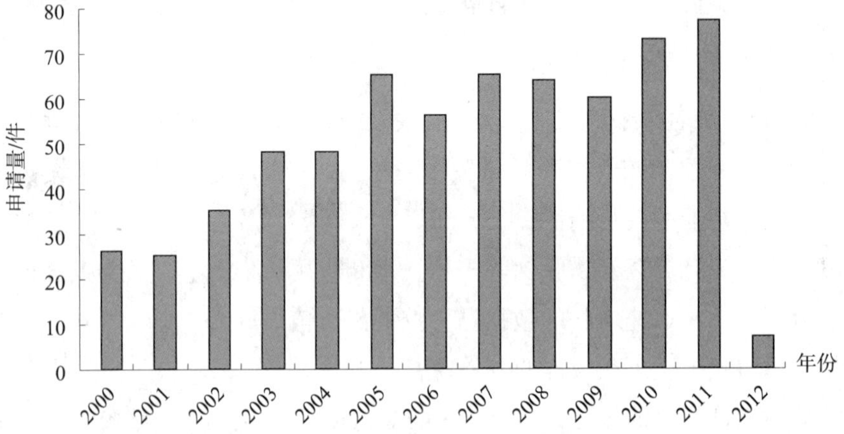

图1　微软大数据相关专利全球申请量历年分布

需要指出的是，2012年后，相关专利申请量急速下滑，这与专利从申请到公开的时间滞后有关。2012年的大部分专利申请和2011年的一部分专利申请还处于未公开状态，一些国际专利申请也尚未进入中国国家阶段，因此在数据统计上受到了不可避免的影响，但从经验来看，2011年的实际申请量会比图1中显示的统计数据略高，2012年的实际申请量应该比2011年略有增长。

二、申请目标国分析

图2显示了微软大数据相关专利申请目标国的申请情况。可以看出，世界5个最大

的知识产权国的排名位居前五位。微软在美国本土的申请量最高，占到了所有申请量的一半多，在中国的申请数量排在日、韩、欧之前，这也充分体现出微软对于中国市场和国内产权保护的重视程度。虽然微软在中国的申请量仅次于美国，但是从实际数据中可以看出，在中国的申请量仅占全部申请的 10%，这与美国本土的 55% 还存在很大差距，这也从一个侧面反映出美国本土大数据相关产业的发展水平和竞争激烈程度。

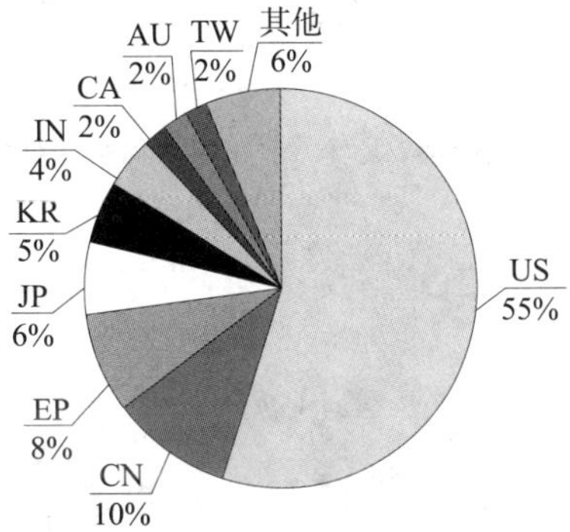

图 2　微软大数据相关专利申请目标国的申请情况

三、技术原创国分析

图 3 显示了微软大数据相关专利申请技术原创国情况。可以看出，微软的绝大部分大数据研发、申请还是在美国本土进行的。2009 年前微软在中国上海、深圳和北京都建立了研发中心，但是规模和资源整合度与美国本土相比都相差甚远。

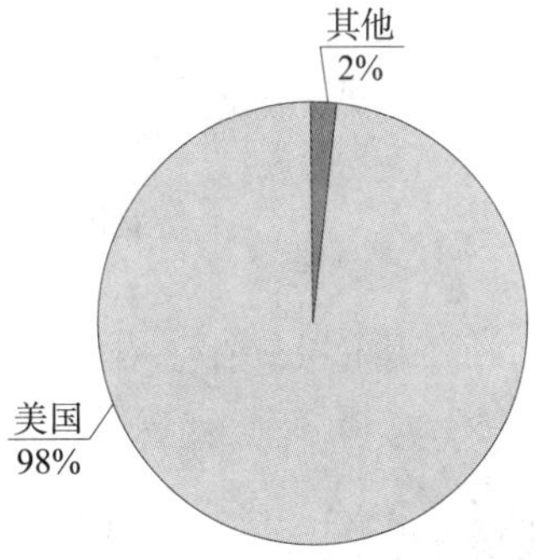

图 3　微软大数据相关专利申请技术原创国情况

2009 年底微软中国研发集团在中关村落户，成为微软在美国以外投资最大、职能最完备、机构设置最全的创新基地。微软发布的 Windows7、2007 Microsoft Office System 等划时代产品中，处处闪耀着微软中国研发集团的创新智慧。相信通过不断的人才培养和技术合作，微软在大数据相关领域能够有更多中国创造的专利申请出现。

四、技术构成分析

图 4 显示出了微软大数据相关专利申请的领域分类。其中 G06F 17 特别适用于特定功能的数字计算设备或数据处理设备或数据处理方法；G06F 15 通用数字计算机，通用数字处理设备；G06F 9 程序控制装置，例如，控制器；H04L 29、H01L 1 至 H04L 27 单个组中不包含的装置、设备、电路和系统；H04L 12 数据交换网络。其中在 G06F 大组下面的分类号为数字数据处理，在 H04L 大组下面的分类号为数字信息传输。

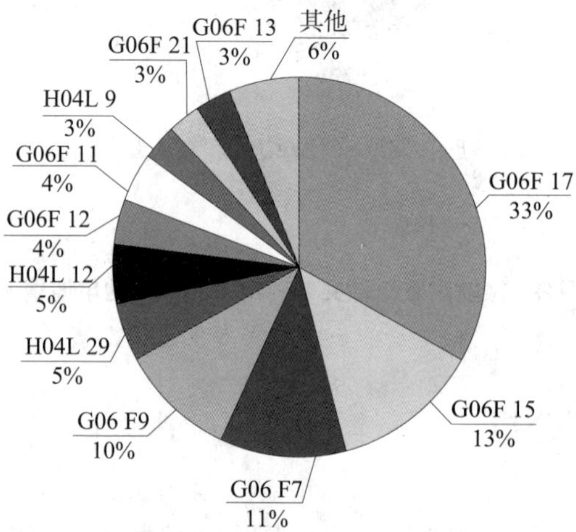

图 4　微软大数据相关专利申请的领域分类

由图 4 中的数据可见，微软的大数据相关专利主要集中在数据的存储、处理、分析、挖掘和传输上。

五、Hadoop 相关专利布局

Hadoop 由 Apache Software Foundation 公司于 2005 年秋作为 Lucene 的子项目 Nutch 的一部分正式引入，它是一个分布式系统基础架构。用户可以在不了解分布式底层细节的情况下，开发分布式程序。充分利用集群的威力高速运算和存储。Hadoop 实现了一个分布式文件系统（Hadoop Distributed File System，HDFS），其具有高容错性的特点。Hadoop 提供高传输率来访问应用程序的数据，适合那些有着超大数据集（large data set）的应用程序。

Hadoop 是在 Internet 上对搜索关键字进行内容分类最受欢迎的工具，但它也可以解决许多要求极大伸缩性的问题。Hadoop 通过并行处理加快处理速度，能够处理 PB 级数据。此外，Hadoop 可部署在价格低廉的（low－cost）硬件上，因此它的成本比较低，任何人都可以使用。

雅虎、AOL、谷歌、Facebook 等各大网络巨头，早期采用并使用 Hadoop 来存储和分析 PB 级别的非结构化数据。IBM 也在 SmartCloud 平台上新增基于 Apache Hadoop 的服务 InfoSphere BigInsights 分析软件。Oracle 的 Big Data 机采用了 NoSQL 数据库和 Hadoop 框架。EMC 也推出了世界上第一个定制的、高性能的 Hadoop 专用数据协同处理设备——Greenplum HD 数据计算设备。Google 的网络搜索引擎在得益于算法发挥作用的同时，Hadoop 的核心 MapReduce 在后台发挥了极大的作用。eBay 的 Hadoop 系统能够很好地处理大规模非结构化数据，高效处理用户邮件数据。

微软开始一度对开源的 Hadoop 不屑一顾，但由于开源软件框架在大数据处理方面的支配地位，微软也不得不放下架子。微软与从雅虎分拆出来的 Hortonworks 合作开发，在 Apache Hadoop 上实现搭建 Windows Server 以及 Windows Azure 平台。微软大数据解决方案还通过简单的部署以及与 Active Directory 和 System Center 等组件的集成，为 Hadoop 提供了 Windows 的易用性和可管理性。凭借 Windows Azure 上基于 Hadoop 的服务，微软为其大数据解决方案在云端提供了灵活性，微软大数据解决方案使企业可以从自己的结构化和非结构化数据中施展业务洞察力。企业中的任何人通过 Office 和 SharePoint 等熟悉的工具从他们所有的数据中施展可执行的洞察力，还能通过连接到公用的全球数据和服务发现新的价值。

六、典型专利

微软已经将 Hadoop 作为自身大数据战略的核心。微软此举的理由就是看中了 Hadoop 的潜力，在大数据领域 Hadoop 已经成为分布式数据处理的标准。

笔者对检索到的微软关于 Hadoop 的相关专利进行了筛选，得到了以下几个具有代表性的专利。

专利号 US2011/0313844A1（申请日为 2010 年 6 月 17 日）的美国专利申请，其要求保护一种数据中心的数据管理和运算方法，支持 Hadoop 的分布式执行引擎。用户可以使用查询界面查询到数据中心的数据，搜索结果使用缓存服务器管理并形成数据集，防止数据丢失并节省空间。

专利号 US2012/01512921A（申请日为 2010 年 12 月 14 日）的美国专利申请，其要求保护一种基于关键项进程的提供方法并支持 Hadoop 环境，而基于关键项的进程常常用在数据中心和执行分布式进程的其他计算时提及群或组中。数据中心将数据集在几百个或几千个服务器之间划分，使得每个服务器都进行相应的处理，因此每个服务器处的进程都需要进行相应的组合。通过使用关键项值对，可以将一个任务分解成较小的任务，将这些任务分布到多个计算机试题中进行处理，从而增加处理速度、效率和精度。

专利号 US2012/0246158A1（申请日为 2011 年 3 月 25 日）的美国专利申请，其要求保护一种用于并行计算的数据分区方法。可以在分布式执行引擎，如 Hadoop 的并行计算环境下，自动计算出范围键的共同集合，将多个静态或动态生成的数据集划分成多个平衡分区。

专利号 US2013/0152215A1（申请日为 2011 年 12 月 12 日）的美国专利申请，其要求保护一种位置收集和分析系统。它可以根据电脑、收集、平板或是用户汽车提供的各种不同类型的位置信息，如 WiFi、信号塔或者 GPS，提供一个统一的位置信息格式给云端，如 MICROSOFT™ AZURE™。从而可以使用云端强大的数据分析和处理能力来为用户提供各种类型的查询服务。

专利号 US2013/0152088A1（申请日为 2011 年 12 月 13 日）的美国专利申请，其要求保护一种过滤器生成器，通过接收数据处理任务，建立高层任务表示。通过对其进行静态分析生成可执行的过滤器，执行该过滤器可以选择性地过滤掉不会对数据输出产生影响的数据，从而在云计算和如 Hadoop 的数据分析时减少数据和任务的拥塞和瓶颈。

通过上述几个专利也可以看出，微软的大数据相关技术从 2010 年开始就增加了对 Hadoop 的支持，在技术领域上主要集中在数据的处理和运算上，并且在专利中已经引入了云计算和大数据的概念。

七、总　结

大数据在毫无止境地发展，它给 IT 企业带来了颠覆性的改革。大数据的急剧蔓延使得企业在存储架构方面逐渐面临着史无前例的考验，由此引发了数据仓库、数据挖掘、商业智能、云计算等应用的一连串连锁反应。

从早期的 SQL Server2000、SQL Server2005、SQL server2008，到现在的 SQL Server2012 和 Windows Azure 平台，从排斥开源的 Hadoop，到通过集成 Hadoop 技术在 Apache Hadoop 上实现搭建 Windows Server 以及 Windows Azure 平台，微软将数据和模型与公用的数据和服务（包括 Twitter、Facebook 和 LinkedIn 等社交媒体网站）相结合，让客户无缝存储和处理所有类型的数据，包括结构化、非结构化和实时数据。微软为 Hadoop 提供了 Windows 和 SQL Server 的易用性，通过 Hadoop 扩展了数据仓库，还提供了大数据在云端的弹性和可扩展性。微软不断创新，不断适应技术和市场需求带来的变化，及时改变策略更新产品，合理进行相关的专利布局，这些都是值得国内同行借鉴和学习的。

微软的知识产权总监奥拉西奥·古铁雷斯说过：专利数量的多寡确是衡量一个企业创新能力的重要尺度，但前提是这些必须都是高质量的专利。微软正是不断用自身的实际行动来证明了自己。

大数据如雨后春笋般地出现在各个行业中，如果企业能够适当地使用大数据，将可以扩大其竞争优势；如果企业忽视了大数据，则将会为其带来风险，并导致在竞争中渐渐落后。

作为国内的软件企业，应赶上大数据浪潮带来的机遇，加大研发投入，加强技术开发，自身不断更新调整，绕开国外的知识产权技术封锁，结合公开和开源的技术，尤其是以流行的 Hadoop 为核心，借助我国软件企业数量和技术上的优势，不断开发吸收及再创新。多了解市场的变化和客户的需求，研发出具有自主知识产权的核心专利，孵化出具有市场竞争力的产品，占领市场份额，实现经济效益。

参考文献

[1] BILL FRANK. 驾驭大数据［M］. 黄海，等，译. 北京：人民邮电出版社，2013.

[2] http：//www. microsoft. com/china/sql/2012bicampaign/bigdata/default. html.

[3] http：//zh. wikipedia. org/wiki/Windows_ Azure.

[4] http：//zh. wikipedia. org/wiki/Hadoop.

尼康公司在华光刻机领域专利布局分析

高洁　黄非

摘　要　本文通过对尼康公司在华光刻机领域的专利申请总体概况、申请量变化趋势以及光刻机中各技术领域的申请分布情况进行统计分析，从而对尼康公司在华光刻机领域专利战略布局进行研究。

关键词　光刻机　尼康　专利布局

引　言

光刻机是半导体制造中最核心、最关键的设备，其性能对半导体产业的发展具有重要影响。作为一种融合了众多科技领域最新成就及最前沿技术的综合产物，光刻机的技术复杂，开发费用极高，目前世界上仅有美国、荷兰和日本等少数国家具备制造高端光刻机的能力。自 2001 年以后，高端光刻机的设备市场被荷兰的 ASML 公司、日本的尼康公司和佳能公司 3 家企业所垄断，形成三足鼎立的市场格局。在目前的光刻机市场占有率中，ASML 公司位居第一，尼康公司排名第二，佳能公司位居第三且相与前二者相比竞争力较弱。

尼康公司于 1980 年研制出其第一台商品级的步进式光刻机，经过三十多年的不断发展，尼康公司已成为光刻机领域全球专利申请量最大的企业，其设备的全球市场占有份额也曾长期占据霸主地位。近年来，中国是全球经济发展最快的国家之一，随着国内光刻机领域的快速发展，中国也成为尼康公司在光刻机领域的全球战略重点之一。本文将以国家知识产权局 2014 年 1 月 7 日以前公布的专利申请文献为依据，对光刻机领域中市场占有份额最大的两个企业之一的尼康公司在中国的专利申请总体概况、申请量年度变化趋势以及各技术领域的分布情况进行统计分析，以此对尼康公司在光刻机领域的在华专利战略布局进行研究。

一、尼康公司光刻机领域在华专利申请总体概况

截至 2014 年 1 月 7 日公布的数据，尼康公司在中国大陆关于光刻机和相应的曝光方法的专利申请共 483 件。上述数据来源于中国专利文摘数据库（CNABS），通过 IPC 分类号、

EC 分类号和关键词限定，并通过人工筛选而得。上述数据仅包含直接涉及光刻机或曝光方法的专利申请，并不包含与光刻技术有所关联但不直接涉及光刻机或曝光方法的外围技术文献。

上述 483 件专利申请全部为发明专利申请，发明专利申请率达到 100%，这是由光刻领域具有很高的科技含量这一特点所决定的。在全部 483 件申请中，有 297 件为 PCT 申请。同时在这 483 件申请中，有 138 件为分案申请。由于有一部分分案申请是 PCT 申请的分案，而这一部分分案并不被视为是 PCT 申请，因此这里以除去分案后的专利申请总量为基数统计 PCT 申请的占比，由此得到 PCT 申请的比率为 86%。也就是说，不考虑后续的分案申请，在尼康公司初始向中国提交的光刻机领域的专利申请中，86% 的申请是以 PCT 的方式进入中国的。这一非常高的 PCT 比率表明：一方面，尼康公司对这些专利技术具有很高的市场预期，要在中国进行相关技术的专利布局，以此控制中国市场；另一方面，其又充分利用 PCT 申请有 30 个月办理指定国相关手续的期限的有关规定，尽可能延缓新技术在我国的公开，以此达到保护其技术的目的。

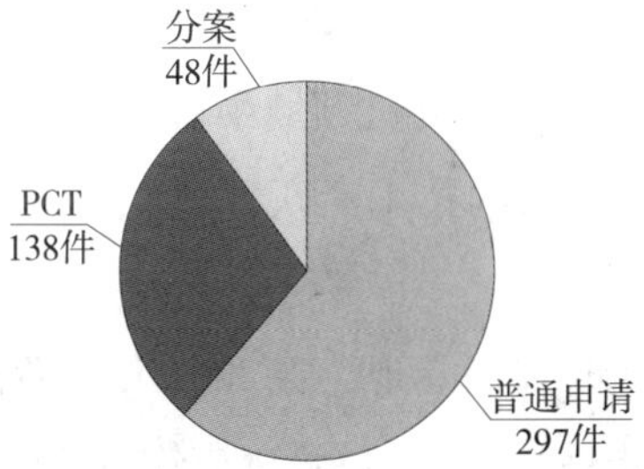

图 1　尼康公司在华光刻机领域申请类型分布

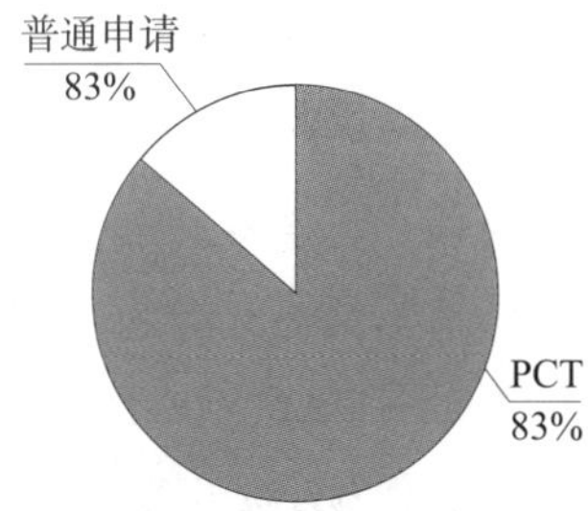

图 2　尼康公司在华光刻机领域不含分案申请的 PCT 比例

在这 483 件申请中，有 261 件申请获得了授权，授权率为 54%。由于专利申请存在一定的审查周期，近几年的申请很可能尚未完成审查，因此实际的授权率将高于这一数值。若对 2010 年之前提交的申请进行统计，其授权率达 67%，显然这一数据更具参考价值。不难看出，尼康公司在光刻机领域的在华专利申请拥有较高的授权率，这显示出其具有较高的技术创新程度和较强的竞争优势，这与尼康公司在业界的领先地位是相吻合的。

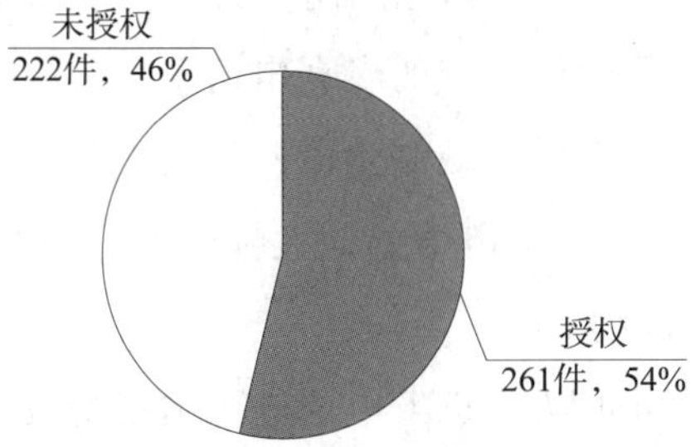

图 3　尼康公司在华光刻机领域授权总体情况

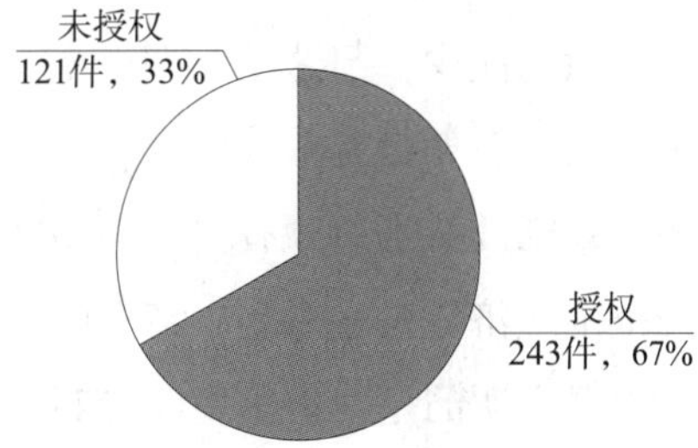

图 4　尼康公司在华光刻机领域 2010 之前提交的申请的授权情况

二、专利申请量年度变化趋势

尼康公司于1997年提交了其在中国的第一件光刻机领域的专利申请，在随后的1998～2000年，均保持着每年1～2件的申请量。从2001年开始，尼康公司开始了其在华光刻领域申请量快速增长的进程。

不含分案申请，2001年和2002年的申请量分别为23件和22件，2003年和2004年增长至40件和43件，2005年再次迅速增长至60件，达到不含分案申请情况下的历年申请量之最。这意味着从2001～2005年，尼康公司日益重视光刻机领域的中国市场，对中国市场的专利布控强度也逐步增加，并于2005年达到最高峰。

若包含分案申请，并将分案申请计入其申请日所在年，那么申请量的历年之最出现在2004年，达94件，比2003年的53件增加了77%，而2005年的含分案申请量也多达85件；2003～2005年的申请量总和占到全部总申请量的48%。

上述数据不仅反映了2003～2005年间尼康公司对光刻机领域中国市场的专利布控强度，亦反映出这3年尼康公司在光刻机领域有着极高的技术活跃程度，而这一时期也正是全球光刻机领域技术发展非常活跃的时期。

在分析2001～2005年申请量迅速增长的原因时我们发现，在2001年，我国把100nm ArF光刻机研发作为发展我国集成电路产业的关键战略目标，并自2002年开始先后投入大量资金扶持相关企业的研发。所以上述数据充分反映尼康公司高度关注我国有关科技政策方面的信息，对我国科技政策非常敏感，在察觉到可能的变动后，便积极迅速地采取专利战略来布局和抢夺国内市场，以维持其竞争力，并维护其利益的最大化。

从2006年开始，尼康公司在中国光刻机领域申请量开始减少。不含分案申请，2006年和2007年的申请量均为28件，相比2005年大幅降低；2008年小幅回升至37件，而2009年再次大幅减少，仅提交了11件；2010年再次小幅回升，2010年和2011年的申请量分别为26件和20件。纵观2006～2011年的数据，我们发现，除2009年外，这几年该公司不含分案申请的申请量均维持在20多件至30多件的范围内。其相比于2003～2005年申请量的减少，与这一时期整个全球范围内光刻机领域的专利申请量变化趋势是相一致的。这一时期是光刻技术经历了一个发展高峰之后的减缓阶段，其与光刻技术发展过程中所面临的技术瓶颈有关。而2009年尼康公司在华申请量的大幅减少，是由2008年全球范围经济危机在专利申请上的滞后性所造成的。

需要说明的是，由于发明专利申请的公开周期以及PCT申请进入国家阶段的相关周期，导致目前能统计到的近几年申请量数据是不够准确的。尼康公司在华光刻领域的专利申请绝大多数是PCT申请，经统计，这些PCT申请自申请日至在中国公开的平均周期在 2 年左右，因此认为图 5 中 2011 年的申请量数据是基本有效的，而 2012 年和 2013 年的申请量数据在以上分析中则不作考虑。

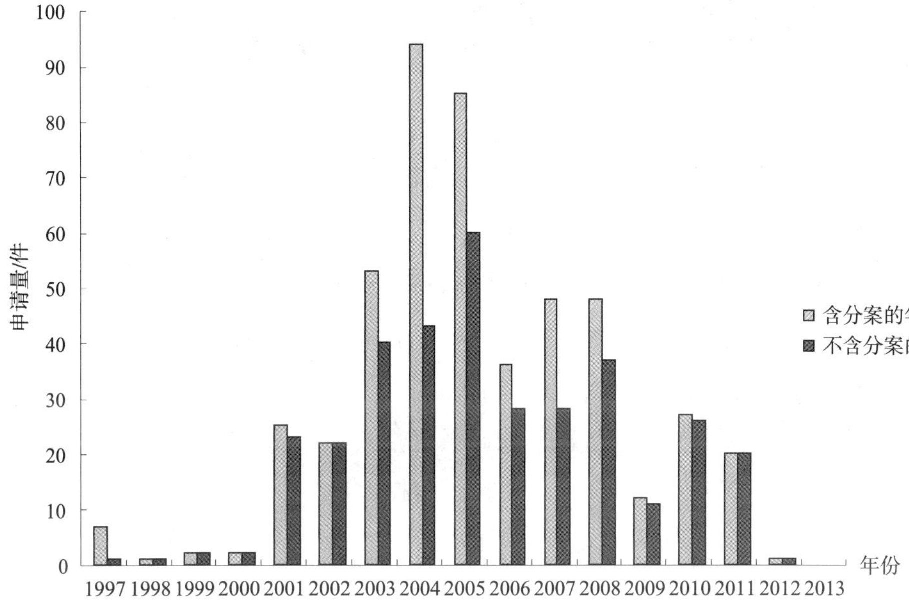

图 5　尼康公司在华光刻机领域专利申请量年度变化趋势

三、各技术领域专利申请分布情况分析

根据光刻机的组成部分，可将光刻机领域的专利申请大致划分为以下几个技术领域：①照明系统，其涉及光刻机的曝光光源以及将曝光光源的光投射到掩模上的光学系统，其中的极紫外（EUV）照明是近年来光刻领域的重点技术；②掩模；③投影系统，其中的浸没式投影是近年来的热点技术；④工作台系统，其涉及掩模台和工件台的结构、控制、驱动定位等；⑤对准和调焦调平系统，其涉及将掩模和晶片对准的对准系统，以及将被曝光面准确设定在焦深范围内并使其与投影物镜轴线垂直的调焦调平系统；⑥测控系统，其涉及对光刻机中各个部件、系统，以及曝光光的测量和控制，对振动、压力、空气、温度、污染、清洁等环境因素的测量和控制，以及信息管理和控制。

本文对尼康公司的 483 件专利申请的发明点在上述 6 个技术领域中的分布情况进行了统计，如图 6 所示。其中对涉及下一代光刻机设备的两项关键技术——EUV 照明和浸没式投影的申请也进行了统计。需要说明的是，由于有些申请的发明点同时涉及几个技术领域，尤其是测控系统这一技术领域的涵盖面非常广，许多旨在对其他子系统进行改进的申请其发明点都与测控系统密切相关，因此这 6 个技术领域的百分比之和大于 100% 。

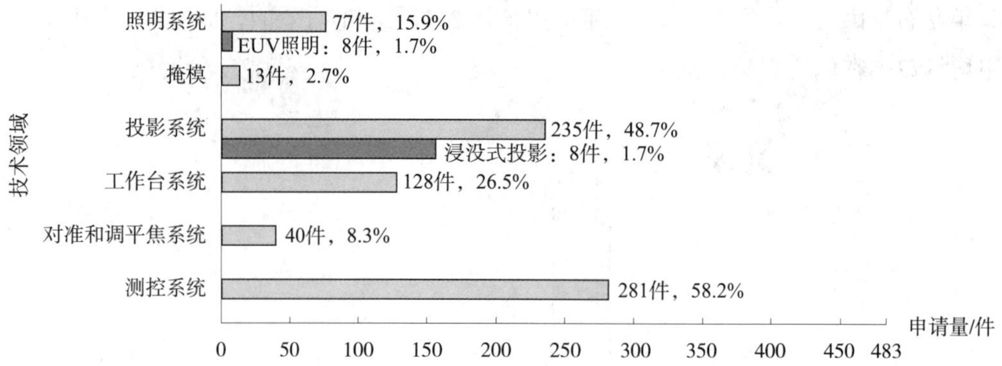

图6　尼康公司在华光刻机领域各技术领域申请量分布情况

由图6可见，尼康公司在中国光刻机领域的专利申请，在各个技术领域均有不同程度的涉及。其中，除由于其自身技术领域特点而导致涉及的申请量较大的测控系统外，其他技术领域按申请量由大到小排序依次是投影系统、工作台系统、照明系统、对准和调平调焦系统、掩模。以下分别对涉及申请量较大的投影系统、工作台系统、照明系统以及对准和调平调焦系统的历年申请量变化趋势进行分析（由于公开滞后，2012年和2013年的数据在以下分析中仍不作考虑）。

1. 投影系统

投影系统是光刻机最重要的部分之一，尼康公司关于投影系统的在华申请几乎占据了其全部申请的一半，其中近年来的热点技术浸没式投影又占据了全部投影申请的2/3。这一方面源自于尼康公司在光学系统方面的传统优势，另一方面也说明浸没式投影是近年来光刻机发展中极其关键的一项技术。

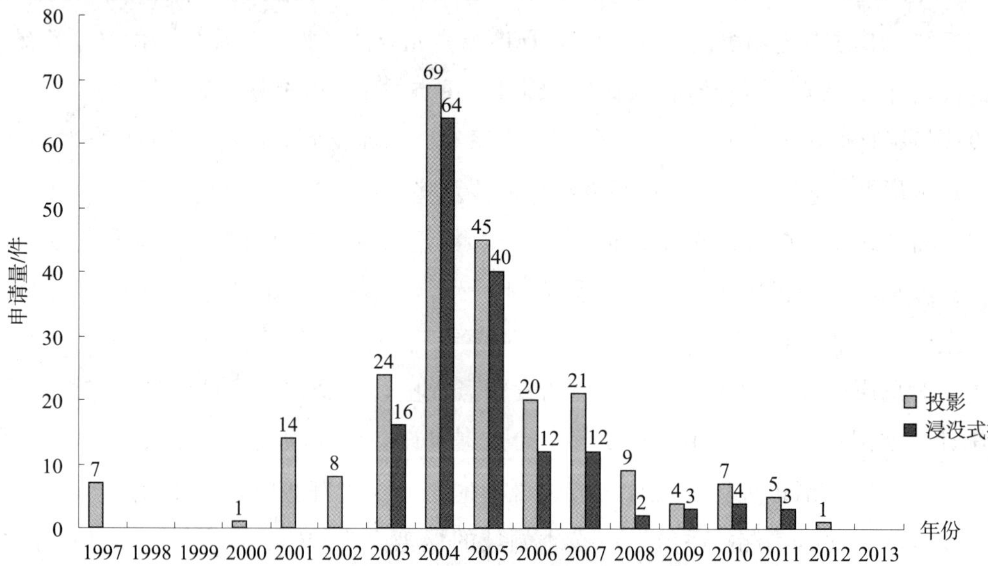

图7　尼康公司在华光刻机领域投影系统申请量年度变化趋势

由图7可以看到，尼康公司在1997~2000年关于投影系统的申请非常少，仅有1997年的7件申请（这7件申请是由1件申请进行分案而衍生而来）和2000年的1件申请。从2001~2003年，投影系统的申请量开始增长并初具规模，2004年飞速攀升至69件，2005年也多达45件。这其中的整个1997~2002年均没有关于浸没式投影的申请。针对浸没式投影的专利布局自2003年开始，并在2004年达到高峰。在2004~2005年的全部114件投影系统的申请中，有104件属于浸没式投影，占比高达91%，占2004~2005年全部申请的比例也多达58%，足见这一时期浸没式投影技术的活跃程度，以及尼康公司就这一技术在中国市场的布局强度。自2006年开始，投影系统以及其中浸没式投影的申请开始同步减少，其变化趋势与总申请量的变化趋势基本一致。此时的浸没式光刻机已经投入市场，这说明经过2003~2005年的快速发展后，浸没式光刻技术已经比较成熟。

值得关注的是，在尚有部分申请未完成审批的情况下，截至目前尼康公司在浸没式领域的在华授权率已达71%；若对2010年以前提交的浸没式领域申请进行统计，其授权率更是高达85.5%。这一数据远远高于图3和图4所示出的尼康公司在整个光刻机领域的在华授权率。这足以表明，尼康公司在浸没式领域的专利属于其光刻机领域的核心专利。

2. 工作台系统

工作台系统属于光刻机的机械运动系统，是实现功能和精度的基础。尼康公司自2001年开始有了工作台系统的持续申请，并在2001~2003年均稳定的保持在4~5件的申请量；自2004年开始，申请量迅速增长，并于2005年达到20件；2006年出现急剧下降，但2007年和2008年又有所回升。由图8可见，不同于图7中投影系统申请量的大幅起伏，工作台系统的申请量一直在不大的范围内上下波动。

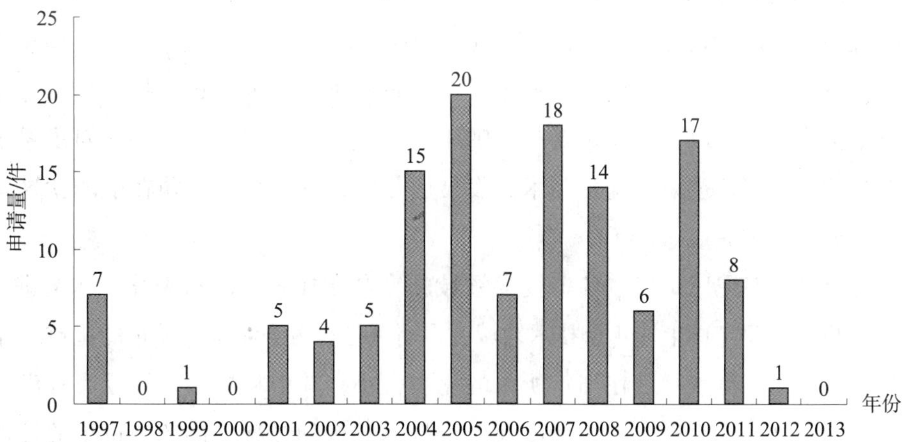

图8 尼康公司在华光刻机领域工作台系统申请量年度变化趋势

3. 照明系统

照明系统是光刻机中的又一关键系统。尼康公司关于照明系统的申请自 2001 年开始逐年增长，并于 2005 年达到最高峰 17 件；2006 年急剧下降至 5 件，而 2008 年又回升至 16 件。在照明系统中，EUV 照明被认为是下一代工艺节点的关键技术，而尼康公司就这一技术在中国市场的专利储备并不大；在其 8 件 EUV 照明系统的申请中，有 6 件出现于 2005 年。值得关注的是，自 2010 年起，尼康公司再未在中国提出过关于照明系统的专利申请。这说明，截至 2009 年，尼康公司已经基本完成了其照明系统在中国的专利布局。

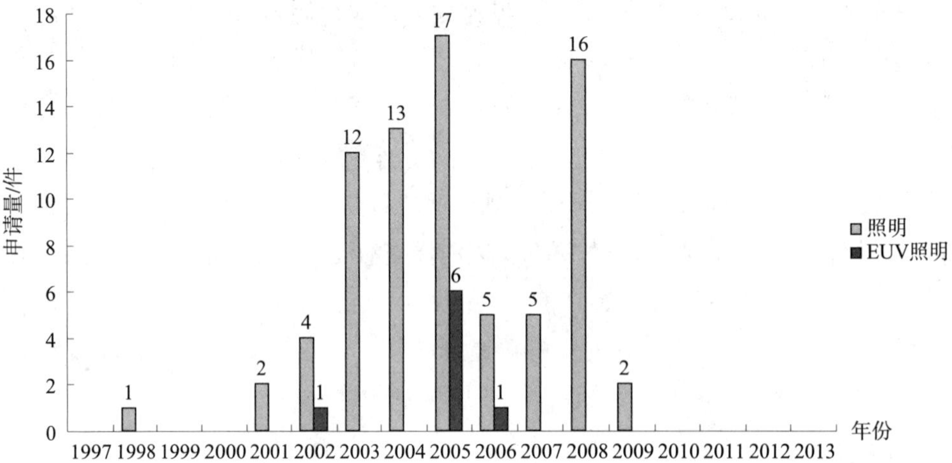

图 9　尼康公司在华光刻机领域照明系统申请量年度变化趋势

4. 对准和调平调焦系统

尼康公司在对准系统和调平调焦系统的申请量占全部申请的 8.3%。其中在 1999 ~ 2002 年间均维持着每年 1 ~ 2 件的申请；2003 年的申请增长至 7 件，而 2004 年和 2005 年的申请量有所回落，2006 年再次增长至 7 件，并在 2007 ~ 2008 年基本维持稳定。2004 和 2005 年是光刻机技术迅猛发展的时期，也是前面所提到的 3 个技术领域申请量快速增长的时期，这一时期内对准和调平调焦系统申请量的下降，说明这一技术领域并非尼康公司在光刻机中的重点研发方向。而自 2009 年起，尼康公司再未提交关于对准系统和调平调焦系统的申请，这也说明这一技术的发展已相对成熟，尼康公司在中国就这一领域内的专利布局已基本完成。

为了更直观地对尼康每年在各个技术领域的专利布控强度进行对比，本文进一步统计了 2001 ~ 2011 年每年中上述 4 个技术领域的申请量各自占当年申请总量的比重。如图 11 所示，各个色块的高度表示其在当年所占的比重大小，其中将投影系统分为浸没式投影和非浸没式投影（由于存在同一申请涉及多个技术领域的情况，该图中每年的柱形累积总高度无含义）。不难看出，从 2001 ~ 2006 年，在专利布局中投影系统相较于其他 3 个技术领域一直占据最主要地位，并且在其中的 2003 ~ 2006 年，投影系统中的浸没式投影又是重中之重；对另外 3 个技术领域来说，2001 年以工作台系统为主而其他两个领域比重较小，2002 年、2004 年、2005 年工作台系统与照明系统基本持平或工作台系统比重略高，而对准系统比重较小，2003 年照明系统比重较高，2006 年 3 个领域比重相近其中工作台系统略低。自 2007 年开始，投影系统占据专利布局中绝对主导地位的局面发生了变化。2007 年，工作台系统比重上升至与投影系统接近；2008 年，照明系统与工作台系统所占比重均超过了投影系统；而自 2009 年开始，工作台系统所占比重大大超过其他技术领域，相对成为专利布局中的重点。

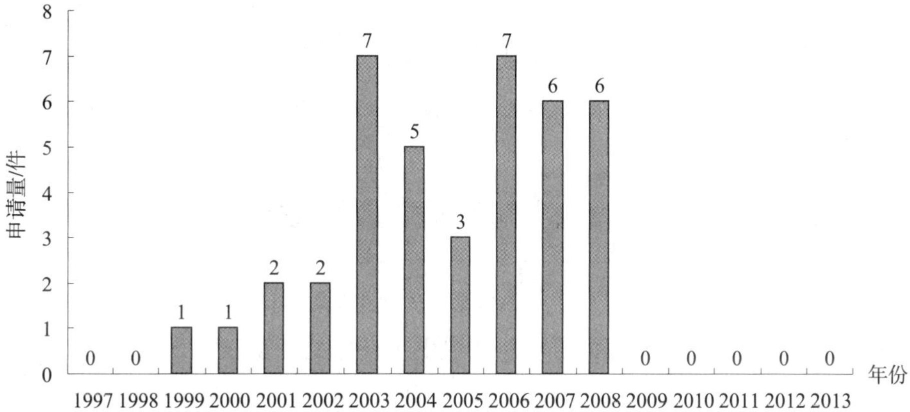

图 10　尼康公司在华光刻机领域对准和调平调焦系统申请量年度变化趋势

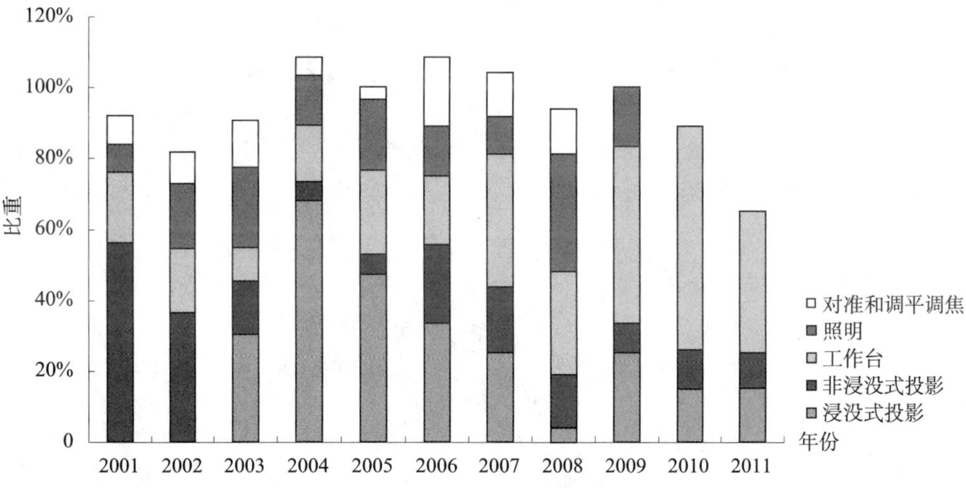

图 11　尼康公司在华光刻机领域各技术领域每年所占比重分布

四、小　结

从尼康公司在华专利布局情况可以看出，尼康公司将中国市场视为其专利战略布局的重要区域。尼康公司在中国光刻机领域的专利申请数量经历了自2001年起迅速增长，在2004～2005年达到顶峰，并从2006年后伴随着全球光刻机技术发展的总体态势而逐渐减缓的过程。光刻机领域中涉及投影系统的技术是尼康公司在中国市场战略布局的重点，占据全部申请的48.7%。而这其中又以浸没式投影为重中之重，占全部申请的32.3%；在浸没式光刻技术发展最为活跃的2004～2005年，其占据了这2年全部专利申请的58%。浸没式领域中2010年以前提交的申请的授权率更是高达85.5%，大大超出尼康公司光刻机领域整体在华授权率，其无疑属于尼康公司光刻机领域的核心专利。与投影系统相比，工作台系统的申请量虽不算大但一直相对保持稳定，而2006年之后投影系统的申请量却随着技术的成熟和商用化而大幅减少，这就使得2006年以后工作台系统所占据的比重随着投影系统申请量的减少而逐渐上升，并在近年来成为占比最大的技术领域。

在光刻机领域，尼康公司不仅拥有极强的研发实力和创新能力，还拥有高度的知识产权保护意识以及敏锐的市场嗅觉。尼康公司察觉到中国市场的可能变化后，迅速地采取专利战略来布局和抢占中国市场，以保证其市场竞争力和市场占有率。尼康公司的专利布局策略为我国的相关企业参与市场竞争提供了良好的经验借鉴。

参考文献

童志义．光学光刻现状及设备市场［J］．电子工业专用设备，2002（1）．

东丽碳纤维产品专利分析

宋琳　冯洁　阚泓

摘　要　本文通过对东丽产品及应用、东丽全球专利申请及布局、东丽产品牌号对应授权专利技术分析3个方面的分析研究，总结东丽的碳纤维专利布局、相关产品的专利保护重点以及碳纤维研发的发展历程和趋势，为我国碳纤维行业发展提供借鉴。

关键词　东丽　碳纤维　专利分析

东丽是世界上最大的碳纤维制造商，其创建于1926年1月，前身是东洋人造丝公司。主要生产和销售的产品分三大类：纤维类、化工产品类和新事业产品类。其中碳纤维和复合材料是东丽的新事业产品中的一个重要组成部分。东丽的碳纤维产品种类齐全，涵盖普通型、高强型、高强中模型、高强高模型，目前其碳纤维产能为1.79万吨/年。东丽的碳纤维生产技术代表当今碳纤维领域的最高水平。

一、产品及应用

东丽的碳纤维有较长的研究历史，从20世纪60年代中后期开始，东丽开始研发碳纤维，建立了月产5吨的装置。从1971年开始制造和销售TORAYCA碳纤维，经过一系列的发展过程，于1983年形成了“碳纤维及复合材料”产业。东丽碳纤维已有50多年的历史，在碳纤维开发方面有丰富的经验。图1显示东丽TORAYCA纤维的生产工艺流程。

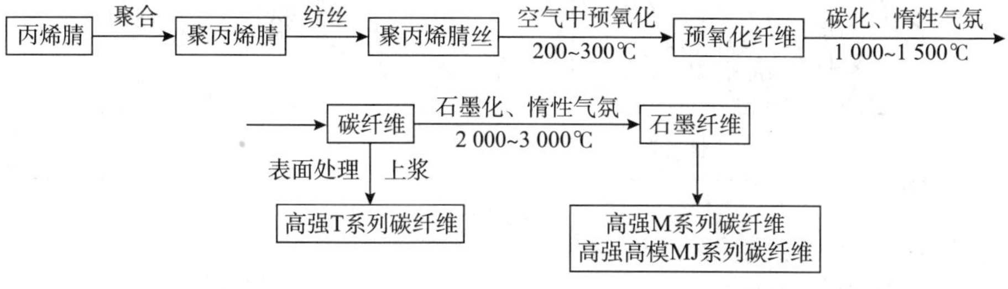

图1　东丽“TORAYCA”碳纤维生产工艺流程

目前，东丽的碳纤维已经形成了完备的产品序列，其产品牌号主要包括 T 系列、M 系列和 MJ 系列。各系列所涵盖的产品类型以及纤维性能参数如表 1 所示。

表 1　东丽主要碳纤维产品牌号及其性能参数

牌号	每束纤维根数/k	抗拉强度/MPa	抗拉模量/GPa	伸长率/%	线密度/(g/1000m)	密度/(g/cm^3)	单丝直径/μm
T300	1；3；6；12	3 530	230	1.5	66；198；369；800	1.76	7
T300J	3；6；12	4 210	230	1.8	198；369；800	1.78	7
T400H	3；6	4 410	250	1.8	198；396	1.80	7
T600S	24	4 140	230	1.8	1 700	1.79	7
T700S	12；24	4 900	230	2.1	800；1 650	1.8	7
T700G	12；24	4 900	240	2.0	800；1 650	1.8	7
T800H	6；12	5 490	294	1.9	223；445	1.81	5
T800S	24	5 880	294	2.0	1 030	1.80	5
T1000	12	7 020	294	2.4			5
T1000G	12	5 880	294	2.2	485	1.80	5
M30S	18	5 490	294	1.9	760	1.73	5
M30G	18	5 100	294	1.7	760	1.73	5
M40	1；3；6；12	2 740	392	1.2	61；182；364；728	1.81	7
M35J	6；12	4 700	343	1.4	225；450	1.75	5
M40J	3；6；12	4 410	377	1.2	113；225；450	1.77	5
M46J	6；12	4 210	436	1.0	223；445	1.84	5
M50J	6；12	4 120	475	0.8	109；218	1.88	5
M55J	6	4 020	540	0.8	218	1.91	5
M60J	3；6	3 920	588	0.7	103；206	1.93	5
M65J		3 600	637	0.6		1.98	4.7
M70J			690				

从表 1 各产品牌号的数据可以看出：

（1）东丽碳纤维产品的力学性能不断提高。T300 的抗拉强度为 3 530MPa，抗拉模量为 230GPa，而到了 T1000 其抗拉强度达到了 7 020MPa，M70J 的抗拉模量则达到了

690GPa。力学性能的提高，使东丽的碳纤维在高端领域的应用范围不断扩大，如航空航天、原子能、电力、高级体育用品等。

（2）碳纤维细旦化。T300 ~ T700 级、M40 的碳纤维单丝直径在 7μm 左右，而 T800S、T800H、T1000、T1000G、MJ 系列碳纤维的单丝直径已经降到 5μm 左右。细旦化的纤维在制造过程中可显著降低或消除皮芯结构，可以显著提高碳纤维的性能。

（3）碳纤维密度不断提高。T300 的密度在 1.76g/cm^3 左右，高强型碳纤维 T700 ~ T1000 的密度已经提高到了 1.80g/cm^3 左右，石墨纤维 M55J ~ M65J 的密度都在1.90g/cm^3 以上。碳纤维拉伸强度对各种缺陷孔隙十分敏感，体密度高，纤维中孔隙所占体积分数少，有利于拉伸强度的提高。

（4）碳纤维的断裂伸长率不断提高。T300 的断裂伸长率为 1.5%，T800S 为 2.0%，而 T1000 则达到了 2.4%。碳纤维的断裂伸长率与碳纤维的韧性有关，其断裂伸长率越高，说明碳纤维的韧性越好，越不容易断裂。这种大伸长的碳纤维主要用于航空领域，大飞机的结构特点要求制作复合材料的碳纤维具有大伸长的特性。

（5）产品具有很强的竞争力。较其他同类型竞争企业而言，目前仅东丽一家公司能够生产强度超过 6GPa、模量大于等于 588GPa 的碳纤维产品，例如 T1000、M60J、M65J、M70J 等。相关代表性专利有 JP9176923A（东丽第一项关于拉伸强度为 7 100MPa 的碳纤维授权专利）、JP4240221A。

二、东丽全球专利申请及布局

本文专利数据检索截至 2014 年 3 月 24 日，中文数据以中国专利文献检索系统（CPRS 数据库）为主，采用中国专利文摘深加工数据库（CNABS 数据库）和中国专利全文数据库（CNTXT 数据库）的数据进行补充。全球专利的检索在世界专利索引数据库（WPI 数据库）和欧洲专利文摘数据库（EPODOC 数据库）中进行。

图 2 是东丽在各技术分支专利申请总体数量情况。从图 3 可以看出，东丽在碳纤维方面的专利申请涵盖了碳纤维生产工艺、复合材料和应用整个碳纤维产业链，其中聚丙烯腈基碳纤维的专利数量最多，达到 587 项。

图 3 为东丽全球专利申请量变化趋势。从图 3 中可以看出，东丽申请趋势总体呈曲线波动状态。1998 年以前主要以生产工艺为主，1998 年以后开始在保持生产工艺稳步发展的情况下，将注意力更多地转向复合材料和应用。原因在于成型技术的成熟和多元化带来复合材料领域的技术发展。而作为中间产品，复合材料的生产主要为了后续应用，因此，复合材料和应用在专利申请的基本趋势上保持相对一致。

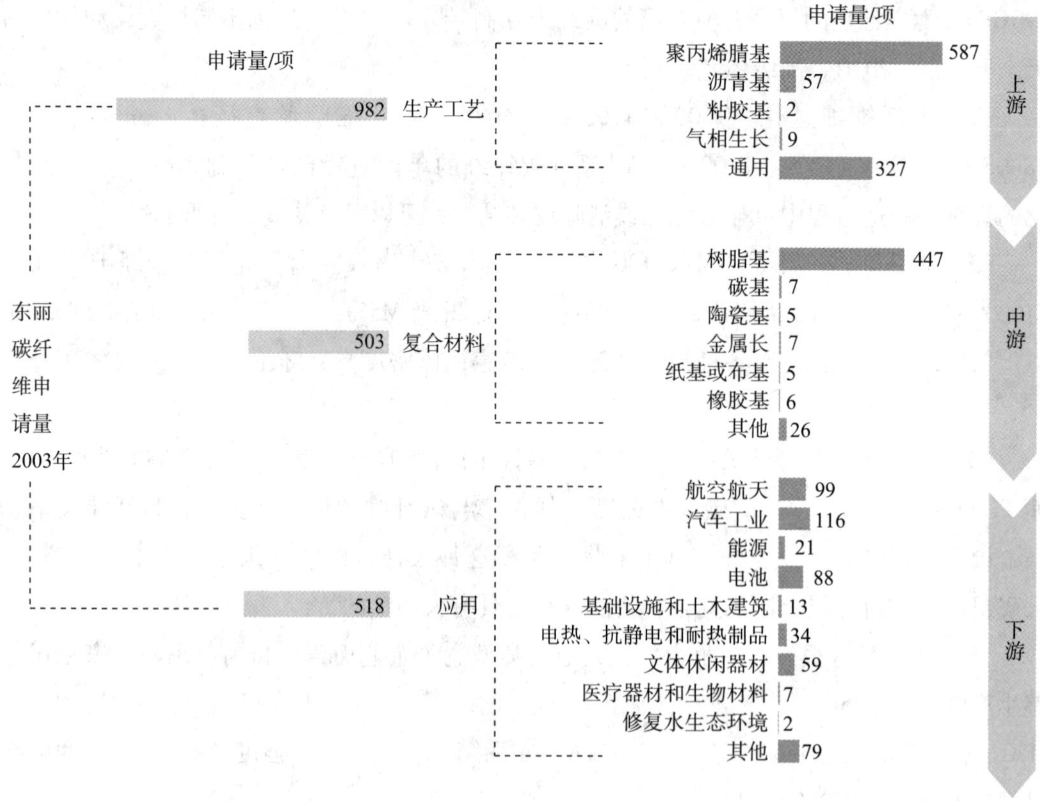

图2　东丽在各技术分支专利申请总体情况

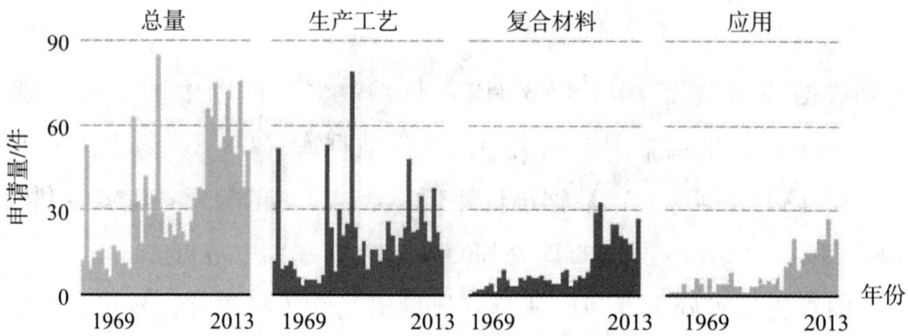

图3　东丽全球专利申请量变化趋势

图3中显示东丽生产工艺方面相关申请在1970年、1982年和1988年有3次数量上的剧增，分别申请了52项、53项和79项专利。东丽在1970年集中申请的52项关于生产工艺方面的专利，是为了1971年东丽大规模量产TORAYCA碳纤维打下基础。而在1983年前后，碳纤维的纺丝技术出现重要突破，从以前的仅能湿法纺丝改进到能够采用干喷湿法的纺丝方式。干喷湿法的出现大大提高了碳纤维的性能以及质量的稳定性，其直径仅为3.6μm，强度则高达8.0GPa。随之而来的是东丽在相关领域的专利申请量的再次大幅增长。随后1988年，美国国家计划提出要求在1992年之前国防计划中所使用的

PAN 基碳纤维原丝的 50% 必须由美国国内生产，东丽与杜邦各出资 50% 成立杜邦东丽，且在 1989 年前后东丽传出有关 M60J 的开发消息。

三、东丽产品牌号对应授权专利技术分析

从 1969 年申请第一项关于碳纤维的专利至今，东丽在碳纤维方面共申请了 2 003 项，其中涉及聚丙烯腈基碳纤维生产工艺的申请共 587 项，得到授权的专利有 228 项。由于东丽碳纤维各类型产品分类的主要依据是碳纤维的抗拉强度、抗拉模量、伸长率、线密度、密度、单丝直径，尤其是碳纤维的抗拉强度和抗拉模量。因此，通过对申请文件中记载的碳纤维的性能参数进行比对，与产品牌号直接对应的授权专利共 44 项。图 4 示出了东丽各产品牌号对应的授权专利。

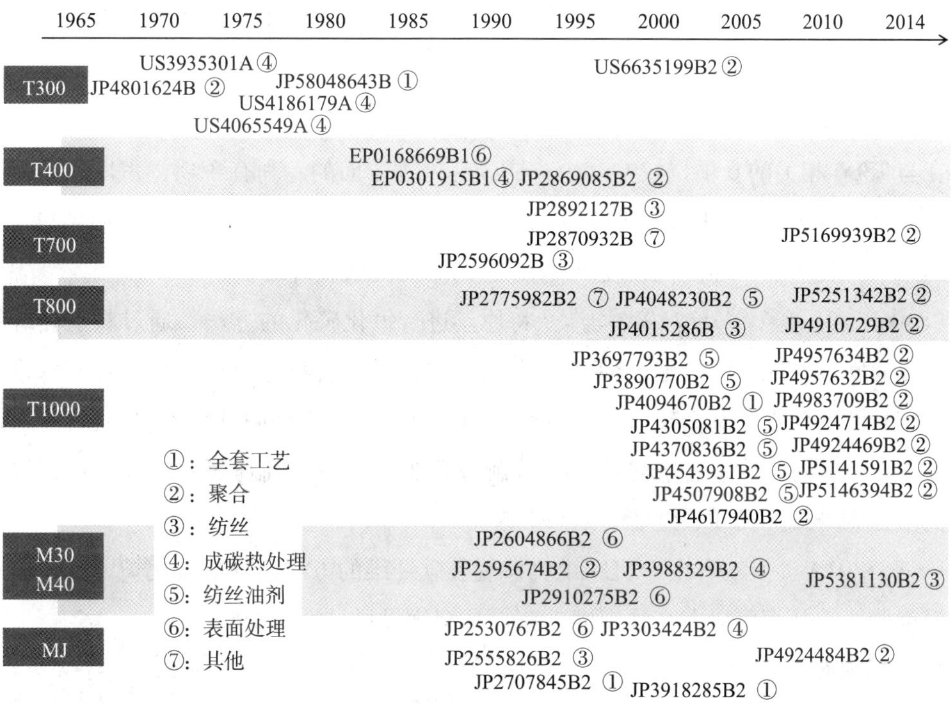

图 4　东丽各产品牌号对应的授权专利

东丽的授权专利囊括了聚合、纺丝、油剂、氧化、碳化、石墨化、表面处理这些碳纤维的全工艺流程。但从 T300 ~ M65J 这些产品牌号所对应的授权专利所涉及的技术内容来看，东丽对上述工艺流程各个环节的研发重点在各个时期并不相同。通过分析这些专利，可以看出东丽在各个时期对碳纤维的研发和保护重点。

（一）T300

T300 碳纤维是东丽最早开发的碳纤维品种，属于普通型的碳纤维。根据图 4 所示，

与T300相关的授权专利共有6项，申请日主要集中在20世纪的六七十年代，技术内容涵盖了碳纤维生产工艺中的单体聚合、成碳热处理、纺丝步骤。

1. 聚合

东丽在1962年就开始研制PAN基碳纤维，但当时所用的PAN原丝是民用腈纶。民用腈纶在聚合物组成上存在缺陷，其生产出的碳纤维质量不好，无法在实际中应用，因此，东丽一度停止了碳纤维的研发。直到1967年，东丽开始重点研究适合于制造碳纤维的共聚原丝，由此提高碳纤维的质量。申请日在1968年7月13日的一项关于聚丙烯腈单体聚合的专利（JP48016426B）为东丽申请并获得授权的第一件碳纤维专利，其奠定了东丽碳纤维生产的基础。

JP48016426B涉及与丙烯腈共聚的单体，通过选择合适的聚丙烯腈聚合单体，使所得到的纤维在石墨化和碳化以后得到的碳纤维与由均聚物或由丙烯腈的混合聚合物制成的碳纤维相比具有特别大的晶粒和较高的结晶率，使最后得到的碳纤维在强度和弹性模量方面有了很大的改善。

2. 成碳热处理

在与T300相关的6项授权专利中，成碳热处理方面的专利有3项，占所有授权专利的50%，申请日集中在1973~1977年。这说明在碳纤维研发的初始阶段，成碳热处理是东丽的一个研究重点，即如何改变PAN原丝的结构制成碳纤维。

US4065549A和US4186179A均涉及将原丝进行氧化碳化的方法，通过将前体纤维与加热体表面间歇性地反复接触而使其氧化。通过上述方法获得的氧化纤维具有双锥形结构，具有高的拉伸强度和杨氏模量。在后一项专利的氧化工序中纤维不仅不会产生绒毛，而且可以充分利用作为上述加热体表面接触氧化步骤特点的高速氧化即高生产性以及显著提高所得碳纤维的品质、性能。

US3935301A涉及一种由有机纤维材料制备碳纤维的方法，其在碳化炉内的不同位置设置温度曲线，从而可以在高线速度下获得具有优异机械性能的碳纤维。

（二）T800H

T800H碳纤维属于高强中模型碳纤维，与T300相比，抗拉强度提高了50%以上，抗拉模量提高了约30%，可大大减轻结构质量，属于用于飞机结构材料的第二代碳纤维。

与T800对应的授权专利涉及纺丝、上浆剂和纺丝油剂。这里要特别提到的是JP4015286B，该项专利在欧洲、日本和美国均获得了授权，专利内容涉及用干喷湿纺的纺丝方法纺制PAN原丝。

在20世纪80年代初之前，PAN原丝只能用湿法纺丝方法纺制。而在1983年前后，干喷湿纺纺丝方法的出现大大提高了碳纤维的性能以及质量的稳定性，涉及纺丝的相关申请也由1964~1979年的80项，突飞猛进到1980~1995年的220项。干喷湿纺纺丝方法大大促进了碳纤维的发展。

JP4015286B 涉及一种高强度、高弹性模量的碳纤维，其用干喷湿纺的方法进行纺丝并在特定张力和温度条件下进行氧化和碳化。如此所得的碳纤维不仅具有极高的拉伸强度，而且还具有极高的拉伸弹性模量，并且为起毛、损伤或裂缝都少的高品位、高品质的碳纤维。

（三）T1000 和 T1000G

T1000 和 T1000G 碳纤维属于高强中模型碳纤维，抗拉强度分别为 7 060MPa 和 6 370MPa，抗拉模量都是 294GPa。T1000 是东丽生产的强度级别最高的碳纤维。

根据图 4 所示，T300 ~ T1000 的授权专利对碳纤维生产工艺的各个环节均有涉及，但从中可以发现，与 T300 ~ T700 对应的授权专利完全没有涉及纺丝油剂，与 T800 对应的授权专利也仅有一项涉及纺丝油剂。而到了 T1000，在获得授权的专利中，有 5 项是关于纺丝油剂的。T1000 是东丽目前强度最高的一种碳纤维产品，从其纺丝油剂方面的专利所占的比重来看，纺丝油剂已成为改善碳纤维性能的一个关键点，越来越受研发人员的重视。

目前用于碳纤维制造的纺丝油剂主要有两大类：一类是有机油剂，它以长链脂肪酸与多元醇的聚酯和长链脂肪酰胺的环氧乙烷加成物等为主要组分；一类是以聚二甲基硅氧烷为主要组分的有机硅油剂。

图 5 给出了东丽与 T1000 对应的这 5 项授权专利所要求保护的纺丝油剂。

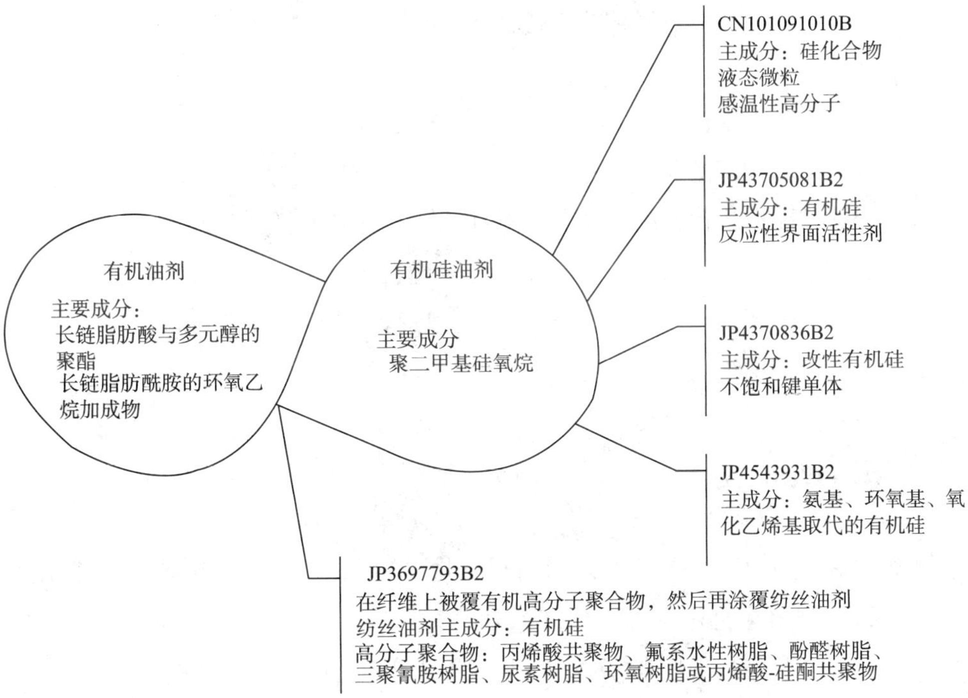

图 5　东丽与 T1000 对应的 5 项授权专利

由图5可知，东丽的纺丝油剂主要还是有机硅类纺丝油剂。由于使用硅系油剂容易发生单丝之间的粘结，而且硅系油剂在高温下容易分解，产生一定量的氧化硅等无机物，使得碳纤维的性能受到影响。因此，上述专利所解决的主要技术问题还是防止由于有机硅纺丝油剂的使用造成的纤维间的粘结，并减少氧化的不均匀性。

根据图4所示，2012年至今，有7项涉及T1000的关于聚合方面的专利申请获得授权。这7项专利申请均是通过控制聚丙烯腈类聚合物的重均分子量以及多分散度，从而在高张力或高拉伸倍率的烧成条件下也能抑制起毛或断纱，制造高品位、高品质的碳纤维且不破坏生产率。由此可见，对于聚合阶段来说，在碳纤维发展的初始阶段，研发重点是在聚丙烯腈单体的选择上，而经过一段时期的发展后，聚丙烯腈单体的使用已趋稳定，而最近阶段，东丽又把研发重点集中在了改进聚丙烯腈的分子量分布上，以通过对聚丙烯腈结构的控制，在保证碳纤维的高品质的情况下提高碳纤维的生产率。

（四）M35J～M65J

M35J～M65J系列碳纤维属于高强高模型碳纤维，也称作石墨纤维。其除了具有轻质、高强特性外，还具有超高模、高导热、高导电、低热膨胀系数等特性。

MJ系列碳纤维是由碳纤维在2 200～3 000℃的高温下进行石墨化而制得的。通过石墨化，碳纤维进一步脱除非碳原子，碳进一步富集，石墨层平面进一步沿纤维轴取向排列，由二维乱层石墨结构向三维有序结构转变，从而使碳纤维的模量得以大幅度提高。由此可见，将碳纤维转化为石墨纤维的高温热处理是制备PAN基高强高模碳纤维的关键技术之一。

与M46J对应的授权专利JP3303424B2是一种通过气相沉积法将硼沉积在碳纤维表面上的方法，在该专利公开的制备高模量石墨纤维的方法中，在超过2 000℃的惰性气氛中，在固态硼或其化合物存在的情况下，对纤维进行连续石墨化处理，在石墨化过程中纤维不与固态硼或其化合物接触。不需要使处理丝条与硼或其化合物粉末等直接接触，而是通过与产生的硼蒸气接触使催化石墨化充分进行。由此，不仅可以在硼蒸气浓度变得较高的高温下进行连续处理，而且可以提供强度下降较少的优异碳纤维。

四、结　论

本文通过对东丽的碳纤维产品以及授权专利的技术内容进行分析，得出以下结论：

（1）东丽碳纤维性能不断提高，T300的抗拉强度为3 530MPa，抗拉模量为230GPa，而到了T1000，抗拉强度则达到了7 020MPa，抗拉模量达到了294GPa。

（2）授权专利涵盖了碳纤维的产品以及生产工艺的各个环节，形成了全面、稳定的保护网。

（3）东丽在各个阶段的研发侧重点不同。在 20 世纪 70 年代碳纤维的研发初期，侧重于氧化和碳化工艺。在 20 世纪 80 年代初出现干喷湿纺的纺丝方法后，侧重于对聚丙烯腈干喷湿纺的研究。从 20 世纪 90 年代中后期至 21 世纪初，侧重于纺丝油剂的研发，而在 2010 年左右则更倾向于聚丙烯腈聚合物结构的改进。

参考文献

［1］赵稼祥．日本东丽公司炭纤维的现状和发展［J］．炭素技术，1997：23.

［2］贺福．碳纤维及石墨纤维［M］．北京：化学工业出版社，2010.

国内外形状记忆合金专利申请现状及趋势分析

陈胜尧　赵睿　张占江

摘　要　形状记忆合金作为一种智能材料，具有感知并驱动的特性，可用于高度自动化、性能可靠的小型元器件。本文针对国内外形状记忆合金领域专利申请的申请量、竞争对手、目标国、产出国及法律状态进行了统计分析，并对该领域专利申请的现状进行了总结，同时对未来发展趋势进行了预测。

关键词　形状记忆　合金　专利　趋势

形状记忆合金具有一定初始形状 A^0，在低温下经塑性变形固定为另外一种形状 A' 后，通过加热到某一临界温度以上又能恢复成初始形状 A^0。记忆效应可分为单程记忆效应、双程记忆效应、全程记忆效应，其中单程记忆效应是指合金在较低的温度下变形，加热后可恢复变形前的形状；双程记忆效应是指合金在加热时恢复高温相形状，冷却时又能恢复低温相形状；全程记忆效应是指加热时恢复高温相形状，冷却时变为形状相同而取向相反的低温相形状。形状记忆效应最初是瑞典人奥兰德于 1932 年在金镉（Au－Cd）合金中观察到的，而后美国人于 1951 年首次报道了金镉合金中微观相变的可逆性，之后在（铜锌 Cu－Zn）合金中也发现了同样的现象，但当时并未引起人们的广泛关注。直到 1962 年，美国海军机械研究所 Buehler 及其合作者在等原子比的钛镍（Ti－Ni）合金中观察到具有宏观形状变化的记忆效应，开创了“形状记忆”的实际应用阶段。1969 年，美国首次将 Ti－Ni 合金制成的管接头应用于美国 F14 战斗机上，次年将 Ti－Ni 合金丝制成宇宙飞船用天线。20 世纪 70 年代，相继开发出 Ni－Ti 基、Cu－Zn 基、Cu－Zn－Al 基、Cu－Al－Ni 基形状记忆合金，80 年代又开发出了 Fe－Mn－Si 基、不锈钢基等铁基形状记忆合金。从 20 世纪 90 年代至今，高温形状记忆合金、磁性形状记忆合金、宽滞后记忆合金以及记忆合金薄膜等成为研究热点。目前，形状记忆合金开发出的合金种类包括 Au－Cd、Ag－Cd、Cu－Zn、Cu－Zn－Al、Cu－Zn－Sn、Cu－Zn－Si、Cu－Sn、Cu－Zn－Ga、In－Ti、Au－Cu－Zn、Ni－Al、Fe－Pt、Ti－Ni、Ti－Ni－Pd、Ti－Nb、U－Nb 和 Fe－Mn－Si 等，但已处于实际应用阶段的主要有 Ti－Ni 系、Cu 系、Fe 系三大类。

一、样本构成

本文所涉及的数据采集自中国专利数据库（CNPAT）、EPODOC 数据库中截止到 2013 年 5 月 29 日已被收录的公开专利申请数据，采用关键词和分类号结合的方法进行检索，之后对检索结果逐篇进行筛选，并对筛选后的专利申请进行必要的技术标引，最终确定涉及形状记忆合金领域的专利申请作为分析基础。在 CNPAT 数据库中涉及形状记忆合金领域的专利申请共有 244 件，其中国内申请 202 件，国外申请 42 件；在 EPODOC 数据库中共有 762 件专利申请涉及形状记忆合金领域。

二、国内专利申请态势统计分析

1. 申请量年度发展趋势

从图 1 中可以看出，国内第一件 Ti－Ni 基形状记忆合金专利申请出现于 1985 年，申请人为天津市冶金局材料研究所，公开号为 CN85104151A，发明名称为“宇航飞行器温控百叶窗双向驱动元件制造方法”，采用 Ti－Ni 二元合金制作，该合金含有 50.6% ~ 50.8%（原子比）Ni，其余为 Ti。合金带材在 Ms 温度以上加载定型，带载高温处理、带载低温处理，0℃卸载即形成双向记忆效应。该元件重量轻、体积小、驱动力大、热滞后小，可以提高百叶窗的热性能，减少动作室体积，提高热效率，节省能源。

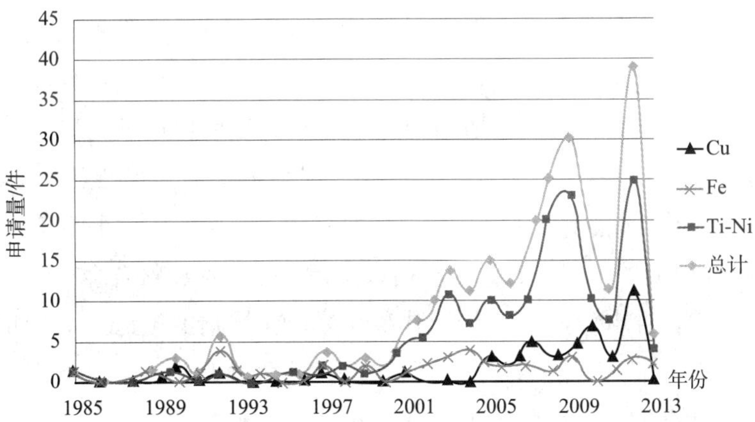

图 1　Ti－Ni、Fe、Cu 及三种形状记忆合金总量申请量曲线

从 2001 年开始，记忆合金专利申请量的总体趋势是逐渐增加的，2009 年达到峰值 23 件，2010 ~ 2011 年的数据有所回落，仅仅间隔两年，2012 年申请量超过 2009 年，达到 25 件，因此推断 2010 ~ 2011 年申请量缩水的原因可能是整体经济不景气所致，2013 年数据量急剧下降是由于大量申请未公开所致。Fe 基和 Cu 基形状记忆合金的申请量相对于 Ti - Ni 基少很多，但 Cu 基合金相对于 Fe 基合金来说近几年的申请量较多，可见近年来，Cu 基合金的研究有变热的趋势，而 Fe 基合金的研究有待于进一步增大投入。

图 2 给出了 Cu 基、Fe 基、Ti - Ni 基形状记忆合金申请量分布比例，Ti - Ni 基形状记忆合金占形状记忆合金总量的 66.39%，高于 Cu 基、Fe 基形状记忆合金所占百分比，因此按近几年的申请量趋势预计 Ti - Ni 基形状记忆合金材料领域专利申请量在未来几年仍将保持稳定增长的趋势。

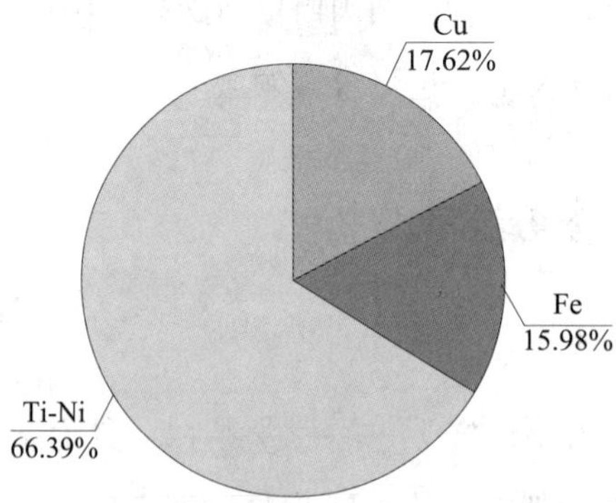

图 2　Cu 基、Fe 基、Ti - Ni 基形状记忆合金申请量分布比例

2. 重要申请人

图 3 给出了国内形状记忆合金申请量排名前十位的申请人，其中，镇江忆诺唯记忆合金有限公司以 26 件申请排名第一位，上海交通大学以 17 件申请排名第二位，中科院金属所和北京航空航天大学以 11 件申请分别排名第三位、第四位，排名前十位的申请人企业仅有一家，其他申请人均为高校和研究所。从形状记忆合金种类的申请量来看，排名前十的申请人均有 Ti - Ni 基合金的申请，镇江忆诺唯记忆合金有限公司的 Ti - Ni 基合金申请量最多，达 12 件，上海交通大学和北京航空航天大学申请量同为 11 件，中科院金属所为 10 件；而 Cu 基合金的申请在排名前十位的申请人中仅有 3 位申请人涉及 Cu 基合金的申请，这 3 位申请人是镇江忆诺唯记忆合金有限公司、华南理工大学、四川大学，且申请量也不多；涉及 Fe 基合金申请的申请人中，上海交通大学以 6 件的申请量排名第一位，四川大学和北京科技大学均以 4 件申请量排名第二位、第三位。由上述分析可知，目前国内形状记忆合金的研究主要集中在高校和研究所，企业虽有参与，但研发投入的力度还不算大，而且形状记忆合金扎堆在 Ti - Ni 基合金的研究中，对 Fe 基、Cu 基合金的研究较少，未来几年还需要加强产学研结合，由此才有望真正提升国内形状记忆合金的技术水平。

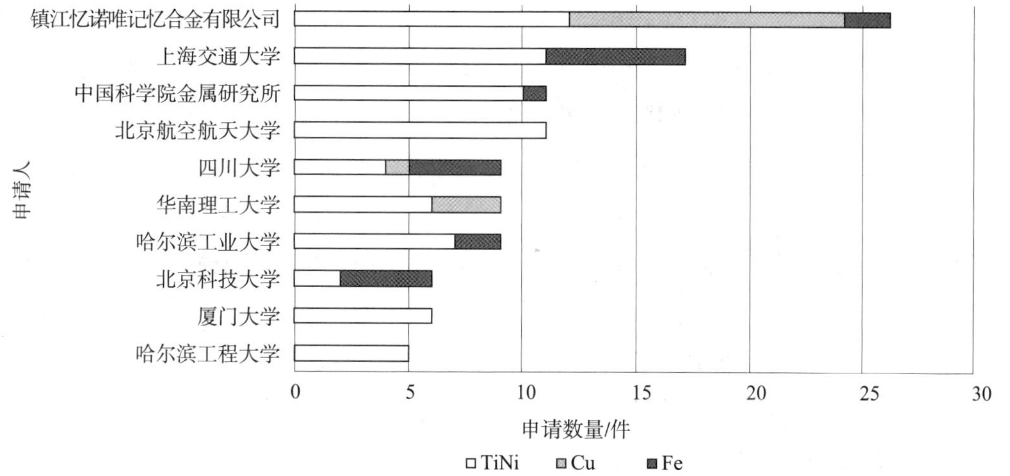

图3　国内形状记忆合金专利申请排名前十位申请人

3. 申请人区域分布

图4给出了国内形状记忆合金的申请区域分布，其中，江苏以38件申请量居于首位，北京、辽宁分别位居第二位、第三位，总体来看，Ti－Ni基合金的申请量最多，这与行业的整体态势有关，Ti－Ni基合金中北京以27件的申请位居首位，辽宁和江苏分列第二位、第三位；Fe基合金中江苏以20件申请排名第一位，辽宁、浙江分列第二位、第三位；Cu基合金中上海以9件申请排名首位，辽宁、天津分别排名第二位、第三位。鉴于上述区域分布情况，相关行业可根据自身发展需要，选择研究投入力度较大的区域集中研究，方便先进技术信息获取及掌握，便于技术及时更新。

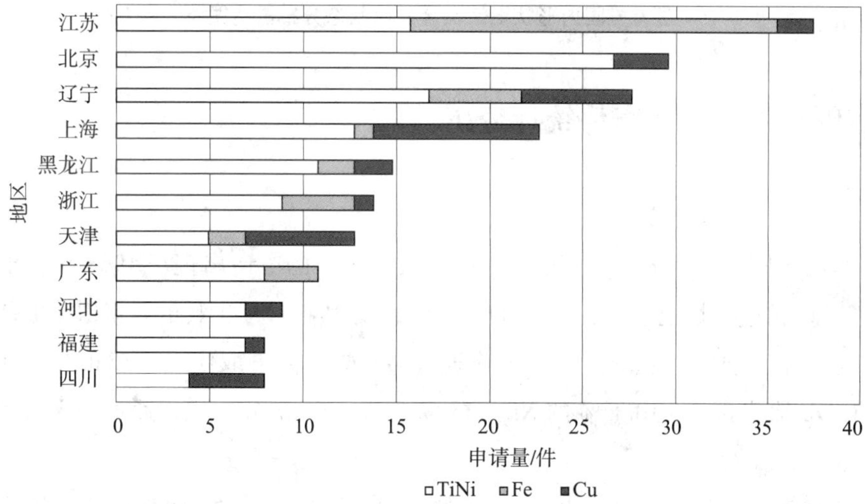

图4　国内形状记忆合金的申请人区域分布

4. 法律状态分布

图5为国内Ti－Ni基、Fe基、Cu基形状记忆合金的法律状态分布雷达图，对于Ti-

Ni 基合金的法律状态，在调查的 161 件申请中，专利权维持状态达 36 件，视撤 36 件，驳回 11 件，专利权终止 32 件，处于公开状态的达 46 件，排除前景不明朗的公开状态的 46 件，专利权维持状态的申请量相比没有得到授权保护的视撤、驳回和终止申请量而言，维持状态的比例相对很小，这说明国内的核心技术较少，先进技术匮乏，这与目前国内研究集中在高校和研究所，企业偏重代工的劳动密集型发展模式有关；在 Fe 基合金的法律状态的 43 件调查样本中，专利权维持的仅有 3 件，视撤、驳回、终止分别为 12 件、11 件、12 件，公开状态为 5 件，可见，Fe 基合金的专利申请得到授权保护的非常少，大多数专利申请没有得到授权保护；Cu 基合金的法律状态调查样本为 43 件，授权维持的 8 件，视撤、驳回、终止的分别为 10 件、2 件、12 件，公开状态为 11 件，可见，Cu 基合金申请得到授权保护的也比较少。

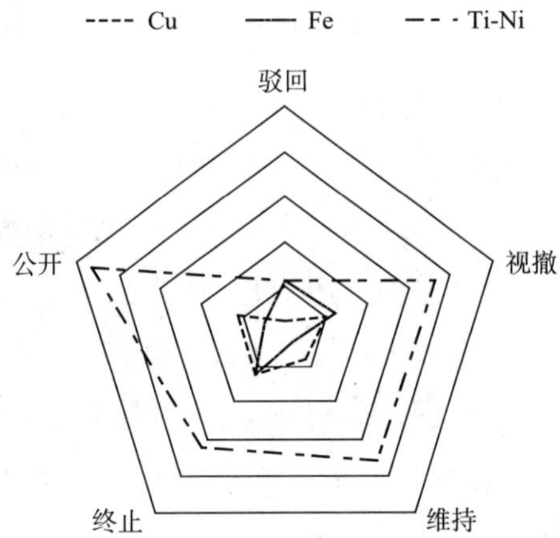

图 5　国内形状记忆合金法律状态分布雷达图

三、国外专利申请态势统计分析

1. 申请量年度发展趋势

图 6 给出了国外形状记忆合金的申请量曲线，最早的申请出现于 1968 年，申请人为古河电气工业株式会社，公开号为 US3660082A，发明名称为“其他元素部分取代抑制相变的 TiNi 合金的耐蚀性和耐磨性”，该合金通过 Mo 或 Cr 部分取代 45 ~53at. % Ti 和 1at. ~50at. % Ni，Zr 取代 0at. ~10at. % 的 Ni。Mo 也被 Fe、Co 部分取代，通过淬火、回火改善机械性能。

Ti－Ni 基合金专利申请量从 1968 年开始几乎逐年增加，在 1989 年达到峰值。之后一路下挫，到 1998 年出现低谷，之后申请量回暖。2003 年申请量达到峰值，之后几年申请量较平稳。出现这样的态势是因 Ti－Ni 基形状记忆合金从开始研究、缓慢发展到技术爆发期，之后出现技术瓶颈，导致申请量下滑。在经历技术发展的低迷期之后，技术瓶颈突破，又出现了技术井喷。之后几年申请量以 10 ~ 20 件/年波动，表明技术进入成熟期。2011 ~ 2012 年申请量锐减的原因在于这两年的专利申请并未完全公开。

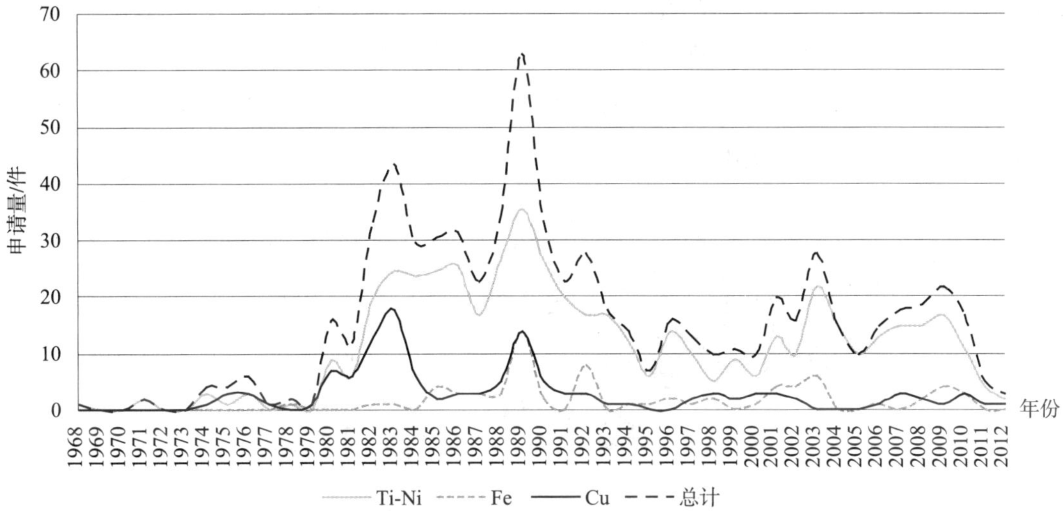

图 6　国外形状记忆合金的申请量曲线

Cu 基、Fe 基合金的申请量相对 Ti – Ni 基合金的申请量明显少很多，Fe 基合金和 Ti – Ni 基合金的技术发展期、爆发期、瓶颈期、成熟期的整体趋势基本一致，不同的是两者总申请量差别较大，这是由于 Fe 基合金应用特别所致。而 Cu 基合金申请量的峰值在 1983 年达到峰值，经历了技术瓶颈期之后在 1989 年迎来了技术爆发期，之后申请量一直较平稳，说明 Cu 基合金的技术需要进一步发展。

2. 申请人分布

图 7 给出了国外申请人在形状记忆合金领域申请量排名，其中，排名第一位的古河电气工业株式会社申请量最大，达 65 件；排名第二位的是日本电气株式会社，申请量为 55 件；国立大学法人东北大学排第三位，申请量为 50 件。国外申请人排名前 15 位中日本占据 11 席，排名前七位的全是日本企业，可见日本在该领域的研究投入很大，技术水平处于全面领先的地位。古河电气工业株式会社和国立大学法人东北大学在 Ti – Ni 基合金方面的申请量最多，日本电气株式会社在 Fe 基合金方面的申请量最多，住友电气工业株式会社在 Cu 基合金方面的申请量最多。除了日本之外，排名前 15 位之外还包括瑞士的布朗波维里公司、乌克兰科学院、中国的上海交通大学和北京航空航天大学，这表明在这些国家和地区该领域也在积极发展。

3. 目标国分布

图 8 给出了 Ti – Ni 基、Fe 基、Cu 基形状记忆合金的目标国分布态势，在所调查的样本中，包括 479 件 Ti – Ni 基合金、70 件 Fe 基合金、119 件 Cu 基合金申请。三类合金目标国分布排名前三位的基本一致，日本分布了 480 件，中国分布了 76 件，美国分布了

59 件。其中，日本在 Ti－Ni 基合金专利申请分布数量为 345 件，中国、美国分别为 62 件、42 件，仅占日本总量的 18%、12%。而 Fe 基合金和 Cu 基合金专利总量虽然远少于 Ti－Ni 基合金，但日本的 Fe 基合金和 Cu 基合金专利分布数量也远多于中国和美国。可见，日本的技术输入要远超其他国家，这表明日本在该领域的应用需求非常高，而形状记忆合金本身应用领域非常广，因此表明日本对于形状记忆合金应用已经比较普遍，较其他国家而言，其技术应用已处于成熟期。

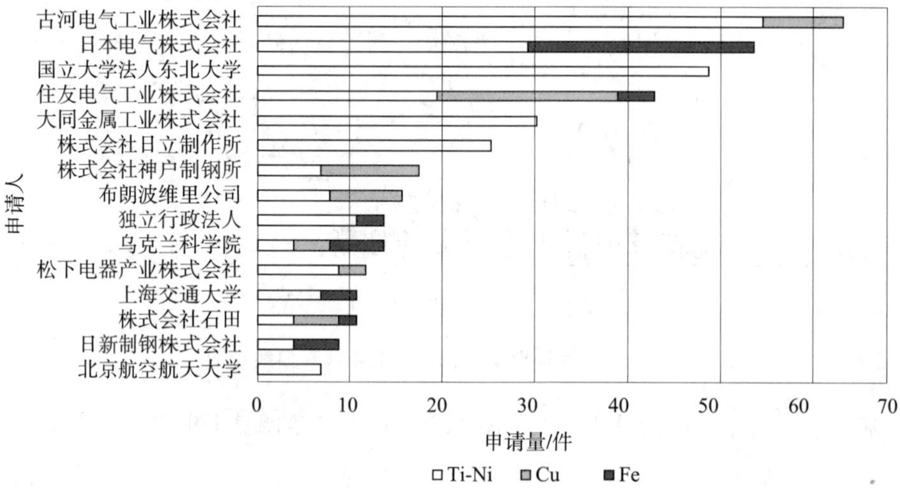

图 7　国外申请人在形状记忆合金领域申请量排名

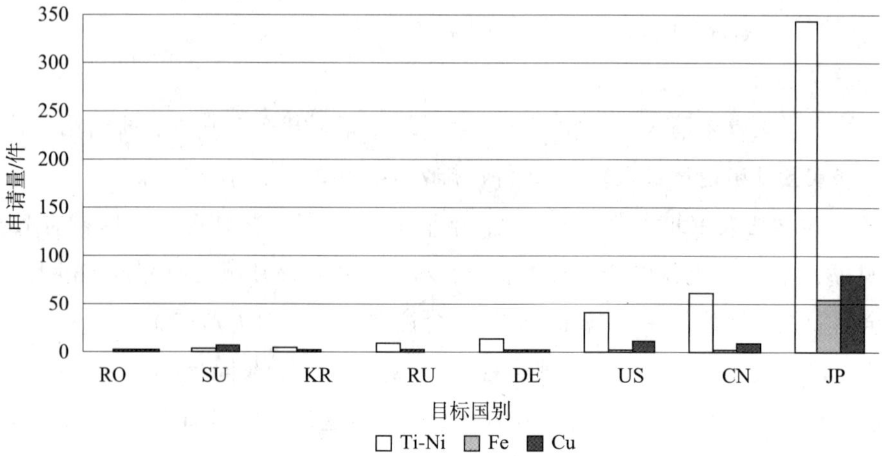

图 8　三类形状记忆合金的目标国分布

4. 产出国分布

图 9 给出了 Ti－Ni 基、Fe 基、Cu 基形状记忆合金的产出国分布态势。在所调查的样本中，包括 480 件 Ti－Ni 基合金、71 件 Fe 基合金、119 件 Cu 基合金申请。三类合金产出国分布排名前三位的基本一致，日本分布了 490 件，中国分布了 69 件，美国分布了

57 件。其中，日本在 Ti－Ni 基合金的专利申请数量为 350 件，中国、美国分别为 55 件、46 件，分别仅占日本总量的 16%、13%。而 Fe 基合金和 Cu 基合金专利申请总量虽然远少于 Ti－Ni 基合金，但日本的 Fe 基合金和 Cu 基合金专利申请数量也远多于中国和美国。可见，日本的技术输出也远超其他国家，这表明日本非常保护该领域的核心技术，形状记忆合金领域大多先进技术掌握在日本人手里，这从日本的 FI 分类体系对形状记忆合金的整体分得极其细致也可见一斑。

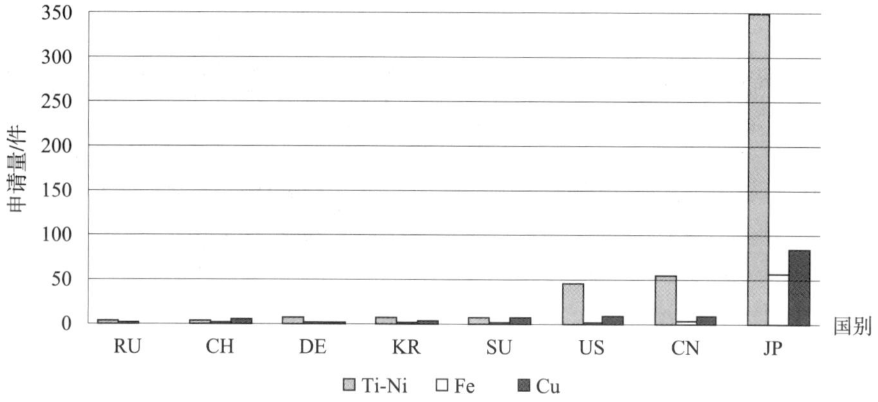

图 9　三类形状记忆合金产出国分布态势

四、总　结

从国内外专利申请分布情况来看，国内排名靠前的除了镇江忆诺唯记忆合金有限公司之外，全是高校、研究院所的专利申请；而国外排名靠前的基本都是企业，包括古河电气工业株式会社、大同特殊钢株式会社等，且国外排名前七位的均是日本申请人。虽然各申请人对三种形状记忆合金的研究侧重有所不同，但通过国内外申请人类型对比发现，国内产学研结合力度与国外存在着较大差距。同时，从产出国和目标国分析来看，日本、中国、美国虽然在形状记忆合金领域的技术产出量和技术需求量均位列前三位，但日本所占比例明显远大于中国、美国，可见，日本对该领域的研究非常热，对该领域的需求非常大。虽然国内该领域研究起步较晚，但通过改变国内企业只顾眼前经济利益的程式化代工、加工发展模式，有效推动国内企业对该领域基础研究的投入就有可能掌握该领域的核心技术的部分主导权。

CT 式安检技术专利申请状况分析

张景美　杨曦[**]

摘　要　对 CT 式安检技术专利申请状况进行了研究，分析了该领域中国以及全球专利申请状况，并给出了相关建议。

关键词　CT　安检　中国专利申请　全球专利申请

一、产业背景介绍

基于 X 射线辐射成像的计算机断层扫描技术（以下简称“CT 技术”），最早应用于医疗领域，是辅助医生进行诊断的工具，其通过计算机对被检查物的各个断层进行多角度的投影，并对投影数据进行重建，计算得到每个断层的重建图像，以不同的灰度显示重建图像中不同的衰减系数信息，从而显示被检查物的内部结构，实现对物质的识别。随着 CT 技术的不断发展，其应用领域也从最初的医疗领域逐渐扩展到工业领域以及安全检查领域。安全检查对于反对恐怖主义、打击贩毒走私等具有十分重要的意义。在 2001 年美国“9·11”事件之后，世界各国对机场等公共场所的安全检查越来越重视，同时随着打击贩毒走私的深入开展，对各种货物安全检查的要求也越来越高。在安全检查领域，CT 技术是检测行李中的爆炸物等危险品以及货物中的毒品、走私品等的重要手段，因此 CT 式安检技术是安全检查领域发展的必然趋势。

二、专利技术分析样本构成

本文以 CT 式安检技术在中国以及全球范围内的专利申请数据为样本，统计分析 CT 式安检技术在中国以及全球的专利申请现状、现有技术特点等，为我国相关领域的研究提供参考。分析样本的选取，采用了首先多库单独检索、其次转库整合检索、最后人工筛选去除噪声的方法，以确保最后得到是既全面又准确的分析样本。分析样本主要来源

** 等同第一作者。

为德温特世界专利数据库（DWPI）和中国专利检索系统文摘数据库（CPRSABS）。关于统计分析的时间界限，根据《专利法》规定，一般申请需要满18个月才公开，因此，截至检索时间（2014年2月12日），2012年还有部分申请没有公开，为了不致产生明显的趋势误判，本文在对申请的年份分布情况进行分析统计时，没有给出2012年及其后的统计数据。

三、统计分析

（一）中国专利申请分析

1. 中国历年专利申请量

图1为CT式安检技术中国历年专利申请量。从图1看出，对于CT式安检技术的中国专利申请最早出现于1995年左右，其发展过程可以分为4个阶段：1995～2003年，该阶段的专利申请量较少且无明显增长势头，这说明此时还处于技术的萌芽阶段，主要是探索和研究，技术产出还比较贫乏；2004～2006年，申请量出现了较大幅度的增长，2006年达到一个高峰，这说明此时处于技术的高速发展阶段，初期的研究已经逐渐形成技术成果大量产出；2007～2009年，该阶段申请量出现下降，2009年为一个谷底，这说明在经过了上一阶段的技术急速发展后进入了相对饱和的阶段；2010～2011年，该阶段的申请量变化表现为2010年申请量再次升高，达到另一个高峰，但是在2011年又再次回落，经笔者检索发现2010年申请量的再次升高，原因在于有新的公司加入到该领域中进行技术创新研究并形成技术成果大量产出。总体看来，随着现有技术的日渐成熟，该领域技术创新的难度逐渐增大，创新速度变得缓慢。

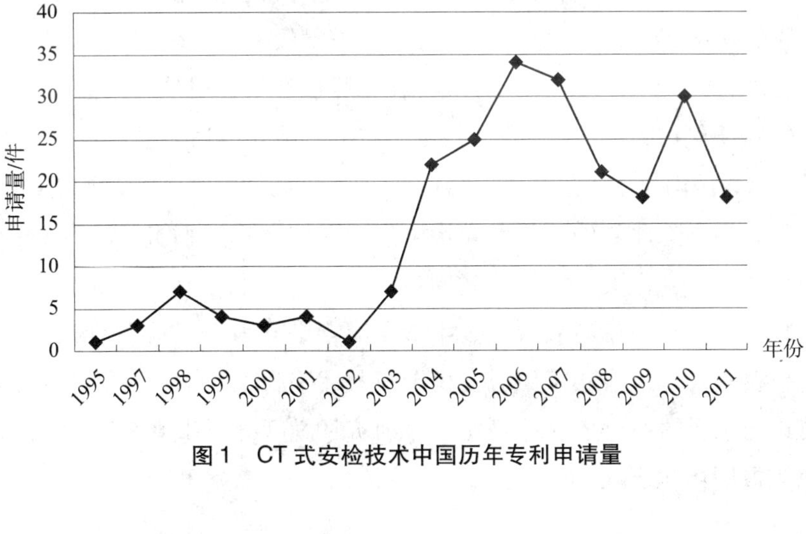

图1　CT式安检技术中国历年专利申请量

2. 中国专利申请的专利类型分析

图 2 为 CT 式安检技术中国专利申请的专利类型。从图 2 可以看出，国内专利申请中，发明申请为 196 件，占总量的 79%，而实用新型为 46 件，仅占总量的 19%，外观设计为 6 件，仅占总量的 2%。该图所示结果说明，首先，该领域的申请人非常注重发明专利申请，这是因为发明专利申请的保护期限较实用新型的保护期限长，且发明专利的专利权稳定性较实用新型的专利权稳定性高；其次，发明申请所占比例最高，同时也证明了该领域的国内专利申请所具有的技术含量非常之高；最后，经笔者检索发现其中的 6 件外观设计分别为同方威视技术股份有限公司的 5 件和上海英迈吉东影图像设备有限公司的 1 件关于 CT 型安检系统的外观设计专利，可见这两家公司已经将专利申请转化为市场上的实际产品。

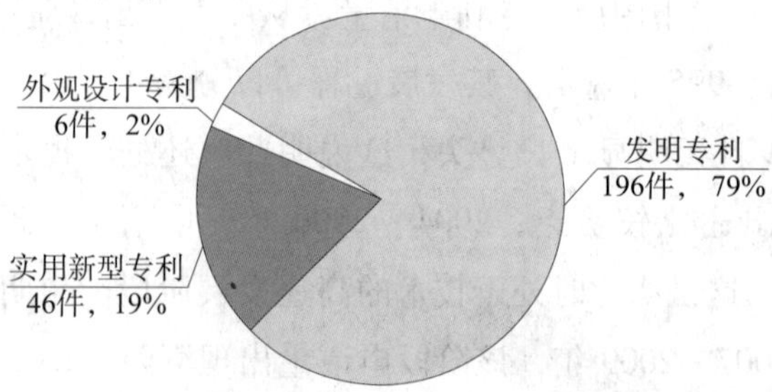

图 2　CT 式安检技术中国专利申请的专利类型

3. 中国专利重要申请人分析

图 3 为 CT 式安检技术排名前十位的中国专利申请人。从图 3 可以看出，排名前十位中的国内申请人均为公司、高校和科研院所，反映出我国在该领域的研发活动较为活跃，同时产业化程度也非常高。此外由于清华同方威视技术股份有限公司于 2009 年更名为同方威视技术股份有限公司，清华大学与同方威视技术股份有限公司是合作关系，因此实际上排名前五位的除了清华大学与同方威视技术股份有限公司外均为国外申请人，可见该领域的外国科研人员非常重视在我国的专利布局，国外申请人已经在我国占据了很大的专利市场份额，国内科研人员在该领域的研发和产业化过程中务必要注意国外申请人在我国的专利布局。除此之外，笔者经检索发现公安部第一研究所与北京中盾安民分析技术有限公司也为合作关系，两者共同申请了 6 项专利申请，因此实际上国内在该领域的前沿技术主要掌握在同方威视技术股份有限公司及其合作伙伴清华大学、公安部第一研究所及其合作伙伴北京中盾安民分析技术有限公司、北京航星机器制造公司以及上海英迈吉东影图像设备有限公司 4 个研究团队手中，其中第一个研究团队起步最早，因此掌握了绝大部分的专利技术，后续加入的 3 个团队实力相当，创新难度较大。

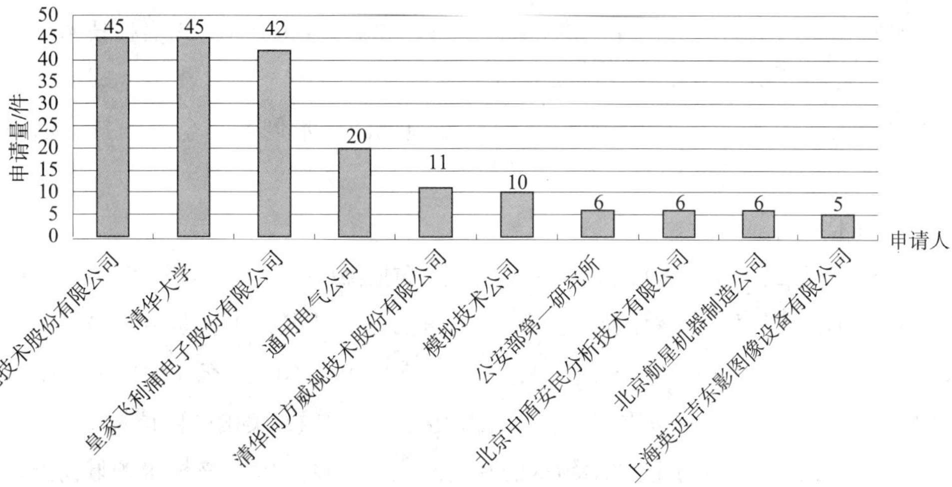

图3　CT式安检技术排名前十位的中国专利申请人

（二）全球专利申请分析

1. 全球专利申请量的年度分布

图4为CT式安检技术全球专利申请量的年度分布。从图4可以看出，在世界范围内，CT式安检技术的专利申请最早出现于1981年，其发展过程大体分为3个阶段：1981~2001年，该阶段为技术诞生期，专利申请量在缓慢地增长，从1981年的1件缓慢增长到2001年的16件；2002~2007年，该阶段为技术发展期，对应专利申请量的持续快速增长，这说明此时CT式安检技术得到人们越来越多的重视，该阶段前期即2002~2004年具有相对较高的技术生长率，这说明此时处于技术的高速发展阶段，初期的研究已经逐渐形成技术成果大量产出，但该阶段后期即2005~2007年的申请量增长率已经明显下降，甚至出现负增长，这说明技术急速发展后进入了相对饱和的阶段；2008~2011年，该阶段为技术成熟期，专利申请量呈现下降趋势，这说明现有技术已经比较成熟，新技术减少，技术创新和突破的难度增大。

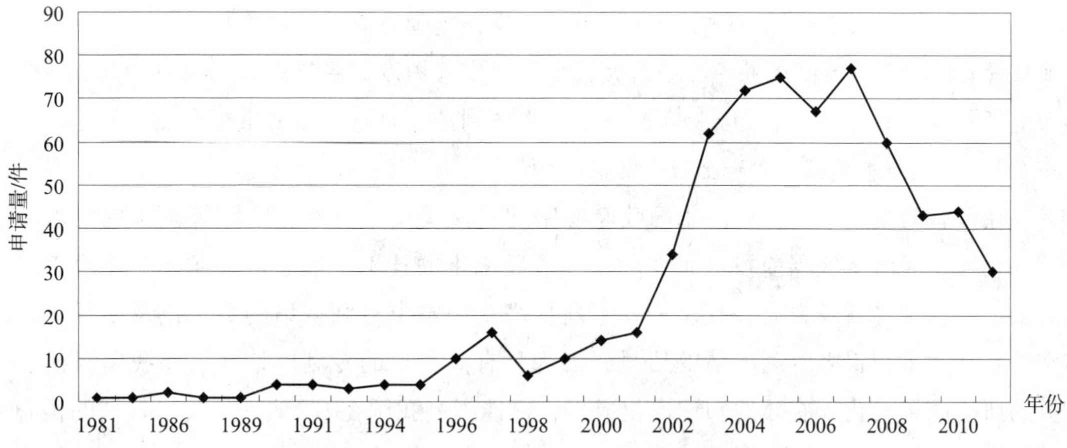

图4　CT式安检技术全球专利申请量的年度分布

比较我国和全球的历年专利申请量，可以看出，我国在CT式安检技术领域的研究虽然起步较晚，但是该领域在我国的技术发展总体趋势与该领域在全球范围内的技术生命周期是大体吻合的，也就是说我国在该领域的技术创新与全球的技术创新基本是同步的。

2. 技术产出国申请量分布

图5为CT式安检技术技术产出国家（地区或组织）申请量的分布情况。通常来说，某领域的技术产出国家（地区或组织）申请量的分布情况，也就是专利申请的申请人国家（地区或组织）的申请量分布情况，能够直接体现出不同国家（地区或组织）在该领域的技术实力。从图5可以看出，在CT式安检技术领域，美国的申请量占总申请量的比例高达60%，几乎占据了该技术领域的垄断地位，可见美国在该技术领域的原创技术实力要远远高于其他国家；中国的申请量占总申请量的比例为14%，仅次于美国位居第二位，该比例远高于位于第三位的日本和欧洲的申请量比例7%，这说明中国在该技术领域也具备非常高的原创技术实力；仅仅美国和中国两个国家的申请量就达到了总申请量的74%，足以说明美国和中国在CT式安检技术领域的领先及核心地位；德国和英国的申请量比较接近，所占比例较小。

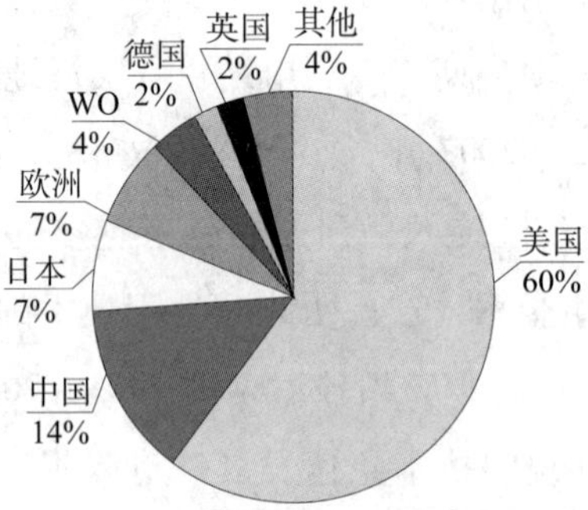

图5 CT式安检技术技术产出国家（地区或组织）申请量的分布情况

众所周知，在2001年的“9·11”事件之后，美国政府一直高度地甚至是近乎敏感地重视安检问题，不仅在机场等场所大大加强了安检力度，更是投入了大量的人力、物力进行安检技术的研究开发以及安检设备的生产制造，政府的高度重视自然成就了美国在CT式安检技术领域技术产出方面的遥遥领先。

在今后的发展中，首先，我国政府应密切关注美国、日本、欧洲等国家的发展状况和动向，时时掌握当前技术研发的重点以及未来的技术发展趋势，尤其要注意美国的最前沿技术和研发方向；其次，要不断提高我国本土专利申请的数量以及质量，特别是要高度重视提高专利申请的质量，因为只有高质量的专利申请才能将我国科研人员的研究成果转化为有效的知识产权成果，才能提高我国在CT式安检技术领域的核心竞争力。

3. 专利申请目标国分布

图 6 为 CT 式安检技术专利申请目标国家（地区或组织）的分布情况，其反映出 CT 式安检技术领域的目标市场构成。通常来说，所占目标市场份额的大小在一定程度上也体现了该国家（地区或组织）技术实力的强弱。可以看到，美国是最为重要的目标市场，除世界知识产权组织（WIPO）之外，中国其次，再次是日本和欧洲，美国、中国、日本和欧洲 4 个国家（地区）的专利申请总量就占据了目标市场 63% 的份额，同时，上述 4 个国家（地区）也是原创技术实力最强的 4 个国家（地区）。

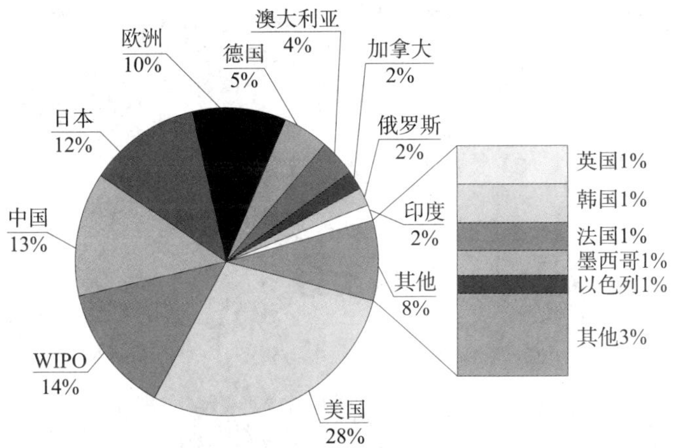

图 6　CT 式安检技术专利申请目标国家（地区或组织）的分布情况

美国和中国在目标市场中所占的比例较高，一方面是因为美国和中国是原创技术实力最强的两个国家，本土申请量非常大；另一方面是因为美国和中国是世界其他各国高度关注的竞争市场，是进行专利保护和技术垄断的关键国家，这将直接导致未来市场的激烈竞争，国内申请人在未来的发展中可能存在大量的专利壁垒，我国政府应考虑制定相应的政策以保护国内申请人的利益。

从图 6 中还可以看出，同技术产出国申请量的分布情况相比，专利申请目标国的分布更为发散，并且不同国家之间的差距并不是很大，这说明在 CT 式安检技术领域，原创技术仅集中在少数几个国家手中，但是专利市场却在全球范围内广泛布局。

4. 全球范围内的申请人排名分析

图 7、图 8 为全球范围内的 CT 式安检技术领域专利申请量排名前八位的申请人及其申请量的所占份额。从图 7、图 8 所示可以看出，前八位申请人的总申请量就占据了全球申请量的 55%，这说明 CT 式安检技术领域专利申请的集中程度较高，这种集中程度越高，表明该领域专利申请的战略意义越大。

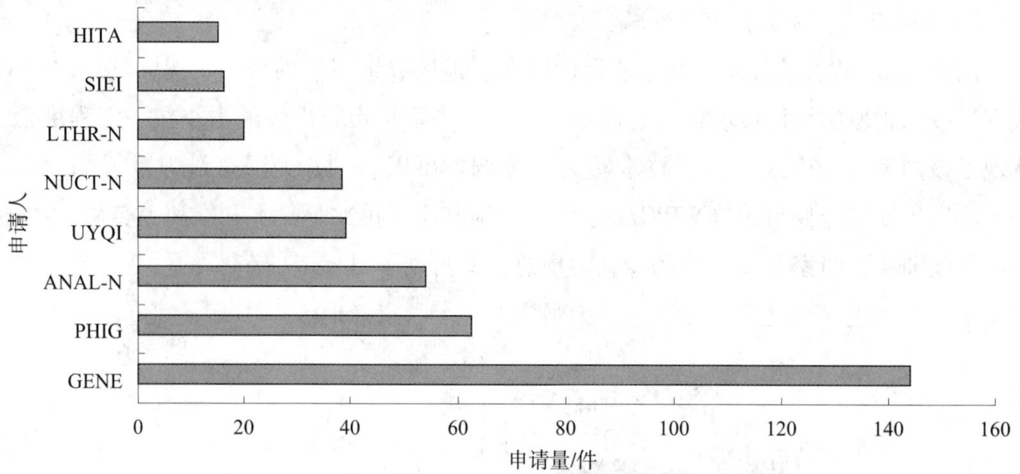

图7　CT式安检技术全球范围内主要申请人排名

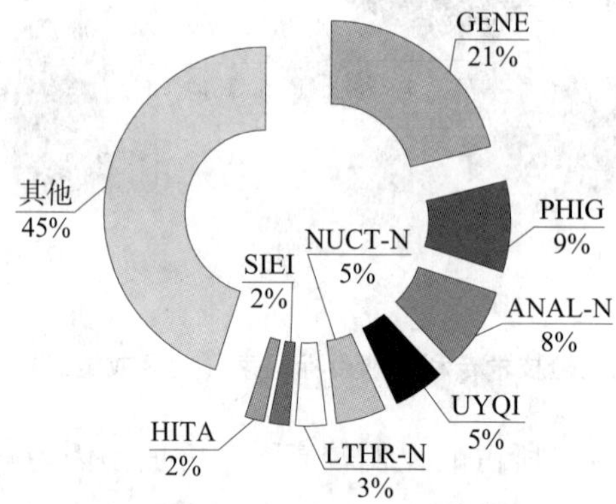

图8　CT式安检技术全球范围内申请量排名前8位的申请人的申请量所占份额

当CT式安检技术领域的专利转化为实际产品投入市场时，图7中的这8位申请人将可能成为该领域中的主要竞争对手。其中排名第一位公司代码为GENE的美国通用电气公司的申请量就达到了全球申请量的21%，该份额遥遥领先于后面7位申请人，足以证明美国通用电气公司在该领域的霸主地位。接下来依次为（荷兰）皇家飞利浦电子股份有限公司（PHIG），所占份额为9%；（美国）模拟技术公司（ANAL－N），所占份额为8%；中国的清华大学（UYQI）以及同方威视技术股份有限公司（NUCT－N），各占5%；（美国）通信安全性及检测系统有限公司（LTHR－N），所占份额为3%；（德国）西门子公司（SIEI），以及（日本）日立公司（HITA），各占2%。排名前八位中就有3位是美国的公司，这再次证明了美国在该领域的核心地位。我国的清华大学以及同方威视技术股份有限公司的排名仅次于通用电气公司、（荷兰）皇家飞利浦电子股份有限公司和模拟技术公司，可见在全球范围内我国在该领域占据了非常重要的位置。

国内申请人应该重点关注上述8位申请人已有的研究成果，认真分析，从中预测他们未来的发展和研究方向，找到自主创新和研发的切入点，抢先研究并申请，同时在研发和生产中尽量避开上述国外公司在中国的专利壁垒。

四、结论和建议

（一）结论

（1）我国在CT式安检技术领域的研究虽然起步较晚，但是该领域在我国的技术发展总体趋势与该领域在全球范围内的技术生命周期是大体吻合的，也就是说我国在该领域的技术创新与全球的技术创新基本是同步的。

（2）在CT式安检技术领域的技术产出国中，美国和中国处于领先及核心地位，仅仅美国和中国两个国家的申请量就达到了总申请量的74%，足以证明两个国家在该领域遥遥领先的技术原创实力。

（3）美国和中国不仅仅是CT式安检技术领域中技术原创实力最强的国家，更是世界其他各国高度关注的竞争市场，是进行专利保护和技术垄断的关键国家，这将直接导致未来市场的激烈竞争，国内申请人在未来的发展中可能存在大量的专利壁垒。

（4）CT式安检技术领域专利申请的集中程度较高，这表明该领域专利申请的战略意义非常重大。

（二）建议

（1）要不断提高我国本土专利申请的数量以及质量，特别是要高度重视提高专利申请的质量，因为只有高质量的专利申请才能将我国科研人员的研究成果转化为有效的知识产权成果，才能提高我国在CT式安检技术领域的核心竞争力。

（2）作为排名仅次于美国的全球专利申请目标国，国外有大量的专利申请涌入我国，导致国内申请人在未来的发展中与国外申请人的竞争会非常激烈，我国政府应考虑制定相应的政策以保护国内申请人的利益；此外，国内学术界和工业界的研究人员应该注意学习进入我国的大量国外专利申请中成熟、先进的技术，特别是美国，其研究起步最早，有很多值得学习的地方。

（3）在今后的发展中，我国政府应密切关注美国、日本、欧洲等国家和地区的发展状况和动向，时时掌握当前技术研发的重点以及未来的技术发展趋势，尤其要注意美国的最前沿技术和研发方向，努力提高我国的自主创新能力，争取走在技术发展的前端。

人工神经网络中国专利申请现状分析

曲凤丽　刘冬生**

摘　要　本文从专利申请量、国家分布、申请人、技术主题以及申请人类型等几个方面，对人工神经网络技术领域的中国专利申请进行深入分析。通过分析相关数据，总结了人工神经网络技术领域的专利申请现状，为我国相关企业和科研机构今后制定专利申请以及保护策略提供参考依据。

关键词　人工神经网络　中国专利申请　专利分析

一、引　言

人工智能技术领域是研究构造智能机器或实现机器智能的新兴热点领域，是在计算机科学、信息论、控制论、数学、物理学、生物学等学科的基础上发展起来的综合性极强的前沿交叉技术领域。而人工神经网络技术是旨在模仿人脑结构及其功能的信息处理技术，是解决机器智能的关键技术，也已经成为人工智能研究领域一个重要的发展方向，在气象预报、金融决策、行业分析、疾病诊断、语音识别、图象识别、机器人控制等方面具有广泛的应用前景。

人工神经网络是一种模仿动物神经网络行为特征，进行分布式并行信息处理的算法数学模型，其通过调整内部大量节点之间相互连接的关系达到信息处理的目的。目前，人工神经网络这一快速发展的新兴领域正处于较活跃的研究阶段。本文将从专利申请量、国家分布、申请人、技术主题以及申请人类型等几个方面对人工神经网络技术领域的中国专利申请进行深入分析，为我国人工神经网络领域的技术研发、企业专利布局、国家的区域布局以及产业发展提供参考依据。

二、数据采集范围

以检索的向中国国家知识产权局专利局提交并公开的涉及神经网络的全部专利申请

** 等同第一作者。

为数据分析基础，并将上述涉及国内申请人以及外国来华申请的全部专利文献统称为中国专利申请。为了解人工神经网络技术领域的中国专利申请状况，在专利检索与服务系统（S 系统）的 CPRS 文摘数据库（CPRSABS）中进行了全面检索，数据采集时间截至 2014 年 5 月 30 日，共涉及专利文献 6 261 篇。

三、中国专利申请分析

1. 申请量趋势分析

人工神经网络相关技术历年专利申请量按照年份的分布情况如图 1 所示。由图 1 可以看出，1992 年以前人工神经网络专利申请量很少，年申请量不足 10 件。从 1993 ~ 2001 年之间，是申请量介于 10 ~ 50 件之间的缓慢增长期。2002 年开始，人工神经网络专利申请开始呈现高速增长态势，十年时间，申请量从 2002 年的 91 件增至 2012 年的 955 件。2013 年的申请量略有下降，这与发明专利申请公开时间滞后有关，2012 年下半年以及 2013 年的大部分发明专利申请还处于未公开状态，同时一些国外来华的国际专利申请也尚未进入中国国家阶段，因此越接近检索截止日的年份，其统计数据受上述公开因素的影响程度越大。但从经验上可以判断，2013 年的实际专利申请量应该依然保持之前的高速增长态势。

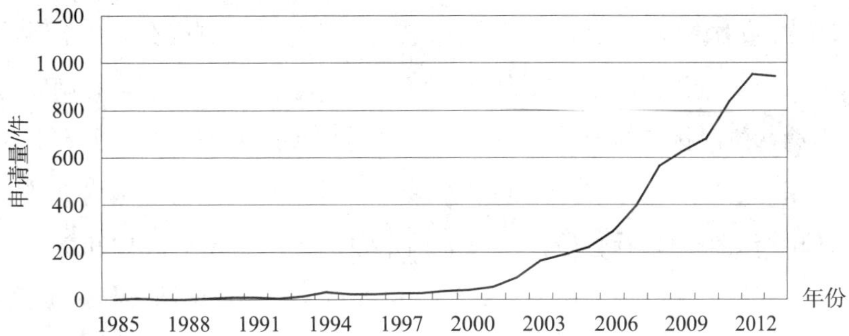

图 1　人工神经网络中国专利申请量趋势图

2. 国家分布分析

目前在涉及神经网络技术的中国专利申请中，中国国内申请为 5 173 件，占到了申请总量的 82.75%，外国来华申请为 1 088 件，仅占 17.25%，中国本土申请占据的绝对优势表明国内对人工神经网络领域的研究热度和相关知识产权的保护意识都很高。图 2 是人工神经网络中国专利申请的国家分布份额图。从图 2 的数据可以看出，美国、日本、德国、韩国、法国、荷兰、瑞典、芬兰和英国分列第二至第十位，其中，美国、日本两国与其他国家相比，在数量上呈现出绝对领先的优势，这是因为美国和日本在神经网络技术领域较早地开展了研究，而且在该领域内的技术发展水平也一直处于领先地位。图

2 的数据还表明，美国、日本、德国、韩国等这几个国家较为重视中国市场，本着市场开拓，专利先行的原则，已在中国开始着手相关神经网络优势技术的专利布局，这也是值得我国企业关注与思考的问题。

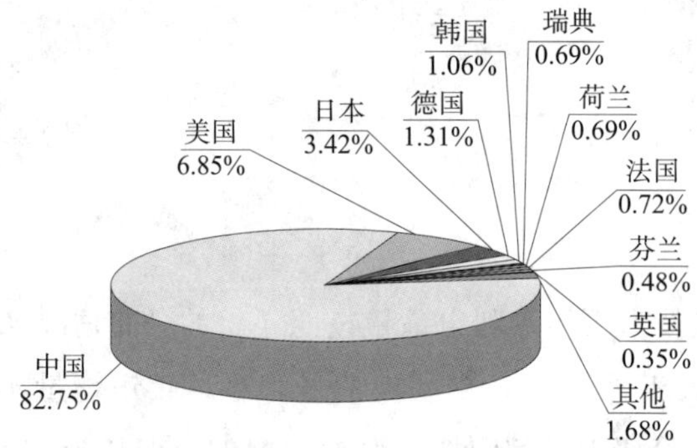

图 2　中国专利申请国家分布份额图

3. 主要申请人分析

图 3 是人工神经网络中国专利申请中申请量排名前十位的申请人。从图 3 的数据可以看出，排名前两位的申请人北京航空航天大学（简称“北航”）和中兴通讯股份有限公司（简称“中兴”）的申请量均达到了 120 件左右。高通股份有限公司（简称“高通”）以 111 件申请量排名第三位，是前十位申请人中的唯一一家外国公司。浙江大学（简称“浙大”）、上海交通大学（简称“上交”）、华为技术有限公司（简称“华为”）、东南大学、清华大学、西安电子科技大学（简称“西电”）、江苏大学和南京邮电大学分别位列第四至第八位。排名前十位的申请人中国内高校占据了 7 位，另有 2 位是国内大型公司中兴和华为，这说明人工神经网络领域在中国的专利申请以国内高校和国内个别企业为主。从申请量份额来看，申请量排名前十位的申请人中第一位和最后一位申请量相差并不是十分明显，说明现在还没有哪个申请人在人工神经网络领域占据绝对的优势。

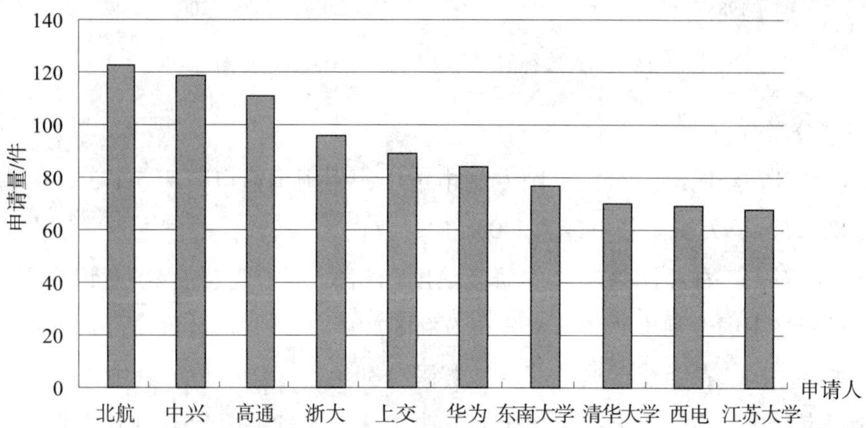

图 3　中国专利申请量排名前十位的申请人

笔者针对人工神经网络领域的 5 173 件中国国内申请进一步分析了关于不同的申请人类型申请量所占份额的情况。如图 4 所示，中国国内专利申请中，国内大专院校的申请量最大，占 61. 04%；国内公司其次，占 24. 77%；国内研究院所占 7. 49%；其他申请人占 6. 70%。由此可见，人工神经网络领域的研究主要集中在科研机构，即国内大专院校和研究院所，国内企业申请占比不大，实际申请量也仅有 1 402 件。

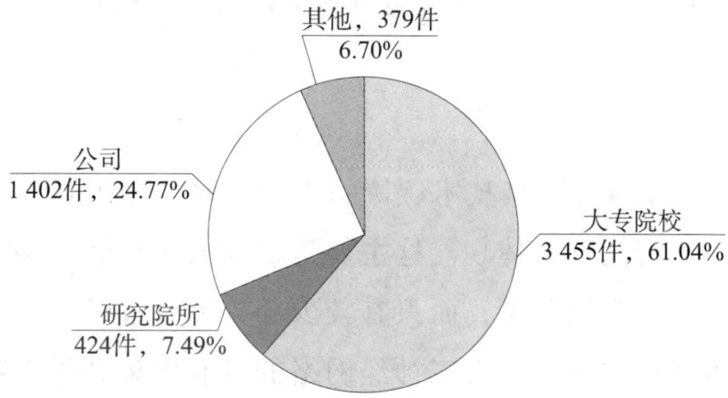

图 4　国内申请人类型分布份额图

然而，同样对外国来华的 1 088 件申请的申请人进行分析却发现，其中公司申请占据 96. 5%，可见外国来华申请几乎全部是企业申请。这个数量与国内企业的申请数量 1 402件的差距并不明显。

4. 技术主题分析

由于人工神经网络表述问题的能力强、应用领域广泛，因此，在技术改进方面也涉及多个领域。根据 IPC 分类，人工神经网络领域中国专利申请的技术主题主要涉及计算机系统、控制系统、测量系统、信号系统，以及电学领域中的电气元件与电子电路、发电技术、电通信技术等领域，还涉及运输领域中的车辆装置、采矿领域中的开采装置以及工程领域中的机器装置。图 5 显示了中国专利申请按 IPC 分类小类类号的主要技术主体分布情况。由图 5 可以看出，中国专利申请的技术主题主要集中在物理（G 部）和电

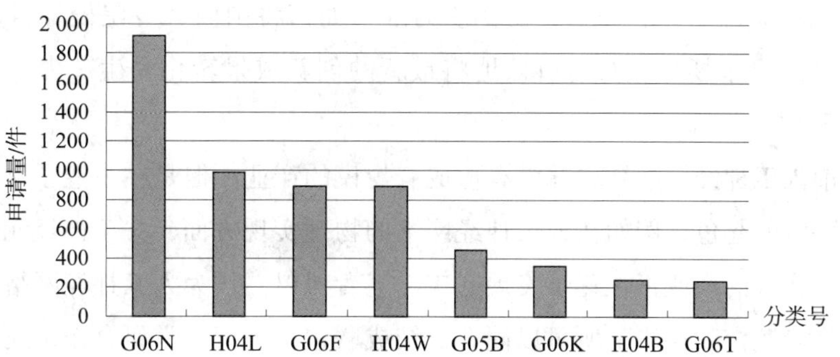

图 5　中国专利申请主要技术主题分布图（按 IPC 小类）

学（H 部）2 个部，而涉及运输领域、采矿领域以及工程领域数量较少。在 G 部中，技术主题主要涉及基于生物学模型的计算机系统（分类号 G06N 3 下涉及的内容）和电数字数据处理（分类号 G06F 下涉及的内容）。具体的，涉及人工神经网络模型的主题比例最大，包括涉及分类号 G06N 3/02、G06N 3/08 的技术主题。另外，涉及遗传模型的主题也占一定的比例，包括涉及分类号 G06N 3/12 的技术主题。在 H 部中，技术主题主要涉及数字信息的传输（分类号 H04L 下涉及的内容）以及无线通信网络（分类号 H04W 下涉及的内容）。

5 申请类型分析

通过统计发现，人工神经网络技术领域的中国专利申请中基本不存在实用新型专利，主要以发明专利申请的形式体现。这主要是因为人工神经网络相关技术主要涉及模型和方法，不适合申请实用新型，而只有较少部分涉及神经网络的物理实现相关的技术主题才有可能申请实用新型。人工神经网络的专利申请几乎全部以发明的方式体现，这也从侧面说明了该技术领域技术性很强，申请人更愿意选择专利权相对稳定的发明专利。

四、总结和建议

人工神经网络作为一种重要的信息处理技术工具，其研究发展已经引起了我国相关申请人的足够重视，大量的研究成果已经转化为专利申请；国外企业也已经着手在中国进行相关技术的申请，尤其是美国和日本的发明专利申请数量远远超过了其他国家在中国的发明专利申请数量。尽管从数量上国内申请占据了绝对优势，然而占据主要比例的申请人是包括大专院校的科研机构，人工神经网络领域在国内产业上的专利布局并不突出，国内企业申请和外国来华的企业申请在数量上也相差不大。国内大专院校和科研院所的申请量如此之大，一个侧面隐含的原因可能是由于评职称等职务晋升的需要，而并非出于专利保护的目的。另外，如何将国内大专院校和科研院所的这部分专利申请进行市场化、及时有效地将最新的创新成果转化为生产力，尤其应该引起重点研究和关注。

尽管目前人工神经网络领域并没有形成有规模的产业，但是在一些子领域中，产业发展已经有一定的起色，例如在人工神经网络的物理实现方面，关于神经元器件和神经网络集成电路实现的产业正在逐步发展起来。笔者建议，作为人工神经网络领域的一些重点项目，大专院校和科研院所可以同企业结成联盟，进行产学研合作，通过企业加大研发资金投入、拓展应用市场，优化利用高校和科研院所的各种研究资源，促使技术迅速发展成熟的同时，将科研院所的研究成果积极推向市场、完成产业转化。

参考文献

[1] 王辉. 人工神经网络研究与发展综述 [J]. 电脑知识与技术, 2008.

[2] 罗立强, 等. 人工神经网络与分析测试技术的研究与发展 [J]. 岩矿测试, 1997, 16: (4).

[3] 人工神经网络理论在控制领域中的应用综述 [J]. 同济大学学报, 2001, 29: (3).

植物组织培养技术的国内专利申请状况分析

苏聃　孙瑞峰**　温博**　岑喆鑫

摘　要　本文对近年来我国涉及植物组织培养技术的专利申请状况进行了分析，通过对专利申请量、主要申请人、主要申请地区和具体应用领域的统计，剖析了我国植物组织培养技术在发展中存在的问题，并针对这些问题提出了改进建议。

关键词　植物　组织培养　专利分析　应用

一、引　言

植物组织培养技术是指在无菌条件下，将离体的植物器官、组织、细胞以及原生质体，在人工配制的培养基上培养成完整植株的过程。植物组织培养研究自 Haberlandt 的工作开始（1902 年），至今已有 100 多年的历史。目前，植物组织培养技术已在科研和生产中被广泛应用，并成为最引人注目的生物技术之一。近几十年来，国外不少组织培养工厂应用该技术大量生产花卉、蔬菜、特种经济植物幼苗、脱毒苗以及转基因植物，使作物种植逐步走向集中控制化、规模化、自动化、不受自然影响的工厂化生产。在我国，组织培养技术自 20 世纪五六十年代开始兴起，当时，罗士韦等以银色橡胶菊[1]和人参[2]作为研究对象进行初步的尝试和探索。到 70 年代，虽然植物组织培养技术在国内的研究已有一定的发展，但是所涉及的植物种类仍然较少，研究的物种丰富度相对较低。随着植物组织培养研究深度和广度的拓延，研究范围的进一步扩大，涉及领域迅速增多，所涉及的植物种类也相应大幅增加[3]。八九十年代所涉及的植物种类已达 300 多种，而进入 21 世纪后，植物组织培养更是迎来了快速增长的繁荣期，所涉及的植物种类已经几乎遍及所有研究领域[4]。

鉴于此，笔者在下文将对植物组织培养技术的中国专利申请状况进行多角度的分析，剖析我国植物组织培养技术的发展趋势，为我国植物组织培养技术的发展提供参考方向。

二、研究方法

本文以中国专利文摘数据库（CNABS）、中国专利全文文本库（CNTXT）为数据来

** 等同第一作者。

源，以关键词（花药、花粉、单倍体育种、组织培养、离体培养、培养基、胚、胚珠、子房、胚乳、根、茎、叶、组织培养、离体培养、转化、农杆菌、基因、浸染、质粒、介导、融合、原生质体、资源保存、濒危、脱毒、快繁、快速繁殖）和分类号（A01H 4/00、A01H 1/00、A01H 1/02、A01H 1/08、A01H 5/00、A01H 7/00、A01H 9/00、A01H 11/00、A01H 13/00、A01H 15/00、A01H 17/00、C12N 5/00、C12N 15/00、C12N 15/05、C12N 15/09）为主要检索手段来获取专利申请信息。由于 CNABS 和 CNTXT 涵盖了国内全部已公开专利申请的信息，是国内专利技术分析的主要数据库，因而能够总体上反映国内专利发展的现状与趋势。经检索，有关植物组织培养技术的专利申请共计3 200件，并以此作为分析的数据样本，检索截止时间为 2013 年 12 月 31 日。

三、植物组织培养的专利申请状况

以下将对植物组织培养技术在中国的专利申请按照时间分布、申请人分布、地区分布和应用领域分布进行分析。

1. 专利申请的时间分布

图 1 为国内植物组织培养专利申请量的时间分布图。可以看出，自 1987 年以来植物组织培养专利申请量总体上呈现逐年增长的趋势，2000 年之前年均申请量均低于 30 件，2000 年之后植物组织培养专利申请量进入明显增长阶段，由 2000 年的 29 件增加到 2012 年的 541 件，其中 2000 ~ 2007 年属于稳步增长阶段，年均增长率为 108. 4%；2008 ~ 2012 年的 5 年间为快速增长期，年均增长率达 355. 9%。2008 年专利申请量有所下降，但下降幅度较小，这可能是由全球金融危机致使该行业受到一定冲击所致，并存在一定的随机因素影响。2013 年专利申请量降低的原因是一些专利申请处于尚未公开状态。

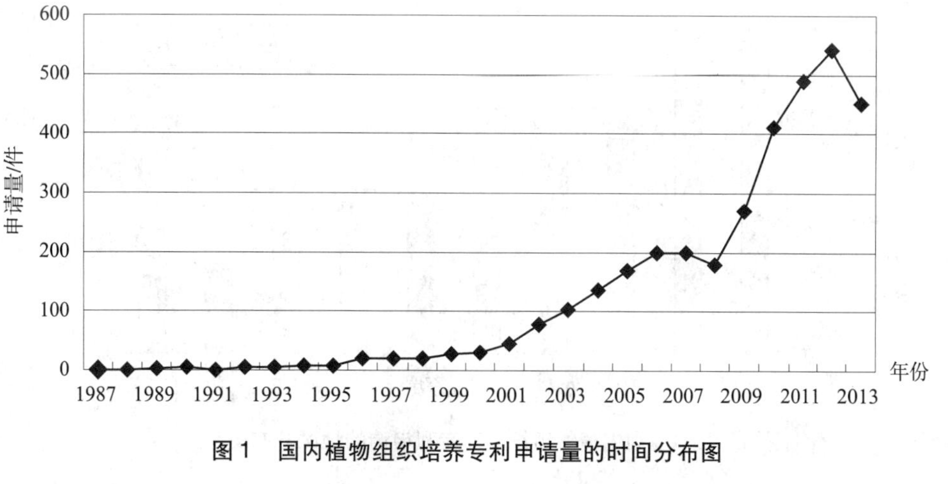

图 1　国内植物组织培养专利申请量的时间分布图

2. 专利申请的申请人分布

图2为国内植物组织培养专利申请的申请人分布图，从中可以看出，科研院所和高校为该领域专利申请的主力军，占总数的87.8%；而公司及个人的专利申请数量分别约占9.5%和2.7%。通过对专利申请内容的进一步分析可以发现，许多较先进行组织培养的植物品种及其应用领域均出现在科研院所和高校的专利申请中，这是由于组织培养技术的应用会较多的涉及生物技术，我国相关企业自身经营规模普遍较小，资金和研发能力不足，加之对专利保护的认识也存在一定的局限性，以致出现上述情况。即便在公司申请类型中出现个别的申请大户，也多为外资企业或者与科研院所和高校为科研合作关系的国内企业，例如外商独资的上海光兆植物速生技术有限公司和以中国医科大学和南京大学为依托组建的南京通泽农业科技有限公司。

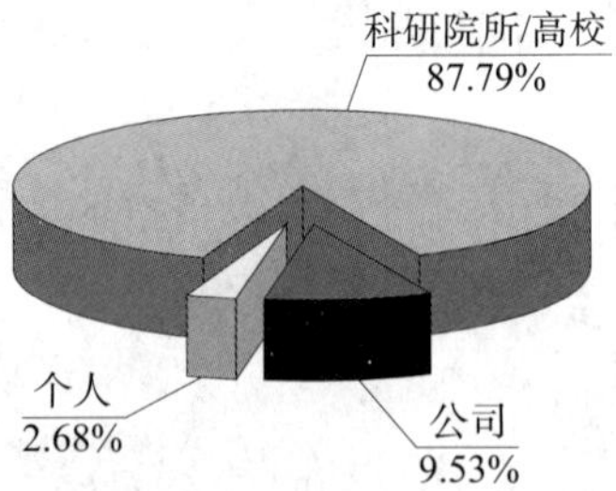

图2　国内植物组织培养专利申请的申请人分布图

3. 专利申请的地区分布

图3为国内植物组织培养专利申请的地区分布图。图3显示了中国专利申请量排名前十位的地区分布概况，其中江苏以406件的专利申请量位居第一，随后依次是北京、浙江、广东等省市。从图2和图3的相关性可以看出，植物组织培养专利申请的地区分布主要受申请人来源的影响，主要集中于科研院所和高校集中的地区，尤其是以组织培

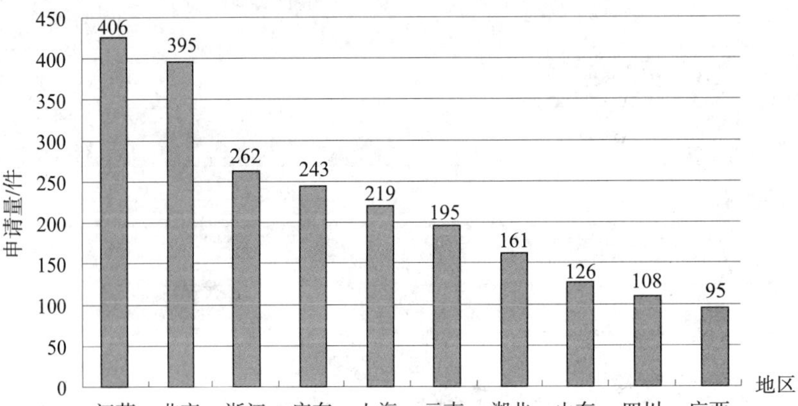

图3　国内植物组织培养专利申请的地区分布图

养为优势专业的研究单位，例如江苏省农业科学院、北京林业大学、浙江大学、南京农业大学和南京林业大学等。此外，植物组织培养专利申请还较多分布在特色植物种类较多的区域，例如云南、四川等地，这是由于这些地区的植物受地理环境的影响而品种丰富且稀特物种较多，对组织培养、物种繁育等技术研究的需求较大，其相应的研究和产业化的步伐也相应较快。

4. 专利申请的应用领域分布

植物组织培养技术的应用前景很广泛，目前主要应用在植物育种、植物脱毒和快速繁殖以及种质资源保存等方面。图 4 为国内专利申请中植物组织培养技术的应用领域分布。

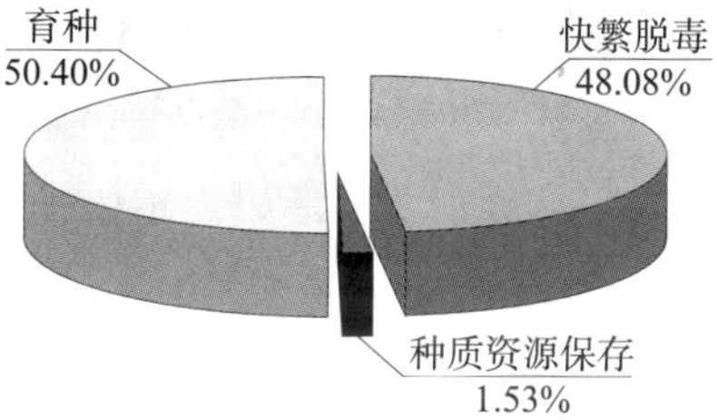

图 4　国内植物组织培养专利申请的应用领域分布图

（1）在植物育种上的应用。

植物组织培养技术为培育优良作物品种开辟了新的途径。目前，国内外已把组织培养普遍应用于作物育种，并在植物单倍体育种、胚胎培养育种、细胞融合育种、基因工程育种等方面具有较大的进展。从图 4 可以看出，植物组织培养技术在我国育种方面的应用比重较大，为所有应用领域的 48. 08% 。这主要是由于现代育种技术在某种程度上较多地依赖于生物技术，无论是单倍体育种、胚胎培养育种，还是细胞融合育种、基因工程育种，其均利用植物细胞的全能性，采用植物组织或者植物转化系统进行育种研究。图 5 为国内植物组织培养技术应用在不同育种领域的专利申请分布图。

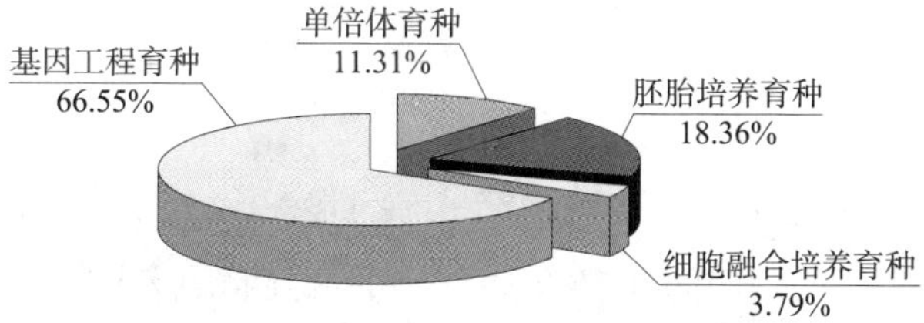

图 5　国内植物组织培养技术应用在不同育种领域的专利申请分布图

① 单倍体育种。单倍体植株往往不能结实，而通过对植物的花药、花粉、未受精的子房或胚珠进行组织培养可获得单倍体植株，或在单倍体的培养中用秋水仙素处理，可使染色体加倍，成为纯合二倍体植株，这种培养技术在育种上的应用称为单倍体育种。

单倍体育种具有高速、高效率、基因型一次纯合等优点。根据图 5 可看出单倍体育种的专利申请量占四种育种方式的 11.31%。例如：CN101011028A 中，将菊花的花粉进行组织培养获得菊花的单倍体植株，或将菊花花粉组培所得的单倍体植株进行天然加倍或秋水仙素加倍获得纯和二倍体植株；CN101142894A 中，将野生稻的 F2、F3 代进行花药组织培养，之后对其愈伤组织进行秋水仙素加倍获得纯和双倍体植株。

② 胚胎培养育种。植物的胚（包括成熟胚和幼胚）、胚珠、子房和胚乳的组织培养技术统称为胚胎培养育种。该育种方式不仅可以克服杂交不亲和、自交不亲和以及珠心胚的干扰，还可以进行胚胎拯救、打破种子休眠、获得体细胞胚和人工种子。根据图 5 可看出胚胎培养的专利申请量占四种育种方式的 18.36%。例如：CN101011031A 中，将玉米的成熟胚诱导产生胚芽，由该胚芽诱导产生愈伤组织，选取其中的胚性愈伤组织，不经过继代培养，直接再生为完整植株；CN101027973A 中，将银鹊树的未成熟胚经过诱导产生愈伤组织，后经分化和生根培养得到银鹊树再生植株。

③ 细胞融合育种。由于不同来源的原生质体都有彼此融合的能力，在远源杂交中，通过细胞融合可获得种间、属间、科间，甚至界间的细胞融合体系，之后经过组织培养获得新的品种，该培养方式称为细胞融合育种[5]。细胞融合打破了种属间的界限，克服远缘杂交不亲和性障碍，在植物新品种的培育和种性改良中有着巨大的潜力。根据图 5 可看出细胞融合的专利申请量占四种育种方式的 3.79%。例如：CN102703422A 中，通过原生质体融合技术获得了广藿香新品种；CN1498529A 中，通过原生质体融合，获得水稻体细胞种间杂种株。

④ 基因工程育种。用基因工程的方法，把目标基因切割下来并通过载体使外来基因整合进植物的基因组，再通过组织培养获得新的植株，这种培养技术在育种上的应用称为基因工程育种[6]。基因工程育种是目前最为热门的育种方式，它可以克服作物育种中的盲目性，能够按人们的需要操纵作物的遗传变异。根据图 5 可看出基因工程育种的专利申请量占四种育种方式的 66.55%。例如：CN101235382A 中，通过转基因技术获得了广谱抗虫转基因油菜；CN101643746A 中，通过转基因技术获得了耐热型紫花苜蓿。

（2）在植物脱毒和快速繁殖上的应用。

由于很多农作物特别是无性繁殖植物都带有病毒，因此需要利用组织培养来减少再生植株携带的病毒量，而运用组织培养繁殖植物的明显特点是速度快、周期短，对一些繁殖系数低、不能用种子繁殖的名、优、特植物品种而言意义尤为重大。因此，植物脱毒和离体快速繁殖成为目前植物组织培养应用较为有效的一个方面。从图 4 可以看出，植物组织培养技术在植物脱毒和快速繁殖领域的应用占 50.40%。例如：CN101061789A 中，将蝴蝶兰的叶片切成小片，经过诱导、增殖、分化后得到大量克隆的蝴蝶兰植株；CN101027975A 中，将欧洲野黑樱桃木的茎段作为外植体，经过诱导、分化、生根后得到大量欧洲野黑樱桃木的组培苗。

（3）在种质资源保存上的应用。

种质是指亲代通过生殖细胞或体细胞传递给子代的遗传物质。利用组织培养技术保存种质具有体积小、占用空间小、增殖率高、保存数量多、培养条件可控、不受环境条件的影响、避免病虫害的再度侵染、节省土地和人力资源、有利于地区间及国际间种质交流及濒危物种的抢救和快繁等优点。种质保存有常温下、常低温、低温、超低温多种保存形式。其中超低温保存也称为冷冻保存，主要是指在液氮超低温环境下使细胞代谢和生长基本处于停止的状态，降低甚至完全抑制保存材料基因变异的可能性，能够做到长期地、稳定地保存植物种质资源。从图4中可以看出，植物组织培养技术在种质资源保存上的应用占1.53%。例如：CN102119659A中，将香石竹组织培养所得的茎尖经预处理后，进行了超低温保存；CN102217537A中，将香蕉组培得到的丛生芽进行了低温保存。

四、总结与建议

通过以上对我国组织培养技术专利申请的统计和分析可以看出，近几年来组织培养技术在我国快速发展，主要表现在植物快繁和基因工程育种的应用方面，这是由于大量植物组织培养技术体系的完善和基因工程技术的迅猛发展所致。然而，通过分析我们也能看出国内组织培养技术的发展尚存在一些局限之处。

（1）我国植物组织培养技术的应用不够丰富。组织培养技术目前在我国主要应用于植物快繁和基因工程育种两方面，对其他育种方式以及种质资源保存等方面并没有投入太多研发精力。这会导致对于植物新品种的研发过于依赖转基因技术，而对于本土的很多濒危物种却没有积极有效的种质资源保存方式。

（2）我国植物组织培养技术产业化程度较低。我国植物组织培养的专利申请人以科研院所和高校为主，这些申请主体在研发能力上具有一定优势，但在推动植物组织培养产业化时往往缺少动力和资金保障，而作为市场主体的企业，则在研发和市场布局方面显得不够积极主动。

（3）我国植物组织培养技术发展存在地域不均衡。该技术在经济较发达、物种较丰富的地区发展较快，而西北和东北地区的经济相对落后、研发能力较低、知识产权保护意识也较为薄弱，导致这些地区并没有对其特有植物的组织培养技术进行相应的研究。

针对以上问题，笔者提出以下改进方向。

（1）加强育种方式多样化研究，加快种质资源保存体制建设步伐。建议科研院所、高校和企业在单倍体育种、胚胎培养育种和细胞融合培养育种等方面投入更多的研发精力，避免植物组织培养技术在基因工程育种方面的单一化发展。同时还应提高种质资源保存意识，加快濒危物种保存方式的研发速度，并建立起一套行之有效的种质资源保存体制。

（2）提高企业研发水平，加强科研院所和高校与企业之间的合作。建议政府加大对国内相关企业的政策和资金扶持力度，同时推动并完善企业与科研院所和高校的合作机制，使更多已经完善的植物组织培养技术得以及时地应用到产业上。

（3）地区均衡发展，鼓励科技创新。对于西北地区和东北地区，政府应提高当地科研主体的科技创新理念，加强对专利保护制度的宣传力度，促进不同地区间的科研交流与合作，从而使相对落后地区的植物组织培养技术快速发展。

参考文献

[1] ARREGUIN B，BONNER J，罗士苇．银色橡胶菊中橡胶形成的生物化学Ⅱ．无菌的组织培养中橡胶的形成［J］．植物生理学通讯，1955（6）．

[2] 罗士韦，黄文徽，曹国仪，等．人参组织培养［J］．植物生理学通讯，1964（2）．

[3] 王文静，袁道强，高松洁．植物组织培养的应用现状［J］．河南师范大学学报，2000（3）．

[4] 梁一池，杨华．植物组织培养技术的研究进展［J］．福建林学院学报，2002，22（1）．

[5] 郑企成，白新盛，刘录祥．浅议我国农作物细胞工程育种［J］．农业生物技术学报，2000（增刊）．

[6] 彭爱红，何永睿，邹修平，等．观赏植物组织培养与基因工程研究进展［J］．亚热带植物科学，2002，31（2）．

抗癫痫类药物专利分析

尹婷　程诚[**]

摘　要　癫痫是一种常见病、多发病，给社会、家庭及病人都带来了沉重的负担。目前临床多采用西药、中药和手术等方法治疗癫痫疾病。本文对2012年以前在我国申请的治疗癫痫的药物专利进行了统计分析，力图全面系统地反映抗癫痫药物领域专利技术的发展及现状，为更好地研究开发抗癫痫药物提供一些参考和指导。

关键词　癫痫　大发作　小发作　抗癫痫药　中药　西药　专利

一、引　言

癫痫是一类慢性病，其具有突然、短暂、反复性发作的特点。西医认为癫痫发作是由于各种原因引起的大脑神经元突变性异常高频率放电并向周围扩散的结果。由于异常放电神经元所在部位和扩散范围不同，临床就表现为不同的运动、感觉、意识和植物神经功能紊乱的症状。药物治疗是目前应用最广且有效的癫痫治疗手段。用药后，约50%患者的发作得到完全控制，至少25%患者的病情可得到明显改善。

二、西医治疗癫痫的概况

西医将癫痫分为部分性发作（局限性发作）和广泛性发作（全身性发作）。其中局限性发作中又分为单纯局限性发作和复合局限性发作；全身性发作包括失神性发作（小发作）、肌阵挛性发作强直—阵挛性发作（大发作）和癫痫持续状态。根据化学结构类型，常用的抗癫痫药可分为巴比妥类及其同型物、内酰脲类及其同型物、恶唑烷酮类、丁二酰亚胺类、苯二氮卓类、二苯并氮杂卓类、脂肪酸类、GABA衍生物等。

巴比妥类及其同型物类的代表药物有苯巴比妥和扑米酮，苯巴比妥主要用于治疗癫痫大发作，而扑米酮对癫痫大发作和精神运动性癫痫都有较好作用，对局部性或皮质性

** 等同第一作者。

癫痫发作和控制肌肉阵挛也有一定效用，对巴比妥类成习惯的患者可用扑米酮代替。内酰脲类及其同型物类的代表药物为苯妥英，有很好的抗癫痫作用，为大发作首选，但对小发作无效。苯妥英的缺点为毒性较大，有致畸形的副作用。恶唑烷酮类的代表药物有三甲双酮和二甲双酮，可用于控制癫痫小发作，但对造血系统毒性较大。丁二酰亚胺类的代表药物有苯琥胺、甲琥胺和乙琥胺，这类药对癫痫大发作效果不佳，主要用于小发作和其他类型的癫痫发作治疗。苯二氮卓类药物包括地西泮、氯硝西泮、硝西泮、劳拉西泮等，具有抗惊厥作用，用于控制各种癫痫，对失神小发作、婴儿痉挛症、肌阵挛性及运动不能性发作疗效较好。二苯并氮杂卓类的代表药有卡马西平和奥卡西平，主要用于用苯妥英钠等其他药物难以控制的大发作、复杂部分性发作或其他全身或部分性发作，对失神性发作无效。奥卡西平为卡马西平的衍生物，吸收迅速而安全。脂肪酸类抗癫痫药中的丙戊酸和丙戊酸钠、丙戊酰胺是广谱抗癫痫药，主要适用于大发作、肌阵挛发作和失神发作等各种癫痫发作，其中丙戊酰胺见效快，毒性低。GABA 衍生物类抗癫痫药中的代表药包括氨己烯酸、加巴喷丁（Gabapentin）、普罗加比（Progabide）：氨己烯酸的机构类似于 GABA，是 GABA 的主要降解酶——GABA 介质酶（GABA－T）的不可逆性抑制剂，停药 4 ~6 天后，GABA－T 才缓慢恢复正常；加巴喷丁作为人工合成的 GABA 模拟物，可以通过血脑屏障，作为辅助治疗部分癫痫发作和继发性全身发作能取得较好的临床效果，加巴喷丁的作用机制特别，不影响常用药物和神经介质的结合部位，所以主要优点是同其他抗癫痫药物联合应用无相加的副作用；普罗加比是 GABA 的前体药物，也是一种拟 γ－氨基丁酸药，可促使药物向脑内转移，然后经氧化脱氨基或转氨基代谢，生成活性产物。[1]

近年来，国内外临床应用的新型抗癫痫药主要用于难治性癫痫的治疗，主要药物包括前文提到的奥卡西平、加巴喷丁，此外还有托吡酯、拉莫三嗪、左乙拉西坦等。其中托吡酯的商品名为妥泰，1996 年在国外上市，1999 年在中国使用。托吡酯的结构与其他抗癫痫药物的结构迥然不同，是一种单糖磺基衍生物。拉莫三嗪可单独或联合用药，属叶酸拮抗剂，为强效抗癫痫药。左乙拉西坦是一种新型广谱抗癫痫药，2000 年 4 月经美国 FDA 批准在美国上市，后在欧洲多个国家广泛使用，经过多年的临床应用，显示出良好的疗效和安全性，于 2007 年被引入我国使用[2]。

三、中医治疗癫痫的概况

我国特有的中医对治疗癫痫也做出了不可磨灭的贡献。癫痫属中医的痫症、痫病、羊角风，中医药治疗癫痫的历史悠久。近年来，中医治疗癫痫更是取得了长足的发展。癫痫的病因病机复杂，历代医家对癫痫的病因病机多有论述。近年来对癫痫的病因病机研究较多，多认为其病机不外乎惊、风、火、痰、瘀、虚等几个方面，尤以痰邪作祟为最重要。急则治标，缓则治本是中医的治疗大法。癫痫的治疗亦遵循此法。发作期豁痰开窍醒神以治其标，休止期祛邪补虚以治其本。中医认为，癫痫的病因中，痰和风是最为重要的，痰浊上蒙清窍则发为神昏，肝风内动则肢体抽搐颤动。神智昏迷，四肢抽搐是癫痫发作期的主要表现，因此癫痫发作期应以豁痰开窍，熄风定痫为治则。休止期，则可根据具体情况采取活血养血、化痰熄风，清肝泻火、化痰宁神，清腑降浊、宣通清窍，健脾化痰，养心安神，益肾健脾、祛痰通络等方法加以治疗[3]。

四、治疗癫痫类中西药专利技术在我国的专利申请情况分析

（一）统计方法和指标

1. 检索系统及数据库

本文主要采用中国国家知识产权局 S 系统的 CPRSABS 数据库进行检索。

2. 检索时间范围

检索结果导出时间为 2014 年 1 月。

检索截止日：最晚申请日为 2012 年 12 月 31 日（含该日期）。

理由：在华申请分为国内申请、通过《巴黎公约》的申请和 PCT 申请，其中国内申请在申请日起 18 个月公开，并且国内申请中大量要求提前公开，因此国内申请在申请日起 18 个月基本上都已经公开；通过《巴黎公约》途径递交的申请通常在申请日起 18 个月也已经公开；而通过 PCT 途径进入中国的专利申请，通常自申请日（或优先权日）起 30 个月进入国家阶段，且这类申请大都要求了优先权，因此多数 PCT 申请在申请日起 18 个月已经公开。由此可见，自检索日向前追溯 18 个月作为检索截止日可以涵盖绝大部分已经公开的专利申请。由于专利申请数据的分析需要按年度进行，因此选择 2012 年 12 月 31 日作为检索截止日。

3. 检索策略及数据处理

分类号 A61P 25/08、A61P 25/10、A61P 25/12 分别表示治疗抗癫痫药、用于癫痫小发作的药物和用于癫痫大发作的药物。因此，选择使用分类号 A61P 25/08、A61P 25/10、A61P 25/12 来检索抗癫痫药物在我国的专利申请。经过后期手工数据清理，共得到1 039 件专利申请。

（二）抗癫痫药物的专利申请情况分析结果

1. 申请量趋势分析

（1）总体申请量趋势分析。

治疗癫痫类西药的第一件专利申请出现在 1993 年，而治疗癫痫的中药类专利申请则

首次出现在1994年，前后只相差一年。通过统计分析可以看出，1993～2000年间，治疗癫痫的药物专利申请还处于起步阶段。进入21世纪后，申请量显著增加，2001年猛增至76件。虽然2002～2003年的申请量有所下降，但随后治疗癫痫类的药物专利申请进入了稳步增加的阶段，其中2009年、2011年和2012年的年申请量均超过了100件。从目前的发展趋势看，治疗癫痫类药物的专利申请量还处在增长阶段，表明抗癫痫药物正处于研发生命周期的黄金时间（参见图1）。

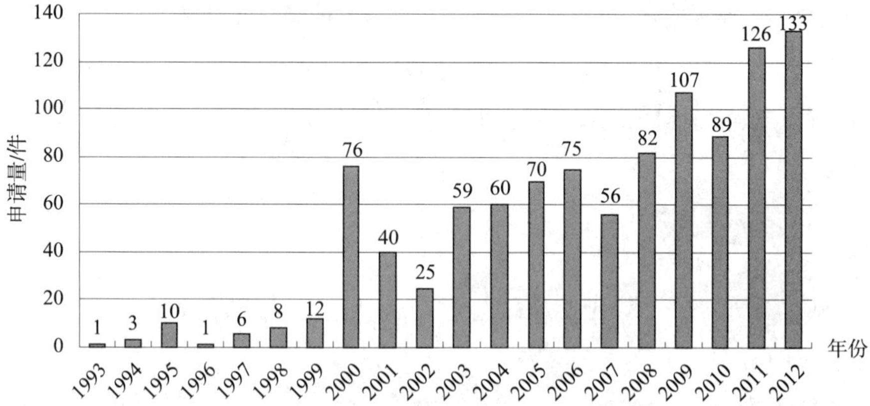

图1 抗癫痫药物专利申请量年度变化趋势图

（2）抗癫痫西药类专利申请的申请量趋势分析。

截至2012年，抗癫痫的西药类专利共有627件专利申请，其中最早的申请为1993年提交的1件申请。2000年前，抗癫痫西药专利的年申请量均在10件以下，2000年出现了申请量的第一次飞跃，当年抗癫痫中药专利的年申请量达到了67件之多。此后，抗癫痫类西药专利的申请量在2001～2002年出现回落，年申请量分别只有22件和17件。但从2003年以后，抗癫痫类西药的申请量又呈现增长情况，2009年和2011年的申请量较多，分别为66和67件，其余年份申请量除2007年为36件外，均在40件以上（参见图2）。

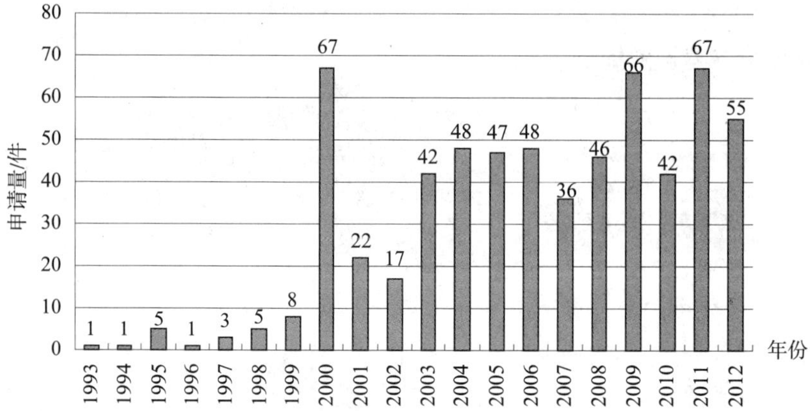

图2 抗癫痫西药专利申请量年度变化趋势图

（3）抗癫痫中药类专利申请的申请量趋势分析。

截至2012年，抗癫痫中药专利共有412件专利申请，其中最早的申请为1994年提交的2件申请。2001年前，抗癫痫中药专利的年申请量均在10件以下，2001年出现了申请量的第一次飞跃，当年抗癫痫中药专利的年申请量达到了18件之多。此后，抗癫痫类中药专利的申请呈现“大小年”现象，2001年、2003年、2005～2006年的申请量相对较多，2002年、2004年和2007年的申请量有所减少。从2008年起，抗癫痫中药专利的申请量呈现出飞速发展的趋势（参见图3）。

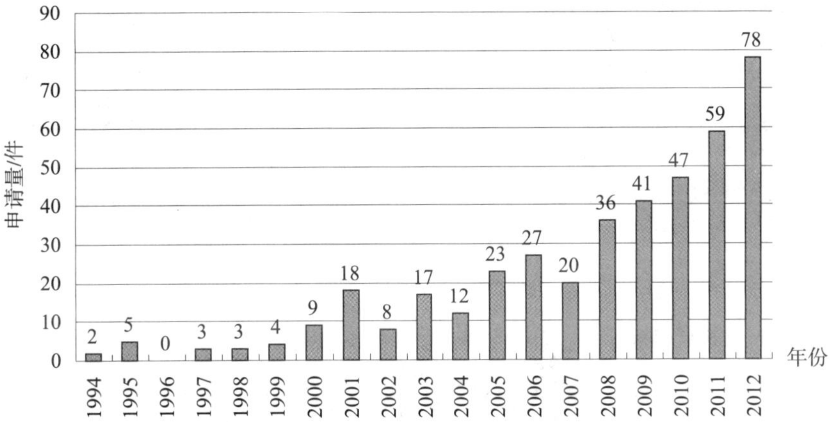

图3　抗癫痫中药专利申请量年度变化趋势图

2. 中、西药专利申请情况分析

治疗癫痫的药物中，中药类专利申请量共计412件，占总申请量的40%，西药类专利申请共计627件，占总申请量的60%。可见在治疗癫痫的药物专利申请中，西药类专利申请占据一定优势。

3. 申请途径分析

1 039件涉及治疗癫痫的药物专利申请中，进入中国国家阶段的PCT申请共计226件，占全部申请的21.75%，国内申请和通过《巴黎公约》途径申请的专利共计813件，占全部申请的78.25%。大部分国外申请人均采用了PCT的方式进行专利申请。

4. 案件审查状态分析

经统计分析，1 039件抗癫痫相关的药物专利申请中，有422件申请已经被授权，占全部申请量的41%，314件申请视为撤回，占全部申请量的30%，70件申请驳回（其中13件申请提出了复审请求），占全部申请量的7%，还有233件申请处于未首次结案状态，占全部申请量的22%（参见图4）。在已经审结的专利申请中，抗癫痫相关的药物专利申请的授权率为52.35%，视撤率为38.96%，驳回率为8.69%（参见图5）。

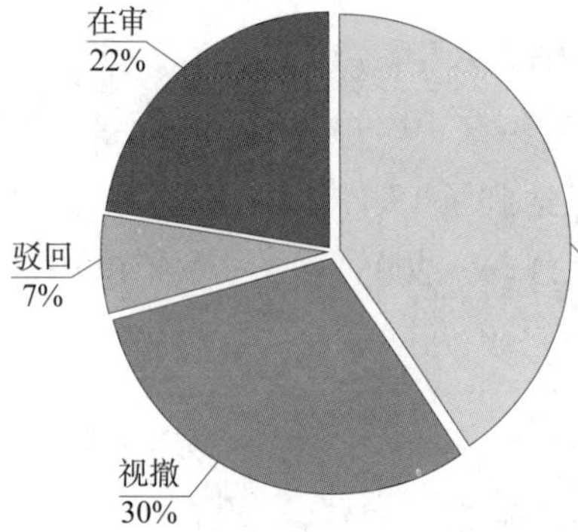

图4　抗癫痫药物在华专利申请的案件审查状态分析

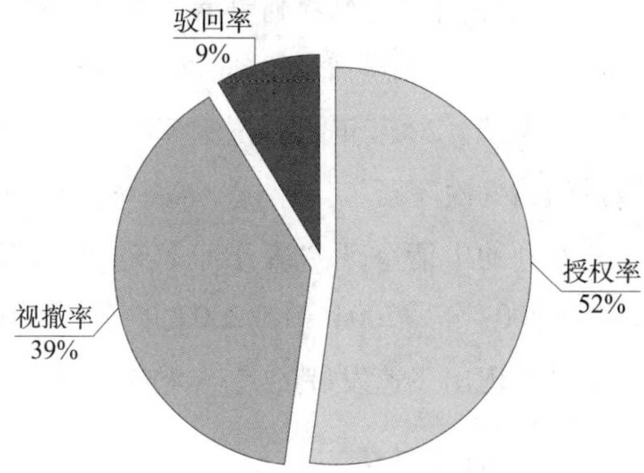

图5　已经审结的抗癫痫药物在华专利申情的案件审查状态分析

5. 申请人类型和国别分析

统计显示，在1 039件专利申请中，个人申请共计305件，占比29%，企业申请共计587件，占比57%，而科研院所提出的申请为147件，占比14%。进一步分析，国内申请人提交的申请共计712件，其中个人申请294件，占比41%，企业申请289件，占比41%，科研院所申请129件，占比18%；国外申请人提交的申请共计327件，其中个人申请11件，占比3%，企业申请298件，占比91%，科研院所申请18件，占比6%（参见图6）。

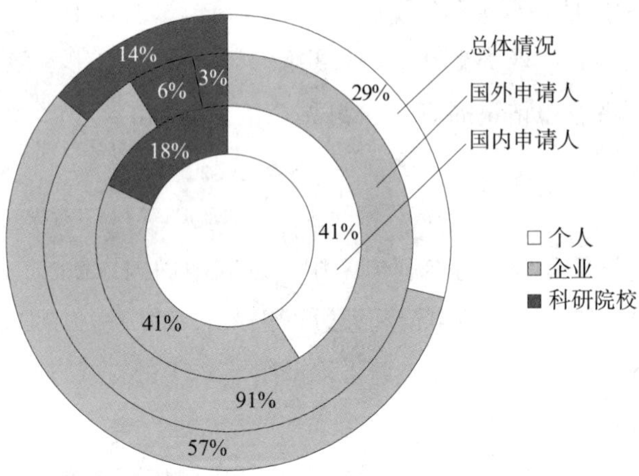

图6　抗癫痫药物在华专利申请的申请人类型分析

可见，从申请总量看，国内申请人的专利申请量远远高于国外申请人。同时，国内申请人与国外申请人在申请人的类型方面存在较大差异。国内个人申请与企业申请的数量基本持平，而国外申请人提交的申请中企业申请占据了绝对优势，这与国内大量中药类专利申请的申请人为个人有关。

分析显示，涉及抗癫痫类药物的在华专利申请中，按照申请量大小排序，国外申请人的国别主要集中在美国（88件申请）、日本（67件申请）、德国（26件申请）、英国（23件申请）、比利时（18件申请）、瑞士（17件申请）、法国（15件申请）、丹麦（10件申请），此外以色列、意大利、印度、西班牙、瑞典、韩国、奥地利、加拿大、葡萄牙、巴西、匈牙利、卢森堡、俄罗斯、澳大利亚、希腊、爱尔兰、荷兰、波兰、新加坡也均有申请，但申请量均在10件以下。可见，国外申请人中，美国和日本在抗癫痫药物的研发中处于领先地位（参见图7）。

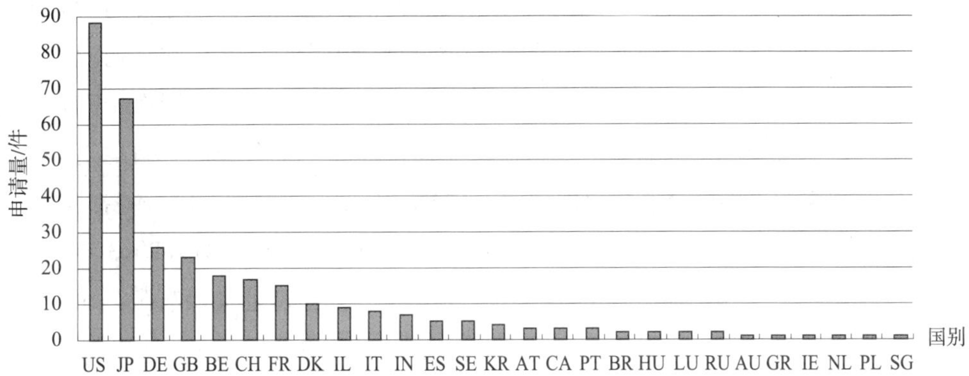

图7　抗癫痫药物在华专利申请的国外申请人国别分析

6. 申请人排名分析

（1）总体排名分析。

治疗癫痫类药物专利申请的申请人排名见表1。排名第1位的申请人是上海博德基因开发有限公司。该公司共申请了50件与治疗癫痫相关的专利，这些专利申请的技术方案全部涉及多肽类药物。但是其审批结果均为视撤，因此并不能说明该公司在治疗癫痫药物领域占据优势地位。

排名前10位的申请人中，国外申请人共有4名，包括瑞士的诺瓦提斯公司，日本的万有制药株式会社、大正制药株式会社和比利时的詹森药业有限公司。

诺瓦提斯公司共申请了14件相关专利。申请日最早的是2000年的专利申请，申请日最晚的是2012年的专利申请。上述14件专利申请的审查结果为：2件在审，5件授权，7件视撤。授权专利中只有1件在2012年因费用终止，其余4件专利目前均为有效专利。

万有制药株式会社共申请了12件相关专利，申请日最早的是2004年的专利申请，最晚的是2009年的专利申请。上述12件专利申请的审查结果为：4件授权，6件视撤，2件在授权时主动放弃了专利权。授权专利中的3件已经分别于2012年和2013年因费用终止，目前有效专利数量为1件。

大正制药株式会社共申请了10件相关专利，申请日最早的是2000年的专利申请，最晚的是 2011 年的专利申请。上述 10 件专利申请的审查结果为：4 件授权，3 件视撤，3 件在审。授权专利中的 3 件已经分别于 2007 年、2010 年和 2012 年因费用终止，目前有效专利数量为 1 件。

詹森药业有限公司共申请了 8 件相关专利，申请日最早的是 2005 年的专利申请，最晚的是 2009 年的专利申请。上述 8 件专利申请的审查结果为：4 件授权，3 件视撤，还有 1 件目前处于驳回后复审审查阶段。目前授权的 4 件专利全部为有效专利。

排名前 10 位的国内申请人，除上述排名第 1 的上海博德基因开发有限公司外，还有迪沙药业集团有限公司、威海迪素制药有限公司、迪沙药业集团山东迪沙药业有限公司和中国人民解放军军事医学科学院毒物药物研究所、中山大学。其中迪沙药业集团有限公司、威海迪素制药有限公司、迪沙药业集团山东迪沙药业有限公司同属于同一制药集团，威海迪素制药有限公司和迪沙药业集团山东迪沙药业有限公司的申请均是与迪沙药业集团有限公司作为共同申请人提出的申请，包含在迪沙药业集团有限公司提交的 14 件专利申请中。这 14 件专利申请中，申请日最早的为 2010 年，最晚的为 2013 年，有 3 件申请已经授权，其余 11 件申请均处于在审状态。可见，迪沙药业集团有限公司、威海迪素制药有限公司和迪沙药业集团山东迪沙药业有限公司对治疗癫痫相关药物的研发起步虽晚，但投入力度很大，抗癫痫类药物的研发是该公司近年来研发的重点。

中国人民解放军军事医学科学院毒物药物研究所共提交了 10 件相关专利申请，申请日最早的为 2002 年，最晚的为 2012 年，有 7 件申请已经授权，1 件视撤，1 件在审，还有 1 件为驳回复审阶段。7 件授权的专利中目前有 1 件于 2010 年因费用终止，其余 6 件均为有效专利。可见，中国人民解放军军事医学科学院毒物药物研究所在抗癫痫药物的研发中具备一定优势，相关企业可以寻求与中国人民解放军军事医学科学院毒物药物研究所的开发合作。

同样属于科研院校的中山大学共提交了 8 件相关申请，申请日最早的为 2006 年，最晚的为 2012 年，其中 3 件专利申请已经被授权，4 件专利申请视撤，还有 1 件处于在审状态，3 件授权的专利均为有效专利。

表 1　抗癫痫药物在华专利申请的主要申请人排名

排名	申请人	申请量（件）
1	上海博德基因开发有限公司	50
2	诺瓦提斯公司	14
3	迪沙药业集团有限公司	14
4	威海迪素制药有限公司	13
5	万有制药株式会社	12

续表

排名	申请人	申请量（件）
6	中国人民解放军军事医学科学院毒物药物研究所	10
7	大正制药株式会社	10
8	迪沙药业集团山东迪沙药业有限公司	10
9	中山大学	8
10	詹森药业有限公司	8

（2）抗癫痫西药类专利申请的申请人排名分析。

西药领域抗癫痫药专利申请的申请人排名如表2。排名第1位的申请人是上海博德基因开发有限公司，该公司共申请了50件与治疗癫痫相关的专利，这些专利申请的技术方案全部涉及多肽类药物，其审批结果多为视撤，因此并不能说明该公司在治疗癫痫药物领域占据优势地位。在排名前11位的申请人中，共有6位是国外医药公司，表明在治疗癫痫的西药专利申请中，国外公司占据着一定的优势地位。

表2　抗癫痫西药在华专利申请的主要申请人排名

排名	申请人	申请量（件）
1	上海博德基因开发有限公司	50
2	诺瓦提斯公司（瑞士）	14
3	迪沙药业集团有限公司	14
4	威海迪素制药有限公司	13
5	万有制药株式会社（日本）	12
6	大正制药株式会社（日本）	10
7	迪沙药业集团山东迪沙药业有限公司	10
8	中国人民解放军军事医学科学院毒物药物研究所	9
9	詹森药业有限公司（比利时）	8
10	格吕伦塔尔有限公司（德国）	7
11	葛兰素集团有限公司（英国）	7

（3）抗癫痫中药类专利申请的申请人排名分析。

中药领域抗癫痫药专利申请的申请人排名如表3。从表中分析结果可以看出，中药领域抗癫痫药专利申请的申请人比较分散，没有优势申请人。

表3　抗癫痫中药在华专利申请的主要申请人排名

排名	申请人	申请量（件）
1	李承平	6
2	杨孟君	6
3	张艳忠	5
4	成都绿迪科技有限公司	5
5	杨洪舒，苏州知微堂生物科技有限公司	5
6	西安千禾药业有限责任公司	4
7	北京万寿通医药科技有限公司	3

五、小　结

从上述分析结果可以看出，目前抗癫痫药物在中国的专利申请量呈逐年增长趋势，中药类抗癫痫药物的申请量增长趋势尤其明显，西药的申请量则保持在一个高位水平，说明抗癫痫药目前还是药物研发的热点之一。

虽然国内申请人的申请量在数值上占据优势，但是国内申请人提交的申请以个人申请居多，可见国内药品生产企业对抗癫痫药物的开发关注度不高。相反，国外申请人提交的专利申请绝大部分是由医药企业直接提出的，说明国外医药企业已经开始关注抗癫痫药物的开发。从上述分析结果中还可以看出，国内一些科研院校拥有一定数量的抗癫痫类药物专利，说明这些科研院校在抗癫痫药物研发中具有一定实力。因此国内的医药企业可以与这些科研院校合作开发抗癫痫类中药，使科研成果早日转化成临床可应用的好产品。

此外，从分析结果中还可以看出，国外申请人提交的专利申请，一旦获得专利权，其专利有效期均很长；而国内申请人提交的专利申请数量虽多，有效专利数量却不高，专利寿命相对较短。上述情况表明国内申请人除应重视专利申请的数量，还应重视专利申请的质量，使专利真正发挥出其应有的作用，使其成为企业发展的一把利器。

参考文献

[1] 刘建文．药理学［M］．上海：华东理工大学出版社，2010.

[2] 李志裕．药物化学［M］．南京：东南大学出版社，2009.

[3] 张文浩，等．难治性癫痫诊断研究进展［J］．中医药临床杂志，2013，25（3）.

[4] 程记伟，等．癫痫的中医药治疗进展［J］．辽宁中医药大学学报，2008，10（4）.

电泳显示技术领域的中国专利申请状况分析

刘雪

摘　要　对电泳显示技术领域的中国专利申请进行专利检索，从历年申请量、主要申请人、国别、类型和申请人的分布等方面进行了相关数据统计，进而分析近几年电泳显示技术在我国的发展状况和趋势。

关键词　电泳显示　中国　专利申请　统计分析

一、电泳显示技术的发展

电泳显示（electrophoretic displays，EPD）是一种新型显示技术，利用电泳原理使位于电极间的带电物质在电场作用下运动，并通过带电物质的运动交替显示两种或以上不同颜色。以一个电泳单元为一个像素，将电泳单元进行二维矩阵式排列构成显示平面，根据要求像素可显示不同的颜色，其组合就能得到平面图像[1]。该技术具有以下优势：一是能耗低，电泳显示具有双稳性，在电源被关闭之后，仍然可在显示器上将图像保留几天或几个月；二是属于反射型显示，具有良好的日光可读性；三是微粒子制备成本低，电子纸制造工艺简单，具有低生产成本的潜力；四是电泳显示器以形状灵活为特色，可以在塑料、金属或玻璃表面上制成，是柔性显示技术的最佳选择[2]。因此，电泳显示技术备受各国关注，其已从众多显示技术中脱颖而出，成为极具发展潜力的柔性电子显示技术之一。

电泳显示技术的研究和开发，到目前为止经历了四十余年的发展历程。早在1969年Paul F. Evans就发明了电泳显示器。但由于当时的电泳材料满足不了电泳显示技术的要求，没有发挥出该技术的优势，存在显示寿命短、不稳定、彩色化困难等缺陷。在其后的近二十年，电泳显示技术研究进展缓慢。

直至20世纪末，美国伊英克（E－Ink）公司利用电泳技术发明了电泳油墨，极大促进了该技术的发展。材料科学、高分子科学、电子科学的发展使得制备电泳显示的材料及技术有了重大突破，进而促使世界各大集团公司研究开发这一显示技术。发展至今，电泳显示技术主要包括扭转球型电泳显示技术、逆乳胶电泳显示技术、微胶囊电泳显示技术以及微杯电泳显示技术等。目前投入电泳技术研发的企业主要有美国希毕克斯

（SiPix）公司、荷兰飞利浦旗下 Polymer Vision、日本精工爱普生（Seiko Epson）和中国台湾 E－Ink 元太科技等厂商。

我国电泳显示研究起步晚，但进步较快。我国企业已从发展自主知识产权的平板显示屏制作技术和产品出发，利用自主开发的微胶囊电泳显示材料和超薄平板显示器件结构，开展电子墨水超薄平板显示器件产业化关键技术攻关，研制出了类纸式信息显示屏，实现了电泳平板显示器件产品化。

二、电泳显示技术领域的中国专利申请分析

本文所依据的数据来自中国专利文献数据库（CNABS），采用分类号结合关键词的方式进行检索，分类号主要采用国际专利分类（IPC）G02F 1/167、G09F、G09G 3，并结合典型关键词显示、电泳、电子墨水、电子纸、胶囊、微囊进一步筛选，检索到涉及电泳显示的中国专利申请共计 2 142 件，检索数据截止到 2013 年 12 月 19 日。

1. 电泳显示技术领域的中国专利申请数量基本上保持快速增长趋势，其中国外主要企业来华专利申请整体技术含量、绝对数量高于中国大陆企业

（1）电泳显示技术领域相关专利历年专利申请量。

从图 1 中可以看出，电泳显示中国专利申请起于 20 世纪 80 年代，一直到 1999 年，有关电泳显示技术的专利申请量还比较少，电泳显示技术处于起步阶段。经过十几年的探索，2000～2004 年电泳显示中国专利申请量处于快速上升期，2005 年申请量短暂回落，2006 年之后申请量持续增长，2010 年申请量达到顶峰，共有申请 325 件，较 2000 年增加 305 件。需要说明的是，由于发明专利自申请日起一般需要满 18 个月才被公开、国外 PCT 申请进入中国国家阶段做出中文公布需要时间的跨度较大等因素制约，CNABS 数据库中 2012 年和 2013 年的相关中国专利申请量统计数据尚不完整。

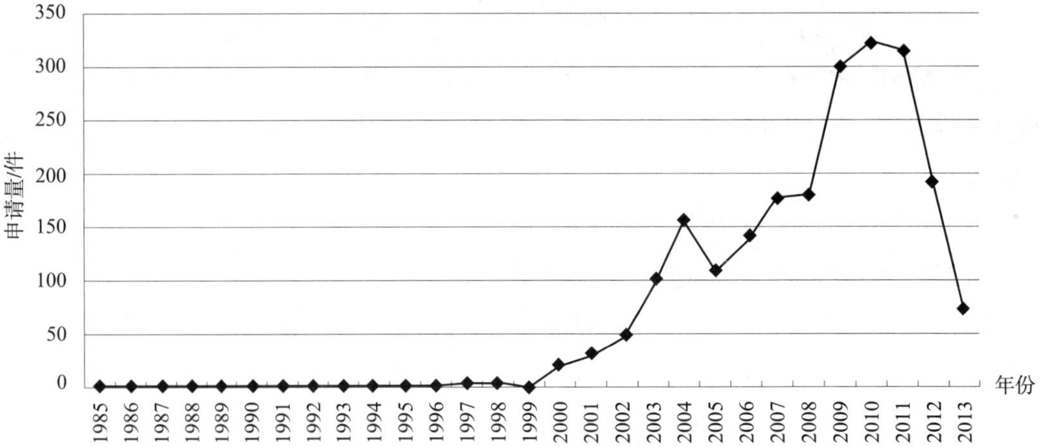

图 1　历年中国专利申请量趋势图

（2）主要申请人及其申请量。

从图 2 中可以看出，在电泳显示技术领域，排名前 10 位的企业主要来自日本、荷兰、中国台湾、美国、韩国、中国大陆等地。申请量前五名的企业申请占申请总量的 34% 。其中，精工爱普生是一家拥有雄厚技术背景、始终重视专利技术的日本公司，在电泳显示领域始终处于领先地位并掌握着核心的电泳显示技术，研究主要集中于电泳显示模块、电泳分散体、驱动装置及驱动方法等方面。申请量排名第二的荷兰皇家飞利浦作为世界上最大的电子公司和显示行业的老牌企业之一，近年来对电泳显示投入了极大的关注，对专利申请和专利战略高度重视，在电泳显示方面的重点研究领域分布于显示面板、显示器件、图像存储等方面。在全球电子纸产业占有重要地位的中国台湾元太科技在 2005 年和 2009 年，先后并购了飞利浦电子纸事业部、伊英克（E－Ink）公司，进而成为业界内同时兼具上游电子墨水技术与中游电子纸制造技术的制造企业，现以领先的技术、精良的产品和成熟的量产能力，持续稳定地将生产的电子纸显示屏等产品供货给知名企业如亚马逊（Amazon）、索尼（SONY）、汉王等。

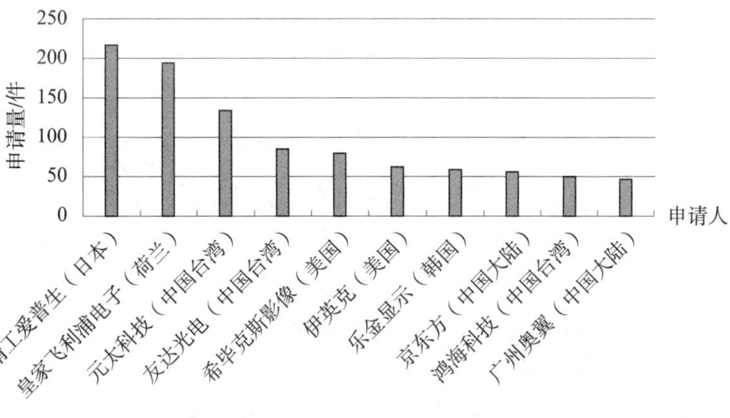

图 2　电泳显示技术中国专利主要申请人分布

在排名前 10 位的中国大陆企业有京东方、广州奥翼，二者申请量分别为 56 件和 46 件。其中，京东方经过多年的技术积累与创新，已完整掌握了 TFT－LCD 的核心技术，成为中国显示领域综合实力较强的高科技企业之一，目前其专门立项进行电泳显示技术研发，并与国内多所大学、研究院所合作。广州奥翼专注于电泳显示材料及其应用产品的研究、开发、生产及销售，与中山大学国家重点实验室合作，开发出世界领先的纳米粒子电泳 OED 电子纸技术，并致力于 OED 电子纸产品的研发和生产。虽然中国大陆有上述两家企业申请量排名进入前 10 位，但可以看出，中国大陆企业在专利申请的绝对数量上与日本、荷兰以及中国台湾的企业还存在较大差距。

从图 3 中可以看出，日本精工爱普生自 2001 年开始在中国提出电泳显示相关专利申请以来，年申请量整体上保持持续增长，说明在中国专利布局具有持续性。荷兰皇家飞利浦电子2002年开始在该领域提出中国专利申请，之后申请量呈现强劲的上升态势，该公司在2004年联合伊英克（E－Ink）公司、索尼公司共同推出世界上第一个电子纸媒体显示器，轰动了整个业界，同时2004年相关申请量达到顶峰86件。2005年，皇家飞利浦的电子纸显示器事业部被中国台湾元太科技并购后，皇家飞利浦电泳显示领域的中国专利申请量呈现下降趋势。而中国台湾元太科技从2005年起提出中国专利申请，之后基本呈现出上升趋势，于2009年并购美国伊英克（E－Ink）公司后，相关专利申请量始终保持在20件以上。可以看出，E－Ink元太科技公司未来在中国电泳显示领域的申请量呈现良好的发展趋势。近年来，作为中国台湾知名液晶面板厂商的友达光电亦涉足电子纸行业领域，2008年开始提出电泳显示技术相关中国专利申请。2009年，友达光电注资收购了美国希毕克斯影像（SiPix Imaging）公司31.58%的股权，开始量产SiPix电子纸，其相关中国专利申请量连续两年大幅增长。排在第五位的美国希毕克斯影像（SiPix Imaging）2002年申请量达到顶峰，其在“LCD/PDP International 2002”上展出了一种能够像纸一样折叠弯曲的电子显示器。但是，此后申请量连续下滑，直到2009年才有所回升。

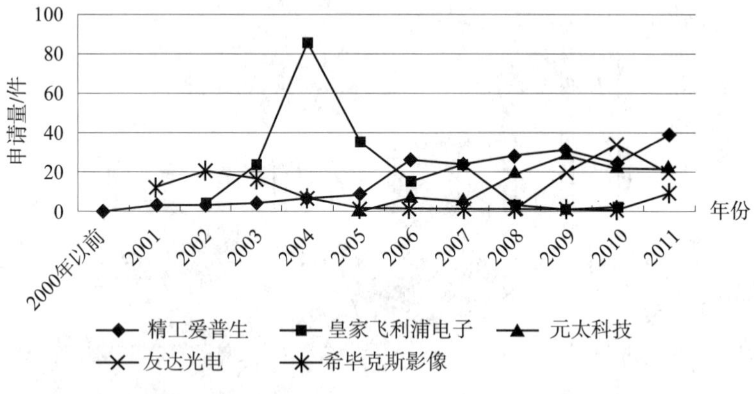

图3　电泳显示技术中国专利申请量排在前5位的企业申请量趋势

2. 中国大陆电泳显示技术专利申请数量上占有一定比例，但不具有明显优势，且行业技术水平较低，呈现出“量多质低”的现象

（1）申请人按国别或地区分布情况。

从图4中可以看出，电泳显示技术领域在我国的专利申请人主要来自中国大陆、日本、中国台湾、美国、荷兰、韩国等地。其中中国大陆专利申请量居首位，达到612件，说明近几年我国越来越重视电泳显示的相关专利，在电泳显示技术领域的研发上表现活跃。中国大陆电泳显示技术专利申请数量虽然位居第一，但所占申请总量的份额仅为28%，并不占据明显优势，而且中国大陆申请人申请的实用新型专利占申请总量的比例高达44%，反映出国内研究及技术水平相对比较薄弱，与国外公司在技术上存在较大差距。日本、中国台湾、美国、荷兰、韩国在我国申请总量虽然相对少一些，但申请基本上为技术含量较高的发明专利申请。与中国大陆企业相比，他们具有产业基础好、早期

专利申请多、掌握多项核心技术以及技术应用能力强等优势。因此，对于他们的专利布局和研究方向，我国申请人应予以高度关注。

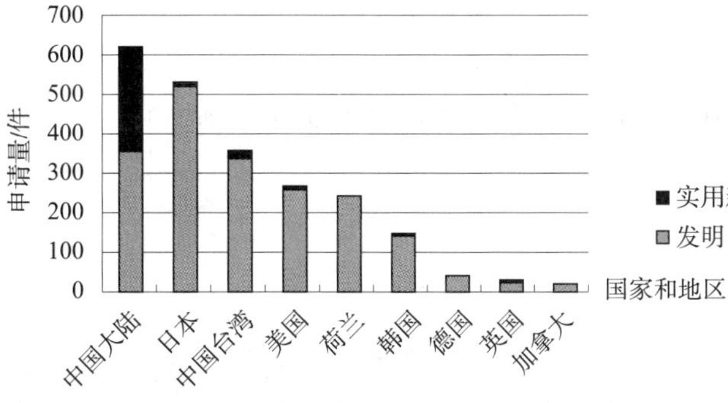

图4　电泳显示中国专利申请人所属国家/地区分布

从长远发展来看，尽管国内外差距较大，但是由于电泳显示技术涉及方面较多，且大都相互独立。因此，我国企业可以在现有的材料基础研究方面进一步发展，获得高性能的适于电泳显示的材料。同时，中国大陆对作为新型显示技术之一的电泳显示所具有的使用价值及市场潜力的认识还不够深刻。对此，瞄准未来市场、研究未来产业发展、开发新技术、超前谋划是当前我国电泳显示产业持续发展的重点工作。

（2）中国大陆申请人分布情况。

电泳显示技术中国大陆专利申请人分布中，公司占 73%，院校占 15%，个人占 10%，科研机构占 2%。专利排名分布如图 5 所示。

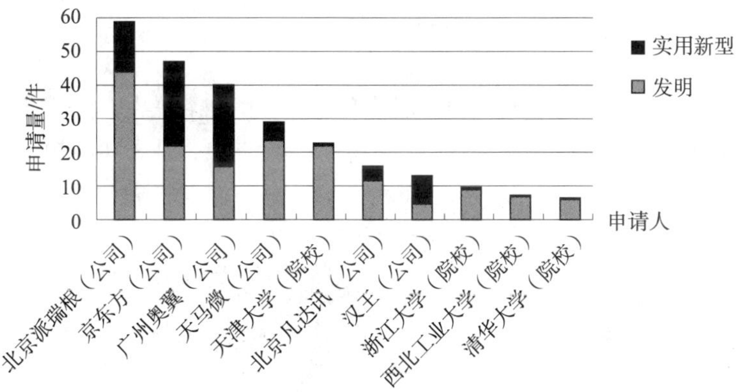

图5　电泳显示技术主要中国大陆专利申请人分布

从图 5 可以看出，中国大陆电泳显示技术的主要申请主体为公司，申请量占 73%，主要有京东方、广州奥翼、北京派瑞根、天马微等公司，其中广州奥翼和北京派瑞根申请总量虽然排名靠前，但其实用新型专利申请占有相当大的比例。此外院校申请量占 15%，主要有天津大学、浙江大学、西北工业大学等，院校申请基本为技术含量较高的发明专利申请。整体上来看，公司在电泳显示技术领域占有一定的优势，但是我国内地电泳显示领域缺乏世界级的龙头企业。另外，相关院校也具有一定的研发能力，如果二者之间加强交流沟通协作，则可实现优势互补。院校及科研机构可以借助技术研发优势，专门针对企业的实际技术难题提供技术支持，而企业可以将院校及科研机构的专利申请技术推向市场、转化成实际生产力，从而形成企业技术创新和市场利益共赢的良好发展前景。

三、结　语

通过对上述电泳显示技术中国专利申请状况分析得出如下结论：2000 年后中国电泳显示技术申请量开始迅猛增长，充分显示出电泳显示技术在中国的活跃程度；中国大陆申请人的专利申请总量虽然领先，但申请的实用新型较多，占到了总申请量的40% 以上，技术创新能力有待进一步提高。针对我国产品研发转化能力较弱，国内科研机构和院校对这一领域重视不足的现状，应该充分加强科研机构、院校和企业之间的合作力度，促进科技成果产业化。我国企业要想在市场竞争中分得领地，必须加快自主知识产权的创建，通过研究、借鉴和利用国外重要专利，在引进、模仿的基础上，消化、吸收国外先进技术，加强自主创新，尽快拥有自主知识产权，才能在技术和市场的竞争中夺得生机，增加可持续发展的资本和动力。

参考文献

[1] 荣宇，陈红征，汪茫．电泳显示材料及技术的研究发展［J］．材料科学与工程学报，2003，21（6）．
[2] 李详高．电泳显示型电子纸有望率先产业化［N］．中国电子报，2008 - 07 - 01．

集成电路设计中国专利申请状况分析

孔昕　王斐　魏峰　任兴超　邱晓宁**

摘　要　集成电路作为信息产业的核心和基础，日益成为当今世界发展最为迅速、竞争最为激烈的产业之一。本文以 CPRS 文摘数据库（CPRSABS）中集成电路设计相关专利文献为基础，从中国专利申请量、申请人、专利分类和类型进行了深入分析，进而得出对中国集成电路设计领域发展的建议。

关键词　集成电路设计　EDA 专利申请

信息产业作为世界经济的主导和支柱产业，已被我国作为重要的发展方向。而集成电路（Integrated Circuit）由于广泛被应用于计算机、通讯、控制、医疗、工业、测量、军事等各方面。

自从 1947 年第一支晶体管在贝尔实验室发明以来，微电子技术已经取得了飞速的发展。1959 年美国德州仪器（TI）公司 Kilby 发明了集成电路，1972～1974 年 Intel 公司推出了仅用 NMOS 逻辑实现的 4004 和 8080 型芯片，再到当今千万门的微处理器芯片，集成电路的发展经历了小规模集成电路（SSI）、中规模集成电路（MSI）、大规模集成电路（LSI），目前已经进入了超规模集成电路（VLSI）和甚大规模集成电路（ULSI）阶段，并朝着高集成度、小型化、高性能、高可靠性的方向发展。

集成电路的发展中有一条著名的摩尔定律，即 IC 上可容纳的晶体管数目约每隔 18 个月便会增加一倍，性能也将提升一倍。事实证明，集成电路发展至今，其模式几乎正是按照摩尔定律运行的，而这种发展也给集成电路的设计带来了很多新的变化。以采用 22nm 工艺的 Intel Ivy Bridge 处理器为例（见图 1），其在 160mm^2 的核心面积上已经集成了 14.8 亿个晶体管。

根据国际半导体协会给出的国际半导体技术路线图（International Technology Roadmap for Semiconductor，ITRS），如果继续按照摩尔定律缩小，在未来几年中，工艺技术、设计工具效率等方面将面临许多重大的挑战。

** 等同第一作者。

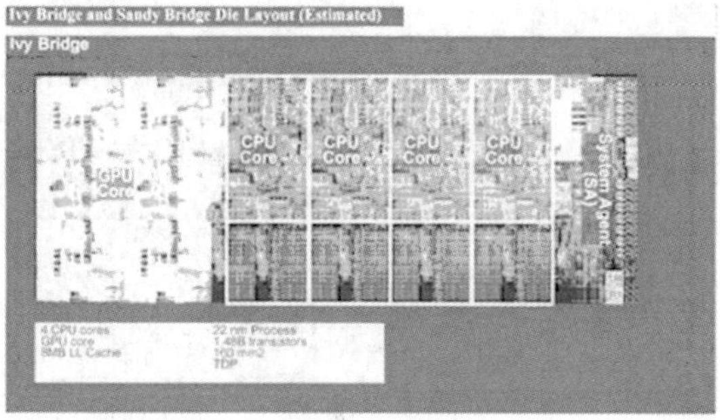

图1　采用22nm工艺的Intel Ivy Bridge处理器版图

对于一个企业来说，如何更快更好地设计出芯片，抢占市场先机显得尤为关键。因此，一个设计团队在给定制造工艺的前提下最关注的就是设计工具和设计方法。一套先进的设计方法不但可以缩短产品面市的时间，更可以提高产品的可靠性。

一、集成电路设计中国专利申请分析

笔者于2013年6月8日针对集成电路设计及设计过程中的相关技术在CPRS文摘数据库（CPRSABS）中进行了全面检索，共涉及专利文献1 695篇。

1. 历年专利申请量分布

集成电路设计历年专利申请量按照年份的分布情况如图2所示。可以看出，2001年以前集成电路设计专利申请量很少，年申请量尚不足30件。而2001年开始集成电路设计专利申请量便开始呈现出了高速的增长态势，这种爆发式的增长直到2005年后才开始趋于平稳，并保持在一个基本稳定的水平。2011年后，相关专利申请量呈现降低的趋势，这与专利从申请到公开的时间滞后有关。2012年的大部分专利申请和2011年的一部分专利申请还处于未公开状态，一些国际专利申请也尚未进入中国国家阶段，因此在数据统计上受到了不可避免的影响，但从经验来看，2011~2012年的实际专利申请量应该和2010年基本持平。

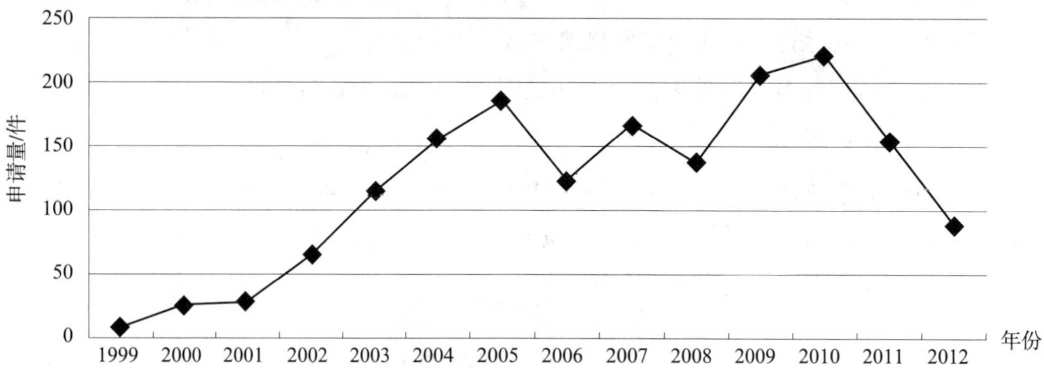

图2　集成电路设计中国专利申请量趋势

图 2 所反映出的集成电路设计专利申请量发展趋势，正与中国集成电路发展的历程密切相关。2000 年国务院发布实施了《鼓励软件产业和集成电路产业发展若干政策》，考虑到政策的延时性，从次年开始集成电路设计的专利申请量便呈爆发式增长，同时，也迎来了中国软件和集成电路产业的“黄金十年”。可见，政府的大力支持，是我国集成电路设计产业迅速发展的重要因素。

2. 申请人分析

集成电路产业的黄金十年，众多国际厂商纷纷看准时机、把准政策、进入中国市场。由图 3 可见集成电路设计申请量排名前十位的申请人中外资企业占了半数之多，并且排名第八的上海华虹 NEC 也具有日资背景。

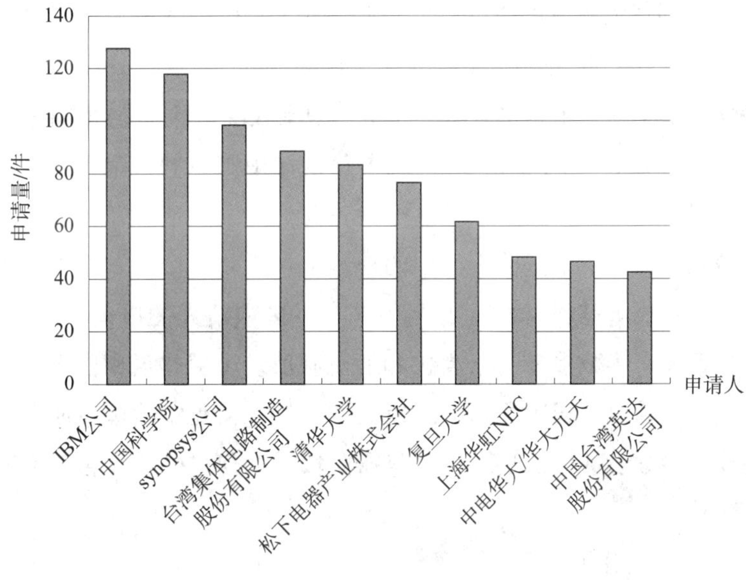

图 3 集成电路设计中国专利申请量排名前十位的申请人

在外国申请人中，国际商业机器公司（IBM）作为业内顶级的集成电路设计和研发公司排名专利申请量第一。排名第三的 synopsys 作为 IC 设计领域提供电子设计自动化（EDA）软件工具的主导企业，提供全套先进的 IC 设计验证平台，同时 synopsys 公司还提供设计服务，为客户提供合理简化的设计过程。通过并购业界另一知名 EDA 公司 Avanti 后，synopsys 集成了业界最好的集成电路前端和后端设计工具，为中国 IC 设计业提供了更好的技术服务支持。排名第四的台湾集体电路制造股份有限公司，是全球最大的专业集成电路制造服务公司，提供业界最先进的制程技术，与排名第十的中国台湾英业达股份有限公司相同，同时提供设计方案和设计流程。日资企业虽仅有松下电器产业株式会社一家上榜，但其实力也早已为业内所认可，松下在为全球用户提供先进的电子产品的同时，也致力于系统级大规模电路、模拟大规模集成电路、混合信号大规模集成电路和传感器的设计。

申请量前十名的中国申请人中包括三所高校，其分别为排名第二的中国科学院、排名第五的清华大学和排名第七的复旦大学。其中中国科学院计算所2001年5月成立课题组，并自主研发了出了通用CPU“龙芯”。同时，清华大学和复旦大学也在集成电路设计方法上进行了深入的研究，走在了国内高校的前列，为我国集成电路产业输送了大量的人才。排名第八的上海华虹NEC电子有限公司是国内先进的集成电路制造企业之一，依托日本的资金和先进技术在提供先进制造工艺的同时也提供集成电路的设计和开发。但更值得一提的是排名第九的北京中电华大电子设计有限责任公司和北京华大九天软件有限公司，之所以把两个公司统计在一起，是因为其都具有华大背景，中电华大致力于智能卡和WLAN芯片设计和综合性IC设计，而北京华大九天软件有限公司成立于2009年6月（前身为中国华大集成电路设计中心），专门从事EDA软件开发和服务，其因提供全定制模拟电路设计平台——熊猫EDA系统而为业内所熟知。

集成电路设计中国专利申请量区域分布中，中国大陆占50%，美国占23%，日本占13%，中国台湾占11%，其他占3%。集成电路设计中国专利申请人类型分布中，高校占47%，公司占41%，科研院所占9%，个人占3%。

通过分析得到，专利申请量前十位中的外国申请人均为公司，而中国申请人五席中有三席都是高校。集成电路设计中国专利中来自中国申请人的申请占了总量的近一半。中国申请人的申请又有半数多来自于高校和科研院所。也就是说中国申请大部分都是高校申请，这与国外申请以公司为主形成了巨大的差别。可见，我国集成电路设计的发展还没有形成规模，多数设计方法还停留在科研阶段，如何进一步完善并商业化还需要中国IC人共同努力。

3. 专利分类和类型分析

根据专利申请的IPC分类，笔者对集成电路设计中国专利领域分布进行了统计，集成电路设计专利主要分布在G06F领域，特别是G06F 17/50（计算机辅助设计）领域，少部分设计集成电路设计中器件问题的专利归为H01L（半导体器件）领域，充分体现出集成电路设计的领域性、专业性较强的特点。

统计得出集成电路设计专利主要以发明专利的方式体现。这也从另一侧面表现出集成电路设计的技术性很强，申请人更愿意选择专利权更稳定的发明专利。

二、对集成电路设计领域专利技术发展的建议

二十多年前，中国IC行业基本上处于跟随状态，跟随国外的技术、发展方向，基本上没有自主的设计。在最近几十年里，中国的IC产业进入了突飞猛进的发展阶段，国内需求快速增长，带动各种新兴的IC制造企业如同雨后春笋般涌现，由此带来的对于设计

方法的需求亦是水涨船高。笔者通过对集成电路设计中国专利申请的统计分析，对我国集成电路设计产业提出以下建议：

1. 提高专利质量，实现商业化

专利质量和市场可操作性尚需提高，在企业和院校多申请基础专利的同时要提高自身业务和研究能力，多申请核心专利，企业和院校应进行更深入的合作，企业借助高校强大的科研实力和技术积累，高校借助企业深厚的资金实力，努力将研究成果进一步实现商业化，创出品牌，实现经济效益。

2. 企业加强交流，了解相互需求

黄金十年里，国内涌现出了多个国际水准的集成电路制造商和设计企业。上海华虹NEC、中芯国际均已成为了世界领先的集成电路芯片代工企业。瑞芯微电子、中星微、珠海炬力也曾风光一时。前面提到的华大九天，在全球EDA市场被美国公司垄断的环境下，更是提供了模拟集成电路和全定制设计集成电路的全流程EDA工具解决方案，使中国成为了国际上少数几个拥有EDA软件自主知识产权的国家之一。

我国集成电路产业已经具备了从设计软件和解决方案、设计流程和设计方法到芯片代工生产全流程的完备体系。本土企业应多做交流，代工厂要多了解设计公司产品类型和需求，为设计公司提供更好、更专业的建议，EDA软件提供商也要多和集成电路设计公司及代工厂多做沟通，了解工艺特点，不断改进设计工具，为设计公司提供更合理、更科学的设计流程和方法，不断改进设计软件，快速地帮助本土客户解决问题，为客户提供高匹配度的定制化支持。

3. 稳扎稳打，勿急功近利

我国集成电路产业造就了龙芯这样的自主CPU，也出现了汉芯这样通过打磨国外芯片的重大科研造假事件。“龙芯”实现国人自主设计研发高性能芯片的梦想，但今天的“龙芯”还存在着诸多问题，与目前主流CPU相比性能上还有不少差距，尚不能与Intel和AMD的CPU在PC市场上竞争。

国内集成电路设计发展较晚，技术和理念相对落后，与发达国家相比，我国的电子设计水平仍然存在着相当大的差距。随着电子产品生命周期越来越短，集成电路设计公司面临重大挑战和机遇。深刻地了解客户、市场，快速合理地设计出客户需要的芯片，不断更新设计技术和设计理念，准确定位市场才能把握住机遇。

结　语

黄金十年里，本土IC设计企业的年均复合增长率达到了40%，产业收入由2000年的11亿元上升到2009年的279亿元。随着半导体产业产品及工艺的发展，将引起设计复杂度、设计方法学等方面的深刻变化，这给中国集成电路人提出了更大的挑战，也提供了重大的机遇。目前，国内集成电路设计产业与国外先进水平尚有不小差距，在面对挑战时，要敢于迎接挑战，坚持自主创新的道路。2011 年，国务院印发了《进一步鼓励软件产业和集成电路产业发展的若干政策》，国内企业和研究院所要乘着政策的东风迎头赶上，多出好产品、多出好专利，争取再造中国集成电路产业的另一个“黄金十年”。

参考文献

［1］JAN M. RABAEY，Anantha chandrakasan，Borivoje Nikolic. Digital integrated circuits - a design perspective. 2nd ed［M］. Beijing：Publishing House of Electronics Industry，2004.

［2］孔昕，等. VLSI 互联线的延时优化研究［J］. 微电子学与计算机，2010.

［3］于宗光. 辉煌的五十年——纪念集成电路发明 50 周年［J］. 电子与封装，2008，1（8）.

［4］娄丽楼，等. 中国集成电路专利技术分布与竞争态势［J］. 中国科技论坛，2007（3）.

LTE 中 OFDM 技术的专利分析

付圆媛　牛爽[**]

摘　要　随着移动通信技术的发展，用户对数据速率的要求越来越高。而伴随传输速率的提高，信道干扰更加严重，采用传统的单载波调制方式，其信道均衡的难度也随之增加。OFDM 技术具备频谱利用率高，较强的抗多径干扰、抗频率选择性衰落和频率扩散能力等特点，是对高速数据传输的一种潜在的解决方案，因此，OFDM 技术是 4G 的核心技术之一。本文分析了国内外 OFDM 技术的专利申请状况，为研究我国 4G 相关技术提供参考资料。

关键词　OFDM　LTE　4G　专利技术　专利分析

一、引　言

随着 2013 年 12 月 4 日工信部正式向三大运营商发布 4G 牌照，中国移动、中国电信和中国联通均获得了 TD－LTE 牌照。4G 是第四代移动通信及其技术的简称，是集 3G 与 WLAN 于一体并能够传输高质量视频图像且图像传输质量与高清晰度电视不相上下的技术产品。4G 系统能够以 100Mbps 的速度下载，比拨号上网快 2000 倍，上传的速度也能达到 20Mbps，并能够满足几乎所有用户对于无线服务的要求。很明显，4G 有着不可比拟的优越性。为了提供较高的数据传输率，4G 采用的关键技术主要有：

（1）正交频分复用（OFDM）技术；

（2）多输入多输出（MIMO）技术；

（3）智能天线技术；

（4）基于 IP 的核心网；

（5）载波聚合（Carrier Aggregation）；

（6）下/上行增强多天线技术（Enhanced Downlink/Uplink Multiple Antenna Techniques）；

** 等同第一作者。

（7）中继（Relay）；

（8）协作多点技术（Coordinated Multiple Points）。

可见，正交频分复用（OFDM）技术是4G的核心技术之一，是一种高效的数据传输方式，其基本思想是在频域内将给定信道分成许多正交子信道，在每个子信道上使用一个子载波进行调制，并且各子载波并行传输。这样，尽管总的信道是不平坦，具有频率选择性，但是每个子信道上进行的是窄带传输，信号带宽小于信道的相应带宽，因此可以大大消除信号波形间的干扰。OFDM与一般的多载波传输的不同之处是OFDM允许子载波频谱部分重叠，只要满足子载波间相互正交，则可以从混叠的子载波上分离出数据信号。由于OFDM允许子载波频谱混叠，其频谱效率大大提高，因而是一种高效的调制方式。

LTE在下行采用OFDMA，上行采用单载波—频分多址（SC－FDMA）[1]。OFDM使得同一小区中用户信号之间可以保持正交性，SC－FDMA可以看成是对用户信号的频域分量进行正交频分多址（OFDMA），相比于普通OFDMA，其优点是峰均比较低，从而可以简化终端上的功放设计和更有效地利用终端上的功放资源。LTE中任一时刻同一用户在上行占用的子载波永远是连续的，以简化终端实现；下行则可以是交错的，以增加频域分集增益。未来有可能在上行中引入直接使用OFDMA，因为它调度更灵活，也可以简化演进的基站（eNB）侧均衡器和上行使用MIMO时的实现。

二、OFDM系统的关键技术

OFDM系统的关键技术有以下几个方面。[2]

（一）时域和频域同步

与其他数字通信系统一样，同步分为捕获和跟踪两个阶段，较易实现。在上行链路中来自不同移动终端的信号必须同步到达基站，才能保证子载波间的正交性。基站根据各移动终端发来的子载波携带信息进行时域和频域同步信息的提取，再由基站发回移动终端，以便让移动终端进行同步。具体实现时，同步将分为时域同步、频域同步或两种同时同步。

（二）信道估计

在OFDM系统中，信道估计器的设计主要有两个问题：一是导频信息的选取。由于无线信道常常是衰落信道，需要不断对信道进行跟踪，因此导频信息也必须不断地传送；二是复杂度较低和导频跟踪能力良好的信道估计器的设计。在实际设计中，导频信息的选择和最佳估计器的设计通常又是相互关联的，因为估计器的性能与导频信息的传输方式有关。

（三）编码信道和交织

对于衰落信道中的随机错误，可以采用信道编码；对于衰落信道中的突发错误，可以采用交织技术。实际应用中，通常同时采用信道编码和交织。在 OFDM 系统中，如果信道衰落不是太严重，均衡是无法再利用信道的分集特性来改善系统性能的。但是 OFDM 系统的结构却为在子载波间进行编码提供了机会，形成 COFDM 方式。编码可以采用各种码，如分组码、卷积码等，其中卷积码的效果要比分组码好。

（四）降低峰值平均功率比

由于 OFDM 信道时域上表现为 N 个正交子载波信号的叠加，当这 N 个信号恰好均以峰值叠加时，OFDM 信号也将产生最大峰值，该峰值功率是平均功率的 N 倍。高的 PAPR 使得 OFDM 系统的性能大大下降甚至直接影响实际应用。为了解决这一问题，人们提出了基于信号畸变技术、信号扰码技术和基于信号空间扩展等降低 OFDM 系统 PAPR 的方法。

（五）均衡

在一般情况下，OFDM 系统就不必再做均衡了。在高度散射的信道中，信道记忆长度很长，循环前缀的长度必须很长，才能够使 ISI 尽量不出现。但是，CP 长度过长必然导致能量大量损失，尤其对子载波个数不是很大的系统。这时，可以考虑加均衡器以使 CP 的长度适当减小，即通过增加系统的复杂性换取频带利用率的提高。

（六）MIMO OFDM

MIMO OFDM 系统内组合使用两种关键技术，即多输入和多输出（MIMO）天线和正交频分复用（OFDM）调制。采用多个天线，就会相应生成多个空间信道，而且若干个空间信道不太可能同时处于深衰落中。此外，多个发送天线可以用于提高数据传输速率，即在特定信道条件下，通过多个天线向用户发送独立的数据流。在接收机一侧，采用多天线分离空间复用数据流，还可以抑制干扰。

（七）OFDM－CDMA

OFDM 与 CDMA 结合后的系统结构与 OFDM 系统有本质区别，两者也有很多共同点。OFDM/CDMA 技术大致分为两类：频域扩频和时域扩频。前者的含义是先用扩频码对原始数据流进行扩频，然后将每个扩频后的码片调制到各个子载波上去；后者的含义是先对数据进行串并变换，接着对每一路信号在时域分别用同一个扩频码进行扩频，然后再将每一路信号分别调制到各个子载波上去。

三、全球 OFDM 技术专利申请状况分析

首先对国内外 OFDM 技术的专利申请进行全面的检索和分析，以期反映 OFDM 技术的专利分布状况。检索数据库包括 CPRSABS 和 DWPI 数据库。其中，CPRSABS 数据库收录了 1985 年至今中国所有的专利文献，DWPI 数据库收录了 1948 年至今 8 国 2 组织在内

的 47 个国家和组织的专利文献。检索截止日期是 2014 年 4 月 25 日。由于发明专利申请一般在申请日后 18 个月公开，因此，部分相关专利申请可能处于未被公开而未能统计。

图 1 展示出了 OFDM 技术全球专利申请量年度分布情况，从图 1 可以看出 20 世纪 90 年代 OFDM 技术的相关专利申请开始出现，这与 1990 年 4G 技术开始提出有关。之后到 2000 年以前，OFDM 技术处于缓慢发展状态。从 2000 年开始，OFDM 技术进入快速发展阶段，尤其 3GPP 在 2005 年 12 月选定了 LTE 的基本传输技术，即下行采用 OFDMA 技术，上行 SC（单载波）FDMA❶之后，有关 OFDM 技术的申请量达到了一个高峰。由于 ITM – Advanced 根据 ITU 当前规划，2008 年 2 月完成 4G 技术方案征集通函的制订，2008 年年中开始 4G 候选方案的征集工作❷，有关 OFDM 技术的申请量也再次达到了高峰。在这之后的几年中，有关 OFDM 技术的申请量虽有所减少，但各年的申请量也均在 1 000 件以上，而该数量下降的原因与专利申请到公开的延迟有一定关系。通过对 OFDM 技术全球申请量进行统计分析，可以清楚地看到其发展趋势与 LTE 的标准演进过程是相吻合的。

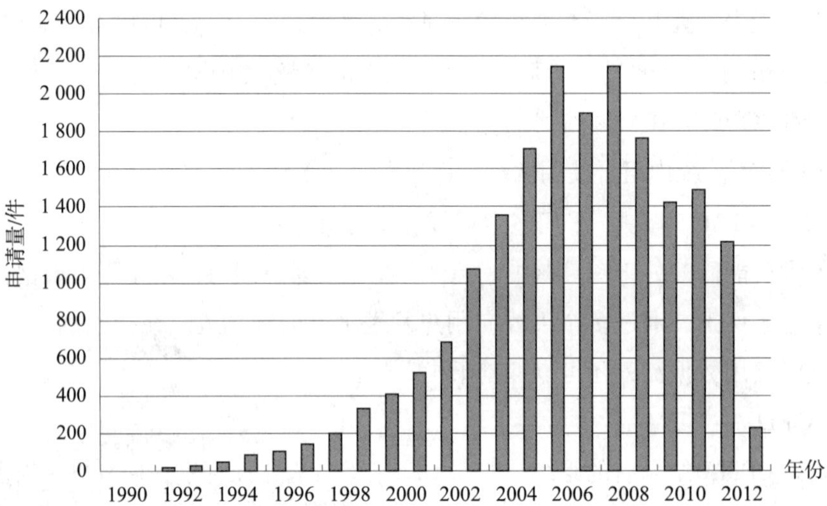

图 1　OFDM 技术全球专利申请量年度分布

美国的申请量居各国之首，其专利申请产出量占全球的 41%，这与其为 LTE 最主要的市场有密切关系，其他地区依次为日本 21%，韩国 14%，中国 11%，欧洲 4%，国际局 3%，其他国家 6%。可见，日本、韩国和中国作为亚洲国家也是 OFDM 技术研究的热点国家。

表 1 展示出了 OFDM 技术的全球主要申请人分布情况。从该表可以看出，在 OFDM 技术领域排名前 10 位的申请人，均为通信行业的巨头公司。高通股份有限公司是通信领

❶ 丁市召，等 LTE – Advanced 中 OFDM 技术的研究发展［J］. 电讯技术，2010（4）.

❷ 谭泽富，等 . OFDM 的关键技术及应用［M］. 成都：西南交通大学出版社，2005：146 – 150.

域的标准制定者之一，是提供 2G/3G/4G 手机芯片解决方案并拥有众多核心专利的企业，在 ETSI（欧洲电信标准研究所）公布的 LTE 标准专利数据库暨 ETSI IPR（知识产权）数据库中，在已有包括中国厂家在内的数十家公司发布的 LTE 标准必须使用的基本专利（Essential Patent）清单中，高通的专利数始终处于领跑地位。

表 1　OFDM 技术全球主要申请人排名

排名	申请人	申请量（件）
1	高通股份有限公司	2 622
2	三星电子株式会社	1 532
3	LG 电子株式会社	1 118
4	松下电器产业株式会社	625
5	电子电信研究学院	511
6	索尼公司	472
7	株式会社 NTT 都科摩	400
8	夏普株式会社	387
9	株式会社东芝	367
10	中兴通讯股份有限公司	337

OFDM 技术全球技术主题的分布比例中，全球关于 OFDM 技术的申请量在时域和频域同步、信道估计、信道编码、MIMO OFDM 和 OFDM - CDMA 几个主要技术主题的申请量比较大，分别占到了 15%、10%、35%、9%、22%。

图 2 展示出了以中国作为技术原创国，OFDM 技术中国申请人申请量的年度分布情况。中国申请人对 OFDM 技术提出专利申请开始于 1997 年。中国申请人在 2009 年和 2011 年两年在该技术的申请量上分别出现了两个高峰，这与 OFDM 技术全球专利申请量年度分布情况相比，相对延迟了 3 年。中国申请人的申请与全球申请的年度分布情况的对比如图 3 所示。

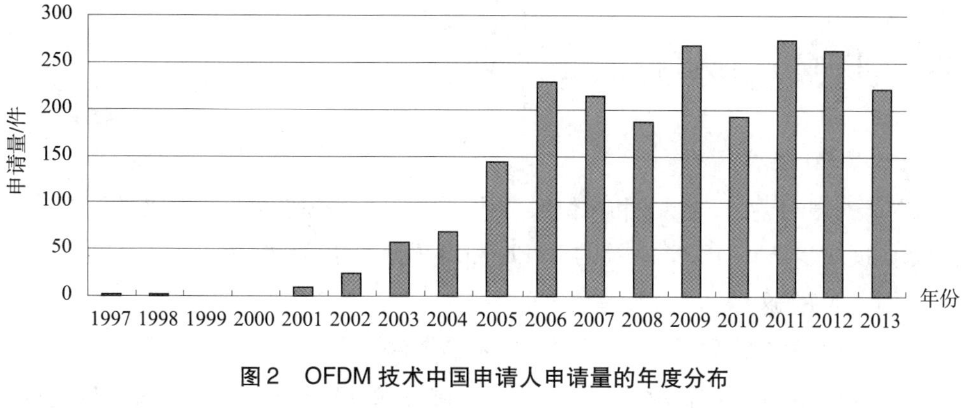

图 2　OFDM 技术中国申请人申请量的年度分布

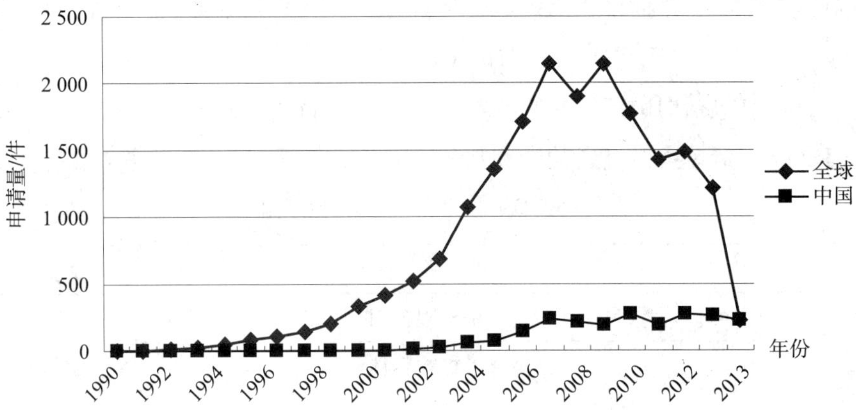

图 3 OFDM 技术中国申请人申请与全球申请的年度分布对比

表 2 是以中国作为技术原创国，申请 OFDM 技术相关专利的中国申请人的排名。从该表可以看出，在中国申请人中，除了中兴和华为两大中国通信企业外，其他申请人主要以大学为主。近几天，大学的专利申请量不断攀升，国内企业可以与这些科研院校相联合，将他们的理论研究成果转化为生产力，切实提高我国通信领域的技术发展。

表 2 OFDM 技术中国主要申请人排名

排名	申请人	申请量（件）
1	中兴股份有限公司	301
2	华为技术有限公司	209
3	电子科技大学	104
4	清华大学	103
5	北京邮电大学	85
6	西安电子科技大学	63
7	大唐移动通信设备有限公司	61
8	东南大学	48

四、OFDM 未来发展预测

（一）OFDM 技术

OFDM 技术由于存在对频偏和相位噪声比较敏感、功率峰值与均值比（PAPR）大等缺点，如何进一步降低 OFDM 系统的 PAPR 和对频偏、相位噪声较敏感的问题以期将其更好地应用于 4G，这些仍将继续是研究的方向。

（二）LTE－A 中的 OFDM 与 MIMO 技术的结合

由于 MIMO 和 OFDM 都是公认的 LTE 的关键技术，MIMO 技术是实现无线高速数据传输的核心技术之一，而 OFDM 技术的优势之一就是实现 MIMO 技术较简单。这种系统通过空间复用技术可以提供更高的数据传输速率，又可以通过空时分集和正交频分复用达到很强的可靠性和频谱利用率，是无线通信领域的重大突破，其频谱利用率高、信号传输稳定、传输速率高等基本特性能够满足下一代无线传输网发展要求，是 4G 中的关键技术和热点。

（三）与现有系统的兼容

从继承性和后向兼容性考虑，对基于 OFDM 的多址接入技术进行进一步的优化设计，减少原有的不足之处，提高与现有系统的兼容，从而满足 LTE – Advanced 的需求，平稳地过渡到 4G 对当前是尤为重要的。

五、结　语

随着 4G 的到来，各国都已经对其核心和关键技术做了相应储备，可以预见，未来对于这些技术的研究将继续成为通信行业的一个主流。我国企业如何对其专利进行布局成为值得思考的问题。希望本文的专利技术分析和研究能够为国内企业了解国内外 OFDM 技术专利现状提供参考。

冰箱除霜技术在我国的专利现状及其发展趋势

刘璇斐　昌学霞**　梁月明　王颖

摘　要　本文利用中国专利检索系统，检索了冰箱除霜技术在我国的专利文献，从专利申请年度、申请人类型、申请人国别等方面，进行统计分析并总结现状，为进一步研究提供参考。

关键词　冰箱　除霜　专利技术　专利分析

一、引　言

冰箱最基本的功能是制冷和保鲜，但是随着冰箱的运行，会导致冰箱内部形成结霜，从而影响制冷的效果，增加能耗。随着人们对节能的要求越来越高，冰箱除霜技术成为人们在购买冰箱时考虑的一项重要指标。

下面对涉及除霜技术的冰箱分类进行介绍。

按冷却方式划分，分为直接冷却和间接冷却（风冷）。直接冷却冰箱的蒸发器布置在冷藏和冷冻室空间内，依靠空气的自然对流直接进行热交换，使箱内保持一定低温，冰箱运行一段时间后，蒸发器上、冷冻室内就会凝结一层霜，霜层越厚，冰箱的热交换能力越差，冰箱的制冷效果就越差，导致压缩机长时间不停地运转；此时一般采用人工除霜或半自动融霜方式对直接冷却冰箱进行除霜。间接冷却（风冷）冰箱的蒸发器一般垂直安装在冷冻室后壁上，通过风机使空气在蒸发器和箱内之间流动，实现热量的间接传递，当箱内的水分被空气带到蒸发器中凝聚以致结霜时，由于安装有自动除霜系统，可以进行定时自动除霜，以提高制冷效果。❶

按除霜方式划分，分为手动除霜、半自动除霜和全自动除霜。手动除霜冰箱可以用人工控制压缩机停止运行，也可用拔电源插头断电方式手控除霜。半自动除霜冰箱采用除霜按钮控制，需要除霜时，人工按下除霜按钮，冰箱停止运行，除霜完毕后冰箱自动

** 等同第一作者。

❶ 童蕾．风冷冰箱比制冷冰箱耗电多否［J］．家用电器，1998（4）．

恢复运行。全自动除霜冰箱设有定时除霜装置，冰箱可根据预先设定的时间定期除霜。❶

按除霜方法划分，分为电加热除霜、液体喷雾除霜和与制冷系统分开的热流除霜。其中电加热的原理应用于手动除霜和自动除霜冰箱中，而液体喷雾除霜和与制冷系统分开的热流除霜一般应用于自动除霜冰箱中。

根据冰箱的上述划分，笔者对冰箱除霜技术在我国的专利申请状况进行了统计分析。

二、冰箱除霜技术在我国专利状况分析

（一）样本构成

1. 数据库选择

通过检索中国专利数据库（以下简称 CNPAT）获得统计分析的专利样本，意图对冰箱除霜技术在我国的专利状况有一个全面的了解。

2. 检索时间范围

本次检索对 CNPAT 数据库的检索始于中国专利数据库最早收录的文献，截至 2013 年 11 月 12 日公开的专利文献，因此已经提交专利申请但尚未公开的专利文献没有作为分析样本。

3. 检索策略

采用了常规的分类号辅助关键词的检索方式。

（1）分类号的确定：限定为 F25D（IPC 第 8 版），具体使用了 F25D 21、F25D 11、F25D 13、F25D 17、F25D 21、F25D 23、F25D 29、F25D 3、F25D 31、F25D 5。

（2）关键词的确定：针对冰箱除霜领域的 3 种除霜技术，采用了如下关键词。

冰箱、冷藏库、除霜、化霜、去霜、融霜、除冰、去冰、化冰、融冰；

加热器、加热丝、加热装置、加热管、加热盘、加热板、加热体、加热元件、加热线、发热、电热、电加热；

冲霜、喷淋、喷雾、喷液、喷水、淋水、淋液；

废热、废气、热气、压缩机热、排气、排风、送风、热氟、热氨、冷凝热。

4. 检索结果

中国专利数据库的检索文献量为 613 篇。

（二）专利分析

1. 按照申请年份进行统计分析

图 1 是我国冰箱除霜专利申请量按年份的分布图，我国冰箱除霜专利申请量主要分为以下 3 个阶段：

❶ 李宏．电冰箱的除霜方式有几种？耗电如何？［J］．中国集体经济，1999（9）．

第一阶段（1985～1994 年），20 世纪 90 年代，冰箱除霜技术领域开始有专利申请，但是申请量较低，都在 10 件以下，专利申请量处于平稳阶段，增长幅度非常缓慢。

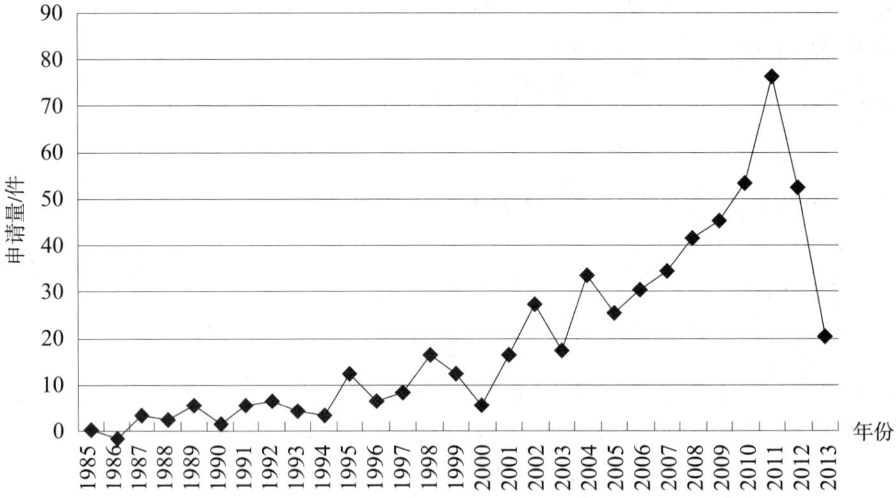

图 1　中国专利申请量按年份分布图

第二阶段（1996～2005 年），专利申请量处于波动增长期，其中 1998 年的申请量 18 件，2000 年的申请量降为 7 件，2001 年开始上升，随后申请量处于波动状态。

第三阶段（2005～2011 年），该阶段专利申请量呈快速上升的阶段，从 2005 年的 27 件迅速增长到了 2011 年的 78 件，增长速度远远高于前两个阶段。此外，2013 年的统计数据受到专利申请公开滞后的影响有所降低，因为 2013 年的统计数据就不再进行分析，因此 2013 年的数据最终呈现的变化规律，目前还不能确定。

综上可知，冰箱除霜技术的专利申请量从第一阶段的缓慢增长一直到第三阶段的迅速增长，虽然在第二阶段出现了波动，但总体上看，专利年申请量呈上升态势，这意味着冰箱除霜技术还是处于一直发展的势头，具有较为光明的应用前景。

2. 按照专利申请类型行统计分析

从冰箱除霜技术专利申请类型的分布情况看，非 PCT 发明专利申请为 291 件，占总量的 48%，实用新型专利申请为 254 件，占总量的 41%，而 PCT 发明专利申请为 68 件，仅占总量的 11%，发明专利申请的比例高于实用新型，表明冰箱除霜领域具有较高的创造性。

3. 国家和地区的专利申请量分析

从冰箱除霜技术主要国家和地区在我国的专利申请量的统计情况看，我国以 422 件的申请量位于第一位，占申请总量的 69. 98%，其后依次为日本、韩国、美国和德国，分别有 80 件、57 件、25 件和 14 件。因此中国在冰箱除霜领域的研发力度非常大，也非常重视该领域的专利保护。因为日本和韩国的冰箱在中国有一定的市场，并且两个国家在冰箱领域都有很强的研发实力，因此在冰箱除霜领域，日本和韩国非常重视在我国进行专利保护。

4. 各省份的专利申请量分析

表1是冰箱除霜技术的专利申请量按照各省份的分布情况，可以看出，国内冰箱企业所在省份的申请量明显较大，说明冰箱企业是冰箱除霜领域研发工作的主要承担者，也更具有专利保护意识。

表1 国内申请按省、自治区、直辖市的分布

排名	省/自治区/直辖市	申请量（件）	比重
1	安徽	74	17.13%
2	广东	73	16.90%
3	山东	65	15.05%
4	天津	44	10.19%
5	浙江	41	9.49%
6	江苏	34	7.87%
7	上海	18	4.17%
8	台湾	11	3.44%
	其他	72	16.7%

5. 按照申请人类型的专利申请量情况

从我国申请人的类型分布情况看，我国申请人中企事业单位申请289件，占总量的67%，个人申请98件，占总量的23%，高校申请27件，占总量的6%，科研院所申请18件，占总量的4%。总结如下特点：国内申请人中企事业单位的申请量占多数，反映出我国冰箱企业是目前冰箱除霜领域的创新主体，而且我国冰箱企业已经充分认识到专利技术的重要性，专利申请比较积极，也反映了我国高校、科研院所在冰箱研发领域的投入明显不足。

6. 申请人分布情况

表2列出了冰箱除霜技术中专利申请量在10件以上的申请人分布情况，共涉及11个申请人，表中的数据包括其申请量和占总申请量的比例。我国企业在冰箱除霜领域已经取得了许多研发成果，并且将这些研发成果申请了专利保护，可见我国企业在该领域已经具有一定的技术优势，并且具有很强的专利保护意识。

表2 冰箱除霜领域在我国主要申请人排名

排名	申请人	申请量（件）	占总申请量比例（%）	国家
1	合肥美的荣事达电冰箱有限公司 合肥华凌股份有限公司	39	6.36	中国
2	乐金电子（天津）电器有限公司	31	5.06	中国

续表

排名	申请人	申请量（件）	占总申请量比例（%）	国家
3	海尔集团公司 青岛海尔特种电冰柜有限公司	24	3.92	中国
4	三星电子株式会社	24	3.92	韩国
5	松下电器产业株式会社	18	2.94	日本
6	海信容声（广东）冰箱有限公司	16	2.61	中国
7	日立空调·家用电器株式会社	16	2.61	日本
8	LG 电子株式会社	15	2.45	韩国
9	海信科龙电器股份有限公司 海信容声（广东）冰箱有限公司	13	2.12	中国
10	BSH 博世和西门子家用器具有限公司	12	1.96	德国
11	广东科龙电器股份有限公司	10	1.63	中国

7. 各主要除霜技术的申请量分布

冰箱除霜的三大类技术在我国的专利申请量占总申请量的比例分别为电加热除霜59%、与制冷系统分开的热流除霜25%、液体喷雾除霜5%。

三、专利技术的介绍

（一）传统除霜

合肥华凌股份有限公司申请的 CN103344076A 提供一种用于制冷设备的冰铲，通过在冰铲的铲柄上设置盛放空间，铲头铲下的冰块会落到盛放空间内被收集起来，从而提高了冰块的收集效率，用户不需要花费额外的时间和精力就可清理掉冰箱内的冰块。

大连的个人申请人刘紫璇申请的 CN201620006U 提供一种便携瓶起，板体侧边的钩状豁口可用于开启啤酒瓶瓶盖，板体一端固接的梯形板可用于铲除冰箱内表面的结霜。

无锡的个人申请人沈学明申请的 CN201476450U 提供一种电冰箱冷冻室除霜膜，用干净的布擦去与冰箱冷冻室的侧面、顶面与底面形状相同的除霜膜本体的水渍，然后将除霜膜本体抹平贴在冰箱冷冻室，需要除霜时，将除霜膜本体从冷冻室去除即可，除霜膜本体清洗后可再次使用。

笔者在检索过程中发现，除霜铲和除霜膜这种传统的手动除霜方法的申请人大部分是个人。

（二）电加热除霜

电加热除霜可以应用于冰箱的手动除霜中，也可以应用于冰箱的自动除霜中。

1. 电加热除霜在手动除霜中的应用

上海的个人申请人涂一方申请的 CN201653039U 提供一种冰箱除霜器，通过加热除霜器内部的电热丝传热给凸部内的工作液体，工作液体受热汽化蒸发，带有热量的蒸汽流向温度较低的壳体前端，移动该前端至冰箱结霜处，霜吸收蒸汽放出的汽化潜热后融化脱落。

2. 电加热除霜在自动除霜中的应用

合肥美的荣事达电冰箱有限公司和合肥华凌股份有限公司申请的 CN102128533A 提供一种风冷冰箱，将化霜加热器设置在风道内的蒸发器下面，通过自动控制对冰箱除霜。

乐金电子（天津）电器有限公司申请的 CN1548882A 提供一种冰箱的除霜装置及其除霜方法，包括蒸发器上及周围设置的除霜加热器和辅助加热器，而在蒸发器上还安装有周期开关的发热体，按周期开关的发热体向蒸发器传递热量从而对冰箱进行除霜。

海尔集团公司和青岛海尔特种电冰柜有限公司申请的 CN202547238U 提供一种冰箱风道保护结构以及冰箱，包括蒸发器室以及与该蒸发器室连通的风道，在蒸发器室中设置有蒸发器以及对蒸发器加热的化霜加热装置，通过自动控制对冰箱除霜。

三星电子株式会社申请的 CN103033017A 提供一种冰箱及其控制方法，包括安装在多个储藏室中的一个的除霜加热器，当停止供应冷空气时，控制除霜加热器和风扇被驱动，从而对冰箱进行除霜。

松下电器产业株式会社申请的 CN102317717A 提供一种不提高除霜加热器的温度就能对整个冷却器进行除霜的冰箱，包括对绝热箱体内部的空气进行冷却的冷却器，设置在冷却器下方，通过辐射热将在冷却器上结成的霜除去的辐射式加热器，设置在冷却器上部，通过热传导将在冷却器上结成的霜除去的接触式加热器。

海信容声（广东）冰箱有限公司申请的 CN102829598A 提供一种冰箱自动除霜系统及控制方法，除霜加热器分布在冷冻蒸发器周围，受定时器控制，通过定时器控制压缩机累计运行一段时间，压缩机处于关闭状态，除霜加热器开始加热从而对冰箱进行除霜。

日立空调·家用电器株式会社申请的 CN101929779A 提供一种冰箱，具备第一除霜机构，压缩机停止时，冷冻室风门关闭，冷藏室风门打开，除霜加热器为非通电状态，使鼓风机工作而除霜；第二除霜机构，压缩机停止时，冷冻室风门关闭，冷藏室风门打开，除霜加热器通电，使鼓风机工作而除霜；第三除霜机构，冷冻室风门关闭，冷藏室风门关闭，除霜加热器通电，鼓风机为停止状态而除霜。

美国达特默斯大学托管会申请的 CN101120217A 提供一种脉冲电热和储热除冰装置及方法，脉冲电热除冰装置包括制冷单元的一个或更多的冷却剂管筒和片，片与冷却剂管筒热接触，并且管筒或片或其二者形成电阻加热器，一个或更多的开关可向电阻加热器施加电功率，从而产生热量以从管筒或片上除去冰。

LG 电子株式会社申请的 CN1199847A 提供一种电冰箱的防霜装置，箱体安装一个带加热件的防霜装置，其可防止在冷气分配管道的出口处形成霜雪，加热件由防霜导管构成，防霜导管布置在箱体的前部边缘，防霜导管在其两端与冷凝器和毛细管相连，防霜导管让来自冷凝器的高温制冷剂流过其中，从而防霜导管可防止箱体的前部边缘被露水弄湿。

（三）液体喷雾除霜

液体喷雾除霜通常应用于冰箱的自动除霜中。

乐金电子（天津）电器有限公司申请的 CN1474143A 提供一种冰箱除霜装置，在蒸发器的上方有储藏常温水的储水槽，在储水槽和蒸发器上端之间连接有选择性地将储水槽的水供应到蒸发器上端的开闭阀门，可以利用常温的水除去附着在蒸发器上的霜，防止执行除霜过程时箱体内部温度的上升。

上海交通大学申请的 CN1595027A 提供一种实现冰箱蒸发器无霜运行的除霜器，喷淋器布置在蒸发器正上方，蒸发器正下方是集液槽，集液槽底部向一侧倾斜，集液槽底最低处设有排液管，集液槽中盛放饱和食盐溶液，储水箱设置在冰箱顶部，通过塑料软管连接到补水阀入口处。

广西壮族自治区农业科学院申请的 CN101303188A 提供一种冷库水冲霜及冲霜水与霜化水再利用装置，自来水供水管与截止阀、输水管、喷淋管依次连接，喷淋管设置在蒸发器围护箱上方，蒸发器围护箱底端与水封排水管法兰连接，蒸发器围护箱附近设有循环水蓄水池，水封排水管的出水端伸入循环水蓄水池的上部。

深圳的个人申请人刘恒穗申请的 CN201116821Y 提供一种水冲霜装置及其使用该装置的冷藏陈列柜，水冲霜装置包括设置在蒸发器上方的淋水箱，设置在冷藏陈列柜下方的循环水箱，位于循环水箱和淋水箱之间的进水管和水泵，以及位于蒸发器下方连接排水口和循环水箱，用于收集融霜水的回水管，淋水箱内部横向设置有一管道，管道一端与进水管相连，侧壁均匀分布通孔，淋水箱底部设有均匀排布的小通孔。

四川澳尔空调冷冻设备有限公司申请的 CN201508094U 提供一种低温冷库热水冲霜节能装置，将喷淋头设置在蒸发器上面，制冷剂经压缩机压缩后，产生高温高压气体经压缩机出口的管路与热水箱冷凝器进行热交换获得冲霜热水后由喷淋头进行热水冲霜。

（四）与制冷系统分开的热流除霜

热流除霜通常应用于冰箱的自动除霜中。

合肥美菱股份有限公司申请的 CN2937962Y 提供一种以压缩机排出制冷剂给蒸发器除霜的电冰箱，压缩机的排气管口与蒸发器的入口端设置除霜制冷剂支路，在除霜制冷剂支路中设置除霜电磁阀。

海尔集团公司和青岛海尔特种电冰柜有限公司申请的 CN101113589A 提供一种冷柜

蒸发器除霜方法及使用该方法的除霜装置，压缩机出来的高温高压制冷剂在进入蒸发器之前，先对接水盘及接水盘的排水管进行加热化冰，然后再进入蒸发器化霜，实现除霜先通路。

广州南洋理工职业学院申请的CN203100325U提供一种冰箱热油除霜系统，冰箱除霜时，通过除霜油泵把润滑油从回热油箱泵入除霜油箱中，将冷凝器排出的废热用于蒸发器的除霜，并回收蒸发器的冷量。

广东科龙电器股份有限公司申请的CN1704701A提供一种风冷冰箱的冷凝蒸发一体式除霜系统，在制冷循环回路压缩机后至冷冻蒸发器之前并联有高温制冷剂引出管，高温制冷剂引出管的上游端引出口通过二位三通管与制冷循环回路连接，在压缩机后与冷冻蒸发器之后并联有高温制冷剂回流管，高温制冷剂回流管下游端通过二位三通管与制冷剂回路连接，冰箱冷凝器将要排放给环境的热量转移给需要化霜的蒸发器，用来融化蒸发器的霜。

（五）其他除霜技术

上海交通大学申请的CN1888764A提供一种冰箱用超声波自动除霜装置，包括超声波发生器、超声波换能器和霜层感应器，超声波换能器粘于蒸发器靠制冷剂管路一侧，超声波发生器置于超声波换能器旁，但不与蒸发器相接触，在霜层较薄的情况下就通过超声波的机械振动效应使蒸发器上的霜层脱落。

四、总　结

通过上文关于我国冰箱除霜领域专利技术发展现状及其发展趋势的分析，针对我国冰箱除霜领域专利申请的规律总结如下。

（1）目前冰箱除霜领域的专利申请正处于快速增长的阶段，而且增长的幅度越来越大，这表明该领域的技术目前正处于快速发展阶段，该领域具有较为光明的应用前景。

（2）从专利申请类型来看，发明专利的比例要远高于实用新型，也高于我国发明所占的平均比例，这表明这一领域的技术目前的创造性高度比较高。

（3）从国家和地区的专利申请量分析来看，我国在冰箱除霜领域的专利申请量非常大，也表明我国比较重视该领域的专利保护，但是考虑到日本和韩国在我国也申请了大量该领域的专利，也重视在我国进行专利保护，因此我国企业必须考虑国外企业的竞争。

（4）从各省份的分布来看，国内冰箱企业所在省份的申请量明显较大，这说明冰箱企业是冰箱除霜领域研发工作的主要承担者，也更具有专利保护意识。

（5）从申请人类型统计来看，我国冰箱企业是目前冰箱除霜领域的创新主体，同时从另一方面反映了我国高校、科研院所在冰箱研发领域的投入明显不足。

（6）从我国冰箱领域的技术分布来看，技术较为成熟的电加热除霜所占的比例最大，而目前技术处于正在发展阶段的与制冷系统分开的热流除霜、液体喷雾除霜等技术专利申请比例较低。

依据上述专利分析的结果，结合我国冰箱除霜领域的产业现状、发展目标和专利技术发展趋势，提出如下几点建议。

（1）加大针对除霜领域的研发。因为目前冰箱除霜技术正处于快速发展阶段，因此建议加大对该领域的研发，积极进行专利保护，以争取在该领域的专利保护中占有先机。为了保证研发结果满足行业的真正需求，需要对专利技术进行持续性的数据跟踪和分析，加强对技术分布的分析研究深度。

（2）积极重视国外申请人在中国进行的专利申请，并对国外申请人申请的专利进行技术分析，应对专利侵权纠纷与风险进行专利分析与预警，使企业能应对可能发生的专利风险。同时针对国外的核心技术，鼓励我国冰箱企业对除霜技术进行外围专利申请，可以对主要竞争对手的核心专利进行技术改进，以突破国外申请人在我国进行的专利布局，为我国冰箱除霜技术的发展创造良好的知识产权环境。

（3）应当加大该领域在大学、科研院所进行的研发投入，积极鼓励大学、科研院所与企业建立横向联系，支持企业的技术创新，同时鼓励其技术成果转化为企业的创新产品。

（4）要积极鼓励新技术的研发。因为传统的冰箱除霜技术的发展已经比较成熟，生命力远弱于新兴技术，因此应当积极鼓励在超声除霜等新技术多增加研发投入，争取在核心技术中有所突破，以便掌控该领域的整个技术发展趋势。

伺服焊钳小型化技术专利分析

赵娟　王荣[**]　邓学欣

摘　要　本文介绍了伺服焊钳的基本组成和小型化的重要意义，着重统计分析了全球相关专利的申请态势、原创国和目标国、解决小型化技术问题所采用的多种技术手段和技术侧重点等内容。

关键词　焊钳　机器人　小型化　专利分析

机器人焊钳作为点焊机器人不可缺少的重要组成部分，对点焊机器人的焊点质量、提高生产率及推广应用都具有非常重要的意义。为了解焊钳重点技术在发展过程中的相关专利情况，本文重点研究了伺服焊钳为解决小型化所普遍采用的专利技术。

一、伺服焊钳的基本组成

机器人电动伺服焊钳是一种成熟的技术，它的动力源采用伺服电机驱动，用伺服电机代替原有的气动焊钳中的气缸，伺服电机通过减速带动滚珠丝杠副，机臂被安装在一个直线导轨上，由滚珠丝杠副传递过来的推力推动机臂沿直线导轨移动。同时，焊钳的张开和闭合通过伺服电机驱动码盘反馈，因此焊钳的张开度可以根据实际需要任意选定和设定，而且电极间的压紧力也可以无级调节。

在伺服焊钳机械结构中，滚珠丝杠副是最重要的传动元件，它由丝杠、螺母、滚珠等零件组成。滚珠丝杠在点焊机器人焊钳上的应用使其有了更大的发展空间。滚珠丝杠副具有驱动力矩小、精度高、可实现微进给及高速进给、刚性高、可逆性强等特点，保证了伺服焊钳功能的实现。同时，伺服焊钳这种工作方式解决了过去气动焊钳开口过大，导致焊接过程时间较长的问题，提高了焊接工作效率，另外，两电极的压紧程度可根据零件的不同厚度来调节，解决了过去因飞溅产生凹坑缩孔、焊点表面质量和内在质量剪切强度降低等质量问题，也避免了过去因提高生产效率使用硬规范，造成零件加热速度

** 等同第一作者。

快、引起焊核飞溅等缺陷。

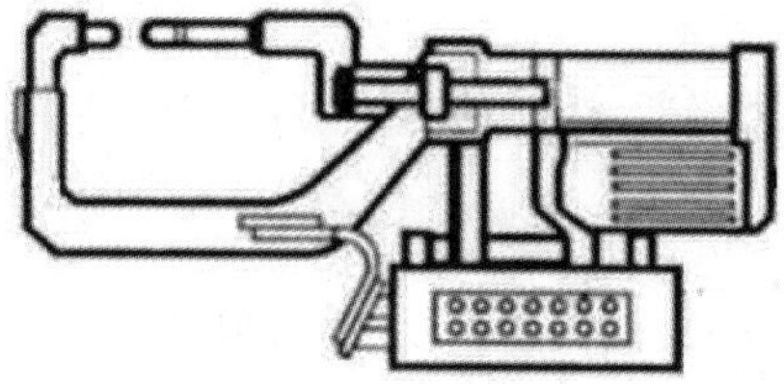

图1　电动伺服焊钳结构

二、伺服焊钳小型化的意义

工业机器人的伺服驱动焊钳高效先进，是机器人焊钳的发展趋势。但伺服焊钳由于结构复杂、不易维护，同时容易造成各部件之间的干涉，影响焊接功能的执行和焊接效果。另一方面，作为机器人的末端执行机构，如果焊钳质量过重，旋转轴的惯性力矩变大，焊点形成时的随动的瞬发力变小，容易导致焊接机的性能下降。如果焊钳整体结构大，也会导致焊钳的制造成本升高，从而背离轻量紧凑的市场需求。因此，为了保证机器人灵活准确操作，降低伺服焊钳的重量和简化结构，也即伺服焊钳结构的小型轻量化，是当前伺服焊钳技术中要解决的一个重要问题。总的来说，解决伺服焊钳的小型轻量化问题将会产生如下意义：简化结构，便于维护；降低重量，增加灵活性；减少构件，降低成本。

三、伺服焊钳小型化技术专利申请概况

本节围绕伺服焊钳小型化的技术问题，分析相关的全球专利申请，根据各个申请主体的技术侧重、技术手段进行分类，以展示当前针对伺服焊钳小型轻量化的问题，各个公司的技术角度、技术实力以及技术的集中度和热点。

1. 申请态势

为解决焊钳小型化的技术问题，全球各申请主体的申请量一共为64项，主要采取的技术手段包括3个方面：（1）驱动机构、传动机构、焊臂的紧凑布置；（2）传动结构简化；（3）电机结构简化。其中电机结构简化的申请量为30件，占总申请量的47%；传动结构简化的申请量为15件，占总申请量的23%；结构紧凑布置的申请量为19件，占总申请量的30%。从上述数据可以看出，通过简化电机结构是实现焊钳小型化的主要技术手段，这得益于空心电机的发明和使用。

从小型化专利申请的时间分布来看，伺服焊钳的小型化技术起源于20世纪60年代

末期，兴盛于90年代，自2000年以来，专利申请量急剧增加，这与汽车工业的发展趋势紧密联系。20世纪90年代正是汽车行业蓬勃发展的时期，汽车行业需要大量使用点焊，伺服焊钳是点焊的重要部件，是提高焊接质量和焊接效率的重要结构。随着未来大量工业机器人在汽车产业的应用，伺服焊钳小型轻量化技术将进一步发展，随之将产生大量新专利。

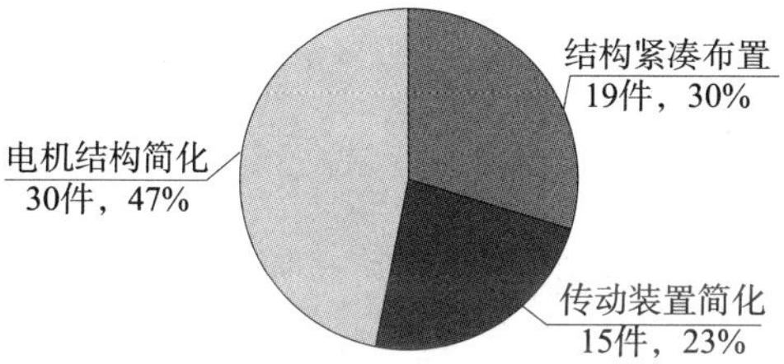

图2　伺服焊钳小型化技术手段构成

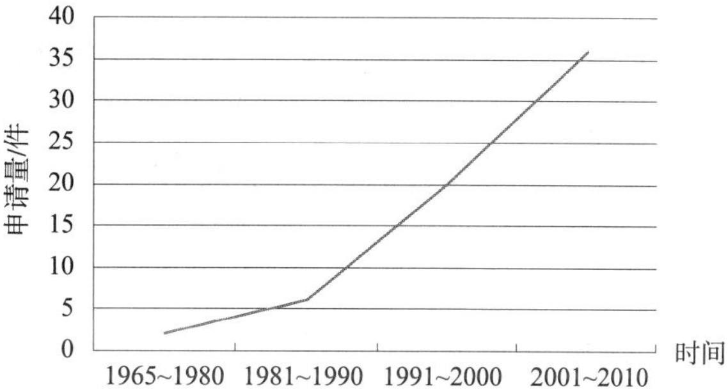

图3　伺服焊钳专利申请趋势

2. 原创国和目标国分析[1]

日本、美国、法国是焊钳小型化专利申请量最多的国家，申请量之和占总申请量的76%以上，是该领域的主要技术力量。具体而言，日本作为世界上主要的汽车生产国和工业机器人制造大国，在伺服焊钳研发应用方面占据重要地位，原创专利申请量达31项，几乎占小型轻量化技术专利申请量的一半，是当之无愧的最重要的原创技术国。虽然焊钳技术只是工业机器人的一个小技术，但对于善于“细节研发”的日本公司来说，焊钳技术仍是可以挖掘大量技术和专利的，尤以小原为代表的专业焊钳开发公司，在此方面做出了大量的研究和专利申请。此外，现代汽车制造领域需要大量使用焊接技术，尤其是点焊机器人，这也促使日本许多汽车企业纷纷加入焊钳的研究队伍，主要代表是本田公司，作为汽车制造企业和重要机器人开发公司，本田并不只专注本业，它的研发触角已经延伸到机器人的上游产业——伺服焊钳。美国和法国也都是汽车和机器人大国，具有雄厚的汽车工业基础，美国的通用公司以及法国的雷诺公司在很早时期即已在焊钳小型化方面展开研究。

作为汽车制造的后起之秀，中国的汽车研发技术虽与世界强国还有较大差距，但2000年以来随着国内汽车市场的开放和需求增强、建设创新型国家的理念深入，中国企业已经开展焊钳小型化的研究，不过目前的专利申请量还比较小，只有3件且均为实用新型。这表明中国在伺服焊钳领域的研究还处于起步阶段，面对欧美等强国的技术壁垒，中国企业应加强自主研发能力，提高知识产权意识。

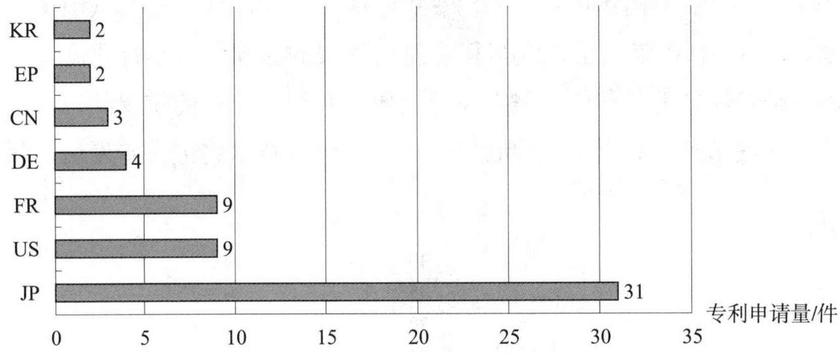

图4 原创国分布

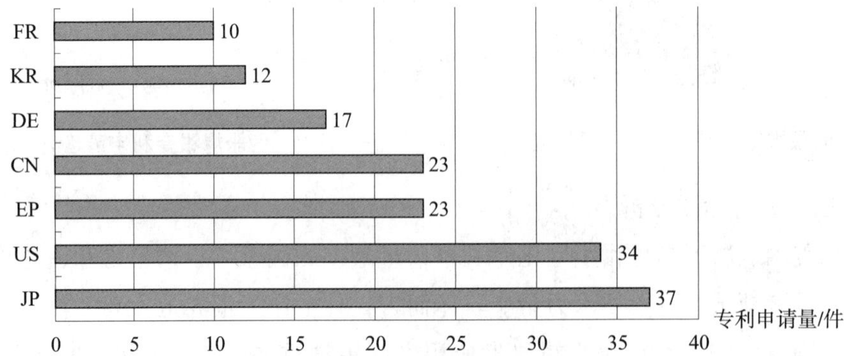

图5 目标国分布

日本、美国、欧洲、中国、韩国是各个企业专利布局的重要市场。日本、美国、欧洲是世界主要汽车和机器人产地，也是主要的汽车消费市场，因此是各大企业竞争和角逐的主要地区。作为汽车新兴市场，中国一直致力于汽车产业的发展和扶持，汽车产销量在2009年跃居世界第一，吸引了世界各大汽车企业在中国抢滩布局，从中国的伺服焊钳小型化专利申请绝大部分来自国外申请也可见一斑。

3. 小型化典型手段专利分析

表1 各国各时段申请量

来源国	结构紧凑	传动装置简化	电机结构简化
时间	1965～1980年		
US		1	
EP			1
时间	1981～1990年		
FR		1	1
DE		1	3

续表

来源国	结构紧凑	传动装置简化	电机结构简化
时间	1991～2000 年		
JP	5	4	4
US		1	
FR	2		
DE			4
时间	2001～2010 年		
JP	4	1	13
US	2	1	4
FR	1	1	3
EP	1		
CN	3		
KR		2	

电机结构简化是伺服焊钳小型化的主要研究方向，申请量最大。日本是掌握小型化专利最多的国家，且在上述 3 个技术方面均有专利申请，尤以电机结构简化的专利申请量大，表明日本对焊钳小型化技术掌握最全面，且掌握了小型化最前沿的技术。其次是美国和法国，专利申请量虽不如日本，但技术覆盖也很全面，自 2001 年以来，技术侧重点主要集中在电机结构简化方面。德国的研究策略有所不同，从 20 世纪 80 年代以来，技术手段主要都集中在电机结构简化方面，一共申请了 7 项专利。

（1）结构紧凑布置。

由于伺服电机输出的是旋转运动，而电极通常只作直线移动，因而需要将驱动电机的旋转运动转化为直线运动。在伺服焊钳机械结构中，滚珠丝杠副以及齿轮减速器是重要的传动元件，上述结构的组成往往导致机械结构变大。对于此类伺服焊钳，小型轻量化的最直接办法就是将驱动部件和传动部件紧凑化布置，以减小空间。

使伺服焊钳结构紧凑主要采用 4 种技术手段：有/无独立的导向装置、电机分离式布置、多电机多电极布置。其中有 10 项申请设置了专门的导向装置用于支撑和引导螺母丝杠中的螺母或推力轴运动，导向的主要方式为导轨导槽或滑套（如 JP2000158144A）。无导向装置的焊钳相对于有独立导向装置的焊钳简化了部分装置（如 CN202271094U），采用该技术手段的专利申请有 6 项，此类伺服焊钳一般用于电极活动空间较小的情况。川崎重工公司于 1999 申请的专利（JP3233619B2）采用电机电极分离式布置方式，用柔性轴连接传动装置来驱动电极，而伺服电机设置在机器人的其他部位，同时传动装置与推力轴之间紧凑布置。丰田自动车株式会社于 1996 年提出同一电机驱动多个活动电极的伺服焊钳模式（CN1182002A），提高了焊钳整体结构布局的紧凑性。

（2）传动装置简化。

传动装置是将电机的旋转运动转换为推杆的直线运动，通常的焊钳传动装置包括齿轮、滚珠丝杠等。传动装置简化的主要手段是省去齿轮传动，直接将电机的旋转运动连接到丝杠上，再由丝杠螺母推动推力轴。即简化传动装置的技术手段主要有：①丝杠与推理轴串联；②丝杠驱动连杆传功；③电机平行布置在丝杠上。简化传动装置的专利申请目前有 15 项，美国的 Taylor Winfield 最早在 1968 年提出申请（US4458131A），通过丝杠驱动连杆的方式来驱动电极的移动，目前该专利已处于失效状态。LORIOT 公司则提出将电机平行布置在丝杠的技术手段（AU2002241007A1），该专利目前处于美国授权状态。

（3）电机结构简化。

电机是驱动焊钳活动焊臂移动的驱动装置，随着空心电机的发明和应用，将空心电机应用于焊钳驱动装置，使其与丝杠螺母一体集成使用，缩小了驱动装置的空间，成为焊钳小型化的重要手段。电机结构简化是伺服焊钳小型化的研究热点和重点，技术细分最多，专利集中度高，参与研究的专利原创国也最多，这也提醒中国企业在这方面开发研究时，应注意相关专利风险规避。

① 空心电机。

小原公司于 2007 年提出一种驱动单元为空心电机的伺服焊钳（CN101298113A）：电机（12）与压力施加驱动主体（8）连同压力施加轴（9）的一部分相结合，电子枪变得紧凑、并且与工件和夹具不会彼此影响。电机的转轴（13）为中空轴，螺杆轴（14）固定于转轴内部，与螺杆轴螺纹连接在一起的螺母（16）设置在压力施加轴内，容纳螺杆轴端侧的中空部件（17）被形成在压力施加轴内，压力施加驱动主体可在压力施加轴的移动方向上被制造得较短（参见图 6）。

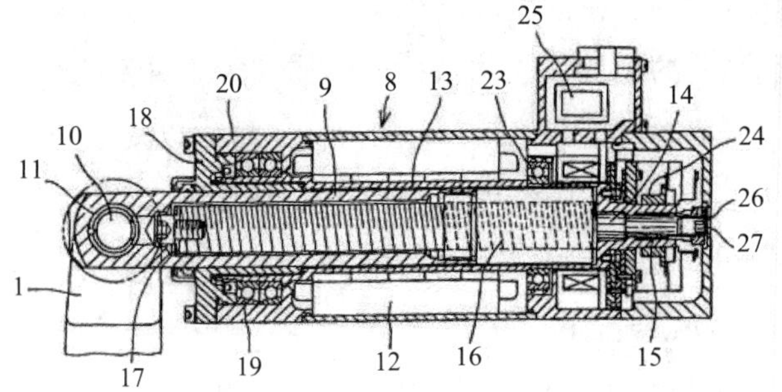

图 6　电驱动单元的纵截面图

在此基础上，小原公司又提交一份专利（CN101337302A）针对焊钳驱动单元作进一步改进：加压轴为滚珠花键轴，将配对滚珠花键轴承（11）的一部分或全部收纳在旋转轴内，使焊接装置的整体长度变短，电动机旋转轴的孔径不增大（参见图7）。

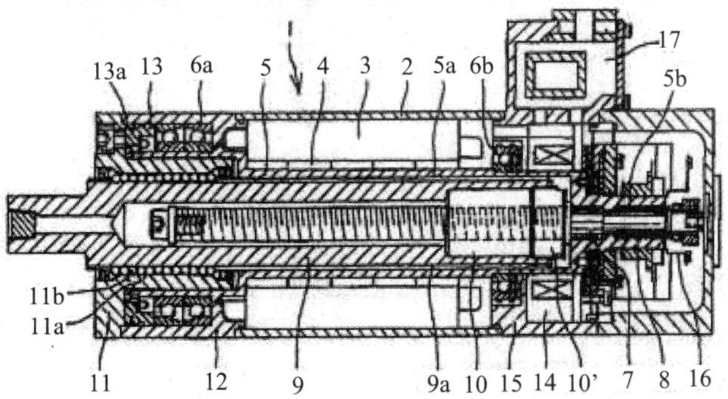

图7　驱动单元的纵剖视图

② 压力轴。

小原公司于1999年开发了一种焊钳结构（US6223971B1）：焊钳驱动单元部分的丝杠螺母外径小于或等于电极驱动装置压力轴（9），使螺母（11）与压力轴之间连接更加简单，压力轴的长度也变短。电机端盖（12）的导向部分做成凹进部分，与电机空心转子内径基本相等，相比于嵌入转子内部的导向结构，在保证具有相同尺寸的压力轴的基础上，该结构具有更小的径向尺寸（参见图8）。

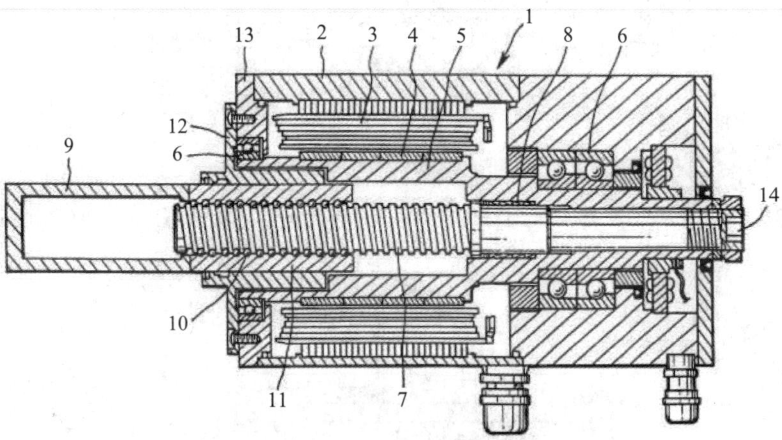

图8　驱动单元的截面图

2000年，小原公司提出一项针对伺服焊钳驱动装置简化的专利申请（JP4371532B2）：压力轴部分位于中空转子轴（5）内，丝杠螺母（10）位于压力轴（9）内并与之嵌合，将电机旋转力矩传递给压力轴，其中的压力轴采用齿盘式防转装置，安装于转子轴内（参见图9）。

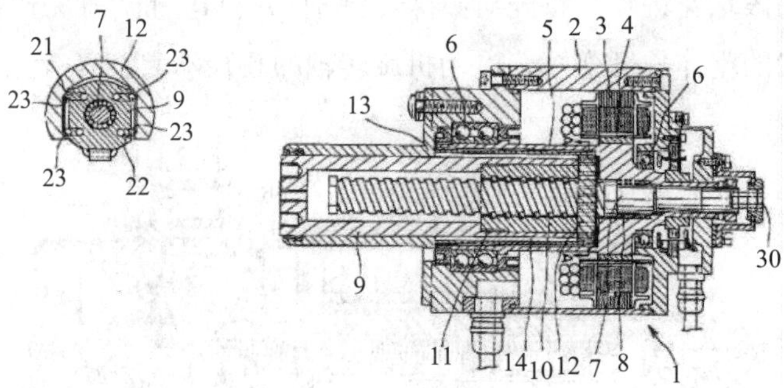

图 9　驱动装置的断面图

小原公司于 2007 年提交了一个针对丝杠螺母结构进行改造的伺服焊钳结构（US2009100950A1）：在丝杠轴连接中空转子的端部通过中空套筒形式的固定部件固定在中空转子上，从而在纵向上缩短驱动单元（参见图 10）。

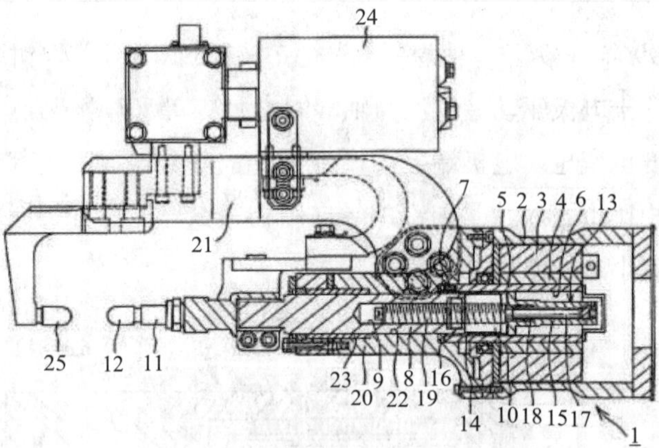

图 10　驱动装置的纵截面图

2002 年，HARTMANN R、SCHMITT－WALTER S、SWAC ELECTRONIC GMBH 公司联合提出一项专利申请（WO03066269A2）：对压力轴（16）进行简化，压力轴仅保留较小的尺寸与焊臂连接，使焊钳的纵向尺寸大大减小（参见图 11）。

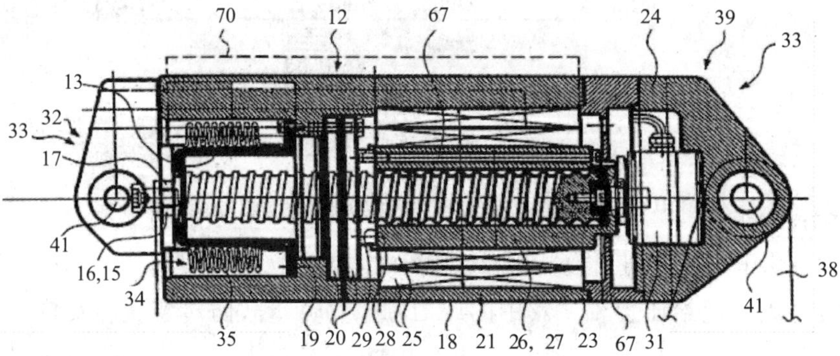

图 11　驱动装置的纵向剖面图

本田技研工业株式会社于2009年提出一种具有空心电机的焊钳（CN102101214A）：包括进给丝杠机构（40）、中空伺服电机（10），进给丝杠机构与伺服电机连接，进给丝杠机构具有利用伺服电机提供的旋转力沿规定方向往复移动的杆（43），可动电极与杆的前端部连接，可动电极利用杆的往复移动相对于固定电极片进行开闭动作（参见图12）。

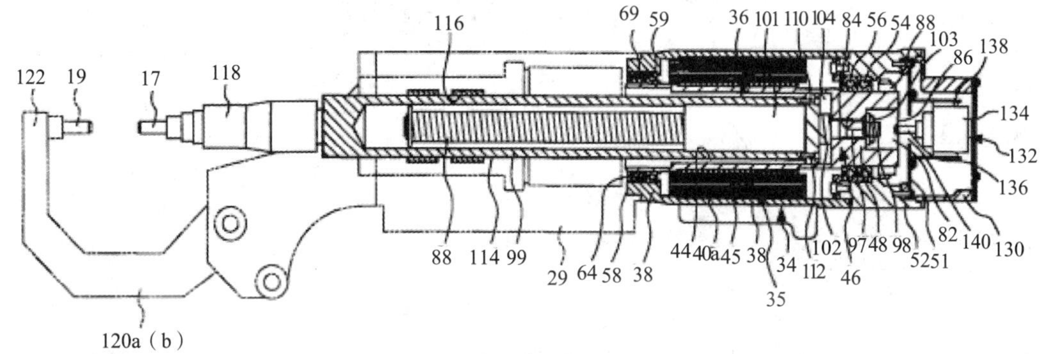

图12　焊枪结构的剖视图

此后，本田技研工业株式会社于2008年提出一种与上述专利相似的中空驱动单元焊钳（DE102009036219A1）：驱动单元中丝杠螺母与压力轴做成一体，使压力轴包括中空部分和螺母部分，既能防止压力轴转动，又在轴向缩小了传动距离（参见图.13）。

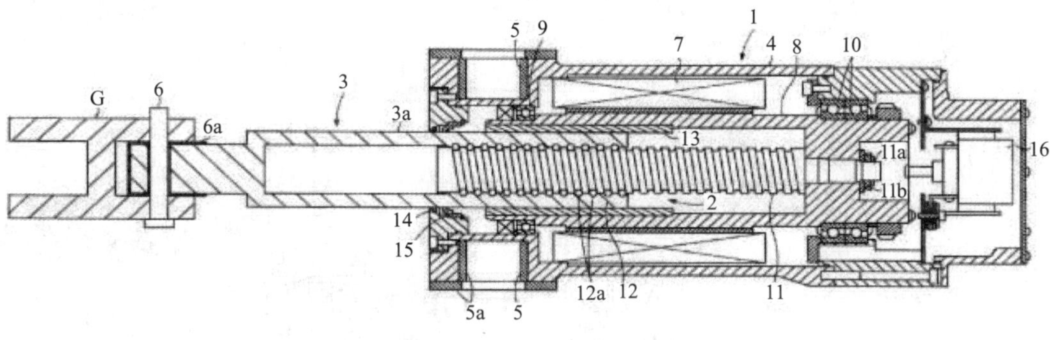

图13　驱动装置的截面图

③ 减速器。

2002年，本田技研工业株式会社提出一项专利申请（CN102145431A），通过设置行星减速器以简化驱动单元的结构：焊钳以中空电动机（10）为驱动源，包括加压轴（43）、滚珠螺母（42）、滚珠螺杆（41），加压轴使电极片（62）进退，滚珠螺母与加压轴连结，滚珠螺杆与滚珠螺母螺合（参见图14）。

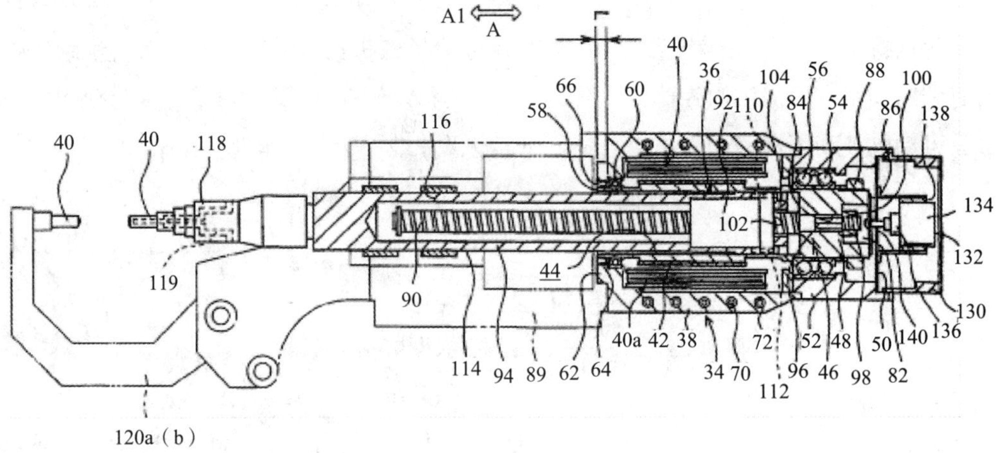

图 14　焊枪结构的剖视图

④ 编码器。

2010 年，本田技研工业株式会社提出一项专利申请（CN102371426A），涉及一种能够缩短电动机驱动单元的轴向长度的电动式点焊枪：使与加压杆相反侧的转子的后端部和编码器的输入端部朝向同一方向，转子及编码器在电极片相对于加压杆发生偏置的偏置平面内平行配置（参见图 15）。

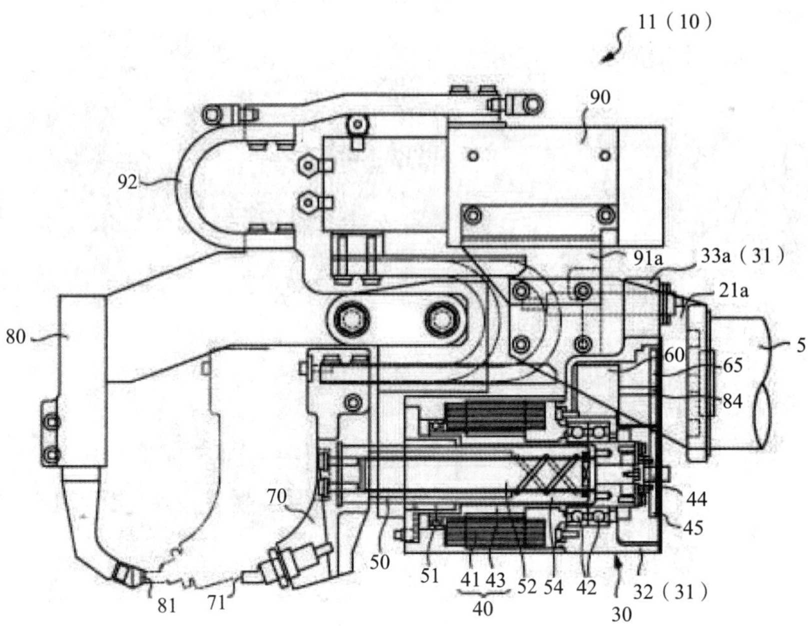

图 15　电动式点焊枪的剖面图

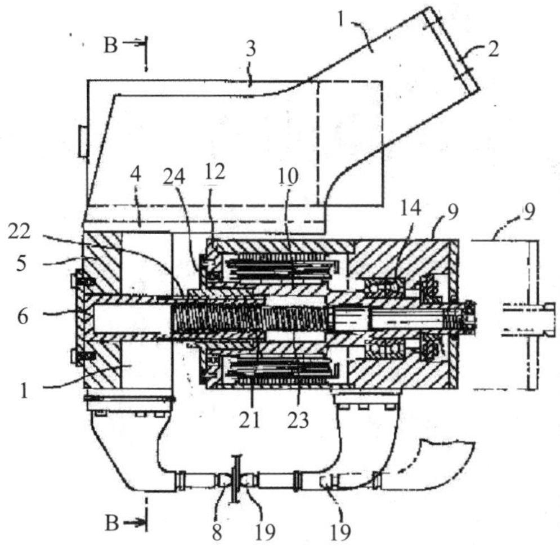

图 16　电动式点焊枪的断面图

⑤ 焊臂。

2001 年，小原公司提交一项专利申请（JP2003094171A）针对焊臂结构进行改进：固定焊臂（8）与压力轴（6）一端固定连接，丝杠螺母（23）位于压力轴内，活动焊臂（19）支撑中空电机（9）并与之固定连接，螺母（21）与压力轴一体成型。当中空转子带动螺母丝杠旋转时，活动焊臂与电机同时沿着螺母和压力轴作往复运动，与传统的焊钳两个焊臂均不动、仅压力轴活动的结构相比，该结构缩短了焊钳的长度（参见图 16）。

四、小　结

焊钳小型化是伺服焊钳领域的典型技术问题，当今世界各国主要通过紧凑布置驱动机构、传动机构、焊臂或简化传动结构或简化电机结构来实现，其中又以简化电机结构最为常见，包括设计空心电机、压力轴、减速器、编码器、焊臂等技术手段。随着工业机器人产业及汽车行业的蓬勃发展，点焊技术的广泛应用，相信机器人焊钳的小型轻量化技术将进一步发展和更新。

参考文献

[1] 专利分析实务手册［M］. 北京：知识产权出版社，2012：180－188.

液体透镜的中国专利技术发展趋势

张瑜

摘　要　本文通过统计液体透镜领域的中国专利申请量分布，对其技术发展趋势和方向进行了浅要分析，以期理清发展现状，提高审查效率。

关键词　液体透镜　电润湿　液晶透镜　专利技术分析

一、引　言

随着数码相机、手机、内窥镜等光电产品的日益发展，对于光学系统的小型化、轻量化和低成本也有了更高的要求。传统的镜头是以玻璃或塑料为基材，其对焦和变焦的功能需要机械装置移动镜组来实现，这些传统的机械方法阻碍了镜头的进一步小型化。而液体透镜在使用材料和结构上与传统透镜不同，是使用一种或多种液体制成的无机械连接的光学元件，可以通过外部控制改变光学元件的内部参数，工作原理类似于人眼的聚焦机理。因此，近年来小尺寸、可变焦距的液体透镜的研发越来越受到重视。由于传统的机械式驱动透镜已不能充分满足手机等小型光电设备的需求，而结构紧凑的液体变焦透镜更能顺应设备小型化的发展趋势，因此有必要从专利申请的角度了解近年来液体透镜的技术发展趋势。

本文通过统计 1986 ~2012 年期间在液体透镜领域的中国专利申请量分布，对该领域的技术发展趋势和方向进行了浅要分析，主要以 S 系统中的中国专利文摘数据库（CNABS）作为专利数据采集样本，检索数据截止至 2013 年 11 月 12 日被收录的公开专利申请。

二、液体透镜技术简介

液体透镜使用的介质多为液体和液晶，基于工作原理和结构，目前主要包括以下 3 个种类。

1. 通过机械力改变透镜结构参数的液体透镜

这种类型液体透镜的工作原理为：通过机械力对液体表面加压，从而改变液体分布以实现变焦。具体结构可如图 1 所示，由柔性透光膜（1）、内充透光液体（2）组成，透光膜内可以充填液体，在透镜圆周外缘处设有加压装置，加压装置可以由上压圈（4）、下压圈（3）及两压圈之间的压力弹簧组成，通过调整上、下压圈的压力改变液体透镜的曲率半径。这种液体透镜结构简单，成本低，但是变焦范围有限，图像不够清晰。

2. 基于电润湿效应的液体透镜

电润湿效应是一种物理化学现象，是通过液体—固体界面的外加电压来控制液体在固体面上的润湿特性，从而使液滴产生形变，驱使液滴运动。基于电润湿效应的液体透镜的原理结构，如图 2 所示，包含具有不同折射率的两种不混溶流体 A 和 B，所述流体中的一个是导电的，另一个是绝缘的。通过在透镜上施加电压操纵两种流体之间的界面形状，从而改变透镜焦距。目前电润湿透镜式液体透镜具有响应速度快、调焦范围广、性能稳定的优点，但仍需要从降低驱动电压、加宽工作温度范围和提高光轴稳定性的方面进行改善。

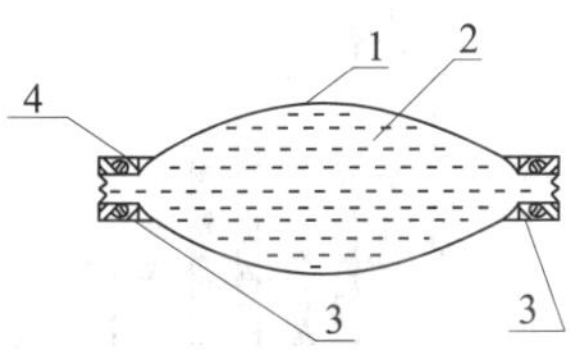

图 1　通过机械力改变透镜结构参数的液体透镜

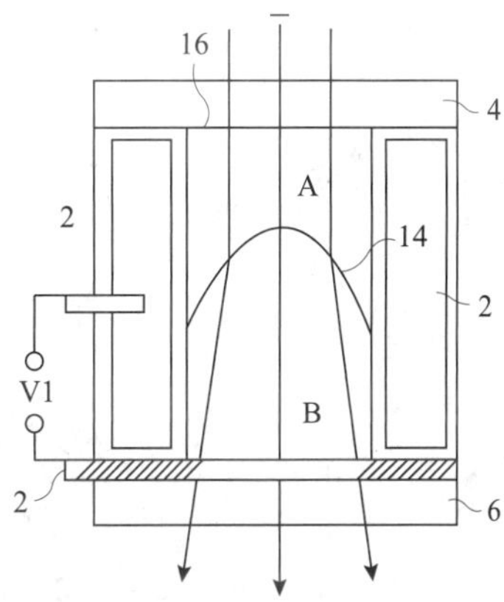

图 2　基于电润湿效应的液体透镜

3. 通过加电改变液晶分子排列状态从而改变折射率的液晶透镜

液晶透镜的结构类似于液晶显示器件，通过电场的变化控制液晶盒中液晶分子的取向，从而得到不同的折射率分布。其主要结构如图 3 所示，包括：第一基板（220）；第二基板（240），第二基板对应第一基板设置；液晶层（260），设于第一基板及第二基板之间；第一电极层（225），设于第一基板上的面对第二基板的一侧；第一配向层（230），设于第一电极层上，第一配向层具有多个第一区域，其中第一区域的配向方向从一侧到相对的另一侧是逐渐改变且对称的，使得液晶分子 262 逐渐往水平方向倾斜，借此达到液晶透镜的效果。目前，液晶透镜的优点是分辨率高，电场可以精确控制，但缺点是工作电压高，焦距变化小。

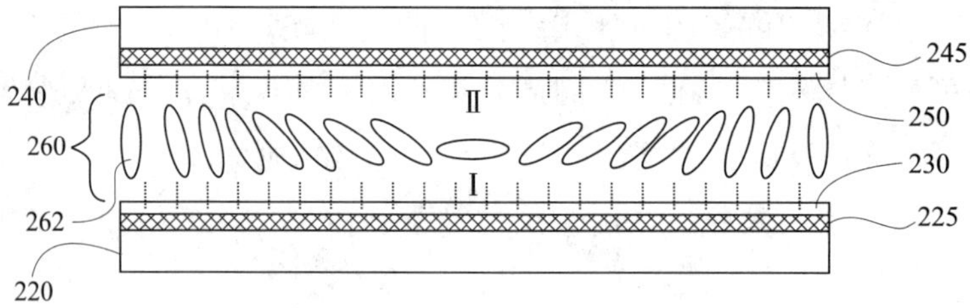

图3　液晶透镜

三、液体透镜相关专利申请分析

图4是1986~2012年之间涉及液体透镜的中国专利申请量分布图，2003年之前仅有少量申请，伴随着光学器件的不断小型化，该技术领域近10年来得到了大力发展。国内申请人的申请量也从一开始的大幅落后发展为逐步赶超，如图5所示。当然这其中不同类型的液体透镜的技术发展趋势并不相同，以下将分电润湿液体透镜、液晶透镜和机械注液透镜等其他类型液体透镜进行进一步对比分析。

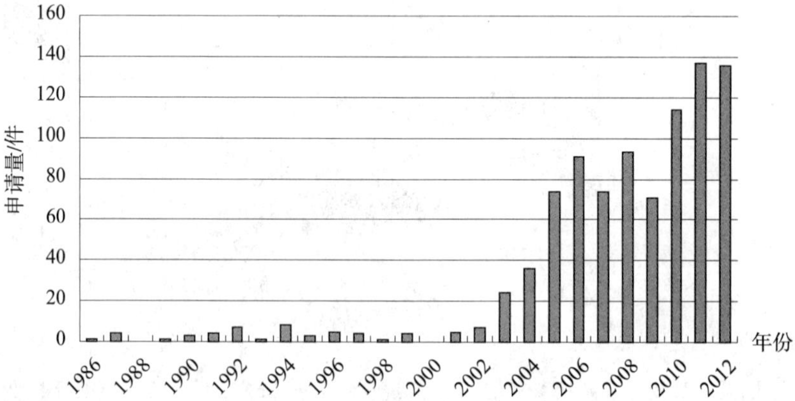

图4　液体透镜相关专利申请年度分布

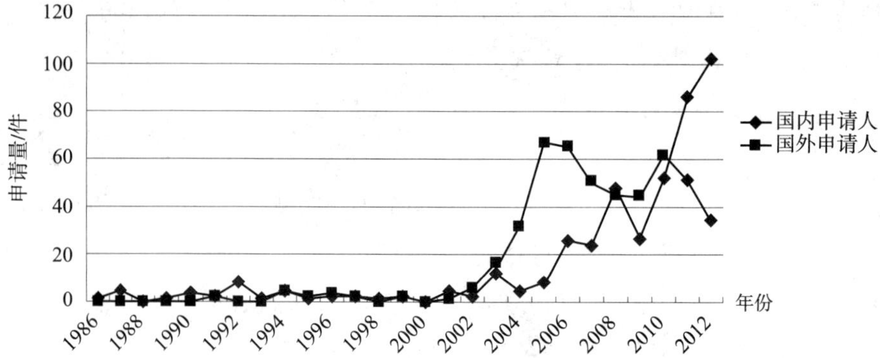

图5　液体透镜国内与国外申请人申请量比较

参照图6中的数据，液体透镜领域的快速发展主要是从2003年开始，在此之前仅有少量结构较为简单的机械注液透镜申请，而2003年之后，该领域得到了快速发展，并且其中电润湿液体透镜和液晶透镜的发展最为突出，电润湿透镜的申请量在2003～2005年期间的发展最为迅猛，但之后的几年中出现了逐步下降的趋势，而液晶透镜则是在2003年之后一直保持稳步增长，并与2009年开始进入新一轮的快速增长期。目前电润湿液体透镜和液晶透镜均已有较为成熟的产品，且已被应用到多种光学器件中。除此之外，其他类型液体透镜中，有些不具有广泛工业应用的前景，有些尚处于研究阶段，目前发展还相对缓慢。以下针对三组不同类型液体透镜的国内外申请人的中国专利申请量做进一步分析，并研究三组液体透镜的技术特点给审查工作带来的影响。

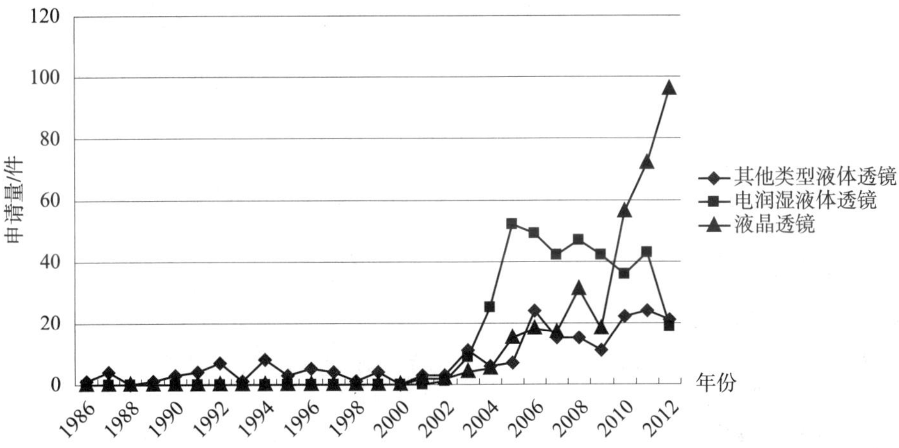

图6　三组液体透镜申请量对比

（一）电润湿液体透镜

涉及电润湿液体透镜的中国专利申请，是由皇家飞利浦电子有限公司于2001年提出的，虽然国内申请人涉及该领域的专利申请滞后了5年左右，但从申请量上看，目前已逐步跟上。但是进一步统计发现，国外申请人中主要申请人包括皇家飞利浦电子有限公司、瓦里奥普蒂克公司、索尼株式会社，均为公司申请，而国内申请人中的主要申请人包括东南大学和南京邮电大学，均为院校申请。可见，尽管从申请量和科研角度来说，在这一领域我国和国外的差距正在显著缩小，但是国外申请人不仅在核心专利还是在实际产品方面均仍占有显著优势，因此目前我国在电润湿液体透镜的产品化上还有待进一步发展。目前该技术领域的专利申请主要涉及：（1）从透镜的结构、电极的控制或流体配方等方面进行改善来增大电润湿透镜的光功率和性能；（2）照相机、手机、光盘记录/再现装置、投影设备、扫描装置、显示装置等光学系统中具体使用的电润湿液体透镜。根据图7可知，电润湿液体透镜的申请量在近年来呈逐渐下降的趋势，这其中的部分原因是由于起初对于电润湿技术的应用研究多是集中于电润湿透镜的形式，然而随着该技术的不断发展，电润湿单元已经可以被直接应用到各种光学器件中实现所需的功能，而不再局限于透镜的形式，因此就审查角度来说，对于电润湿液体透镜申请的检索已经不能只限于液体透镜领域了，具体来说在检索中可考虑的关键词有：电润湿、电湿、电浸润、electrowetting 等，在分类号方面，至少应当考虑液体透镜和电润湿两个领域，例如在国际专利分类体系（IPC）中液体透镜相关分类号为 G02B 3/12 和 G02B 3/14，在欧洲专利分类体系（ECLA）中，液体透镜相关分类号为 G02B 3/12、G02B 3/14，电润湿相关分类号为 G02B26/00L、G02B26/00L1。

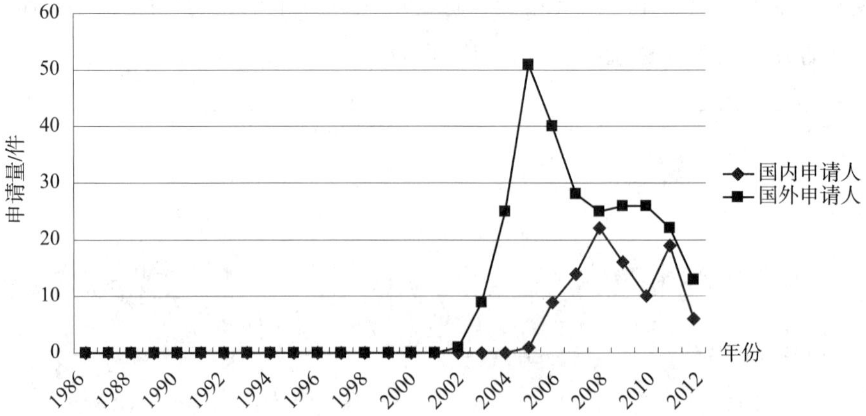

图 7　电润湿液体透镜国内与国外申请人申请量比较

（二）液晶透镜

尽管涉及液晶透镜的首次中国专利申请是由中国科学院长春光学精密机械与物理研究所于 2001 年提出的，但从申请量上看国内申请人在其后的发展有所滞后，直到 2011 年才进入迅速发展阶段并从申请量上逐步超越了国外申请人。进一步统计发现，国外申请人中主要申请人包括索尼公司和乐金显示有限公司，国内申请人中主要申请人包括深圳超多维光电子有限公司、京东方科技集团股份有限公司和深圳市华星光电技术有限公司。伴随着液晶领域和 3D 显示技术的快速发展，国内企业在液晶透镜的研发及其在光学器件特别是显示器件的应用方面都取得了明显进展。目前该技术领域的专利申请主要涉及：（1）从液晶透镜的结构、控制电极等方面进行改善；（2）镜头模组、显示装置特别是立体显示装置等光学系统中具体使用的液晶透镜。根据图 8 可知，2009 年之后，国内申请人在该领域的申请量增长迅猛并快速超过了国外申请人的申请量，因此就审查角度而言，目前在检索液晶透镜的专利申请时要进一步加强关注国内的专利申请，注重中文数据库的检索。具体来说，液晶透镜在检索中可考虑的关键词有：液晶透镜、双折射透镜、liquid crystal lens、LC lens、birefringence 等，在分类号方面，可从液晶透镜及所应用的领域特别是立体显示领域进行考虑，例如在国际专利分类体系（IPC）中相关分类号涉及 G02F 1/29、G02F 1/13 及其下相关小组、G02B 3/12、G02B 3/14 和 G02B 27/22 等，在欧洲专利分类体系（ECLA）中还可考虑进一步细分相关分类号，例如 G02F 1/1343A、G02F 1/1347A、G02F 1/1335L、G02B 27/22L 等。

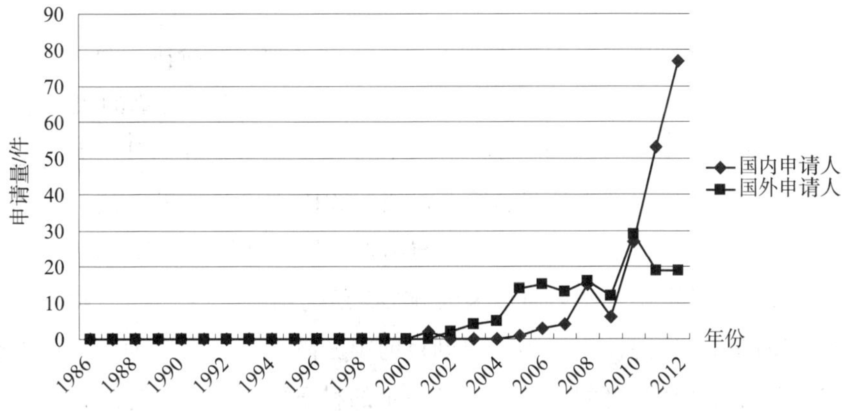

图 8　液晶透镜国内与国外申请人申请量比较

（三）其他液体透镜

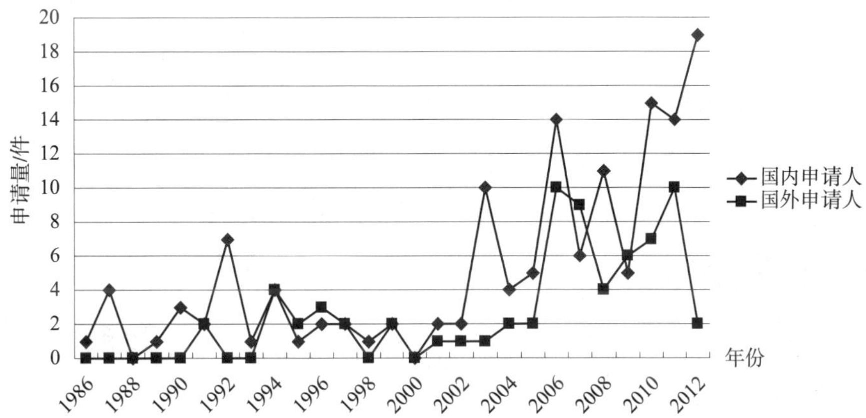

图 9　其他类型液体透镜国内与国外申请人申请量比较

其他类型的液体透镜中包括有通过机械力改变液体透镜形状体积从而实现变焦的液体透镜，磁场控制磁性流体的液体透镜，基于逆压电效应的液体透镜、微流控变焦液体透镜和电激活透镜等。申请量一直是以国内申请人的申请为主，申请人分布也较为分散，其中国内的个人申请多集中于简单机械注液透镜，该类型液体透镜多用于太阳能聚光、眼镜和教具等领域。除此之外，上述其他类型的液体透镜还有待进一步研究，以加强产业化。从审查角度来说，虽然这些种类的液体透镜的分类号多集中于 G02B 3/12 以及 G02B 3/14，但是在检索时也可根据具体的结构特征和应用领域来适当扩展关键词和分类号。

四、小　结

综上所述，液体透镜领域的中国专利申请总体可分为 3 个阶段：第一阶段，1986 ~ 2003 年属于该领域的萌芽阶段，申请量少，发展缓慢，并且以简单的机械注液透镜为主；第二阶段，2003 ~ 2010 年，电润湿透镜和液晶透镜逐步发展，其中尤以电润湿透镜发展最为突出，占据了大多数申请量；第三阶段，2010 年至今，液晶透镜发展迅猛，特别是国内申请人的申请量增长最为快速，这与国内液晶产业和裸眼 3D 技术的快速发展密不可分。在上述 3 个阶段中，国内申请人的分布有所变化，从第一阶段以个人申请为主，过渡到了第二阶段以科研院校申请为主，到目前第三阶段已经发展为由公司申请占据主导，可见我国公司在液体透镜领域已经具备一定的科研实力，并且愈加注重知识产权保护和核心技术的研发。

通过统计 1986 ~ 2012 年期间的液体透镜中国专利申请量，初步总结和分析了液体透镜目前的发展状况和趋势，并浅要分析了如何面对这些变化，调整检索策略。

照明领域的全球专利申请状况分析

李清娜　张苗**　杨婷　李闻　苑佳丽

摘　要　以S系统中检索到的照明领域相关专利文献为基础，从CPC分类号分布、专利申请量、申请人、国家/地区分布、重点技术分析等方面对照明领域在全球的专利申请状况进行了深入分析，为我国照明领域的技术发展提供参考。

关键词　照明　专利申请　LED

一、引　言

回顾人类照明的发展历史，主要经历了3个阶段，白炽灯时代、荧光灯时代以及LED灯时代。每一次照明的变革都将人类带入到一个新的“光明”境地。LED灯的出现，被称为人类照明史上的“第三次革命”。LED是发光二极管（Light Emitting Diode）的简称，这是一种半导体固态发光元件，利用外加电压使半导体PN结中电子和空穴的结合而发光。20世纪60年代，红光LED首次在产业上出现，至90年代，已经研发出了能够发出从红光到蓝光的各种色光的LED，并且可以通过一定的混合方式得到白光。

由于LED具有体积小、设计紧凑、坚固稳定性好、发热少、寿命长、亮度高、发光响应速度快、工作电压低等优点，LED光源在21世纪得到了迅速发展，逐渐覆盖到了室内照明、商业照明、道路照明、背光照明等多个领域，并且开始逐步取代传统的光源。相应的，近些年来照明领域专利申请中绝大多数都涉及照明LED。

本文利用S系统中的SIPOABS、EPODOC等数据库，统计的时间节点是2013年11月13日，从多方面对照明领域的专利申请（以分类号F21为主）进行了统计分析，并且在讨论时侧重于关注LED的申请情况，为我国照明领域的技术发展和专利申请提供参考。

二、照明领域全球专利申请概况

1. 专利申请的分类号分布情况

通过统计EPODOC数据库中分类号为F21的专利，申请量排名前十位的CPC分类号

** 等同第一作者。

如图 1、表 1 所示：

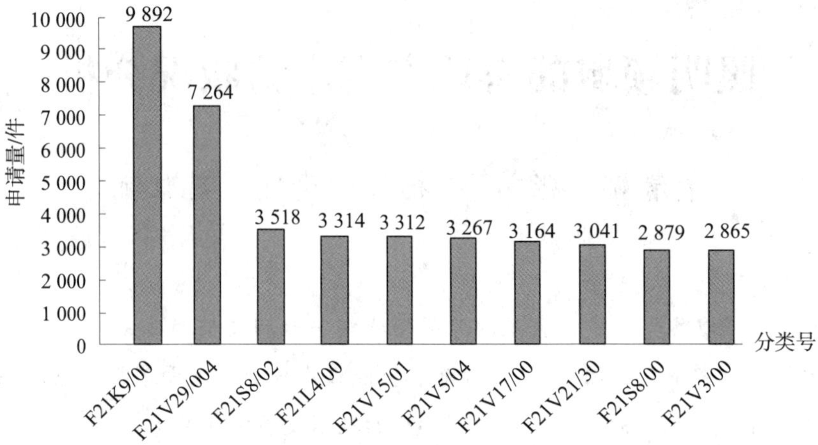

图 1　申请量前十位的 CPC 分类号

表 1　申请量前十位的 CPC 分类号

顺序	CPC 分类号	涉及的内容	申请量（件）
1	F21K 9/00	使用半导体装置作为光源产生元件的电照明灯	9 892
2	F21V 29/004	自然冷却	7 264
3	F21S 8/02	凹槽镶嵌式的照明装置系统	3 518
4	F21L 4/00	带有机内电池或电池组的电照明装置	3 314
5	F21V 15/01	箱体，如箱体部件的材料或组装	3 312
6	F21V 5/04	光源的折射器，透镜形的	3 267
7	F21V 17/00	照明装置组成部件，如遮光装置、灯罩、折射器、反射器、滤光器、荧光屏或保护罩的固定	3 164
8	F21V 21/30	可调的架座，转套或转架	3 041
9	F21S 8/00	准备固定安装的照明装置（F21S 9/00，F21S 10/00 优先；使用光源串或带的入 F21S 4/00）	2 879
10	F21V 3/00	灯罩；反光罩；防护玻璃罩（折射性质的入 F21V 5/00；反射性质的入 F21V 7/00）	2 865

可以看出：在照明领域的专利申请中，分类号为 F21K 9/00 的专利量最多。而该分类号中的“半导体装置作为光源”的灯具主要是 LED 照明装置。由此也可以证明 LED 的发展在照明领域专利申请中占居着重要的地位。

申请量排名第 2 位的分类号为 F21V 29/004。通常，照明装置中有对流、传导和辐射 3 种散热方式。散热是照明领域需要解决的重要问题，散热技术的好坏往往成为产品是否有市场竞争力的关键所在。因此，其相关研发也成为了热点，相关专利数量巨大。

申请量排名第3位的为 F21S 8/02，其包括了各种具有凹槽型底座或向下照射的射灯，凹槽形底座是照明领域广泛应用的底座类型。

申请量排名第4位的为 F21L 4/00，其涉及所有供电方式为电池或电池组的照明装置。随着便携式电照明以及太阳能蓄电池路灯日益发展，以电池供电的照明装置也是研究的热点。

同时，从表1中还可以看出：排名第2位、第5～8位、第10位的均属于照明装置或其系统的功能特征或零部件，可以看出照明装置部件改进的热点，其中，散热部件由于影响着照明装置的使用寿命和发光效率，因此成为研究最多的内容。排名第3位、第4位、第9位所涉及的均为照明系统的类型划分，第3位、第9位所涉及的均为固定安装的照明装置，第4位涉及便携式照明装置。

2. 专利申请的年度发展趋势

通过统计S系统 SIPOABS 数据库中的 F21 照明领域的数据，共检索到 601 555 件相关专利文献，其中2012年之后的专利申请由于公开时间滞后的原因而导致数据不完整，因此本文主要对2002～2011年的情况进行统计分析。

其中2002～2011年的照明领域专利申请量随年代分布情况如图2所示。从图2可以看出，在此期间，照明技术在全世界范围的申请量逐年增加。其中，从2002～2007年，申请量的增长是相对比较缓慢的，而从2007～2011年，申请量快速增长趋势明显。这在一定程度上与LED的发展有着密切的关系：自从澳大利亚于2007年在世界上第一个出台了禁止使用白炽灯的法规之后，各国政府积极制定环保法规，纷纷制订 LED 照明政策，积极推动 LED 照明产业发展，与此同时，中国也出台了多项与照明技术相关的扶持政策。在市场与法规双重利益刺激下，全球 LED 产业规模呈快速增长之势，伴随着 LED 照明在全球兴起的浪潮，整个行业的市值呈现爆发式的增长。因此相应的专利申请量也呈现出迅速增长的趋势。

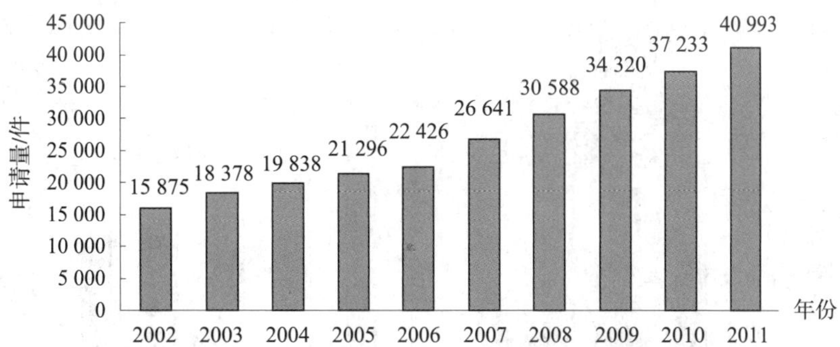

图2 全球照明领域专利申请量的年度分布

3. 申请量的区域分布

通过统计S系统 SIPOABS 数据库中的 F21 照明领域的数据，得出图3所示的专利申请的申请量分布情况，上述专利申请是指在这些国家、地区和组织中的提出的专利申请。

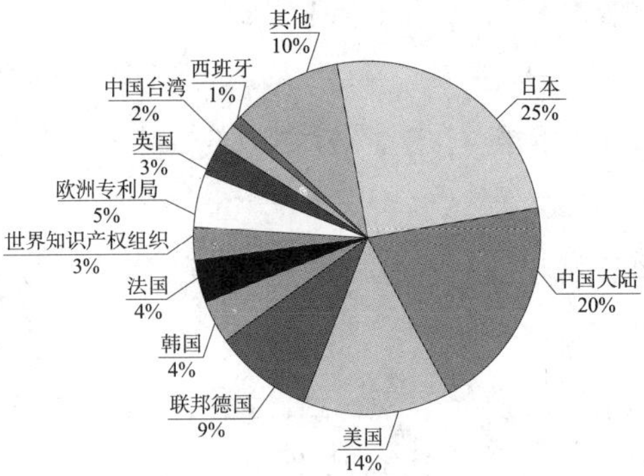

图3　全球照明领域专利申请量的区域分布

在以下国家、地区和组织提出的照明领域的专利申请总量处于前列：日本、中国大陆、美国、联邦德国、韩国、法国、世界知识产权组织、欧洲专利局、英国、中国台湾、西班牙。其中，日本占25%，中国大陆占20%，美国占14%，联邦德国占9%，中国台湾占2%。从上面数据来看，照明领域的技术和市场在世界各地都受到了重视，其中，日本、中国大陆、美国是热点地区。

4. 全球前三名国家/地区申请量对比分析

由图3可以看出全球申请总量位于前三名的国家是日本、中国大陆和美国。通过统计SIPOABS中日本、中国和美国照明领域的专利申请量，日本、中国、美国于2002～2011年在照明领域的申请量随年代分布的情况分别如图4、图5、图6所示。

由图4可以看出，日本从2002～2011年在照明领域的专利申请量呈现出先增长后下降的趋势。其中2007～2008年是转折点。这在一定程度上是由于2008年美国次贷危机爆发、随之而来的欧美债务危机和创纪录的日元超升，使得日本经济受到了影响，而2011年日本大地震，以及泰国洪水等自然灾害的影响，均影响了日本经济，在一定程度上也影响了日本照明领域的专利申请量，导致申请量在2008～2011年有所回落。

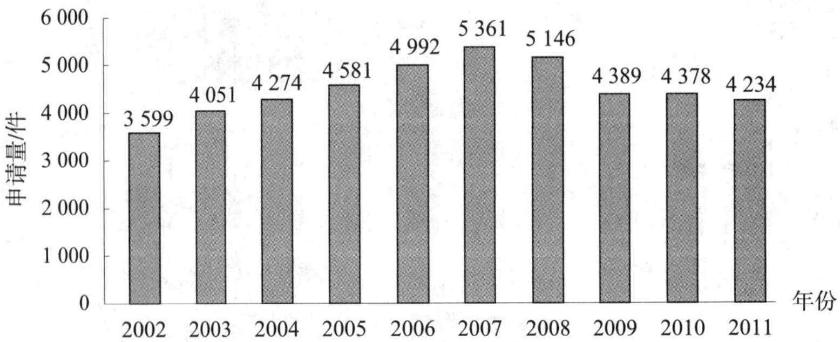

图4　日本照明领域专利申请量的年度分布

图5中专利申请量为发明和实用新型的总量，从图5中可以看出，中国照明领域的专利申请在2002~2006年的数量比较少，增长较为缓慢，2007~2009年申请量由6 191件增长到12 643件，三年间申请量翻了将近一倍，此后增长仍然继续，2010年申请量达到15 800件，2011年达到21 007件。可以看出，近5年中国照明领域迅猛发展，这一数据变化与我国照明技术的发展经历非常吻合。2003年6月17日，我国科技部牵头成立跨部门、跨地区、跨行业的“国家半导体照明工程协调领导小组”，2005年，在“十五”攻关计划中的紧急启动半导体照明产业化关键技术重大项目，2006年，在“十一五”开局，国家把半导体照明工程作为重大工程进行推动。由于我国起步较晚，专利陷阱满布、技术不够成熟、成本高居不下，在2003~2006年间，刚闯进LED产业的企业尝尽各种苦头。到2006年为止，科技部成功批准上海、大连、南昌、厦门以及深圳作为产业化基地，其中深圳地区的发展更为迅猛，自2007年开始，我国照明领域的发明申请量也随之出现了明显的增长。

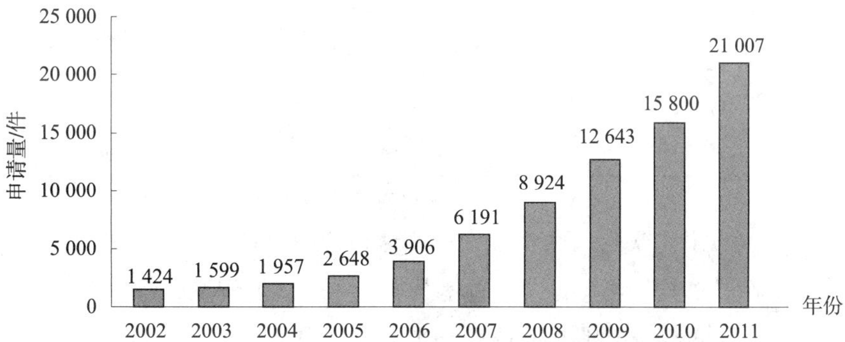

图5 中国照明领域专利申请量的年度分布

由图6可以看出，美国在2002~2003年，年申请量稳定在3 300件左右，2004~2007年年申请量在4 539~4 876件之间，其中2008年申请量突破5 000多件，可能受次贷危机影响，2008年后申请量逐年减少，截至2011年申请量为4 096件。其发展规律与日本的比较相似。

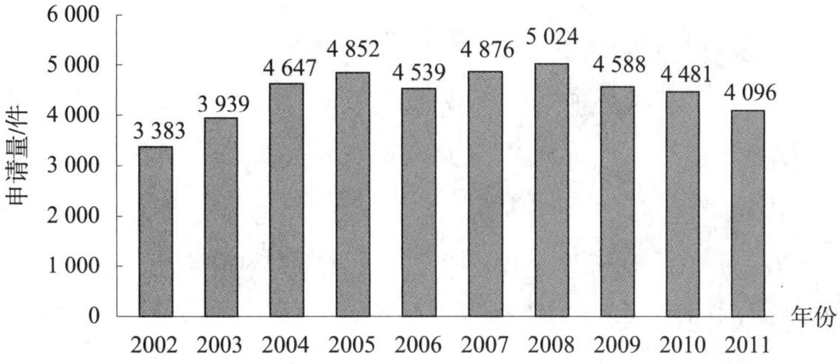

图6 美国照明领域专利申请量的年度分布

5. 全球主要申请人分析

通过统计 EPODOC 数据库中 IPC 分类号为 F21 的专利申请，共检索到 492 223 件相关文献。进一步对这些专利申请的申请人进行统计后，排名前 10 位的申请人和申请量如表 2所示：

表 2　照明领域全球排名前 10 位的申请人

排名	申请人中文名称	申请人英文名称	国别	申请量（件）
1	株式会社小糸制作所	KOITO MFG CO LTD	JP	5 589
2	夏普株式会社	SHARP KK	JP	4 945
3	皇家飞利浦电子股份有限公司	KONINKL PHILIPS ELECTRONICS NV	NL	4 875
4	东芝照明技术株式会社	TOSHIBA LIGHTING & TECHNOLOGY	JP	4 308
5	松下电工株式会社	MATSUSHITA ELECTRIC WORKS LTD	JP	4 302
6	斯坦雷电气株式会社	STANLEY ELECTRIC CO LTD	JP	2 771
7	松下电器产业株式会社	MATSUSHITA ELECTRIC IND CO LTD	JP	2 200
8	三星电子株式会社	SAMSUNG ELECTRONICS CO LTD	KR	2 195
9	市光工业株式会社	ICHIKOH INDUSTRIES LTD	JP	2 138
10	精工爱普生株式会社	SEIKO EPSON CORP	JP	1 763

从表 2 中可以看出，截至统计日，日本的株式会社小糸制作所、夏普株式会社、东芝照明技术株式会社、松下电工株式会社等公司在 F21 照明领域的专利申请量都比较大。同时，荷兰的皇家飞利浦电子股份有限公司以及韩国的三星电子株式会社在该领域也很有实力。在排名前十位的申请人中，有 8 家申请人属于日本，说明日本在该技术领域的研发能力比较强。此外，上述前十名中没有中国的申请人，说明我国相关企业在照明领域方面的研发在全球范围内相比还比较薄弱，需要进一步加大在该领域的研发力度。

6. 全球主要申请人重点技术分析

以下将对申请量排名靠前的几个主要申请人的专利申请的分类号、年度分布进行统计，由此分析其重点技术的分布情况。

（1）株式会社小糸制作所（KOITO MFG CO LTD）。

株式会社小糸制作所是日本最大的汽车照明灯公司，世界知名的汽车灯具制造企业，以汽车照明产品为主营业务，产品还涉及火车、航空、船舶、交通用照明器。其专利申请的重点技术也集中于与车灯相关的内容。

在 EPODOC 数据库中，对于该公司在 F21 领域的专利申请进行 CPC 分类号的统计，申请量从高到低排序如图 7、表 3 所示。

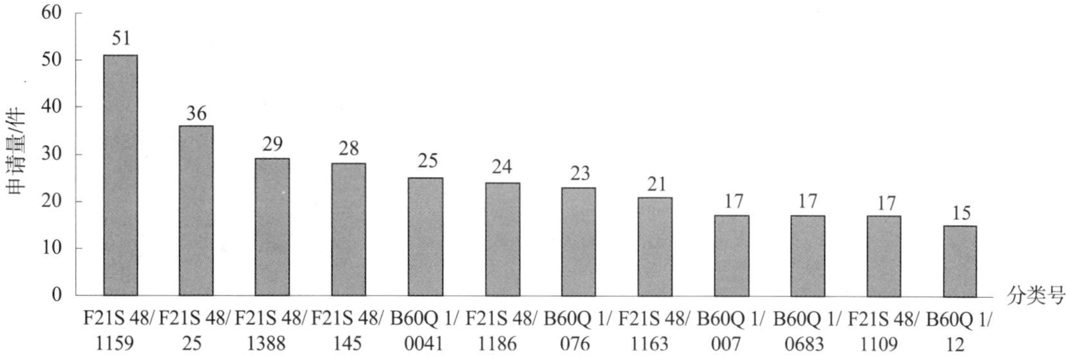

图 7　株式会社小糸制作所照明领域专利申请量与 CPC 分类号对照表

表 3　株式会社小糸制作所照明领域专利申请量分类号前 4 名

分类号	分类号内容
F21S 48/1159	采用 LED 的、头灯的主发光方向与光轴成一定角度的
F21S 48/25	以美感元件或者除光源、反射器/折射器之外的、如隔墙、盖体或者装饰物元件为特点的
F21S 48/1388	以反射器为特点的光学设计，包括两个或更多个反射器的
F21S 48/145	屏、非反射部件、遮光部件或固定罩的具体形状

在 CPC 分类表中，F21S 48/00 之下的分类号涉及的就是“尤其适用于车辆的照明装置或系统”（即与车灯相关的技术内容）。从表 3 中可以看出，株式会社小糸制作所的主要申请集中 LED 光源的车灯出光方向的设计、美感元件的设计、反射器的设计、遮光部件的设置等方面。

通过对株式会社小糸制作所年申请量进行统计后得到如图 8 所示的申请量—年份图。通过上述年度申请量分布可以看出，2002 年该公司的专利申请量为 320 件，2003 ~ 2010 年每年申请量均稳定在 200 ~ 300 件之间，2011 年申请量为 337 件，这说明该公司重视研发产品种类，持续稳定地进行产品研发工作，从而实现产品品质稳步持续提升。

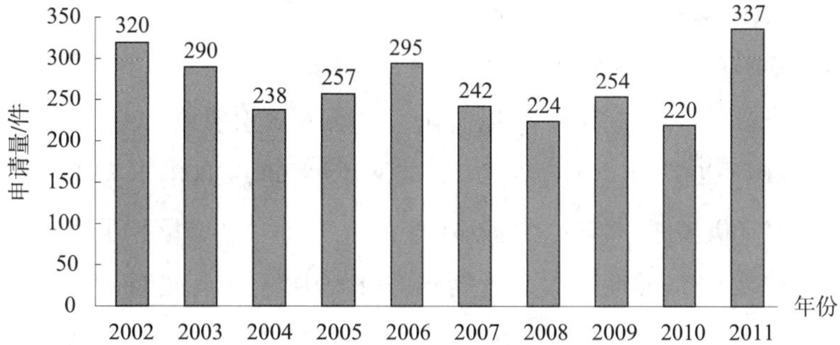

图 8　株式会社小糸制作所照明领域年度申请量分布

（2）夏普株式会社（SHARP KK）。

夏普株式会社在光电领域的产品主要包括显示器、投影仪、手机等电子设备。相应的，该公司在F21领域的专利申请也集中于用于显示器中的照明模块。

在EPODOC数据库中，对于该公司在F21领域的专利申请进行CPC分类号的统计，申请量从高到低排序如图9、表4所示：

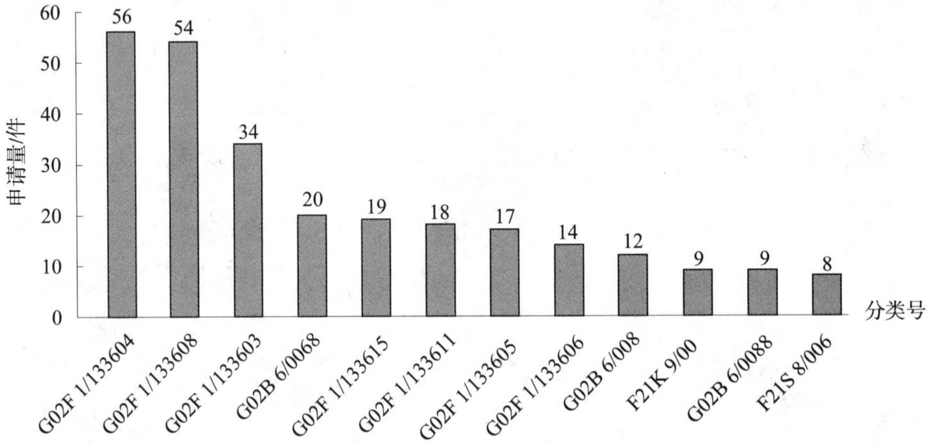

图9　夏普株式会社照明领域申请量与分类号对照表

表4　夏普株式会社照明领域申请分类号前4名

分类号	分类号内容
G02F 1/133604	液晶显示器的直下式背光模块结构，带有灯的
G02F 1/133608	液晶显示器的直下式背光模块结构，包括特殊的框架或支撑手段
G02F 1/133603	液晶显示器的直下式背光模块结构，带有LED的
G02B 6/0068	板状光导，以光源耦合于光导为特点的、具有复数个光源，如多色光源的

在F21领域的统计之下，排名在前几位的分类号是G02B、G02F领域的分类号，这些分类号都是有关显示器的背光模块的，是具体用于显示器的照明系统。通常这类文献会同时给予G02F、G02B以及F21的分类号。并且，G02F1/1336之下的分类号主要就是用于描述显示装置的背光照明系统的，因此更为突出。

由上述年度分布（参见图10）可以看出，夏普柱式会社在2002～2004年申请量为30～50多件，2005～2007年申请量在100～200件之间，2008年为231件，2009年为329件，2010年为500多件，2011年为694件，十年间，申请量翻了20多倍。2008年，夏普以低价策略进入LED照明市场。近两年，进入中国LED照明市场，2012年，夏普宣布LED照明是其最为重要的战略产业之一，同年与全球知名发光二极管照明企业金流明光电达成战略合作，进行强强联合，使该企业在照明领域的发展更上了一个台阶。

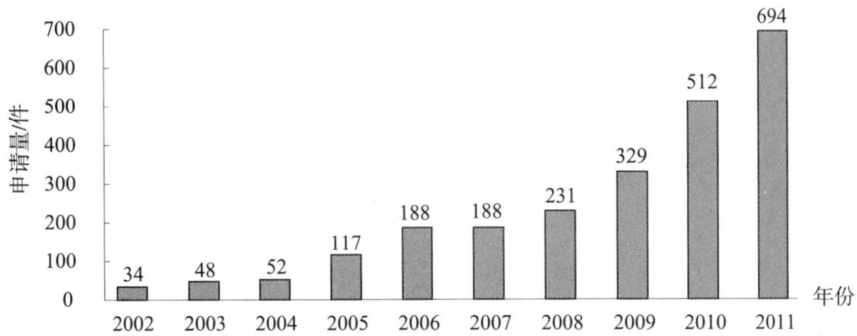

图 10　夏普株式会社照明领域申请量年度分布

（3）皇家飞利浦电子股份有限公司（KONINKL PHILIPS ELECTRONICS NV）。

皇家飞利浦电子股份有限公司是荷兰著名的企业，在照明领域处于世界领先地位。飞利浦的灯具几乎家喻户晓，该公司为所有领域提供先进的高效节能解决方案，包括道路、办公室、工业、娱乐和家居照明等。在构筑未来新型照明的应用和技术使用上，飞利浦也位居领导地位，如 LED 技术。同时，该公司还生产医疗保健、平板电视等方面的产品。

在 EPODOC 数据库中，对于该公司在 F21 领域的专利申请进行 CPC 分类号的统计，得到申请量从高到低排序如图 11、表 5 所示。

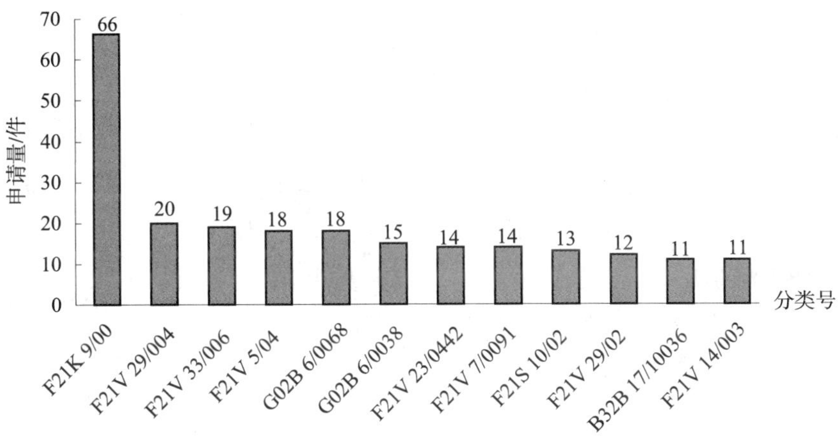

图 11　皇家飞利浦电子股份有限公司照明领域申请量与分类号对照表

表 5　皇家飞利浦电子股份有限公司照明领域申请分类号前 4 名

分类号	分类号内容
F21K 9/00	用半导体装置发光的电灯，例如采用发光二极管（LED）或者激光
F21V 29/004	照明系统的冷却装置，利用自然冷却，如传导、对流或辐射
F21V 33/006	照明装置与普通建筑结构或建筑的完工修整结构，如屋顶、檐槽、楼梯或地板，花园设备，遮阳伞或女用太阳伞在结构上的组合
F21V 5/04	光源的折射器，透镜形的

可以看出，该公司的申请以LED灯具为主要方向。同时该公司的专利申请还涉及灯具的冷却散热、安装结合等结构。另外，该公司有关显示装置导光板的专利申请也具有一定的比重。

从图12可以看出，飞利浦公司在2002～2003年申请量为100～200件之间，2006～2007年在200～300件之间，2008年达到308件，2009年申请量为495件，2010年申请量为550件，2011年申请量为614件，呈现快速增长趋势。飞利浦不仅重视LED照明的发展，而且不放弃传统灯具，该公司计划未来LED照明业务与传统照明业务并驾齐驱。

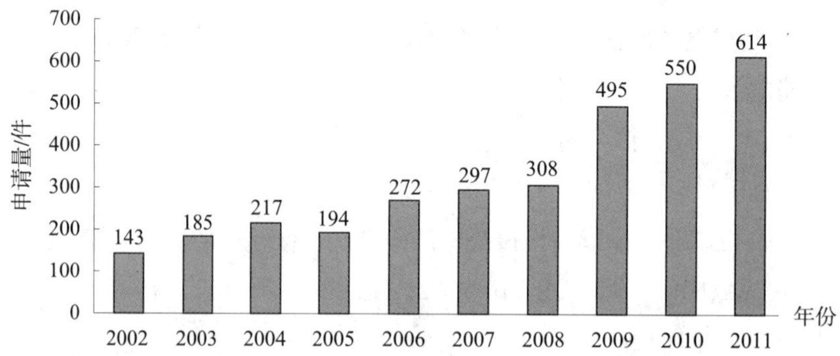

图12　皇家飞利浦电子股份有限公司照明领域申请量年度分布

（4）东芝照明技术株式会社（TOSHIBA LIGHTING & TECHNOLOGY）。

东芝照明技术株式会社是世界著名的国际性跨国集团，其产品涉及个人与家庭用产品、楼宇与办公用产品、能源与工业用产品，具体涉及的电子元器件产品包括TFT液晶显示屏，照明产品包括LED照明、Hf高效荧光灯、传统照明。

在EPODOC数据库中，对于该公司在F21领域的专利申请进行CPC分类号的统计，得到申请量与分类号由高到低的排序，如图13、表6所示。

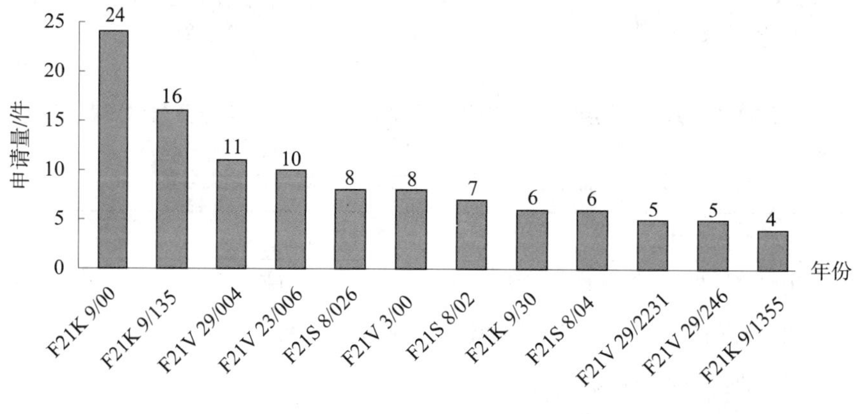

图13　东芝照明技术株式会社照明领域申请量与分类号对照表

表 6　东芝照明技术株式会社照明领域申请分类号前 4 名

分类号	分类号内容
F21K 9/00	用半导体装置发光的电灯，例如采用发光二极管（LED）或者激光
F21K 9/135	特别适用于产生非定向光分配的，如玻璃球泡
F21V 29/004	照明系统的冷却装置，利用自然冷却，例如传导、对流或辐射
F21V 23/006	与光源座不同的基底

可以看出，该公司的专利申请主要侧重于涉及半导体装置发光的电灯、非定向光分配产品；同时也有不少专利申请侧重于照明系统的冷却装置；另外还有一部分专利申请涉及照明装置中的基座。

由图 14 可知，东芝照明在 2002 ~ 2010 年申请量在 100 ~ 200 件之间，在 2011 年申请量达到 344 件，呈现爆发式增长。东芝照明计划推出 LED 照明新产品，以替换传统照明产品并继续拓展东芝照明在 LED 方面的产品线。

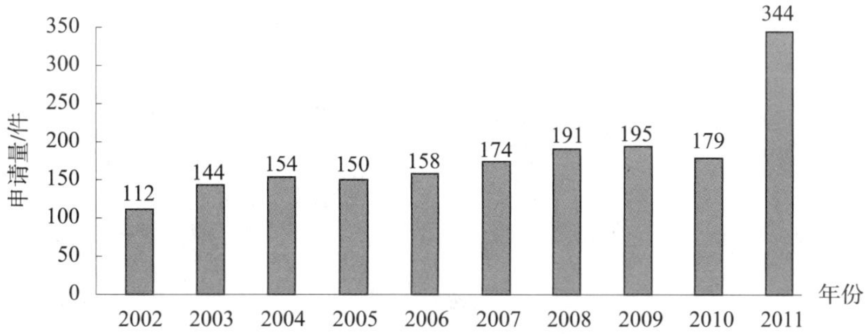

图 14　东芝照明技术株式会社照明领域申请量年度分布

三、结　语

根据上面的分析可以看出，由于发展时间差异，LED 产业的巨头企业很多属于日本、美国、欧洲公司，这些国家不仅申请的专利数量多，而且专利的科技含量高，主导了中上游大部分 LED 核心专利，这种影响不仅体现在产品和收入上，更重要的是对技术的垄断，在一定程度上对我国 LED 行业的发展和国际化形成了巨大的专利压力。在 LED 领域中，中国申请人专利申请量位列第二，但我国自主研发的照明领域技术在全球范围内相比还比较薄弱，不少产品集中在照明景观、交通信号灯等表观的安装和应用等方面，而缺少比较核心的技术内容。在今后的发展中，国内的照明领域相关单位还应该加强专利布局，重视核心技术的外围开发。

参考文献

[1] 陈家斌，陈蕾．电气照明实用技术 [M]．郑州：河南科学技术出版社，2008.

[2] 赵凯华，钟锡华．光学 [M]．北京：北京大学出版社，2003.08.

[3] 日本LED照明推进协会．LED照明设计与应用 [M]．北京：科学出版社，2012.04.

[4] 杨飞等．LED照明重点企业专利状况分析 [J]．中国集成电路，2011 (141)：87-93.

[5] 文尚胜等．中国半导体照明技术专利态势分析 [J]．合肥工业大学学报：社会科学版，2010 (1).

投影显示领域专利技术分析

门高利　杨羲

摘　要　投影显示是实现大屏幕显示的重要方式，投影显示技术 IPC 分类主要集中在 G03B 21/00 这一大组分类，本文针对 G03B 21/00 这一大组分类通过技术价值度和经济价值度进行专利技术分析。

关键词　分类号　投影显示　专利技术分析

投影显示是实现大屏幕显示的重要方式，我国《国家中长期科技发展规划纲要 2006－2020》指出优先发展投影显示技术，提到“重点发展高清晰度大屏幕平板显示，开发有机发光显示、场致发射显示、激光显示等各种平板和投影显示技术”[1]，目前基于显示板的投影显示技术主要分为 5 个技术领域，分别为 CRT（显像管）投影显示技术、LCD（液晶）投影显示技术、LCLV（液晶光阀）投影显示技术、DLP（数字微镜）投影显示技术和 LCOS（硅基上的液晶）投影显示技术，尽管有多种投影显示方式，但投影显示的基本系统均可以看作是由光源、光学照明系统、空间光调制器以及投影物镜与屏幕系统这几个部分构成，投影显示技术在第 8 版国际专利体系分类（IPC）主要集中在 G03B 21/00 这一大组分类，下面针对 G03B 21/00 这一大组分类进行专利技术分析。

一、技术价值度

1. 2001～2013 年 G03B 21/00 大组分类专利申请数量和时间的变化趋势

检索 IPC 分类：G03B 21/00 大组分类。

2001～2013 年 G03B 21/00 大组分类中国专利申请量检索结果：9 843 件。

图 1 为 2001～2013 年主要 IPC 分类中国专利申请数量和时间的变化趋势。在这里需要说明的是，图 1 显示的 2013 年的申请量急剧下降的原因是发明专利申请一般需要 18 个月后才公开，在申请未提前公开的情形下，上图中 2012 年和 2013 年的申请公开量可能比实际申请量小很多。

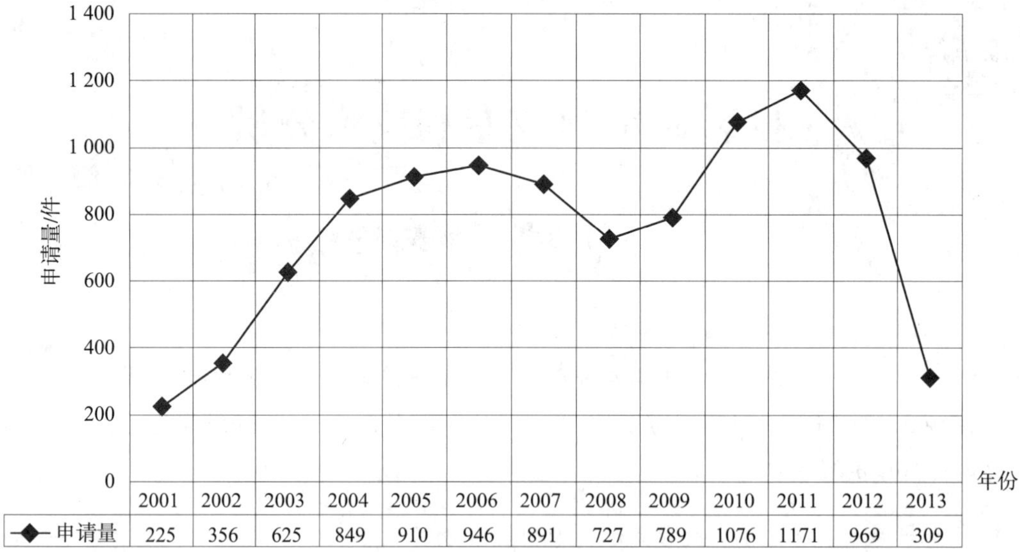

	2001	2002	2003	2004	2005	2006	2007	2008	2009	2010	2011	2012	2013
申请量	225	356	625	849	910	946	891	727	789	1076	1171	969	309

图1　2001～2013年G03B 21/00大组分类专利申请数量和时间的变化趋势

2. 2001～2013年G03B 21/00大组分类中国专利申请申请人的数量

图2为2001～2013年G03B 21/00大组分类中国专利申请人数量和时间变化趋势，其中2012年和2013年数据比实际数据量小。

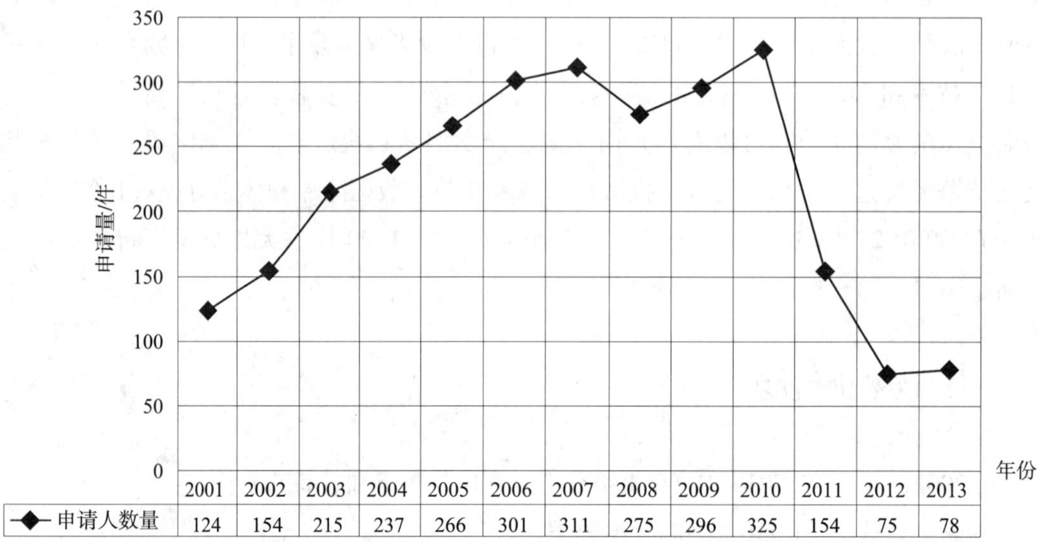

	2001	2002	2003	2004	2005	2006	2007	2008	2009	2010	2011	2012	2013
申请人数量	124	154	215	237	266	301	311	275	296	325	154	75	78

图2　2001～2013年G03B 21/00大组分类申请人数量和时间变化趋势

2001～2013年G03B 21/00大组分类中国专利申请量排名前10的申请人如表1所示：

表1　排名前10位的申请人

排名	申请人
1	精工爱普生株式会社
2	三洋电机株式会社
3	中强光电股份有限公司
4	皇家飞利浦电子股份有限公司
5	三星电子株式会社
6	鸿海精密工业股份有限公司
7	索尼株式会社
8	明基电通股份有限公司
9	松下电器产业株式会社
10	株式会社日立制作所

3. 2001～2013年G03B 21/00大组分类中国专利申请量排名前10的申请人的各项数据（见图3）

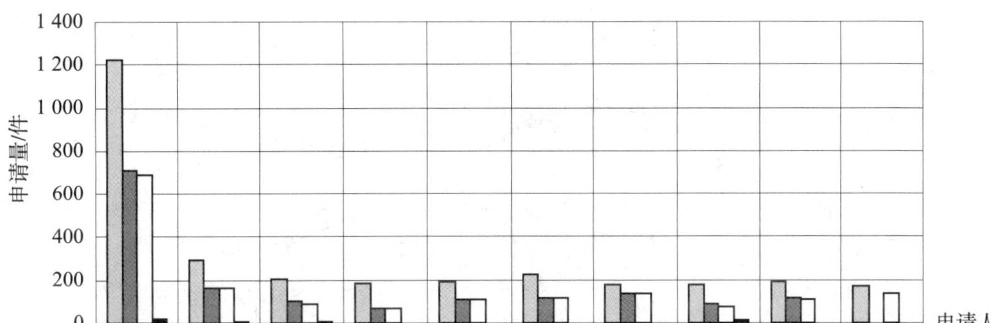

	精工爱普生株式会社	三洋电机株式会社	中强光电股份有限公	皇家飞利浦电子股份	三星电子株式会社	鸿海精密工业股份有	索尼株式会社	明基电通股份有限公	松下电器产业株式会	株式会社日立制作所
申请量	1 225	294	207	187	193	223	178	178	190	173
授权量	711	167	100	67	112	119	139	91	113	
发明授权量	690	163	90	67	111	116	139	75	112	135
新型授权量	21	4	10	0	1	3	0	16	1	0

图3　2001～2013年G03B 21/00大组分类国内申请量排名前10的申请人各项数据

4. 2001～2013年G03B 21/00大组分类国际上申请量检索结果：45 440件

图4为2001～2013年G03B 21/00大组分类国际上申请数量和时间变化趋势，与前述理由相同，2012年和2013年的数据比实际申请量数据小。另外，由于国际申请检索在VEN中进行，该数据库与国内数据公开信息不同步，有时会导致国内已公开的申请量数据反而大于VEN中的申请量数据。

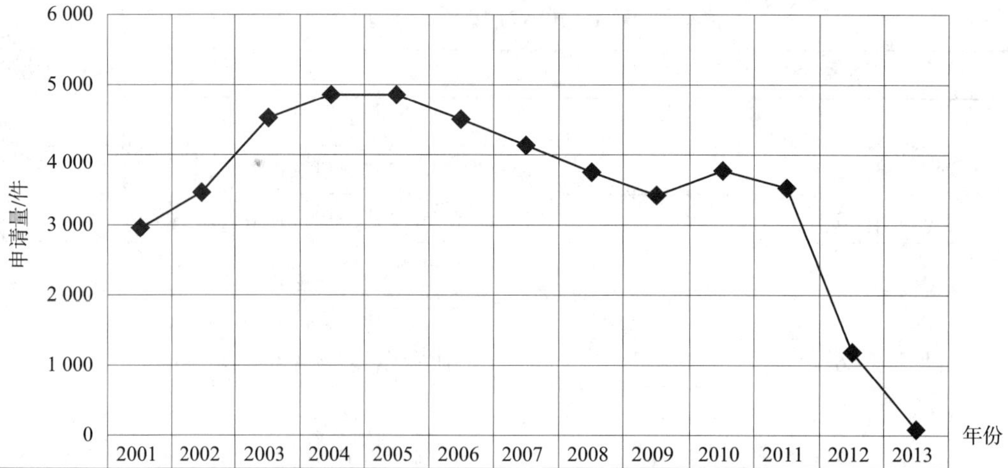

	2001	2002	2003	2004	2005	2006	2007	2008	2009	2010	2011	2012	2013
申请量	2 972	3 515	4 583	4 864	4 879	4 547	4 218	3 784	3 481	3 795	3 578	1 158	66

图 4　2001 ~2013 年 G03B 21/00 大组分类国际上申请数量和时间变化趋势

5. 2001 ~2013 年国际上申请人数量和时间变化趋势

图 5 为 2001 ~2013 年 G03B 21/00 大组分类国际上申请人数量和时间变化趋势；其中 2012 年和 2013 年数据比实际数据量小。

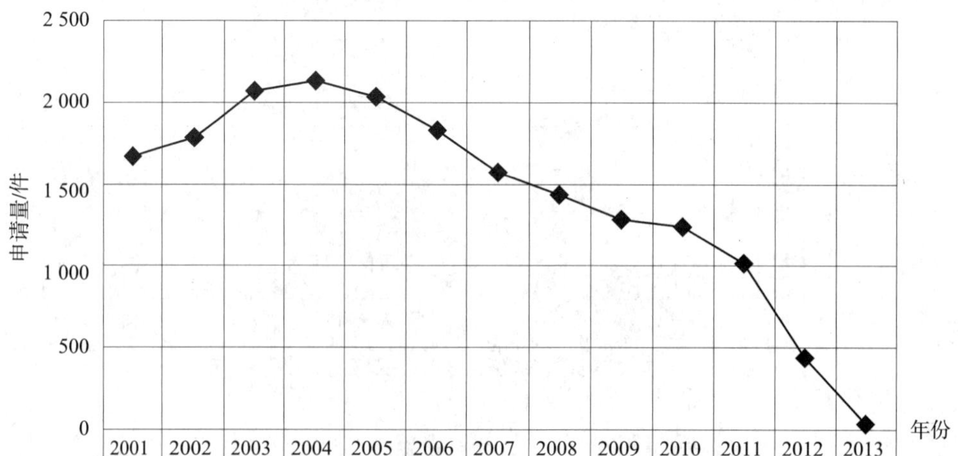

	2001	2002	2003	2004	2005	2006	2007	2008	2009	2010	2011	2012	2013
申请人数量	1 700	1 806	2 062	2 122	2 030	1 845	1 609	1 439	1 300	1 266	1 056	441	31

图 5　2001 ~2013 年国际上申请人数量和时间变化趋势

6. 2001 ~2013 年 G03B 21/00 大组分类国际上申请量排名前 10 申请人的各项数据

表 2　2001 ~2013 年国际上申请量排名前 10 的申请人中英文对照表

英　文	中　文	国别
SEIKO EPSON CORP	精工爱普生株式会社	日本
SONY CORP	索尼株式会社	日本

续表

英　文	中　文	国别
SANYO ELECTRIC CO LTD；SANYO ELECTRIC CO；SANYO ELECTRIC CORP	三洋电机株式会社	日本
CANON KK	佳能株式会社	日本
CASIO COMPUTER CO LTD	卡西欧计算机株式会社	日本
MATSUSHITA DENKI SANGYO KK；MATSUSHITA ELECTRIC IND CO LTD；PANASONIC CORP	松下电器产业株式会社	日本
CORETRONIC CORP	中强光电股份有限公司	中国台湾
LG ELECTRONICS INC	LG 电子株式会社	韩国
SAMSUNG ELECTRONICS CO LTD	三星电子株式会社	韩国
SHARP KK	夏普株式会社	日本

图 6 为 2001～2013 年 G03B 21/00 大组分类国际上申请量排名前 10 的申请人各项数据。

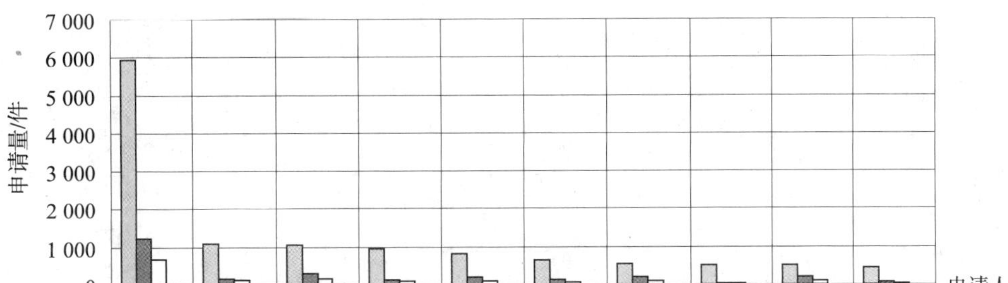

	精工爱普生株式会社	索尼株式会社	三洋电机株式会社	佳能株式会社	松下电器产业株式会	卡西欧计算机株式会	中强光电股份有限公	夏普株式会社	三星电子株式会社	LG 电子株式会社
□国际申请量	5 942	1 082	1 053	944	834	660	562	529	520	445
■国内申请量	1 225	178	294	128	190	135	207	37	193	64
□国内发明授权量	690	139	163	101	112	83	90	22	111	36
■国内新型授权量	21	0	4	0	1	0	10	0	1	0

图 6　2001～2013 年 G03B 21/00 大组分类国际上申请量排名前 10 的申请人各项数据

图 6 为主要针对国际申请量排名前 10 的申请人进行统计，这些企业在国内的申请发明专利申请居多，有些企业国内发明授权量比较低的原因是这些公司的申请大部分是 2011 年以后的申请，在实质审查阶段；其中的 6 个企业是本领域中国专利申请量较多的企业。

7. 投影领域主要 IPC 分布以及 2001～2013 年 G03B 21/00 下一级分类号国内、国际申请量分布图

G03B 摄影、放映或观看用的装置或设备，利用了光波以外其他波的类似技术的装置

或设备；以及有关的附件；

G03B 21/00 ·放映机或放映式看片机；

G03B 21/02 ·多胶片设备；

G03B 21/04 ·投币式自动图片机；

G03B 21/06 ·只能反射式放映的；

G03B 21/08 ·能透射反射两用放映的；

G03B 21/10 ·带有内装屏幕或外装屏幕的放映机；

G03B 21/12 ·既适用于静止图片又适用于电影放映的；

G03B 21/13 ·使图片边缘产生特殊效果，如使其模糊的放映机；

G03B 21/132 ·书写投影仪，即写字或绘图时能够投影的；

G03B 21/134 ·同打字设备或印片设备结合的放映机；

G03B 21/14 ·零部件；

G03B 21/54 ·附件；

图 7 为 2001 ~2013 年 G03B 21/00 下一级分类号国内、国际申请量分布图。

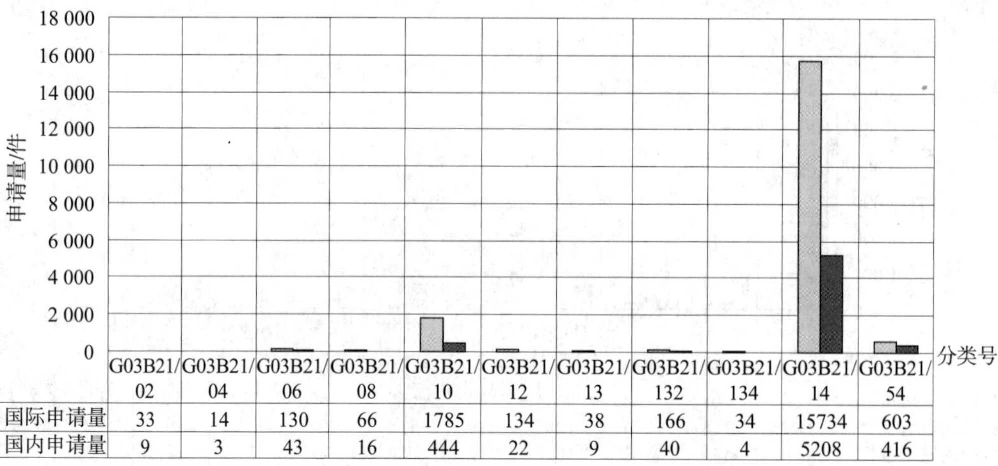

	G03B21/02	G03B21/04	G03B21/06	G03B21/08	G03B21/10	G03B21/12	G03B21/13	G03B21/132	G03B21/134	G03B21/14	G03B21/54
国际申请量	33	14	130	66	1785	134	38	166	34	15734	603
国内申请量	9	3	43	16	444	22	9	40	4	5208	416

图 7　2001 ~2013 年 G03B 21/00 下一级分类号国内国际申请量

从图 7 中可以看出，2001 ~2013 年投影领域的专利主要集中在投影仪零部件的改进上。

图 8 是 2001 ~2013 年 G03B 21/14 的下一级分类号国内、国际申请量的分布图。

G03B 21/14 的下一级分类号为：

G03B 21/16 ··冷却的；防止过热的；

G03B 21/18 ··防火或灭火的；

G03B 21/20 ··灯泡箱；

G03B 21/22 ··隔音机身；

G03B 21/26　·· 和主影像同时独自出现的辅助材料的投影；

G03B 21/28　·· 投影光束的反射器；

G03B 21/30　·· 适于压扁或折叠的，如为了轻便；

G03B 21/32　·· 专用于电影放映的零部件；

G03B 21/53　·· 自动聚焦装置。

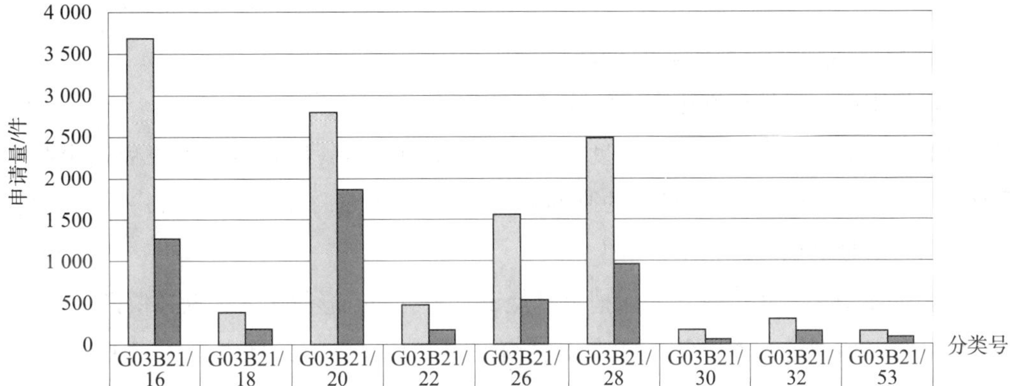

	G03B21/16	G03B21/18	G03B21/20	G03B21/22	G03B21/26	G03B21/28	G03B21/30	G03B21/32	G03B21/53
国际申请量	3 689	393	2 799	480	1 569	2 481	167	297	159
国内申请量	1 278	180	1 863	177	525	954	51	153	83

图8　2001～2013年G03B 21/14的下一级分类号国内国际申请量

二、经济价值度

1. 投影显示领域的市场应用范围

在国家拉动内需的政策及人民收入不断提升的背景下，农村文化共享工程的实施进一步推动了中国投影机市场的快速增长。中国投影机产品消费市场主要集中在经济较发达的华北、华东、华南等大中型城市；教育、商务、政府、家庭娱乐是支撑中国投影机行业的4大主要消费群体；投影机的普及应用使投影机在用户的心理定位从较为专业的显示设备向大众产品转变，行业的销售规模不断扩大。

据《2013—2017年中国投影机行业市场研究及投资预测分析报告》[2]统计，2010年中国投影机市场销售量规模达到128万台，相比2009年增长43.6%，分析认为，2011年中国投影机市场仍将保持快速增长，全年销售量将达到167万台，年增长率约为30%；未来5年，中国投影机市场的复合增长率将达到17.1%，投影显示行业属于高速发展期，从行业未来的发展形式来看，教育仍是行业未来发展支柱领域。根据前瞻网统计数字，2010年全国共有幼儿园12.91万所，小学39.42万所，普通中学7.90万所，普通中等院校3 047所，高等教育学校1 778所，按每个教室配备一台投影机计算，据相关数据显示中国仅教育行业市场容量就达1 100万台以上，如果按照投影占有率计算的话，投影机可占 14% ~28% 左右（不包括市场保有量），而 2010 年教育市场实销量却还不到 50 万台。其次，商用投影市场的发展也是左右投影机市场发展的关键力量，虽然中国商务投影市场已经在迅速扩展，但据相关调研机构预计，在未来，中小企业数量将保持 7% ~8% 的增长率，2012 年中小企业总数将达到 5 000 万家，行业发展前景无限。另外，就目前国内而言，一些精英、白领对于生活质量、娱乐设备的需求较大，未来家用市场潜力巨大。❶

2. 投影显示领域市场处理方法和适用范围

投影仪根据市场处理方法和适用范围分为以下 6 种类型。

（1）家庭影院型：其特点是亮度都在 2 000 流明左右（随着投影的发展这个数字在不断地增大，对比度较高），投影的画面宽高比多为 16:9，各种视频端口齐全，适合播放电影和高清晰电视，适于家庭用户使用。

（2）便携商务型投影仪：一般把重量低于 2 千克的投影仪定义为商务便携型投影仪，这个重量跟轻薄型笔记本电脑不相上下。商务便携型投影仪的优点有体积小、重量轻、移动性强，是传统的幻灯机和大中型投影仪的替代品。轻薄型笔记本电脑跟商务便携型投影仪的搭配，是移动商务用户在进行移动商业演示时的首选搭配。

（3）教育会议型投影仪：一般定位于学校和企业应用，采用主流的分辨率，亮度在 2 000 ~3 000 流明左右，重量适中，散热和防尘做得比较好，适合安装和短距离移动，功能接口比较丰富，容易维护，性能价格比也相对较高，适合大批量采购普及使用。

（4）主流工程型投影仪：相比主流的普通投影仪来讲，工程投影仪的投影面积更大、距离更远、光亮度很高，而且一般还支持多灯泡模式，能更好地应付大型多变的安装环境，对于教育、媒体和政府等领域都很适用。

（5）专业剧院型投影仪：这类投影仪更注重稳定性，强调低故障率，其散热性能、网络功能、使用的便捷性等方面做得很强。当然，为了适应各种专业应用场合，投影仪最主要的特点还是其高亮度，其亮度一般可达 5 000 流明以上，高者可超 10 000 流明；由于体积庞大，重量重，通常用在特殊用途，例如剧院、博物馆、大会堂、公共区域，还可应用于监控交通、公安指挥中心、消防和航空交通控制中心等环境。

（6）测量投影仪：这类投影仪不同于以上几类投影仪，早期称轮廓投影仪，随着光栅尺的普及，投影仪都安装上高精度的光栅尺，人们便又叫测量投影仪，为与传统的投影仪区别开，这类投影仪便称为测量投影仪；其作用主要是将产品零件通过光的透射形成放大的投影仪，然后用标准胶片或光栅尺等确定产品的尺寸；由于工业化的发展，这种测量投影仪已经成为制造业最常用的检测仪器之一。按其投影的方式分为立式投影仪

❶ 以上内容参见《2013—2017 年中国投影机行业市场研究及投资预测分析报告》。

和卧式投影仪；按其比对的标准不同又分为轮廓投影仪和数字式投影仪。❶

3. 投影显示领域有无国家或地方政策的鼓励或扶持

未来中国投影机行业的发展，依赖政府政策的支持，在公布的“十二五”计划纲要中，文化信息资源共享工程被列入“公共文化服务体系建设工程”，这将在未来几年推进中国投影机行业的发展。此外，在“十二五”规划中，广播电视村村通、农村电影放映工程等公共文化服务体系建设工程也将得到持续推进，地方政府的 IT 采购将成为整个 IT 市场的主要增长点之一。综上所述，未来中国投影机行业发展前景巨大。

参考文献

[1] 国家中长期科技发展规划纲要 2006—2020 [R].

[2] 2013—2017 年中国投影机行业市场研究及投资预测分析报告 [R].

❶ 以上内容参见《2013—2017 年中国投影机行业市场研究及投资预测分析报告》。

定点释药胶囊内窥镜专利分析

陈淑珍　李燕[**]

摘　要　随着胶囊内窥镜技术的发展，通过胶囊内窥镜实现在人体体腔内定点释放药物已经成为国内外产业界研究的热点。本文通过对定点释药胶囊内窥镜专利申请的主要申请人进行统计、对国内外申请量最大的申请人的专利技术进行分析，使相关领域审查员、我国相关企业和研究机构能够更好地了解定点释药胶囊内窥镜的专利发展现状。

关键词　定点释药　胶囊内窥镜　专利分析

一、前　言

目前，胶囊内窥镜除了具备基本的图像采集功能外，还具有参数检测、定点释放药物、治疗等功能。定点释药胶囊内窥镜包括消化道定点药物释放药丸、血管溶血栓药物释放胶囊等。根据释放药物的触发方式不同，定点释药胶囊内窥镜可以分为体外遥控触发型胶囊内窥镜和自身触发型胶囊内窥镜。前者通常包括体腔内胶囊内窥镜、体外遥控装置、定位跟踪装置三大组成部分，其中体腔内胶囊内窥镜通常包括遥控接收单元、施药单元、药物存储腔、定位相关单元和能量供给单元；后者无需体外遥控装置，由体腔内胶囊内窥镜自身内部控制单元控制触发。无论是体外遥控触发型还是自身触发型胶囊内窥镜，工作原理都是当判断胶囊内窥镜到达体腔内预期位置时，释放药物的机构被触发，进而释放药物。

对于定点释放药物的胶囊内窥镜而言，关键技术除了任何胶囊内窥镜都涉及的能量供给技术外，更重要的是释药时机的控制技术、释放药物操作的微机械技术以及释放药物的剂量控制技术。对于这些关键技术，国内外产业界都做了大量的研究。

为了使相关领域审查员、我国相关企业和研究机构更好地了解定点释药胶囊内窥镜的专利技术发展现状，本文首先对定点释药胶囊内窥镜专利申请的主要申请人进行统计，

** 等同第一作者。

然后对国内、外申请人中申请量分别最大的申请人（重庆大学与飞利浦公司）的专利技术进行分析，以期为相关领域审查员、我国相关企业和研究机构提供参考。其中本文进行分析的专利文献是：在中国专利数据库（CPRS）、WPI 和 EPODOC 数据库中采用关键词、分类号进行检索，得到中英文相关专利，然后进行人工阅读逐篇去噪和标引，进而筛选出发明点涉及定点释药的胶囊内窥镜专利文献。

二、定点释药胶囊内窥镜主要申请人分析

对定点释药胶囊内窥镜的全球专利申请进行统计，得到排名前 10 的申请人如图 1 所示，其中申请量最大的是荷兰的飞利浦公司，其次是日本的奥林巴斯公司，第三是英国的 PHAETON RES. LTD.，第四是中国的重庆大学，以色列的基文影像公司排在第七位。可见飞利浦公司在定点释药方面的研究超过了内窥镜行业巨头奥林巴斯公司和基文影像公司，是国外申请人中申请数量最多的公司。国内申请人中，重庆大学对定点释药胶囊内窥镜进行了大量的研究，是国内最早涉足定点释药胶囊内窥镜研究的机构。

三、国内外申请量最大的申请人分析

从图 1 可以看出，国内和国外申请人中，申请量最大的申请人分别是重庆大学和飞利浦公司，下面对这两个申请人的专利技术进行重点分析。

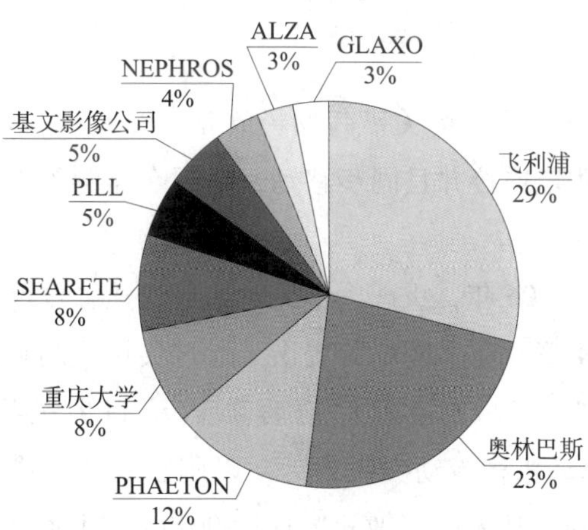

图 1　定点释药胶囊内窥镜专利的主要申请人

（一）重庆大学的定点释药胶囊内窥镜专利分析

重庆大学在定点释药胶囊内窥镜技术中研究的改进点主要涉及：释药操作的微机械

技术、释药胶囊的外壳、储药仓以及释放药物的时机控制，其中对于释药操作的微机械技术，主要包括：通过弹簧推动活塞、通过尖锐物刺破密封的储存容器等。具体地，图2示出了他们在定点释药方面的主要研究成果。从图中可以看出，重庆大学的研究重点随着时间推移由药物的快速释放、药物的缓释及提高安全性逐渐转向了释药胶囊的定位与导航技术。

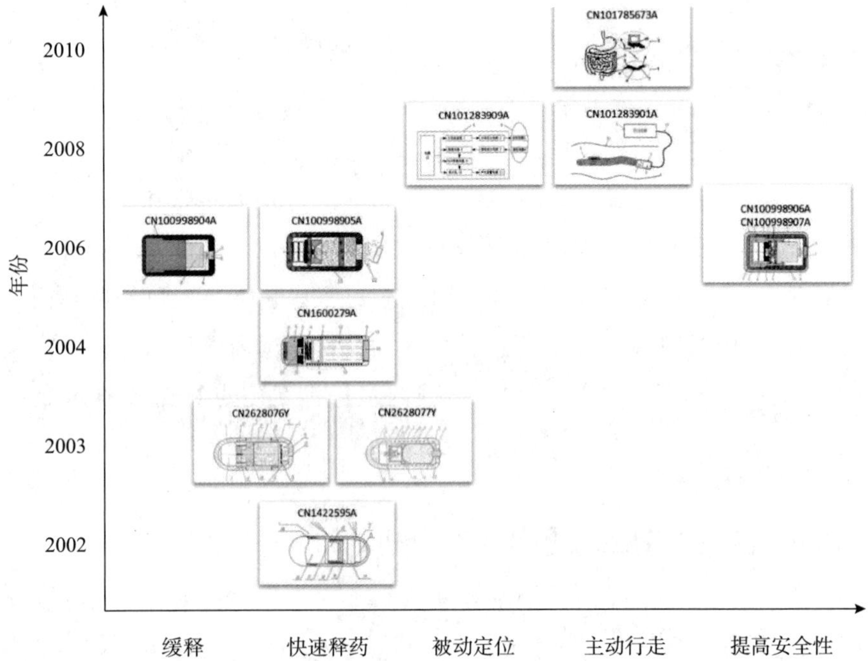

图2 重庆大学定点释药胶囊内窥镜研究成果

1. 药物的快速释放

2002年，重庆大学申请了一篇关于药物释放胶囊的专利CN1422595A，其中通过将位置指示信号源与活塞固定连接并且同步移动，实现在监测胶囊所处体内位置的同时可靠地指示释放动作的完成。

在此基础上，2003～2006年，重庆大学又对如何快速释放药物的微机械结构作了进一步的改进，并申请了4篇专利。2003年提出了通过尖锐物刺破储药容器从而释放药物的技术方案，其中CN2628076Y通过储药容器运动到尖锐物进而被尖锐物刺破，CN2628077Y则通过可移动机构带动尖锐物运动以刺破储药容器。2004～2006年，主要对如何驱动活塞快速运动的技术作了改进，CN1600279A通过微型发热元件熔断聚合物线，释放处于压缩状态的弹簧，驱动活塞运动，CN1998905A通过点火器点燃推进剂，推进剂点燃后产生气体和热量，膨胀的气体从喷口喷出，产生的推进力施加于活塞上，驱动活塞快速运动。

2. 药物的缓释与使用安全性

2006 年，重庆大学还对药物的缓释以及如何提高安全性展开了研究，提出了 3 篇相关专利：CN1998904A 中包含固定药物片芯，固体药物片芯包含了待释放药物，药物片芯的一端的表面具有至少一个圆柱体形或者圆锥体形的凸起机构，所述凸起机构正对于药物释放通道机构，遥控驱动机构接收到外界发出的遥控信号后，产生一个驱动力，驱动力迫使药物片芯向一端运动，凸起机构在驱动力的作用下打开药物释放通道机构，药物缓慢释放入消化道；CN1998906A、CN1998907A 将释药电子胶囊的外壳设计为可部分降解，从而提高临床安全性。

3. 定点释药胶囊内窥镜的定位与导航

2008 ~ 2010 年，重庆大学的研发重点由药物的快速释放的微机械的设计转向了定点释药胶囊内窥镜的定位与导航，申请了 1 篇关于释药胶囊内窥镜的被动定位的专利 CN101283909A，利用线圈检测胶囊在磁场中的感应信号判断其是否通过了犬的幽门或回盲瓣，定点释放药物；在主动行走方面，重庆大学主要研究的是如何通过生物来带动释药胶囊内窥镜的行走，CN101283901A 和 CN101785673A 分别通过肠道寄生虫、黄鳝等带动释药胶囊内窥镜运动到肠道内相应位置。

（二）飞利浦公司的定点释药胶囊内窥镜专利分析

飞利浦公司主要对定点释药胶囊内窥镜的以下几个部分作了研究：控制器、无线通信、药仓、释放药物的微机械结构（包括驱动器）。根据发明点，将飞利浦公司申请的释药胶囊内窥镜专利分别对应上述几个部分，如图 3 所示。

由图 3 可以看出，飞利浦公司申请的释药胶囊内窥镜相关专利的发明点涉及最多的是释放药物的微机械结构和控制器的设计，少量涉及无线通信和药仓。下面对上述专利的技术要点作简要介绍。

1. 释放药物的微机械结构

为了促使药物从胶囊的药仓中释放出来，飞利浦公司研究了多种不同的微机械结构，相关专利概述如下：

WO2006077528A2 提供了一压力机构和至少一个闭合件，它们均被设计成可以用于释放药物；通过控制电路控制压力机构和相应闭合件中的至少一个致动，从而释放药物。US2008269664A1 设计了至少一个球囊，通过气囊的膨胀与收缩控制释药阀门的开闭以定时释放药物。WO2008038199A1 中胶囊包括分离的驱动元件和分离的有效载荷元件，并且该分离的驱动元件与分离的载荷元件通过锁定机构连接。WO2009063376A1 通过由控制结构控制电致动的聚合物带的合拢与打开从而控制阀门的开闭，从而释放药物。WO2010116304A1 通过释放药物的微机械结构进行改进，无需阀就能实现将药物保持在胶囊内直到计划释放时刻。

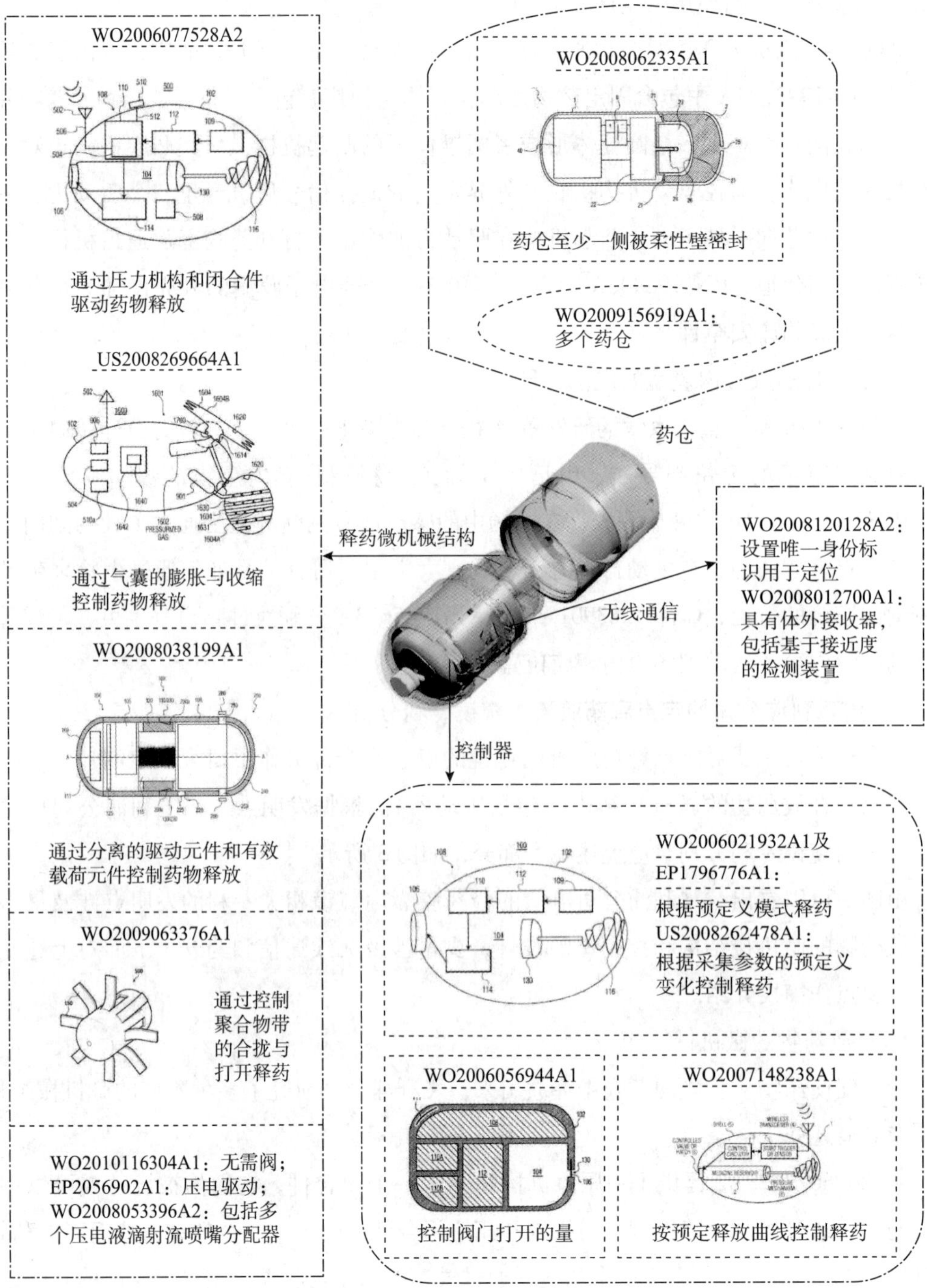

图3　飞利浦公司定点释药胶囊内窥镜相关专利

在具有驱动器的微机械结构中，飞利浦还对驱动器作了改进：

EP2056902A1 将驱动器设计为压电驱动器。WO2008053396A2 包括多个压电液滴射流喷嘴分配器，该多个喷嘴分配器被放置成与胶囊壳体的表面相切，从而在药物释放期间，使得该胶囊旋转和/或平移以将药物均匀地释放到令人感兴趣的组织部位上。

2. 控制器

在释药胶囊的控制器设计方面，WO2006021932A1 通过预编程分配定时模式开闭阀门控制药物何时释放及释放多少的量。EP1796776A1 通过控制和定时电路在整个分发时间段内根据在该电路内编程的预置分发定时模式打开和关闭阀门。WO2006056944A1 中控制器控制释药阀门开启的量，以控制释放的药物量。US2008262478A1 根据采集的至少一个参数的预定义变化来控制何时释放药物。WO2007148238A1 按照预定的药物释放曲线控制药物释放。

3. 无线通信

WO2008120128A2 通过在胶囊内设置唯一身份标识，从而进行释药胶囊的位置确定。WO2008012700A1 具有体外接收器，包括用于测量所述接收器与胶囊内的至少一个发射器的接近度的基于接近度的检测装置，在识别出预编程的发射器模式时处理器指示胶囊内的释放装置释放药物。

4. 药仓

WO2009156919A1 中设计了多个药物存储仓。WO2008062335A1 将药物存储仓设计成至少一侧被柔性壁密封，通过驱动机构将活塞压在该柔性壁上从而通过该药物存储仓中的开口释放物质。

四、结　语

目前国内外对定点释药胶囊内窥镜的研究已经取得了一定的进展，其中，国外申请人中研究最多的是荷兰的飞利浦公司，国内申请人中研究最多的是重庆大学。从本文对这两个申请人的专利分析可以看出，飞利浦公司和重庆大学所申请的专利中发明点涉及最多的是释放药物的微机械结构和控制器（包括释放药物的时机和释放剂量的控制）的设计，这两部分也是定点释药胶囊内窥镜最关键的两部分技术。通过本文的专利分析，有助于相关领域审查员、我国企业和研究机构了解定点释药胶囊内窥镜的专利技术发展现状，了解释放药物的微机械结构和控制器的主要设计方式，能够更好地把握相关申请的发明要点，并使我国企业和研究机构能够在了解现有专利现状的基础上寻找新的突破口，加强自主创新，促进我国定点释药胶囊内窥镜的研制。